Teubner Studienbücher

T0280874

Anke Krüger

Neue Kohlenstoffmaterialien

Teubner Studienbücher Chemie

Herausgegeben von

Prof. Dr. rer. nat Christoph Elschenbroich, Marburg
Prof. Dr. rer. nat. Dr. h.c. Friedrich Hensel, Marburg
Prof. Dr. phil. Henning Hopf, Braunschweig

Die Studienbücher der Reihe Chemie sollen in Form einzelner Bausteine grundlegende und weiterführende Themen aus allen Gebieten der Chemie umfassen. Sie streben nicht die Breite eines Lehrbuchs oder einer umfangreichen Monographie an, sondern sollen den Studenten der Chemie – aber auch den bereits im Berufsleben stehenden Chemiker – kompetent in aktuelle und sich in rascher Entwicklung befindende Gebiete der Chemie einführen. Die Bücher sind zum Gebrauch neben der Vorlesung, aber auch anstelle von Vorlesungen geeignet. Es wird angestrebt, im Laufe der Zeit alle Bereiche der Chemie in derartigen Lehrbüchern vorzustellen. Die Reihe richtet sich auch an Studenten anderer Naturwissenschaften, die an einer exemplarischen Darstellung der Chemie interessiert sind.

Anke Krüger

Neue Kohlenstoff-
materialien

Eine Einführung

Teubner

Bibliografische Information der Deutschen Bibliothek
Die Deutsche Bibliothek verzeichnet diese Publikation in der Deutschen Nationalbibliografie;
detaillierte bibliografische Daten sind im Internet über <http://dnb.ddb.de> abrufbar.

Dr. rer. nat. Anke Krüger
Geboren 1973 in Berlin. Studium der Chemie von 1992 bis 1997 an der TU Braunschweig und an der
Université Bordeaux I. Von 1997 bis 2000 Promotion an der TU Braunschweig bei Prof. Dr. H. Hopf.
Von 2000 bis 2002 Postdoc-Aufenthalt in Toyohashi (Japan) bei Prof. Dr. E. Osawa. Seit Ende 2002
Habilitandin am Otto-Diels-Institut für Organische Chemie der Universität Kiel.

1. Auflage März 2007

Alle Rechte vorbehalten
© B.G. Teubner Verlag / GWV Fachverlage GmbH, Wiesbaden 2007

Lektorat: Ulrich Sandten / Kerstin Hoffmann

Der B.G. Teubner Verlag ist ein Unternehmen von Springer Science+Business Media.
www.teubner.de

Das Werk einschließlich aller seiner Teile ist urheberrechtlich geschützt. Jede Verwertung
außerhalb der engen Grenzen des Urheberrechtsgesetzes ist ohne Zustimmung des Ver-
lags unzulässig und strafbar. Das gilt insbesondere für Vervielfältigungen, Übersetzun-
gen, Mikroverfilmungen und die Einspeicherung und Verarbeitung in elektronischen
Systemen.

Die Wiedergabe von Gebrauchsnamen, Handelsnamen, Warenbezeichnungen usw. in diesem Werk
berechtigt auch ohne besondere Kennzeichnung nicht zu der Annahme, dass solche Namen im Sinne
der Warenzeichen- und Markenschutz-Gesetzgebung als frei zu betrachten wären und daher von
jedermann benutzt werden dürften.

Umschlaggestaltung: Ulrike Weigel, www.CorporateDesignGroup.de
Druck und buchbinderische Verarbeitung: Strauss Offsetdruck, Mörlenbach
Gedruckt auf säurefreiem und chlorfrei gebleichtem Papier.

978-3-519-00510-0

Vorwort

Ein ganzes Buch über nur ein einzelnes Element zu schreiben, scheint auf den ersten Blick etwas übertrieben, zumal es nicht das erste zum Thema Kohlenstoff ist und vermutlich auch nicht das letzte bleiben wird. Jedoch verdient der Kohlenstoff unsere ganz spezielle Aufmerksamkeit, ist er doch eines der bedeutsamsten Elemente auf dieser Erde und essentiell für das Leben auf ihr. Die Chemie des Kohlenstoffs hat ein eigenes Fachgebiet, die Organische Chemie begründet. Diese wird im vorliegenden Buch aber nur dort eine Rolle spielen, wo Organische Chemie an neuen Kohlenstoffmaterialien stattfindet.

Dieses Lehrbuch soll einen Überblick über die Entwicklungen auf dem Gebiet des Kohlenstoffs liefern, die in den letzten zwanzig Jahren für eine geradezu explosionsartige Ausweitung der Forschung an neuen Kohlenstoffmaterialien sorgten. Ausgehend von der Entdeckung der Fullerene hat sich ein völlig neues Arbeitsfeld zwischen Chemie, Physik und Materialwissenschaften eröffnet, welches sich ausschließlich mit diesem einen, dabei aber stets faszinierenden Element und seinen Eigenschaften und Anwendungen beschäftigt.

Das vorliegende Buch basiert auf einer einsemestrigen Vorlesung, die ich bereits mehrfach an der Universität Kiel gehalten habe. Der Stoff ist so ausgewählt, dass sowohl Studierende der Chemie und Physik im Hauptstudium als auch angehende Materialwissenschaftler aus den angebotenen Themenbereichen für sie Nützliches auswählen können. Dabei ist das Lehrbuch gleichermaßen zum Selbststudium wie auch als vorlesungsbegleitendes Material geeignet. Die beiliegenden Bögen mit Kopiervorlagen zum Aufbau der verschiedenen Kohlenstoffstrukturen sollen das räumliche Verständnis der einzelnen Modifikationen erleichtern. Um den tieferen Einstieg in das Stoffgebiet zu vereinfachen, sind in Kapitel 8 weiterführende Bücher und Übersichtsartikel aufgeführt.

Dieses Buch läge ohne die Hilfe vieler nicht in der jetzigen Form vor. Ich bedanke mich bei Prof. Dr. Henning Hopf und Dr. Torsten Winkler für die kritische Durchsicht des Manuskriptes und bei Prof. Dr. Florian Banhart und Dr. Carsten Tietz für die Durchsicht von Kapiteln dieses Buches. Den Angestellten der Bibliothek der Chemischen Institute gilt ebenfalls mein Dank für ihre Hilfe bei der Literaturbeschaffung. Zahlreiche Abbildungen wurden mir von Autoren und Verlagen zur Verfügung gestellt, denen ich herzlich dafür danke. Bei Ulrich Sandten und Kerstin Hoffmann vom Teubner Verlag bedanke ich mich für die gute Lektoratsunterstützung und beim Fonds der Chemischen Industrie für die Förderung mit einem Liebig-Stipendium.

Ganz besonders danke ich meinem Lebensgefährten Dr. Stefan Brammer, ohne dessen Unterstützung, Geduld und Verständnis dieses Buch niemals erschienen wäre.

Allen Leserinnen und Lesern dieses Buches wünsche ich viel Spaß und Erkenntnisgewinn bei der Entdeckung der vielen Facetten des Elementes Kohlenstoff und freue mich auf Anregungen und Kommentare zur Verbesserung dieses Werkes.

Kiel, den 30. Januar 2007   Anke Krüger

Inhaltsverzeichnis

Abkürzungsverzeichnis

a	Gitterkonstante
$\vec{a}$	Einheitsvektor des Graphengitters
Ac	Acetyl
ACID	Anisotropie der induzierten Stromdichte
AFM	Kraftmikroskop
Ar	Aryl
Bipy	Bipyridin
Bn, Bz	Benzyl
Boc	*tert*-Butoxycarbonyl
Bu	Butyl
CBM	Leitungsbandminimum
CNT	*Carbon nanotube*
Cp(*)	(Pentamethyl-)Cyclopentadienyl
CVD	chemische Gasphasenabscheidung
d	Durchmesser
DBU	1,8-Diazabicyclo[5.4.0]undec-7-en
DCC	*N,N*-Dicyclohexylcarbodiimid
DNS	Desoxyribonukleinsäure
DWNT	doppelwandige CNT
δ	chemische Verschiebung
E_{ox}	Oxidationspotential
E_{red}	Reduktionspotential
EA	Elektronenaffinität
EELS	Elektronenenergie-Verlustspektroskopie
E_F	*Fermi*-Energie
Et	Ethyl
ESR	Elektronen-Spinresonanz
FET	Feldeffekt-Transistor
FVP	Flash-Vakuum-Pyrolyse
g	*channel conductance*
HF	*hot filament* (Heizfilament)
HiPCo	High Pressure Carbon Monoxide
HOMO	höchstes besetztes MO
HOPG	hochgeordneter pyrolytischer Graphit
HPLC	Hochleistungs-Flüssig-chromatographie
HRTEM	Hochauflösendes Transmissions-Elektronenmikroskop
IP	Ionisierungspotential
(FT)IR	(Fourier-Transform-)Infrarot
ITO	Indiumzinnoxid
LDA	Lithium-Diisiopropylamid
LUMO	niedrigstes unbesetztes MO
λ	Wellenlänge
MAS	*Magic angle spinning*
MCPBA	*m*-Chlorperbenzoesäure
Me	Methyl
MO	Molekülorbital
MW	Mikrowelle
MWNT	mehrwandige CNT
μ	chemisches Potential
NADH	Nicotinamid-Adenindinucleotid, reduzierte Form
NICS	*nucleus independent chemical shift*
NMR	Kernmagnetresonanz
ν	Frequenz
ODCB	*o*-Dichlorbenzol
PAN	Polyacrylnitril
PANI	Polyanilin
PABS	Poly-(*m*-Aminobenzol-Sulfonsäure
PECVD	plasmaunterstützte CVD
PEDOT	Poly-(3,4-ethylendioxythiophen)
PEG	Polyethylenglycol
Ph	Phenyl
Piv	Pivaloyl
PMDETA	Pentamethyldiethylentriamin
(P)MMA	(Poly)-Methylmethacrylat
py	Pyridin
q	natürliche Zahl
R	allgemeiner organischer Rest
R	elektrischer Widerstand
SEM	Raster-Elektronenmikroskop
STM	Raster-Tunnelmikroskop
SWNT	einwandige CNT
T	Temperatur
T	Transmission
TFA	Trifluoressigsäure
TIPS	Triisopropylsilyl
TMEDA	Tetramethylethylendiamin
TNT	Trinitrotoluol
UNCD	ultrananokristalliner Diamant
UV	Ultraviolett
VBM	Valenzbandmaximum
V_G	Gate-Spannung
XRD	Röntgenbeugung
XPS	Röntgen-Photoelektronen-Spektroskopie

1 Kohlenstoff – ein Element mit vielen Gesichtern

Das sechste Element des Periodensystems ist zugleich eines der wichtigsten. Obwohl es in der Häufigkeitsskala der terrestrisch vorkommenden Elemente mit etwa 180 ppm noch nach Barium oder Schwefel nur an 17. Stelle steht, (zum Vergleich: das mit 27,2 % zweithäufigste Element Silicium liegt in einem Mengenverhältnis von ca. 1300 : 1 zum Kohlenstoff vor), ist es doch für den Aufbau jeglicher organischer Materie von essentieller Bedeutung. Insbesondere die Tatsache, dass Kohlenstoff aufgrund seiner Mittellage im Periodensystem sowohl mit elektropositiveren als auch elektronegativeren Bindungspartnern stabile Substanzen bilden kann, prädestiniert ihn für diese zentrale Rolle. Im vorliegenden Buch wird die organische Chemie, die sich aus diesen vielfältigen Reaktionsmöglichkeiten ergibt, jedoch nur dort erwähnt werden, wo sie zur Modifikation der behandelten Kohlenstoffmaterialien eingesetzt wird. Vielmehr steht das Element als Material im Vordergrund.

Eine weitere Eigenschaft, die letztlich die Verfassung dieses Buches begründet, ist das Auftreten einer Vielzahl von allotropen Modifikationen mit zum Teil vollkommen gegensätzlichen Eigenschaften. Dies macht den Kohlenstoff zu einem der momentan interessantesten Forschungsobjekte der Materialwissenschaften. Ob Fullerene, Nanoröhren oder nanokristalline Diamantphasen, sie alle stehen im Mittelpunkt intensiver Untersuchungen und versprechen zahlreiche Anwendungsmöglichkeiten in Bereichen, etwa in der Elektronik, der Medizin und in diversen anderen nanotechnologischen Bereichen.

Doch ohne Kenntnis der bereits seit langem bekannten Kohlenstoffformen, insbesondere Graphit und Diamant, ist es nur schwer möglich, die Entwicklungen der letzten zwanzig Jahre einzuordnen und ihren Einfluss auf die Perspektiven des Multitalentes Kohlenstoff in der Chemie, den Materialwissenschaften und der Physik zu erkennen. Das erste Kapitel fasst daher all das noch einmal zusammen, was über die klassischen Modifikationen und ihre Eigenschaften bekannt ist, denn nur ein solides Verständnis der grundlegenden Konzepte und Prinzipien versetzt uns in die Lage, die Eigenschaften der „neuen" Kohlenstoffmaterialien zu verstehen und neue Ideen zu entwickeln.

1.1 Geschichte

Lange bevor der Elementbegriff überhaupt geprägt war, spielte elementarer Kohlenstoff in verschiedener Form bereits eine Rolle im Leben der Menschen. Holzkohle und Ruß sind seit ca. 5000 v. Chr. bekannt und wurden für unterschiedliche Zwecke benutzt. Man gewann sie hauptsächlich aus Holz und verwendete sie u.a. für metallurgische Prozesse, etwa die Herstellung von Eisen.

Aus der späten mitteleuropäischen Eisenzeit (*La Tène*-Periode) ist die erste Anwendung von Graphit, der bei Passau abgebaut wurde, zum Schwärzen von Keramikgefäßen dokumentiert. Kohlenstoff fand auch andere künstlerische Anwendungen, z.B. als Schwarzpigment aus Holzkohle für Wandmalereien. Beispiele können u.a. in den Höhlen von Rouffignac (Frankreich) besichtigt werden.

Diese Nutzung als Pigment spiegelt sich im Namen des Graphits wider, der sich aus dem griechischen Wort *graphein* für *schreiben* ableitet. Auch altägyptische Papyrusrollen enthalten mit aus Ruß hergestellter Tusche geschriebene Hieroglyphen. Die im Mittelalter in Mode gekommenen Bleistifte werden ebenfalls aus Graphit hergestellt. In Ostasien spielt Rußtusche für schriftliche Aufzeichnungen und künstlerische Darstellungen seit Beginn der Neuzeit eine wesentliche Rolle. Daneben findet Kohlenstoff als sog. Medizinalkohle Anwendung in der Humanmedizin, wobei seine entgasende und adsorbierende Wirkung zur Behandlung von Magen-Darm-Erkrankungen ausgenutzt wird. Holzkohle ist außerdem ein Bestandteil des Schwarzpulvers. Dazu wird hauptsächlich das Holz des Faulbaumes (*frangula alnus*) bei relativ niedrigen Temperaturen verkohlt.

Im 19. Jh. nahm die Erforschung des Elementes einen raschen Verlauf und viele bedeutsame Erkenntnisse wurden gewonnen. Nachdem *Berzelius* 1807 erstmals die Verbindungen in anorganische und organische unterteilte, wurde bald klar, dass Kohlenstoff eine zentrale Rolle in organischen Substanzen spielt. Obgleich seine Definition organischer Materie als in lebenden Körpern vorkommende Stoffe recht schnell revidiert wurde (Wöhler führt bereits 1828 seine wichtigen Experimente zur Synthese von organischem Harnstoff aus völlig unbelebtem Ammoniumcyanat durch), so ebnete sie doch den Weg zu umfangreichen Forschungsarbeiten, die wesentlichen Einfluss auf die Entwicklung von Bindungstheorien für komplexe Moleküle nahmen.

F. v. Kékulé deutete 1865 die Benzolstruktur als cyclische Einheit. 1874 stellten unabhängig voneinander *J. H. van t'Hoff* und *J. A. LeBel* das Konzept des tetraedrischen, vierfach koordinierten Kohlenstoffatoms vor, was die Interpretation der chemischen Aktivität des Elementes revolutionierte (Abb. 1.1). Von nun an häuften sich die grundlegenden Erkenntnisse über dieses allgegenwärtige Element. *L. Mond* und Mitarbeiter veröffentlichten 1890 die ersten Metallcarbonyle, und 1891 gelang *E. G. Acheson* die erstmalige Herstellung von künstlichem Graphit über die Zwischenstufe des Siliciumcarbids (*Carborund*), welches bis *dato* ebenfalls unbekannt war.

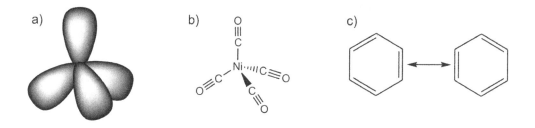

Abb. 1.1 a) sp³-Hybridorbitale des Kohlenstoffs, b) Nickeltetracarbonyl, c) Mesomerie des aromatischen Benzols.

Im beginnenden 20. Jh. setzte sich diese Entwicklung fort. Neben der Darstellung erster Graphit-Interkalationsverbindungen (1926, C_8K) wurde 1929 von *A. S. King* und *R. T. Birge* die Zusammensetzung des Elementes aus den Isotopen ^{12}C und ^{13}C erkannt und 1936 das radioaktive ^{14}C von *W. E. Burcham* und *M. Goldhaber* nachgewiesen. Diese Entdeckung ermöglichte die Entwicklung der Radiodatierungsmethode mit ^{14}C durch *Libby*, der hierfür 1960 den Nobelpreis erhielt. 1961 wurde die Masse des Isotops ^{12}C als Standardatommasse mit 12 festgelegt. Die in den siebziger Jahren zunehmend in Betrieb gehenden NMR-Geräte mit ^{13}C-Fouriertransformation erleichterten die Strukturanalyse von organischen Verbindungen immens.

Ab 1985 erhielt die Kohlenstoff-Forschung neue Schubkraft durch die erstmalige Beobachtung der Fullerene. 1991 wurden dann auch die Kohlenstoff-Nanoröhren als neue allotrope Modifikation präsentiert. Seitdem befindet sich das Forschungsgebiet in einem sehr dynamischen Zustand und die Zahl der Veröffentlichungen ist inzwischen auf über 50.000 angestiegen, was das große Interesse einer Vielzahl von Wissenschaftlern unterschiedlicher Fachgebiete unterstreicht.

Auch Diamant, dessen Name sich von den griechischen Wörtern *diaphanes* für *durchscheinend* und *adamas* für *unbezwingbar* ableitet, wurde bereits ca. 4000 v. Chr. in Indien gefunden. Der älteste und zugleich einer der größten (186 Karat) erhaltenen Diamanten ist der vermutlich um 3000 v. Chr. in Indien gefundene *Koh-i-Noor*, der heute im Tower von London (Großbritannien) aufbewahrt wird. Ab etwa 600 v. Chr. gelangte Diamant aus Indien nach Europa. Bereits sehr früh schrieb man ihm wegen seines auffälligen Äußeren und seiner großen Widerstandsfähigkeit magische Kräfte zu. Erst deutlich später wurde er auch als Schmuckstein verwendet. Auch im antiken Rom kannte und schätzte man den Diamanten. Bereits *Plinius d. Ä.* (23 bis 79 n. Chr.) erwähnte u.a. seine Verwendung als Werkzeug. Jedoch mussten die Steine stets aus Südostasien importiert werden, was sie zu einem äußerst seltenen Material machte. Auch nachdem um 600 n. Chr. auf der Insel Borneo (heute Indonesien) erste Diamantfunde gemeldet wurden, blieb Indien aufgrund seiner günstigeren Lage bis weit in die Neuzeit hinein die wichtigste Quelle für Diamanten.

Abb. 1.2

Der blaue *Hope*-Diamant, der im *National Museum of Natural History* in Washington lagert, gehört zu den berühmtesten Diamanten der Welt (© Kowloonese 2004).

Erst im 18. Jh. waren die indischen Minen weitgehend erschöpft und man musste neue Quellen für den begehrten Stein suchen. Als im Jahr 1726 in der damaligen portugiesischen Kolonie Brasilien auf der Suche nach Gold erstmals Diamanten außerhalb Asiens gefunden wurden, löste das einen „Diamantenrausch" aus, der mehrere Jahre anhielt. Als auch diese Quellen langsam zur Neige gingen (heute findet man noch schwarze Diamanten, die sog. *Carbonados*, die insbesondere zu Bohrwerkzeugen für die Erdölindustrie verarbeitet werden), wurde 1870 nahe der Stadt Kimberley in Südafrika die erste sog. Kimberlitröhre entdeckt, was dafür sorgte, dass sich Südafrika in kürzester Zeit zum weltweiten Hauptproduzenten von Diamant entwickelte.

Abb. 1.3

Die Ekati-Diamant-Mine in Kanada (© Billiton Corp.).

Auch in anderen afrikanischen Ländern nahmen die Diamantfunde zu. So entdeckte man seit Beginn des 20. Jh. z.B. im Kongo, in Namibia, Tansania, Ghana, Guinea, Sierra Leone und Côte d'Ivoire z.T. reichhaltige Diamantvorkommen, so dass bis in die fünfziger Jahre Afrika zum praktisch ausschließlichen Lieferanten avancierte. Erst nach 1950 begann dann die groß angelegte Ausbeutung der sibirischen Diamantminen und die damalige Sowjetunion belieferte den Weltmarkt von dieser Zeit an mit großen Mengen Diamant. Hauptsächlich die Lagerstätten in Jakutien nahe der Stadt Mirny 4000 km östlich des Urals liefern bis heute gute Ausbeuten an lupenreinen und Industriediamanten (Abb. 1.4).

Inzwischen wurden auf allen Kontinenten mehr oder weniger reichhaltige Diamantvorkommen entdeckt, in Europa z.B. nahe Archangelsk (Russland). Insbesondere die Ende der siebziger Jahre erschlossenen Kimberlitröhren in Nordwestaustralien erwiesen sich als sehr ergiebig und Australien ist mittlerweile einer der größten Lieferanten der Welt. Daneben entwickelte sich Kanada in den letzten Jahren zu einem Schwergewicht auf dem Diamantenweltmarkt, nachdem große Vorkommen entdeckt und mit ihrer Ausbeutung begonnen wurde (Abb. 1.3).

Ein Teil der heute angebotenen Diamanten stammt jedoch nicht aus der von wenigen großen Konzernen kontrollierten Produktion. Diese sog. „Blutdiamanten" werden unter menschenunwürdigen Bedingungen in Zentralafrika gefördert und der mit ihnen erzielte Erlös dient lokalen Kriegsherren zur Finanzierung der immer wieder aufflammenden Bürgerkriege. Im Jahr 2001 wurde ein Abkommen unter der Schirmherrschaft der UNO geschlossen, welches die Herkunft von Rohdiamanten nachvollziehbar machen und so den Verkauf der Konfliktdiamanten verhindern soll. Allerdings ist der Ursprung der Steine trotz dieser Zertifizierung oft nicht geklärt, da die entsprechenden Dokumente häufig gefälscht werden und der Diamant selbst keine Auskunft über seinen Fundort gibt.

Einen weiteren Meilenstein in der Geschichte des Diamanten setzte die erstmalige synthetische Herstellung. Sie gelang zunächst 1953 einem schwedischen Forscherteam der ASEA in einer Druckkammer, was jedoch vorerst keine große Beachtung fand (s. a. Kap. 1.3.2). Zuvor hatte es bereits eine Reihe von Versuchen gegeben, den begehrten Stein im Labor herzustellen. Die Ansätze reichten von alchimistischen Fantastereien bis zu ernst zu nehmenden Experimenten. Nennenswert sind hier u.a. die Arbeiten des französischen Chemikers *H. Moissan* (Entdecker des Fluors, hierfür Nobelpreis 1906), der flüssiges Eisen mit Kohlenstoff sättigte und anschließend durch Abschrecken der Masse einen Teil des Kohlenstoffs in Form kleiner, farbloser Kristalle wieder abschied. Jedoch konnte die Entstehung von Diamant nicht zweifelsfrei nachgewiesen werden. 1880 veröffentlichte *J. B. Hannay* seine Arbeiten über das Erhitzen einer Mischung aus Kohlenwasserstoffen und Lithium in verschlossenen Eisenbehältern, deren Resultat Kristalle mit einer Dichte von 3,5 g cm^{-3} und einem Kohlenstoffgehalt von 98 % waren. Allerdings wurden Zweifel, ob die untersuchten Proben tatsächlich aus den Zersetzungsexperimenten stammten, nie ausgeräumt. *C. Parsons* experimentierte mehr als dreißig Jahre an der Herstellung von synthetischem Diamant. Neben gescheiterten Versuchen, die Ergebnisse von *Moissan* und *Hannay* zu reproduzieren, testete er auch den Zusatz von Eisen zu Mischungen nach *Hannay*. Obwohl anfänglich überzeugt, Diamant hergestellt zu haben, zog er diese These nach weiteren, eingehenden Untersuchungen zurück und bezweifelte, ob es bis zum damaligen Zeitpunkt (1943) jemals gelungen war, künstliche Diamanten zu erzeugen. Allerdings gab es 1905 Versuche von *C. V. Burton*, die darin bestanden, Kohlenstoff aus übersättigten Lösungen in Blei-Calcium-Legierungen durch Entfernung des Calciums abzuscheiden. Achtzig Jahre später konnten diese Ergebnisse reproduziert werden und die Produkte lieferten zumindest im Röntgen-Pulverdiffraktogramm Anzeichen für eine diamantartige Kristallstruktur.

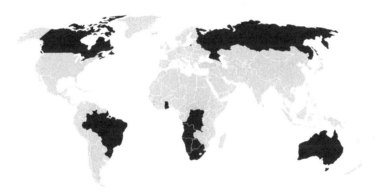

Abb. 1.4 Weltvorkommen an Diamant (dunkle Markierung: Länder mit Diamantvorkommen). Die klassischen afrikanischen Ausfuhrländer erhalten zunehmend Konkurrenz durch Funde in Kanada und Australien.

1955 begann dann die Ära der Industriediamanten mit der ersten großtechnischen Produktion durch *General Electrics* in den Vereinigten Staaten. *P. S. DeCarli* und *J. C. Jamieson* stellten 1961 eine Methode vor, bei der die Energie von Schockwellen aus Explosionen zur Druckerzeugung genutzt wird und somit Graphit in Diamant umgewandelt werden kann. Neben den klassischen Diamanten entstand etwa ab den sechziger Jahren eine völlig neue Art von Material, das durch chemische Gasphasenabscheidung gewonnen wird. Es liegt als dünner Film vor und kann u.a. zur Beschichtung von Oberflächen dienen. Inzwischen ist eine Reihe von zusätzlichen Diamantmaterialien bekannt, die in den Kapiteln 5 und 6 vorgestellt werden.

Die Tatsache, dass es sich bei Diamant, Graphit und Ruß um ein und dasselbe Element handelt, wurde erst Ende des 18. Jh. festgestellt. 1779 zeigte der deutsche Chemiker *C. W. Scheele*, dass Graphit eine Form des Kohlenstoffs ist. 1789 prägte *A. L. Lavoisier* den französischen Namen *carbone* für das Element, abgeleitet vom lateinischen Wort *carbo* für *Holzkohle*. Und erst 1796 gelang *S. Trennant* der Nachweis, dass auch Diamant eine Erscheinungsform des Kohlenstoffs darstellt.

Inzwischen ist das Phasendiagramm des Kohlenstoffs zu einem äußerst komplexen Gebilde mit einer Vielzahl allotroper Modifikationen gewachsen, die zusätzlich noch von Hochdruck- und Hochtemperaturphasen umgeben sind. Jede dieser Phasen hat besondere, teilweise gegensätzliche Eigenschaften, die das Element Kohlenstoff zu einem der vielseitigsten in der Material- und Werkstoffforschung machen.

1.2 Struktur und Bindung

Das Kohlenstoffatom besitzt sechs Elektronen, zwei kernnahe, sehr fest gebundene sowie die restlichen vier Valenzelektronen. Entsprechend liegt eine Elektronenkonfiguration $1s^2$, $2s^2$, $2p^2$ vor (Abb. 1.5). Diese legt eine Zweibindigkeit des Kohlenstoffs nahe, die er allerdings nur in wenigen Strukturen auch wirklich ausbildet (Carbene). Tatsächlich ist der Kohlenstoff in den allermeisten seiner Verbindungen vierbindig. Allerdings weiß man inzwischen, dass der Kohlenstoff in einer Reihe von Verbindungen eine höhere Koordinationszahl als vier aufweist. Beispiele hierfür sind Al_2Me_6, verschiedene Carborane oder aber der achtfach koordinierte Kohlenstoff in $[Co_8C(CO)_{18}]^{2-}$ (Abb. 1.6).

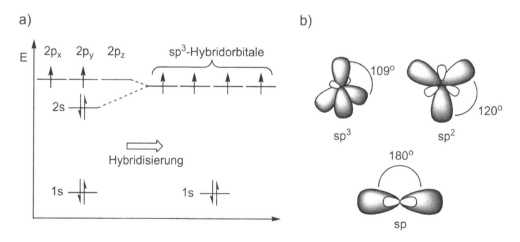

Abb. 1.5 a) Atomorbitaldiagramm und sp^3-Hybridisierung, b) Hybridorbitale des Kohlenstoffs.

Die bevorzugte Vierbindigkeit lässt sich mit Hilfe des Hybridisierungsmodells erklären: Da der Energieunterschied zwischen den 2s- und 2p-Orbitalen im Vergleich zu den Energiewerten einer chemischen Bindung nicht sehr groß ist, besteht die Möglichkeit, dass die Wellenfunktionen dieser Orbitale miteinander mischen und vier äquivalente hybridisierte Orbitale entstehen. Diese sp^3-Hybridorbitale sind auf die Ecken eines um das Kohlenstoffatom angeordneten Tetraeders gerichtet. Daneben können auch das 2s-Orbital und eine geringere Anzahl 2p-Orbitale gemischt werden, wodurch sp- bzw. sp^2-Hybridorbitale entstehen. Abb. 1.5b zeigt die Hybridorbitale und ihre räumliche Orientierung. Dementsprechend kann Kohlenstoff in seinen Verbindungen ein bis vier Bindungspartner aufweisen. Je nach Hybridisierung folgen unterschiedliche Strukturmerkmale für diese Verbindungen: sp-hybridisierte C-Atome bilden lineare Ketten aus, sp^2-hybridisierte planare Strukturen und sp^3-Kohlenstoffatome tetraedrisch angeordnete dreidimensionale Netzwerke. Bei sp- und sp^2-Hybridisierung stehen noch ein bzw. zwei p-Orbitale zur Verfügung, die nicht an der Hybridisierung teilnehmen. Diese gehen π-Bindungen ein, die im Gegensatz zu den σ-Bindungen nicht rotationssymmetrisch sind. Die Existenz der zusätzlichen Bindung(en) macht sich in Bindungsabstand und -enthalpie bemerkbar. So beträgt der C-C-Abstand in Doppelbindungen 133,4 pm und in Dreifachbindungen 120,6 pm, im Vergleich zu 154,4 pm für eine einfache C-C-σ-Bindung. Ein analoger Trend wird für die Bindungsenthalpien beobachtet.

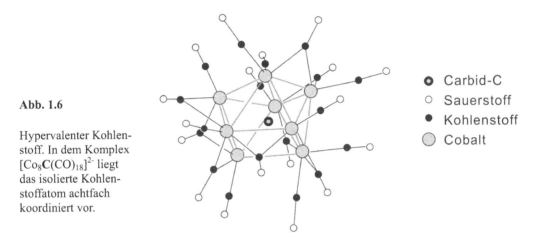

Abb. 1.6

Hypervalenter Kohlenstoff. In dem Komplex $[Co_8C(CO)_{18}]^{2-}$ liegt das isolierte Kohlenstoffatom achtfach koordiniert vor.

◉ Carbid-C
○ Sauerstoff
● Kohlenstoff
◍ Cobalt

1.2.1 Graphit und seine Struktur

Die Struktur des Graphits wurde ab 1917 von *Debye*, *Scherrer*, *Grimm*, *Otto* und *Bernal* aufgeklärt und ist durch eine Abfolge verschiedener Schichten, der sogenannten Graphenlagen, gekennzeichnet, die sich in der *xy*-Ebene ausbreiten. Sie sind in *z*-Richtung übereinander angeordnet und werden nur durch schwache *van der Waals*-Wechselwirkungen zusammengehalten (Abb. 1.7).

Innerhalb einer Graphenlage sind die Kohlenstoffatome auf den Eckpunkten eines aus gleichmäßigen Sechsecken bestehenden zweidimensionalen Gitters angeordnet, wobei von jedem Atom drei σ-Bindungen entlang der Sechseckkanten ausgehen, was einer sp^2-Hybridisierung entspricht. Somit nehmen nur drei der vier Valenzelektronen an der Hybridisierung teil. Zwischen den in den p_z-Orbitalen befindlichen Elektronen kommt es ebenfalls zu einer Wechsel-wirkung. Es bildet sich eine über die gesamte Graphenlage delokalisierte π-Wolke aus. Die π-Elektronen verhalten sich wie ein zweidimensionales Elektronengas, sind mobil und verant-wortlich für Materialeigenschaften wie die anisotrope elektrische Leitfähigkeit (siehe Kap. 1.4.1). Der Abstand zwischen zwei benachbarten Atomen innerhalb einer Graphenlage be-trägt 141,5 pm. Das entspricht einem Bindungsgrad von 1,5 sowie dem doppelten Kovalenz-radius eines aromatischen C-Atoms (C-C-Abstand in Benzol 139 pm) und ist ein klarer Hin-weis auf den Beitrag der π-Bindung. Der Abstand zwischen zwei Graphenlagen beträgt dage-gen 335,4 pm (in etwa der doppelte *van der Waals*-Radius), da nur schwache *van der Waals*-Wechselwirkungen bestehen. Daher lassen sich die einzelnen Schichten im Graphit leicht parallel gegeneinander verschieben.

Man unterscheidet zwei Modifikationen, den hexagonalen („normalen") oder auch α-Graphit und den rhomboedrischen β-Graphit. Letzterer findet sich sehr häufig in natürlichen Graphi-ten und kann unter Hitzeeinwirkung in die thermodynamisch stabilere hexagonale Form um-gewandelt werden. In dieser sind die einzelnen Graphenlagen in einer Schichtenabfolge ABAB gestapelt, so dass die Atome einer Lage B über den Sechseck-Mittelpunkten der dar-unter befindlichen Ebene A liegen (Abb. 1.7a). Die dritte Lage erscheint dann in der z-Projektion als deckungsgleich mit der ersten Schicht. Die hexagonale Elementarzelle mit einer Symmetrie P6₃/mmc (D^4_{6h}) besitzt die Abmessungen 2,456 x 2,456 x 6,708 Å und ent-hält vier Kohlenstoffatome.

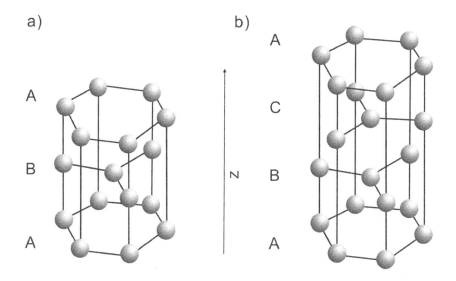

Abb. 1.7 Schichtenfolge des hexagonalen Graphits (a) und des rhomboedrischen Graphits (b).

Im rhomboedrischen Graphit sind die einzelnen Graphenlagen in einer ABCABC-Schichtenfolge angeordnet (Abb. 1.7b), wodurch die Elementarzelle größere Abmessungen (2,456 x 2,456 x 10,062 Å) aufweist. Sie enthält vier Kohlenstoffatome. Rhomboedrischer

Graphit wandelt sich oberhalb von 1025 °C in α-Graphit um. Die umgekehrte Transformation gelingt durch Vermahlen. Die Bildungsenthalpie der rhomboedrischen Form liegt nur etwa 0,6 kJ mol^{-1} höher als die des hexagonalen Graphits.

Neben diesen beiden Idealformen existiert in der Realität eine Reihe graphitischer Materialien, die zwar innerhalb der einzelnen Graphenlagen eine perfekte Anordnung der Kohlenstoffatome aufweisen, aber durch Packungsfehler einen erhöhten Schichtenabstand von ca. 344 pm zeigen. Bei dieser Distanz existiert praktisch keine Wechselwirkung zwischen den Graphenlagen mehr, so dass die Orientierung der einzelnen Schichten keinen Einfluss auf die wirkenden Kräfte hat. Die Ebenen sind daher oft ungeordnet gegeneinander um die z-Achse verdreht und zusätzlich in xy-Richtung verschoben, so dass man von einer *turbostratischen* Struktur spricht.

1.2.2 Diamant und seine Struktur

Im Diamant besitzt jedes Kohlenstoffatom vier direkte Nachbarn, die sich an den Ecken eines Tetraeders befinden, in dessen Zentrum das betrachtete Atom liegt. Alle Kohlenstoffatome sind sp^3-hybridisiert, und der Bindungsabstand zu den direkten Nachbarn beträgt 154,45 pm.

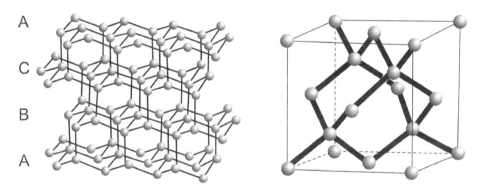

Abb. 1.8 Die Gitterstruktur des kubischen Diamanten und seine Elementarzelle.

Man unterscheidet zwei Kristallformen des Diamanten, den kubischen und den hexagonalen Typ (auch *Lonsdaleit*), wobei die kubische Modifikation die häufigste Kristallform darstellt. Daneben werden Diamanten strukturell auch nach ihrem Stickstoffgehalt unterschieden: Typ Ia enthält Stickstoff, der in Plättchen der ungefähren Zusammensetzung C$_3$N vorliegt. Dagegen sind im Typ Ib die Stickstoffatome gleichmäßig über den gesamten Kristall verteilt. Diamant, der praktisch frei von Stickstoff ist, wird als Typ IIa bezeichnet, der jedoch in der Natur nur sehr selten auftritt. Der im Gegensatz zu den anderen Formen halbleitende Typ IIb, der wie Typ IIa keinen Stickstoff enthält, weist zusätzlich eine gewisse Konzentration an Aluminium auf.

Das kubisch flächenzentrierte Gitter des Diamanten weist eine Gitterkonstante von 356,68 pm auf, und die Elementarzelle enthält acht Atome (Abb. 1.8). Dabei handelt es sich nicht um eine dicht gepackte Struktur, sondern um ein Gitter vom *Sphalerit*-Typ, bei dem sich zwei kubisch flächenzentrierte Gitter durchdringen, die entlang der Raumdiagonale der Elementarzelle gegeneinander verschoben sind. Ein analoges Gitter trifft man bei der Zinkblende (ZnS) an. Erwärmt man kubischen Diamant bei einem Druck von 127 bar auf über 3750 °C, so wandelt er sich in Graphit um.

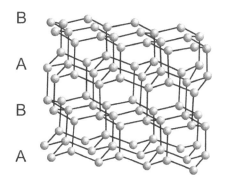

B

A

B

A

Abb. 1.9

Gitterstruktur des hexagonalen Diamanten. Die Anordnung der Atome in den waagerechten Kristallebenen erscheint wie eine „wellige" Graphitstruktur.

Hexagonaler Diamant (*Lonsdaleit*) kommt natürlicherweise extrem selten vor. Erstmals gefunden wurde er 1967 in einem in Arizona entdeckten Meteoriten. Es ist aber möglich, *Lonsdaleit* aus Graphit zu gewinnen, indem man diesen bei Raumtemperatur einem erheblichen Druck entlang der z-Achse aussetzt. Das hexagonale Gitter vom *Wurtzit*-Typ ist wie das des kubischen Diamanten aus Kohlenstofftetraedern aufgebaut, die jedoch in einer anderen Anordnung vorliegen (Abb. 1.9). Die Elementarzelle enthält 4 Atome und weist die Gitterparameter $a_0 = 252$ pm und $c_0 = 412$ pm auf.

Anschaulich kann man sich vorstellen, dass ausgehend vom hexagonalen Graphit die frei beweglichen π-Elektronen abwechselnd nach oben und unten σ-Bindungen mit den entsprechenden Atomen der Nachbarebenen ausbilden. Dadurch kommt es zu einer Verdichtung und formalen „Wellung" des Gitters (Hybridisierungswechsel), wobei aber die ABAB-Schichtenfolge erhalten bleibt. Dagegen muss für die Ausbildung eines kubischen Diamantgitters zusätzlich eine leichte Verschiebung jeder dritten Lage erfolgen, was zu der ABCABC-Schichtenfolge mit einem Abstand der einzelnen Gitterebenen von nur noch 205 pm führt. Natürlich handelt es sich bei dieser Betrachtung nur um ein Modell, zur Veranschaulichung von Gitterverwandtschaften der einzelnen Kohlenstoffmodifikationen. Tatsächlich besitzen sowohl kubischer als auch hexagonaler Diamant eine isotrope, dreidimensionale Netzstruktur, in der alle Atome tetraedrisch von vier Nachbarn umgeben sind.

1.2.3 Struktur anderer Kohlenstoffallotrope

Neben den „Klassikern" Graphit und Diamant existiert eine Reihe weiterer Kohlenstoffphasen. In den sechziger Jahren wurde ein weißes Allotrop gefunden, das den Namen *Chaoit* erhielt. Man fand es im bayrischen Ries (nordöstlich von Ulm) in druckgeschmolzenem Graphitgneis. Außerdem kann *Chaoit* auch durch Erhitzen von Pyrolysegraphit auf etwa 2000 °C im Vakuum (ca. $1,3 \cdot 10^{-7}$ bar) erzeugt werden. Die erhaltenen hexagonalen Kristalle wachsen in Form von Dendriten. Die Gitterparameter betragen $a_0 = 894,5$ pm, $c_0 = 1407,1$ pm, die Dichte ist mit $\rho = 3,43$ g cm^{-3} der von Diamant sehr ähnlich. Die eigentliche Kristallstruktur ist allerdings bisher nicht vollständig aufgeklärt. Man vermutet aber, dass zumindest teilweise Carbineinheiten (-C≡C-C≡C-C≡C-) vorliegen.

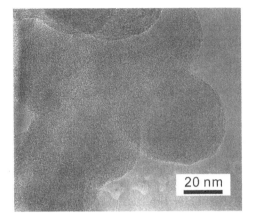

Abb. 1.10

HRTEM-Aufnahme von Rußpartikeln
(© M.Ozawa).

Auch sog. *Kohlenstoff (IV)* scheint solche Carbinstrukturen zu enthalten. Er kann durch Erhitzen vorzugsweise mit einem Laser bei einem Argondruck von 10^{-7} bar bis 1 bar aus Graphit hergestellt werden. Seine Elementarzelle weist eine hexagonale Struktur mit den Gitterparametern $a_0 = 533$ pm und $c_0 = 1224$ pm auf. Die Dichte ist mit etwa 2,9 g cm^{-3} deutlich größer als bei Graphit. Weitere Carbinallotrope scheinen als Hochtemperaturphasen zwischen etwa 2300 °C und dem Schmelzpunkt des Kohlenstoffs zu existieren.

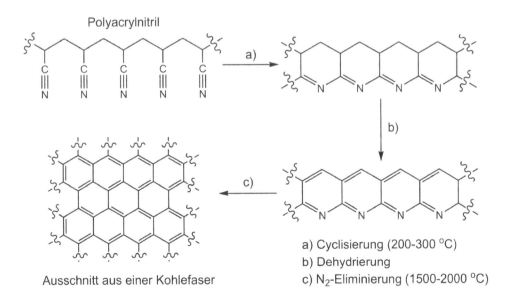

Polyacrylnitril

Ausschnitt aus einer Kohlefaser

a) Cyclisierung (200-300 °C)
b) Dehydrierung
c) N_2-Eliminierung (1500-2000 °C)

Abb. 1.11 Umwandlung von Polyacrylnitril-Fasern in Kohlefasern.

Während bei den vorgenannten Allotropen bisher nicht klar ist, ob sie vom Kristallisationstyp eher den graphitischen oder diamantartigen Strukturen zuzurechnen sind, handelt es sich bei *Ruß* (engl. *carbon black, soot*) eindeutig um eine graphitische Phase mit erweitertem Schichtenabstand von etwa 344 pm. Wie elektronenmikroskopische Abbildungen zeigen (Abb. 1.10), liegen die Rußpartikel als kugelförmige Strukturen vor, die lockere, traubenförmige Aggregate bilden. Innerhalb der einzelnen Partikel sind sehr kleine, graphitisch kristallisierte Bereiche (bis zu 3 nm innerhalb der Sechseckebenen, 2 nm senkrecht dazu) dachziegelartig übereinander geschichtet, wobei innerhalb der Stapel eine turbostratische Ordnung vorherrscht. Den Kern dieser Teilchen bilden Strukturen, die aus polycyclischen Aromaten hervorgegangen sind. Diese lagern sich während der Bildung der Rußpartikel an Kondensationskeimen an und bilden dann entlang ihrer Molekülebenen die ersten Stapel, von denen das Partikelwachstum ausgeht. Je geringer der Druck bei der Rußherstellung ist, desto größere Teilchen wachsen heran. Dies liegt u.a. an der dabei verminderten Zahl der Kondensationskeime. Übliche Partikelgrößen für Rußteilchen liegen im Bereich von 20 bis 300 nm. Dadurch weist Kohlenstoffruß eine beträchtliche äußere Oberfläche von etwa 100 m^2 g^{-1} auf, die bei zusätzlicher Aktivierung durch Erhitzen auf bis zu 1000 m^2 g^{-1} gesteigert werden kann. Durch die lockere Stapelung der einzelnen Bereiche besitzt Ruß nur eine geringe Dichte von etwa 1,85 g cm^{-3}.

a)   b)

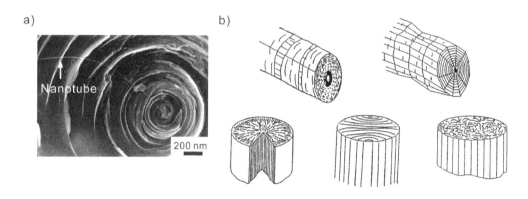

Abb. 1.12 Kohlefasern; a) mikroskopische Aufnahme, aus dem Zentrum heraus verläuft eine mehrwandige Kohlenstoff-Nanoröhre (helle Linie, © Elsevier 1995), b) schematische Darstellung möglicher Faserstrukturen (© Springer 1988).

Kohlenstofffasern stellen ebenfalls eine eigene graphitische Form des Kohlenstoffs dar. Lediglich die Anordnung der graphitischen Elemente unterscheidet sich vom *bulk*-Material, da sie dem Faserhabitus folgt. Letztendlich ist die Herstellungsmethode für die Ausbildung der graphitischen Bereiche in der Faser verantwortlich. Ausgehend von Polyacrylnitril (PAN) entsteht durch Erhitzen eine anfangs noch stickstoffhaltige Faserstruktur, die durch weiteres Erhitzen den Stickstoff verliert und graphitiert. Der Mechanismus dieser Umwandlung ist in Abb. 1.11 demonstriert. Neben PAN dienen auch Celluloseacetat und der teerartige Rückstand der Erdölraffination (Mesophasenpech, engl. *mesophase pitch*) als Ausgangsmaterial. Oft beobachtet man im Zentrum von Kohlefasern Strukturelemente, die mehrwandigen Kohlenstoff-Nanoröhren ähnlich sind. Um diese herum findet man dann die je nach Herstellungstemperatur strukturierten graphitischen Bereiche, die entlang der Faserachse angeordnet sind. Werden die Kohlefasern nach der Herstellung noch thermisch behandelt, so ändert sich zwar ihre Morphologie, aber die Ausrichtung der Graphenebenen parallel zur Faserachse bleibt weitgehend erhalten. Abb. 1.12 zeigt einige Strukturbeispiele.

Der sog. *Glaskohlenstoff* (engl. *glassy carbon*) weist ebenfalls interessante Strukturmerkmale auf. Zwar findet man bandartige graphitische Bereiche, in denen die Kohlenstoffatome eine sp^2-Hybridisierung aufweisen und in Schichten vorliegen, diese sind jedoch auf ungeordnete Weise miteinander verschlungen, so dass ein mechanisch und chemisch äußerst resistentes Material entsteht. Abb. 1.13 verdeutlicht die vorliegenden Strukturen. Glaskohlenstoff ist im Gegensatz zu Graphit ein Material mit einer geringeren Dichte von 1,5 g cm^{-3} und isotropen thermischen und elektrischen Eigenschaften.

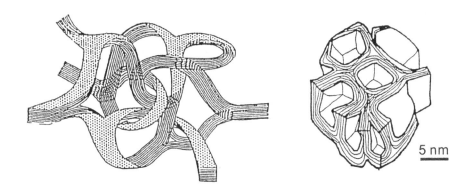

Abb. 1.13 Die Struktur glasartigen Kohlenstoffs. Die verschlungenen graphitischen Bänder sorgen für die außergewöhnliche Festigkeit und die Isotropie der Eigenschaften (© Cambridge Univ. Press 1976).

1.2.4 Flüssiger und gasförmiger Kohlenstoff

Der Schmelzpunkt von Graphit bei Normaldruck liegt mit etwa 4450 K extrem hoch und ist der höchste bisher für ein Element gemessene. Die Bestimmung gestaltet sich entsprechend schwierig, da jedes Tiegelmaterial vor dem zu untersuchenden Inhalt schmelzen würde. Man nutzt daher Graphittiegel und erhitzt z.B. mit Hilfe eines Lasers die zentrale Zone der Tiegelfüllung. Der Schmelzpunkt von Diamant weicht etwas von dem des Graphits ab, die erhaltene flüssige Phase aber ist wohl identisch.

Der Siedepunkt von Kohlenstoff liegt sehr nah an seinem Schmelzpunkt, so dass der Dampfdruck über der flüssigen Phase hoch ist. Allerdings verdampfen keine einzelnen Atome, sondern kleine Kohlenstoffcluster mit bis zu mehreren zehn Atomen (in der Größenordnung vergleichbar mit Fullerenen). Die häufigsten Spezies besitzen Strukturen C_n mit n = 3, 2, 4. Hoher Dampfdruck bei gleichzeitig großer C-C-Bindungsenergie (die Atombindungsenergie beträgt 717 kJ mol^{-1}), behindert die Freisetzung einzelner Atome.

1.3 Vorkommen und Herstellung

1.3.1 Graphit und verwandte Materialien

Graphit wird hauptsächlich dort gefunden, wo Erstarrungsgesteine (z.B. Gneis) und Schicht-gesteine aneinander grenzen und vermutlich die Graphitisierung der in den Schichtgesteinen vorhandenen Kohle durch die eindringende Magma und die entsprechend hohe Temperatur (300-1200 °C) eingeleitet wurde. Es existieren verschiedene Lagerstättenformen, in denen der Graphit in großen Stücken (engl. *lump and chip*), als Flockengraphit bzw. als mikrokristalli-ner Pudergraphit (oft wegen seiner geringen Partikelgröße und dem damit verbundenen Aus-sehen fälschlicherweise als amorph bezeichnet) vorliegt. Für große zusammenhängende Stü-cke wird auch eine hydrothermale Entstehung diskutiert. Manche dieser Lagerstätten weisen die Form großer Linsen auf. Normalerweise finden sich Schichten bzw. Taschen im umge-benden Gestein, ein weiterer Hinweis auf die Entstehung aus Kohleflözen.

Hauptlieferanten sind China, Indien, Brasilien, Korea und Kanada neben weiteren wichtigen Produzenten von qualitativ hochwertigem Graphit wie Sri Lanka und Madagaskar. Insgesamt wurden im Jahr 2003 ca. 742.000 t natürlicher Graphit gefördert (Tab. 1.1). Auch in Deutsch-land wird er seit alters her abgebaut (momentane Jahresproduktion ca. 300 t), die Vorkommen finden sich u.a. in der Passauer Region.

Tabelle 1.1 Jahresproduktion von natürlichem Graphit im Jahr 2003 (Quelle: US Geological Survey)

	China	Indien	Brasilien	Nordkorea	Kanada	Mexiko	Tschechien
Jahresproduktion Graphit in Tonnen	450.000	110.000	61.000	25.000	25.000	15.000	15.000

Der Graphitgehalt der Lagerstätten beträgt zwischen 20 und 50 %. Je nach Gehalt existieren unterschiedliche Aufbereitungsmethoden. Das gebrochene und anschließend gemahlene Ge-stein wird durch eine mehrstufige Ölflotation vom Graphit abgetrennt. Teilweise findet auch eine Aufarbeitung mit HF oder HCl statt. Das in Sri Lanka geförderte Rohmaterial bedarf dagegen keiner Flotation, es wird lediglich in graphithaltige und taube Fraktionen sortiert und anschließend der Lehmanteil ausgewaschen. Die graphithaltige Fraktion wird dann in einer Sodaschmelze behandelt. Je nach Kristallisationsgrad und Reinheit (üblicherweise ist diese bei gut kristallisierten Flockengraphiten höher als bei Pudergraphiten) erzielt der erzeugte Graphit ganz unterschiedliche Weltmarktpreise.

Allerdings reicht die geförderte Menge bei weitem nicht aus, um den Bedarf an graphiti-schem Kohlenstoff zu decken. Daher wird ein großer Teil synthetisch hergestellt. Die Produk-tionsmenge liegt im zweistelligen Gigatonnenbereich pro Jahr, wobei als Kohlenstoffquellen Kohle, Erdöl und Erdgas dienen. Durch die thermische Zersetzung dieser Rohstoffe bei 600-3000 °C fallen unterschiedliche graphitische Materialien wie z.B. Ruß, Aktivkohle, Kunst-graphit, Faserkohlenstoff usw. an.

Je nach Herstellungsmethode und Ausgangssubstanz werden Graphitmaterialien mit unter-schiedlichen Eigenschaften wie Kristallisationsgrad, Partikelgröße und Schichtstruktur erhalten. Einige der schlecht kristallisierten Produkte weisen eine turbostratische Anordnung der Graphenlagen auf. Je höher die Temperatur bei der Zersetzung des Ausgangsmaterials, desto größer werden die einzelnen graphitisch geordneten Schichtpakete und die Eigenschaften des Materials nähern sich denen des echten Graphits. Im Folgenden werden die einzelnen Produkte und ihre Herstellung beschrieben.

Koks: Die Jahresproduktion liegt im 100 Megatonnen-Bereich, da für den Betrieb von Hochöfen und zu Feuerungszwecken sehr große Mengen dieses Energieträgers benötigt werden. Der Kohlenstoffgehalt liegt bei etwa 98 %. Koks wird durch starkes Erhitzen von Steinkohle (Verkokung) erhalten. Es wird je nach verwendeter Steinkohle zwischen *Gas-* und *Hüttenkoks* unterschieden. Der bei der Verkokung gasarmer Kohlen entstehende Hüttenkoks ist fester und besser als Gaskoks für den Hochofenprozess zu verwenden. Daneben entsteht aus den Destillationsrückständen der Erdölraffination der sog. Petrolkoks, der im Vergleich zu den anderen Koksarten gut graphitiert und daher für die Herstellung von *Kunstgraphit* eingesetzt wird.

Kunstgraphit: Dieser Kohlenstoff kommt dem natürlichen Graphit in seinen Eigenschaften sehr nahe. Er entsteht bei der Pyrolyse von Kohlenstoffverbindungen bei extrem hohen Temperaturen. Großtechnisch wird hauptsächlich Petrolkoks bei 2600-3000 °C graphitiert. Das Verfahren beginnt mit einer Vorerhitzung auf ca. 1400 °C, bei der der Petrolkoks von flüchtigen Bestandteilen befreit wird. Anschließend werden mit Pech gebundene Formkörper hergestellt und bei 800-1300 °C vorgebrannt. Dieser *Kunstkohlenstoff* wird anschließend in einem Elektroofen in Koks eingebettet und durch Widerstandserhitzung graphitiert. Die Schüttung aus Formkörpern wird dabei mit Sand abgedeckt, was nicht nur thermische Gründe hat. Offensichtlich hat darin enthaltenes Silicium eine katalytische Wirkung auf die Graphitbildung, da als Intermediat Siliciumcarbid entsteht, welches bei den herrschenden Temperaturen einen deutlichen Siliciumdampfdruck aufweist. Der bei der Carbidzersetzung gebildete Kohlenstoff fällt aufgrund des geringeren chemischen Potentials als Graphit an ($C_{mikrokrist.}$ + Si → SiC → Si + $C_{graphit.}$).

Pyrokohlenstoff: Je nach Herstellungsmethode können extrem gute Werte für die Parallelität der einzelnen Graphenlagen erzielt werden. Gewöhnlicher Pyrokohlenstoff wird durch die Thermolyse von Kohlenwasserstoffen bei etwa 700 °C und niedrigem Druck von ca. 10 mbar erzeugt. Das Produkt scheidet sich an glatten Oberflächen ab, wobei sich die Graphenlagen parallel zu diesen orientieren. Wird nach der Thermolyse (dann bei 2000 °C) bei 3000 °C nachgraphitiert, so nennt man das erhaltene Material *Pyrographit*. Dieser erreicht bereits die Anisotropie der Strom- und Wärmeleitfähigkeit des Graphits. Wirkt zusätzlich zu der extremen Temperatur eine Scherkraft auf den Kohlenstoffniederschlag ein, so entsteht der perfekt parallel angeordnete „*hochgeordnete Graphit*", meist als *HOPG* (*highly ordered pyrolytic graphite*) bezeichnet (Abb. 1.14). Die Abweichung von der Parallelität beträgt bei diesem unter 1°.

Kohlefasern: Wenn man organische Fasern unter Zugspannung pyrolysiert, entstehen die bereits erwähnten Kohlenstoff-Fasern (Kap. 1.2.3), deren Sechseckschichten parallel zur Zugrichtung orientiert sind. Als Ausgangsmaterial dient hauptsächlich Polyacrylnitril (PAN). Durch die kovalente Verknüpfung der Kohlenstoffatome in Faserrichtung besitzt das so hergestellte Material hohe Zugfestigkeit und einen großen Elastizitätsmodul.

Glaskohlenstoff: Verwendet man anstelle von Polyacrylfasern ungeschäumte organische Polymere, bildet sich eine weitere Variante des graphitischen Kohlenstoffs. Dieser ist durch eine verknäulte Anordnung graphitischer Bänder charakterisiert (Abb. 1.13), die ihm extreme Härte verleiht. Auch sind seine Eigenschaften auf makroskopischer Ebene isotrop, da keine feste Raumordnung der graphitischen Bereiche vorliegt. Diese sind vielmehr völlig zufällig orientiert. Seinen Namen erhielt der Glaskohlenstoff aufgrund seines Aussehens, das wie schwarzes Glas anmutet. Er kann nur mit Diamantwerkzeugen bearbeitet werden, ist chemisch besonders inert und findet z.B. Verwendung als Elektroden- und Tiegelmaterial.

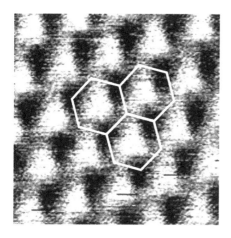

Abb. 1.14

Kraftmikroskopische Aufnahme von hochgeordnetem Graphit (HOPG). Das Graphengitter ist durch die weiße Linie angedeutet. Die unterschiedliche Helligkeit der Kohlenstoffatome ergibt sich aus der unterschiedlichen Situation in der darunter liegenden Atomschicht (© A. Schwarz).

Aktivkohle: Mit Oberflächen von 300-2000 $m^2 \, g^{-1}$ bei einem Porenradius von 1-5 nm ist Aktivkohle ein sehr gutes Adsorptionsmittel für eine Reihe von Substanzen. Sie wird durch schwaches Erhitzen organischer Vorläufer, z.B. Holz, Torf, Kokosschalen, aber auch Steinkohle etc., hergestellt. Die Aktivierung (Entwicklung der nötigen Porenstruktur) erfolgt entweder hydrothermal durch eine Reaktion der Oberfläche mit Wasserdampf oder durch Imprägnieren des Ausgangsmaterials mit Substanzen, die für eine Oxidation und Dehydratisierung sorgen, wie $ZnCl_2$, H_3PO_4 oder NaOH. Anschließend werden deren Rückstände aus den Poren herausgewaschen. Die Produktionsmenge pro Jahr liegt bei mehreren 100000 t weltweit.

Ruß: Die Jahresproduktionsmenge für Ruß liegt im Gigatonnenmaßstab, da er insbesondere in der Reifenindustrie als Füllstoff benötigt wird. Es werden je nach Ausgangsmaterial mehrere Rußsorten unterschieden: Verbrennungsruß, der durch unvollständige Verbrennung von Kohlenstoffen entsteht und Spaltruß, der durch thermische Zersetzung hergestellt wird. Besondere Bedeutung unter den Verbrennungsrußen besitzen der *Furnaceruß* (95 % C), der durch Verbrennung von Erdöl und anschließende Abschreckung der Verbrennungsgase mit Wasser produziert wird, und der *Gasruß*, der durch Abscheidung des in einer leuchtenden Anthracenölflamme gebildeten Kohlenstoffs an gekühlten Eisenflächen entsteht. Als Ausgangsmaterial für die Spaltrußgewinnung kommen Erdgas, Methan und Acetylen in Frage. Bei letzterem spricht man vom „*Acetylenruß*", der einen besonders hohen Kohlenstoffgehalt aufweist (98-100 %). Durch die Partikelstruktur weist Ruß ebenso wie Aktivkohle eine große Oberfläche auf (Abb. 1.10). Daneben sorgen die unregelmäßig angeordneten, sehr kleinen graphitischen Bereiche für die Isotropie der Materialeigenschaften.

Natürliche Vorkommen kohlenstoffhaltiger Materialien: Als Quellen für die Produktion von Kohlenstoffmaterialien kommen natürliche Ressourcen wie Anthrazit, Steinkohle, Braunkohle, Torf, Holz, Erdöl oder Erdgas in Frage. Diese haben einen unterschiedlichen Kohlenstoffgehalt und sind zum Teil das Resultat langer geologischer Prozesse. Der als Inkohlung bezeichnete Vorgang produzierte im Laufe von Jahrmillionen aus organischem Material durch anaerobe Zersetzung zunächst Huminsäuren, dann Torf und schließlich durch erhöhten Druck und Luftabschluss Braun- und Steinkohle. Dabei erhöhte sich der Kohlenstoffgehalt im Laufe dieser Entwicklung und der Wassergehalt des Materials nahm ab. Braunkohle entstand besonders im Oligozän und Miozän (Abb. 1.15) und weist einen Wassergehalt von bis zu 45 % auf. In der entwässerten Kohle beträgt der Kohlenstoffgehalt ca. 70 %.

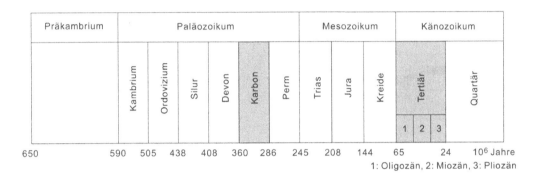

Abb. 1.15 Zeittafel der Erdzeitalter. Die Perioden der Kohlebildung sind grau hinterlegt.

Die geologisch meist ältere, im Karbon entstandene Steinkohle weist i. A. einen Wassergehalt von unter 20 % und einen Kohlenstoffgehalt von ca. 90 % im entwässerten Material auf. Die qualitativ höchstwertige Kohle ist der Anthrazit, ein grauglänzendes Material großer Härte mit einem Restfeuchtegehalt von unter 15 % und einem Kohlenstoffgehalt von über 90 % nach der Trocknung. Die unterschiedlichen Kohlenstoff-Gehalte entstanden durch entsprechende Druck- und Temperaturbedingungen, das geologische Alter ist nicht die Ursache des fortschreitenden Inkohlungsprozesses. Bei einigen der ältesten bekannten Kohlen handelt es sich um kohlenstoffarme Braunkohle.

1.3.2 Diamant

Bis zur Mitte der fünfziger Jahre war man ausschließlich auf natürliche Diamantvorkommen angewiesen, da trotz einer Vielzahl von Versuchen keine erfolgreiche Synthese künstlicher Diamanten existierte.

Die geologische Entstehungsgeschichte des Diamanten ist bis heute nicht vollständig geklärt, man geht aber davon aus, dass es sich um ein Umwandlungsprodukt anderer Kohlenstoffformen, z.B. Graphit, handelt. Bei den im Erdinneren in Tiefen von mehr als 150 km herrschenden hohen Drücken (> 4,5 GPa) und Temperaturen (900-1300 °C) gehen diese in den bei diesen Bedingungen stabileren Diamant über. Vor mehreren hundert Millionen Jahren gelangte das Material bei Vulkanausbrüchen innerhalb weniger Stunden in Schloten flüssiger

Magma aus dem äußeren Erdmantel an die Oberfläche, wobei eine Geschwindigkeit von bis zu Mach 2 (700 m s^{-1}) erreicht wurde. Der eruptive Prozess erfolgte so schnell, dass die Rückumwandlung in Graphit trotz niedrigen Druckes und anhaltend hoher Temperatur nicht stattfinden konnte. Die Magma kühlte in den Vulkanschloten ab und bildete Erstarrungsgesteine (Abb. 1.16). Das Transportgestein magmatischen Ursprungs, in dem am häufigsten Diamant gefunden wird, ist der *Kimberlit*, dessen Name sich von der südafrikanischen Stadt Kimberley ableitet, in deren Nähe erstmals derartige Schlote entdeckt wurden. Daneben findet sich Diamant auch in Sedimentgesteinen, die aus der Verwitterung des Ursprungsgesteins entstanden sind. Durch seine große Härte entging der Diamant der Erosion und wurde durch Auswaschung abtransportiert und an seinen jetzigen Fundorten abgelagert. Vor der Küste Namibias findet man auch Lagerstätten im Meer, die durch derartige Transportprozesse entstanden sind.

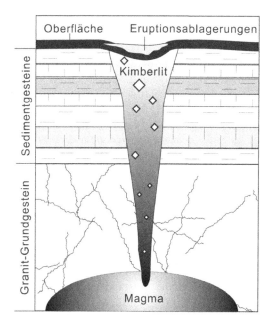

Abb. 1.16

Schema einer Kimberlitröhre, in der durch schnelle Abkühlung des flüssigen Gesteins Kohlenstoff in Form von Diamant erhalten bleibt und an die Erdoberfläche transportiert wird.

Die Diamantgewinnung erfolgt sowohl durch Auswaschung der Sedimentgesteinsvorkommen als auch durch den Abbau der Kimberlitröhren. Dadurch entstehen in den Vulkanschloten riesige Krater, die immer tiefer in das Gestein vordringen. In einigen Minen wird auch unterirdischer Abbau praktiziert. Das vorgebrochene und nicht zu fein gemahlene Gestein wird anschließend ausgewaschen und die diamanthaltige Fraktion über gefettete Förderbänder geleitet, an denen der Diamant haften bleibt, während das restliche Gestein weiter transportiert wird. Daneben sind auch Röntgensortiergeräte im Einsatz, die insbesondere bei der großindustriellen Lagerstättenausbeutung von Vorteil sind. Die Jahresproduktion liegt momentan bei etwa 150,2 Megakarat (30 t), von denen Australien 6,6 t, Afrika insgesamt etwa 16 t und Russland 4,8 t liefert. Die Gewinnung von Schmuckdiamanten erfolgt dann aus der erhaltenen Diamantfraktion, wobei die Rohdiamanten nach ihrer Farbe, der kristallinen Struktur und der Art und Verteilung der Einschlüsse beurteilt werden. Ein großer Teil (je nach Fundort durchschnittlich 50 %) der geförderten Menge erfüllt jedoch nicht die Anforderungen für Schmuckdiamanten und wird daher für die Herstellung von Schneid- und Schleifwerkzeugen verwendet. Allerdings reicht diese Menge bei weitem nicht aus, um die Nachfrage nach Industriediamant zu befriedigen.

Tabelle 1.2 Jahresproduktion von natürlichem Diamant im Jahr 2003 (Quelle: US Geological Survey)

	Australien	Botswana	Kongo	Russland	Südafrika	Kanada
Jahresproduktion Diamant in Megakarat	33,1	30,4	27,0	24	12,7	11,2
davon Schmuckqualität in Megakarat	14,9	22,8	5,4	12	5,1	k.A.

Aus den geförderten Rohdiamanten werden für die Schmuckdiamantherstellung durch Spalten entlang der passenden Kristallflächen Steine gebrochen, die anschließend so bearbeitet werden, dass der Glanz und die besonders starke Farbbrechung zur Geltung kommen (Abb. 1.17a). Zum Schleifen und Polieren wird Diamantpulver verwendet, da kein anderes Material die nötige Härte besitzt, um Abrieb auf Diamant zu erzeugen. Die verschiedenen Kristallflächen des Diamanten weisen deutlich unterschiedliche Härten auf, was man sich bei der Bearbeitung des Materials zunutze macht. Das Schleifpulver enthält unregelmäßig geformte Bruchstücke, so dass Material jeder Härte vorhanden und die Bearbeitung der Kristallflächen möglich ist. Das Schleifen der Diamanten erfolgt unter der Maßgabe, die Brillanz des Steins optimal herauszuarbeiten. Dabei ist stets das Ziel, so wenig wie möglich Rohmaterial zu entfernen und trotzdem attraktive Schmucksteine zu erhalten. Daher entwickelte sich im Laufe der Jahrhunderte eine Vielzahl von Schliff-Formen, die im sog. *Vollbrillantschliff* mündeten. Dieser vereint mindestens 32 Facetten sowie eine Tafel auf der Oberseite und mindestens 24 Facetten und manchmal eine Kalette auf der Unterseite. Der Umfang des Steins (Rundiste) ist kreisförmig. Durch diese Bearbeitung wird eine größtmögliche Dispersion des Lichtes erreicht (Abb. 1.17b).

Die Qualität von Schmuckdiamanten wird nach der *4 C-Methode* beurteilt, die die Kriterien *C*oulour (Farbe), *C*larity (Reinheit, Art und Größe der Einschlüsse), *C*ut (Schliffgüte) und *C*arat (Karat, Gewicht) einschließt. 1 Karat entspricht 0,2 g, diese Massenangabe stammt aus dem Altertum und ist als das Gewicht eines Samens des Johannisbrotbaums definiert, dessen Masse mit erstaunlicher Reproduzierbarkeit eben diese 0,2 g beträgt.

Wie die Kriterien zur Qualitätsbegutachtung schon andeuten, existieren auch gefärbte Diamanten (sog. *fancy diamonds*). Diese entstehen durch Ersetzen einzelner Gitterpositionen durch Fremdatome (Kap. 1.2.2). Bei schwarzen *Carbonados* handelt es sich um polykristalline Objekte mit Einschlüssen von Graphit. Allerdings herrscht als natürliche Farbe ein unattraktives Braun vor, so dass derartige Steine nur für industrielle Zwecke brauchbar sind. Reine Farbtöne sind selten und diese Steine entsprechend teuer.

Lange wurde auch versucht, Diamanten künstlich herzustellen. Die erste erfolgreiche Synthese wurde 1953 von der Öffentlichkeit weitgehend ignoriert, und bis heute gelten nicht die schwedischen Wissenschaftler *H. Liander* und *E. Lundblad* der ASEA (Allmänna Svenska Elektriska Aktiebolaget) als Erfinder der Diamantsynthese, sondern Forscher der Firma General Electrics, die jedoch erst 1955 ihr erfolgreiches Verfahren vorstellten. Dieses beruht auf einer Hochdruck-Hochtemperatur-Umwandlung von Graphit (HPHT-Synthese) in einer hydraulischen Presse, die Drücke von mehreren Gigapascal erzeugen kann (siehe Abb. 1.18). Gleichzeitig wird eine Temperatur von etwa 1500 °C gehalten. Die Zugabe eines Katalysators beschleunigt den Umwandlungsprozess. In Frage kommen hierfür geschmolzene Metalle der Eisen- sowie der Chromgruppe, hauptsächlich Eisen und Nickel. Die Funktion des Katalysators besteht vermutlich u.a. darin, dass die Umwandlung über instabile Metallcarbid-Zwischenstufen verläuft. Außerdem ist im geschmolzenen Metall Graphit leichter löslich als Diamant. Der umzuwandelnde Graphit ist mit einer dünnen Schicht der Metallschmelze überzogen und löst sich in dieser bis zur Sättigung. Da Graphit bei den herrschenden Bedingungen thermodynamisch instabil ist, fällt dann der stabilere Diamant aus dieser Lösung aus, der aufgrund seiner geringeren Löslichkeit bereits übersättigt in der Metallschmelze vorliegt.

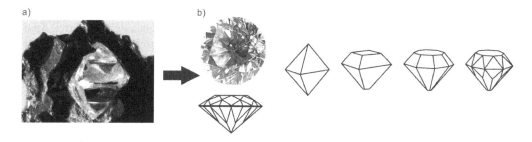

Abb. 1.17 a) Rohdiamant in umgebendem Gestein (© U.S: Geological Survey), b) Schmuckdiamant im Brillantschliff und Entwicklung der Schliffarten von einfach oktaedrischen Steinen zu Brillanten.

Inzwischen werden auf diese Weise etwa 540 Megakarat (108 t) Industriediamanten pro Jahr hergestellt, wobei die Produktion synthetischer Diamanten mit der Förderung natürlichen Materials preislich leicht konkurrieren kann und daher die Menge der synthetischen die der geförderten Diamanten deutlich übersteigt. Die Haupterzeugerländer waren im Jahr 2003 Russland (16 t), Irland (12 t), Südafrika (12 t), Japan (6,8 t) und Weißrussland (5 t) (Quelle: U.S. Geological Survey).

Typischerweise zeigen die synthetischen Industriediamanten eine graue bis braune Farbe, zahlreiche Defekte und eine Größe von maximal 1 Karat. Es ist jedoch auch gelungen, Diamanten zu synthetisieren, die Schmuckqualität aufweisen. Diese können zusätzlich durch gezielte Dotierung gefärbt sein. Allerdings verhindert der hohe Preis für lupenreine synthetische Diamanten derzeit ihre groß angelegte kommerzielle Nutzung. Der mit 14,2 Karat bisher größte synthetische Diamant wurde 1990 hergestellt. Zur Unterscheidung von natürlichen Diamanten besitzen die synthetischen Steine einen stark verringerten Gehalt des Isotops ^{13}C.

Neben der HPHT-Synthese existieren inzwischen auch andere Verfahren zur Herstellung künstlicher Diamanten. So ist es z.B. möglich, den Druck von bei Explosionen entstehenden Schockwellen auszunutzen. Es entstehen hauptsächlich pulverförmige Produkte mit Partikelgrößen im Mikrometerbereich (bis max. 1 mm). Auch diese Diamanten werden für industrielle Zwecke eingesetzt. Des Weiteren können durch die Umsetzung von Explosivstoffen in abgeschlossenen Behältern sehr kleine Diamanten (5-20 nm) erzeugt werden. Durch chemische Gasphasenabscheidung mit Methan als Kohlenstoffquelle (CVD-Methode, *chemical vapour deposition*) werden Diamantfilme auf diversen Substraten hergestellt. Die Verfahren zur Explosionssynthese und zur Gasphasenabscheidung von Diamant werden in den Kapiteln 5 und 6 ausführlich beschrieben.

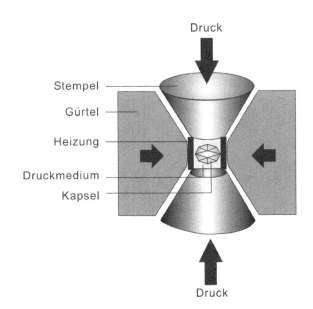

Abb. 1.18

Presse zur Herstellung künstlicher Diamanten. Die Kapsel im Inneren der Presse enthält den Kohlenstoff, einen Kristallisationskeim und den Katalysator.

1.4 Physikalische Eigenschaften

Kohlenstoff ist insbesondere durch die Vielfalt seiner Modifikationen gekennzeichnet. Dies zeigt sich auch deutlich in seinem Phasendiagramm, welches sich im Zuge immer neuer Forschungsergebnisse zu einem extrem komplexen Gebilde entwickelt hat. Neben den bekannten Normaldruckformen existiert auch eine Reihe von Hochdruckphasen, über die wir bis heute recht wenig wissen, da sie sich der Untersuchung durch ihren extremen Existenzbereich weitgehend entziehen. Abb. 1.19 zeigt ein Beispiel für ein vereinfachtes Phasendiagramm des Kohlenstoffs.

Die Eigenschaften des Kohlenstoffs machen ihn zu einem typischen Hauptgruppenelement. Er ist ein Nichtmetall mit einer Grundzustands-Elektronenkonfiguration von $[He]2s^2 2p^2$. Die Elektronegativität von 2,55 auf der *Pauling*-Skala kommt den Werten für im Periodensystem benachbarte Elemente recht nahe z.B. P (2,1), B (2,0), S (2,5). Die erste Ionisierungsenergie beträgt 1086,5 kJ mol^{-1} (weitere siehe Tabelle 1.3).

Tabelle 1.3 Ionisierungsenergien des Kohlenstoffs

Ionisierungsenergie	1.	2.	3.	4.
in kJ mol^{-1}	1086,5	2351,9	4618,8	6221,0

Neben dem häufigsten Isotop ^{12}C (98,89 %) existieren noch das Isotop ^{13}C (1,11 %) sowie das radioaktive ^{14}C (in Spuren). Durch die Isotopenzusammensetzung ergibt sich das Molgewicht des Kohlenstoffs zu 12,011 g. ^{14}C wird für die Altersbestimmung von archäologischen Objekten verwendet (Radiocarbon-Methode). Das stabile Isotop ^{13}C ist für die Kohlenstoff-NMR-Spektroskopie von Bedeutung, da es eine Kernspinquantenzahl von I = 1/2 aufweist.

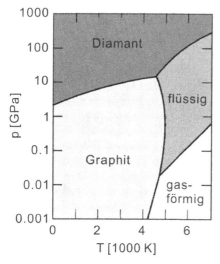

Abb. 1.19

Phasendiagramm des Kohlenstoffs ohne Berücksichtigung der Fullerene und Kohlenstoff-Nanoröhren (© Wiley-VCH 2000).

Bei der weiteren Diskussion der physikalischen Eigenschaften des Kohlenstoffs sind die zum Teil beträchtlichen Unterschiede zwischen den auftretenden Modifikationen zu beachten. Daher ist es nicht sinnvoll, die Eigenschaften des Elementes allgemein zu beschreiben, vielmehr sind die Charakteristika der jeweiligen Allotrope einzeln zu diskutieren.

1.4.1 Graphit und verwandte Materialien

α-Graphit ist unter Normalbedingungen die thermodynamisch stabilste Form des Kohlenstoffs. Entsprechend wird ihm eine Standardbildungsenthalpie von 0 kJ mol^{-1} zugewiesen. Die Anwendung von Druck bei gleichzeitigem Erhitzen führt zur Umwandlung in Diamant. β-Graphit kann direkt durch Vermahlen aus α-Graphit gewonnen werden. Dagegen gelingt die direkte Umwandlung in andere Kohlenstoffmodifikationen wie Glaskohlenstoff oder auch die in den nächsten Kapiteln besprochenen Fullerene und Nanoröhren nicht. In Tabelle 1.4. sind einige der wichtigsten Eigenschaften von Graphit und Diamant im Vergleich dargestellt.

Die Dichte von Graphit schwankt sehr stark in Abhängigkeit von Herkunft und Zerkleinerungsgrad. Sie beträgt für idealen Graphit 2,26 g cm^{-3} und kann bis auf 1,5 g cm^{-3} absinken, wenn es sich um schlecht graphitierte, pulverförmige Proben handelt. Ruß besitzt eine durchschnittliche Dichte von 1,8 g cm^{-3}, die durch thermische Behandlung des Materials, bei der flüchtige Kohlenwasserstoffe entweichen, auf bis zu 2,1 g cm^{-3} erhöht werden kann. Glasartiger Kohlenstoff weist eine Dichte von etwa 1,5 g cm^{-3} auf.

Bemerkenswert ist die Anisotropie des Graphits hinsichtlich vieler Eigenschaften, die durch seine Schichtstruktur bedingt ist. Dazu gehören neben der elektrischen Leitfähigkeit u.a. auch die Wärmeleitfähigkeit und mechanische Eigenschaften wie der Elastizitätsmodul und die

Zugfestigkeit. Der Elastizitätsmodul variiert stark in Abhängigkeit von der Krafteinwirkungsrichtung. Parallel zur z-Achse beträgt es $5,24 \cdot 10^5$ N cm^{-2} und parallel zu den Ebenen $18,77 \cdot 10^5$ N cm^{-2}. Die Zugfestigkeit senkrecht zu den Ebenen liegt um den Faktor 2-5 höher als parallel dazu. Auch die Härte nach *Mohs* ist mit 4,5 für die z-Richtung deutlich größer als in der Ebene ($H_M = 1$).

Tabelle 1.4 Physikalische Eigenschaften von Graphit und Diamant im Vergleich

Eigenschaft	Graphit	Diamant
Farbe	schwarz mit metallischem Glanz	farblos
Brechungsindex $n_{D(546\,nm)}$	2,15 ‖; 1,81 ⊥	2,43
Dichte	2,266 (exp. 1,5-2,2) g cm^{-3}	3,514 g cm^{-3}
Verbrennungsenthalpie	393,5 kJ mol^{-1}	395,4 kJ mol^{-1}
Härte (*Mohs*)	1 ‖; 4,5 ⊥	10
Bandlücke	0 eV	5,5 eV
Spez. Widerstand	$0,4$-$0,5 \cdot 10^{-4}$ Ω cm ‖; 0,2-1,0 Ω cm ⊥	10^{14}-10^{16} Ω cm

‖: parallel zu den Graphenlagen; ⊥ : senkrecht zu den Flächen (entlang der z-Achse).

Die Wärmekapazität von Graphit mit relativ ungestörtem Gitter beträgt bei 25 °C 0,126 J mol^{-1} K^{-1}. Proben mit stärker defekthaltigem Gitter (Ruß, Aktivkohle etc.) besitzen aufgrund der Stapelfehler höhere Werte. Die Wärmeleitung erfolgt im Graphit hauptsächlich durch Gitterwellenleitung entlang der Graphenebenen, was sich auch in den Werten für die Wärmeleitfähigkeit widerspiegelt. Bei etwa Raumtemperatur durchläuft dieser Wert ein Maximum von über 4,19 W cm^{-1} K^{-1}. Auch hier spielt die Herstellungsmethode eine wesentliche Rolle für den genauen Wert.

Da die elektrische Leitfähigkeit durch π-Elektronen verursacht wird, die immer einer bestimmten Graphenlage angehören und selten in andere Schichten wechseln, ist Graphit parallel zu den Gitterebenen ein guter elektrischer Leiter mit einer Leitfähigkeit von 10^4 bis $2 \cdot 10^5$ Ω^{-1} cm^{-1} (spezifischer Widerstand $5 \cdot 10^{-5}$ bis 10^{-4} Ω cm). In Richtung der z-Achse verhält er sich dagegen eher wie ein Isolator mit einer Leitfähigkeit von 0,33 bis 200 Ω^{-1} cm^{-1} und einem spezifischen Widerstand von 0,005 bis 3 Ω cm.

Bei den optischen Eigenschaften des Graphits und verwandter Materialien tritt insbesondere die Annäherung an den idealen schwarzen Körper in den Vordergrund: Mikrokristalline Kohlenstoff-Formen weisen das höchste Absorptionsvermögen auf. So absorbiert Ruß bis zu 99,5 % der eintreffenden Strahlung. Andere, besser kristallisierte Kohlenstoffe ist der Wert weit geringer und dünne Graphitkristalle sind sogar durchlässig. Das große Absorptionsvermögen und die schwarze Farbe von polykristallinen Kohlenstoffen ist durch die geringe Teilchengröße begründet, die dafür sorgt, dass eindringendes Licht in den Poren mehrfach reflektiert und schrittweise absorbiert wird und die Oberfläche nicht wieder verlässt. Das Reflexionsvermögen von Graphit liegt wellenlängenabhängig zwischen 1 und 50 %. Das UV-Spektrum zeigt ein Maximum bei 260 nm, welches der Energiedifferenz der Zustände mit maximaler Dichte im Valenz- und Leitungsband entspricht (π-Resonanz). In den IR- und *Raman*-Spektren des Graphits beobachtet man jeweils ein charakteristisches Signal (Abb. 1.20).

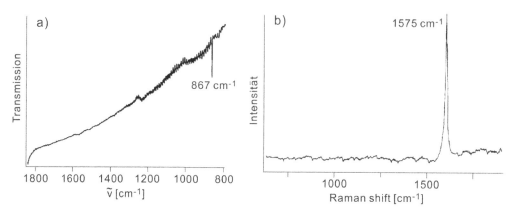

Abb. 1.20 a) IR-Spektrum des Graphits (© APS 1985), b) *Raman*-Spektrum des Graphits (© AIP 1970).

1.4.2 Diamant

Obwohl Diamant bei Standardbedingungen eine um 1,9 kJ mol[-1] höhere Standardbildungs-enthalpie als Graphit aufweist, wandelt er sich nicht spontan in diesen um, sondern liegt unter Normalbedingungen als metastabile Modifikation vor. Im Gegensatz zu Graphit weist er keinerlei Anisotropie seiner Eigenschaften auf.

Die Dichte des Diamanten beträgt vergleichsweise hohe 3,514 g cm[-3]. Seine Härte beträgt auf der Skala nach *Mohs* 10 und ist damit die höchste bei natürlichen Materialien jemals gemessene.[1] Allerdings ist die Härte nicht für alle Kristallflächen gleich hoch.

Diamant besitzt von allen natürlich vorkommenden Materialien die höchste Wärmeleitfähigkeit. Sie beträgt 20 W cm[-1]K[-1] und ist damit etwa fünfmal höher als die von Kupfer. Gleichzeitig dehnt er sich nur sehr schwach aus, was durch einen Wärmeausdehnungskoeffizienten von $1,06 \cdot 10^{-6}$ K[-1] dokumentiert ist. Die spezifische Wärmekapazität beträgt 6,12 J mol[-1] K[-1] bei 25 °C.

Bei defektfreiem Diamant handelt es sich um einen elektrischen Isolator mit einer Bandlücke von 5,5 eV. Die spezifische Leitfähigkeit liegt für isolierende Diamanten bei $8 \cdot 10^{-14}$ Ω[-1] cm[-1] und für halbleitende Diamanten vom Typ IIb bei etwa 10^{-8} Ω[-1] cm[-1].

Die optischen Eigenschaften des Diamanten sind die Ursache für seine Nutzung als Schmuckstein. Neben dem hohen Brechungsindex ist die große Dispersion bemerkenswert. Während bei einer Wellenlänge von 644 nm der Brechungsindex bei 2,41 liegt, beträgt er bei 300 nm bereits 2,54 und im UV-Bereich bei 230 nm 2,70. Diese Eigenschaft bedingt das sog. „Feuer" des Diamanten – die unterschiedliche Brechung bei verschiedenen Wellenlängen und damit das lebhafte Farbspiel geschliffener Steine. Einen zusätzlichen Beitrag liefert das gute Reflexionsvermögen (R = 30-60 % je nach λ). Diamant in reiner Form ist sowohl im ultravio-

---

[1] Es ist inzwischen eine Reihe synthetischer Materialien mit größerer Härte als Diamant bekannt. Dazu zählen auch einige bei hohem Druck hergestellte Fullerenpolymere (s. Kap. 2).

letten als auch im infraroten Bereich des Spektrums durchlässig. Typ IIa-Diamanten sind wegen ihrer Reinheit am besten für die Untersuchung der Absorptionseigenschaften geeignet. Die Absorptionskante bei Raumtemperatur liegt bei 230 nm und verschiebt sich bei Temperaturerhöhung zu größeren Wellenlängen. Typ I-Diamanten weisen zwei charakteristische Banden bei $\lambda = 415$ nm und $\lambda = 503$ nm auf und die kurzwellige Absorptionskante liegt deutlich langwelliger ($\lambda = 330$ nm) als bei perfektem Diamant.

Diamantproben weisen z.T. auch deutliche Fluoreszenz auf. Insbesondere die mit Stickstoff verunreinigten Typ I-Diamanten zeigen ein ausgeprägtes Spektrum mit zwei Maxima ($\lambda = 415$ nm: vermutlich aus Übergängen ohne Beteiligung von Fremdatomen oder Leerstellen, sondern an durch Aufbrechen von C-C-σ-Bindungen entstandenen Defekten; außerdem $\lambda = 503$ nm: aus Übergängen, an denen Fremdatome auf Gitterplätzen beteiligt sind).

Das *Raman*-Spektrum des Diamanten ist sehr einfach, es besteht aus einer einzigen Linie bei 1331 cm^{-1} und resultiert aus der Gitterschwingung, bei der sich die beiden flächenzentrierten Teilgitter gegeneinander bewegen. Dagegen beobachtet man im Infrarotspektrum mehrere Banden, wobei sich Typ I und Typ II z.T. erheblich unterscheiden. Für Typ IIa-Diamanten sind im Bereich von 1500 bis 5000 cm^{-1} zwei Banden sichtbar ($\sim$2400 und $\sim$3600 cm^{-1}), die aus Gitterschwingungen resultieren. Bei Typ IIb ist zusätzlich eine Bande bei 2800 cm^{-1} erkennbar. Stickstoffhaltige Diamanten des Typs I zeigen ein weiteres, durch den Stickstoff hervorgerufenes Signal bei etwa 1200 cm^{-1}, das in bis zu vier Einzelmaxima aufgespalten sein kann. Die spektroskopischen Eigenschaften von Diamantmaterialien werden ausführlich in den Kapiteln 5 und 6 diskutiert.

1.5 Chemische Eigenschaften

Kohlenstoff ist ein recht reaktionsträges Element, welches in den meisten seiner Modifikationen erst unter sehr harschen Bedingungen umgesetzt werden kann. Dennoch baut auf der Chemie des Kohlenstoffs die gesamte *Organische Chemie* auf, die sich bekanntermaßen ausschließlich mit seinen Verbindungen befasst. Dieser scheinbare Widerspruch wird dadurch aufgelöst, dass zwar die einfachen Verbindungen des Kohlenstoffs aus dem Element schwierig zu erhalten sind, die weitere Umsetzung dann aber recht einfach und in beeindruckender Vielfalt gelingt, wobei die Variationsbreite der Bindungsmöglichkeiten mit sich selbst (Ketten, Ringe, Einfach- und Mehrfachbindungen etc.) zum Tragen kommt.

Die Chemie des Kohlenstoffs wird durch seine Position in der 4. Hauptgruppe bestimmt, wobei er entgegen dem Verhalten der höheren Elemente dieser Gruppe nicht dazu neigt, nur zwei seiner vier Valenzen zu betätigen. Seine maximale Bindigkeit, die z.B. im Diamantgitter vorliegt, beträgt vier. Für kovalente Verbindungen des Kohlenstoffs gilt die Oktettregel streng, allerdings existiert eine Reihe von Koordinationsverbindungen mit bis zu acht Partnern, in denen der Kohlenstoff an Zweielektronen-Mehrzentren-Bindungen beteiligt ist (z.B. $Al_2(CH_3)_2$). Dies ist jedoch nur mit elektropositiveren Koordinationspartnern möglich. Durch seine Mittelstellung im Periodensystem geht Kohlenstoff sowohl Verbindungen mit Sauerstoff als auch mit Wasserstoff ein und kann Oxidationszahlen von +4 bis -4 annehmen. Methan (CH_4) und Kohlendioxid (CO_2) stellen die Endpunkte der Variationsmöglichkeiten dar.

Durch die Umsetzung von Kohlenstoff mit Wasser bzw. Sauerstoff bei ausreichend hohen Temperaturen entstehen Kohlenmonoxid bzw. Kohlendioxid. Der Verlauf der Reaktion wird durch die Temperatur und die vorhandene Menge Sauerstoff bzw. Wasserdampf bestimmt. Die unterschiedliche Enthalpie der Oxidationsschritte kann man dadurch erklären, dass bei der Reaktion des festen Kohlenstoffs zu CO zunächst noch die Zerstörung des Kristallgitters nötig ist. Im zweiten Schritt, der Oxidation von CO zu CO_2, wird hierfür keine Energie verbraucht, so dass die freiwerdende Energie größer ist.

$$C_{(f)} + 0,5\ O_2 \quad \rightarrow \quad CO \quad (\Delta H = -110,6\ \text{kJ mol}^{-1}) \tag{1.1}$$

$$CO + 0,5\ O_2 \quad \rightarrow \quad CO_2 \quad (\Delta H = -283,2\ \text{kJ mol}^{-1}) \tag{1.2}$$

Die endotherme Reaktion von gasförmigem Schwefel mit stark erhitztem Kohlenstoff liefert Kohlendisulfid (Schwefelkohlenstoff) CS_2, aus dem durch Umsetzung mit elementarem Chlor Tetrachlorkohlenstoff gewonnen werden kann.

Mit Metallen und Elementen wie Bor und Silicium (allg. Elemente geringerer Elektronegativität) reagiert Kohlenstoff unter Bildung von Carbiden. In diesen Verbindungen stellt der Kohlenstoff also den Elektronenakzeptor dar. Es existieren drei verschiedene Typen: salzartige, metallische und kovalent gebundene Carbide.

Salzartige Carbide werden von den elektropositiven Metallen der 1.-3. Hauptgruppe sowie von einigen Lanthaniden und Actiniden gebildet. Charakteristisch für diesen Verbindungstyp ist das Vorliegen von Kohlenstoffanionen. Es sind Methanide (C^{4-}), Acetylenide (C_2^{2-}) und Allenide (C_3^{4-}) bekannt. Methanide sind für Aluminium und Beryllium beschrieben worden und liefern bei ihrer Hydrolyse Methan. In den Acetyleniden, die bei der Reaktion mit Wasser Ethin produzieren, liegen isolierte $[C\equiv C]^{2-}$-Ionen im Gitter vor. Elemente der 1. Haupt- und Nebengruppe bilden Strukturen der Zusammensetzung $M_2(C_2)$, während diese für Elemente der 2. Haupt- und Nebengruppe MC_2 ist. Für dreiwertige Metalle ergibt sich eine Stöchiometrie von $M_2(C_2)_3$ (M = Al, La, Ce, Pr, Tb). Der wichtigste Vertreter der Acetylenide ist das Calciumcarbid, welches im Millionentonnen-Maßstab produziert wird, um aus ihm Acetylen zum Schweißen oder durch Reaktion mit Luftstickstoff das für die Düngemittelindustrie wertvolle Calciumcyanamid $CaCN_2$ zu gewinnen. Von den Alleniden sind bisher nur Li_4C_3 und Mg_2C_3 bekannt, die bei der Hydrolyse Propin freisetzen. Diese Verbindungen enthalten isolierte $[C=C=C]^{4-}$-Ionen.

Die metallischen Carbide werden von den Elementen der 4.-6. Nebengruppe gebildet, sie weisen eine Reihe typisch metallischer Eigenschaften auf (Leitfähigkeit, metallischer Glanz). Wenn der Atomdurchmesser des Metalls größer als 2,7 Å ist, können die Kohlenstoffatome in die Oktaederlücken des dichten Wirtsgitters eingelagert werden. Dabei resultieren aus n Metallatomen n Oktaederlücken. Sind diese Lücken alle besetzt, so ergibt sich unabhängig von der bevorzugten Wertigkeit des Metalls eine Verbindung der Zusammensetzung MC (M = Ti, Zr, Hf, V, Nb, Ta, Mo, W), die i. A. eine kubisch dichteste Packung aufweist. Bei Besetzung von 50 % der Oktaederlücken ergeben sich Carbide der Stöchiometrie M_2C, die normalerweise hexagonal dicht gepackt sind (M = V, Nb, Ta, Mo, W). Die verschiedenen Typen der Einlagerungscarbide weisen z.T. erstaunliche Eigenschaften auf. Ihre Schmelzpunkte liegen zwischen 3000 und 4000 °C, sie sind chemisch weitestgehend inert und die Härte kommt der von Diamant sehr nahe. Insbesondere Wolframcarbid findet weit verbreitete Anwendung als

Material für Werkzeuge mit hoher mechanischer Beanspruchung. Daneben existieren auch metallische Carbide von Elementen der 6.-8. Nebengruppe, die in der 3. Periode stehen und einen Atomdurchmesser von weniger als 2,7 Å aufweisen. Hier sind die Oktaederlücken zu klein, um Kohlenstoffatome zu beherbergen, so dass bei der Reaktion das Metallgitter verzerrt wird. Dabei erhöht sich die Koordinationszahl der Kohlenstoffatome und die Zusammensetzung der Verbindungen liegt bei M_3C (daneben auch M_3C_2, M_5C_2, M_7C_3 etc.; M = Cr, Mn, Fe, Co, Ni). Die Kohlenstoffatome sind hier allgemein trigonal-prismatisch von Metallatomen umgeben. Einer der wichtigsten Vertreter dieser Carbidklasse ist die Eisenverbindung *Zementit* (Fe_3C), welche ein wichtiges Strukturelement im Stahl ist.

Elemente mit einer Elektronegativität ähnlich der von Kohlenstoff bilden kovalente Carbide, die ebenfalls eine große Härte aufweisen. Insbesondere Siliciumcarbid findet zahlreiche Anwendungen für mechanisch beanspruchte Gegenstände (Schleif- und Schneidwerkzeuge) oder als Material für Hochtemperaturtransistoren, Leuchtdioden, Infrarotheizstrahler etc. Es wird u.a. mit dem durch *Acheson* entwickelten Verfahren der direkten Umsetzung von Koks mit Quarzsand in einem Elektroofen gewonnen. Auch Bor bildet kovalente Carbide mit Stöchiometrien von $B_{12}C_3$, $B_{13}C_2$ und $B_{24}C$ aus. Diese werden u.a. zur Borierung von Stahl, als Neutronenabsorber in Kernreaktoren und zur Panzerung von Fahrzeugen verwendet.

Mit den Halogenen bildet Kohlenstoff eine Vielzahl unterschiedlicher Verbindungen. Typische Stöchiometrien sind CX_4, C_2X_6, C_2X_4 und C_2X_2. Tetrachlorkohlenstoff, die FCKW (Fluor-Chlorkohlenwasserstoffe) und Teflon (Polytetrafluorethylen) sind kommerziell wichtige Vertreter dieser Verbindungsklasse. Die FCKW haben inzwischen allerdings aufgrund ihrer schädlichen Wirkung auf die Ozonschicht in der Stratosphäre stark an Bedeutung verloren.

Mit Stickstoff bildet Kohlenstoff eine Reihe von Nitriden der Zusammensetzung $(CN)_n$ (n = 1, 2, x), von denen das Cyan (n = 1) nur bei hohen Temperaturen stabil ist. Paracyan $(CN)_x$ bildet sich durch Polymerisation von Dicyan.

1.5.1 Graphit und verwandte Materialien

Graphit ist zwar die thermodynamisch stabilere Form des Kohlenstoffs, aber durch die Schichtstruktur mit relativ schwachen Wechselwirkungen zwischen den Graphenlagen wird er leichter als Diamant angegriffen. Dennoch ist die Reaktivität gegenüber vielen Chemikalien eher gering. So reagiert Graphit mit Chlor unter üblichen Bedingungen gar nicht und sogar mit Fluor erst ab etwa 400 °C. Bei geeigneter Durchführung entsteht das transparente, farblose Kohlenstoffmonofluorid CF (bis zu $CF_{1,12}$ wegen zusätzlicher Fluoratome an Randatomen und Defekten), ein chemisch sehr widerstandsfähiger Nichtleiter, der als Trockenschmierstoff Anwendung findet. Die einzelnen Schichten des Graphitgitters bleiben in $(CF)_x$ erhalten (Abb. 1.21a), wobei die Fluoratome abwechselnd nach oben und nach unten zeigen. Dadurch ergibt sich im Kristall ein Schichtabstand von etwa 6 Å (vgl. 3,35 Å in Graphit). Bei nichtstöchiometrischer Fluorierung ($CF_{0,8-0,9}$) behält das gebildete Graphitfluorid seine elektrische Leitfähigkeit. Durch Fluorierung bei Temperaturen > 700 °C wird Graphit zu CF_4 umgesetzt. Mit konzentrierter Salpetersäure reagiert Graphit zu Mellitsäure $C_6(CO_2H)_6$, in der planare C_{12}-Einheiten vorliegen (Abb. 1.21b). In HNO_3/H_2SO_4-Gemischen setzt er sich mit Kaliumchlorat zur sogenannten „Graphitsäure" um, die in Form grüngelber, blättriger Kristalle anfällt und beim Erhitzen explodiert. Die Existenz schwach saurer OH-Gruppen begründet den Namen dieser Verbindung. Wässrige Laugen reagieren nicht merklich mit Graphit, und die Umsetzung mit Wasserstoff gelingt nur bei hohen Temperaturen, z.B. im Lichtbogen, wobei sich hauptsächlich Acetylen bildet. Graphit ist in keinem der gängigen Solvenzien löslich. Lediglich in geschmolzenem Eisen lösen sich signifikante Mengen.

Eine Besonderheit des chemischen Verhaltens von Graphit stellen die sog. Interkalationsverbindungen dar. Diese entstehen durch Einlagerung von Atomen oder Molekülen zwischen den einzelnen Graphenebenen („*Sandwich*"-Struktur). Dieser Verbindungstyp kann durch die Lagenstruktur des Graphits mit nur schwachen interplanaren Wechselwirkungen entstehen. Bei der Einlagerung (Interkalation) kommt es zu einer Ladungsumverteilung, so dass die Kohlenstoffebenen je nach Natur des Interkalaten (eingelagertes Atom oder Molekül) positiv oder negativ polarisiert (auch ionisiert) vorliegen. Durch Austausch von Elektronen der eingelagerten Substanzen mit den π-Bändern des Graphits kommt es zu einer vergrößerten Zahl Ladungsträger im Leitungs- bzw. Valenzband: Elektronenziehende Spezies erzeugen Lochzustände im Valenzband des Graphits, während Elektronendonoren das Leitungsband partiell mit Elektronen füllen. Daher wird für Graphit-Interkalationsverbindungen eine erhöhte elektrische Leitfähigkeit beobachtet.

Am längsten bekannt sind die C_nK-Phasen (n = 8, 24, 36, 48), deren erster Vertreter, das C_8K, bereits 1926 hergestellt wurde. Je nach Stöchiometrie der Interkalationsverbindung werden die Kaliumatome durch eine oder bis zu vier Graphenlagen voneinander getrennt (Abb. 1.22). Diese werden als Stufen bezeichnet. Die erste Stufe weicht von der bei den höheren Vertretern geltenden $C_{12n}K$-Regel (n = 2, 3, 4) ab und stellt die Verbindung mit der maximal möglichen Anzahl eingelagerter Kaliumatome dar. Dabei ist zu bemerken, dass der Anstieg des Schichtenabstands der einzelnen Graphenlagen mit 2,05 Å deutlich geringer ausfällt als bei Einlagerung 3,04 Å großer Kaliumatome zu erwarten wäre. Dies deutet darauf hin, dass die Kaliumatome eine Wechselwirkung mit den π-Elektronenwolken der sie umgebenden Graphenlagen eingehen.

Abb. 1.21 a) Der Aufbau der Verbindung $(CF)_x$ ähnelt einer gewellten Graphenlage bzw. der Struktur im *Lonsdaleit*; b) Mellitsäure.

Es entstehen K^+-Ionen und freie Elektronen im Leitungsband des Graphits, was die hohe elektrische Leitfähigkeit begründet. C_8K kann in der organischen Synthese als vielseitiges Reduktionsreagenz verwendet werden. Neben Kalium können auch andere Alkali- und Erdalkalimetalle ionische Interkalationsverbindungen der Zusammensetzungen C_nM (z.B. M = Rb, Cs, Ca mit n = 8, 24, 36, 48 bzw. Li, Ca, Sr, Ba mit n = 6) bilden, in denen der Graphit reduziert vorliegt. Natrium-Graphitverbindungen lassen sich dagegen nur schwer herstellen. Das goldfarbene C_6Li wird in leistungsfähigen Batterien eingesetzt.

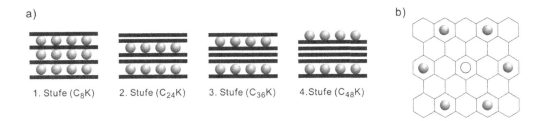

a)   b)

1. Stufe (C_8K)   2. Stufe ($C_{24}K$)   3. Stufe ($C_{36}K$)   4.Stufe ($C_{48}K$)

Abb. 1.22 Interkalationsverbindungen des Kaliums mit unterschiedlichem Metallgehalt sind hochgeordnete Strukturen. a) Stapelung der Graphenlagen und der Metallatome (Seitenansicht), b) Ansicht der Atomanordnung auf dem Graphengitter. In allen Fällen werden die Positionen der dunklen Kreise besetzt, die helle Position wird nur bei C_8K belegt.

Graphit kann in den Zwischengitterverbindungen auch durch eingelagerte Elektronenakzeptoren oxidiert vorliegen, da Valenz- und Leitungsband eine sehr ähnliche Energie aufweisen. Von Bedeutung sind hier insbesondere die Interkalationsverbindungen mit Brom und einigen Interhalogenverbindungen. Mit Iod und Chlor reagiert Graphit dagegen nicht. Bei der Reaktion mit Fluor entstehen die bereits erwähnten Kohlenstofffluoride. In der Verbindung C_8Br gehen Elektronen aus dem Valenzband des Graphits auf die Bromatome über, die jedoch nicht als isolierte Bromidionen vorliegen, sondern in Form von Polybromidanionen. Der Br-Br-Abstand von 254 pm stimmt recht gut mit dem der Sechseckmittelpunkte des Graphitgitters (256 pm) überein. Dagegen liegen die Atomabstände der anderen Polyhalogenidanionen (Cl-Cl 224 pm und I-I 292 pm) zu niedrig bzw. zu hoch, um perfekt in die Lücken des Graphitgitters zu passen. Daher werden auch keine entsprechenden Zwischengitterverbindungen gebildet. Iodmonochlorid hingegen wird eingelagert (zu erwartender I-Cl-Abstand 255 pm). Auch die Halogen-Interkalationsverbindungen sind gute elektrische Leiter, der Ladungsträgertransport erfolgt hier aber in Form der Löcher (Defektelektronen), ähnlich dem Leitungsmechanismus in *p*-dotierten Halbleitern.

Neben den Graphithalogeniden werden auch Schichtverbindungen mit Schwefelsäure, Salpetersäure, Phosphorsäure, Perchlorsäure und Trifluoressigsäure gebildet, in denen ebenfalls ein deutlich aufgeweiteter Abstand der einzelnen Graphenlagen beobachtet wird und der Graphit Elektronen an die interkalierten Moleküle abgibt. Es entstehen dadurch z.B. mit Schwefelsäure Graphithydrogensulfat und mit Salpetersäure Graphitnitrat. Auch Metallsalze und -oxide, wie z.B. $FeCl_3$, $AlCl_3$, SbF_5, CrO_3, CuS etc., werden zwischen den Graphenebenen eingelagert. Bei der Chromoxid-Einlagerungsverbindung CrO_3-Graphit handelt es sich um ein selektives Oxidationsmittel für primäre und sekundäre Alkohole bis zur Keto-Stufe (*Lalancette*-Reagenz), während Aluminiumchlorid-Graphit als selektiver *Friedel-Crafts*-Katalysator verwendet wird.

1.5.2 Diamant

Die perfekte Kristallstruktur des Diamanten sorgt dafür, dass dieser nur sehr schwer chemische Reaktionen eingeht. Erst bei sehr hohen Temperaturen wird er angegriffen. Zwar ist Diamantpulver brennbar, größere Stücke entzünden sich jedoch erst bei mehr als 800 °C im Sauerstoffgebläse. Die Oxidationsgeschwindigkeit hängt von der Teilchengröße und Oberflächenbeschaffenheit der einzelnen Partikel ab, die Verbrennungstemperatur schwankt zwischen 750 und 880 °C. Im Sauerstoffstrom bei 900 bis 1200 °C reagiert Diamant vollständig zu Kohlendioxid, während Graphit ein CO / CO_2-Gemisch liefert.

Mit Säuren und Basen geht Diamant keine Reaktion ein. Lediglich Chromschwefelsäure greift ihn in nennenswertem Maße an, wobei Kohlendioxid entsteht. Mit Fluor reagiert Diamant bei über 700 °C zu Kohlenstofffluoriden bzw. wird an der Oberfläche fluoriert. Die Hydrierung der Oberfläche gelingt im Wasserstoffstrom bei hohen Temperaturen, es kommt jedoch nicht zur vollständigen Umsetzung der Probe. Bei Einwirkung von Eisen oberhalb von 1150 °C entsteht eine Legierung. Mit Stickstoff erfolgt selbst bei hohen Temperaturen keine nennenswerte Reaktion. Mit Wasserdampf reagiert Diamant bei etwa 1000 °C schwach unter Bildung von Kohlenmonoxid. Stark oxidierende Schmelzen aus $KClO_3$ oder KNO_3 greifen Diamant nicht an (Ausnahme schwarze polykristalline Diamanten). Insgesamt ist wenig über eine echte „Diamantchemie" bekannt, da sich Kohlenstoff in dieser Erscheinungsform der chemischen Umsetzung weitgehend widersetzt.

1.6 Anwendungen

Die Hauptmenge des verwendeten Kohlenstoffs wird als Brennstoff bzw. in der Stahlindustrie verbraucht. Allein die Verbrennung fossiler Rohstoffe zur Elektrizitäts- und Wärmegewinnung nimmt den größten Teil des geförderten Kohlenstoffs auf. Daneben findet er in seinen verschiedenen Modifikationen eine ganze Reihe weiterer Anwendungen.

1.6.1 Graphit und verwandte Materialien

Die Anwendungen des Graphits sind so vielfältig wie die Erscheinungsformen graphitischer Materialien. Eine große Menge (natürlich oder künstlich gewonnen) kommt als Elektrodenmaterial in Lichtbogenöfen und für verschiedene Elektrolyseverfahren zum Einsatz, z.B. zur Herstellung einer Reihe von Metallen und Legierungen (Natrium, Aluminium, Stahl usw.) Auch für die Erzeugung von Chlor und Korund werden elektrolytische Verfahren mit Graphitelektroden angewandt. Außerdem ist Graphit in Form von Kohlebürsten für den Bau von Elektromotoren von großer Bedeutung. Daneben kommen graphitische Materialien in Bogenlampen, als Werkstoff für Gießformen sowie Apparate- und Ofenauskleidungen zum Einsatz. Im Chemieanlagenbau wird mit Kunststoffen imprägnierter, gasdichter Graphit verwendet. In Kernreaktoren dienen Graphitstäbe wegen ihres großen Neutroneneinfang-Querschnitts als Moderatoren. Aufgrund der bei guter paralleler Ausrichtung der Kristallebenen stark ausgeprägten Anisotropie der Wärmeleitfähigkeit können solche Graphite als Werkstoff für Hitzeschilde an Raumfahrzeugen, Bremsscheiben u.ä. eingesetzt werden. Wegen seiner geringen Härte wird Graphit auch in Schmierstoffen eingesetzt. Insbesondere in chemisch aggressiver Umgebung ist er deutlich besser geeignet als z.B. auf Kohlenwasserstoffen basierende Mittel.

Die Minen moderner Bleistifte enthalten ebenfalls Graphit. Schließlich wird er auch als Material für Umkehrphasen in der Hochleistungs-Flüssigkeitschromatographie verwendet.

1.6.2 Diamant

Seine Brillanz und das lebhafte Farbspiel machen den Diamanten zu einem der begehrtesten Schmucksteine. Daneben wird dieses Material jedoch auch für eine Reihe weit weniger dekorativer Zwecke mit großem Nutzen eingesetzt. Grund sind seine sehr große Härte, Verschleißfestigkeit, chemische Inertheit, die große Wärmeleitfähigkeit und die sehr guten elektrischen Isolatoreigenschaften. Ein großer Teil der natürlichen und künstlich hergestellten Diamanten findet als Schleif-, Schneid- und Bohrwerkzeug Verwendung. Trotz des hohen Preises ist ihr Einsatz rentabel, da durch die hohe Verschleißfestigkeit die Stillstandzeiten durch Werkzeugausfall und -wechsel im Vergleich zu anderen Materialien kürzer sind. Daneben werden durch Bohren eines Loches mit entsprechendem Durchmesser auch sog. Drahtziehsteine aus Diamant angefertigt. Diese werden zur Herstellung von Drähten aus harten Metallen eingesetzt. In Apparaten mit schnell rotierenden Achsen werden Diamanten als Lager verwendet. Für spezielle spektroskopische Anwendungen werden Fenster aus Diamant benutzt, da sie in einem breiten Wellenlängenbereich durchlässig sind, insbesondere im UV, wo viele der für die Spektroskopie üblichen Fenstermaterialien nur einen Bruchteil oder kein Licht mehr passieren lassen.

1.6.3 Andere Kohlenstoffmaterialien

Ruß dient neben dem Einsatz als Füllstoff für Elastomere auch als Schwarzpigment. Seine große Farbtiefe und -stärke, Lichtechtheit, geringe Teilchengröße sowie die Unlöslichkeit in allen gängigen Solvenzien machen ihn zu einem idealen Pigment für Druckerzeugnisse. Über 90 % der Rußproduktion werden jedoch als Füllstoff verwendet, wovon etwa zwei Drittel für die Herstellung von Reifen verbraucht wird, der Rest für andere Gegenstände aus Gummi. Ein durchschnittlicher Autoreifen enthält ca. ein Drittel Ruß. Neben der Fähigkeit, die Abrieb- und Zerreißfestigkeit von Kautschuk zu erhöhen, dient er gleichzeitig zur Einfärbung des Gummis. Auch andere Kunststoffe, Lacke, Druckfarben und Tuschen erhalten ihre schwarze Farbe durch die Beimengung von Ruß.

Kohlefasern sind aufgrund ihrer hohen chemischen, thermischen und mechanischen Belastbarkeit ideale Werkstoffe für hochfeste Kompositmaterialien. Ihr Gewicht ist viermal geringer als das von Stahl bei ähnlichen Festigkeitswerten, zudem bleiben diese auch bis über 2000 °C erhalten. Es werden sowohl Garne, Bänder und Gewebe aus reinen Kohlefasern als auch faserverstärkte Kunststoffe hergestellt (CFK), die z.B beim Flugzeugbau, der Herstellung von Sportgeräten, Autokarosserieteilen und Implantaten oder als Filtermaterial für Stäube und Aerosole zum Einsatz kommen.

Aktivkohle findet als vielseitiges Sorbens Verwendung. So wird Spiritus mit Aktivkohle von Fuselstoffen befreit und Zucker entfärbt. Gase können gereinigt und giftige Substanzen aus der Atemluft entfernt werden (Einsatz in Gasmasken). Daneben entschwefelt man auch Rauchgase unter Verwendung von Aktivkohlen.

Glasartiger Kohlenstoff ist aufgrund seiner Struktur, die keine Interkalationsverbindungen zulässt, und der nicht vorhandenen Porosität auch bei hohen Temperaturen chemisch sehr beständig. Nur Sauerstoff und oxidierende Schmelzen bei $> 600\,^\circ\text{C}$ greifen ihn an. Daher wird er in der Ultraspurenanalytik (keine Memory-Effekte in Tiegeln aus Glaskohlenstoff) und in der Halbleiterindustrie eingesetzt.

1.7 Zusammenfassung

Kohlenstoff tritt unter Normalbedingungen in mehreren Erscheinungsformen auf, die auf die beiden Grundtypen Graphit und Diamant zurückgeführt werden können.

Kasten 1.1 Graphit

- Bei Standardbedingungen stabilste Form des Kohlenstoffs ($\Delta H_0 = 0$ kJ mol^{-1}).

- Zwei Modifikationen: hexagonaler α-Graphit und rhomboedrischer β-Graphit.

- Die C-Atome liegen sp^2-hybridisiert vor. Innerhalb einer Lage σ-Bindungen zu drei Nachbaratomen (Bindungswinkel 120 °). Zusätzlich delokalisierte π-Bindung innerhalb der Schicht. Nur schwache *van der Waals*-Wechselwirkungen zwischen den Schichten.

- Aufgrund der Schichtstruktur starke Anisotropie der Eigenschaften (elektrische Leitfähigkeit, Elastizitätsmodul etc.).

- Trotz Reaktionsträgheit eine Reihe von Verbindungen, besonders Interkalationsverbindungen mit Alkalimetallen und Halogenen.

Neben kristallinem Graphit existiert eine Reihe weiterer, weniger gut kristallisierter und meist fein verteilter Materialien. Diese weisen z.T deutlich vom Stammsystem abweichende Eigenschaften auf, was i. A. auf die geringere Teilchengröße und die Unordnung des Gitters zurückzuführen ist.

Kasten 1.2 Diamant

- Metastabile Kohlenstoffmodifikation. Tritt als kubischer und als hexagonaler Diamant (*Lonsdaleit*) auf.

- Jedes C-Atom tetraedrisch durch σ-Bindungen mit vier Nachbaratomen verbunden. Die C-Atome sind sp^3-hybridisiert.

- Größte Härte und höchste Wärmeleitfähigkeit aller natürlichen Materialien. Elektrischer Isolator, durch Dotierung aber Halbleitung erzielbar.

- Extrem reaktionsträge, wird nur von aggressiven Reagenzien wie Chromschwefelsäure angegriffen.

Ausgehend von den Fakten, die wir in diesem Kapitel diskutiert haben, werden nun die „neuen" Kohlenstoffmaterialien besprochen. Den Anfang machen die Fullerene, die 1985, viele Jahre nach ihrer theoretischen Vorhersage, erstmals entdeckt wurden.

2 Fullerene – Käfige aus Kohlenstoff

Gegenstand dieses Kapitels sind Käfige aus Kohlenstoff, die als molekulare Allotrope die Sichtweise dieses Elementes nachhaltig veränderten. Neben ihrer ästhetischen Struktur zeigen sie interessante physikalische und chemische Eigenschaften, die hier diskutiert werden sollen.

2.1 Historisches – die Entdeckung neuer Kohlenstoff-Allotrope

2.1.1 Theoretische Vorhersagen

Die Idee einer käfigförmigen Kohlenstoffstruktur ist bei Weitem nicht so neu, wie man glauben mag. Erste theoretische Überlegungen datieren bis ins Jahr 1966 zurück. Der Wissenschaftler *D. E. H. Jones*, der sich selbst das Pseudonym *Daedalus* gegeben hat, veröffentlichte theoretische Arbeiten zu fullerenartigen Objekten. Seinen Spekulationen über große Hohlstrukturen, die ausschließlich aus Kohlenstoffatomen aufgebaut sind, wurde jedoch keinerlei Aufmerksamkeit zuteil.

Abb. 2.1

Corannulen und C_{60}. Die Krümmung wird durch die Fünfringe hervorgerufen.

Eine erste theoretisch fundierte Arbeit zu C_{60} wurde 1970 von *E. Osawa* publiziert, der sich bei der Betrachtung superaromatischer π-Systeme durch den Fußball seines Sohnes inspirieren ließ und eine analoge Struktur mit Ikosaeder-Symmetrie für das C_{60}-Molekül postulierte deren Stabilität er mit Hilfe von *Hückel*-Rechnungen vorhersagte. Er erkannte, dass das kurz zuvor durch *Barth* und *Lawton* synthetisierte Corannulen eine Teilstruktur dieses Käfigs sein musste (Abb. 2.1). Auch seine Arbeiten fanden erst nach der experimentellen Entdeckung der Fullerene die verdiente Anerkennung.

Gleiches galt für einige weitere theoretische Arbeiten (insbesondere *Hückel*-Rechnungen der russischen Wissenschaftler *Bochvar* und *Galpern*), die sich mit der Bestimmung der Geometrie derartiger Kohlenstoffkäfige befassten und das π-System des C_{60}-Moleküls korrekt vorhersagten.

Keine theoretische Abhandlung, so doch aber eine strukturelle Inspiration stellen die Bauwerke des amerikanischen Architekten *Richard Buckminster Fuller* (1895-1983) dar. Seine geodätischen Dome, freitragende Kuppelbauten, die aus verschiedenen Polygonen aufgebaut sind, zeigen Strukturmerkmale, wie sie auch in den Kohlenstoffkäfigen auftreten. Ihm zu Ehren erhielten diese auch den Namen „Fulleren" bzw. „Buckminsterfulleren". Der erste geodätische Dom wurde aber bereits in den frühen zwanziger Jahren durch den deutschen Architekten *W. Bauersfeld* ausgeführt, dieser verzichtete allerdings auf eine Kennzeichnung seiner Struktur mit einem eingängigen Namen, wodurch derartige Bauwerke heutzutage untrennbar mit dem Namen *Fullers* verbunden sind. Insbesondere in den sechziger und siebziger Jahren wurde eine Reihe von Bauten geschaffen, die *Fullers* Konzept aufgriffen. Ein besonders eindrucksvolles Beispiel war der US-amerikanische Pavillon auf der Weltausstellung in Montréal 1967 (Abb. 2.2).

Abb. 2.2

R. Buckminster Fuller lieferte mit seinen geodätischen Domen die architektonische Inspiration für die Namensgebung der Fullerene. Ein Beispiel ist der US-Pavillon auf der EXPO76 in Montréal (© Montréalais).

Ein weiteres Beispiel für eine strukturelle Verwandtschaft stellen Kleinstlebewesen vom Typ der Diatomeen dar. Diese Kieselalgen wachsen in Strukturen, die 100.000fach vergrößerten Fullerenkäfigen entsprechen (Abb. 2.3). Die Polygone auf der Oberfläche weisen die gleichen Verteilungsmuster wie in den Fullerenen auf.

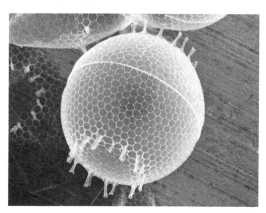

Abb. 2.3

Die Kieselalge *Stephanopyxis turris* stellt ein Beispiel einer biologischen Struktur dar, die den Fullerenen sehr ähnlich ist (© M. Sumper).

2.1.2 Experimentelle Beweise

Bis 1985 war die Welt des Elementes Kohlenstoff ein weitgehend erforschtes und reifes Gebiet. Man kannte alle wesentlichen Eigenschaften der wichtigsten Allotrope und die Verknüpfungen, die zwischen ihnen bestanden. Auch die Elementchemie des Kohlenstoffs, abgesehen von der Organischen Chemie, war gründlich untersucht. Dann kam der Tag, an dem ein einzelnes Signal bei *m/z* 720 in einem Massenspektrum für eine nachhaltige Veränderung der Sichtweise des bis dahin etwas vernachlässigten Elementes sorgte. Die Ära der „neuen" Kohlenstoff-Allotrope hatte begonnen.

Bereits ein Jahr zuvor hatte es erste experimentelle Ergebnisse gegeben, die die Existenz bestimmter Kohlenstoffcluster nahe legten. Bei Versuchen zur Laserverdampfung von Graphit fand man im Flugzeit-Massenspektrum Massenzahlen, die Clustern mit 30 bis 190 Kohlenstoffatomen entsprachen. Bemerkenswert war die Tatsache, dass nur gerade Atomzahlen beobachtet wurden. Die Struktur der Cluster wurde jedoch zunächst nicht aufgeklärt.

Bei dem Versuch, stellare Bedingungen zu simulieren, speziell in Sternen der Klasse der Roten Riesen, gelang *H. W. Kroto, J. R. Heath, S. C. O'Brien, R. F. Curl* und *R. Smalley* dann der Durchbruch bei der Entdeckung und Identifizierung der Fullerene. Das Experiment bestand darin, einen gepulsten Laser im Heliumstrom auf ein Graphit-Target zu fokussieren und die entstehenden Teilchen in einem Massenspektrometer zu untersuchen. Wie erwartet, fanden sie hauptsächlich die auch im All dominanten Moleküle der Zusammensetzung HC_7N und HC_9N. Bei einer Veränderung der experimentellen Bedingungen stellten sie jedoch fest, dass plötzlich ein Teilchen mit der Massenzahl 720 das Massenspektrum dominierte. Daneben war ein Peak bei *m/z* 840, der C_{70} entspricht, zu beobachten. Ihre Schlussfolgerung, dass es sich um ein C_{60}-Molekül mit hochsymmetrischer Käfigstruktur handelt, wurde mit dem Nobelpreis für *Kroto, Smalley* und *Curl* gewürdigt. Dieser erste Nachweis war jedoch nicht geeignet, ausreichende Mengen für die Untersuchung der chemischen und physikalischen Eigenschaften der neuen Verbindungen zur Verfügung zu stellen.

Erst 1990 gelang den Arbeitsgruppen von *W. Krätschmer* und *D. R. Huffman* die Isolierung makroskopischer Mengen des häufigsten Fullerenvertreters C_{60} durch Graphitverdampfung im elektrischen Lichtbogen bzw. durch Widerstandserhitzung von Graphitelektroden. Auch hier sollten eigentlich Verbindungen, die im interstellaren Staub existieren, im Labor hergestellt werden. Bei geeigneten Bedingungen zeigte das IR-Spektrum der Proben vier charakteristische scharfe Peaks, die den für C_{60} vorhergesagten Signalen entsprachen. Später wurden dann auch C_{70} und die höheren Fullerene gewonnen.

Kurz nach Entdeckung der Grundstruktur wurden auch die ersten Fullerene beschrieben, die im Inneren des Käfigs ein oder mehrere Atome enthielten. Insbesondere für die Isolierung höherer Fullerene spielen diese sog. „endohedralen Fullerene" eine wichtige Rolle.

2.2 Struktur und Bindung

2.2.1 Nomenklatur

Bevor man sich der Diskussion struktureller Besonderheiten der Fullerene widmen kann, ist es notwendig, eine Nomenklatur zu finden, die ihre eindeutige Beschreibung in einer einfach verständlichen Form ermöglicht. Die IUPAC-Nomenklatur bietet hier leider keinen sehr eingängigen Vorschlag, der korrekte Name für das aus sechzig Kohlenstoffatomen bestehende häufigste Fulleren lautet:

Hentriacontacyclo-[29.29.0.0^{2,14}.0^{3,12}.0^{4,59}.0^{5,10}.0^{6,58}.0^{7,55}.0^{8,53}.0^{9,21}.0^{11,20}.0^{13,18}.0^{15,30}.0^{16,28}.0^{17,25}. 0^{19,24}.0^{22,52}.0^{23,50}.0^{26,49}.0^{27,47}.0^{29,45}.0^{32,44}.0^{33,60}.0^{34,57}.0^{35,43}.0^{36,56}.0^{37,41}.0^{38,54}.0^{39,51}.0^{40,48}.0^{42,46}]hexa conta-1,3,5(10),6,8,11,13(18),14,16,19,21,23,25,27,29(45),30,32(44),33,35(43),36,38(54),39 (51),40(48),41,46,49,52,55,57,59-triacontaen.

Offensichtlich ist dieser Namensvorschlag weder praktikabel noch aufschlussreich. Man hat daher eine sehr viel einfachere Bezeichnungsweise geschaffen, die trotzdem alle wesentlichen Strukturmerkmale beschreibt. Sie beruht zunächst auf der Annahme, dass es sich bei Fullerenen stets um käfigartige Strukturen handelt. Das erlaubt dann das Weglassen aller Information zur Verknüpfung der Ringe, so man denn die Symmetrie des Objektes in den Namen aufnimmt. Das wesentliche Charakteristikum eines Fullerens ist die Anzahl der enthaltenen Kohlenstoffatome, sie muss also im Namen an zentraler Stelle vorhanden sein. Daneben wird die Information benötigt, welche Arten von Ringen den Käfig aufbauen, in der Regel Fünf- und Sechsringe. Mit diesen Informationen (Anzahl der C-Atome, Symmetrie, Art der Ringe) kann jedes Fulleren ausreichend beschrieben werden. Daraus ergibt sich für C_{60} der folgende Name: (C_{60}-I_h) [5,6]-Fulleren. Der erste Term gibt die Anzahl der Kohlenstoffatome und die Symmetrie in Form der Punktgruppe an (hier Ikosaedersymmetrie I_h), der zweite Term, dass das Objekt aus einer Verknüpfung von Fünf- und Sechsringen aufgebaut ist, und der Name „Fulleren", dass es sich um eine käfigartige Struktur handelt. Analog bildet sich der Name des nächsthöheren Homologen zu (C_{70}-D_{5h}) [5,6]-Fulleren.

Wie wir später sehen werden, existieren auch Fullerene, in denen ein oder mehrere Kohlenstoffatome durch andere Elemente ersetzt sind. Diese Moleküle werden in der Fullerennomenklatur durch Voranstellen der entsprechenden Silbe für das eingebaute Heteroatom beschrieben, z.B. Aza[70]fulleren $C_{69}N$, Bis(aza[60]fulleren) ($C_{59}N)_2$, Bora[60]fulleren $C_{59}B$, Phospha[60]fulleren $C_{59}P$.

In einigen Verbindungen, den sog. endohedralen Fullerenen, befinden sich innerhalb des Käfigs eingelagerte Atome bzw. kleine Moleküle, die keine kovalente Bindung zum Fullerengerüst besitzen. Um die Position im Inneren des Fullerens zu verdeutlichen, bedient man sich der Schreibweise M@C_n (sprich *M at C_n*), wobei M das im Käfiginneren befindliche Atom oder Molekül darstellt. Durch diese Schreibweise kann klar zwischen Hetero- und Endofullerenen unterschieden werden, so ist z.B. bei N@C_{60} und $C_{59}N$ sofort ersichtlich, wo sich das Stickstoffatom jeweils befindet. Die IUPAC empfiehlt zwar die Schreibweise iMC_n (sprich: *[n]Fulleren-incar-M*), die in der Praxis jedoch ungebräuchlich ist. Auch in diesem Buch wird die @-Schreibweise verwendet.

Kommen nun durch chemische Reaktionen noch Substituenten an einem oder mehreren Kohlenstoffatomen hinzu, reicht die bisherige Nomenklatur nicht aus. Man benötigt zusätzlich ein Verfahren zur eindeutigen Nummerierung der Atome des Käfigs. Die Idee dabei ist das Ziehen einer helicalen Spur entlang aller Kohlenstoffatome des Fullerens, die mit Hilfe eines sog. *Schlegel*-Diagramms dargestellt werden (Abb. 2.4). Dieses zeigt eine Projektion des Käfigs, bei der senkrecht zu einer Rotationsachse des betrachteten Fullerens die Bindungen so aufgeweitet werden, dass alle Kohlenstoffatome in einer Ebene liegen. Als Referenzachse für die Projektion wählt man die Achse höchster Ordnung, die das Ziehen einer helicalen Spur ausgehend von dem Ring oder dem Atom erlaubt, durch welches die Rotationsachse auf dem

Betrachter zugewandten Seite verläuft. Das äußere Fünfeck des *Schlegel*-Diagramms in Abb. 2.4 (links) entspricht also dem Fünfring auf der Rückseite des C_{60}, durch dessen Mittelpunkt die betrachtete Rotationsachse führt. In den *Schlegel*-Diagrammen kann auch die Chiralität entsprechender Fullerenmoleküle ausgedrückt werden. Die Bezeichnung lautet dann für systematisch (*systematic*) nummerierte Fullerene (*fullerene*) $^{f,s}C$ und $^{f,s}A$ für helicale Spuren im Uhrzeigersinn (*clockwise*) bzw. ihm entgegen (*anticlockwise*).

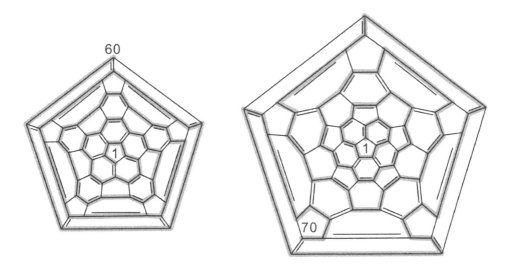

Abb. 2.4 *Schlegel*-Diagramme von C_{60} (links) und C_{70} (rechts). Die graue Spur gibt die Zählung der Kohlenstoffatome in Form einer Spirale an.

2.2.2 Die Struktur des C_{60}

Die Struktur des wichtigsten Vertreters der Fullerene, des C_{60}-Moleküls, soll hier nun eingehend besprochen werden. Seine Besonderheit im Vergleich zu den klassischen Kohlenstoffmodifikationen liegt darin, dass es ein mehr oder weniger punktförmiges, diskretes Molekül darstellt, und keine sich dreidimensional im Raum wiederholende Struktur.

Ersetzt man in einer Graphenlage einige Sechsringe durch Fünfringe, so wird die Schicht aus der Ebene heraus in eine gekrümmte Form gezwungen (Abb. 2.5a). Bei geeigneter Platzierung dieser Fünfringe gelangt man zu einer kugelförmigen Struktur mit sechzig Kohlenstoffatomen, dem Buckminsterfulleren, welches in seiner Form einem klassischen Fußball entspricht. In der Beilage finden Sie das Gitternetz eines C_{60}-Moleküls, das Sie für eine bessere räumliche Vorstellung an Hand der Anleitung zusammensetzen können.

⇨ **Aufbau eines (C_{60}-I_h) [5,6]-Fullerens (s. letzte Seite des Buches)**

Andere Ringe als Fünfringe sorgen zwar auch für eine Krümmung der Graphenlage, bedingen aber in geschlossenen Käfigen eine ungleich höhere Spannung. Daher sind Strukturen

mit Vier-, Sieben- oder Achtringen energetisch nicht begünstigt (s. aber sphärische Riesenfullerene in Kohlenstoffzwiebeln, Kap. 4)

Die sechzig äquivalenten Kohlenstoffatome im C_{60} besetzen die Ecken eines ikosaedersymmetrischen Polyeders (32 Flächen, 60 Ecken, 90 Kanten), der als „eckenabgestumpftes" Pentagondodekaeder aufgefasst werden kann. Die Punktgruppe dieses Objektes ist I_h und es
besitzt sechs S_{10}-Drehspiegelachsen (incl. sechs C_5-Drehachsen), zehn S_6-Drehspiegelachsen
(incl. zehn C_3-Drehachsen), fünfzehn C_2-Drehachsen und fünfzehn Spiegelebenen, die jeweils zwei C_5- und zwei C_2-Drehachsen enthalten. Durch diese hohe Symmetrie kann es
anhand seiner spektroskopischen Eigenschaften leicht identifiziert werden (s. Kap. 2.4). Es
ist aus zwölf Fünfringen und zwanzig Sechsringen aufgebaut, wobei jeder Fünfring ausschließlich von Sechsringen umgeben ist. Wie wir später sehen werden, ist dieser Befund
typisch für stabile Fullerenstrukturen.

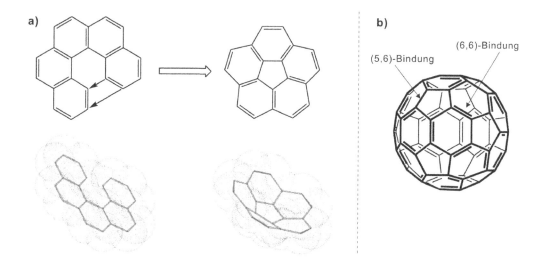

Abb. 2.5 a) Durch den Schluss zu einem Fünfring krümmt sich die zuvor planare aromatische Struktur;
b) C_{60} enthält zwölf Fünfringe, die Radialen-Charakter besitzen und 20 Sechsringe, die Cyclohexatrien-
charakter aufweisen. Bindungen, die zwischen zwei Sechsringen liegen werden, (6,6)-Bindung genannt,
diejenigen zwischen einem Fünf- und einem Sechsring (5,6)-Bindung.

Durch theoretische und experimentelle Untersuchungen (s. Tabelle 2.1) wurde nachgewiesen,
dass im C_{60}-Molekül nicht alle C-C-Bindungen gleich lang sind. Vielmehr wurde eine Alternanz festgestellt, wobei die (6,6)-Bindungen zwischen zwei benachbarten Sechsringen kürzer
als die (5,6)-Bindungen zwischen einem Fünf- und einem Sechsring sind. Die Doppelbindungen sind somit in den Sechsringen lokalisiert, wobei die Bindungslängen von 139 pm und
145 pm in etwa denen in einem mäßig konjugierten Polyolefin entsprechen. Das C_{60}-Molekül
besitzt einen Durchmesser von 0,702 nm. Aus den gemessenen Bindungslängen leitet sich

dann die in Abb. 2.5b dargestellte *Kekulé*-Struktur ab, in der die Fünfringe [5]-Radialen-Charakter aufweisen und die Sechsringe jeweils einem 1,3,5-Cyclohexatrien entsprechen.

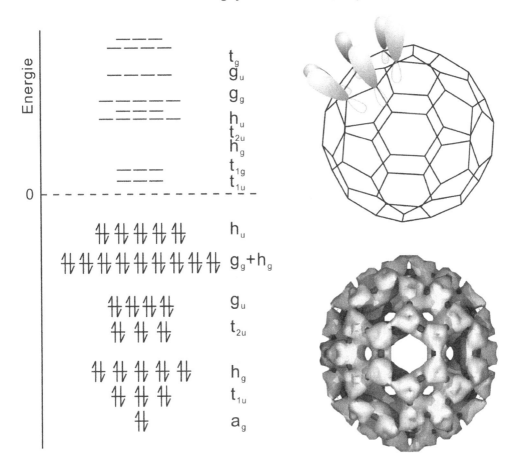

Abb. 2.6 Molekülorbitalschema für C_{60} (links) und radiale Anordnung der π-Orbitale auf der Fulleren-oberfläche (rechts oben). Der ACID-Plot zeigt die berechnete Anisotropie der induzierten Stromdichte, die man mit der Delokalisation der π-Elektronen korrelieren kann, wobei sich der Charakter des C_{60} als mäßig konjugiertes Polyolefin bestätigt (rechts unten, © F. Köhler).

Allerdings beruht ein Teil der Stabilität des C_{60}-Fullerens auf seiner dreidimensionalen Aromatizität. Die Valenzstrichformel in Abb. 2.5b gibt zwar die Bindungsalternanz sehr gut wieder, aber nicht die π-Elektronendelokalisierung. Hierfür sollte man sich auch das Molekülorbitalschema ansehen. Darin wird deutlich, warum C_{60} eine besondere Stabilisierung erfährt: C_n-Moleküle sind immer dann besonders aromatisch, wenn die bindenden π-Orbitale vollständig besetzt und diese Orbitale energiearm sind sowie ein deutlicher Energieunterschied zum ersten unbesetzten Orbital besteht (Abb. 2.6 links). In einer alternativen Betrachtungsweise haben nach der *leap frog*-Regel (engl. für Bocksprung) immer die Fullerene besonders aromatischen Charakter, die die dreifache Anzahl Kohlenstoffatome eines denkbaren Fulle-rens besitzen. So leitet sich aus dem kleinsten geschlossenen Käfig C_{20} die Stabilität des C_{60} ab.

Tabelle 2.1 Theoretisch und experimentell ermittelte Bindungslängen für C_{60}

Methode	Hartree-Fock (HF STO-3G)	Møller-Plesset (MP2)	NMR	Neutronen-beugung	Röntgen-beugung
Länge der (5,6)-Bindung	146,5 pm	144,6 pm	144,8 pm	144,4 pm	146,7 pm
Länge der (6,6)-Bindung	137,6 pm	140,6 pm	137,0 pm	139,1 pm	135,5 pm

Quelle: A. Hirsch, M. Brettreich, *Fullerenes*, Wiley-VCH, Weinheim **2004**.

Die Bindungsverhältnisse im C_{60} unterscheiden sich prinzipiell nicht von denen in anderen Kohlenstoffgerüsten mit delokalisierten π-Elektronen. Das σ-Bindungsgerüst ist lediglich durch die Krümmung der Oberfläche aus dem 120°-Winkel herausgedrückt. Der wahre Hy-bridisierungsgrad ergibt sich zu $sp^{2,278}$, man beobachtet also eine deutliche Verschiebung hin zu tetraedrisch koordinierten Kohlenstoffatomen. Die π-Elektronen der einzelnen Atome befinden sich in den senkrecht zur Käfigoberfläche stehenden p_z-Orbitalen (Abb. 2.6 rechts oben). Dadurch bildet sich eine den Kohlenstoffkäfig umschließende π-Elektronenwolke aus, die einen ungefähren Durchmesser von 1,05 nm aufweist. Der s-Anteil der π-Orbitale beträgt immerhin 0,085. Die Delokalisierung der π-Elektronen ist im C_{60}-Molekül geringer als in echten Aromaten, da sich zum einen dessen Atomgitter nicht in der Ebene, sondern dreidi-mensional ausbreitet, zum anderen resultiert aus der Gestalt des Moleküls eine schlechtere Überlappung (Abb. 2.6).

Die elektronische Struktur des C_{60} zeichnet sich durch ein fünffach degeneriertes HOMO-Niveau (h_u) und ein dreifach entartetes LUMO-Niveau (t_{1u}) aus, die durch eine Lücke von 1,8 eV (andere Arbeiten 2 eV) voneinander getrennt sind (Abb. 2.6a). Das LUMO kann bis zu sechs Elektronen aufnehmen, so dass C_{60} in Redoxreaktionen entsprechende Mono-, Di-, Tri- bis Hexaanionen bildet. Auch die Wechselwirkung mit den Metallen der 1. und 2. Haupt-gruppe verläuft unter *n*-Doping.

Durch die besonders niedrige Reorganisationsenergie bei Elektronentransferreaktionen, ver-bunden mit guter Ladungs- und Energiedelokalisation, ist C_{60} ein überaus guter Elektronen-akzeptor. Aus den gleichen Gründen ist der Rücktransfer aus dem Fulleren (Ladungsaus-gleich) im Vergleich zu normalen Elektronenakzeptoren (z.B. Chinonen) behindert, so dass die Ladungsseparation in fullerenhaltigen Donor-Akzeptor-Systemen stark begünstigt ist.

Es bleibt die Frage, warum nur eine einzige, ikosaedersymmetrische Struktur für das C_{60}-Molekül gefunden wird, obwohl theoretisch 1812 Isomere möglich sind. Prinzipiell gäbe es selbst bei der Einschränkung, dass nur Fünf- und Sechsringe zugelassen sind, eine Reihe anderer Isomere, die ebenfalls zum Käfigschluss führen würden. Diesen ist aber gemein, dass sie Fünfringe enthalten, die im Gegensatz zur nachgewiesenen Struktur nicht ausschließlich von Sechsringen umgeben sind (Abb. 2.7). Die benachbarten Fünfringe sorgen für eine erhöhte Spannung im Molekül, wodurch diese Isomere im Vergleich zu I_h-C_{60} destabilisiert sind (s. Kap. 2.2.3). C_{60} ist das kleinstmögliche Fulleren, bei dem alle Fünfringe isoliert vorliegen.

Abb. 2.7

Zwei Beispiele für weitere theoretisch mögliche Strukturen des C_{60}. Die benachbarten Fünfringe sind hervorgehoben.

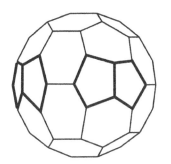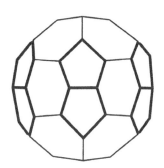

2.2.3 Die Struktur höherer Fullerene und der Wachstumsmechanismus

Aus *Eulers* Theorem für geschlossene Polyeder ergibt sich (s. Kap. 4.2.1), dass jedes aus Fünf- und Sechsringen bestehende Fulleren $2(10 + M)$ C-Atome enthält, wobei der entstehende Käfig genau zwölf Fünf- und M Sechsringe enthält. Das kleinste denkbare Fulleren ist demnach C_{20} (M = 0). Es ist bisher nicht zweifelsfrei experimentell nachgewiesen, der Kohlenwasserstoff $C_{20}H_{20}$ dagegen ist bekannt und weist die erwartete Pentagondodekaeder-Struktur auf. Mit zunehmendem M steigt die Anzahl der möglichen Käfigstrukturen, z.B. existieren für das C_{78}-Fulleren bereits mehr als 20.000 theoretische Strukturisomere.

Tatsächlich beobachtet man jedoch eine weitaus geringere Zahl von Isomeren, für C_{60} und C_{70} jeweils genau eines. Andere theoretisch mögliche Fullerene bilden sich in der Realität gar nicht (z.B. sind C_{62-68} nicht bekannt). Offensichtlich ist es für diese Kohlenstoffkäfige nicht möglich, eine nur aus Fünf- und Sechsringen aufgebaute Struktur mit isolierten Fünfringen anzunehmen.

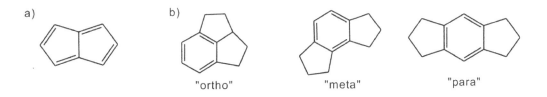

a)   b)

"ortho"   "meta"   "para"

Abb. 2.8 a) Nur bei isolierten Fünfringen kann die hier gezeigte ungünstige Pentalenstruktur vermieden werden. b) Die „meta"-Anordnung der Fünfringe ist durch die Vermeidung benachbarter Fünfringe und von Doppelbindungen in Fünfringen bevorzugt.

Diese Beobachtungen kann man in einigen Regeln zusammenfassen, die recht genau die Bildung bestimmter, stabiler Fullerene vorhersagen:

- *Open shell*-Strukturen sind energetisch ungünstig und werden vermieden.

- Strukturen mit isolierten Fünfringen werden gegenüber solchen mit benachbarten Fünfringen bevorzugt. Der Grund hierfür resultiert aus der Tatsache, dass somit pentalenarti-
  ge Systeme mit 8 π-Elektronen vermieden werden, die zu einer Resonanzdestabilisie-
  rung führen würden (Abb. 2.8a). Außerdem wird die Spannungsenergie in der Käfigstruktur erhöht, wenn die Elemente, die die Krümmung herbeiführen, nicht gleichmäßig
  auf der ganzen Polyeder-Oberfläche verteilt werden. Die erzwungenen Bindungswinkel
  der Kohlenstoffatome würden das Molekül erheblich destabilisieren. Diese Regel wird
  IPR abgekürzt (engl. *isolated pentagon rule*).

- Aus der *IPR*-Regel ergibt sich auch, dass Strukturen mit möglichst gut angenäherter
  Kugelgestalt besonders stabil sind.

- Die Anzahl der in Fünfringen lokalisierten Doppelbindungen wird minimiert. Dadurch
  werden Strukturen, in denen die Fünfringe in „*meta*"-Position zueinander mit einem
  Sechsring verbunden sind, gegenüber der „*para*"-Variante bevorzugt (Abb. 2.8b). In
  „*ortho*"-Position zueinander stehende Fünfringe sind zusätzlich nach der *IPR*-Regel benachteiligt.

Durch diese Regeln reduziert sich die Anzahl der möglichen Isomere drastisch, und für eine
ganze Reihe von C_n-Molekülen wird klar, warum sie keine Käfigstruktur einnehmen. Die
„magischen" Zahlen für stabile Fullerene, die alle oben genannten Regeln befolgen, lauten:
n = 60, 70, 72, 76, 78, 84, … Und tatsächlich konnten bis auf C_{72} all diese Fullerene mit
mindestens einem Isomer experimentell bestätigt werden. Möglicherweise entsteht aus ursprünglich gebildetem C_{72} *in situ* das noch stabilere C_{70}.

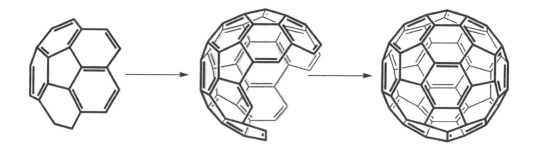

Abb. 2.9 Bildung eines Fullerenkäfigs. Die Tendenz zur Minimierung nicht abgesättigter Bindungsstellen sorgt für den Einbau von Fünfringen und somit für die zunehmende Krümmung und den Käfigschluss des Moleküls.

Die Häufigkeit der höheren Fullerene ist deutlich geringer als die der Stammverbindung C_{60}.
Die Ursache hierfür ist eine offensichtlich kinetische Kontrolle der Bildung dieser Käfigver-
bindungen. Vom thermodynamischen Standpunkt her ist C_{60} keineswegs das Molekül mit der
geringsten Enthalpie pro Kohlenstoffatom. Normalerweise sollten die thermodynamisch stabileren, größeren Fullerene (s. Kap. 2.4) häufiger auftreten als das durch seine stärkere

Krümmung gespanntere C_{60}. Jedoch scheint es sich der weiteren Umsetzung durch seine perfekte und inerte Struktur zu widersetzen. Einmal gebildet, stellt es ein lokales Minimum der Energiehyperfläche dar und reagiert nicht mit weiteren Kohlenstoffclustern. Auch Strukturen mit nahezu 60 Kohlenstoffatomen reagieren durch Aufnahme bzw. Ausstoßung einzelner Atome oder kleiner Cluster zu C_{60}. Erst bei deutlicher Überschreitung der Anzahl von 60 Atomen werden neue Energieminima wie das C_{70} erreicht. Nur defekthaltige Graphenstücke mit geringerer Krümmung, die über eine kritische Größe hinaus gewachsen sind, können zu höheren Fullerenen geschlossen werden. Das erklärt die unerwartet große Häufigkeit des C_{60}-Moleküls im Vergleich zu seinen höheren Homologen.

Der **Wachstumsmechanismus** von Fullerenen aus kleinen Kohlenstoffclustern selbst ist Gegenstand lebhafter Diskussion. Lediglich die Tatsache, dass es sich nicht um einen thermodynamisch kontrollierten, sondern um einen kinetisch gesteuerten, radikalischen Prozess handelt, ist unstrittig. Es scheint inzwischen auch erwiesen, dass die entstehenden Cluster durch Bindungsbildung eine Minimierung der vorhandenen, nicht abgesättigten Bindungsstellen („*dangling bonds*") anstreben. Dadurch werden Fünfringe in das sich bildende Graphen-Netzwerk eingebaut. Aus Abfangexperimenten weiß man, dass intermediär verschiedene polycyclische Aromaten auftreten, die Teilstrukturen der schließlich gebildeten Fullerene darstellen. Diese sind durch die vorhandenen Fünfringe z.T. bereits nicht mehr eben. Weiteres Wachstum führt dann zu einem „Aufrollen" der Struktur und schließlich zum Käfigschluss (Abb. 2.9). Dieser ist dadurch begünstigt, dass die Anzahl der freien Bindungsstellen in einem Schritt Null wird. Entsteht durch das Absättigen von Bindungsstellen eine Struktur mit energetisch ungünstig positionierten Fünfringen, so sorgen z.B. Umlagerungen vom *Stone-Wales*-Typ (s.a. Kap. 3.4.3, 3.5.1) für eine bessere Verteilung der Spannungsenergie. Bei diesem Vorgang handelt es sich um einen konzertierten Prozess, der über einen Vierzentren-*Hückel*-Übergangszustand verläuft (Abb. 2.10).

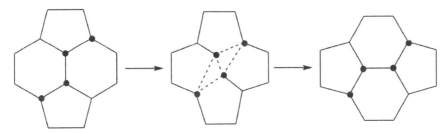

Abb. 2.10 Durch Umlagerungen mit einem Vierzentren-*Hückel*-Übergangszustand werden die Fünfringe in energetisch günstige Positionen gebracht.

Ein anderer Wachstumsmechanismus postuliert die Bildung langer Polyinketten, die durch Spirocyclisierung vollständig oder teilweise zu fullerenartigen Strukturen reagieren (Abb. 2.11). Auch sequentielle Cycloadditionen kleinerer Einheiten (C_2 bis C_4) sind als Bildungsmechanismus denkbar. Z.B. könnte C_{60} ausschließlich durch Cycloadditionen von C_4-Einheiten (als Diin) entstehen. Durch den Einbau von Fünfringen im Verlauf dieser Reaktionen entstehen schalenförmige Intermediate, die schließlich zu Käfigstrukturen geschlossen werden.

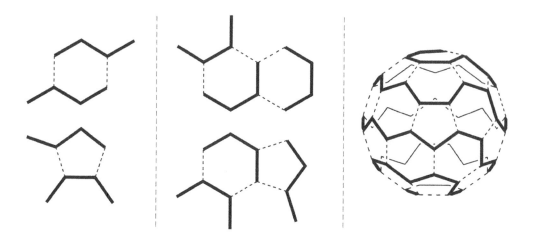

Abb. 2.11 Mechanismus der Fullerenbildung durch Spirocyclisierung. Links und in der Mitte sind mögliche Reaktionsschemata zur Bildung von Sechsringen (oben) und Fünfringen (unten) abgebildet. Rechts verdeutlicht die verstärkte Linie die angenommene Polyinkette, die durch mehrere (simultane) Cyclisierungsschritte zum Fullerenkäfig geschlossen wird (© Royal Soc. 1993).

Das nach C_{60} nächsthöhere stabile Fulleren ist das rugbyballförmige C_{70}. Es enthält ebenfalls zwölf isolierte Fünfringe. Die Strukturen unterscheiden sich dadurch, dass in der Mitte des C_{70} eine zusätzliche Reihe Sechsringe eingefügt ist und deren Anzahl somit von 20 auf 25 steigt (Abb. 2.12). Dadurch erniedrigt sich die Symmetrie des Moleküls auf D_{5h}. Auch variieren die Bindungslängen stärker als im hochsymmetrischen C_{60}. Im C_{70} existieren fünf unterscheidbare Kohlenstoff-Atome und acht verschiedene C-C-Bindungen (Abb. 2.12). Die Struktur weist Bereiche mit unterschiedlicher Krümmung auf, wobei der am stärksten gekrümmte Bereich an den Polen strukturell dem C_{60}-Molekül sehr ähnlich ist. Der im Äquatorbereich enthaltene Gürtel aus Sechsringen stellt den Bereich geringster Spannung dar.

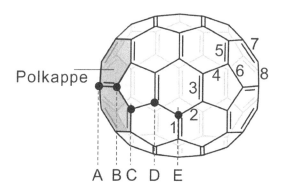

Abb. 2.12

Struktur des C_{70}. Die größte Ähnlichkeit mit C_{60} besteht in der Polkappenregion, die auch die stärkste Krümmung aufweist. Die unterscheidbaren C-Atome sind mit Großbuchstaben gekennzeichnet, die verschiedenen Bindungen mit Ziffern.

Je mehr Kohlenstoffatome ein Fullerenmolekül besitzt, desto zahlreicher werden auch die gebildeten Isomere. Wie bereits erwähnt, wird dabei jedoch nicht die theoretisch mögliche

Anzahl an Strukturisomeren gefunden, sondern nur einige ausgewählte Käfigstrukturen, die den weiter oben beschriebenen Regeln genügen. So findet man für C_{76} genau ein Isomer, für C_{78} fünf, für C_{84} 24 und für C_{90} 46 (vgl. > 20.000 theoretisch mögliche Isomere für C_{78}). Abb. 2.13 zeigt einige wichtige Vertreter der höheren Fullerene mit den entsprechenden Punktgruppen.

⇨ **Aufbau eines (C_{76}-D_2)[5,6]-Fullerens (markiertes Chiralitätselement, s. letzte Seite)**

Im C_{76} fällt die helicale Anordnung der Kohlenstoffatome auf der Oberfläche der Käfigstruktur auf. Es handelt sich somit um eine chirale Verbindung, was durch die D_2-Symmetrie bestätigt wird. Da bei der Herstellung keinerlei chirale Information eingesetzt wird, entsteht natürlich ein Racemat, das jedoch an chiralen Chromatographiesäulen getrennt werden kann. Auch für andere höhere Fullerene existieren chirale Strukturisomere, z.B. D_3-C_{78} und D_2-C_{84} (Abb. 2.13).

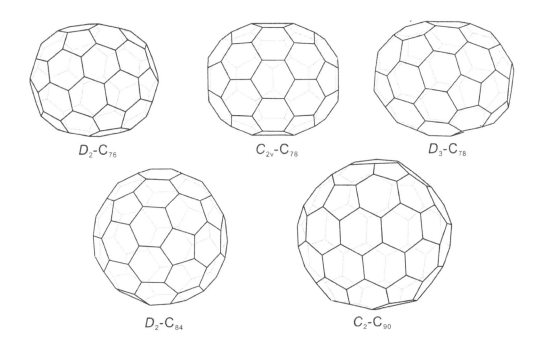

Abb. 2.13 Einige Beispiele für höhere Fullerene.

Neben den großen Fullerenen existieren auch sog. Riesenfullerene (engl. *giant fullerenes*). Sie werden als Baueinheiten der Kohlenstoffzwiebeln postuliert (Kap. 4). Ihre Struktur ist weiterhin Gegenstand intensiver Diskussion, da bisher nicht zweifelsfrei geklärt wurde, wie die i. A. perfekt sphärische Gestalt zustande kommt. Nimmt man nämlich an, dass auch für die Riesenfullerene die Regel der zwölf isolierten Fünfringe gilt, so entstünden Strukturen, die eine deutliche Facettierung aufwiesen und mehr oder weniger einem Ikosaeder ähnelten

(Abb. 4.4). Es muss also weitere Defekte im Graphitgitter geben, die zu einer sphärischen Form führen. Geeignet sind Fünfring-Siebenring-Defekte (sog. *Stone-Wales*-Defekte), die anstelle von zwei benachbarten Sechsringen in das Gitternetz eingebaut werden und zu einer Verteilung der Krümmung führen. Als eigenständige Objekte wurden die Riesenfullerene bisher jedoch nicht isoliert. Vermutlich sind derartige Käfige instabil und kollabieren zu kompakteren Strukturen.

2.2.4 Struktur kleinerer Kohlenstoffcluster

Das kleinste nach dem *Euler*schen Theorem mögliche Polyeder, in dem nur Fünf- und/oder Sechsringe vorkommen, ist das Pentagondodekaeder (N = 2 (10 + M) mit M = 0). Für zwanzig Kohlenstoffatome sind z.B. die in Abb. 2.14a. gezeigten Struktisomere denkbar, die sich in ring-, schalen- und käfigförmige Objekte unterteilen lassen. Quantenmechanische Rechnungen zeigen, dass sowohl das schalenförmige Isomer als auch das Fulleren stabiler sind als die monocyclische Struktur. *Prinzbach* und Mitarbeiter publizierten 1993 Hinweise zur Existenz des käfigförmigen Moleküls C_{20}, konnten aber die Existenz der postulierten Struktur nicht ohne Zweifel beweisen. Der Nachweis erfolgte massenspektrometrisch, so dass lediglich die Molekülmasse, jedoch nicht die Struktur zweifelsfrei bestimmt wurde.

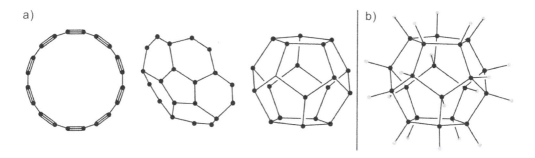

Abb. 2.14 a) Mögliche Strukturen für ein C_{20}-Molekül, b) Struktur des Dodecahedrans $C_{20}H_{20}$.

Der Kohlenwasserstoff $C_{20}H_{20}$ mit dem Namen Dodecahedran ist dagegen bekannt und weist die in Abb. 2.14b dargestellte räumliche Struktur auf. Man kann ihn also als ein perhydriertes Fulleren auffassen. Seine Chemie ist seit der erstmaligen Beschreibung durch *Paquette* ausführlich untersucht worden und selbst zwölffach substituierte Derivate sind bekannt. Die Synthese nach *Prinzbach* verläuft ausgehend von Isodrin über ein Pagodanderivat, welches zum Dodecahedran-1,6-dicarbonsäureester umgesetzt wird. Dieser reagiert dann in einer Sequenz aus Verseifung, *Barton*-Abbau zum 1,6-Dibromid und abschließender Reduktion zum Dodecahedran. Bei dem Versuch, mehrfach funktionalisierte Dodecahedran-Derivate massenspektrometrisch zu charakterisieren, beobachtete man für $C_{20}Cl_{16}$ im Massenspektrum den sukzessiven Verlust aller Chloratome bis hin zum Signal für das Decaen (*m/z* 240). Dies ist kein endgültiger Beweis für die Existenz des C_{20}-Fullerens, die Indizien für eine zumindest im Massenspektrometer mögliche Bildung sind jedoch vorhanden.

Zwar sind theoretisch für jede oberhalb von zwanzig liegende gerade Anzahl von Kohlenstoffatomen (Ausnahme 22) fullerenartige Strukturen möglich, bei den klassischen Fullerendarstellungsmethoden bilden sich jedoch keine nachweisbaren Mengen von Käfigstrukturen mit weniger als sechzig Kohlenstoffatomen. Offensichtlich ist die Spannungsenergie in intermediär gebildeten Vorläufern derartiger Strukturen bereits so groß, dass sie entweder wieder zerfallen oder aber zu größeren Einheiten mit geringerer Krümmung heranwachsen. Wie bereits erwähnt, stellt das C_{60} das kleinste mögliche Fulleren mit vollständig isolierten Fünfringen dar. Kleinere Homologe würden zwangsläufig eine oder mehrere Bindungen enthalten, an denen zwei Fünfringe aufeinander treffen, wodurch die erzwungenen Bindungswinkel und die damit einhergehende Erhöhung der Spannungsenergie sehr ungünstig wären.

Je nach Größe der Kohlenstoffcluster sind verschiedene Strukturelemente energetisch favorisiert. So liegen sehr kleine, positiv geladene Cluster (n < 7) hauptsächlich als lineare Ketten vor. Daran schließen sich monocyclische Verbindungen, Bi- und Polycyclen sowie Käfigstrukturen an. In Abhängigkeit von der Zahl der enthaltenen Kohlenstoffatome stabilisieren sich die Fullerencluster unter Verlust von C_2-Einheiten bzw. durch *Stone-Wales*-Umlagerungen. Rechnungen zeigen, dass z.B. für C_{20} die Käfigstruktur, obwohl sehr energiereich, trotz allem das günstigste unter den denkbaren Isomeren darstellt.

Ab ca. 50 Kohlenstoffatomen dominieren fullerenartige Strukturen in Untersuchungen im Kohlenstoffplasma. Sie können jedoch nicht isoliert werden. Es existieren aber Arbeiten zu stark funktionalisierten C_{50+x}-Verbindungen, die in Kap. 2.5.8 vorgestellt werden.

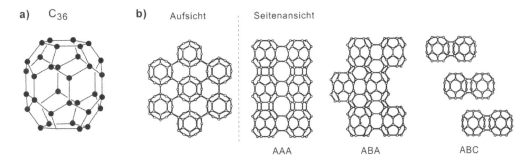

Abb. 2.15 a) Struktur des C_{36}, b) Strukturen von C_{36}-Polymeren im Festkörper. Dabei können in *z*-Richtung verschiedene Stapelfolgen (AAA, ABAB, ABC) auftreten (© Wiley Interscience 2000).

Einige der mittleren Kohlenstoffcluster, insbesondere C_{36}, und ihre Struktur waren lange Gegenstand lebhafter Diskussion. Insbesondere die Frage, ob stabile Fullerene mit weniger als sechzig Atomen existieren, lieferte Stoff für umfangreiche Forschungsarbeiten. Rechnungen haben gezeigt, dass C_{36} mit einer Käfigstruktur und D_{6h}-Symmetrie stabil sein sollte (Abb. 2.15a). Auch experimentell konnte die Existenz des C_{36}-Fullerens inzwischen zumindest nahe gelegt werden. Die Synthese erfolgt mit der Lichtbogenmethode (s. Kap. 2.3.3, p = 400 Torr Helium, I = 100 A), und der Fullerenruß wird direkt im Flugzeitmassenspektrometer untersucht. Neben C_{60} findet sich auch der für C_{36} erwartete Peak bei *m/z* 432. Nach Entfernen der toluollöslichen Fullerene C_{60} und C_{70} und Umsetzung mit Kalium in flüssigem Ammoniak wird ein verarmter Fullerenruß erhalten, dessen Massenspektrum ein prominentes Signal für 36 Kohlenstoffatome liefert. Im Festkörper liegt C_{36} nicht in Form isolierter Moleküle, sondern als dreidimensional verbrückte Struktur vor (Abb. 2.15b). Aus dem ^{13}C-NMR-Spektrum wird eine D_{6h}-Symmetrie ermittelt. Zusätzlich beobachtet man für die C_{36}-Käfigstruktur eine leichte *Jahn-Teller*-Verzerrung.

2.2.5 Struktur der Heterofullerene

Werden ein oder mehrere Kohlenstoffatome in einem Fullerenkäfig durch Heteroatome ersetzt, erhält man sog. Heterofullerene (Abb. 2.16). Diese Substanzklasse enthält hauptsächlich Verbindungen, in denen Stickstoff- oder Boratome anstelle von Kohlenstoff im Fullerenkäfig eingebunden sind. Aber auch Heterofullerene mit anderen Elementen wie z.B. Niob, Silicium, Germanium, Phosphor und Arsen sind bekannt.

Abb. 2.16 Verschiedene Heterofullerene.

Durch die Substitution eines einzelnen Atoms (z. B. mit N) entsteht aus C_{60} ein Heterofullerenylradikal, welches i. A. dimerisiert und in dieser Form auch erstmals nachgewiesen wurde (Abb. 2.25). Die Bindung zwischen den beiden Azafullerenen erfolgt zwischen zwei jeweils dem Stickstoff benachbarten Kohlenstoffatomen. Daneben ist die Stabilisierung als $C_{59}N^+$ möglich.

Bei höheren Heterofullerenen ist zu beachten, dass der Einbau des Heteroatoms an unterschiedlichen Positionen im Fulleren möglich ist und somit verschiedene Isomere erhalten werden. Dadurch werden bei der Radikalkombination auch gemischte Dimere erhalten.

2.3 Vorkommen, Herstellung und Reinigung

Obwohl erst durch experimentelle Beobachtungen im Labor entdeckt, existieren Fullerene vermutlich auch in der Natur. Eine Reihe von Publikationen beschreibt das Vorhandensein von C_{60} im interstellaren Raum, und es gibt Hinweise darauf, dass in dem Kohlenstoffmineral *Shungit*, welches in Karelien (Russland) gefunden wurde, zumindest fullerenartige Strukturen enthalten sind. Dieses vollständig aus Kohlenstoff bestehende Mineral zeigt eine wellenförmig deformierte Graphitstruktur (Abb. 2.17), die z.T. fullerenartige Einschlüsse enthalten soll.

Es existiert jedoch kein bekanntes Vorkommen an Fullerenen oder fullerenartigen Substanzen, welches als Quelle für dieses Material dienen könnte.

Abb. 2.17

Shungit, ein Kohlen-stoffmineral (links), besitzt eine wellige, graphitartige Struktur (rechts)

 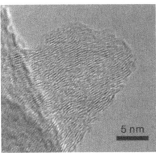

Die Herstellung der Fullerene kann auf verschiedene Weisen geschehen, die jedoch alle eines gemein haben: Es handelt sich eher um Darstellungsmethoden, denn um echte Synthesen. Als Ausgangsmaterialien kommen verschiedene andere Kohlenstoffmodifikationen, aber auch Kohlenwasserstoffe in Frage. Die Methoden unterscheiden sich in der Wahl der Edukte und darin, unter welchen Bedingungen deren Umwandlung stattfindet.

Generell unterscheidet man Verfahren, die in einem Lichtbogen bzw. Plasma niedermolekulare Kohlenstoffcluster erzeugen, und solche, in denen thermische Prozesse wie Verbrennung oder Pyrolyse die Bausteine für das Fullerenwachstum bereitstellen. Die wichtigsten Varianten dieser Darstellungsmethoden sollen im Folgenden diskutiert werden.

2.3.1 Fulleren-Darstellung durch Pyrolyse von Kohlenwasserstoffen

Da ihre Struktur bereits Elemente des Fullerenkäfigs enthält, eignen sich polycyclische aromatische Kohlenwasserstoffe (PAK) zur Darstellung von Fullerenen. Insbesondere Vertreter, die aus Fünf- und Sechsringen aufgebaut sind, sollten durch thermische Behandlung relativ leicht in Fullerene übergehen, da ein Teil der Krümmung schon vorgegeben ist.

Experimentell wird das Verfahren mit Naphthalin, Corannulen und höheren polycyclischen Aromaten durchgeführt. Dazu wird der Kohlenwasserstoff in einer Inertgasatmosphäre (meist Argon) auf etwa 1000 °C erhitzt. Durch Kupplung unter Abspaltung von Wasserstoff entstehen hauptsächlich C_{60} und C_{70}. Diese Cyclodehydrierungsreaktionen spielen auch bei einigen rationalen Synthesevorschlägen eine wichtige Rolle (Kap. 2.3.5). Daneben werden Hydrofullerene wie $C_{60}H_{36}$ beobachtet. Die Ausbeute an Fullerenen ist mit etwa 0,5 % nicht sehr hoch.

2.3.2 Partielle Verbrennung von Kohlenwasserstoffen

Wenn Kohlenwasserstoffe nicht vollständig verbrennen, entsteht Ruß. Dieser enthält unter geeigneten Bedingungen nicht nur klassische Rußpartikel (s. Kap. 1.2.3), sondern auch Fullerene. Das Vorhandensein geringer Mengen an Fullerenen in Flammenruß wurde zunächst durch Massenspektrometrie nachgewiesen. Inzwischen ist man durch geeignete Wahl der Reaktionsbedingungen aber auch in der Lage, rußende Flammen zur Herstellung wägbarer Mengen an Fullerenen zu nutzen. Als Kohlenstoffquelle wird meist Benzol verwendet, welches mit Sauerstoff und Argon gemischt und in einer laminaren Flamme verbrannt wird (Abb.

2.18). Dabei entstehen Ruß, polycyclische Aromaten und ein gewisser Anteil Fullerene. Dieser liegt bei 0,003-9,0 % der Gesamtrußmasse. Neben Benzol können auch andere Kohlenwasserstoffe, z.B. Toluol und Methan, zum Einsatz kommen.

Die Verbrennung von Kohlenwasserstoffen ist auch diejenige Methode, mit der bei Wahl geeigneter Reaktionsparameter der Anteil an C_{70} im Fullerenruß erhöht werden kann. Im günstigsten Fall steigt der Anteil des C_{70} an der Fullerenmenge auf über 80 %. Insbesondere der Gasdruck scheint für das Verhältnis $C_{70} : C_{60}$ von Bedeutung zu sein: Je höher der Druck, desto größer wird der Anteil von C_{70}. Andere wichtige Parameter sind die Sauerstoffkonzentration sowie die Verbrennungstemperatur. Die Verbrennungsmethode wird inzwischen auch genutzt, um große Mengen C_{60} herzustellen. In Japan ist kürzlich eine Anlage in Betrieb gegangen, die durch Benzolverbrennung etwa 500 kg Fullerene pro Jahr produziert.

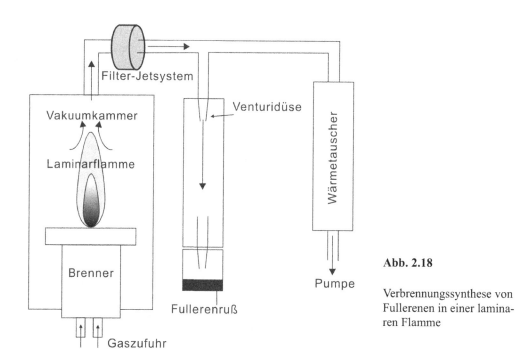

Abb. 2.18

Verbrennungssynthese von Fullerenen in einer laminaren Flamme

2.3.3 Funkenentladungsmethoden

Legt man zwischen zwei Graphitelektroden eine ausreichend hohe Spannung an, springt ein Funken über, wenn die Elektroden nicht zu weit voneinander entfernt sind. Es bildet sich ein Lichtbogen aus. In dem entstehenden Plasma herrschen Temperaturen, die zur Verdampfung des Graphits führen. Bei der Fullerensynthese wird das benötigte Plasma zwischen zwei angespitzten Graphitelektroden, die sich gerade noch berühren erzeugt (Kontaktlichtbogen). Die entstehenden Teilchen steigen aus der Plasmazone auf und schlagen sich an den Gefäßwänden nieder (Abb. 2.19). Die Ausbeute an Fulleren beträgt etwa 15 %, wobei C_{60} etwa 80 % des Fullerenmaterials ausmacht. Will man den Anteil der höheren Fullerene verbessern, so hat es sich als nützlich erwiesen, Elektrodengraphit zu verwenden, der mit anderen Elementen (B, Si oder Al) „verunreinigt" ist. Auch Kohleelektroden können zur Fullerenherstellung benutzt werden, die Ausbeute an Fullerenen, bezogen auf den eingesetzten Kohlenstoff, sinkt aber auf 4-6 % ab.

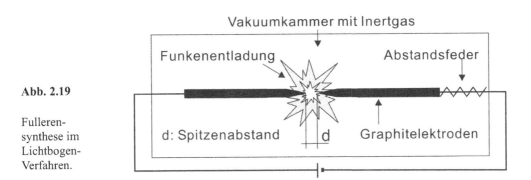

Abb. 2.19

Fulleren-
synthese im
Lichtbogen-
Verfahren.

Für das Lichtbogenverfahren werden normalerweise Elektroden verwendet, deren Durchmesser 6 mm nicht überschreitet, da bei größeren Abmessungen die Fullerenausbeute sinkt. Dies ist auf die Empfindlichkeit des entstehenden C_{60} gegenüber Strahlung zurückzuführen. Das Lichtbogenplasma emittiert sehr intensive UV-Strahlung, welcher die Fullerenmoleküle auf ihrem Weg zu den kühleren Bereichen der Apparatur ausgesetzt sind. Dadurch werden sie angeregt, und der resultierende Triplettzustand mit einer Lebensdauer im μs-Bereich sorgt für eine erhöhte Reaktivität gegenüber anderen Kohlenstoffclustern C_n. Diese kann mit der *open shell*-Struktur des angeregten Fullerens begründet werden.

$$C_{60}(S_0) + h\nu \rightarrow C_{60}^*(T_1) \xrightarrow{+C_n} C_x \text{ (unlöslicher Kohlenstoff)} \qquad (2.1)$$

Je dicker die Elektroden sind, desto mehr Strahlung wird in der größeren Plasmazone erzeugt. Dementsprechend reagiert ein größerer Anteil des gebildeten Fullerens mit anderen vorhandenen Kohlenstoffclustern und die Ausbeute an Käfigstrukturen sinkt rapide.

2.3.4 Darstellung durch punktuelle Erhitzung

Ein weiteres Verfahren zur Darstellung von Fullerenen wurde von *Krätschmer* und Mitarbeitern vorgestellt. Es beruht auf der Tatsache, dass es an punktförmigen Kontaktstellen in Stromkreisen zu einer starken Erhitzung kommt, da hier aufgrund des geringen Querschnitts extreme Stromdichten auftreten. Die in Abb. 2.20 dargestellte Apparatur zeigt zwei Graphitelektroden, die sich gerade an einem Punkt berühren. Bei Stromfluss erhitzt sich die Kontaktstelle auf etwa 2500-3000 °C, und die Enden der Elektroden beginnen zu glühen. Es entwickelt sich Rauch, der nach oben steigt und sich an den kühleren Gefäßwänden und evtl. vorhandenen Kühlfingern niederschlägt. Üblicherweise werden für dieses Verfahren Elektroden mit Durchmessern von etwa 3 mm verwendet, von denen eine an ihrem Ende angespitzt wird, um eine möglichst geringe Kontaktfläche zu erreichen. Dickere Graphitelektroden sind i. A. nicht geeignet, da die Glühzone sich auf die ganze Elektrode ausbreitet und die Graphitverdampfung an der Spitze vermindert wird. Die umgebende Atmosphäre muss aus einem inerten Gas (vorzugsweise Helium) bestehen, da bereits mit Stickstoff unerwünschte Neben-reaktionen auftreten. Auch der Druck im Gefäß muss sorgfältig kontrolliert werden, um eine optimale Fullerenausbeute zu sichern. Bei zu niedrigen Drücken diffundieren die entstehen-den Kohlenstoffradikale zu schnell aus der Reaktionszone heraus und stehen somit dem Wachstum der Fullerenmoleküle nicht mehr zur Verfügung. Bei zu hohen Drücken entstehen dagegen zu viele Radikale pro Zeiteinheit, so dass ein sehr schnelles Wachstum der Koh-lenstoffcluster beobachtet wird. Es kommt aber nicht zum Käfigschluss, da das Größen-wachstum deutlich schneller verläuft. Als optimaler Druckbereich haben sich 140-160 mbar Helium erwiesen. Die Methode ist leicht im Labormaßstab durchzuführen, da nur wenige und nicht sehr kostspielige Bauelemente benötigt werden. Unter geeigneten Bedingungen erhält man eine Fullerengesamtausbeute von bis zu 15 % bezogen auf den eingesetzten Graphit, wobei nach Reinigung hauptsächlich C_{60} erhalten wird ($C_{70} : C_{60} = 0,02$-$0,18$).

Daneben existieren noch weitere Methoden, Graphit auf die erforderlichen Temperaturen zu erhitzen. Zu nennen sind hier die Laser-Ofen-Methoden (s. Kap. 2.5.4), die Induktionser-wärmung sowie die Nutzung von Solarenergie in einem Parabolspiegel-Ofen.

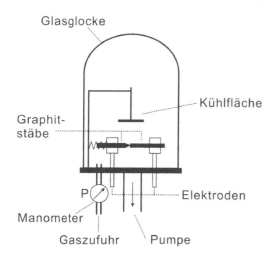

Abb. 2.20

Erstmals konnten größere Fulleren-Mengen in der von *Krätschmer et al.* vorgestellten Apparatur zur Widerstandserhitzung von Graphitstäben erzeugt werden. Wesentliches Merkmal sind die sich gerade noch berühren-den Elektroden.

2.3.5 Rationale Synthesen

Die rationale Synthese, also der stufenweise Aufbau des Fullerengerüstes aus organischen Vorläufern, stellt eine große Herausforderung dar, da am Ende ein Molekül völlig ohne funk-tionelle Gruppen synthetisiert werden soll. Es muss also gelingen, zunächst Teilstrukturen zu schaffen, die dann auf eine Weise, bei der sämtliche noch vorhandenen Substituenten entfernt werden, zu einem Käfigmolekül geschlossen werden können. Dazu bieten sich Pyrolyse-Reaktionen an. Dementsprechend müssen in den vorhergehenden Schritten die Fünfringe an geeigneten Positionen eingeführt werden, um die benötigte Krümmung hervorzurufen.

Versuche einer gezielten Synthese von C_{60} oder anderer Kohlenstoffkäfige gab es in der jün-geren Vergangenheit viele. Die meisten beschäftigten sich jedoch zunächst mit dem Aufbau von Teilstrukturen des C_{60}-Gerüstes. Ein Beispiel hierfür ist die Darstellung von Circumtrinden **II** ausgehend von Trichlordecacyclen durch *L. T. Scott*. Die Synthese beginnt mit der Umsetzung von 2-Chlornaphthalin zu 2-Acetyl-8-chlornaphthalin, welches in vier Stufen zu 8-Chloracenaphthenon reagiert (Abb. 2.21). Die Cyclotrimerisierung unter Titan-Katalyse liefert das C_3-Isomer von 3,9,15-Trichlordecacyclen **I**. Im letzen Schritt wird durch eine Flash-Vakuum-Pyrolyse (FVP) unter Abspaltung von HCl das schalenförmige Endprodukt erhalten, welches 60 % der Struktur des C_{60} entspricht. Gegenüber der Pyrolyse des reinen Kohlenwasserstoffs bietet die Bildung der entsprechenden Arylradikale durch Halogenabspaltung den Vorteil, dass der Ringschluss durch Bindungsbildung an diesen Orten besonders begünstigt ist und damit die Zahl der entstehenden Isomere deutlich verringert wird.

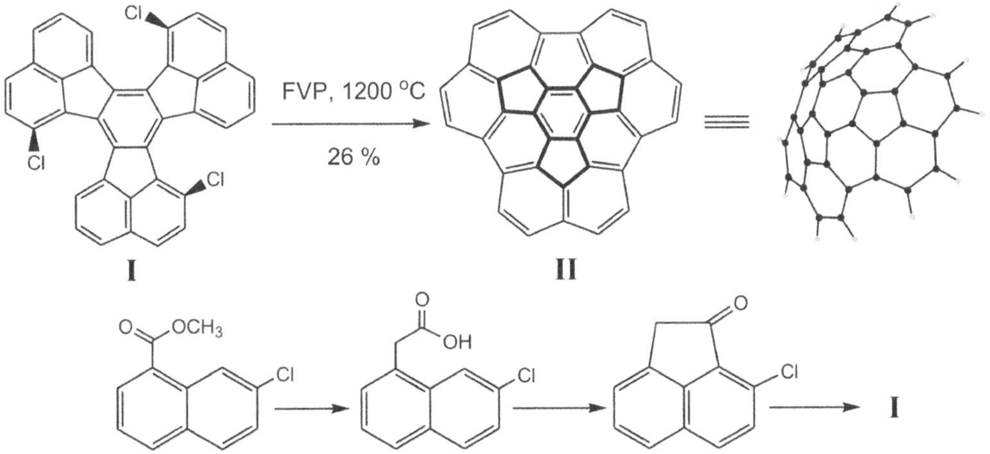

Abb. 2.21 Synthese von Circumtrinden (**II**) aus Trichlordecacyclen (**I**). Die schalenförmige Struktur entspricht 60 % der Fullerenkäfigs.

Ein ähnlicher Ansatz, bei dem aber alle sechzig Kohlenstoffatome des Fullerengerüstes im Ausgangsmolekül vorhanden sind, wurde ebenfalls von *L. T. Scott* beschrieben. Auch hier besteht der letzte Schritt in einer Flash-Vakuum-Pyrolyse, bei der aus dem offenen Edukt **III** mit der Summenformel $C_{60}H_{27}Cl_3$ das C_{60}-Molekül entsteht (Abb. 2.22). Es konnte bewiesen werden, dass die Umwandlung aus dem Kohlenwasserstoff direkt, ohne die intermediäre Bildung kleinerer Kohlenstoffcluster in der Gasphase, stattfindet. Die zwölfstufige Sequenz liefert C_{60} in einer Gesamtausbeute von ~ 1 %. Dieser Syntheseweg wird also nicht die billige Fullerendarstellung im Lichtbogen ablösen, zeigt aber die Machbarkeit eines synthetischen Aufbaus geodätischer Dome und Käfige durch rationale Synthese.

Andere Konzepte beinhalten die Umsetzung von cyclophanartigen Strukturen zu C_{60}. Diese Moleküle weisen eine große Zahl von Dreifachbindungen auf, so dass der Kohlenstoffgehalt der Ausgangsverbindung bereits sehr hoch ist. Abb. 2.23 zeigt einen Synthesevorschlag von *Y. Rubin*: Ausgehend von Tris-(bromethinyl)-benzol, welches durch NBS-Bromierung von 1,3,5-Triethinylbenzol entsteht, wird durch *Gabriel*-Kupplung die Zwischenstufe erzeugt, die eine Hälfte des gewünschten Cyclophans repräsentiert. Dieses wird dann durch *Hay*-Kupplung erhalten. Obwohl im Massenspektrum zumindest teilweise Dehydrierung beobachtet wird, konnte keine Umwandlung zu C_{60} erreicht werden. Möglicherweise ist die Struktur zu flexibel. Eine Halogenierungsstrategie zur gezielten Positionierung der Bindungsbildungsstellen wie in den Beispielen von *Scott* oder eine Erhöhung der Anzahl der Verbindungsketten könnte hier hilfreich sein.

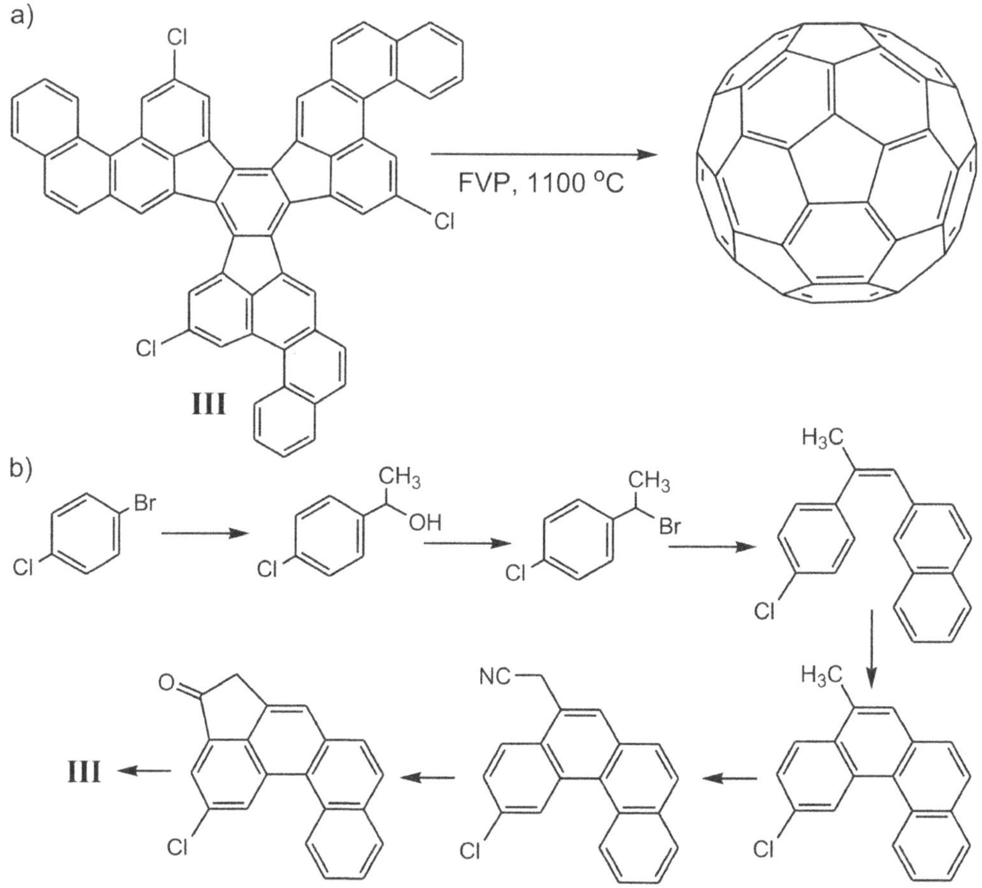

Abb. 2.22 C_{60} wird durch Pyrolyse der Verbindung **III** gewonnen. Die Synthesestrategie für deren Herstellung ist in b) dargestellt.

Diese Syntheserouten eignen sich auch für die gezielte Herstellung von Heterofullerenen, da die Verwendung von stickstoffhaltigen Cyclophanen, z.B. mit Pyridinringen, den kontrollierten Einbau von Heteroatomen ermöglicht. Auf diese Weise konnte das Stickstoffanalogon des C_{60}, das $C_{58}N_2$-Molekül, im Massenspektrum nachgewiesen werden.

All diese Synthesemethoden werden sicher nicht mit den bereits beschriebenen Darstellungsmethoden konkurrieren können, da die Komplexität der Reaktionen und niedrige Gesamtausbeuten die Durchführung im großen Maßstab verhindern. Für die gezielte Herstellung einzelner Fullerenvertreter oder den gezielten Einbau von Heteroatomen sowie die Herstellung ungewöhnlicher endohedraler Fullerenkomplexe sind diese Methoden jedoch ein viel versprechender Ansatz.

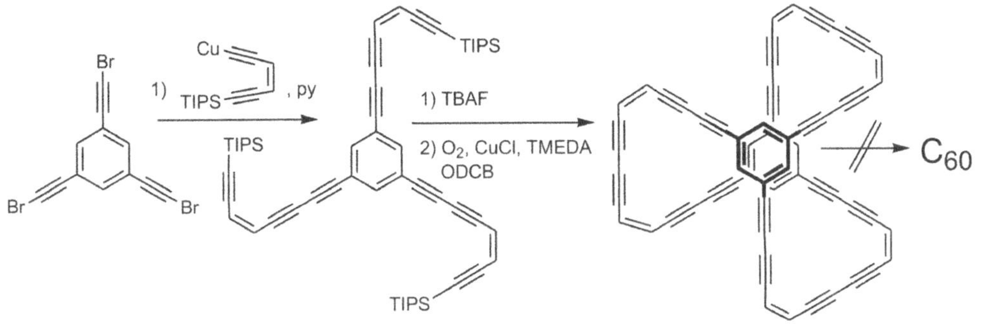

Abb. 2.23 Bisher ist die Synthese von C_{60} durch Dehydrierung kohlenstoffreicher Cyclophane nicht gelungen.

2.3.6 Anreicherung und Reinigung

Allen praktikablen Darstellungsmethoden ist die Tatsache gemein, dass es sich nicht um gezielte Synthesen einzelner Fullerene mit definierter Größe handelt, sondern um die Bildung eines Gemisches verschiedener Kohlenstoffkäfige. Daher ist es nötig, die Fullerene aufzutrennen und zu reinigen. Da die Konzentration von C_{60} und C_{70} um ein Vielfaches höher als die der größeren Fullerene liegt, bereitet die Isolierung der schweren Vertreter größere Schwierigkeiten.

Der Fullerenruß enthält neben den gewünschten Molekülen auch eine Reihe unlöslicher Bestandteile, z.B. Rußpartikel und Graphitbruchstücke. Daneben können polycyclische aromatische Kohlenwasserstoffe enthalten sein. Die Abtrennung von den unlöslichen Bestandteilen gelingt durch Extraktion. Die Fullerene, insbesondere die kleineren Vertreter, weisen eine signifikante Löslichkeit in einigen organischen Lösemitteln auf (Kap. 2.4.1.1). Meist wird für die Extraktion Toluol benutzt. Andere mögliche Solvenzien umfassen chlorierte Aromaten, Kohlendisulfid, Benzol und Hexan. Daneben kann der Fullerenanteil des Rohmaterials auch durch Sublimation abgetrennt werden. In beiden Fällen erhält man ein Gemisch der gebildeten Fullerene. Anschließend muss dieses in die einzelnen Fullerene aufgetrennt werden, was meist durch Chromatographie geschieht.

Wie das Fließschema in Abb. 2.24 zeigt, wird bereits bei der Extraktion des Fullerenrußes eine Vortrennung in niedere und höhere Fullerene vorgenommen. Man bedient sich hierbei der sehr viel schlechteren Löslichkeit der großen Vertreter (n > 100) in Toluol. Diese werden dann mit chlorierten aromatischen Solvenzien aus dem verarmten Fullerenruß extrahiert. Der Toluolextrakt mit den kleineren Fullerenen (n = 60-100) wird im zweiten Schritt an Aluminiumoxid als stationärer Phase chromatographiert, und man erhält reines C_{60} sowie in einer zweiten Fraktion sauberes C_{70}. Da in reinem Toluol zwar die Löslichkeit der Fullerene günstig, die Retentionszeiten aber nicht ausreichend verschieden sind, wird als mobile Phase Hexan oder ein Hexan/Toluol-Gemisch verwendet. Allerdings benötigt man bei Chromatographie mit Hexan aufgrund der sehr geringen Löslichkeit große Mengen Lösemittel, weshalb man eine Kombination eines Extraktions- mit einem Chromatographieverfahren entwickelt hat. Diese Methode wird Soxhlet-Chromatographie genannt und ist deutlich sparsamer im Solvensverbrauch. Die nach der Elution von C_{60} und C_{70} auf der Chromatographiesäule verbleibenden Fullerene C_n (n = 76 bis ca. 100) werden anschließend als Gemisch von der Trennsäule gewaschen und durch mehrfache HPLC weiter aufgetrennt. So können C_{76}, C_{78} (als getrennte Isomere) und weitere Fullerene isoliert werden. Als stationäre Phase haben sich Umkehrphasen (unpolare Kieselgele, deren Oberfläche mit langen Alkylketten funktionalisiert sind) bewährt. Daneben werden auch Gemische von Kieselgel und Graphit eingesetzt, und als besonders effektiv haben sich Polystyrolgele herausgestellt.

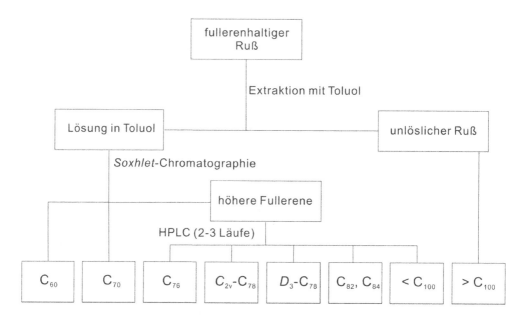

Abb. 2.24 Schematische Darstellung der Anreicherung verschiedener Fullerene aus Fullerenruß.

Die effiziente Abtrennung von C_{60} aus einem Fullerenextrakt gelingt auch durch Adsorptivfiltration an einem Gemisch aus Holzkohlepulver und Kieselgel. Hier kann dann auch reines Toluol verwendet werden, was die Löslichkeit erheblich verbessert und so zu einer Beschleunigung des Prozesses und deutlich geringerem Lösemittelbedarf führt. Inzwischen ist es gelungen, neben C_{60} auch C_{70} in Multigramm-Mengen zu gewinnen und die höheren Fullerene zumindest in für physikalische Untersuchungen nötigen Mengen zu erhalten. Durch Sublimation der so isolierten Produkte gelingt die Erzeugung hochreinen Materials. Chirale Fullerene (s. Kap. 2.2.3) lassen sich mit geeigneten Methoden in Enantiomere auftrennen. Für das D_2-C_{76} ist dies inzwischen durch HPLC an einer amylosebasierten stationären Phase gelungen.

2.3.7 Darstellung der Heterofullerene

Die Synthese der Heterofullerene gelingt in der Regel nicht durch einfache Umsetzung einer Mischung des Kohlenstoffausgangsmaterials mit Quellen für das Heteroelement. So bilden sich bei der Umsetzung von Graphit mit Bornitrid bzw. Cyanogen $(CN)_2$ nicht die erwarteten Heterofullerene. Daher muss auf andere Methoden zurückgegriffen werden, die von organischen Fullerenderivaten ausgehen.

Als besonders geeignet für die Synthese von Azafullerenen haben sich die Epi-Iminofullerene und Ketolactame mit geöffnetem Fullerenkäfig erwiesen. Letztere werden durch Oxidation mit Singulett-Sauerstoff aus den (5,6)-Fulleroiden gebildet, die nach der [3+2]-Cycloaddition von Aziden an C_{60} mit anschließender Stickstoffabspaltung entstehen. Die Ketolactame reagieren bei Zugabe eines großen Überschusses p-Toluolsulfonsäure in siedendem o-Dichlorbenzol unter Abspaltung von Formaldehyd zum Azafulleren $C_{59}N$, welches jedoch aufgrund seines *open shell*-Charakters dimerisiert (Abb. 2.25). Setzt man dem letzten Schritt der Azafullerensynthese einen Überschuss Hydrochinon als Reduktionsmittel zu, so entsteht das Hydroazafulleren (Abb. 2.25).

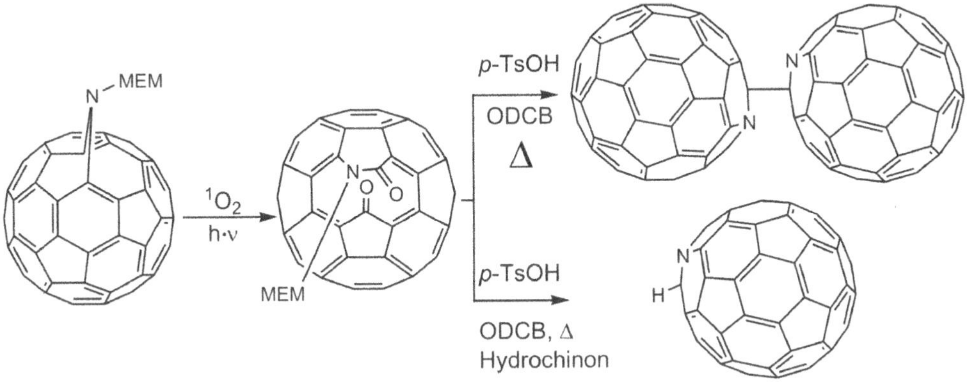

Abb. 2.25 Synthese von Azafulleren-Derivaten.

Epi-Iminofullerene werden aus den entsprechenden Carbamaten hergestellt und wandeln sich unter den Bedingungen einer desorptiven chemischen Ionisierung im Massenspektrometer zu protonierten Azafullerenderivaten um.

Borafulleren und andere Heterofullerene (C_nSi, C_nGe) können u.a. auch durch Funkenentladung dargestellt werden. Mit entsprechend imprägnierten Graphitstäben werden in einem typischen Fullerenreaktor die Heterofullerene erhalten. Für die Darstellung von Phosphafullerenen hat sich die gleichzeitige Verdampfung von Kohlenstoff und Phosphor in einem Radiofrequenzofen bewährt. Wichtig ist dabei die Verdampfung der beiden Elemente in unterschiedlichen Ofenbereichen, also bei verschiedenen Temperaturen. Einige Heterofullerene enthalten radioaktive Nuklide. Diese Verbindungen werden durch Kernrückstoß (engl. *nuclear recoil*) bei Beschuss mit Deuteronen dargestellt. Beispiele hierfür sind die Heterofullerene des Arsens $C_{59}{}^{71}As$, $C_{59}{}^{72}As$ und $C_{59}{}^{74}As$. Die entsprechenden C_{70}-Analoga lassen sich mit der gleichen Methode erhalten.

2.4 Physikalische Eigenschaften

Im Gegensatz zu den in Kap. 1 behandelten „klassischen" Kohlenstoffmodifikationen handelt es sich bei den Fullerenen um diskrete Moleküle, was sich sehr deutlich in ihren Eigenschaften widerspiegelt. Insbesondere die spektroskopischen Eigenschaften weisen signifikante Unterschiede zu denen der anderen Kohlenstoffallotrope auf.

2.4.1 Eigenschaften von C_{60} und C_{70}

C_{60} und C_{70} sind aufgrund ihrer Verfügbarkeit die am besten untersuchten Fullerene. Es existieren inzwischen umfassende Datensammlungen, die alle Aspekte der physikalischen und chemischen Eigenschaften abdecken. Hier sollen nur die wichtigsten Charakteristika erwähnt werden. Für detailliertere Informationen sei auf die reichhaltig vorhandene Fachliteratur verwiesen.

2.4.1.1 *Löslichkeit*

Die Kenntnis der Löslichkeit von C_{60} und C_{70} in organischen Lösemitteln ist für die weitere Untersuchung der Eigenschaften von großer Bedeutung. In vielen der üblichen Solvenzien lösen sich die Fullerene gar nicht oder nur sehr schlecht (Tabelle 2.2). Lediglich in aromatischen Lösemitteln wie Benzol, Toluol und chlorierten Aromaten können signifikante Mengen gelöst werden. Daneben ist auch Kohlenstoffdisulfid geeignet, wird aber aufgrund seiner akuten Toxizität nur selten verwendet.

Tabelle 2.2 Löslichkeit von C_{60} in verschiedenen Solvenzien bei 25 °C

Solvens	*n*-Hexan	*n*-Decan	$CHCl_2$	$CHCl_3$	CCl_4	Aceton	THF	MeOH	EtOH
Löslichkeit von C_{60} in mmol L^{-1}	0,060	0,099	0,35	0,22	0,44	0,001	0,08	$4{,}6 \cdot 10^{-5}$	0,0014

Quelle: M. V. Korobov, A. L. Smith, *Solubility of Fullerenes*, in: K. M. Kadish, R. S. Ruoff (Hrsg.), *Fullerenes*, Wiley Interscience, New York 2000.

Dabei fällt auf, dass in kondensierten aromatischen Verbindungen eine besonders gute Löslichkeit des Fullerens beobachtet wird (Tabelle. 2.3). Offenbar sind die π-π-Wechselwirkungen, die zur Solvatisierung der einzelnen C_{60}-Moleküle führen, hier besonders stark. Auch ein chloriertes aromatisches Solvens wirkt sich positiv auf die Löslichkeit des C_{60} aus. In aliphatischen Lösemitteln lösen sich nur sehr geringe Mengen an C_{60}, wobei sich die Löslichkeit mit zunehmender Kettenlänge verbessert. Auch in chlorierten Alkanen werden keine größeren Mengen C_{60} gelöst. Insbesondere in polaren aprotischen und protischen Lösemitteln wie Ethanol, Methanol, Aceton und Tetrahydrofuran beträgt die Löslichkeit annähernd Null.

Tabelle 2.3 Löslichkeit von C_{60} in aromatischen Solvenzien und CS_2 bei 25 °C

Solvens	CS_2	Benzol	Toluol	Chlor-benzol	1,2-Dichlor-benzol	Benzo-nitril	Piperidin	1-Methyl-naphthalin	1-Chlor-naphthalin
Löslichkeit von C_{60} in mmol L^{-1}	11,0	2,36	3,89	9,72	37,5	0,57	74,0	45,8	70,8

Quelle: M. V. Korobov, A. L. Smith, *Solubility of Fullerenes*, in: K. M. Kadish, R. S. Ruoff (Hrsg.), *Fullerenes*, Wiley Interscience, New York 2000.

Auch in Wasser löst sich C_{60} durch seinen ausgeprägt hydrophoben Charakter praktisch gar nicht. Die Konzentration einer gesättigten Lösung beträgt verschwindend geringe $3 \cdot 10^{-22}$ mol L^{-1}. Bei Zusatz von Aminen steigt die Löslichkeit durch die Ausbildung von Donor-Akzeptor-Komplexen an. Mit Hilfe von Ultraschall gelang die Herstellung kolloidaler Lösungen von etwa 0,22 µm großen Partikeln und einer Konzentration von $7 \cdot 10^{-6}$ mol L^{-1}. Auch der Einsatz von Wirtsmolekülen wie dem γ-Cyclodextrin erhöht die Löslichkeit durch Komplexbildung erheblich. Tenside erfüllen den gleichen Zweck, wobei man hier eigentlich nicht mehr von einer Lösung sprechen kann, da sich die Fullerenmoleküle im Inneren von Mizellen aufhalten.

Durch seine hohe Elektronegativität kann C_{60} als Elektronenakzeptor in *charge transfer*-Komplexen fungieren. Dieser Umstand sorgt dafür, dass C_{60} sich deutlich besser in Solvenzien löst, die freie Elektronenpaare zur Verfügung stellen können bzw. als elektronenreiche Aromaten zur Komplexierung mit der π-Elektronenwolke fähig sind. Daher beobachtet man in aromatischen Lösemitteln, insbesondere auch mit Elektronendonoratomen (z.B. Pyridin), eine deutlich bessere Löslichkeit. Der Vergleich von Benzol mit seinem gesättigten Analogon Cyclohexan illustriert dies eindrucksvoll (1,4 mg L^{-1} gegenüber 0,036 mg L^{-1}). Je elektronenreicher der Aromat, desto größer wird die Löslichkeit (vgl. Toluol und Benzol). Auch der Trend für halogenierte Solvenzien unterstützt diese Argumentation: Wechselwirkungen mit den freien Elektronenpaaren der Halogenatome führen zu erhöhter Löslichkeit.

Tabelle 2.4 Löslichkeit von C_{70} bei 25 °C

Solvens	Benzol	Toluol	*n*-Hexan	CH_2Cl_2	1,2-Dichlor-benzol	Tetralin	CS_2	Wasser
Löslichkeit von C_{70} in mmol L^{-1}	1,55	1,67	0,015	0,095	43,1	14,6	11,8	$1,6 \cdot 10^{-10}$

Quelle: M. V. Korobov, A. L. Smith, *Solubility of Fullerenes*, in: K. M. Kadish, R. S. Ruoff (Hrsg.), *Fullerenes*, Wiley Interscience, New York 2000.

Ähnliche Überlegungen gelten natürlich auch für anorganische Solvenzien. So löst sich C_{60} insbesondere in Substanzen, die zur Ausbildung von Donor-Akzeptor-Wechselwirkungen fähig sind. Beispiele finden sich bei den Halogeniden der 4. Hauptgruppe, etwa $SiCl_4$

(0,09 mg L^{-1}), SnCl$_4$ (1,23 mg L^{-1}), SiBr$_4$ (0,74 mg L^{-1}) oder GeBr$_4$ (0,68 mg L^{-1}) usw. Aber auch andere *Lewis*-Säuren wie AsCl$_3$ lösen signifikante Mengen an C$_{60}$.

Für C$_{70}$ ergeben sich prinzipiell ähnliche Trends für die Wahl des geeigneten Lösemittels, Tabelle 2.4 zeigt eine Auflistung verschiedener Solvenzien.

2.4.1.2 Spektroskopische Eigenschaften

Die photophysikalischen Eigenschaften der Fullerene wurden bereits 1991 erstmals grundlegend untersucht. Seitdem wurde ein umfassendes Bild der möglichen Übergänge und der photophysikalischen Größen erhalten. In Abb. 2.27 sind die wesentlichen Prozesse zusammengefasst.

Tabelle 2.5 Photophysikalische Größen von C$_{60}$ und C$_{70}$

	E_S	E_T	τ_S	τ_T	k_{ISC}
C$_{60}$	193,0 kJ mol^{-1}	184,6 kJl mol^{-1}	1,2 ns	40 µs	$1,5 \cdot 10^9$ s^{-1}
C$_{70}$	157,0 kJ mol^{-1}	146,5 kJ mol^{-1}	0,7 ns	130 µs	$1,25 \cdot 10^9$ s^{-1}

E_S: Singulettenergie, E_T: Triplettenergie, τ_S: Lebensdauer des Singulettzustands, τ_T: Lebensdauer des Triplettzustands, k_{ISC}: Geschwindigkeitskonstante des *Intersystem Crossing*. Quelle: A. Kleineweische-de, J. Mattay in *CRC Handbook of Organic Photochemistry and Photobiology*, 2nd ed., CRC Press, Boca Raton **2003**.

Lösungen von C$_{60}$ in organischen Lösemitteln sind dunkelviolett gefärbt, solche von C$_{70}$ tiefrot, wobei die Farbe aufgrund der unterschiedlichen Wechselwirkungen mit dem Fulleren je nach Solvens etwas variiert. Durch ihre besondere Struktur weisen C$_{60}$ und C$_{70}$ ganz charakteristische spektroskopische Eigenschaften auf. Betrachten wir zunächst die Absorption im UV und im sichtbaren Bereich des Spektrums. Abb. 2.26 zeigt die Absorptionsspektren der beiden kleinsten stabilen Fullerene. Auffällig sind einige deutlich zu erkennende Banden im Bereich von 200 bis 400 nm. Daneben weisen beide Verbindungen auch eine, wenn auch deutlich schwächere, Absorption im sichtbaren Bereich auf. Diese ist für die typische Farbe der Lösungen verantwortlich.

Die Spektren werden von erlaubten $^1T_{1u} \rightarrow {}^1A_g$-Übergängen im UV dominiert ($\varepsilon \sim 10^4$ bis 10^5 cm^2 mmol^{-1}). Die zusätzlich im sichtbaren Bereich auftretenden Banden resultieren aus Übergängen, die wegen der hohen Symmetrie des C$_{60}$ in seiner *closed shell*-Konfiguration nur schwach erlaubt sind ($\varepsilon \sim 100$-1000 cm^2 mmol^{-1}). Aufgrund seiner deutlich niedrigeren Molekülsymmetrie absorbiert C$_{70}$ in diesem Bereich auch stärker ($\varepsilon > 10^4$ cm^2 mmol^{-1}, Abb. 2.26b).

Das Spektrum des C$_{60}$ in Hexan wird dominiert von drei Banden im UV-Bereich bei 211, 256 und 328 nm. Im langwelligen Bereich zeigt die letztere noch eine Reihe von Schultern. Ursache dieser Absorptionen sind π-π^*-Übergänge, die über die HOMO-LUMO-Bandlücke von 1,8 eV im C$_{60}$ führen. Die Banden im sichtbaren Bereich deuten auf die Schwingungsstruktur orbitalverbotener elektronischer Übergänge (Singulett-Singulett-Übergänge) hin, wobei die Intensität der Absorption entsprechend gering ausfällt. Die charakteristischen Banden liegen bei 492, 540, 568, 591, 598, 621 und 635 nm.

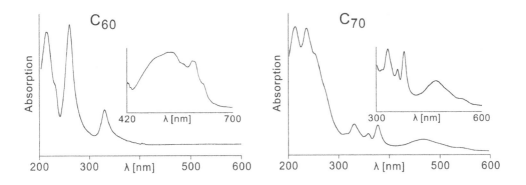

Abb. 2.26 Absorptionsspektren von C_{60} und C_{70}. Die Vergrößerung zeigt jeweils die Absorption im sichtbaren Bereich des Lichtes, die für die Farbigkeit verantwortlich ist (© ACS 1990).

Die Struktur des Absorptionsspektrums von C_{70} lässt sich auf analoge Art erklären. Hier liegen die erlaubten Übergänge bei Wellenlängen von 215, 236, 331, 359 und 378 nm. Zusätzliche Banden mittlerer Intensität finden sich bei 469 und, 544 nm. Weiter im sichtbaren Bereich liegt dann noch eine Reihe von Banden geringer Intensität bei 594 bis 650 nm. Insgesamt ist das Spektrum stärker strukturiert als das des C_{60}, was durch die höhere Anzahl unterschiedlicher elektronischer Übergänge begründet ist.

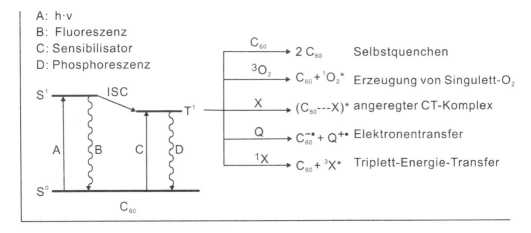

Abb. 2.27 Niveau-Übergänge für C_{60}. Aus dem ersten angeregten Triplettzustand kann C_{60} neben Phosphoreszenz eine Vielzahl weiterer Abregungsprozesse durchlaufen.

Geht man zu aromatischen Solvenzien über, so erfahren insbesondere die 328 nm-Bande im C_{60} und die Banden bei 331, 359 und 378 nm im C_{70} eine bathochrome Verschiebung. Vermutlich ist die *charge transfer*-Wechselwirkung des elektrophilen Fullerens mit dem π-System des Lösemittels verantwortlich für diesen Effekt. Dagegen werden beim Wechsel zu einem polaren Solvens kaum Veränderungen beobachtet, da die Fullerene kein permanentes Dipolmoment besitzen.

Die Fluoreszenzspektren des C_{60} zeigen eine geringe Emission bei $\lambda = 720$ nm mit einer recht geringen Quantenausbeute Φ von etwa 10^{-5}-10^{-4}. Diese geringe Fluoreszenzaktivität ist auf die kurze Lebensdauer des angeregten Singulettzustandes (~ 1,2 ns) sowie das Symmetrieverbot des Übergangs mit der niedrigsten Energie zurückzuführen. Für C_{70} wird wiederum eine etwas stärkere Fluoreszenz bei einer Wellenlänge von 682 nm beobachtet ($\Phi \sim 10^{-3}$). Der Grund für die geringe Lebensdauer des ersten angeregten Singulettzustandes liegt in der Effizienz des *Intersystem Crossing* zum ersten angeregten Triplettzustand (Triplettquantenausbeute ~ 100 %). Die Lebensdauer dieses Zustandes wird durch Triplett-Triplett-Auslöschung und Grundzustandsquenching begrenzt und beträgt für C_{60} etwa 40 µs, während sie für C_{70} etwa dreimal so hoch liegt. Trotz der hohen Triplettbildungsrate wird für C_{60} keine und für C_{70} nur extrem schwache Phosphoreszenz beobachtet

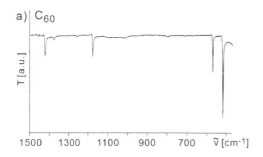 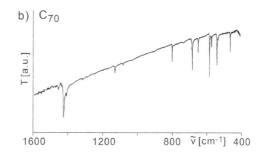

Abb. 2.28 IR-Spektren von a) C_{60} und b) C_{70} (© RSC 1991).

Bei der Absorption deutlich langwelligerer Strahlung, also im IR-Bereich, treten ebenfalls charakteristische Eigenschaften der beiden Fullerenmoleküle zu Tage. So zeigt das FTIR-Spektrum des C_{60} genau vier Banden bei 1430, 1182, 577 und 527 cm^{-1}, die aus Symmetrieüberlegungen heraus auch zu erwarten sind (Abb. 2.28). Insgesamt besitzt das C_{60}-Molekül 180 Freiheitsgrade, aus denen nach Abzug der Freiheitsgrade für Translation und Rotation 174 Vibrationsmoden resultieren, von denen jedoch nur 42 Fundamentalschwingungen darstellen. Davon wiederum weisen nur die vier beobachteten Banden t_{1u}-Symmetrie auf und sind damit IR-aktiv. Das IR-Spektrum liefert also einen eindeutigen Nachweis für die postulierte Symmetrie der untersuchten Substanz.

Das IR-Spektrum von C_{70} zeigt wegen der geringeren Symmetrie des Moleküls eine deutlich größere Anzahl von Banden (Abb. 2.28). Auch hier können die experimentellen Beobachtungen durch theoretische Überlegungen anhand der Molekülsymmetrie nachvollzogen werden. Insgesamt existieren 204 Vibrationsmoden, davon 122 Fundamentalschwingungen. Hiervon sind 13 Banden IR-aktiv und 53 *Raman*-aktiv.

Raman-Spektren der Fullerene sind ebenfalls sehr aussagekräftig, da in ihnen charakteristische Banden den entsprechenden Symmetrien zugeordnet werden können. Von den 42 Fundamentalschwingungen sind zehn *Raman*-aktiv. Entsprechend beobachtet man im *Raman*-

Spektrum erster Ordnung für C_{60} zehn deutlich unterscheidbare Banden für die zwei A_g- und acht H_g-Moden (Abb. 2.29). Die A_g-Moden gehören zu einer radialen „Atmungsschwingung" (*breathing mode*) des gesamten C_{60}-Moleküls bei 492 cm^{-1} und zu einer Schwingung unter Kontraktion der Fünfringe und Expansion der Sechsringe (*pentagonal pinch mode*) bei 1468 cm^{-1}. Für die Moden mit H_g-Symmetrie, die einen großen Wellenzahlbereich umfassen (270 bis 1575 cm^{-1}), ist die Beschreibung der korrespondierenden Schwingungen deutlich komplexer. Man kann aber festhalten, dass kleinere Wellenzahlen mit eher radialen Schwingungen korrespondieren.

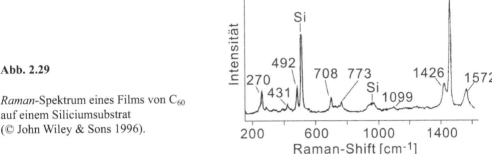

Abb. 2.29

Raman-Spektrum eines Films von C_{60} auf einem Siliciumsubstrat (© John Wiley & Sons 1996).

Die Kernresonanzspektren (NMR) beweisen ebenfalls die Symmetrie der untersuchten Fullerene. Wie erwartet, beobachtet man für C_{60} im ^{13}C-NMR-Spektrum genau ein Signal bei 143,2 ppm mit D$_6$-Benzol als Lösemittel (Abb. 2.30 oben). Die Lage des Signals deutet auf den nicht sehr stark aromatischen Charakter des C_{60} hin, da es eher im Verschiebungsbereich für elektronenarme Polyolefine auftritt. Das ^{13}C-NMR-Spektrum von C_{70} zeigt fünf Signale mit einem Intensitätsverhältnis von 1:2:1:2:1, was die D_{5h}-Symmetrie des Moleküls bestätigt (Abb. 2.30 unten). Die Signale werden in D$_6$-Benzol bei 130,9, 145,4, 147,4, 148,1 und 150,7 ppm beobachtet.

Abb. 2.30

Die ^{13}C-NMR-Spektren von C_{60} (oben) und C_{70} (unten, im Gemisch mit C_{60}) zeigen exakt die Anzahl von Signalen, die für I_h- bzw. D_{5h}-Symmetrie zu erwarten sind (© ACS 1990).

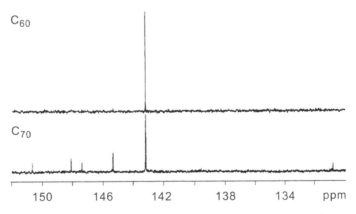

Die ^{13}C-NMR-Spektroskopie eignet sich auch, um Solvenseffekte näher zu untersuchen. So erzeugt eine *charge transfer*-Wechselwirkung durch Veränderung der elektronischen Umgebung zwischen dem C_{60} und dem Lösemittel einen Tieffeldshift des ^{13}C-Signals. Allerdings spielen auch andere Effekte, wie z.B. die Größe, die Form und die Orientierung der Solvens-moleküle eine Rolle für die chemische Verschiebung, so dass eine einfache Vorhersage der Signallage nicht möglich ist.

2.4.1.3 Thermodynamische Eigenschaften

Thermodynamisch gesehen stellen die Fullerene im Vergleich zu Graphit und Diamant deutlich energiereichere Modifikationen des Elementes Kohlenstoff dar. Graphit als die bei Raumtemperatur stabilste Form besitzt definitionsgemäß eine Standardbildungsenthalpie von 0 kJ mol^{-1}. Nur wenig höher, bei 1,7 kJ mol^{-1} pro C-Atom, liegt die von Diamant. Dieser ist bei Raumtemperatur metastabil und wandelt sich erst beim Erhitzen in Graphit um. Ähnliches gilt für die Fullerene. C_{60} als der kleinste bei Raumtemperatur stabile Vertreter weist eine Standardbildungsenthalpie von 42,5 kJ mol^{-1} pro C-Atom auf. Für C_{70} verringert sich der Wert bereits auf 40,4 kJ mol^{-1}. Dieser Trend setzt sich für die größeren Fullerene fort, so dass sich mit zunehmender Größe und damit abnehmender Krümmung und Spannung die Bildungsenthalpie der Fullerene der des Graphits annähert. Für ein theoretisches, unendlich großes Fulleren wäre sie dann ebenfalls 0 kJ mol^{-1}.

Andere thermodynamische Eigenschaften der Fullerene sind ebenfalls von der Größe des betrachteten Kohlenstoffkäfigs abhängig. Darunter fallen z.B. der Schmelzpunkt und die Bindungsenergie pro Kohlenstoffatom. Letztere beträgt laut Rechnungen für C_{60} 7,18 eV (experimentell 6,98 eV), für C_{70} liegt sie rechnerisch bei 7,21 eV. Graphit zum Vergleich weist eine Bindungsenergie von 7,37 eV auf. Die Schmelzpunkte der Fullerene liegen bei über 4000 K. Für die Siedepunkte wurden bisher keine exakten Daten erhalten.

Durch die Einbeziehung der Fullerene erlangt das Phasendiagramm des Kohlenstoffs eine deutlich höhere Komplexität. Die Fullerene befinden sich in der Nähe der Bereiche des Graphits. Einige Formen, wie z.B. unter Druck polymerisiertes Material, ähneln dann jedoch schon eher sp^3-Phasen des Kohlenstoffs.

2.4.1.4 Festes C_{60}

Das feste C_{60} kann entweder als schwarzes Pulver oder aber in gut kristallisierter Form erhalten werden. Kristallines C_{60}-Fulleren liegt in einem kubisch flächenzentrierten (fcc) Gitter vor, in dem die C_{60}-Käfige die Positionen an den Gitterpunkten einnehmen. Sie stellen sozusagen große Pseudoatome in einem klassischen fcc-Gitter dar. Die Struktur des reinen C_{60} zeigt eine gewisse Unordnung in der Orientierung der einzelnen Fullerenmoleküle. Dadurch ergibt sich anstelle der zu erwartenden Raumgruppe $Fm\overline{3}$ die Gruppe $Fm\overline{3}m$ mit niedrigerer Symmetrie Die Gitterkonstante beträgt 14,157 Å. Die Fullerenteilchen rotieren frei auf ihrer Gitterposition und das schneller, als es in Lösung der Fall wäre. Auch die Existenz zweier unterschiedlich langer Bindungen wurde nachgewiesen, was die Diskussion um die tatsächliche Struktur und die Aromatizität des C_{60}-Moleküls stark beeinflusste.

Die Röntgenstrukturanalyse des reinen C_{60} konnte erst 1991 erfolgreich durchgeführt werden. Zuvor hatte man jedoch durch die Vermessung einer ganzen Reihe von kristallinen Fullerenderivaten die Käfigstruktur und die außergewöhnlich hohe Symmetrie des Moleküls bereits bewiesen. Die erste durch Röntgenstrukturanalyse charakterisierte Fullerenverbindung war das Additionsprodukt mit Osmiumtetroxid (Abb. 2.31).

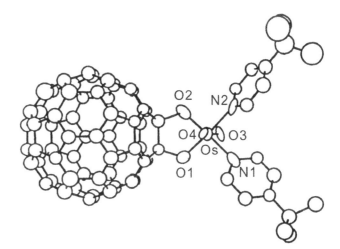

Abb. 2.31

Erste Röntgenstruktur einer
Fullerenverbindung. Es handelt
sich um das Additionsprodukt
von $OsO_4(C_5H_4N\text{-}CH_3)_2$
(© AAAS 1991).

Wenn kristallines C_{60} mit ultraviolettem Licht bestrahlt wird, entsteht eine in den typischen „Fulleren-Solvenzien" unlösliche Substanz, die als Polymerisationsprodukt identifiziert wurde. Es handelt sich dabei um durch [2+2]-Cycloadditionen verbrückte Fullerenmoleküle. Durch die freie Rotation der Reaktionspartner kann es zu einer ausreichenden Annäherung und günstigen Anordnung der beiden beteiligten Doppelbindungen kommen, so dass die Reaktion auch im Kristall stattfindet (s. Kap. 2.5.4).

Bei sinkender Temperatur kommt die Rotation der einzelnen Fullerenmoleküle zum Erliegen, und es bildet sich ein Gitter der Raumgruppe *Pa* $\overline{3}$ mit einer Gitterkonstante von $a = 10,041$ Å. Für diese Struktur konnte auch ermittelt werden, inwiefern sich die benachbarten Fullerenmoleküle beeinflussen: Obwohl die Moleküle aufgrund ihrer Kugelgestalt hauptsächlich über *van der Waals*-Kräfte wechselwirken, ergibt sich in diesem Fall zusätzlich eine anisotrope Ladungsverteilung durch die Anwesenheit unterschiedlicher Bindungstypen. Im Kristall liegen sich jeweils ein eher elektronenarmer Fünfring eines Fullerens und ein elektronenreicher Sechsring des benachbarten fast parallel gegenüber, so dass das elektrostatische Potential optimiert wird. Durch die Fixierung der Fullerenmoleküle auf ihren Gitterplätzen findet daher die oben beschriebene Polymerisationsreaktion unterhalb der für die Rotation nötigen Temperatur nicht mehr statt.

2.4.2 Eigenschaften höherer Fullerene

Das Hauptproblem bei der Untersuchung der Eigenschaften höherer Fullerene ist die schlechte Verfügbarkeit selbst geringer Mengen der reinen Substanzen. Momentan ist der Aufwand, um Milligramm-Mengen der größeren Vertreter herzustellen, immer noch immens hoch. Bei der Gewinnung aus Fullerenruß fallen bei der Abtrennung von C_{60} und C_{70} zwar höhere Fullerene an (s. Kap. 2.3.6), die Auftrennung der einzelnen Fraktionen ist dann jedoch sehr schwierig, da die Löslichkeit mit zunehmender Käfiggröße weiter abnimmt und somit Extraktions- und Chromatographiemethoden zur Isolierung der einzelnen Spezies immer anspruchsvoller werden. Des Weiteren erschwert das gleichzeitige Auftreten einer Vielzahl von Strukturisomeren die Isolierung von Proben mit definierter Käfiggeometrie.

Es ist aber gelungen, von einigen Vertretern spektroskopische Daten zu ermitteln. Abb. 2.32 zeigt die Absorptionsspektren der höheren Fullerene C_{76}, C_{78} und C_{84}, die durch HPLC-Methoden aus dem Fullerenruß gewonnen werden können. Lösungen der einzelnen Substanzen erscheinen gelbgrün (C_{76}), braun (C_{2v}-C_{78}), goldgelb (D_3-C_{78}) und olivgrün (C_{84}). Die UV/Vis-Spektren zeigen auch, dass der Absorptions-*Onset* bereits bei sehr viel größeren Wellenlängen erfolgt als bei C_{60} oder C_{70}. Dies deutet auf eine kleinere HOMO-LUMO-Lücke (im Fall von C_{84} nur 1,2 eV) und damit interessante elektronische Eigenschaften hin.

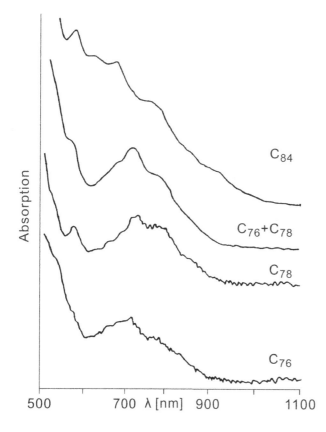

Abb. 2.32

Absorptionsspektren einiger höherer Fullerene. Die reinen Verbindungen weisen ebenfalls sehr charakteristische Färbungen auf. Die Spektren von C_{76} und C_{78} wurden nach HPLC-Anreicherung der jeweiligen Substanz aus der C_{76} + C_{78}-Mischfraktion erhalten (© JCS 1991).

Auch kristalline Formen einzelner höherer Fullerene wurden isoliert. So kristallisiert C_{70} als kubisch-flächenzentriertes Gitter, allerdings verunreinigt mit einer hexagonalen (hcp) Phase. Die Röntgenstrukturanalyse bestätigt die D_{5h}-Symmetrie der einzelnen Fullerenmoleküle. Die kubische Gitterkonstante beträgt 14,98 Å. Auch hier wurde eine starke Eigenbewegung der einzelnen Moleküle beobachtet, die für die Isotropie des Kristalls sorgt. Erst bei niedrigen Temperaturen kommt die nicht-sphärische Gestalt des C_{70} zum Tragen und es bilden sich zunächst eine trigonale und schließlich eine monokline Struktur aus. Auch die acht unterschiedlichen Bindungen im C_{70} wurden bestätigt, wobei besonders die starke Bindungsalternanz in der Äquatorregion sowie die Analogie der Polkappenregion zu den Bindungsverhältnissen im C_{60} auffallen.

Das chirale C_{76} kristallisiert in reiner Form ebenfalls als kubisch-flächenzentrierte Struktur aus. Es finden sich beide Enantiomere gleichmäßig verteilt im Kristall, und jedes der C_{76}-Moleküle rotiert frei auf seinem Gitterplatz. Im Gegensatz zu C_{60} und C_{70} ergibt sich beim Absinken der Temperatur jedoch kein Phasenübergang zu einer Struktur niederer Symmetrie, es scheint vielmehr, dass die Moleküle auch ohne Rotation ungeordnet an ihren Gitterplätzen vorliegen.

Bei höheren Fullerenen, wie z.B. C_{84}, kristallisieren meist mehrere Isomere gleichzeitig aus, so dass die Strukturbestimmung für eine bestimmte Form nur schwer durchführbar ist. Erst die chromatographische Auftrennung der einzelnen Isomere ermöglicht die Röntgenuntersuchung dieser Verbindungen. Auch für die höheren Fullerene wird eine in der Orientierung der Einzelmoleküle ungeordnete Struktur beobachtet.

2.5 Chemische Eigenschaften

Bisher sind die chemischen Eigenschaften insbesondere für C_{60} und C_{70} untersucht worden, was mit der leichteren Verfügbarkeit der Ausgangsmaterialien zu begründen ist. Lediglich die endohedrale Funktionalisierung von Fullerenen findet hauptsächlich bei höhermolekularen Vertretern statt, wie in Kap. 2.5.4 dargestellt wird. In den übrigen Abschnitten wird dagegen die Chemie des C_{60} (wenn angebracht auch C_{70}) im Vordergrund stehen. Aufgrund der ähnlichen Struktur der höheren Fullerene ist auch ihre Reaktionen vergleichbar mit denen des C_{60}. Lediglich die höhere Anzahl von möglichen Isomeren und die durch die geringere Pyramidalisierung abgeschwächte Reaktivität führen zu gewissen Unterschieden bei der chemischen Umsetzung.

Im chemischen Sinne handelt es sich bei den Fullerenen um Polyolefine bzw. mehr oder weniger aromatische Systeme. Wie bereits im Kapitel 2.2.2 beschrieben, beobachtet man eine Bindungsalternanz zwischen den (5,6)- und den (6,6)-Bindungen. Letztere weisen Doppelbindungscharakter auf und die π-Elektronen sind nur mäßig delokalisiert. Dementsprechend besitzen C_{60} sowie die höheren Fullerene begrenzt aromatischen Charakter.

Bemerkenswert ist die große Elektronenaffinität der Fullerene. Bereitwillig nehmen sie ein oder mehrere Elektronen auf. Sie sind also stark elektrophil, was ihre Reaktivität entscheidend beeinflusst. Allerdings kann C_{60} auch als Elektronendonor fungieren. Diese Fähigkeit ist jedoch weit weniger ausgeprägt als die Akzeptoreigenschaften.

2.5.1 Allgemeines

2.5.1.1 Typische Reaktionen der Fullerene

Generell muss man bei hohlen Objekten die Reaktivität der Außen- und der Innenseite unterscheiden. Die auf der Außenseite stattfindende Modifizierung bezeichnet man als *exohedrale Funktionalisierung*, die auf der Innenseite als *endohedral*. Beide Varianten werden für die

Fullerene beobachtet. Bei der klassischen Fullerenchemie handelt es sich um die exohedrale Funktionalisierung durch einen oder mehrere Substituenten an den Kohlenstoffatomen. Bei der endohedralen Chemie werden dagegen Verbindungen untersucht, in denen im Hohlraum des Fullerenkäfigs Atome oder kleine Moleküle eingeschlossen sind. Die exohedrale Reaktivität kann nach kovalenter und nichtkovalenter Wechselwirkung mit dem Reaktionspartner unterteilt werden.

Durch seinen elektrophilen Charakter und die Tatsache, dass es sich bei C_{60} eher um ein Polyolefin als um einen dreidimensionalen Aromaten handelt, geht es sehr leicht Additionsreaktionen mit Nucleophilen ein. Dabei entsteht zunächst ein Additionsprodukt $C_{60}Nu^-$, welches im zweiten Schritt der Reaktion durch ein Elektrophil E abgesättigt wird. Üblicherweise findet eine 1,2-Addition statt, es sei denn, die addierten Gruppen sind sterisch anspruchsvoll. In diesen Fällen wird 1,4- oder sogar 1,6-Addition beobachtet. Letztere findet man in Extremsituationen, d.h. bei extrem sperrigen Addenden (Abb. 2.44).

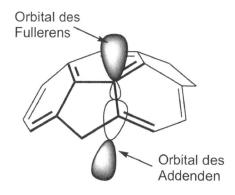

Orbital des
Fullerens

Orbital des
Addenden

Abb. 2.33

Der Angriff von der Innenseite her ist wegen zusätzlich aufgebauter Spannung und schlechter Orbitalüberlappung nicht möglich.

Neben der nucleophilen Addition können auch Radikalreaktionen auf der Fullerenoberfläche stattfinden. Fullerene fungieren als „Radikalschwamm" und addieren diese leicht unter Bildung von dia- oder paramagnetischen Produkten. Dabei entstehen häufig auch Fullerendimere.

Außerdem werden für C_{60}, aber auch für höhere Fullerene, pericyclische Reaktionen, insbesondere [4+2]-, [3+2]- und [2+2]-Cycloadditionen, beobachtet. Dabei kann C_{60} sowohl mit elektronenarmen als auch elektronenreichen Reaktanden umgesetzt werden. Die Cycloadditions-Chemie der Fullerene liefert ein großes Spektrum wertvoller Derivate, die für die Herstellung neuer, weiter funktionalisierter Materialien einsetzbar sind (s. Kap. 2.5.5.3)

Die Triebkraft für die Reaktivität der Fullerene stammt hauptsächlich aus ihrer gekrümmten Oberfläche. Eine Addition an eines oder mehrere der vorpyramidalisierten Kohlenstoffatome von der Außenseite führt zu einer sp^3-Hybridisierung und damit zum Abbau von Spannung im Fullerenmolekül. Eine Addition von der Innenseite her würde die Spannung dagegen zusätzlich erhöhen und ist somit nicht möglich. Außerdem wäre die Überlappung der beteiligten Orbitale nur unzureichend gegeben (Abb. 2.33). Endohedral eingelagerte Atome bzw. Moleküle werden dementsprechend nicht an das Kohlenstoffgerüst gebunden, sondern liegen mehr oder weniger frei in diesem vor (Kap. 2.5.4).

Höhere Fullerene sind aufgrund der geringeren Krümmung ihrer Oberfläche auch gegenüber Addenden weniger reaktiv. Der Energiegewinn durch Spannungsabbau fällt hier geringer aus.

Gleiches gilt auch für Mehrfachadditionen an C_{60} und seine höheren Homologen. Der zusätzliche Abbau von Spannungsenergie fällt bei jedem hinzukommenden Addenden geringer aus. Ab einem bestimmten Limit werden andere Faktoren, wie z.B. der sterische Anspruch der eingeführten Gruppen, bestimmend, was sich in einer begrenzten Anzahl von Additionsschritten bei Reaktandenüberschuss äußert.

2.5.1.2 Regiochemie der Addition an Fullerene

Die Regiochemie der Addition an Fullerene wird dadurch gesteuert, dass in den sich bildenden Produkten möglichst wenige (5,6)-Doppelbindungen auftreten sollten. Diese Tatsache führt i. A. dazu, dass sich bei 1,2-Additionen hauptsächlich die Produkte bilden, in denen die beiden Addenden an einer (6,6)-Bindung lokalisiert sind. Daneben findet man jedoch auch Addukte mit geöffneten (5,6)-Bindungen, die immer noch stabiler als geschlossene Strukturen mit Addenden an dieser Bindung sind (Abb. 2.34a).

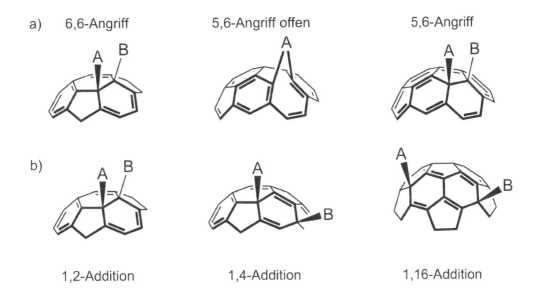

Abb. 2.34 Regiochemie der Addition an Fullerene: a) aufgrund der Vermeidung zusätzlicher (5,6)-Bindungen ist der Angriff an einer (6,6)-Bindung bevorzugt; b) mögliche Additionsmuster am C_{60}, die 1,2-Addition ist thermodynamisch am günstigsten.

Für höhere Fullerene beeinflusst die Krümmung der Oberfläche entscheidend den Ort der stattfindenden Reaktion. An den Polkappen des Kohlenstoffkäfigs ist die Spannung an den einzelnen Kohlenstoffatomen ungleich höher als im sog. „Gürtelbereich", wodurch die Reaktion mit Addenden bevorzugt an den äußeren Polkappen stattfindet. Für die Regiochemie jeder einzelnen Addition gelten aber ebenfalls die oben diskutierten Aspekte. Entsprechend sind auch hier (5,6)-Doppelbindungen energetisch ungünstig und werden, wo möglich, vermieden.

Für die Addition in 1,4-Position und an noch weiter voneinander entfernten Orten gelten prinzipiell die gleichen Regeln, wobei die Anzahl der möglichen Isomere mit zunehmender Entfernung der Substituenten voneinander steigt. Außerdem lässt sich hier die Bildung von (5,6)-Doppelbindungen nicht vermeiden, was diese Reaktionen gegenüber der 1,2-Addition energetisch benachteiligt (Abb. 2.34b). Allerdings können sterische Faktoren die 1,4- gegenüber der 1,2-Addition begünstigen. Oft kommt es zur Bildung von Produktgemischen.

2.5.1.3 Zweit- und Mehrfachadditionen

Bei allen Reaktionen am Fulleren ist neben der Stöchiometrie auch der regiochemische Verlauf möglicher Mehrfachreaktionen zu betrachten. Prinzipiell sind Derivate des C_{60} mit 60 Addenden denkbar, welche einen vollständig gesättigten Kohlenstoffgrundkörper aufweisen würden. Bisher wurden derartige Substanzen jedoch nicht beobachtet, was u.a. auf das unzureichende Platzangebot für eine derart dichte Oberflächenbelegung zurückzuführen ist. Es existiert jedoch eine Reihe von Fullerenderivaten mit bis zu 48 funktionellen Gruppen. Entsprechend besteht bei der Herstellung dieser Substanzen stets die Gefahr, ein untrennbares Gemisch einer Vielzahl von Isomeren mit z.T. unterschiedlicher Anzahl von Addenden zu erhalten. Die Stöchiometrie muss also unbedingt während der Umsetzung kontrolliert werden.

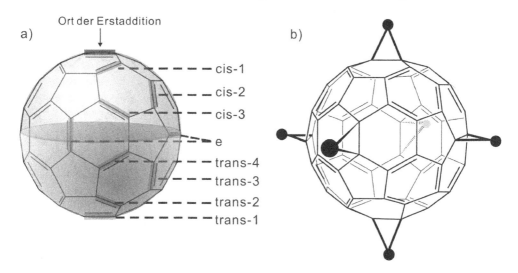

Abb. 2.35 a) Nomenklatur der Zweitaddition am Fulleren. Es existieren drei Zonen: cis, äquatorial (e) und trans; b) Hexakis-Addukt am C_{60}.

Der Funktionalisierungsgrad der entstehenden Verbindungen wird durch verschiedene Faktoren reguliert. Zum einen gelingt die Erzeugung der gering funktionalisierten Vertreter nur mit einer entsprechend niedrigen Reaktandenmenge, und zum anderen wird die Anzahl der möglichen Additionsschritte durch die sterischen und elektronischen Verhältnisse im Fulleren begrenzt. So gelingt mit sehr voluminösen Addenden eine weitaus geringere Anzahl von Additionsschritten als mit kleinen Resten. Bei steigendem Funktionalisierungsgrad liegen dann die verbleibenden Sechsringe als mehr oder weniger isolierte Benzolringe vor, wodurch die Addition weiterer Reaktandenmoleküle zum Erliegen kommt.

Für die Regiochemie der Mehrfachaddition an C_{60} ergibt sich ein recht komplexes Bild. Geht man von einem anfänglichen 1,2-Addukt aus, so existieren für die Zweitaddition an eine weitere (6,6)-Bindung neun verschiedene Angriffsorte, die in Abb. 2.35 dargestellt sind. Man bezeichnet diese Regioisomere mit *e', e'', trans-1, trans-2, trans-3, trans-4, cis-1, cis-2* und *cis-3*.

Allerdings werden bei entsprechenden Zweifachreaktionen in der Realität nicht alle diese Isomere gefunden, und einige treten besonders häufig auf. Welche dies sind, hängt von der Art der Addenden ab. Sind diese sehr klein, also z.B. Wasserstoffatome, so findet die Zweitaddition eines weiteren Moleküls H_2 in der *cis-1*-Position statt. Für größere Addenden ist der Angriff in dieser Position aufgrund der sterischen Abstoßung nicht möglich. Hier werden dann bevorzugt die äquatorialen und außerdem die *trans-3*-Isomere gefunden.

Berücksichtigt man bei der Betrachtung der möglichen Regioisomere auch die Bildung von (5,6)-Addukten, ist theoretisch eine sehr viel höhere Anzahl von Isomeren möglich, für die die oben angegebene Nomenklatur der Mehrfachaddition nicht mehr anwendbar ist. Hier erhalten die Doppelbindungen des Fullerens eine Codierung mittels römischer Zahlen (6,6-Bindungen) und Buchstaben (5,6-Bindungen). Zur Unterscheidung von Enantiomeren wird auf die Darstellung im *Schlegel*-Diagramm des entsprechenden Grundgerüstes zurückgegriffen (Abb. 2.36).

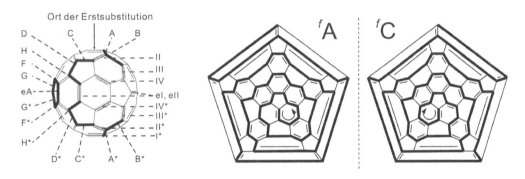

Abb. 2.36 Die Nomenklatur der Additions-Regiochemie muss mit einem komplexeren System arbeiten, wenn auch (5,6)-Addukte berücksichtigt werden. Außerdem muss bei entsprechenden Derivaten auch die Chiralität der Verbindung berücksichtigt werden.

Die Regioselektivität der Zweitaddition kann zumindest z.T. mit elektronischen Effekten begründet werden. Durch die Bindung des ersten Addendenpaares werden bestimmte Doppelbindungen im C_{60} signifikant in ihrer Reaktivität beeinflusst. So verkürzt sich die *cis-1*-Bindung deutlich, was in etwas geringerem Maße auch für die äquatorialen Bindungen gilt. Dagegen verlängern sich die Bindungen *cis-2* und *cis-3*. Auf der entgegengesetzten Hälfte des Kohlenstoffkäfigs werden nur geringe Effekte beobachtet. Dementsprechend weisen die *cis-1-* und die *e*-Bindungen im Vergleich zu allen anderen eine erhöhte Reaktivität auf, wogegen diese für die (6,6)-Bindungen im benachbarten Sechsring (*cis-2* und *cis-3*) deutlich vermindert ist. Die erhöhte Reaktivität der *cis-1*-Bindung tritt bei größeren Addenden jedoch hinter deren sterischen Anspruch zurück, so dass hier die Zweitaddition in äquatorialer Position am günstigsten ist. Ähnliche Ergebnisse erzielt man bei der Betrachtung der Grenzorbitale für C_{60}. Rechnungen zeigen für die bevorzugten *cis-1*- und *e*-Positionen besonders hohe Koeffizienten für die Grenzorbitale im entsprechenden Monoaddukt, bei gleichzeitiger Verkürzung dieser Bindungen. Eine detaillierte Diskussion zur Orbitalbetrachtung der Zweitaddition findet sich bei *Hirsch* und *Brettreich*.

Bei der weiteren Umsetzung eines Bisadduktes des C_{60} (oder höherer Fullerene) gelten prinzipiell die gleichen Grundsätze wie für die Zweitaddition. Wieder sind nur einige der potentiell möglichen Reaktionsorte begünstigt, so dass von der Vielzahl möglicher Isomere nur eine deutlich geringere Anzahl experimentell auch beobachtet wird. Allerdings gestaltet sich die Strukturbestimmung für die verschiedenen Isomere recht schwierig, und bisher gelang hauptsächlich die Zuordnung für hochsymmetrische Vertreter. Bei ausreichend großen Addenden können zunächst die Produkte einer *cis*-Addition ausgeschlossen werden, so dass die Anzahl der zu erwartenden Isomere sinkt. Bei äquatorialer Anordnung der funktionellen Gruppen beobachtet man außerdem, dass ein weiterer Addend ebenfalls eine der noch freien äquatorialen Positionen einnimmt. Dabei entstehen z.B. die hochsymmetrischen Hexakis-Addukte in Abb. 2.35b, welche T_h-Symmetrie aufweisen. Auch hier kann die erhöhte Reaktivität der entsprechenden Positionen anhand der großen Koeffizienten ihrer Grenzorbitale im Ausgangsmolekül begründet werden.

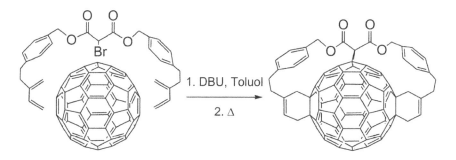

Abb. 2.37 Ein Beispiel für regioselektive, templatgesteuerte Zweitaddition am Fulleren.

Um eine bessere Kontrolle über die entstehenden Regioisomere zu erlangen oder um schwer zugängliche Geometrien zu erhalten, kann man sich verschiedener Strategien bedienen, die bestimmte räumliche Anordnungen der Addenden erzwingen. So finden z.B. Reaktionspartner Verwendung, die über einen Linker miteinander verbunden sind. Die Länge des Linkers definiert dann die möglichen Reaktionsorte des Zweitangriffes. Man erhält als Produkt überbrückte Fullerenderivate (Abb. 2.37). Auch topochemisch kontrollierte Festkörperreaktionen wurden bereits genutzt, wobei dann das Kristallgitter die Struktur des Additionsproduktes vorgibt.

Neben dem oben beschriebenen Reaktionsprinzip existiert ein weiteres Muster, welches insbesondere bei der Addition von Radikalen und bestimmten Nucleophilen (z.B. Lithium- und Kupferorganylen) auftritt. Bei der Umsetzung mit einem Überschuss des Reagenzes bilden sich bevorzugt ein Hexakis- bzw. ein Pentakis-Addukt, welche die Struktur eines 1,4,11,14,15,30-Hexahydrofullerens einnehmen (Abb. 2.38). Diese Struktur weist als charakteristisches Merkmal eine Cyclopentadieneinheit auf, deren Doppelbindungen isoliert vom konjugierten π-System des restlichen Fullerengerüstes vorliegen. Die Bildung dieser Struktur erfolgt durch schrittweise Addition von Radikalen bzw. Nucleophilen (Abb. 2.38, 2.66). So kann man z.B. bei der Addition von Kaliumfluorenid das Tetrakis-Addukt isolieren und anschließend mit anderen Nucleophilen zum entsprechenden Hexakisaddukt weiter umsetzen. Die vorhandene Cyclopentadienstruktur ist sogar in der Lage, entsprechende η^5-Komplexe mit Übergangsmetallen auszubilden (Abb. 2.43).

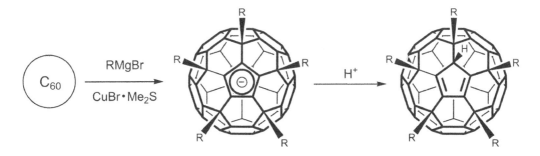

Abb. 2.38 Darstellung eines Hexahydrofullerens über das pentasubstituierte Anion (für eine bessere Übersichtlichkeit wurden die nicht betroffen Doppelbindungen weggelassen).

2.5.2 Elektro- und Redoxchemie der Fullerene

Bereits aus dem Molekülorbital-Diagramm wird deutlich, dass C_{60} leicht Elektronen aufnehmen sollte, da ein dreifach entartetes LUMO vorhanden ist, welches energetisch niedrig liegt. Analog gilt dies für C_{70}, C_{76}, C_{78}, C_{82} und C_{84}. Die berechneten Ionisierungspotentiale und Elektronenaffinitäten dieser Fullerene sind in Tabelle 2.6 gezeigt.

Tabelle 2.6 Ionisierungspotential (IP) und Elektronenaffinität (EA) von Fullerenen (für Einzelmoleküle berechnet)

Fulleren	C_{60}	C_{70}	C_{76}	C_{78}	C_{82}	C_{84}
IP in eV	7,8	7,3	6,7	6,8	6,6	7,0
EA in eV	2,7	2,8	3,2	3,4	3,5	3,5

Quelle: L. Echegoyen, F. Diederich, L. E. Echegoyen, *Electrochemistry of Fullerenes*, in: K. M. Kadish, R. S. Ruoff (Hrsg.), *Fullerenes*, Wiley Interscience, New York 2000.

2.5.2.1 Elektrochemie der Fullerene

Wie das MO-Modell zeigt (Abb.2.6 links), kann C_{60} theoretisch insgesamt sechs Elektronen in das dreifach entartete LUMO aufnehmen. Es ist auch experimentell gelungen, diese reversiblen Einelektronenprozesse nachzuweisen und in Cyclovoltammogrammen die sechs Reduktionspotentiale zu bestimmen (Abb. 2.39). Auch für C_{70} werden die erwarteten sechs Reduktionsstufen gefunden, wobei man feststellt, dass ab dem dritten Schritt die Elektronenaufnahme leichter als im C_{60} geschieht. Dies kann damit erklärt werden, dass in einem größeren Molekül die Ladungen zum einen weiter voneinander entfernt sind und zum anderen über mehr Kohlenstoffatome delokalisiert werden können.

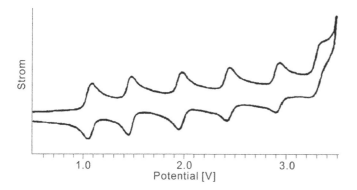

Abb. 2.39

Cyclovoltammogramm von C_{60}. Deutlich sind die sechs Oxidationsstufen zu erkennen (© ACS 1992).

Die Wahl des Lösemittels spielt eine erhebliche Rolle bei der Messung der Reduktions- und Oxidationspotentiale. Je nach Solvens variieren die Werte um bis zu 400 mV. Offensichtlich beeinflussen unterschiedliche Donor-/Akzeptor-Eigenschaften, *Lewis*-Basizitäten und die Fähigkeit zur Wasserstoffbrückenbildung die Redoxpotentiale erheblich.

Die höheren Fullerene werden leichter als C_{60} reduziert und oxidiert. So liegt das erste Reduktionspotential des C_{76} ca. 100-200 mV (je nach Solvens) positiver als für C_{60}. Insgesamt wird die erste Einelektronenreduktion mit steigender Kohlenstoffatomzahl leichter möglich, das erste Reduktionspotential verschiebt sich zu positiveren Werten. Daneben wird durch die Aufhebung der Entartung des LUMO eine größere Variationsbreite der Potentiale für die verschiedenen Reduktionsstufen beobachtet. Auch die HOMO-LUMO-Lücke, die aus der Differenz zwischen erstem Oxidations- und erstem Reduktionsschritt abgeschätzt werden kann, verringert sich mit steigender Anzahl der Kohlenstoffatome.

Tabelle 2.7 Reduktions- und Oxidationspotentiale von C_{60} und C_{70}

	E_{red}^1	E_{red}^2	E_{red}^3	E_{red}^4	E_{red}^5	E_{red}^6	E_{ox}^1
C_{60}	-0,98	-1,37	-1,87	-2,35	-2,85	-3,26	+1,26
C_{70}	-0,97	-1,34	-1,78	-2,21	-2,70	-3,07	+1,20

L. Echegoyen, L. E. Echegoyen, *The Electrochemistry of C_{60} and Related Compounds*, in: H. Lund, O. Hammerich, *Organic Electrochemistry*, 4. Aufl., Marcel Dekker, New York **2001**.

Die durch elektrochemische Reduktion erzeugten Fullerid-Anionen können mit Elektrophilen umgesetzt werden. Dabei entstehen funktionalisierte Fullerene, z.B. alkylierte Derivate.

Die Oxidation des C_{60} sollte, bedingt durch das große Ionisierungspotential und die vollständig besetzten HOMO, schwerer zu erreichen sein. Experimentell wurde der erste Oxidationsschritt von C_{60} bei einem relativ hohen Potential von +1,26 V gefunden. Inzwischen gelang es jedoch, eine Reihe von Verbindungen mit oxidiertem C_{60} sowie ein recht stabiles Salz des

C_{60}^{+} zu isolieren, und auch die Oxidationspotentiale zu C_{60}^{2+} (+1,71 V) und C_{60}^{3+} (+2,14 V) konnten ermittelt werden. Für C_{70} gelang die elektrochemische Oxidation ebenfalls. Das Anodenpotential wurde zu +1,2 V bestimmt. Die gebildeten Radikalkationen sind hochreaktiv und können mit diversen Nucleophilen abgefangen werden. Natürlich weisen auch die zahlreichen Derivate der Fullerene eine vielfältige Elektrochemie auf. Die ausführliche Diskussion wird hier ausgespart und auf die Übersichtsliteratur zu diesem Thema verwiesen.

2.5.2.2 Reduktionsreaktionen der Fullerene

Neben der elektrochemischen Oxidation und Reduktion ist es auch nasschemisch möglich, die Elektronenaffinität der Fullerene zu nutzen. Eine der wichtigsten Umsetzungen mit Reduktionsmitteln ist die Bildung der Alkalimetallfulleride. Dazu werden das jeweilige elementare Metall und C_{60} als Feststoffe zur Reaktion gebracht, z.B. durch Erhitzen in einer abgeschmolzenen Ampulle. Die Stöchiometrie der entstehenden Produkte wird durch das eingesetzte Verhältnis von Metall zu Fulleren gesteuert.

$$C_{60} \; + \; n\,M \; \rightarrow \; M_n C_{60} \qquad (n = 2, 3, 4, 6, 12; \; M = Li, Na, K, Rb, Cs) \qquad (2.2)$$

Auch gemischte Alkalimetallfulleride können auf diese Art hergestellt werden.

$$C_{60} \; + \; n_1\,M^1 \; + \; n_2\,M^2 \; \rightarrow \; M^1{}_{n1}M^2{}_{n2}C_{60} \qquad (M^1, M^2 = Li, Na, K, Rb, Cs) \qquad (2.3)$$

Durch die leichte Reduzierbarkeit des C_{60} kann die Stöchiometrie dabei von n = 1 (CsC_{60}) bis 12 ($Li_{12}C_{60}$) reichen. Eine besondere Rolle spielen die Verbindungen der Zusammensetzung M_3C_{60}, da sie metallischen Charakter aufweisen und zusätzlich bei relativ „hohen" Temperaturen supraleitende Eigenschaften besitzen. Es sind sowohl Fulleride mit nur einem Alkalimetall als auch gemischte Verbindungen mit dieser Stöchiometrie bekannt. Lediglich die Verbindung Na_3C_{60} wird experimentell nicht beobachtet, da sie zu Na_2C_{60} und Na_6C_{60} disproportioniert.

Es handelt sich bei den Alkalimetallfulleriden um Interkalationsverbindungen, in denen die Metallatome in die Oktaeder- und Tetraederlücken des Fullerenkristalls eingelagert werden. Pro C_{60}-Molekül liegen im kubisch-flächenzentrierten Kristall zwei Tetraeder- und eine Oktaederlücke vor, deren Radius 1,12 Å bzw. 2,06 Å beträgt. Daher sind vier verschiedene Strukturtypen denkbar, die sich aus der unterschiedlichen Besetzung der Zwischengitterplätze ergeben (Abb. 2.40a):

- Wenn nur die Oktaederlücken besetzt werden, resultiert eine Stöchiometrie MC_{60}, die Verbindung besitzt *Kochsalz*-Struktur.

- Wenn die Hälfte der Tetraederlücken besetzt wird, entstehen ebenfalls Verbindungen der Zusammensetzung MC_{60}, sie weisen dann aber *Zinkblende*-Struktur auf.

- Werden alle Tetraederlücken mit Alkalimetallen belegt, entstehen Verbindungen des Typs M_2C_{60} mit *Antifluorit*-Struktur.

- Die Besetzung aller Tetraeder- und Oktaederlücken führt zu einer Stöchiometrie von M_3C_{60}. Diese Verbindungen kristallisieren in der *Cryolit*-Struktur.

Die Größe der einzelnen Alkalimetallatome ist verantwortlich für die kristallographischen Eigenschaften der Fulleride. So weisen Kalium und Rubidium einen zu großen Atomradius auf, um in die Tetraederlücken zu passen, sie bilden dennoch Verbindungen des Typs M_3C_{60}

mit *Cryolit*-Struktur. Die C_{60}^{3-}-Anionen sind allerdings in ihrer freien Rotation gehindert und zeigen mit einer Sechseckfläche in Richtung der Metallatome in den erweiterten Tetraederlücken. Außerdem weitet sich das Kristallgitter insgesamt etwas auf (a = 14,24 Å für K_3C_{60} im Gegensatz zu a = 14,157 Å für C_{60}). Der Effekt fällt auch deshalb nicht sehr stark aus, weil die in den Oktaederlücken befindlichen Atome für diese Positionen zu klein sind und einen gegenteiligen Einfluss ausüben. Die Verbindung Na_3C_{60} ist instabil und disproportioniert zu Na_2C_{60} und Na_6C_{60}. Weitere Fulleride der allgemeinen Zusammensetzung $M^1_{n1}M^2_{n2}C_{60}$ kristallisieren in anderen Strukturen. So findet man z.B. für $Na_2M^2C_{60}$ (M^2 = Rb, Cs) ein primitives kubisches Gitter.

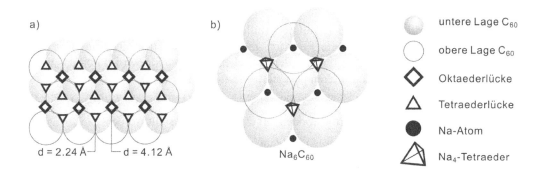

Abb. 2.40 a) Struktur des kubisch flächenzentrierten C_{60}-Gitters mit Interkalationsorten; b) Beispiel der Einlagerungsverbindung Na_6C_{60}, in der Na_4-Tetraeder die Oktaederlücken des Fullerengitters besetzen.

Wenn die Tetraederlücken mit Lithiumatomen besetzt werden, z.B. in Li_2CsC_{60}, beobachtet man keine Supraleitfähigkeit, obwohl die Stöchiometrie dies formal vermuten ließe. Allerdings kommt es aufgrund der kleinen, im Vergleich nur schwach elektropositiven Lithiumatome zu einer stärkeren Wechselwirkung zwischen den C_{60}-Molekülen und den Metallatomen. Diese führt zu einer Teilhybridisierung der p_z-Orbitale des C_{60} und der 2s-Orbitale des Lithiums. Dadurch wird dann nicht der vollständig ladungsseparierte Zustand $(M^+)_3C_{60}^{3-}$ erreicht, sondern die Ladung der C_{60}-Moleküle ist etwas geringer, so dass das t_{1u}-Band weniger als halb gefüllt ist.

Insbesondere bei der Einlagerung von mehr als drei Metallatomen pro C_{60}-Molekül beobachtet man andere Strukturtypen. Verbindungen des Typs M_6C_{60} (M = K, Rb, Cs) etwa kristallisieren als raumzentrierte kubische Gitter, in denen die Metallatome die sechs äquivalenten Tetraederlücken besetzen. Die Verbindungen sind Isolatoren, da das t_{1u}-Band vollständig besetzt ist. Na_6C_{60} dagegen weist strukturell einige Besonderheiten auf, die seine große Stabilität begründen. Die Kristallstruktur enthält Na_4-Cluster, die sich in den Oktaederlücken befinden (Abb. 2.40b). Die restlichen zwei Natriumatome besetzen die Tetraederlücken der kubisch flächenzentrierten Kristallstruktur. Für vier Metallatome pro C_{60}-Einheit beobachtet man je nach Alkalimetall raumzentrierte tetragonale Gitter (K_4C_{60}, Rb_4C_{60}) oder raumzentrierte orthorhombische Strukturen (Cs_4C_{60}).

Bleibt die Frage, warum die M_3C_{60}-Fulleride metallischen Charakter aufweisen, obwohl man für sie bei stöchiometrischer Zusammensetzung Isolatoreigenschaften erwarten würde. Laut einiger Arbeiten zu diesem Problem liegt die Ursache in Kristalldefekten, insbesondere dem Fehlen einzelner Alkalimetallatome in den Tetraederlücken (Anteil etwa 0,07).

Auch mit Erdalkalimetallen und Seltenerd-Elementen gelingt die Herstellung von Metallfulleriden. Es sind u.a. gemischte Alkali-Erdalkalifulleride der Zusammensetzung $M_{3-x}Ba_xC_{60}$ ($0,2 < x < 2$; $M = K$, Rb, Cs) bekannt. Ebenso konnten reine Erdalkalifulleride erhalten werden, so z.B. Ca_5C_{60}, das unterhalb von 8,4 K supraleitend wird. Barium und Strontium bilden gleichfalls binäre Fulleride, die jedoch Stöchiometriefaktoren von 3, 4 oder 6 aufweisen. Ytterbium und Samarium lagern sich ebenfalls in die C_{60}-Kristallstruktur ein, wobei supraleitende Verbindungen der Zusammensetzung $M_{2,75}C_{60}$ erhalten werden.

Auch mit anderen Reduktionsmitteln gelingt die Reduktion zu verschiedenen Anionen des C_{60}. Hierfür sind z.B. Quecksilber oder auch organische Elektronendonoren wie das Kristallviolett-Radikal, Tetrakis(dimethylamino)ethylen, Cobaltocen oder Decamethylnickelocen geeignet. Diese Reagenzien erzeugen Salze des $C_{60}^{\cdot-}$. Dagegen wird mit dem *Sandwich*-Komplex $[Fe^I(Cp)(C_6Me_6)]$, der 19 Elektronen besitzt, auch die Reduktion zu Di- und Trianionen möglich, die über das stöchiometrische Verhältnis von Komplex und C_{60} gesteuert wird.

2.5.2.3 Oxidationsreaktionen der Fullerene

Zwar bilden sich oxidierte Fullerenspezies deutlich schwieriger als reduzierte, dennoch existiert inzwischen eine variantenreiche Oxidations-Chemie des C_{60}. Die klassische Oxidationsreaktion mit molekularem Sauerstoff findet bei erhöhter Temperatur statt und liefert $C_{60}O$ bzw. $C_{70}O$ neben geringen Mengen der instabilen höheren Oxide (Abb. 2.41). Diese können auch als Gemisch bei elektrochemischer Oxidation erhalten werden. Auch die Photooxidation ist möglich, welche vermutlich als Reaktion von Singulett-Sauerstoff mit C_{60} im ersten angeregten Triplettzustand abläuft. Der Sauerstoff wird epoxidisch an eine 6,6-Bindung addiert (Abb. 2.41). Als weitere Sauerstoffquelle hat sich auch Dimethyldioxiran bewährt, welches ebenfalls das Monoxid sowie ein 1,3-Dioxolan liefert (Abb. 2.41).

Mit anderen Oxidationsmitteln wie MCPBA, die auch für die Epoxidierung von Doppelbindungen eingesetzt werden, sind auch weitere Oxygenierungsschritte zu Di- und Trioxiden möglich. Es entstehen verschiedene Isomere, deren Anzahl mit der Menge der eingebauten Sauerstoffatome zunimmt. Neben der Epoxidstruktur der Oxide wäre auch eine ringgeöffnete Spezies denkbar. Allerdings wird das in Abb. 2.41 unten gezeigte Strukturisomer bei der direkten Oxidation experimentell nicht beobachtet. Die Umsetzung mit Ozon erzeugt jedoch Ozonide, die anschließend z.B. zu den ringgeöffneten Fullerenen oder zu Epoxidstrukturen weiterreagieren (Abb. 2.41).

Reaktionen mit anderen Oxidationsmitteln sind ebenfalls bekannt. Als Beispiele sollen hier die in Kap. 2.5.3 beschriebene Osmylierung oder die Reaktion mit starken Oxidationsmitteln wie SbF_5/SO_2ClF oder $SbCl_5$ dienen. Bei letzteren entstehen hochreaktive Radikalkationen, die als dunkelgrüne Lösungen vorliegen. Die Radikale sind sehr instabil und zerfallen teilweise unter Zerstörung des Fullerenkäfigs bzw. reagieren mit vorhandenen Nucleophilen ab. Die Stabilisierung eines C_{60}-Radikalkations gelang schließlich durch die Verwendung des sehr stark oxidierenden Hexabromocarbazol-Radikals mit einem stabilen CB_{11}^--Gegenion. Letzteres weist eine Käfigstruktur mit dreidimensionaler Aromatizität auf. Sowohl das Oxidationsmittel als auch das Gegenion zeigen eine sehr geringe Nucleophilie, so dass sie keine

Reaktionen mit C_{60}^+ eingehen. Es bildet sich ein Salz, das sich in 1,2-Dichlorbenzol mit dunkelroter Farbe löst (Abb. 2.41 Kasten).

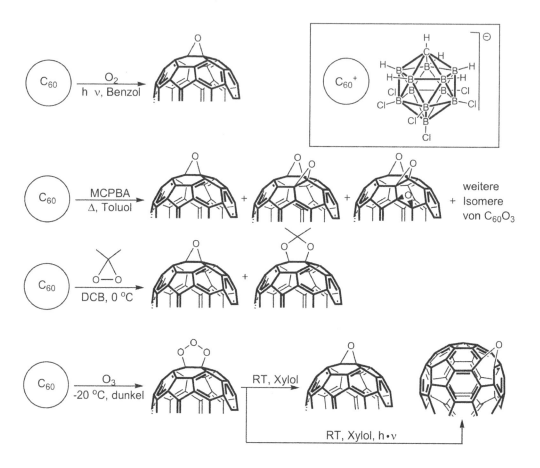

Abb. 2.41 Beispiele für Oxidationsreaktionen von C_{60}.

2.5.3 Anorganische Chemie der Fullerene

Wie sonst meist auch, ist die Abgrenzung der anorganischen und organischen Chemie der Fullerene schwierig. Hier sollen hauptsächlich strukturchemische Aspekte diskutiert werden, wohingegen die Umsetzungen mit metallorganischen Reagenzien zu organischen Derivaten der Fullerene im Kapitel über die Organische Chemie der Fullerene vorgestellt werden.

Die im C_{60} vorhandenen olefinischen (6,6)-Bindungen können durch Übergangsmetallatome koordiniert werden, da sie durch die Krümmung der Fullerenoberfläche bereits in einer für die Komplexierung günstigen Stellung vorliegen. Normalerweise geschieht dies als η^2-Komplex, wie es auch für andere Olefine typisch ist. Die Koordination an das Metallzentrum führt durch Aufweitung der entsprechenden (6,6)-Bindung zu einer Verringerung der Symmetrie des Fullerens. Gleichzeitig wird der Hybridisierungsgrad der betroffenen Kohlenstoffatome weiter in Richtung sp^3 verschoben. Einige Beispiele, die ganz unterschiedliche Stabilitäten aufweisen, zeigt Abb. 2.42. So ist der Komplex (η^2-C$_{60}$)Mo(CO)$_3$(dppe) (Abb. 2.42a) sehr reaktionsträge und zerfällt erst bei stärkerem Erhitzen. Andere Verbindungen dagegen zersetzen sich bereits bei Raumtemperatur.

Komplexe mit η^2-Koordination werden insbesondere mit Metallen gebildet, die für ihre Affinität zu elektronenarmen Olefinen bekannt sind, also mit Elementen der 6.-8. Nebengruppe wie Pt, Pd, Fe, Co, Ni, Ir, Rh, Ru, Os, Mn, Rh sowie Ta, Mo und W. Auch mit Titan werden Olefinkomplexe der Fullerene erhalten. Speziell niedervalente Komplexe der genannten Metalle bauen sehr leicht Olefine in ihre Koordinationssphäre ein.

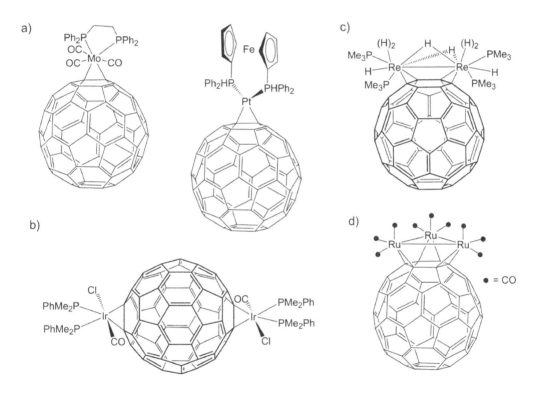

Abb. 2.42 Beispiele für metallorganische Fullerenkomplexe.

Es gelingt mit bestimmten Komplexen auch, mehrfache Koordinierung des Fullerens zu erreichen. Eine Möglichkeit besteht in der Verwendung eines großen Überschusses des zu koordinierenden Metallkomplexes, z.B. bei der Bildung von (η^2-C$_{60}$)[Ir(CO)Cl(PPh$_3$)$_2$]$_2$. In diesem Komplex befinden sich die beiden Iridiumzentren in *trans-1*-Position zueinander am C$_{60}$, was durch die Größe der Liganden bedingt ist (Abb. 2.42b). Des Weiteren können auch verbrückte Metallkomplexe mit C$_{60}$ hergestellt werden, in denen z.B. Metall-Metall-

Bindungen oder aber verbrückende Liganden existieren. In diesen ist durch die Struktur des Komplexes eine große räumliche Nähe der Übergangsmetallatome gegeben. Ein entsprechendes Beispiel zeigt Abb. 2.42c. Einen Grenzfall stellt der rote Komplex $Ru_3(CO)_9(\mu_3\text{-}\eta^2,\eta^2,\eta^2\text{-}C_{60})$ dar, da in ihm sämtliche Doppelbindungen eines einzigen Sechsrings zur Koordination an die drei Metallzentren dienen (Abb. 2.42d). Dieser ist von η^6-Komplexen zu unterscheiden, die von C_{60} aufgrund seiner Struktur mit lokalisierten Doppelbindungen und der demzufolge geringen Aromatizität der Sechsringe nicht gebildet werden. Auch aus der Betrachtung der Orbitale kann geschlossen werden, dass durch ihre senkrechte Anordnung zur Oberfläche (was nach außen hin einen größeren Abstand zueinander bedingt) keine ausreichende Überlappung für eine η^6-Koordination erreicht wird. Dagegen ist die Überlappung in einem Metallacyclopropan bei der η^2-Komplexierung von C_{60} sogar stärker als im Vergleichsmolekül Benzol.

Eine Besonderheit stellt der Komplex $Tl[C_{60}Ph_5]$ dar, in dem das Thalliumkation η^5-gebunden vorliegt. Als Koordinationseinheit dient der vollständig von Phenylgruppen umgebene Fünfring (Abb. 2.43).

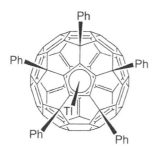

Abb. 2.43

$\eta^5\text{-}Tl[C_{60}Ph_5]$ – ein Komplex mit Fünffachkoordination des Thalliumatoms. Dieses ist durch die Cylopentadienylstruktur η^5-komplexiert.

Auch für höhere Fullerene sind derartige Metallkomplexe mit einfach und mehrfach koordinierendem Fulleren bekannt. Allerdings gestalten sich die strukturellen Möglichkeiten aufgrund der geringeren Symmetrie deutlich komplexer. So existieren im C_{70} vier verschiedene (6,6)-Bindungen, die ebenfalls olefinischen Charakter aufweisen. Die kürzesten Bindungen, also diejenigen mit dem ausgeprägtesten Doppelbindungscharakter, befinden sich an den Polkappen des Fullerenkäfigs. Für höhere Fullerene kommt zum Problem der verschiedenen olefinischen Bindungen auch noch die große Anzahl möglicher Isomere hinzu, so dass bei der Komplexbildung mit diesen Fullerenen eine Vielzahl strukturisomerer Verbindungen entsteht.

Des Weiteren können anorganische Verbindungen auch σ-Additionen mit Fullerenen eingehen. Z.B. addiert Osmiumtetroxid in Gegenwart von Pyridin an eine (6,6)-Bindung des C_{60} unter Ausbildung zweier Kohlenstoff-Sauerstoffbindungen (Abb. 2.31). Die Stöchiometrie dieser Reaktion kann durch die zugegebene Menge Osmiumtetroxid gesteuert werden. Bei einem Überschuss an OsO_4 bildet sich hauptsächlich das Bisaddukt als Gemisch von fünf der acht möglichen Regioisomere, die durch HPLC voneinander getrennt werden können.

In der Gegenwart von 4-*tert*-Butylpyridin entsteht das analoge Additionsprodukt mit zusätzlichen Liganden am Metallzentrum. Diese Verbindung konnte als erstes C_{60}-Derivat mittels Röntgenstrukturanalyse untersucht und so die Käfigstruktur des Fullerenmoleküls bestätigt werden (Abb. 2.31). Anhand der Röntgenstruktur erkennt man zudem, dass die Kohlenstoffatome, an denen die Addition stattfindet, aus dem Fullerenkäfig herausgezogen werden, was einer stärkeren Pyramidalisierung entspricht.

Auch mit anderen anorganischen Verbindungen geht C_{60} Additionsreaktionen ein. So entsteht bei der Umsetzung mit Di-Rheniumdecacarbonyl das entsprechende 1,4-Bisaddukt von $Re(CO)_5$ (s. Kap. 2.5.5.5), und mit Lithiumalkylen bilden sich die 1,2-Additionsprodukte. Jedoch erfolgt bei größeren Resten die Addition nicht mehr bevorzugt in 1,2-Stellung, sondern an weiter voneinander entfernten Positionen auf dem C_{60}-Käfig. Z.B. liegt $C_{60}(Si^tBu(Ph)_2)_2$ als 1,6-Additionsprodukt vor (Abb. 2.44a).

Die Fullerene besitzen die ausgeprägte Fähigkeit, Einschlussverbindungen mit anderen Substanzen, insbesondere Lösemitteln, zu bilden. Z.B. kristallisiert C_{60} aus Benzol in Form der Verbindung $C_{60} \cdot 4(C_6H_6)$ aus. Auch für andere Solvenzien wie Cyclohexan oder CCl_4 ist eine derartige Kristallisation bekannt

a)   b)

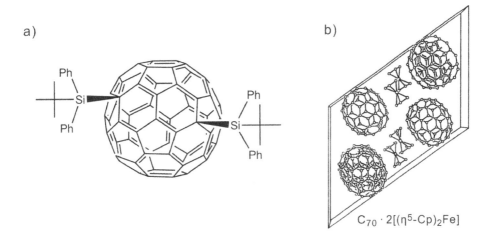

$$C_{70} \cdot 2[(\eta^5\text{-Cp})_2Fe]$$

Abb. 2.44 a) 1,6-Additionsprodukt einer Siliciumverbindung an C_{60}; b) Cokristallisat des C_{70} und Ferrocen. Ein Angriff des Ferrocens bleibt aus, da seine Reduktionsstärke zu gering ist (© Elsevier 1999).

Daneben können die Fullerene im Gegensatz zu anderen Verbindungen auch mit einer Reihe von Molekülen cokristallisieren, die man nicht zu den Lösemitteln zählen kann. Als bekannte Beispiele seien hier Hydrochinon, Ferrocen und elementarer Phosphor genannt. Obwohl Ferrocen ein Reduktionsmittel ist, reicht seine Reduktionsstärke nicht aus, um C_{60}^- bzw. C_{70}^- zu erzeugen. Es bildet bei der Kristallisation Verbindungen des Typs $C_n \cdot 2[(\eta^5\text{-}C_5H_5)_2Fe]$ (Abb. 2.44b). Im Fall der Cokristallisation mit elementarem Phosphor befinden sich die Phosphortetraeder der Verbindung $C_{60} \cdot 2P_4$ in den Lücken des C_{60}-Gitters und richten sich mit einer Tetraederfläche parallel zum Sechsring eines benachbarten Fullerenmoleküls aus. Dampft man Lösungen von C_{60} in CS_2 langsam ein, so bildet sich ein Cokristallisat des Fullerens mit elementarem Schwefel S_8. Gleiches gilt für C_{70} und C_{76}. Die gebildeten Komplexe, z.B. $C_{70} \cdot 6 S_8$, zeigen ein vollständig von Schwefelmolekülen umgebenes Fulleren (Abb. 2.45a).

Selbst mit anorganischen Komplexen, wie z.B. $(PhCN)_2PdCl_2$, reagiert C_{60} unter Ausbildung von Einschlussverbindungen. In diesem Fall bildet sich eine schwarze kristalline Verbindung der Zusammensetzung $C_{60} \cdot 2 (Pd_6Cl_{12}) \cdot 2{,}5 C_6H_6$, in der die drei Komponenten C_{60}, Benzol und Pd_6Cl_{12} (kubische Struktur mit Pd-Atomen auf den Flächen und den Cl-Atomen auf den Kantenmittelpunkten eines Würfels) gemeinsam im Kristallgitter vorliegen (Abb. 2.45b). Daneben wurde auch die Umsetzung von C_{60} mit Cobalt-Porphyrinen beschrieben. In diesen liegt das C_{60} recht nahe am Mittelpunkt des Porphyrinsystems, jedoch zu weit entfernt, um von einer echten chemischen Bindung zu sprechen. Im Festkörper ordnen sich die planaren Porphyrine und die Fullerenkäfige zu langen, säulenförmigen Aggregaten zusammen.

a)   b)

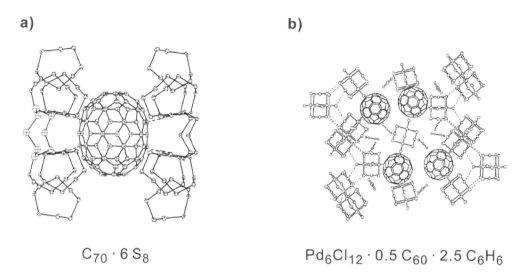

$$C_{70} \cdot 6\,S_8 \qquad\qquad Pd_6Cl_{12} \cdot 0.5\,C_{60} \cdot 2.5\,C_6H_6$$

Abb. 2.45 a) Einschlussverbindungen von C_{70} mit Schwefel. Man erkennt deutlich die Umschließung des Fullerenkäfigs durch die Schwefel-Kronen (© Neue Schweiz. Chem. Ges. 1993); b) ternäres Cokristallisat (© ACS 1996).

Fagan zeigte, dass die Umsetzung von C_{60} mit dem Komplex $[Cp^* Ru(CH_3CN)_3]^+$ nicht wie für aromatische Systeme beobachtet, zu einem η^6-Komplex unter Verlust der drei Aceto-nitrilmoleküle führt, sondern unter Verlust nur eines Acetonitril-Liganden zu einem η^2-Olefinkomplex. Mit einigen Hydridokomplexen mit ausreichender Nucleophilie reagiert C_{60} jedoch nicht unter Bildung eines η^2-Komplexes, sondern es findet eine Hydrometallierungs-reaktion statt. Der Zirconocen-Komplex $Cp_2Zr(H)Cl$ reagiert mit C_{60} zu einer roten Lösung, die $Cp_2ZrCl(C_{60}H)$ enthält. Bei der sauren Hydrolyse dieses Komplexes entsteht isomerenrein das 1,2-Dihydro-C_{60} (s. Kap. 2.5.5.1).

2.5.4 Endohedrale Fulleren-Komplexe

Wie wir bereits wissen, ist das Innere des Fullerenkäfigs leer. Es liegt nahe, diesen Hohlraum mit Atomen oder Molekülen zu füllen. In der Tat gelang es schon recht bald nach der Entde-ckung der Fullerene selbst, auch sog. endohedrale Fullerene zu isolieren. In diesen befinden sich einzelne oder mehrere Atome im Inneren des Fullerenkäfigs. Sie sind also durch die topologischen Gegebenheiten daran gehindert, aus diesen Verbindungen auszubrechen.

2.5.4.1 Metallofullerene

Die Herstellung der Metallofullerene kann auf verschiedene Weise erfolgen, wobei die heute gebräuchlichsten Verfahren die Lichtbogenverdampfung von imprägnierten Graphitstäben sowie die Laserverdampfungsmethode (auch Laser-Ofenmethode genannt) sind. Letztere wird in einem ca. 1200 °C heißen Ofen durchgeführt, in dem ein rotierendes Target aus Graphit und Metalloxid (mit einem Pechbinder verbunden) platziert wird. Dieses wird dann im Argonstrom mit einem frequenzverdoppelten Nd:YAG-Laser bestrahlt. Die entstehenden Fullerene und Metallofullerene werden durch den Argonstrom mitgerissen und scheiden sich in kühleren Zonen am Ende des Quarzrohres ab. Eine Temperatur von mindestens 800 °C ist bei dieser Methode nötig, darunter bilden sich weder leere noch gefüllte Fullerene (s. Kap. 2.3.4).

Die Lichtbogenmethode bedient sich des Verfahrens, welches auch für die Produktion leerer Fullerene mit Erfolg angewandt wird. Graphitanoden, die mit Metalloxiden oder -carbiden imprägniert sind (durch Erhitzen auf > 1600 °C entstehen auch in den metalloxid-behandelten Graphitstäben die entsprechenden Metallcarbide), werden in einer klassischen Lichtbogenapparatur verdampft. Der an den kühlen Gefäßwänden abgeschiedene Ruß enthält neben leeren Fullerenen auch eine ganze Reihe verschiedener Metallofullerene.

Daneben können Endofullerene, z.B. $Li@C_{60}$, auch durch Ionenimplantationstechniken dargestellt werden. Dabei werden energiereiche Ionen des einzukapselnden Elementes auf dünne Fullerenfilme geschossen. Die produzierten Mengen sind jedoch klein und die Analyse der Produkte dementsprechend schwierig.

Die Untersuchung der metallofullerenhaltigen Rußproben zeigte neben dem erwarteten $M@C_{60}$ auch Fullerenkäfige mit unüblichen Größen. Im Fall der Verdampfung einer mit La_2O_3 behandelten Graphitprobe beobachtet man auch $La@C_{74}$ und $La@C_{82}$. Das C_{82}-Metallofulleren zeigt die größte Stabilität von allen und kann als Toluolextrakt sogar an der Luft aufbewahrt werden, ohne sich zu zersetzen. $La@C_{60}$ kann dagegen aufgrund seiner Instabilität nicht isoliert werden.

Auch für andere Elemente zeigt sich ein ähnliches Bild: Die C_{60}-Metallofullerene werden zwar gebildet, können jedoch nicht als Substanz isoliert werden. Offensichtlich spielen bei der Reaktion zu Endofullerenen weitere Kriterien eine Rolle für die Stabilität, so dass kleinere Vertreter instabiler als größere sind und $M@C_{82}$ die hauptsächlich auftretende Spezies ist. Vor kurzem ist es aber doch gelungen, einige wenige C_{60}-Metallofullerene zu isolieren, u.a. $Er@C_{60}$ und $Eu@C_{60}$.

Es existieren inzwischen Metallofullerene einer Vielzahl von Elementen. Dazu gehören Alkalimetalle wie Li, die Erdalkalimetalle Ca, Sr, und Ba, die Elemente der Scandiumgruppe Sc, Y, La, die Lanthaniden Ce, Pr, Nd, Sm, Eu, Gd, Tb, Dy, Ho, Er, Tm, Yb, Lu sowie Titan, Eisen und Uran. Dabei werden Elemente der 3. Hauptgruppe deutlich leichter als z.B. die Vertreter der 2. Hauptgruppe eingekapselt, was sich in den Bindungsenergien (relativ zu $M + C_{82}$) für die einzelnen Metallofullerene niederschlägt (Tabelle 2.8). Auch endohedrale Verbindungen mit Heterofullerenen sind bekannt. So gelingt z.B. die Einkapselung von zwei Lanthanatomen in $C_{79}N$.

Neben den einfachen Endofullerenen $M@C_n$ besteht auch die Möglichkeit zur Einkapselung mehrerer Atome im gleichen Fullerenkäfig. Der Radius des Hohlraums von C_{82} beträgt 0,4 nm und ist damit groß genug, um bis zu drei Seltenerdmetallatome aufzunehmen. Je höher der Metallgehalt in der imprägnierten Graphitprobe ist, desto wahrscheinlicher wird die Bildung von $M_m@C_n$. Für das Element Scandium wurde die vollständige Reihe $Sc@C_{82}$, $Sc_2@C_{82}$, $Sc_3@C_{82}$ und kürzlich sogar $Sc_4@C_{82}$ nachgewiesen. Außerdem wurde $Sc_2@C_{84}$ isoliert, welches neben $La_2@C_{80}$ eines der am besten untersuchten Dimetallofullerene darstellt.

Tabelle 2.8 Bindungsenergie ΔH_B von Metallofullerenen

Metallofulleren	$Ca@C_{82}$	$Sc@C_{82}$	$Y@C_{82}$	$La@C_{82}$
ΔH_B in kJ mol^{-1}	163	322	444	481

Eine Besonderheit stellt die Bildung von Metallofullerenen des im leeren Zustand nicht existenten C_{80} dar. I_h-C_{80} besitzt im Grundzustand eine antiaromatische *open shell*-Struktur, wodurch die Instabilität begründet ist (es befinden sich nur 2 Elektronen im vierfach entarteten HOMO). Im Falle eines Endofullerens jedoch wird die elektronische Struktur durch Elektronenübertragung von den Metallatomen auf das Fulleren so nachhaltig beeinflusst, dass ein stabiler Kohlenstoffkäfig resultiert, der durch die Aufnahme von sechs Elektronen in das stabile *closed shell*-C_{80}^{6-}-Ion übergeht. Dies kann z.B. durch zwei Lanthanatome unter Bildung von $La_2@C_{80}$ erreicht werden. Man weiß heute, dass die Lanthanatome im Inneren des ikosaedersymmetrischen C_{80}-Käfigs kreisen. Diese Bewegung konnte anhand der Linienverbreiterung im ^{139}La-NMR-Spektrum nachgewiesen werden, die aus dem durch die Bewegung erzeugten Magnetfeld resultiert. Die Bildung der C_{80}-Verbindungen geschieht möglicherweise durch den sog. *shrink-wrap*-Mechanismus, bei dem aus bereits gebildeten Metallofullerenen durch Ausstoß von C_2-Einheiten und anschließenden Käfigschluss kleinere Vertreter entstehen. Dieser Prozess kann sich bis zu Käfiggrößen deutlich unterhalb von C_{60} fortsetzen und wird erst bei ca. 44 (min. 36) Kohlenstoffatomen gestoppt. Weitere Verkleinerungen verlaufen unter Zerstörung der Käfigstruktur. Die Begrenzung wird u.a. von der Größe des eingekapselten Metallatoms bestimmt.

a) $Sc@C_{82}$ b) $La@C_{82}$ **Abb. 2.46**

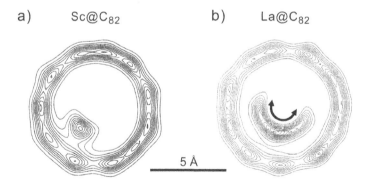

Elektronendichteverteilung in Endofullerenen. Es zeigt sich, dass z.B. Lanthan innerhalb des Käfigs eine Bewegung ausführt (b), während Scandium fest an seiner Position außerhalb des Käfigzentrums verbleibt (a) (© Wiley Interscience 2000).

5 Å

Durch ESR-Messungen wurde schnell klar, dass die Metallatome im Inneren der Fullerene als positiv geladene Ionen vorliegen. Offensichtlich werden die Valenzelektronen an den Käfig abgegeben, so dass z.B. $La@C_{82}$ als $La^{3+}@C_{82}^{3-}$ vorliegt. Yttrium verhält sich wie erwartet analog, Scandium dagegen gibt aufgrund seines tiefliegenden d-Orbitals nur die 4s-Elektronen ab und bildet Sc^{2+}. Der Trend zu dreiwertigen Ionen bei Y und La ist auch durch die höherliegenden und diffuseren d-Orbitale begünstigt. Für die Lanthaniden, die auch Elektronen in 4f-Orbitalen besitzen, ist der Ladungszustand der Metallatome Gegenstand kontroverser Diskussion. Aus UV/Vis-Spektren schloss man, dass sie dreiwertig vorliegen. Entsprechend bilden Ce ($4f^15d^16s^2$) und Gd ($4f^75d^16s^2$) dreiwertige Ionen, während Elemente wie Pr ($4f^36s^2$) und Nd ($4f^46s^2$) wohl nur zwei Elektronen abgeben. Eu ($4f^76s^2$) und Yb ($4f^{14}6s^2$) geben jeweils nur ihre zwei 6s-Elektronen ab, da die halb bzw. vollständig gefüllten 4f-Orbitale energetisch günstig sind. Luthetium ($4f^{14}5d^16s^2$) besitzt eine ähnliche Konfiguration wie Scandium, gibt aber das 5d- und ein 6s-Elektron ab, da 6s-Elektronen durch relativistische Effekte stabilisiert sind. Insgesamt sind die Verhältnisse durch Rückbindung und nahe beieinander liegende Orbitale recht komplex.

Eine der fundamentalen Aufgaben nach der Entdeckung der Metallofullerene war die Beantwortung der Frage, ob sich die Metallatome tatsächlich im Inneren des Kohlenstoffkäfigs aufhalten. Prinzipiell wäre es ja auch denkbar, dass sie sich an der äußeren Oberfläche des Fullerens befinden. Man hat sich der Antwort mit verschiedenen Methoden genähert. Zum einen ergaben Fragmentierungsexperimente in der Gasphase (Kollision, durch Laser etc.), dass C_2-Fragmente aus den untersuchten endohedralen Fullerenen ausgestoßen wurden. Im Gegensatz dazu bildeten exohedrale Verbindungen des Typs Fe(C_{60}) unter Abspaltung des Metallatoms das intakte Buckminsterfulleren. Zum anderen lieferten in der festen Phase elektronenmikroskopische Untersuchungen (HRTEM, STM) den Nachweis der endohedralen Struktur. Jedoch gelang der endgültige Beweis erst durch Untersuchung mit Hilfe der Synchrotron-Röntgenbeugung, die das Vorhandensein einer signifikanten Elektronendichte innerhalb des Fullerens ermittelte, wobei gleichzeitig klar wurde, dass sich die Metallatome üblicherweise nicht im Zentrum des Kohlenstoffkäfigs befinden (Abb. 2.46). Auch über die Ladung des eingekapselten Metallatoms kann durch diese Methode Auskunft gewonnen werden. So wurde festgestellt, dass in Sc@C_{82} das Scandiumatom nicht dreiwertig vorliegt, sondern die Struktur am ehesten Sc^{2+}@C_{82}^{2-} entspricht. Insbesondere die elektronischen Eigenschaften der Metallofullerene sind von Interesse, da sie deutlich von denen der leeren Fullerene abweichen. In Tabelle 2.9 sind die berechneten Ionisierungspotentiale und Elektronenaffinitäten verschiedener Monometallfullerene aufgelistet.

Tabelle 2.9 Elektronenaffinität (EA) und Ionisierungspotential (IP) von Metallofullerenen

Metallofulleren	Sc@C_{82}	Y@C_{82}	La@C_{82}	Ce@C_{82}	Eu@C_{82}	Gd@C_{82}	C_{60}	C_{70}
EA in eV	3,08	3,20	3,22	3,19	3,22	3,20	2,57	2,69
IP in eV	6,45	6,22	6,19	6,46	6,49	6,25	7,78	7,64

S. Nagase, K. Kobayashi, T. Akasaka, T. Wakahara, *Endohedral Metallofullerenes: Theory, Electrochemistry, and chemical reactions,* in: K. M. Kadish, R. S. Ruoff (Hrsg.), *Fullerenes*, Wiley Interscience, New York 2000.

Diese Werte zeigen, dass die Metallofullerene im Vergleich zu den leeren Analoga C_{60} und C_{70} sowohl als stärkere Elektronendonoren als auch -akzeptoren fungieren können. Diese Beobachtung bestätigt sich auch bei der Messung der Reduktions- und Oxidationspotentiale. Im Fall des am besten charakterisierten La@C_{82} findet man eine erste Oxidationsstufe bei +0,07 V, was einem moderaten Elektronendonor entspricht (vergleichbar mit Ferrocen) und seine Luftstabilität erklärt, sowie fünf Reduktionspotentiale bei -0,42 V, -1,37 V, -1,53 V, -2,26 V und -2,46 V. Bei $La@C_{82}$ handelt es sich also um einen stärkeren Elektronenakzeptor als bei leeren Fullerenen. Wie bereits aus Abb. 2.47 ersichtlich, ist insbesondere der erste Reduktionsschritt energetisch günstig, da das HOMO durch Aufnahme eines Elektrons vollständig besetzt wird. Auch für die anderen Metallofullerene kann man sich die Donor-Akzeptor-Eigenschaften aus den MO-Diagrammen ableiten. Demzufolge stellen diese ebenfalls gute Elektronenakzeptoren dar, geben aber auch ungepaarte Elektronen unter Oxidation ab. Die 4f-Elektronen in Ce-, Pr- und Gd-Fullerenen scheinen dabei keine wichtige Rolle zu spielen.

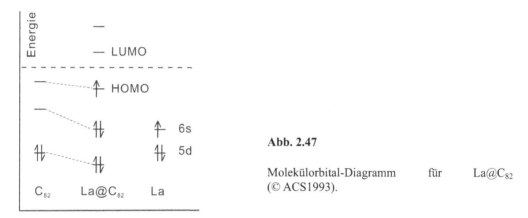

Abb. 2.47

Molekülorbital-Diagramm   für $La@C_{82}$
(© ACS1993).

Die Reaktivität der isolierbaren Metallofullerene wurde ebenfalls untersucht. So gelingen die exohedrale Funktionalisierung durch photochemische Reaktionen, *Diels-Alder*-Addition usw. Bei der Reaktion mit Disiliranen zeigt sich, dass im Gegensatz zu den leeren Fullerenen neben der photochemischen Addition auch die thermische Reaktion möglich ist, was auf die besseren Donor-/Akzeptor-Eigenschaften zurückzuführen ist. Der Elektronentransfer von den Metallatomen im Innern auf den Kohlenstoffkäfig beeinflusst in erheblichem Maße die chemischen Eigenschaften des Endofullerens, was für die in Kap. 2.5.4.2 diskutierten Edelgasfullerene dagegen nicht der Fall ist. Auch Dimetallofullerene reagieren thermisch mit Disiliranen, was ebenfalls auf die Elektronenakzeptanz durch den Fullerenkäfig zurückzuführen ist. Die Anzahl der Metallatome im Innern des Käfigs spielt dagegen keine besondere Rolle, so lange das Reduktionspotential ausreichend niedrig liegt (in $Sc_2@C_{84}$ liegt es zu hoch, die thermische Reaktion findet nicht statt).

2.5.4.2 Endohedrale Verbindungen mit Nichtmetallatomen

Neben Metallen können in den Hohlraum der Fullerene auch andere Elemente eingelagert werden. Insbesondere Edelgasatome sind dafür geeignet. Es sind aber auch Verbindungen bekannt, in denen sich molekularer Wasserstoff oder Stickstoffatome im Innern eines Fullerenkäfigs befinden.

Obwohl die üblichen Verfahren zur Herstellung der Fullerene i. A. in einer Heliumatmosphäre durchgeführt werden, finden sich nur extrem wenige C_{60}-Moleküle, die ein Heliumatom enthalten. Geladene Fullerenteilchen C_n^{m+} nehmen aber Edelgasatome auf, wenn sie als Molekularstrahl durch eine entsprechende Atmosphäre geschossen werden. Nach Reduktion zu den neutralen Teilchen konnte so u.a $He@C_{60}$ im Massenspektrum nachgewiesen werden. Allerdings ist Vorsicht geboten. Ein leeres C_{60}-Molekül mit vier ^{13}C-Atomen zeigt genau den gleichen Massenpeak wie ein $He@^{12}C_{60}$, so dass für eine sichere Analyse eine makroskopische Substanzmenge der endohedralen Edelgasverbindung hergestellt werden muss. Die Herstellung verschiedener Edelgas-Endofullerene $X@C_{60}$ (X = He, Ne, Ar, Kr, Xe) gelingt durch Erhitzen des C_{60} unter großem Druck (~ 3000 bar). Das gleiche Verfahren führt unter Verwendung von C_{70} auch zur Bildung von $X@C_{70}$. Allerdings findet keine vollständige Umwandlung statt, vielmehr nimmt nur ein kleiner Teil der Fullerenmoleküle ein Edelgasatom auf (0,04-0,3 %). Um eine genauere Abschätzung des Anteils der Heliumatome im Fullerenkäfig vorzunehmen, kann man sich neben der hier unzuverlässigen Massenspektrometrie der NMR-Spektroskopie bedienen. Mit dem NMR-aktiven Kern ^{3}He können Helium-NMR-Spektren aufgenommen werden. So wurde ein Gehalt von 0,1 % $He@C_{60}$ festgestellt.

Es stellt sich nun die Frage, wie die Edelgasatome in das Innere des Fullerens gelangen. Die größte vorhandene „Öffnung" stellen die Sechsringe dar, die jedoch deutlich aufgeweitet werden müssten, um ein Edelgasatom passieren zu lassen. Demzufolge ist die Aktivierungsenergie für einen derartigen Prozess ziemlich hoch. Inzwischen gilt als sicher, dass für die Inkorporierung von Atomen in Fullerene zumindest eine Bindung aufgebrochen werden muss, um einen ausreichend großen Eingang zu schaffen. Rechnungen zeigen, dass es energetisch günstiger ist, eine (5,6)-Bindung zu brechen und eine Öffnung in Form eines Neunrings zu erzeugen, als temporär eine (6,6)-Bindung zu öffnen. Nach dem Einlagern oder Austreten von Atomen kann sich der Fullerenkäfig wieder schließen. Allerdings besteht auch die Gefahr, dass er in anderer Weise weiter reagiert. Abbauprodukte von C_{60} wurden auch tatsächlich detektiert.

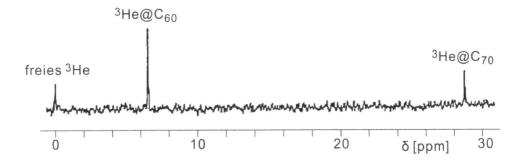

Abb. 2.48 Das Signal für $He@C_{60}$ und $He@C_{70}$ im ^{3}He-NMR-Spektrum zeigt eine deutliche Hochfeldverschiebung gegenüber dem Signal des freien Heliums (© Nature Publ. Group 1994).

Untersuchungen der Helium-Endofullerene zeigten, dass im ^{3}He-NMR-Spektrum das Heliumsignal im Vergleich zum freien Heliumatom eine Hochfeldverschiebung erfährt (Abb. 2.48). Im Fall von $^{3}He@C_{60}$ beträgt die Verschiebung 6,3 ppm, für C_{70} 28,8 ppm, was auf einen diamagnetischen Ringstrom in den Fullerenkäfigen hindeutet, dieser ist besonders im Fall des C_{70} stark ausgeprägt.

Andere Nichtmetallatome können ebenfalls in C_{60} und höhere Fullerene eingelagert werden. Als Beispiel sei hier das $N@C_{60}$ genannt. Das eigentlich extrem reaktive Stickstoffatom wird durch den Fullerenkäfig so stark abgeschirmt, dass es nicht mit der Umgebung reagieren kann. Auch die Reaktion mit der inerten Innenseite des Fullerens bleibt aus. Die Herstellung erfolgt durch Beschießen eines Fullerenfilms mit energiereichen Stickstoffionen. Mit dem gleichen Verfahren können auch $N@C_{70}$ und $P@C_{60}$ dargestellt werden.

2.5.5 Organische Chemie der Fullerene

2.5.5.1 Hydrierung und Halogenierung

Als Polyolefine bieten die Fullerene eine große Anzahl von Doppelbindungen, die prinzipiell durch Hydrierung in gesättigte C-C-Einfachbindungen übergeführt werden können. Die Reaktion kann je nach angewandter Methode zu einfach oder mehrfach hydrierten Produkten führen. Allerdings ist die gezielte Herstellung definierter Hydrofullerene immer noch eine anspruchsvolle Aufgabe, und die Strukturaufklärung gestaltet sich besonders für mehrfach hydrierte Verbindungen oft schwierig.

Die Umsetzung mit molekularem Wasserstoff eignet sich nicht, um gezielt eine einzige Doppelbindung des Fullerenkäfigs zu hydrieren. Vielmehr entsteht bei der Reaktion von H_2 mit C_{60} eine ganze Reihe von polyhydrierten Verbindungen. Die Umsetzung gelingt jedoch nicht ohne Zusatz eines Katalysators oder eines Radikalpromotors (z.B. Iodethan), es sei denn, man arbeitet bei extrem hohen Wasserstoffdrücken (> 3 GPa) und hohen Temperaturen (> 700 K). Bei der radikalischen Hydrierung entsteht hauptsächlich $C_{60}H_{36}$, während bei der katalytischen Hydrierung an Aktivkohle mit Ruthenium als Katalysator Hydriergrade bis $C_{60}H_{50}$ beobachtet werden. Bei Verwendung von Übergangsmetallen auf einem Aluminiumoxidträger entsteht mit den Katalysatoren Pt, Co, Ni und Pd hauptsächlich $C_{60}H_{36}$, während Ruthenium, Rhodium und Iridium $C_{60}H_{18}$ produzieren. Eisen zeigt keine katalytische Aktivität.

Eine sehr geschickte Methode zur Hydrierung von C_{60} wurde 1993 von *Rüchardt* vorgestellt – die Transferhydrierung unter Verwendung von 9,10-Dihydroanthracen. Bei der Umsetzung von C_{60} mit geschmolzenem Reagenz in einer abgeschlossenen Ampulle bei 350 °C entsteht innerhalb kurzer Zeit ein farbloses Produkt, dessen Summenformel $C_{60}H_{36}$ entspricht. Wird die Reaktionszeit auf 24 Stunden verlängert, ändert sich die Zusammensetzung zu $C_{60}H_{18}$. Es werden nur geringe Mengen an Verunreinigungen gefunden, so dass sich die Methode zur präparativen Darstellung dieser beiden Polyhydrofullerene eignet. Bei der Strukturaufklärung von $C_{60}H_{18}$ bzw. $C_{60}H_{36}$ fand man für das erste genau ein Isomer, welches C_{3v}-Symmetrie aufweist (Abb. 2.49). Dagegen konnten für $C_{60}H_{36}$ mindestens drei Isomere isoliert werden, die C_1-, C_3- und T-Symmetrie aufweisen (Abb. 2.49). Wenn 9,10-Deuterioanthracen verwendet wird, erhält man die entsprechend deuterierten Verbindungen.

Mit verschiedenen unedlen Metallen gelingt die Hydrierung des C_{60} ebenfalls. Die Umsetzung mit Zink in verdünnter Salzsäure führt zu den gering hydrierten Verbindungen $C_{60}H_2$, $C_{60}H_4$ und $C_{60}H_6$. Andere unedle Metalle liefern ebenfalls hydrierte Verbindungen, die Produktgemische sind jedoch weitaus komplexer und die Ausbeuten niedrig. Als attraktivste

Methode hat sich die Verwendung von feuchtem Zink/Kupfer-Paar erwiesen. Durch Veränderung der Reaktionszeit und der Menge des Reduktionsmittels lässt sich die Stöchiometrie des erhaltenen Hydrierungsproduktes gut zwischen $C_{60}H_2$, $C_{60}H_4$ und $C_{60}H_6$ steuern. Verwendet man Zink in konzentrierter Salzsäure und lässt dieses mit einer benzolischen Lösung von C_{60} reagieren, setzt sich die Hydrierung bis zum Hauptprodukt $C_{60}H_{36}$ fort. Daneben werden auch die ansonsten selten beobachteten Verbindungen $C_{60}H_{38}$ und $C_{60}H_{40}$ gefunden.

Die *Birch*-Reduktion mit Alkalimetallen in flüssigem Ammoniak wurde auch für C_{60} bereits 1990 kurz nach seiner Isolierung beschrieben. Insbesondere mit Lithium in Ammoniak in Gegenwart von *tert*-Butanol entsteht ein Gemisch aus verschiedenen hochgradig hydrierten Fullerenverbindungen $C_{60}H_x$ ($18 < x < 36$), von denen wiederum $C_{60}H_{18}$ und $C_{60}H_{36}$ die Hauptkomponenten darstellen. Noch höher hydrierte Derivate können mit der *Birch*-Reduktion nicht erhalten werden, das sie sich unter den Reaktionsbedingungen zersetzen.

Die klassische Methode zur gezielten Hydrierung von Doppelbindungen mittels Hydroborierung ermöglicht auch für C_{60} die selektive Darstellung der 1,2-hydrierten Verbindung. Nach Umsetzung mit einer Boranquelle (B_2H_6 bzw. $BH_3 \cdot THF$) wird durch saure Hydrolyse der Boranrest durch das zweite Wasserstoffatom ersetzt. Die 1,2-Addition wird durch den viergliedrigen Übergangszustand bei der Bildung des hydroborierten Intermediats festgelegt, so dass hier keine weiteren Regioisomere der Dihydroverbindung entstehen können. Eine weitere Hydroborierung mit Protonolyse führt zum 1,2,3,4-Additionsprodukt $C_{60}H_4$ (Abb. 2.49).

Eine andere Möglichkeit, selektiv 1,2-Dihydrofullerene zu erhalten, besteht darin, das Additionsprodukt von $Cp_2Zr(H)Cl$ an C_{60} sauer zu hydrolysieren. Durch die Addition des Zirconocens wird das 1,2-Additionsmuster vorgegeben, so dass keine weiteren Isomere der Dihydroverbindung entstehen (Abb. 2.49).

Eine wesentliche Eigenschaft hydrierter Fullerene ist ihre Acidität. In einigen Fällen kann diese den Grad organischer Säuren, wie z.B. Essigsäure, annehmen. $C_{60}H_2$ weist einen pK_S-Wert von 4,7, die Verbindung $C_{60}(H)'Bu$ sogar einen von 5,6 auf.

C_{70} und höhere Fullerene können mit den hier beschriebenen Methoden ebenfalls hydriert werden, wobei ihre Reaktivität im Vergleich zum C_{60} geringer ausfällt. Auch für C_{70} wird bei vielen Hydriermethoden $C_{70}H_{36}$ als Hauptprodukt beobachtet (Abb. 2.49).

Wie weit kann man nun ein Fulleren unter Erhalt der Käfigstruktur hydrieren? Diese Frage wurde bereits sehr bald nach ihrer Entdeckung gestellt und man versuchte, durch Perhydrierung sog. „Fullerane" zu synthetisieren. Bisher wurden Polyhydrofullerene mit bis zu 44 Wasserstoffatomen sicher bewiesen, möglicherweise existieren sogar noch höher hydrierte Strukturen. Berechnungen verschiedener hochhydrierter C_{60}-Verbindungen zeigten, dass durch die Einführung zusätzlicher Wasserstoffatome und damit sp^3-hybridisierter Kohlenstoffatome eine beträchtliche Spannung im Fullerengerüst aufgebaut wird, die dazu führt, dass Polyhydrofullerene mit steigendem Hydriergrad zunehmend instabil werden und schließlich unter Verlust der Käfigstruktur kollabieren.

Der Extremfall, $C_{60}H_{60}$, konnte bisher nicht experimentell nachgewiesen werden. Er wäre das Homologe zum erstmals durch *Paquette* beschriebenen Dodecahedran $C_{20}H_{20}$, welches ebenfalls als erschöpfend hydrierter Kohlenstoffkäfig vorliegt. Abb. 2.50 zeigt $C_{20}H_{20}$ sowie eine hypothetische und eine berechnete Struktur für $C_{60}H_{60}$. Dabei stellt sich heraus, dass die ikosaedrische Struktur in Abb. 2.50.b bei weitem nicht das stabilste Isomer des $C_{60}H_{60}$ darstellt. Vielmehr erniedrigt sich die Gesamtenergie sogar noch, wenn man ein oder mehrere Wasserstoffatome im Inneren des Fullerenkäfigs platziert. Das energetisch günstigste Isomer, in dem die Käfigstruktur erhalten bleibt, ist dasjenige, in dem zehn Wasserstoffatome ins Käfiginnere zeigen. Dadurch erhält die ehemals sphärische Fullerenstruktur Einbuchtungen (Abb. 2.50c). Diese theoretische Struktur wird jedoch präparativ kaum zugänglich sein, da die Inversion eines außen liegenden Wasserstoffatoms in das Innere des Käfigs mit einer sehr hohen Energiebarriere verbunden ist. Es bleibt also abzuwarten, ob ein „Fulleran" jemals isoliert werden kann und welche Struktur es ggf. aufweist.

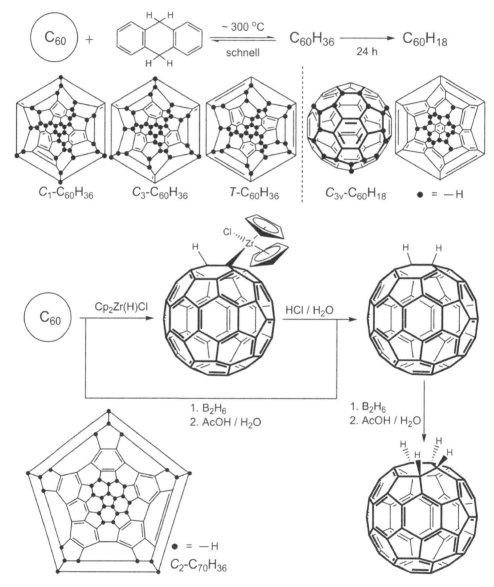

Abb. 2.49 Je nach Methode erhält man unterschiedliche Hydrierungsprodukte der Fullerene. Hochhydrierte Derivate weisen oft eine bemerkenswert symmetrische Struktur auf.

Zwischen den hydrierten Fullerenen und ihren Halogenanaloga bestehen strukturell starke Ähnlichkeiten. Ebenso wie Hydrofullerene lassen sich halogenierte Derivate in großer Vielfalt darstellen, wobei einige Isomere, wie z.B. $C_{60}F_{18}$, besonders stabil sind. Je nach Reaktionsbedingungen erhält man Verbindungen mit unterschiedlichem Halogenierungsgrad. Üblicherweise werden die Halogenatome durch radikalische Addition eingeführt. Lediglich Iodfullerene lassen sich auf diese Weise nicht darstellen.

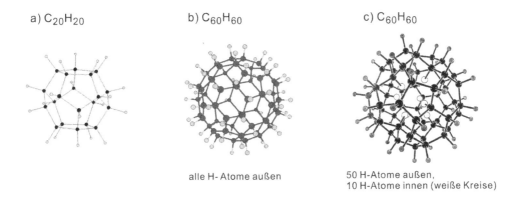

a) $C_{20}H_{20}$

b) $C_{60}H_{60}$

c) $C_{60}H_{60}$

alle H- Atome außen

50 H-Atome außen,
10 H-Atome innen (weiße Kreise)

Abb. 2.50 Bisher ist Dodecahedran (a) der einzige experimentell nachgewiesene perhydrierte Kohlenstoffkäfig. $C_{60}H_{60}$ (b) konnte bisher nicht isoliert werden, und Rechnungen besagen, dass die Struktur mit zehn internen Wasserstoffatomen (c) thermodynamisch stabiler sein sollte (© AAAS 1991).

Besonders gut untersucht sind die recht stabilen Fluorfullerene, die durch Reaktion mit gasförmigem Fluor, Xenondifluorid oder anderen reaktiven Fluoriden wie BrF_5 oder IF_5 erhalten werden können. Es werden Produkte mit bis zu 48 Fluoratomen pro C_{60} gefunden, unter drastischen Reaktionsbedingungen beobachtet man sogar hyperfluorierte Verbindungen mit Zusammensetzungen bis zu $C_{60}F_{78}$ (teilweise sogar $C_{60}F_{102}$). Dabei handelt es sich um käfiggeöffnete Produkte. Die Reaktion mit erhitzten Metallfluoriden liefert hauptsächlich $C_{60}F_{18}$ und $C_{60}F_{36}$, die das gleiche Substitutionsmuster wie $C_{60}H_{18}$ bzw. $C_{60}H_{36}$ aufweisen.

Die direkte Fluorierung mit gasförmigem Fluor ist schwer zu kontrollieren, bei geeigneter Reaktionsführung erhält man jedoch als Hauptprodukt $C_{60}F_{48}$. Dieses kann als obere Grenze der erschöpfenden Fluorierung angesehen werden, da höher fluorierte Derivate mit großer Wahrscheinlichkeit aufgebrochene Fullerenkäfige enthalten. $C_{60}F_{48}$ wird in zwei Symmetrien erhalten, von denen das D_3-$C_{60}F_{48}$ in Form zweier Enantiomerer auftritt. Das ebenfalls gebildete S_6-$C_{60}F_{48}$ stellt die Mesoform dar (Abb. 2.51a). Die Struktur gibt auch einen Hinweis darauf, warum weitere Fluorierung des $C_{60}F_{48}$ nur unter Verlust der strukturellen Integrität des Fullerens möglich ist: Die verbleibenden Doppelbindungen befinden sich in Einbuchtungen des Käfigs und werden dadurch effektiv abgeschirmt.

Weitere Fluorfullerene werden durch Umsetzung mit Metallfluoriden erhalten, die zwar weniger reaktiv als elementares Fluor sind, dafür aber eine weitaus größere Selektivität der Produktbildung ermöglichen. Je nach gewähltem Metall (es kommen sowohl Übergangsmetalle als auch Seltene Erden in Frage) liegt die Zusammensetzung der Fluorverbindung zwischen $C_{60}F_2$ und etwa $C_{60}F_{36}$. Nicht nur binäre Verbindungen finden Einsatz, sondern auch ternäre Metallfluoride können genutzt werden (Tabelle 2.10).

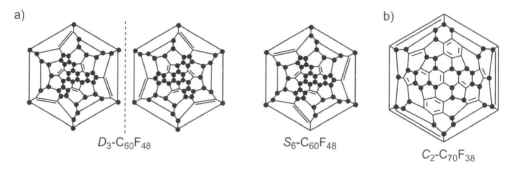

a)

D_3-$C_{60}F_{48}$ S_6-$C_{60}F_{48}$

b)

C_2-$C_{70}F_{38}$

Abb. 2.51 a) $C_{60}F_{48}$ fällt in Form eines chiralen D_3-Isomers und der S_6-Mesoform an; b) $C_{70}F_{38}$ liegt in einer C_2-Symmetrie vor.

Auch hier stellt sich die Frage, wo die Grenze für die erschöpfende Halogenierung des Fullerens liegt. Aufgrund seiner Größe sollte Fluor das am besten geeignete Halogen für eine möglichst dichte Belegung der Fullerenoberfläche sein. Zweifelsfrei charakterisiert wurde bisher $C_{60}F_{48}$, welches durch direkte Fluorierung mit F_2 entsteht.

Tabelle 2.10 Zusammensetzung der Fluorierungsprodukte von C_{60} mit verschiedenen Metallfluoriden

Reagenz	TbF_4, CeF_4, MnF_3	AgF	CuF_2, FeF_3	$KPtF_6$
Bevorzugte Zusammensetzung	$C_{60}F_{36}$	$C_{60}F_{18}$	$C_{60}F_2$	$C_{60}F_{18}$

Mit dem nächsthöheren Halogen, dem Chlor, lassen sich ebenfalls Halogenfullerene darstellen. Die Methoden zur Synthese ähneln denen zur Fluorierung. Sowohl elementares Chlor als auch Halogenchloride sind geeignet, allerdings werden auch hier häufig keine separierbaren Verbindungen, sondern komplexe Gemische erhalten. Zudem weisen Chlorfullerene eine geringere Stabilität als ihre fluorierten Analoga auf. So sind sie hydrolyselabil und reaktiv gegenüber Nucleophilen. Der Halogenierungsgrad liegt niedriger als im Fall des Fluors, mit typischen Werten bei 6-14 (teilweise auch 26) Chloratomen.

Die Synthese eines definierten Chlorfullerens gelang bei der Umsetzung mit Iodchlorid, bei der $C_{60}Cl_6$ als einziges isolierbares Produkt erhalten wird. Es weist C_s-Symmetrie auf und fällt in Form leuchtend oranger Kristalle an. Die Verbindung kann in *Friedel-Crafts*-artigen Reaktionen eingesetzt werden und es entsteht ein pentaaryliertes Fullerenderivat (Abb. 2.52). Bei der Umsetzung im Chlorgasstrom wird $C_{60}Cl_{24}$ erhalten. Dieses hochsymmetrische Fullerenderivat kann auch durch Umsetzung von C_{60} mit VCl_4 oder von $C_{60}Br_{24}$ mit $SbCl_5$ erhalten werden. Die Röntgenstruktur gleicht der von $C_{60}Br_{24}$.

C_{60} reagiert auch mit Brom unter Bildung von Bromfullerenen. Wird es mit flüssigem Brom umgesetzt, erhält man die Verbindung $C_{60}Br_{24}$, welche die in Abb. 2.53a gezeigte hochsymmetrische Struktur (T_h) aufweist. Die Bromaddition findet i. A. in 1,4-Position statt, da durch den Platzbedarf der Bromatome eine 1,2-Addition eher ungünstig ist. Auch Bromfullerene mit geringerem Bromgehalt lassen sich gezielt herstellen. So entsteht $C_{60}Br_8$ bei der Reaktion mit elementarem Brom in Lösung (CS_2 oder $CHCl_3$), wobei die Bromatome in zwei Ebenen oberhalb und unterhalb des Äquators des C_{60} angeordnet sind. Die Wahl des Lösungsmittels hat offensichtlich einen Einfluss auf die Stöchiometrie der erhaltenen Produkte, da bei der Verwendung von CCl_4 oder Benzol als Solvens nicht $C_{60}Br_8$, sondern $C_{60}Br_6$ entsteht. Dieses weist die Struktur des oben beschriebenen $C_{60}Cl_6$ auf. Dabei ist es aufgrund ekliptischer Wechselwirkungen zwischen den *cis*-Bromatomen weniger stabil als $C_{60}Br_8$, so dass es beim Erwärmen zu C_{60} und $C_{60}Br_8$ disproportioniert (Abb. 2.53b). Insgesamt ist die Stärke der C-Br-Bindung nur mäßig, da sie durch die ekliptischen Wechselwirkungen auf über 2.03 Å gedehnt wird (normal: C-Br 1.96 Å), so dass alle Bromfullerene beim Erwärmen Brom abspalten. Auch die Existenz von (5,6)-Doppelbindungen nach der Bromaddition setzt die Stabilität herab.

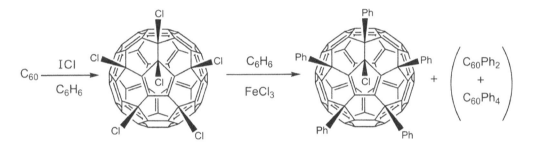

Abb. 2.52 Das Hexachlorfulleren $C_{60}Cl_6$ kann in einer *Friedel-Crafts*-artigen Reaktion zum pentaarylierten Produkt weiter reagieren.

Iodfullerene konnten bisher nicht isoliert werden. Vermutlich ist die Tatsache, dass die Iodatome aufgrund ihrer Größe nicht eng nebeneinander am Fulleren angreifen können, Hauptgrund für die Instabilität dieser Verbindungen. Durch eine Addition an weiter voneinander entfernten Positionen käme es zu einer starken Umorganisation der Bindungsverhältnisse unter Bildung mehrerer (5,6)-Doppelbindungen. Außerdem ist die Kohlenstoff-Iod-Bindung deutlich schwächer als die mit anderen Halogenen.

Allgemein gilt für die Stabilität halogenierter Fullerenderivate, dass sich ein höherer Halogengehalt günstig auswirkt. Außerdem nimmt die Stabilität in der Reihe F > Cl > Br >> I ab. Folgereaktionen der Halogenfullerene werden u.a. durch die teilweise extrem geringe Löslichkeit in organischen Solvenzien limitiert. Allerdings neigen sie zur Hydrolyse und reagieren auch mit Luftfeuchtigkeit zu Hydroxyderivaten oder Epoxiden.

Halogenierungsreaktionen wurden auch für eine ganze Reihe weiterer Fullerene mit größerer und kleinerer Anzahl von Kohlenstoffatomen beschrieben. Auf Vertreter der kleineren Fullerene wird in Kap. 2.5.8 eingegangen. Für höhere Fullerene gelten die gleichen Prinzipien wie für C_{60}, es ist aber zu beachten, dass eine deutlich größere Anzahl verschiedener Isomere gefunden wird und somit die Anreicherung einzelner Derivate sehr schwierig ist. Die Herstellungsmethoden gleichen weitgehend denen für halogenierte C_{60}-Derivate. Die meisten Ergebnisse sind für C_{70} beschrieben, so existieren von diesem für alle Halogene außer Iod cha-rakterisierte Halogenverbindungen, wie z.B. $C_{70}F_n$ (n = 34, 36, 38 (das C_2-Isomer zeigt Abb. 2.51b), 40, 42, 44), $C_{70}Cl_{10}$ und $C_{70}Br_{10}$. Aber auch Derivate höherer Fullerene, u.a. $C_{76}F_{36}$, $C_{78}F_{38}$, $C_{84}F_{40}$ und $C_{78}Br_{18}$ sind bekannt.

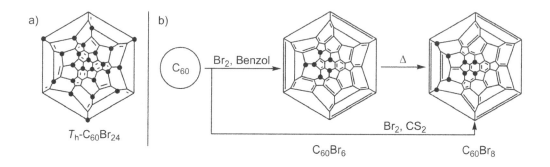

Abb. 2.53 a) Struktur des $C_{60}Br_{24}$, b) Umsetzung von C_{60} zu $C_{60}Br_6$ bzw. $C_{60}Br_8$.

2.5.5.2 Nucleophile Addition an Fullerene

Das Elektronendefizit der Fullerene bedingt ihre Reaktivität gegenüber Nucleophilen. Es sind zahlreiche Reaktionen mit nucleophilen Reagenzien beschrieben, die zu nützlichen und inte-ressanten Fullerenderivaten führen.

Der Mechanismus der nucleophilen Addition an Fullerenen entspricht dem üblichen für elek-tronenarme Olefine. Zunächst greift das Nucleophil A^- an der Doppelbindung an und es ent-steht das reaktive Intermediat $C_{60}A^-$. Dieses kann dann auf verschiedene Weisen stabilisiert werden. Aus der Reaktion mit einem Elektrophil E^+ resultiert das Produkt $C_{60}AE$ (Abb. 2.54a.). Diese Schritte können auch mehrfach ablaufen, so dass Verbindungen der allgemei-nen Zusammensetzung $C_{60}A_xE_x$ gebildet werden. Weiterhin ist die intramolekulare Reaktion möglich, diese führt zu verbrückenden funktionellen Gruppen. Durch oxidative Aufarbeitung von $C_{60}A^-$ kann auch $C_{60}A_2$ erhalten werden.

Eine einfache Reaktion von Fullerenen mit einem Nucleophil besteht in der Alkylierung durch Organolithium- oder *Grignard*-Verbindungen. Dabei entsteht entsprechend dem oben beschriebenen Mechanismus zunächst das Anion $C_{60}R^-$. Dieses wird dann durch saure Aufar-beitung mit H^+ stabilisiert und man erhält das hydroalkylierte Fulleren (Abb. 2.54b). Analog kann die Reaktion mit aromatischen Resten R ausgeführt werden. Auch Acetylide können auf diese Weise übertragen werden. Wenn ein großer Überschuss der Metallorganyle eingesetzt wird, kommt es je nach Platzbedarf der Reste zu Mehrfachadditionen mit bis zu fünf übertra-genen Alkylgruppen.

Auch mit primären und sekundären Aminen gehen Fullerene sehr leicht nucleophile Additi-onsreaktionen ein. Hierbei bildet sich zunächst ein anionischer Komplex, in dem ein Elektron des Amins auf das C_{60} übertragen wird. Anschließende Rekombination unter Zwitterionbil-dung mit darauf folgendem Protonentransfer liefert die hydroaminierten Produkte (Abb. 2.55a). Allerdings ist die Isolierung einzelner Derivate oft nicht möglich, da sich durch die große Nucleophilie der Amine verschiedene Mehrfachaddukte bilden, die meist nicht separiert werden können. Nur in einigen Fällen gelingt die selektive Isolierung des Tetraaminoaddukts. Außerdem muss die Umsetzung unter strengem Sauerstoffausschluss erfolgen, da sonst dehydrierte Addukte und teilweise Epoxide entstehen. Einige Beispiele für isolierte und charakterisierte Aminoverbindungen zeigt Abb. 2.55b. Mit Diaminen reagiert C_{60} unter Bildung der überbrückten Derivate. Die Addition erfolgt an einer (6,6)-Bindung. Auch hier erhält man die dehydrierten Produkte, da die zunächst vorhandenen Amin-Protonen durch oxidative Eliminierung entfernt werden. Dabei entstehen meist Mono- oder Bisaddukte. Tertiäre Amine können nicht unter Bildung analoger Produkte mit C_{60} reagieren. Sie bilden *charge transfer*-Komplexe, die teilweise eine große Stabilität aufweisen, wie z.B. der C_{60}-Komplex mit Kristallviolett (in der Leuco-Form). Daneben gehen sie photochemische und thermische Radikalreaktionen ein (Kap. 2.5.5.5).

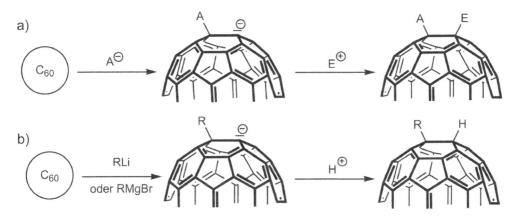

z.B. R = Me, ^{t}Bu, Fluorenyl (RLi); R = Et, iPr, Ph, Me_3SiCH_2, Octyl (RMgBr)

Abb. 2.54 Mechanismus der nucleophilen Addition an ein Fulleren.

Werden Alkylcyanide mit C_{60} umgesetzt, so bildet sich zunächst das Anion $C_{60}CN^-$, welches anschließend durch verschiedene Elektrophile (z.B. H^+, Me^+ etc.) abgesättigt werden kann. Eine Besonderheit der Addition von Cyanid ist, dass i. A. ausschließlich das Monoaddukt erhalten wird, was diese Reaktion für die gezielte Einführung genau einer funktionellen Gruppe interessant macht.

Setzt man in Toluol gelöstes C_{60} mit konzentrierter Kaliumhydroxidlösung um, so entsteht ein Gemisch verschiedener hydroxylierter Produkte, die man unter dem Namen *Fullerole* zusammenfasst. Diese Verbindungen weisen, insbesondere gegenüber Luftsauerstoff, nur eine geringe Stabilität auf, was ihre Charakterisierung erschwert. Zudem sind die erhaltenen Verbindungen mit unterschiedlicher Anzahl von Hydroxygruppen nur schwer auftrennbar. Allerdings gelingt die Einführung einzelner Hydroxygruppen durch Substitution von Halogenatomen in Halogenfullerenen, wobei sich z.B. $C_{60}F_{35}OH$ oder $C_{70}F_{37}OH$ bilden.

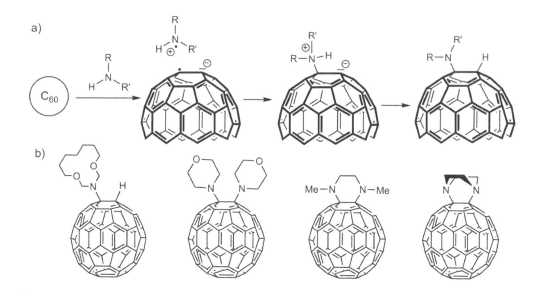

Abb. 2.55 a) Die Umsetzung von C_{60} mit Aminen führt zur Bildung von Aminofullerenen; b) einige Beispiele für Aminderivate des C_{60}.

Die Bingel-Hirsch-Reaktion

Eine der präparativ wertvollsten Umsetzungen an Fullerenen ist die *Bingel-Hirsch*-Reaktion. Es handelt sich dabei um den nucleophilen Angriff eines Brommalonats an einer Doppelbindung des Fullerens, in deren Verlauf es zur Bildung eines Cyclopropanringes kommt. Dabei beobachtet man ausschließlich Bildung des Methanofullerens mit überbrückter (6,6)-Bindung. Die Reaktion wurde erstmals im Jahr 1993 von *C. Bingel* beschrieben, *A. Hirsch* optimierte darauf folgend ihre Bedingungen so, dass sie inzwischen zu den am besten kontrollierbaren Umsetzungen der Fullerene zählt und mit einer Vielzahl von Reagenzien und Substraten möglich ist.

Die klassische Methode zur Durchführung der Reaktion geht vom C-H-aciden Diethylbrommalonat aus, das mit Natriumhydrid umgesetzt wird, wobei durch Deprotonierung das eigentliche Reagenz entsteht. Dieses greift dann nucleophil eine Doppelbindung des Fullerengerüsts an und es entsteht das anionische Intermediat. Die negative Ladung ist dabei in α-Position zum Malonat lokalisiert, und es erfolgt ein intramolekularer Angriff des nucleophilen Zentrums im C_{60}-Gerüst am bromtragenden Kohlenstoff (S_Ni-Reaktion). Unter Abspaltung von Br⁻ bildet sich das Methanofulleren (Abb.2.56). Die Wahl der Base stellt einen wichtigen Aspekt bei der Durchführung der *Bingel-Hirsch*-Reaktion dar. Natriumhydrid ist besonders geeignet, da es nicht nucleophil reagiert, wogegen primäre und sekundäre Amine nicht zu den gewünschten Produkten führen, da sie, wie oben beschrieben, selbst nucleophil am C_{60} angreifen können. Weitere Beispiele für geeignete Basen sind DBU (1,8-Diazabicyclo[5.4.0]undec-7-en), LDA, Pyridin und Triethylamin. Eine mechanochemische (solvensfreie) Variante unter Verwendung von Natriumcarbonat als Base in einer Schwingmühle wurde ebenfalls beschrieben. Die Verseifung der Ethylestergruppen liefert die Methanofullerendicarbonsäure.

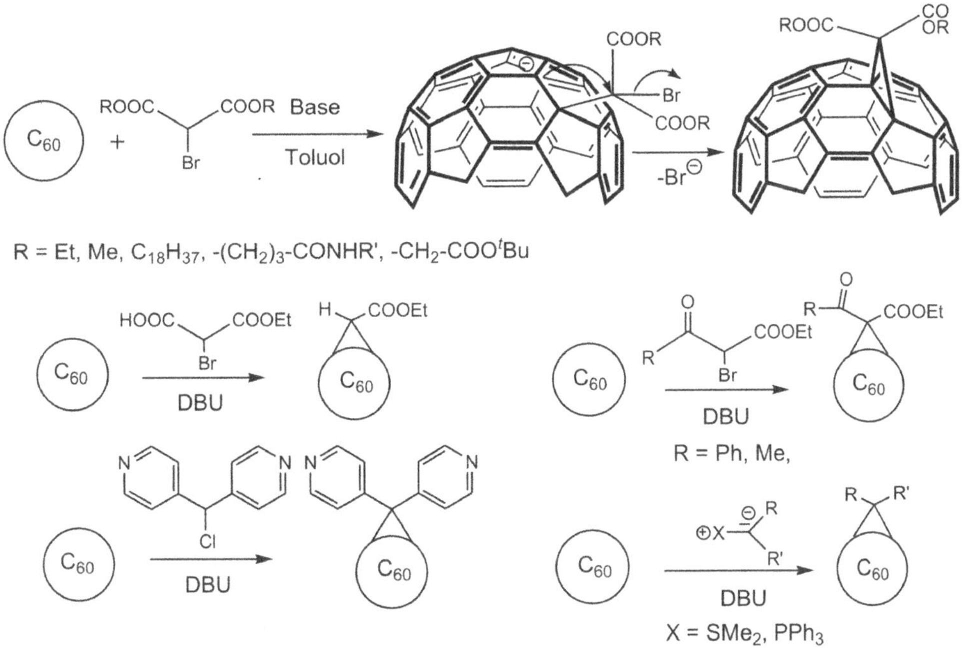

Abb. 2.56 Die *Bingel-Hirsch*-Reaktion ist eine der präparativ wertvollsten Umsetzungen an Fullerenen, da sie eine große Vielfalt an Substituenten toleriert und außerdem zu interessanten Mehrfachaddukten mit definierter Struktur führen kann.

In Abb. 2.56 sind einige Beispiele für Umsetzungen von C_{60} mit verschiedenen Brommalonaten und weiteren einsetzbaren Ketoverbindungen dargestellt. Wie diese Zusammenstellung zeigt, sind bei der Wahl der Seitenketten praktisch keine Grenzen gesetzt, was die Produkte der *Bingel-Hirsch*-Reaktion zu attraktiven und flexiblen Ausgangspunkten für die Synthese fullerenhaltiger Materialien macht. Die Durchführung der *Bingel-Hirsch*-Reaktion ist nicht nur mit Brommalonaten möglich. So gelingt z.B. auch die direkte Umsetzung eines Malonates mit C_{60} unter Baseneinwirkung zum entsprechenden Methanofulleren. Verwendet man anstelle des Malonats den Malonsäurehalbester, so entsteht durch Decarboxylierung noch während der Umsetzung das monosubstituierte Methanofulleren (Abb. 2.56). β-Ketoester reagieren unter den *Bingel-Hirsch*-Bedingungen ebenfalls zu Methanofullerenen.

In einigen Fällen, in denen die Herstellung des Brommalonats aufgrund eines komplexen Grundkörpers schwierig oder unmöglich ist, kann die reaktive Spezies auch *in situ* durch Umsetzung des Malonats mit CBr_4 erzeugt werden. Ebenso liefert die Umsetzung des Malonats mit Iod und DBU als Base die entsprechenden Methanofullerene. Inzwischen findet die *in situ*-Generierung des α-Haloesters bzw. -ketons weit reichende Anwendung, da so der aufwändige Reinigungsschritt vor der Umsetzung mit dem Fulleren entfällt.

Durch die hohe Reaktivität der Malonate gegenüber C_{60} führt ein Überschuss des Reagenzes i. A. zu mehrfach umgesetzten Fullerenaddukten. Wie bereits in Kap. 2.5.1.3 diskutiert, existieren mehrere Positionen auf der Fullerenoberfläche, die für eine Zweit- oder Drittreaktion in Frage kommen. Um ein ganz bestimmtes Additionsmuster am Fulleren zu realisieren, bedarf es daher einer Strategie zur Kontrolle der Regiochemie. Eine Methode greift auf miteinander verbundene Reaktionszentren zurück. Die Länge des Linkers bestimmt dann die möglichen Angriffsorte der zweiten reaktiven Gruppe. Sind z.B. zwei Malonate über eine Polyetherkette, ein Kronenetherderivat, ein substituiertes Porphyrin usw. miteinander verbunden, so bildet sich bei der Umsetzung mit CBr_4 (oder I_2) und Base mit hoher Regio- und Diastereoselektivität das je nach Länge des Templatlinkers günstigste Isomer.

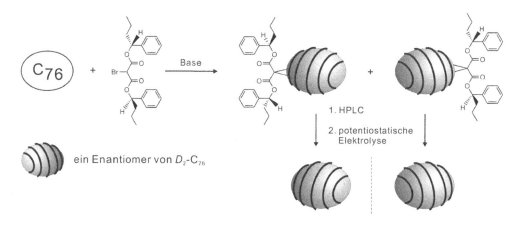

Abb. 2.57 Die Enantiomerenspaltung von D_2-C_{76} wird durch chromatographische Trennung der *Bingel*-Addukte und anschließende Abspaltung der Hilfsgruppen erreicht.

Die *Bingel-Hirsch*-Reaktion findet natürlich auch an größeren Fullerenen statt. Im Gegensatz zu C_{60} existieren hier jedoch verschiedene Doppelbindungen, so dass eine Reihe von Regioisomeren entstehen kann. Experimentell beobachtet man für die Addition von Diethylmalonat an C_{70} ausschließlich das 1,2-Additionsprodukt. Die Reaktivität dieser Doppelbindung entspricht weitgehend derjenigen im C_{60}. Die Doppelbindungen in der Gürtelregion des C_{70}-Moleküls dagegen sind weniger reaktiv. Auch hier gilt also, dass die C_{60}-ähnlichsten Positionen bevorzugt angegriffen werden. Für die höheren Fullerene ab C_{76} liegen die Verhältnisse ähnlich, es wird ein Hauptprodukt erhalten, welches an einer stark gekrümmten Stelle des Kohlenstoffkäfigs funktionalisiert ist.

Die Umkehr der *Bingel-Hirsch*-Reaktion ist ebenfalls von Interesse und dient zur Entfernung der *Bingel*-Addenden aus funktionalisierten Fullerenen. Die Reduktion kann entweder elektrochemisch oder durch Umsetzung mit Magnesium-Amalgam oder Zink/Kupfer durchgeführt werden. Dabei bildet sich die entsprechende Doppelbindung des Fullerens zurück. Warum ist es nun aber wichtig, aufwändig eingeführte Substituenten wieder zu entfernen? Eine erste präparative Anwendung der Retro-*Bingel*-Reaktion wurde bei der Enantiomerentrennung von C_{76} vorgestellt: Durch Funktionalisierung mit einem entsprechenden Malonat wird ein Diastereomerenpaar erzeugt, welches sich relativ leicht separieren lässt (Abb. 2.57). Die an-

schließende Abspaltung des *Bingel*-Addenden in beiden Fraktionen liefert die reinen Enantiomere des kleinsten chiralen Fullerens. Außerdem können auf diese Weise *Bingel*-
Addenden als Schutzgruppen für bestimmte Positionen auf der Fullerenoberfläche dienen,
zum einen, indem sie diese Positionen besetzen, zum anderen durch dirigierende Effekte bei
weiteren Additionsreaktionen. In einer Schutzgruppenstrategie sind *Bingel*-Addenden ortho-
gonal zu den durch [3+2]-Cycloaddition erzeugten Pyrrolidinen (Kap. 2.5.5.3), die unter den
hier vorgestellten Bedingungen nicht abgespalten werden.

2.5.5.3 Cycloadditionen

Ein besonders wichtiger Aspekt der organischen Chemie der Fullerene sind Cycloadditionen
an den Doppelbindungen des Fullerenkäfigs. Wie bereits erläutert, handelt es sich bei C_{60} um
ein elektronenarmes Polyolefin mit nur mäßiger Konjugation. Dies äußert sich auch klar in
seinem Verhalten in Cycloadditionsreaktionen. So verhält es sich in [4+2]-Additionen stets
als Dienophil. Durch die ganze Palette der möglichen Cycloadditionen wurde eine vielfältige
Chemie erschlossen, die die Anbindung praktisch jeder funktionellen Gruppe an den Fulle-
rengrundkörper erlaubt.

[1+2]-Cycloadditionen

Cyclopropanierungen sind, wie schon in Kap. 2.5.5.2 beschrieben, auch durch Addition von
Nucleophilen möglich. Die [2+1]-Cycloaddition an Fullerenen, insbesondere C_{60}, erlaubt
zusätzlich auch die Erzeugung von Aziridinen auf der Fullerenoberfläche.

Eine Carbenaddition kann auf die übliche Weise durchgeführt werden, dabei findet die Reaktion stets an einer (6,6)-Bindung statt. Eine gute Quelle für Carbene stellen die entsprechenden Diazirine dar, die unter Abspaltung von molekularem Stickstoff in die Carbene zerfallen
(Abb. 2.58). Auch Oxadiazole sind als Carbenvorläufer geeignet. Eine wichtige Reaktion
dieses Typs liefert nach Umsetzung des so erzeugten Dimethoxymethanofullerens mit Trifluoressigsäure die Fullerencarbonsäure (Abb. 2.58). Weiterhin können halogensubstituierte
Cyclopropane dargestellt werden. So gelingt z.B. die Cyclopropanierung mit Trichloracetat
oder den quecksilberhaltigen Carbenquellen $PhHgCBr_3$ und $PhHgCCl_2Br$. Die entstehenden
dihalogenierten Methanofullerene können ihrerseits als Carbenquelle fungieren und gehen in
der Folge eine interessante Dimerisierung ein. Dabei entstehen entweder C_{121} oder C_{122}, je
nachdem, ob es zu einer Dimerisierung zweier Methanofullerene kommt oder ein Carben mit
einem nicht umgesetzten C_{60} reagiert.

Nitrene sind die Stickstoffanaloga der Carbene und reagieren mit der Doppelbindung im
Fulleren entsprechend zu den Aziridinderivaten (Abb. 2.58). Als Quelle für Nitrene dienen
z.B. Amine, die mit Blei(IV)-acetat umgesetzt werden, verschiedene Azide, die photochemisch zersetzt werden, oder auch Azidoameisensäureester. Das bei der Reaktion von Aroyl-
aziden unter Bestrahlung mit UV-Licht gebildete Acylnitren reagiert mit C_{60} zunächst wie
erwartet zum entsprechenden Cycloadditionsprodukt, lagert sich anschließend aber thermisch
in ein Oxazol um.

In manchen Fällen jedoch handelt es sich bei der Umsetzung von C_{60} zu Aziridinderivaten
gar nicht um eine [1+2]-Cycloaddition. Vielmehr erfolgt zunächst eine [3+2]-Cycloaddition
des Azids (s. dort) und erst im Anschluss unter Stickstoffabspaltung die Reaktion zum Aziri-
din. Dabei entstehen aber neben diesem auch Verbindungen mit geöffneten (5,6)- bzw. (6,6)-

Bindungen. Interessanterweise gelingt durch Zweifachumsetzung mit einem Nitren die Darstellung aller acht (incl. *cis-1*) Regioisomere.

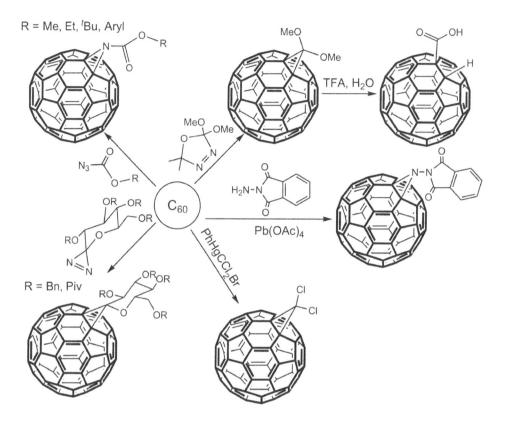

Abb. 2.58 Beispiele für [2+1]-Cycloadditionen am C_{60}.

[2+2]-Cycloadditionen

Da es sich bei den [2+2]-Cycloadditionen am Fulleren weitgehend um photochemische Reaktionen handelt, werden hier nur kurz einige Beispiele vorgestellt. Weitere Angaben finden sich im Kapitel 2.5.5.4.

Abb. 2.59 zeigt eine Reihe von [2+2]-Cycloadditionen, die am C_{60} durchgeführt werden können. Ein wichtiges Beispiel stellt die Reaktion mit Dehydrobenzol dar, da sie Auskunft über Eigenschaften des Fullerens gibt: Das durch Umsetzung von Anthranilsäure *in situ* erzeugte Dehydrobenzol reagiert ausschließlich in einer [2+2]-Cycloaddition mit C_{60}, obwohl prinzipiell auch die [4+2]-Reaktion möglich wäre, die Dehydrobenzol üblicherweise mit elektronenreichen Dienen eingeht. Hier zeigt sich deutlich der elektronenarme Charakter des C_{60}, durch welchen es in *Diels-Alder*-Reaktionen nicht als Dien auftreten kann. Zusätzlich besteht die Möglichkeit, [2+2]-Cycloadditionen am C_{60} thermisch durchzuführen. Beispiele hierfür sind die Addition von langkettigen Cumulenen, Allenamiden oder Quadricyclan. Auch die Addition von Ketenen findet ohne Bestrahlung der Reaktionsmischung statt. Eigentlich erwartet man für die elektrophilen Ketene eine verminderte Reaktivität gegenüber C_{60}. Die Produkte einer [2+2]-Cycloaddition werden aber als Hauptprodukt der Umsetzung gefunden.

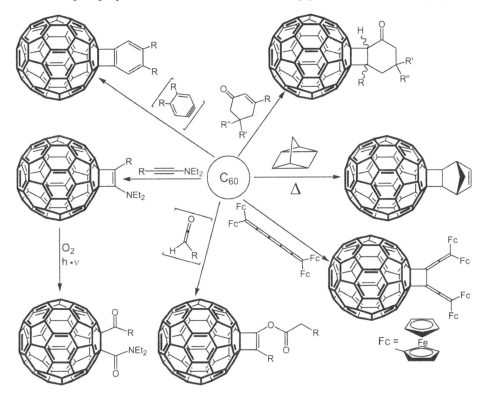

Abb. 2.59 Beispiele für [2+2]-Cycloadditionen am C_{60}.

[3+2]-Cycloadditionen

1,3-Dipole reagieren bereitwillig mit den (6,6)-Doppelbindungen des C_{60}, welche als sehr reaktives Dipolarophil fungieren. Dabei entstehen Fünfringe auf der Oberfläche des Fullerens, die eine Vielzahl funktioneller Gruppen tragen können. Als 1,3-Dipole kommen z.B. Nitriloxide, Azomethin-Ylide, Alkylazide, Diazoverbindungen oder Trimethylenmethane in Frage (Abb. 2.60).

Je nach gewähltem Reagenz erhält man unterschiedliche Fünf- oder Dreiringprodukte, da sich an die [3+2]-Cycloaddition oft noch eine Umlagerung anschließt, wobei dann teilweise die Öffnung einer Bindung im Fulleren stattfindet. Dadurch sind bei der einfachen Addition eines 1,3-Dipols an C_{60} unter Ausbildung eines Dreirings prinzipiell vier Isomere möglich (Überbrückung einer (5,6)- oder (6,6)-Bindung, die dabei jeweils geschlossen oder geöffnet sein kann). Die Isomere (5,6-geschlossen) und (6,6-offen) werden wegen ungünstiger Lage der Doppelbindungen nicht beobachtet. Besonders gut untersucht ist dieses Problem für die

Addition von Diazomethanen an C_{60} (Abb. 2.60). Hier bildet sich unter Abspaltung von Stickstoff ein Methanofulleren. Je nach Wahl der Reaktionsbedingungen kann man die Bildung des geschlossenen (6,6)-Isomers bzw. des offenen (5,6)-Derivats begünstigen. Bei Verwendung ein- oder zweifach substituierter Diazomethane können synthetisch sehr wertvolle Cyclopropanderivate des C_{60} erhalten werden.

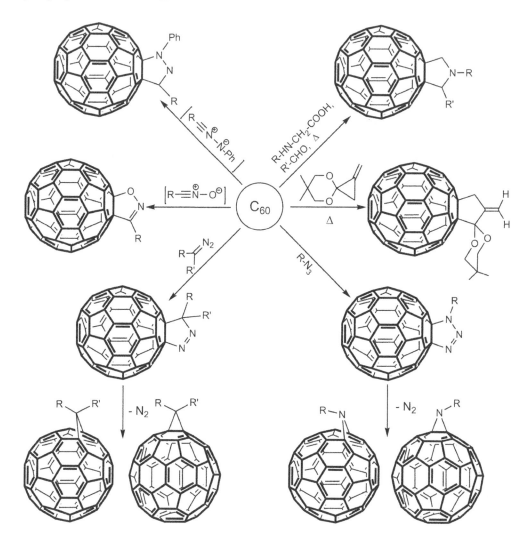

Abb. 2.60 Beispiele für [3+2]-Cycloadditionen am C_{60}.

Auch bei der [3+2]-Cycloaddition von Aziden kommt es unter Verlust von molekularem Stickstoff zur Bildung des stickstoffüberbrückten Fullerens. Dabei wird, bedingt durch den schrittweisen Reaktionsmechanismus der N_2-Abspaltung, als Hauptprodukt die Verbindung mit offener überbrückter (5,6)-Bindung erhalten, während das Nebenprodukt eine geschlossene überbrückte (6,6)-Bindung enthält (Abb. 2.60).

Eine wichtige Klasse der [3+2]-Cycloadditionen an Fullerenen ist die Umsetzung mit Azomethin-Yliden, da sie zu vielseitig einsetzbaren Pyrrolidin-Derivaten des C_{60} führt (Abb. 2.60). Als Quelle für die Ylidstruktur dienen Immoniumsalze, Aziridine, Oxazolidine oder auch silylierte Aminoverbindungen. Sehr häufig wird die Reaktion nach *Prato* durchgeführt, wobei eine Aminosäure (z.B. *N*-Methylglycin) zunächst mit einem Aldehyd oder Keton umgesetzt wird und die anschließende Reaktion mit dem C_{60} das gewünschte Pyrrolidin-Derivat liefert. Bei Wahl einer geeigneten Funktionalisierung am Stickstoffatom bzw. den zwei Ringkohlenstoffen (z.B. durch Wahl eines funktionalisierten Aldehyds) kann eine Vielzahl von substituierten Pyrrolidin-Derivaten erhalten werden.

Auch Reaktionen zu Hydrofuranderivaten wurden beschrieben. Dabei handelt es sich formal um eine [3+2]-Reaktion, der Mechanismus der Produktbildung konnte bisher jedoch nicht vollständig aufgeklärt werden. Üblicherweise werden 1,3-Diketone durch oxidative Addition in Gegenwart von Piperidin mit dem C_{60} verknüpft (Abb. 2.61). Diese Reaktion ist ebenfalls geeignet, ein breites Repertoire funktionalisierter Fullerene zugänglich zu machen. Auch andere Heteroatome wie z.B. Stickstoff oder Schwefel können bei geeigneter Wahl des Reagenzes durch oxidative Addition in den anellierten Ring eingeführt werden. Selbst die Synthese von Fünfringen mit mehr als einem Heteroatom gelingt auf diese Weise.

Bicyclische Produkte werden z.B. durch Addition des aus Diazopentadion gebildeten Carbonyl-Ylids an C_{60} erzeugt (Abb. 2.61). Dabei kann das Kohlenstoffatom der endständigen Carbonylgruppe auf verschiedene Weise funktionalisiert sein, so dass auch hier eine große Bandbreite an Derivaten erhältlich ist.

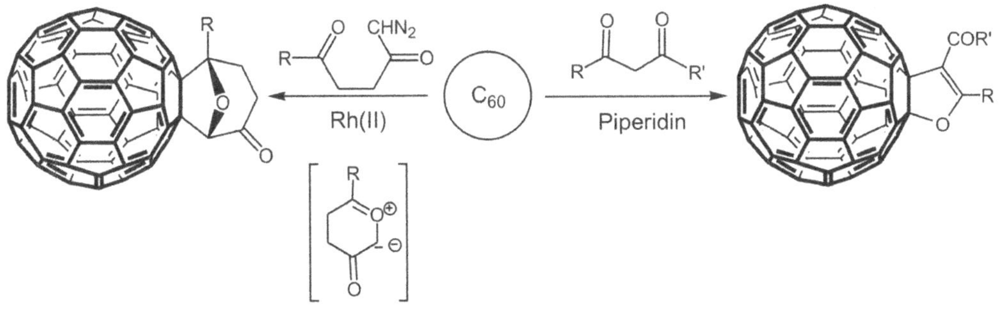

Abb. 2.61 Auch Carbonylverbindungen können in 1,3-dipolaren Cycloadditionen und verwandten Umsetzungen mit C_{60} reagieren.

[4+2]-Cycloadditionen

Die Addition von Dienen stellt eine der wertvollsten synthetischen Methoden zur Funktionalisierung der Fullerene dar, da eine große Variationsbreite von funktionellen Gruppen toleriert wird. In *Diels-Alder*-Reaktionen fungiert C_{60} stets als Dienophil, worin sich sein elektronenarmer Charakter zeigt. Daher finden [4+2]-Reaktionen ausschließlich mit Dienen statt, wobei stets eine (6,6)-Bindung des Fullerens Teil des gebildeten Sechsrings wird. Abb. 2.62 zeigt einige Beispiele. Mit typischen Dienen wie Cyclopentadien und Anthracen verbindet sich C_{60} unter Bildung der zu erwartenden Produkte. Dabei fällt auf, dass bei der Umsetzung mit Anthracen aufgrund seiner relativ geringen Reaktivität ein großer Teil des gebildeten Produktes unter Retro-*Diels-Alder*-Reaktion zerfällt. Diese Beobachtung wird durch Umsetzungen mit anderen weniger reaktiven Dienen, z.B. 2,3-Dimethyl-1,3-buten, 9-Methylanthracen, bestätigt.

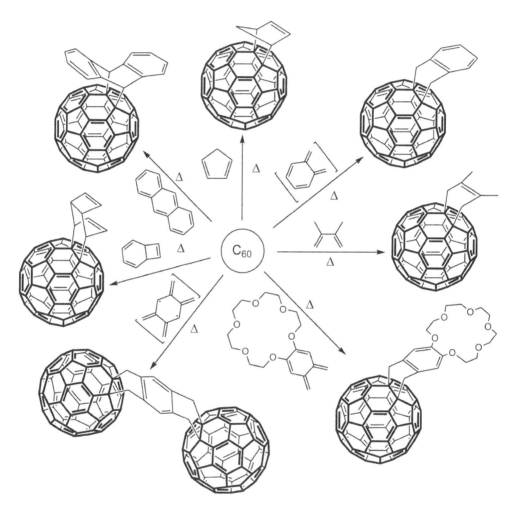

Abb. 2.62 Beispiele für [4+2]-Cycloadditionen an C_{60}. Dieses reagiert stets als Dienophil.

Eine Lösung des Cycloreversionsproblems bietet eine von *Müllen* vorgeschlagene Strategie, die davon ausgeht, dass sich im Zuge der [4+2]-Addition gebildete aromatische Ringe nur unter erheblichem Energieaufwand wieder zerstören lassen, wodurch die Retro-*Diels-Alder*-Reaktion verhindert wird. Als besonders geeignete Substanzklasse kommen die *ortho-*

Chinodimethane in Frage (Abb. 2.62), welche aus entsprechenden Bisbrommethylbenzolen *in situ* gewonnen werden. Bei Verwendung des entsprechenden Bis-*ortho*-chinodimethans (aus Tetrakisbrommethylbenzol) entsteht ein verbrücktes Produkt, in dem zwei Fullerenkäfige über eine Benzolbrücke verknüpft sind. Da die Bindung bei den Reaktionen mit *ortho*-Chinodimethan-Reagenzien einen recht stabil an das Fullerengerüst gebundenen Cyclohexanring erzeugt, der zusätzlich durch die Aromatizität des Nachbarrings stabilisiert wird, gelingt an den Endgruppen der angebundenen Substanzen eine vielfältige Funktionalisierung, ohne das Addukt zu zerstören.

2.5.5.4 Photochemie

Fullerene weisen eine reichhaltige Photochemie auf. Insbesondere [2+2]-Cycloadditionen an den Doppelbindungen des Kohlenstoffgerüstes sind intensiv untersucht worden. C_{60} geht mit den bekannten Reagenzien [2+2]-Cycloaddition unter Ausbildung des erwarteten Cyclobutanrings ein. Insbesondere findet die Umsetzung mit elektronenreichen Alkenen und Alkinen statt, wobei die Reaktion aus dem Triplettzustand des C_{60} erfolgt. Ein Beispiel für die Cycloaddition von Alkenen ist die Umsetzung mit Propenylanisol. Für den Mechanismus dieser Reaktion konnte nachgewiesen werden, dass es sich nicht um eine konzertierten, sondern schrittweisen Prozess handelt, in dem radikalische Intermediate auftreten. Eine klassische Umsetzung mit elektronenreichen Alkinen stellt die [2+2]-Cycloaddition von Alkinaminen dar. Diese reagieren mit C_{60} unter Bildung eines aminofunktionalisierten Cyclobutenringes, der anschließend in andere interessante Fullerenderivate umgewandelt werden kann (Abb. 2.59).

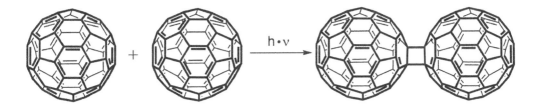

Abb. 2.63 Photodimerisierung von C_{60} führt zu cyclobutanverbrückten Addukten.

C_{60} reagiert auch mit sich selbst in einer [2+2]-Cycloaddition unter Bildung eines Dimeren (Abb. 2.63). Dieses unterscheidet sich von dem bei radikalischen Dimerisierungen gebildeten Produkt durch die Existenz eines Cyclobutanringes als Verknüpfungselement. Eine Oligomerisierung durch [2+2]-Cycloaddition ist bisher nicht beschrieben worden. Die zu erwartenden Verbindungen dürften jedoch nur noch sehr schwer löslich sein, was Probleme bei Reinigung und Charakterisierung mit sich bringt. Die Photodimerisierung lässt sich im Kristall durchführen, da der Abstand der reagierenden Bindungen mit 3.5 Å deutlich geringer ist als der maximal erlaubte Abstand zur Reaktion zweier paralleler Doppelbindungen von 4.2 Å.

α,β-ungesättigte Ketone reagieren unter UV-Bestrahlung (λ ~ 300 nm) mit C_{60} ebenfalls unter Bildung eines Cyclobutanringes. Dabei entsteht ein Gemisch der *cis*- und *trans*-Verbindungen (Abb. 2.64a). Es zeigt sich auch hier, dass C_{60} ein elektronenarmes Olefin darstellt, da es auch mit Enonen, die normalerweise keine Reaktion zeigen (z.B. 2-Cycloheptenon), [2+2]-Cycloadditionen eingeht. Die Tatsache, dass mit UV-Licht bestrahlt werden muss, verdeutlicht, dass hier ein angeregter Zustand des Enons mit dem C_{60} reagiert und nicht ein angeregter Triplettzustand des C_{60} wie im Fall der Addition von Alkinen, die durch Absorption von Licht im sichtbaren Bereich des Spektrums stattfindet.

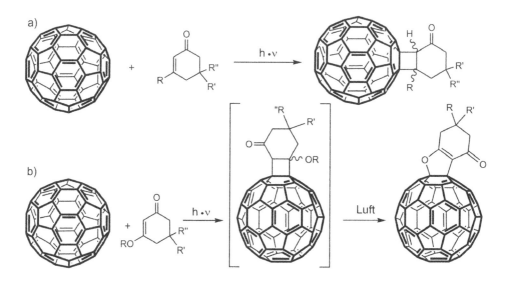

Abb. 2.64 Photochemische Umsetzung von C_{60} mit α,β-ungesättigten Carbonylverbindungen.

Neben [2+2]-Cycloadditionen spielt auch die photochemische Alkylierung von Fullerenen eine wichtige Rolle, bei der ein photoinduzierter Elektronentransfer stattfindet. Dabei handelt es sich aufgrund der Akzeptoreigenschaften des Fullerens i. A. um einen reduktiven Transfer unter Bildung eines Radikalanions. Es sind aber auch Beispiele für einen oxidativen Prozess bekannt.

Weiterhin erleichtert C_{60} die Erzeugung von Singulett-Sauerstoff. Die Effizienz dieses Prozesses ist durch die hohe Triplettquantenausbeute des C_{60} sehr groß. Es kann daher als Sensibilisator für die Oxidation von Alkenen und Dienen eingesetzt werden (Abb. 2.27).

2.5.5.5 Radikalchemie der Fullerene

Am Fullerengerüst können nicht nur nucleophile Additionen durchgeführt werden, sondern es geht auch sehr leicht radikalische Reaktionen ein. Dabei verhält sich das Fulleren wie ein Radikalschwamm (*radical sponge*), und es entstehen je nach Anzahl der umgesetzten Radikale dia- oder paramagnetische Derivate.

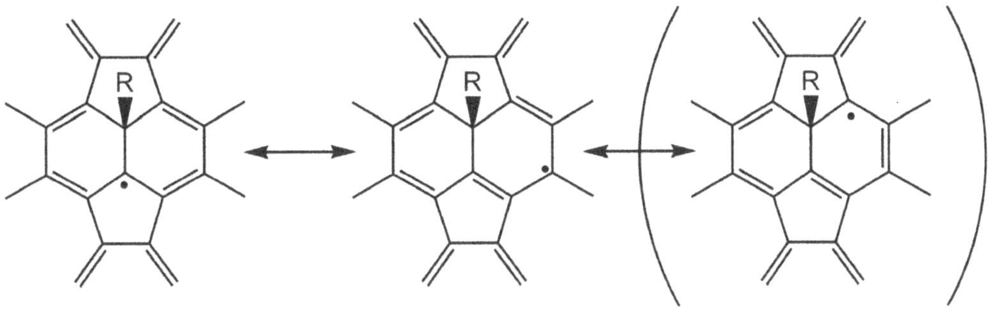

Abb. 2.65 Das Fullerenmonoradikal ist mesomeriestabilisiert, wobei der Hauptteil der Spindichte auf dem der Alkylgruppe benachbarten C1-Atom (linke Resonanzstruktur) liegt. Dagegen wird an C5 praktisch keine Spindichte beobachtet (rechts).

Die Reaktion eines C_{60} mit einem Alkylradikal liefert ein Radikal, in dem sich das ungepaarte Elektron auf dem Fullerengerüst befindet. ESR-Messungen zeigen die Hyperfeinkopplung zwischen den Protonen des Alkylrestes und dem Radikalelektron. Je nach Wahl des Addenden bilden sich sehr reaktive oder eher stabile Radikale. Letzteres tritt bei sterisch besonders anspruchsvollen Gruppen, z.B. ^{t}Bu, auf. Das ungepaarte Elektron ist über einen gewissen Bereich der Fullerenoberfläche delokalisiert. Abb. 2.65 zeigt Grenzstrukturen für ein Fulleren-Monoradikal, wobei der Hauptanteil der Spindichte auf das in α-Position zum Alkylrest befindliche C1-Atom entfällt. Die zweithöchste Spindichte wird an den Kohlenstoffatomen C3 und C3' beobachtet. Die Alkylfullerenylradikale weisen eine Tendenz zur Dimerisierung auf, die umso stärker ausgeprägt ist, je kleiner der Alkylrest ist. Die Bindung zwischen den beiden Fullerenkäfigen findet sich in der Nähe der beiden Alkylreste, was einen weiteren Hinweis auf den Aufenthaltsort des ungepaarten Elektrons gibt. Die Bindungsstärke liegt zwischen etwa 15 und 40 kJ mol^{-1}. Entsprechend lassen sich die Dimere relativ leicht wieder spalten, z.B. durch sichtbares Licht.

Auch Mehrfachadditionen von Radikalen sind möglich. Je nachdem, ob eine gerade oder eine ungerade Anzahl von Radikalen gebunden wird, erhält man diamagnetische bzw. paramagnetische Verbindungen. Die Anbindung weiterer Radikale erfolgt stets in der Nähe der bereits vorhandenen Alkylgruppen, so dass z.B. bei der Addition von fünf Alkylresten das in Abb. 2.66 dargestellte Pentaalkylfullerenylradikal entsteht. Der Grund für die Addition in räumlicher Nähe ist zum einen in den elektronischen Verhältnissen, zum anderen in der Aufhebung intermediär entstehender (5,6)-Doppelbindungen zu sehen. Diese finden sich in den Radikalen mit einer geraden Anzahl von Alkylresten. Durch ausreichend große Reste, z.B. Benzyl, wird das ungepaarte Elektron in drei- und fünffach alkylierten Radikalen sterisch stabilisiert, was im Fall der kleinen Methylreste dagegen nicht der Fall ist. Entsprechend werden mit letzteren die hochsubstituierten Radikale nicht beobachtet.

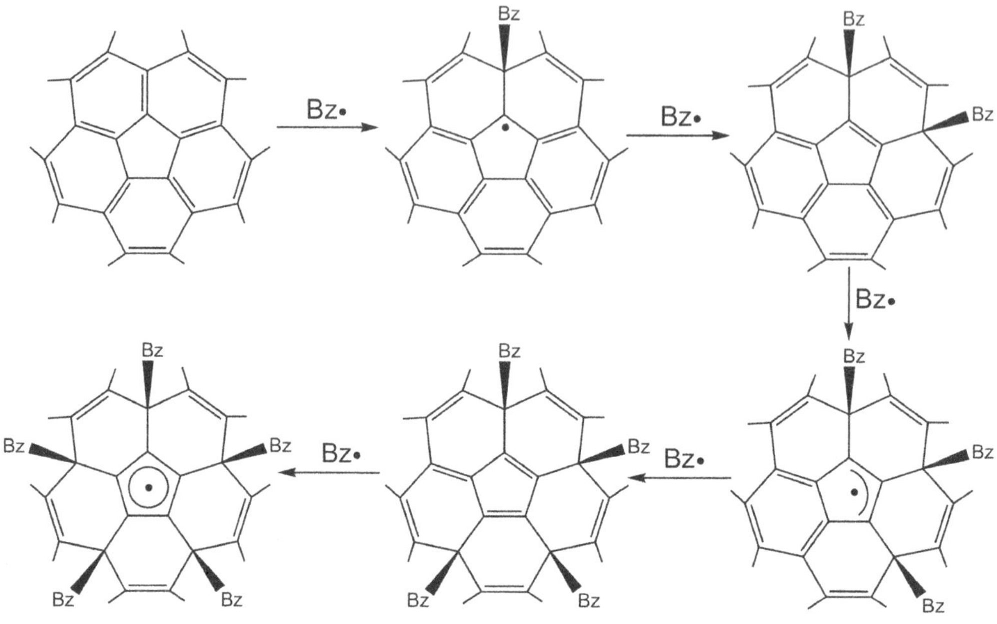

Abb. 2.66 Bei der sukzessiven Umsetzung von C_{60} mit Benzylradikalen kommt es zur Bildung des radikalischen Pentaaddukts.

Auch mit anderen Radikalen, wie z.B. Trialkylsilylradikalen und radikalischen Übergangsmetallverbindungen, reagiert C_{60} zu entsprechenden Additionsprodukten. So führt der Angriff von aus $Re_2(CO)_{10}$ photochemisch erzeugten $(CO)_5Re^\bullet$-Radikalen zur Darstellung von $C_{60}[Re(CO)_5]_2$, wobei die bevorzugte 1,4-Addition auftritt. Mit Trialkylsilylradikalen reagiert C_{60} in ähnlicher Weise wie mit Alkylradikalen. Aus den erzeugten $R_3SiC_{60}^\bullet$-Radikalen können durch Addition eines weiteren Radikals Verbindungen des Typs $(R_3Si)_2C_{60}$ dargestellt werden, wobei die Reaktion bei großen Resten an den Positionen C_1 und C_{16} erfolgt. Mit Tributylzinnhydrid bildet C_{60} das Radikal $C_{60}H^\bullet$. Daneben reagiert C_{60} auch mit anderen Radikalen, wie z.B. $RO^\bullet$, $RS^\bullet$ und $(RO)_2(O)P^\bullet$.

Wie bereits in Kapitel 2.5.5.2 erwähnt, sind nur primäre und sekundäre Amine in der Lage, nucleophil an Fullerene zu addieren. Tertiäre Amine gehen ausschließlich radikalische Additionsreaktionen ein. Diese werden meist photochemisch ausgelöst und sind sehr schwer zu kontrollieren. Unter sorgfältigem Sauerstoffausschluss gelingt die Isolierung eines Adduktes von Triethylamin an C_{60} (s.u.). In Anwesenheit von Sauerstoff bildet sich ein völlig anderes Produkt, das einen Pyrrolidinring enthält. Daneben ist kürzlich die aerobe thermische Umsetzung von C_{60} mit Et_3N gelungen, bei der das auch bei anaeroben photochemischen Bedingungen gebildete 3-*N,N*-Diethylamino-5-methyl-cyclopenta-Fullerenaddukt entsteht.

Durch radikalvermittelte Umsetzung von C_{60} mit Ketonen gelingt die Verknüpfung von C_{60} mit einem funktionalisierten Dihydrofuran. Auch diese Reaktion verläuft über eine radikalische Zwischenstufe, in der die höchste Spindichte am Kohlenstoffatom in direkter Nachbarschaft zum ersten Angriffsort beobachtet wird und daher der Ringschluss den günstigsten Reaktionsweg darstellt (Abb. 2.67). Auch an radikalischen Polymerisationsreaktionen nimmt C_{60} teil (s. Kap. 2.5.5.6).

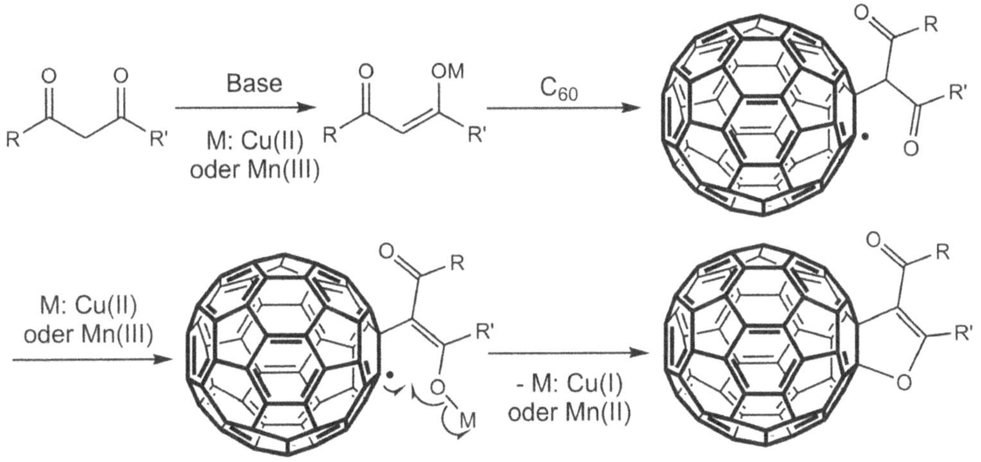

Abb. 2.67 Auch die Umsetzung von 1,3-Diketoverbindungen in Gegenwart von Kupfer- oder Manganionen verläuft nach einem Radikalmechanismus.

Bei Radikaladditionen an C_{70} gelten die gleichen Prinzipien wie für C_{60}, es muss jedoch beachtet werden, dass aufgrund der geringeren Symmetrie des Fullerenkäfigs fünf verschiedene Orte für die Reaktion zur Verfügung stehen. Daher erhält man bei der Addition von Alkylradikalen an C_{70} stets ein Isomerengemisch.

2.5.5.6 Fullerenhaltige Polymermaterialien und Fullerene auf Oberflächen

Fullerenmoleküle können auf ganz unterschiedliche Weise in Polymere eingebettet sein. Zunächst muss man zwischen der nichtkovalenten Einbettung von Einzelmolekülen oder Partikelaggregaten und der kovalenten Bindung von Fullerenmolekülen an das Polymergerüst unterscheiden. Die Wechselwirkung in Polymermaterialien mit dispergierten Fullerenmolekülen oder -partikeln ist rein elektrostatischer Natur. Dafür ist die Herstellung sehr einfach. Dem zu polymerisierenden Material wird der gewünschte Anteil Fulleren in fester bzw. gelöster Form zugefügt und die Polymerisation gestartet. Beispiele für diese Art fullerenhaltiger Materialien sind transparente C_{60}/PMMA-Filme. In diesen liegen die C_{60}-Moleküle separiert vor und die Eigenschaften sowohl des Fullerens als auch des Polymers bleiben erhalten.

Kovalent an ein Polymer gebundene Fullerenmoleküle nehmen stärker Einfluss auf die Eigenschaften des resultierenden Materials. Es sind verschiedene Arten der Anbindung denkbar, die in Abb. 2.68a zusammengefasst sind. Durch die Fähigkeit des Fullerens, auch mehrfach zu reagieren, können neben der endständigen Anknüpfung auch weitere, höher vernetzte Verbindungstypen hergestellt werden (Abb. 2.68b).

Im Folgenden sollen nun einige Beispiele für fullerenhaltige Polymermaterialien vorgestellt werden. Entscheidend für die Struktur des entstehenden Materials ist die Zahl der Anknüpfungsstellen auf der Fullerenoberfläche. Bei nur einer funktionellen Gruppe können die Typen 1 und 2 entstehen, also Fullerene als Endstücke an den Haupt- oder Seitenketten des Polymers. Eine der wenigen kationischen Varianten der Anbindung von C_{60} an ein Polymer führt zu einem solchen Typ 2-Komposit. Es handelt sich dabei um die Reaktion des Fullerens mit Poly-(9-vinyl-carbazol) in Gegenwart von Aluminium(III)-chlorid.

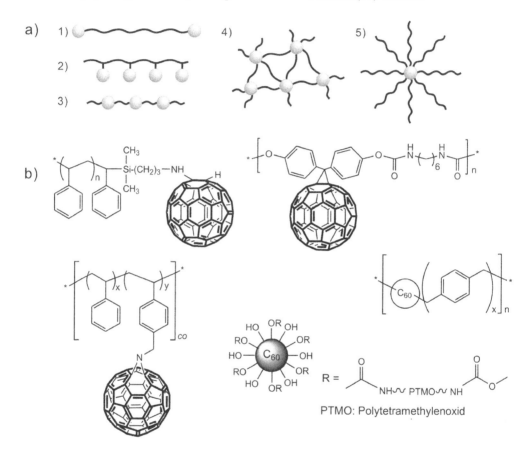

Abb. 2.68 a) Typen von Polymermaterialien, die durch unterschiedliche Einbindung der Fullerenmoleküle erzeugt werden können; b) Beispiele für Fulleren-Polymer-Komposite.

Typ 3, der sog. „Perlenkettentyp", entspricht einer Aufreihung der Fullerene in der Polymerhauptkette. Er wird ausgebildet, wenn das Fullerenmolekül an zwei Verknüpfungspunkten mit dem Polymer verbunden ist. Ein klassisches Beispiel ist die Verknüpfung von C_{60} mit p-Xylylen. Dabei entstehen Ketten mit C_{60}-Molekülen, die statistisch zwischen oligomeren Xylylenblöcken verteilt sind. Komposite mit von dieser „echten Perlenkette" leicht abweichender Struktur sind durch Umsetzung von C_{60}-Derivaten mit funktionellen Gruppen erhältlich, die zwei reaktive Enden enthalten. Diese können dann z.B. durch Kondensationsreaktionen in Polymerketten eingebaut werden, so dass die funktionelle Gruppe des C_{60} integraler Bestandteil der Hauptkette ist, das C_{60} selbst jedoch nicht.

Wie das Beispiel zur Umsetzung von C_{60} mit dem p-Xylylendiradikal zeigt, ist das Vorhandensein von funktionellen Gruppen am Fulleren vor Umsetzung mit dem Polymer nicht unbedingt notwendig. Allerdings muss man in diesen Fällen darauf achten, dass von Seiten des entstehenden Polymers eine bestimmte Struktur bevorzugt wird, da sonst die Gefahr besteht, ein Gemisch mit Fullerenen in unterschiedlichen Bindungstypen zu erhalten. Insbesondere die Typen 1-3 sind nur schwierig rein zu erhalten. Daher bedient man sich zu ihrer Herstellung oft vorfunktionalisierter Fullerene. Es existiert inzwischen aber auch eine Reihe von Ansätzen, in denen nichtfunktionalisiertes C_{60} eine kontrollierte Anzahl von Polymeranionen anbindet. Dabei spielt die Wahl des geeigneten Lösungsmittels eine entscheidende Rolle.

Die quervernetzten (Typ 4) und sternförmigen (Typ 5) Polymere werden meist ausgehend von unfunktionalisiertem C_{60} hergestellt. Die Vernetzung findet nicht wie bei klassischen quervernetzten Polymeren an einem einzelnen Atom statt, sondern das kugelförmige C_{60} dient als eine Art vernetzendes „Superatom". Dadurch wird der Abstand der Ketten größer, was auch die Dichte des erhaltenen Polymers herabsetzt. Neben der Quervernetzung von Polymeren gelingt auch mit mehrfach angebundenen Fullerenmolekülen die Darstellung von Produkten, in denen die einzelnen Polymerketten vom C_{60}-Molekül ausgehen. Es dient sozusagen als „Polymerisationskeim". Durch Umsetzung mit reaktiven Carbanionen, wie z.B. Styryl- oder Isoprenylanionen, können bis zu sechs „Arme" am C_{60} verankert werden. Als Carbanionen kommen allgemein sog. „lebende" Polymere, aber auch durch nachträgliche Deprotonierung erhaltene Spezies in Frage. Der zweite Ansatz wurde z.B. bei der Verankerung von C_{60} auf Polyethylenfilmen mit endständigen Diphenylmethylgruppen verfolgt, wobei die Deprotonierung mit Butyllithium durchgeführt wurde. Diese Reaktion ist auch für eine ganze Reihe anderer Polymere realisiert worden. Ein besonders gut untersuchtes Material des Strukturtyps 5 stellt das C_{60}-Polystyrol dar, welches durch Umsetzung von Styrol mit sec-BuLi zum lebenden Polystyrol und anschließende Umsetzung mit C_{60} erhalten wird.

Neben der Umsetzung mit Carbanionen gelingt die Verknüpfung von C_{60} mit Polymeren auch durch radikalische Polymerisation in Gegenwart von freiem Fulleren. Hierzu wird im Normalfall ein Radikalstarter verwendet, der sich jedoch zunächst ausschließlich mit dem sehr reaktionsfreudigen C_{60} und nicht mit dem Monomer umsetzt, so dass die Polymerisation ausgehend vom C_{60}-Zentrum startet und hochsubstituierte Derivate entstehen. Die Kettenlänge und der Gewichtsanteil des Fullerens können durch die Wahl der Initiatorkonzentration und der Menge an vorhandenem C_{60} gesteuert werden. So gelingt z.B. die Copolymerisation von Styrol und C_{60} in Gegenwart eines Initiators.

Verwendet man hydroxylierte Fullerene, sog. Fullerenole, so können durch Kondensationsreaktion, z.B. mit isocyanat-terminierten Polymeren, ebenfalls sternförmige Strukturen erzeugt werden, in denen die Verknüpfung über eine Urethaneinheit erfolgt (Abb. 2.68b). Das erhaltene Material ist hochviskos und in gängigen organischen Solvenzien löslich.

Auch Dendrimere können mit Fullerenen hergestellt werden. Prinzipiell kann man diese ebenfalls als eine Art Polymermaterial auffassen, welches dem Strukturtyp 5 angehört. Im Gegensatz zu den oben beschriebenen sternförmig von C_{60} ausgehenden Polymerketten weisen sie jedoch regelmäßige Verzweigungen auf. Das Fulleren kann als Zentrum (core) des Dendrimers dienen, wobei die Struktur der resultierenden Verbindung durch die Ausgangsfunktionalisierung des C_{60} sehr gut gesteuert werden kann. Wie man in Abb. 2.69 erkennt, gelingt auch die Darstellung unsymmetrischer Dendrimer-Strukturen, z.B. die Abschirmung nur einer Hemisphäre des Fullerens durch das Dendrimer, während die andere Halbkugel für weitere Umsetzungen zur Verfügung steht.

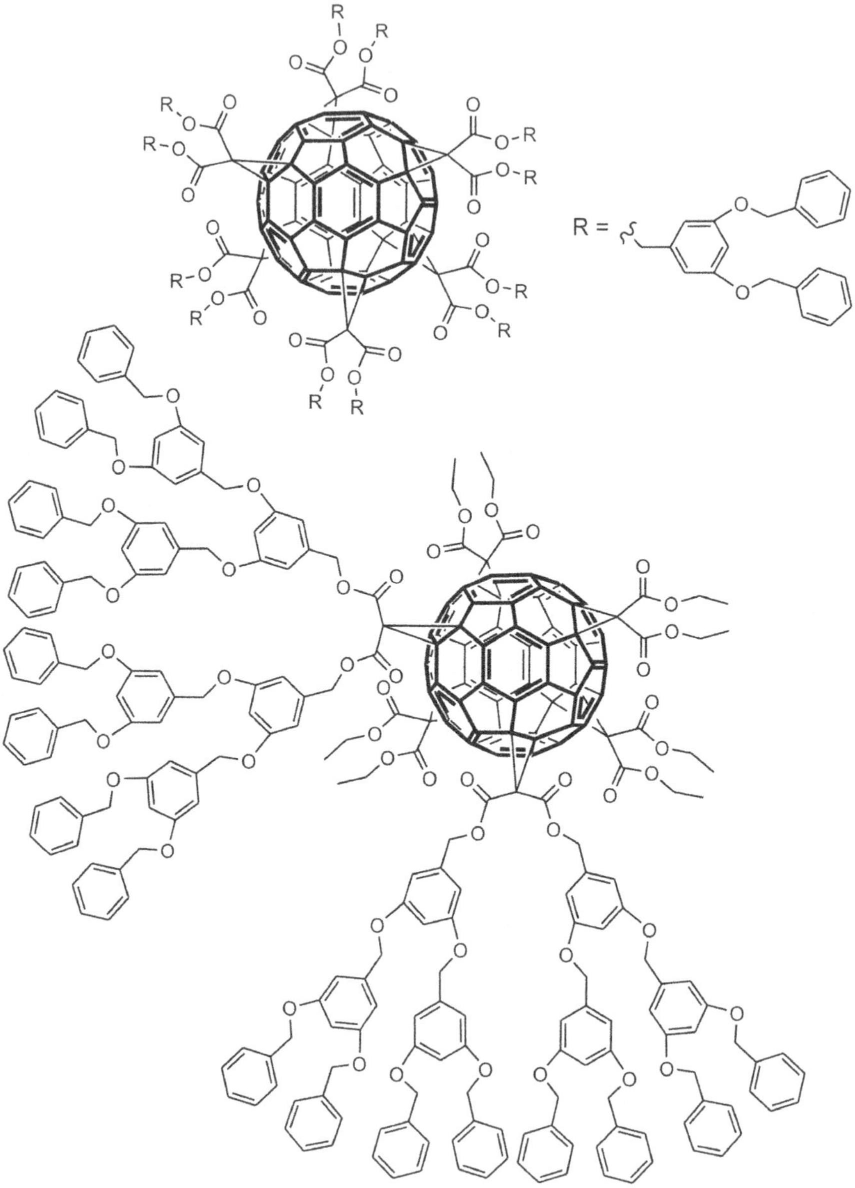

Abb. 2.69 Beispiele für Dendrimere mit C_{60}-Kern.

Hochsymmetrische Dendrimere mit einem C_{60}-Molekül im Zentrum erhält man durch Umsetzung sechsfach cyclopropanierter C_{60}-Derivate mit T_h-Symmetrie (Abb. 2.69). Durch die vorhandenen Säuregruppen weist die Zentraleinheit zwölf Anknüpfungsstellen auf, wodurch ein in alle Raumrichtungen gleichmäßig funktionalisiertes Dendrimer entsteht. Daneben sind auch vierfach cyclopropanierte C_{60}-Derivate zur Herstellung von Dendrimeren geeignet, die dann am Zentrum acht Verknüpfungsstellen aufweisen. Auch unsymmetrisch funktionalisierte Dendrimerderivate sind ausgehend von sechsfach cyclopropaniertem C_{60} zugänglich. Abb. 2.69 zeigt ein Beispiel für diesen Strukturtyp. Sie können anschließend zur Herstellung von funktionalen Dendrimeren genutzt werden, die an den noch freien Bindungsstellen etwa ein Porphyrin oder verschiedene Alkylketten tragen. Letztere sorgen dann z.B. dafür, dass sich das dendritische Fulleren-Derivat kontrolliert in Membranen einlagert oder monomolekulare Filme auf Wasseroberflächen bildet, da es durch die Funktionalisierung amphiphilen Charakter aufweist. Auch fullerenhaltige Mizellen können auf diese Art hergestellt werden.

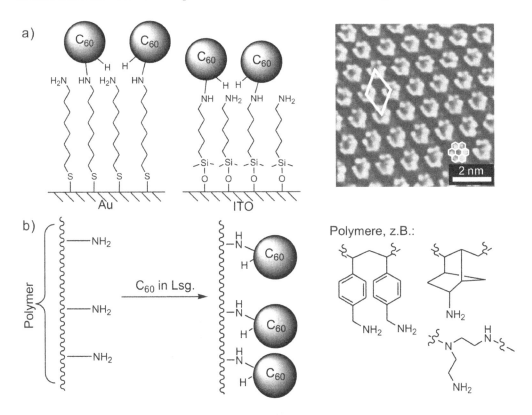

Abb. 2.70 Immobilisierung von C_{60} auf Oberflächen. a) Kovalente Anbindung auf Gold bzw. Indium-Zinnoxid und nichtkovalente Anbindung an coronenmodifiziertes Gold (© RSC 2005); b) Anbindung von C_{60} an Polymere über nucleophile Addition von endständigen Aminogruppen.

Daneben können Fullerenmoleküle auch auf der Oberfläche eines Dendrimers angebunden werden. Bei entsprechender Ausstattung der letzten Dendrimergeneration mit nucleophilen Endgruppen gelingt die Anknüpfung einer gut kontrollierbaren Menge Fullerens. Diese Substanzen sind u.a. für katalytische Anwendungen und für Untersuchungen der Radikalfängereigenschaften interessant, da die Fullerenmoleküle nicht frei in Lösung vorliegen, sondern definiert gebunden sind und die Substanzen trotz des großen Fullerenanteils in gängigen organischen Solvenzien löslich sind. Zudem wurde beobachtet, dass aufgrund der großen Anzahl an Fullereneinheiten pro Dendrimer die äußere Hülle des Moleküls den größten Teil des Lichtes absorbiert und auch der geringe, die Zentraleinheit erreichende Anteil zurück zu den Fullerenen transferiert wird, wodurch das Zentrum in einer Art „*black box*" eingeschlossen ist.

Die kovalente Anbindung von funktionalisierten Fullerenmolekülen auf festen Substraten wird ebenfalls intensiv untersucht. Diese Materialien sind insbesondere für Anwendungen in der Photovoltaik interessant. Beispiele derartiger Verbindungen sind Addukte von C_{60} und Porphyrinen, die z.B. an Indium-Zinnoxid (*ITO*) gebunden sind. Als Ankergruppe wird ein Triethoxysilylisocyanid verwendet. Auch an Goldoberflächen kann C_{60} kovalent gebunden werden. So gelingt es, z.B. über die Addition der terminalen Amine von mit 8-Aminooctanthiol modifizierten Goldoberflächen zu vollständig mit C_{60} funktionalisierten Substraten zu kommen (Abb. 2.70a). Des weiteren ist eine mehrlagige Ausführung dieser Methode möglich, bei der bereits an das Substrat gebundene Fullerenmoleküle durch Addition eines zweizähnigen primären Amins so modifiziert werden, dass die Anbindung einer weiteren Lage stattfinden kann. Insgesamt ist die kovalente Anknüpfung von Fullerenderivaten ein wesentlicher Bestandteil der Entwicklung von optoelektronischen Bauelementen auf Fullerenbasis. Auch die selektive Extraktion von Fullerenen kann durch eine feste Phase, z.B. Kieselgele mit endständigen Aminogruppen, erreicht werden. Dieses *Fullerene-Fishing* basiert ebenfalls auf der leichten nucleophilen Addition von Aminen an C_{60} (Abb. 2.70b).

Neben der kovalenten Anbindung auf Substratoberflächen gelingt auch die Anordnung von Fullerenmolekülen durch andere Wechselwirkungen. So ist z.B. die Adsorption von C_{60} auf Goldoberflächen stark davon abhängig, mit welcher Verbindung das Substrat vorimprägniert wurde. Bei coronen- oder perylenmodifizierten Oberflächen beobachtet man eine deutlich verschiedene Anordnung der Fullerenmoleküle im Vergleich zur direkten Adsorption auf der Au(111)-Fläche, auf der sich eine hexagonal dicht gepackte Schicht von C_{60}-Molekülen bildet. Im Fall des coronenimprägnierten Golds bildet sich dagegen eine Wabenstruktur aus, die der der Coronenschicht sehr ähnelt (Abb. 2.70). Die Anziehung zwischen Fulleren und Aromat beruht auf π-π-Donor-Akzeptor-Wechselwirkungen. Auch die Adsorption von C_{70} auf Goldoberflächen gelingt. Hierbei ist zu beachten, dass es zwei mögliche Orientierungen des C_{70}-Moleküls gibt und je nach Ausrichtung des Fullerens eine unterschiedliche Packung resultiert. Beide Bindungstypen (*tip-on, belt-on*) konnten experimentell nachgewiesen werden.

2.5.6 Supramolekulare Chemie der Fullerene

Aufgrund ihrer Form und Größe sind C_{60} und seine höheren Homologen gut für die Bildung von Wirt-Gast-Verbindungen geeignet. Normalerweise fungiert das Fullerenmolekül als Gast und wird von einem größeren organischen Molekül komplexiert. Den Fall, dass innerhalb des Kohlenstoffkäfigs Atome oder Moleküle eingeschlossen werden, diskutiert das Kapitel 2.5.4 über endohedrale Fullerene.

Die Wechselwirkung des Fullerens mit dem Wirtsmolekül erfolgt über die π-Elektronen des Kohlenstoffkäfigs. Eine besonders gute Komplexierung wird durch π-π-Donor-Akzeptor-Wechselwirkungen erreicht. Daneben sorgt die große Elektrophilie des Fullerens für eine bevorzugte Interaktion mit Elektronendonoren. Supramolekulare Strukturen, an denen Fullerene beteiligt sind, wurden bereits recht kurz nach der Entdeckung der neuen Kohlenstoffmodifikation vorgestellt. Einige Beispiele sollen im Folgenden diskutiert werden.

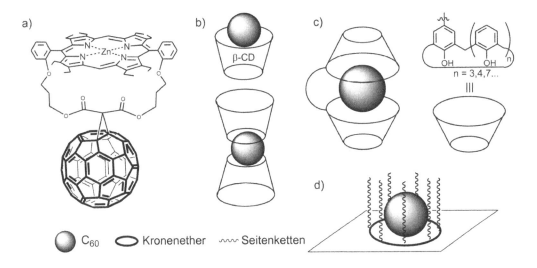

Abb. 2.71 C_{60} kann mit einer Vielzahl von Verbindungen supramolekulare Addukte ausbilden, z.B. mit Porphyrinderivaten (a), Cyclodextrinen (b), Calixarenen (c) oder Kronenethern (d).

Eine der am häufigsten beschriebenen Wechselwirkungen von Fullerenen mit organischen Substanzen ist diejenige mit Porphyrinen. Diese Addukte sind aufgrund der Donor-Akzeptor-Wechselwirkungen besonders interessant. Im Mittelpunkt der Untersuchungen steht dabei die Anwendung dieser Verbindungen zur Konvertierung von Sonnenlicht. Die Wechselwirkung zwischen der gekrümmten π-Oberfläche des Fullerens und dem ebenen Porphyrin beruht hauptsächlich auf *van der Waals*-Kräften. Im Cokristallisat von Metalloporphyrinen mit C_{60} liegen die Fullerene in den Zwischenräumen der ketten- oder säulenförmig angeordneten Porphyrine, der Abstand des Fullerenkohlenstoffs von der Porphyrinebene beträgt 2,7-3,0 Å, was außerordentlich kurz für *van der Waals*-Wechselwirkungen ist. Auch bei über einen Spacer miteinander verbundenen Fulleren- und Porphyrineinheiten beobachtet man die supramolekulare Interaktion dieser beiden Untereinheiten. Ein Beispiel hierfür ist das „Fallschirm"-Addukt aus einem Zinkporphyrin und C_{60}, (Abb. 2.71a). Daneben wurden auch Systeme hergestellt, die zwei Porphyrineinheiten in einer Zangenanordnung aufweisen und damit eine noch bessere Komplexierung des Fullerens ermöglichen. In einigen dieser Verbindungen ist das C_{60}-Molekül in einer Art Käfig eingeschlossen, so dass die Interaktion mit dem Solvens stark eingeschränkt und die Löslichkeit des Komplexes ausschließlich durch die Wirtsverbindung kontrolliert wird.

Auch die Wechselwirkung von Fullerenen mit Cyclodextrinen wurde ausführlich untersucht. Ein attraktiver Aspekt der entstehenden Addukte ist ihre Wasserlöslichkeit, was insbesondere für biologische Anwendungen von immenser Wichtigkeit ist. Die Größe des Hohlraums in α-, β- bzw. γ-Cyclodextrin beträgt 5,3, 6,5 bzw. 8,3 Å. Da ein C_{60}-Molekül mit einem *van der Waals*-Durchmesser von über 10 Å eigentlich zu groß für die angebotenen Kavitäten ist, sollte man annehmen, dass die Wechselwirkung des Fullerens mit Cyclodextrinen nicht besonders stark sein kann. Dennoch bilden sich mit den genannten Vertretern stabile Komplexe, in denen das C_{60}-Molekül offensichtlich nicht besonders tief in den Hohlraum des Cyclodextrins hineinragt, aber trotzdem eine ausreichende Wechselwirkung eingeht (Abb. 2.71b). Es sind sowohl 1:1- als auch 2:1-Stöchiometrien bekannt, wobei in letzteren ein Fulleren von zwei Cyclodextrinen koordiniert wird. Insbesondere für sehr große Fullerene beobachtet man bevorzugt diese Art der Wechselwirkung. Die Herstellung erfolgt durch Extraktion organischer Fullerenlösungen mit einer wässrigen oder ethanolischen Lösung des jeweiligen Cyclodextrins. Durch die Komplexierung wird das Fulleren in die wässrige Phase transferiert. Daneben kann die unterschiedlich starke Wechselwirkung verschieden großer Fullerene zu deren chromatographischer Trennung genutzt werden. So gelingt an einer mit γ-Cyclodextrin modifizierten stationären Kieselgelphase die Auftrennung von C_{60} und C_{70}, wobei C_{70} aufgrund stärkerer Bindung deutlich längere Retentionszeiten aufweist. An reinem Kieselgel gelingt die Separation von C_{60} und C_{70} nicht. Auch das Radikalanion $C_{60}^{\cdot-}$ wird von γ-Cyclodextrin komplexiert. Die elektronischen Eigenschaften des Fullerens werden durch die Wechselwirkung mit Cyclodextrinen nur sehr wenig beeinflusst. Die UV-Spektren zeigen z.B. nur eine sehr leichte Verschiebung der Lage und Intensität der Absorptionsbanden.

Ähnlich wie die Komplexierung im Fall der Cyclodextrine durch Eintauchen in den Hohlraum des Wirtsmoleküls erfolgt, koordinieren verschiedene Calix[n]arene, n = 4, 5, 8 etc., an C_{60} oder höhere Fullerene. Auch hier sind Strukturen mit ein oder zwei Calixarenliganden bekannt (Abb. 2.71c). Im Fall der Komplexierung durch zwei Calixarene können die beiden Einheiten unabhängig voneinander oder über einen Spacer miteinander verbunden sein. Dieser muss keine große Länge aufweisen - die Verknüpfung kann z.B. durch eine an beiden Calixarenen beteiligte Biphenyleinheit gegeben sein. Auch hier wird dann eine zangenartige Koordination verschiedener Fullerene beobachtet. Für Calixaren-Komplexe mit C_{60} wurden Komplexbildungskonstanten von mehr als 76.000 M^{-1} gemessen, was einer starken Wechselwirkung zwischen Wirt- und Gastmolekül entspricht. Die Bindungskonstante ist dabei von der Größe des eingesetzten Calixarens abhängig: Je größer der innere Hohlraum ist, desto besser kann es das Fulleren umschließen und desto höhere Bindungskonstanten werden beobachtet.

Des Weiteren sind Kronenether-Komplexe mit C_{60} und C_{70} beschrieben worden. Der Kronenether und vorhandene Seitenketten umschließen das Fulleren wie ein Korb (Abb. 2.71d). Es gelingt, Filme herzustellen, in denen die Fullerene in den Hohlräumen von Azakronenethern liegen und zusätzlich durch lipophile Seitenketten in dieser Position stabilisiert werden.

Auch Clathratverbindungen können gewissermaßen als supramolekulare Addukte im kristallinen Zustand angesehen werden. C_{60} bildet eine Reihe dieser Verbindungen, die meist durch einfache Cokristallisation der beiden Komponenten erzeugt werden. Bekannt sind die Einschlussverbindungen mit aliphatischen Kohlenwasserstoffen, z.B. Pentan, Nonan etc. Daneben sind auch Clathrate von C_{60} und C_{70} mit Hydrochinon in Gegenwart von Benzol bekannt, in denen sich die Fullerenmoleküle in den Hohlräumen der Hydrochinon-Kristallstruktur befinden und ein Donor-Akzeptor-Komplex gebildet wird. Mit Ferrocen und anderen anorganischen Verbindungen bzw. Elementen wie Schwefel (S_8), weißem Phosphor (P_4), Metallkomplexen wie $(PhCN)_2PdCl_2$ und Ph_3PAuCl gehen Fullerene Einschlussverbindungen ein (s. Kap. 2.5.3). Im Fall des Ferrocen-Komplexes bilden die C_{60}-Moleküle die Kristallstruktur, in den dazwischen vorhandenen Lücken befinden sich die Ferrocen-Moleküle. Letzteres ist ein zu schwaches Reduktionsmittel, um das C_{60} zu C_{60}^- zu reduzieren, wodurch die Clathrat-Struktur erst möglich wird.

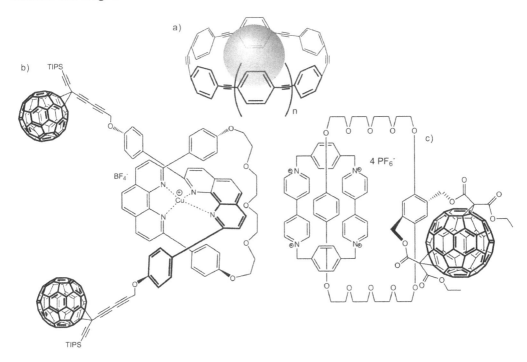

Abb. 2.72 Beispiele für supramolekulare Fullerenderivate. a) Komplex mit gürtelförmigem Aromaten, b) Rotaxan und c) Catenan.

Eine besondere Wirt-Gast-Geometrie liegt in den sog. *Peapods* (engl. Erbsenschoten) vor. Dabei handelt es sich um einwandige Kohlenstoff-Nanoröhren, die in ihrem inneren Hohlraum Fullerene einlagern, die dann wie Erbsen in einer Schote angeordnet sind (s. a. Kap. 3.5.6). Als eingelagertes Fulleren kommen neben C_{60} auch höhere Fullerene in Frage, die ihrerseits Metallatome als endohedrale Gäste enthalten können. Bei der *Peapod*-Bildung mit Endofullerenen handelt es sich also um ein super-supramolekulares System. C_{60}-*Peapods* dagegen bestehen ausschließlich aus Kohlenstoffatomen, es handelt sich also um die supramolekulare Anordnung eines einzigen Elementes - ein in der supramolekularen Chemie sonst nicht anzutreffendes Strukturmerkmal. Man sollte jedoch die Kohlenstoff-*Peapods* nicht als eine Elementmodifikation ansehen, da zwei deutlich verschiedene und voneinander abgegrenzte Strukturtypen in ein und demselben Addukt vorliegen.

Ähnlich wie im Fall der *Peapods* liegen die Verhältnisse im Fall von C$_{60}$, welches von gürtel-
förmigen aromatischen Verbindungen eingeschlossen wird (Abb. 2.72a). Diese vermitteln je
nach vorhandenen Seitenketten auch Löslichkeit in polaren Solvenzien. Zwischen Gürtel und
Zentralfulleren bestehen hauptsächlich π-π-Wechselwirkungen, die aufgrund der gekrümmten
Oberflächen beider Bindungspartner besonders günstig ausfallen. Auch gekrümmte Aromaten
sind in der Lage, durch π-π-Wechselwirkungen an C$_{60}$ zu koordinieren. Ein Beispiel hierfür
ist die Anlagerung von Perchlorazatriquinancen.

Eine weitere Klasse supramolekularer Systeme sind solche, in denen das Fullerenmolekül
nicht als Gast in einen Hohlraum eingelagert wird, sondern durch Funktionalisierung Teil
einer größeren Komponente ist, welche dann supramolekulare Wechselwirkungen eingeht.
Für verschiedene biologische Anwendungen ist es z.B. von Interesse, geeignete Fullerenderivate für Wechselwirkungen mit DNS zu finden. Ein Beispiel ist das *N,N*-Dimethyl-
pyrrolidiniumiodid des C$_{60}$, welches mit den Phosphatgruppen des DNS-Gerüstes wechsel-
wirkt. Dadurch kommt es zu einer starken Veränderung der Tertiärstruktur der Doppelstrang-
DNS, die sich dann um kleine Aggregate der Fullerenverbindung wickelt. Natürlich ist auch
die Umsetzung von DNS-Einzelsträngen mit Fullerenderivaten möglich, die Oligonucleotide
als Substituenten tragen. Auf diese Weise gelingt eine direkte Anbindung des Fullerens an das
DNS-System. Durch ortsspezifische Wechselwirkung eines Fullerenyl-Oligonucleotids können auch DNS-Doppelstränge aufgebrochen werden.

Auch Metall-Ligand-Wechselwirkungen können zum Aufbau fullerenhaltiger supramolekularer Systeme dienen. Z.B. werden durch Pyridine, die über ein Cyclopropan mit einem C$_{60}$
verknüpft sind, Platinatome so koordiniert, dass eine supramolekulare Cyclophanstruktur
entsteht. Auf ähnliche Weise gelingt die Synthese fullerenhaltiger Rotaxane, in denen sich die
C$_{60}$-Moleküle an den Enden der stabförmigen Komponente befinden und die Funktion des
Stoppers übernehmen (Abb. 2.72b). Auch ein Rotaxan, in dem Cyclodextrine wie Hohlzylinder auf einer Schnur aufgereiht und durch zwei endständige Fullerene fixiert sind, wurde
beschrieben. Daneben sind auch Catenane bekannt, die in mindestens einem Ring ein Fullerenmolekül aufweisen (Abb. 2.72c). Fullerenhaltige Rotaxane und Catenane sind nicht nur
unter ästhetischen Gesichtspunkten reizvolle Zielmoleküle, sie bieten auch interessante elektronische und photophysikalische Eigenschaften, die sie für die Entwicklung molekularer
Maschinen prädestiniert. So zeigt z.B. die Verbindung in Abb. 2.72c spezielle Redoxeigenschaften. Das durch zwei Phenanthroline koordinierte Kupfer beeinflusst das Redoxpotential
der beiden endständigen Fullerene nicht, dagegen verschiebt sich das Potential für Cu^{I}/Cu^{II}
anodisch um 0,3 V zu +0,865 V.

Schließlich sind langkettige Moleküle durch Mizellenbildung in der Lage, Fullerene zu binden und in einem Medium fein zu verteilen. Beispiele für diese Art der Wechselwirkung
nutzen meist Tenside wie Triton X-100 oder Lecithin. Das hydrophobe Fulleren wird in die
Mizelle eingebaut, teils im Zentrum, teils aber auch an der Peripherie. Aus dieser Wechselwirkung resultiert dann u.a. die Löslichkeit derartiger Fullerenaddukte in Wasser. Der Einbau
in langkettige, amphiphile Molekülverbände wird auch für die Herstellung von künstlichen,
fullerenhaltigen Membranen genutzt.

2.5.7 Fulleren-Polymere und Verhalten unter hohen Drücken

Das Phasendiagramm der Fullerene ist komplex und bisher sind nur wenige Abhandlungen zu diesem Thema erschienen. Aufgrund seiner Verfügbarkeit und seiner hohen Symmetrie, die das Phasendiagramm vereinfacht, ist C_{60} das in dieser Hinsicht am besten untersuchte Fulleren.

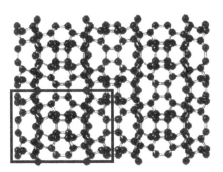

Abb. 2.73

Struktur eines Hochdruckpolymers des C_{60}. Die Elementarzelle ist durch ein Rechteck gekennzeichnet (© Springer 2002).

Unter hohem Druck (6-18 GPa) kommt es im Fullerenkristall zu einer irreversiblen Phasenumwandlung. Durch den hohen Druck werden die Fullerenmoleküle in größere Nähe gezwungen, was zur Ausbildung kovalenter Bindungen führt. Diese haben eine Länge von 1,4-1,5 Å, so dass sich die Zentren zweier C_{60}-Moleküle nicht auf weniger als etwa 8,5 Å annähern können. Die Polymerisation setzt sich im gesamten Kristall fort bis schließlich ein extrem hartes, dreidimensional vernetztes Material entsteht, das in der Lage ist, selbst Diamant zu ritzen (Abb. 2.73). Unterhalb von 8 GPa entsteht zunächst ein zweidimensionales Polymer, erst bei höheren Drücken bis zu 13,5 GPa und ausreichender Temperatur (~ 800 K) bildet sich ein dreidimensional vernetztes Polymer mit einem bereits erheblichen sp^3-Bindungsanteil. Bei noch höheren Drücken entsteht aus dem Fulleren Diamant. Die meisten der Fullerenpolymere weisen nur eine geringe Bandlücke auf, so dass bei leicht erhöhter Temperatur elektrische Leitfähigkeit beobachtet wird.

2.5.8 Die Reaktivität weiterer Fullerene

Kleinere Fullerene als C_{60} sind aufgrund der zwangsläufigen Anordnung von Fünfringen in benachbarten Positionen besonders gespannt und energiereich, was sich auch in einer deutlich erhöhten Reaktivität äußern sollte. Allerdings besteht das Problem, dass die kleinen Fullerene nicht oder nur in verschwindend geringen Mengen isoliert werden können und zusätzlich, besonders an Luft, sehr schnell zerfallen.

Allerdings konnte kürzlich ein Derivat des Fullerens C_{50} isoliert werden. C_{50} ist das erste Fulleren, in dem maximal jeweils zwei Fünfringe aneinander grenzen. Bei noch kleineren Vertretern müssen teilweise auch drei Fünfringe in benachbarten Positionen angeordnet werden, was zu einer weiteren Destabilisierung führt. Zusätzlich weist C_{50} eine vollständig besetzte Elektronenschale auf und besitzt damit einen ausgeprägteren aromatischen Charakter als Fullerene mit offenen Elektronenschalen.

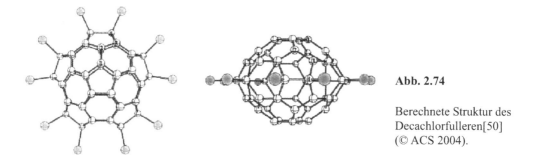

Abb. 2.74

Berechnete Struktur des
Decachlorfulleren[50]
(© ACS 2004).

Das isolierte C_{50}-Derivat wird direkt aus Graphit und nicht über das unsubstituierte Ur-sprungsfulleren dargestellt. Mischt man der Atmosphäre im Lichtbogenreaktor eine geringe Menge Tetrachlorkohlenstoff (CCl_4) bei, erhält man u.a. das Decachlorfulleren[50] (Abb. 2.74). Die Chloratome sind am Äquator der Käfigstruktur angeordnet (D_{5h}) und sorgen im Vergleich zum eigentlichen C_{50} für eine Stabilisierung, so dass die Verbindung isoliert werden kann. Die Chloratome können durch Methoxygruppen ersetzt werden, so dass Strukturen der Formel $C_{50}Cl_{(10-n)}(OMe)_n$ entstehen. Auch die Verbindungen $C_{56}Cl_{10}$ und $C_{54}Cl_8$ wurden als Nebenprodukte der $C_{50}Cl_{10}$-Darstellung nachgewiesen. Allerdings ist noch unklar, ob sie tatsächlich eine Käfigstruktur oder aber schalenförmige Konstitution aufweisen.

Auch die Herstellung und Reaktivität von C_{36} wurde untersucht. Dieses liegt zwischen den Stabilitätsbereichen für Fullerene und Ringe. Daher sollte es auch ein interessantes chemi-sches Verhalten zeigen. Besonders auffällig ist die Tendenz zur Ausbildung von intermoleku-laren Bindungen, wodurch Dimere oder auch Trimere entstehen. Diese können laut verschie-dener Rechnungen entweder über eine einzelne C-C-Bindung oder aber durch eine cyclische Struktur verknüpft sein. Daneben wurde auch über die Darstellung geringster Mengen von $C_{36}H_6$ und $C_{36}H_6O$ berichtet. Es ist jedoch nicht zweifelsfrei klar, ob es sich bei den erhalte-nen Substanzen tatsächlich um Fullerenderivate handelt. Die Instabilität des C_{36} macht eine weitergehende Untersuchung der Reaktivität sehr schwierig. Daher wurden bisher auch nur wenige Ergebnisse an Proben mit unbestimmter Struktur publiziert. Insgesamt kann man jedoch erwarten, dass von kleinen Fullerenen eher Derivate als die reinen Kohlenstoffkäfige erhältlich sind, da durch die Addition an Bindungen zwischen benachbarten Fünfringen die Stabilität dieser Strukturen deutlich erhöht wird.

Auf der anderen Seite nimmt die Reaktivität großer Fullerene mit zunehmender Atomzahl ab. Dies kann durch den geringeren Grad der Vorpyramidalisierung der Kohlenstoffatome und den geringeren Energiegewinn durch Spannungsabbau begründet werden, wodurch sich die Reaktivität bei sehr großen Fullerenen der eher inerten Natur einer Graphenlage annähert.

2.6 Anwendungen und Perspektiven

Bei der Entdeckung der Fullerene war von echten kommerziellen Anwendungen des neuen Materials keine Rede – zu exotisch erschien die Struktur, um in makroskopischen Mengen verfügbar zu sein. Inzwischen hat sich durch eine bis heute andauernde Verbesserung der

Produktionsmethoden für C_{60} der Preis für ein Gramm auf etwa 100 € (als hochreine Fein-chemikalie für den Laborbedarf) reduziert, es ist also für verschiedene Anwendungen erhält-lich. Es existiert eine ganze Reihe von Applikationen für C_{60}, die hier kurz erläutert werden. Zum einen werden C_{60} und seine Derivate als viel versprechende Materialien in biologisch-medizinischen Anwendungen gesehen. Am weitesten fortgeschritten sind die Versuche zur Anwendung als Sensibilisator für die photochemische Erzeugung von Singulett-Sauerstoff, der zum gezielten Abbau von DNS oder auch zur Zerstörung von Tumorgewebe eingesetzt werden kann (photodynamische Therapie). Daneben interessieren die besonderen elektroni-schen Eigenschaften des Käfigmoleküls auch für Anwendungen als redoxaktive Substanz oder als Oberflächenfilm.

Insbesondere funktionalisierte C_{60}-Materialien besitzen Eigenschaften, die sie für eine Reihe von Einsatzzwecken interessant machen. Zunächst erreicht man durch entsprechende Funkti-onalisierung mit hydrophilen Gruppen die Löslichkeit des Fullerens in Wasser oder einem physiologischen Medium. Dies ist für die Untersuchung der biologischen und medizinischen Anwendungsmöglichkeiten entscheidend. Beispiele für derartige Derivate sind in Abb. 2.75a dargestellt. Einige dieser Substanzen zeigten *in vitro* hohe Wirksamkeit bei der Inhibierung von HIV-Protease und in der bereits erwähnten photodynamischen Therapie. Außerdem sind sie hocheffiziente Radikalfänger. Z.B. reagieren sie leicht mit Hydroxyl- und Peroxid-Radikalen, die ein frühzeitiges Absterben von Zellen bewirken. Somit könnten Fullerene als Antioxidanzien den verfrühten Zelltod verhindern. Als besonders geeignet haben sich die Fullerenole $C_{60}(OH)_x$ erwiesen. Auch die in Kap. 2.5.5.6 diskutierten fullerenhaltigen Poly-mermaterialien sind unter diesem Blickwinkel hochinteressant. Sie zeigen die gleichen Ei-genschaften wie die nicht polymergebundenen Derivate, können aber zur Herstellung in der Praxis anwendbarer Formulierungen dienen, insbesondere, wenn die Anbindung der Fulle-renmoleküle an Biopolymere erfolgt.

Die reichhaltige Photo- und Redoxchemie, gepaart mit niedriger Reorganisationsenergie, machen C_{60} zu einem viel versprechenden Kandidaten für elektrooptische und *light har-vesting*-Anwendungen. Hierzu wird das Fulleren z.B. mit organischen Donormolekülen funk-tionalisiert. Auch für die Herstellung photoleitender Polymere, elektrolumineszenter Materia-lien oder Materialien, in denen photoinduzierter Elektronentransfer stattfindet, sind Fulleren-derivate von besonderem Interesse. Abb. 2.75b zeigt das Modell einer fullerenhaltigen Solar-zelle. Bisher wurden hauptsächlich nichtkovalent in die Polymermatrix eingebettete Fulle-renmoleküle für diese Art von Anwendung untersucht. Es stellte sich jedoch heraus, dass es in aus derartigen Kompositen hergestellten Solarzellen zu Phasenseparation und Aggregation der Fullerene kam. Kovalent an das Polymer gebundene Fullerenmoleküle bringen hier eine deutliche Verbesserung der Materialeigenschaften, insbesondere der Phasenstabilität.

Die Anbindung von C_{60} an eine feste Phase ermöglicht die Entwicklung chemischer Sensoren mit guten Anwendungseigenschaften. Insbesondere Oberflächenfilme mit Fullerenen sind hierfür von besonderem Wert. Ein Beispiel ist die Detektion von Sauerstoffspuren in Lösun-gen durch fullerenhaltige Filme aus Polypyrrolen. Außerdem können mit Siliciumalkoxiden modifizierte Fullerene an stationäre Kieselgelphasen gebunden und so neue Materialien für die Hochleistungschromatographie bereitgestellt werden, die sowohl in organischen als auch in wässrigen Medien eine hohe Selektivität für aromatische Verbindungen aufweisen.

Hydrofullerene mit unterschiedlichem Hydriergrad sind für Anwendungen als Wasserstoff-speicher interessant. $C_{60}H_{36}$ besitzt z.B. eine Wasserstoffspeicherkapazität von 4,8 % der eigenen Masse, was zwar noch unterhalb des für die sinnvolle Anwendung benötigten Wertes von etwa 6,5 % liegt, aber bereits eine deutliche Verbesserung gegenüber anderen Materialien darstellt. Auch für den Einsatz in Lithium-Ionen-Akkumulatoren sind hydrierte Fullerene möglicherweise von Nutzen, da sie die Lebensdauer dieser Batterien signifikant erhöhen.

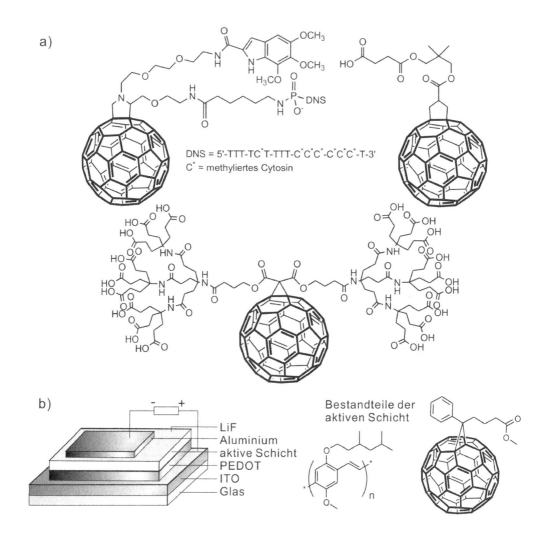

Abb. 2.75 Funktionalisierte Fullerenmaterialien können in biologischen oder elektronischen Anwendungen eingesetzt werden. a) Beispiele für wasserlösliche Fullerenderivate, die in medizinischen Bereich verwendet werden könnten; b) Solarzelle, deren aktive Schicht aus einem C_{60}-Komposit besteht.

Auch für bildgebende Verfahren in der Medizin sind Fullerene eine wertvolle Bereicherung. Z.B. können hochiodierte Derivate Anwendung als Röntgenkontrastmittel finden, wobei die Toxizität im Vergleich zu den kommerziell eingesetzten Mitteln deutlich geringer ausfällt.

Daneben sind die sog. Endofullerene attraktiv für die Anwendung als Radiotracer bzw. Kontrastmittel in der Magnetresonanztomographie (MRT). Der besondere Vorteil dieser endohedralen Fullerenderivate, z.B. $Gd@C_{82}(OH)_x$ und $^{166}Ho@C_{82}(OH)_x$, liegt in der Einkapselung des entsprechenden Metalls, welches dadurch keinen Kontakt mehr zum Gewebe erlangt, wodurch seine Toxizität deutlich gemindert wird.

Insgesamt gesehen hat sich ein breites Repertoire möglicher Anwendungen der Fullerene, insbesondere von C_{60}, entwickelt. Allerdings sind trotz des massiven Preisrückgangs für Fullerenruß die Kosten für das Ausgangsmaterial das größte Hindernis für eine profitable Nutzung der herausragenden Eigenschaften. Erst wenn C_{60} zu Preisen deutlich unter dem jetzigen Niveau produziert werden kann, rücken echte kommerzielle Anwendungen in greifbare Nähe.

2.7 Zusammenfassung

Zusammenfassend stellen die Fullerene eine völlig neue Modifikation des Kohlenstoffs dar, die sich durch ihre einzigartige Struktur sowie ihre bemerkenswerten physikalischen und chemischen Eigenschaften auszeichnet.

Kasten 2.1 Struktur der Fullerene

- Fullerene sind eine Modifikation des Kohlenstoffs mit käfigförmiger Struktur.
- Die Krümmung der Oberfläche wird durch den Einbau von Fünfringen in das hexagonale Gitternetz einer Graphenlage erreicht.
- In den stabilsten Fullerenen sind die Fünfringe gleichmäßig verteilt und voneinander isoliert (*isolated pentagon rule* - IPR).
- Die Doppelbindungen sind bevorzugt in den Sechsringen lokalisiert; Doppelbindungen in Fünfringen sind energetisch ungünstig.
- C_{60} und C_{70} sind die bedeutendsten Vertreter der Fullerene.

Die Herstellung der Fullerene erfolgt u.a. aus Graphit im Lichtbogen. Der hierbei entstehende Fullerenruß wird extrahiert und chromatographisch gereinigt. Die physikalischen Eigenschaften der Fullerene unterscheiden sich deutlich von denen der beiden klassischen Modifikationen des Kohlenstoffs, Graphit und Diamant.

Kasten 2.2 Physikalische Eigenschaften der Fullerene

- Fullerene weisen eine große Elektronenaffinität auf und fungieren als Radikalschwamm.
- Die Löslichkeit in organischen Solvenzien hängt von der Art des Lösemittels ab, aromatische und halogenierte aromatische Lösemittel sind am besten geeignet.
- Die spektroskopischen Eigenschaften der Fullerene sind eng mit ihrer jeweiligen Symmetrie verbunden. Anhand der Anzahl der Banden z.B. in IR-Spektren können Informationen zur Struktur gewonnen werden.
- Im Vergleich zu Graphit sind sämtliche Fullerene energiereicher, mit steigender Größe nähert sich die Standardbildungsenthalpie jedoch zunehmend dem Wert für Graphit.

Auch die Reaktivität der Fullerene zeigt signifikante Unterschiede zum Verhalten von Graphit und Diamant in chemischen Reaktionen.

Kasten 2.3 Chemie der Fullerene

- Fullerene verhalten sich wie elektronenarme Polyolefine und nicht wie Aromaten.
- Sie gehen leicht Additionsreaktionen mit Nucleophilen ein.
- Funktionalisierung durch Cycloadditionsreaktionen ist leicht möglich.
- Fullerene addieren Wasserstoff und Halogene und können zu hochfunktionalisierten Verbindungen umgesetzt werden.
- Je nach Größe der Addenden findet 1,2- oder 1,4-Addition statt.
- Die Regiochemie der Mehrfachaddition wird neben sterischen Einflüssen auch durch die Vermeidung von Doppelbindungen in Fünfringen beeinflusst. Dadurch werden für kleine Addenden bevorzugt *cis*-1-Anordnung, für größere Addenden die *e*- und die *trans*-3-Position beobachtet.
- Eine wichtige Reaktion zur Funktionalisierung von Fullerenen ist die *Bingel-Hirsch*-Reaktion, bei der das Fulleren mit Hilfe eines deprotonierten Brommalonats cyclopropaniert wird.
- Der innere Hohlraum der Fullerene kann Gastatome aufnehmen, man nennt diese Verbindungen Endofullerene.
- Heterofullerene sind Verbindungen, in denen ein oder mehrere Kohlenstoffatome des Käfigs durch Heteroatome (z.B. N, B) ersetzt werden.

C_{60} und seine Homologen sind viel versprechende Kandidaten für Anwendungen in den verschiedenen Bereichen.

Kasten 2.4 Anwendungsmöglichkeiten der Fullerene und ihrer Derivate

- Solarzellen
- Kompositmaterialien mit interessanten elektronischen Eigenschaften
- Fullerenderivate für die photodynamische Tumortherapie
- Chemische Sensoren
- Endofullerene als nebenwirkungsarme Kontrastmittel für die MRT

3 Kohlenstoff-Nanoröhren

Rollt man ein Blatt Papier auf und fügt die Kanten auf Stoß zusammen, so entsteht eine Röhre. Führt man dieses Experiment in Gedanken mit einer Graphenlage durch, resultiert eine Kohlenstoff-Röhre, eine Struktur, die ausschließlich aus Kohlenstoffatomen besteht und im Inneren einen zylindrischen Hohlraum enthält. Mehrere dieser Röhren mit unterschiedlichem Durchmesser ineinander geschoben ergeben eine mehrwandige Kohlenstoff-Röhre. Ihr Durchmesser, ob ein- oder mehrwandig, liegt im Nanometerbereich, weshalb sie den Namen Kohlenstoff-Nanoröhren (engl. *carbon nanotubes, CNT*) erhielten. Diese faszinierenden Objekte stellen eine weitere Erscheinungsform des Elements Kohlenstoff dar und sollen Thema des nun folgenden Kapitels sein.

3.1 Einleitung

Kohlefasern sind schon seit langer Zeit bekannt und finden in vielerlei Werkstoffen Verwendung, die durch den Gehalt an Fasern eine erhöhte mechanische Festigkeit erhalten und resistenter gegen diverse äußere Einflüsse werden. Beispiel hierfür sind kohlefaserverstärkte Materialien für Sportgeräte, sei es der Rahmen eines Tennisschlägers oder der eines Mountainbikes. Wenn man sich die hierfür verwendeten Kohlefasern unter dem Elektronenmikroskop anschaut, erkennt man, dass zumindest ein Teil dieser dünnen, langen Fasern einen röhrenförmigen Kern mit einem Durchmesser im Nanometerbereich aufweist (Abb. 1.12a). Um diesen herum sind dann die äußeren Schalen der Kohlefaser angeordnet. Bereits 1976 wurden von *M. Endo* und Mitarbeitern konzentrisch angeordnete, röhrenförmige Strukturen im Inneren von Kohlefasern beschrieben und ein katalytischer Wachstumsmechanismus vorgeschlagen.

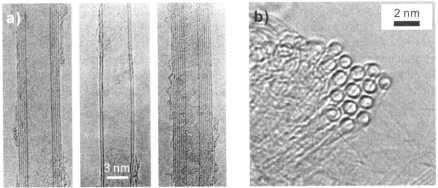

Abb. 3.1 HRTEM-Aufnahmen a) mehrwandiger (© Nature Publ. Group 1991) und b) einwandiger Kohlenstoff-Nanoröhren (© F. Banhart).

Diese Arbeiten fanden jedoch erst wieder Beachtung, nachdem die Arbeitsgruppe um *S. Iijima* Kohlenstoff-Nanoröhren bei der Untersuchung verschiedener Ruße aus Funkenentladungsexperimenten zur Fullerenherstellung beobachtete. Bei der Betrachtung im Transmissionselektronenmikroskop fielen Bereiche auf, in denen äquidistante Streifen symmetrisch um einen zentralen Hohlraum angeordnet waren. Die Entdecker erkannten schnell, dass es sich bei den Streifen um die Projektion röhrenförmiger Objekte handelte und somit die beobachteten Strukturen ineinander verschachtelte Röhren sein mussten (Abb. 3.1a). Nur wenig später beschrieb die gleiche Forschergruppe auch einwandige Kohlenstoff-Nanoröhren, die sie unter veränderten Herstellungsbedingungen gewinnen konnte (Abb. 3.1b). Recht schnell wurde auch klar, dass die entdeckten Nanoröhren eng mit den bereits seit 1985 bekannten Fullerenen verwandt sind.

Theoretische Vorhersagen der Kohlenstoff-Nanoröhren sind in der Literatur weitgehend unbekannt. Allerdings existiert eine reichhaltige Sammlung von Publikationen zur Struktur von Kohlefasern, die auch die im Inneren der Faser befindlichen Röhrenstrukturen diskutieren. Diese Tatsache wurde allerdings bis nach der Entdeckung der Kohlenstoff-Nanoröhren weitgehend ignoriert, da es nicht realisierbar schien, nur den inneren Kern einer Kohlefaser direkt zu erhalten.

Kohlefasern stellen nahe Verwandte der zu diskutierenden Nanoröhren dar, da sie sowohl in ihrer Struktur als auch in ihren Eigenschaften eine Reihe von Ähnlichkeiten aufweisen. So sind i. A. die Graphenebenen parallel zur Faserachse ausgerichtet, was jedoch nicht in jedem Fall auch bedeutet, dass konzentrische Querschnittsstrukturen existieren. (Abb. 1.12b). Es sind aber durchaus Kohlefasern bekannt, die nach einer thermischen Behandlung bei über 2000 °C den Kohlenstoff-Nanoröhren sehr ähneln. Erst noch weitere Erhitzung auf über 3000 °C führt zu graphitisierten Fasern, die Facetten aufweisen. Im Zentrum einer solchen Kohlefaser befindet sich oft eine mehrwandige Nanoröhre, die aufgrund ihrer größeren mechanischen Widerstandskraft beim Brechen der Kohlefaser nicht zerstört wird und somit oberhalb des Bruchquerschnitts beobachtet werden kann.

Die Kohlenstoff-Nanoröhren besitzen ebenfalls große strukturelle Gemeinsamkeiten mit den in Kap. 2 beschriebenen Fullerenen. Allerdings kommen sie im Gegensatz zu einigen Fullerenvertretern in keiner Form natürlich vor, weder auf der Erde noch im Weltall. Es handelt sich also um eine vollständig künstliche Form des Kohlenstoffs. Die Frage, ob es sich tatsächlich um eine Modifikation handelt, wird später noch diskutiert. Auf jeden Fall zeigen Kohlenstoff-Nanoröhren aber auch eine Krümmung der Graphenlagen. Allerdings beschränkt sich die Krümmung hier auf zwei Dimensionen, und es sind nicht wie bei den Fullerenen alle drei Raumrichtungen betroffen. Durch diesen Umstand erübrigt sich für die Konstruktion der Nanoröhren die Notwendigkeit von Fünfringen, die ja für den Kugelschluss der Fullerene unabdingbar sind. Für die Nanotube-Struktur reicht es hingegen aus, die Graphenlage aus der Ebene herauszubiegen und einen Zylinder zu formen. Dementsprechend weisen Nanoröhren im Vergleich zu Fullerenen mit gleichem Durchmesser auch weniger Spannung und einen geringeren Anteil von sp^3-Hybridisierung ihrer Kohlenstoffatome auf. Betrachtet man allerdings die Kappen geschlossener Kohlenstoff-Nanoröhren, erkennt man, dass sie teilweise von Fullerenfragmenten gebildet werden. Beispiele sind die in Kap. 3.2.2 vorgestellten (9,0)- und (5,5)-Nanoröhren, die von entsprechend orientierten Fullerenhalbkugeln abgeschlossen werden können. Zwischen den Kappen befindet sich das zylindrische Nanotube. Im Extremfall bei einer Länge von 0 berühren sich die Kappen, und es entsteht die Struktur eines intakten C_{60}-Moleküls. Somit kann man Fullerene als eine Extremform geschlossener Nanotubes ohne zylindrischen Mittelteil auffassen.

Handelt es sich nun bei den Kohlenstoff-Nanoröhren um eine eigenständige Modifikation des Elementes? Laut Definition handelt es sich bei zwei Modifikationen eines Stoffes um Substanzen, die zwar in ihrer chemischen Zusammensetzung gleich (hier reiner Kohlenstoff) aber in ihrer kristallinen Struktur unterschiedlich sind. Man nennt dieses Phänomen auch Allotropie. Durch die unterschiedliche Gitterstruktur ergeben sich unterschiedliche Eigenschaften und verschiedene Druck- und Temperaturstabilitäten. In der Regel existiert für jeden Druck- und Temperaturbereich nur eine thermodynamisch stabile Modifikation, in die sich die anderen Allotrope bei entsprechender Behandlung umwandeln können. Die bei Standardbedingungen stabile Form des Kohlenstoffs ist der Graphit. Allerdings bedeutet dies nicht, dass sich bei Raumtemperatur und normalem Druck alle anderen Kohlenstoff-Formen spontan in Graphit umwandeln. Die Aktivierungsbarriere der Umwandlung ist so hoch, dass bei Normalbedingungen metastabile Modifikationen des Kohlenstoffs auftreten. Deren bekanntester Vertreter ist der Diamant.

Stellen die Nanoröhren nun nach dieser Definition eine Modifikation dar oder nicht? Dazu existieren zwei gegensätzliche Meinungen, die hier beide zu Wort kommen sollen. Nanotubes weisen die gleiche elementare Zusammensetzung wie alle anderen reinen Kohlenstoff-Materialien auf und zeigen besondere mechanische und elektronische Eigenschaften. Insofern kann man sie sicherlich als eine eigenständige Kohlenstoff-Modifikation auffassen. Allerdings ist die Frage nach der unterschiedlichen Kristallstruktur nicht ganz eindeutig zu beantworten. Die Bindung in einem Kohlenstoff-Nanotube beruht auf der gleichen Anordnung wie im Graphit. Insbesondere die Struktur einer Graphenebene ist sehr deutlich mit der Struktur des Gitternetzes einer Kohlenstoff-Nanoröhre verwandt. Letztendlich handelt es sich also nur um ein verzerrtes Graphengitter, welches in mehrwandigen Nanoröhren durch π-π-Wechselwirkungen mit den Nachbarröhren verbunden ist. Die prinzipiellen Strukturmerkmale des Graphits findet man also auch in Kohlenstoff-Nanotubes. Von diesem Standpunkt aus kann man somit argumentieren, dass die Kohlenstoff-Nanoröhren keine eigene Modifikation, sondern eine verzerrte Form des Graphits (oder dieser einen Sonderfall der Nanotubes mit unendlich geringer Krümmung der Oberfläche) darstellen. Auch die Tatsache, dass letztendlich jede Nanoröhre, die durch Aufwicklung einer Graphenlage unter einem bestimmten Winkel und mit einem bestimmten Durchmesser beschrieben werden kann, eine eigene kristalline Struktur aufweist, macht die Einordnung der Nanoröhren sehr schwierig. Man könnte also ebenso argumentieren, dass es unendlich viele verschiedene Nanotube-Modifikationen gibt (wenn man zulässt, dass Durchmesser und Länge unendlich werden können). Dieses Problem tritt auch bei den Fullerenen auf, die ebenfalls in unterschiedlichen Größen existieren. Bei strikter Auslegung der Definition in Bezug auf die Unterscheidbarkeit der Kristallstruktur stellen Festkörper aus C_{60}, C_{70} oder anderen Fullerenen demnach jeweils eine eigenständige Modifikation dar.

3.2 Die Struktur der Kohlenstoff-Nanoröhren

Grundsätzlich muss zwischen den einwandigen (SWNT, *single-walled nanotubes*) und mehrwandigen (MWNT, *multi-walled nanotubes*) Kohlenstoff-Nanoröhren unterschieden werden. Dabei können sowohl ein- als auch mehrwandige Vertreter sehr unterschiedliche Durchmesser und Längen aufweisen. Daneben werden die Eigenschaften wesentlich davon bestimmt, wie die entsprechende Graphenlage aufgewickelt ist. Zusätzlich können dann noch Endkappen vorhanden sein. In diesem Fall spricht man von geschlossenen, ohne Kappen von offenen Kohlenstoff-Nanoröhren. Im Folgenden werden die Strukturmerkmale einwandiger Nanoröhren diskutiert. Anschließend wird das Konzept auf mehrwandige Nanotubes ausgeweitet.

3.2.1 Nomenklatur

Die korrekte Benennung von Kohlenstoff-Nanoröhren ist nach IUPAC-Nomenklatur praktisch nicht möglich. Zum einen ist die Anzahl der ein Nanotube bildenden Kohlenstoffatome enorm groß – es können viele zehn- oder hunderttausend Atome sein. Zum anderen ist die Beschreibung der Symmetrie und Anordnung der einzelnen Strukturen extrem schwierig, wollte man die klassische Nomenklatur für organische Kohlenstoffverbindungen anwenden. Daher hat man für die Klassifizierung der Kohlenstoff-Nanoröhren ein ganz eigenes System geschaffen, welches sich hervorragend eignet, um die verschiedenen Strukturen eindeutig voneinander abzugrenzen, und das außerdem erlaubt, bereits aus Bestandteilen des Namens Rückschlüsse auf bestimmte Eigenschaften der betrachteten Struktur zu ziehen. Es existieren drei Klassen von Kohlenstoff-Nanoröhren, die sich dadurch unterscheiden, wie die zugrunde liegende Graphenebene aufgerollt wird:

- *Zickzack*-Nanoröhren (engl. *zigzag carbon nanotubes*):

  Die Struktur der *Zickzack*-Nanoröhren entsteht, indem die Graphenlage so aufgerollt wird, dass die Enden einer offenen Röhre als perfekten Abschluss eine zickzackförmige Kante zeigen würden (Abb. 3.2a). Das heißt, dass die Aufwicklung entlang des Einheitsvektors $\vec{a}_1$ des Graphengitters erfolgt.

- *Armchair*-Nanoröhren (engl. *armchair carbon nanotubes*):

  Bei den *Armchair*-Nanoröhren (engl. Sessel) wird die Graphenlage vor dem Aufrollen im Vergleich zu den *Zickzack*-Röhren um 30° gedreht, so dass als perfekter Abschluss eine Kante aus den Seiten der letzten Sechsringreihe entsteht.

- Chirale Nanoröhren:

  Liegt der Winkel, um den die Graphenlage vor dem Aufrollen gedreht wird, zwischen 0° und 30°, so entstehen chirale Nanoröhren, die dadurch gekennzeichnet sind, dass sich auf der Nanoröhre eine Linie, die entlang des Einheitsvektors $\vec{a}_1$ verläuft, spiralförmig um das Nanotube windet. Diese Nanoröhren können also in zwei enantiomeren Formen auftreten.

Die Benennung einzelner Kohlenstoff-Nanoröhren erfolgt mittels eines Zahlenpaares, welches die genaue Aufwickelrichtung und die Größe der Nanoröhre angibt. Dieses Deskriptorenpaar (*n,m*) ergibt sich aus strukturellen Überlegungen, die im nächsten Abschnitt vorgestellt werden.

3.2.2 Struktur einwandiger Kohlenstoff-Nanoröhren

Eine einwandige Kohlenstoff-Nanoröhre besteht aus einer einzelnen Graphenlage, die entlang der Längsachse der Röhre aufgerollt ist, so dass sich ein Hohlzylinder ergibt (Abb. 3.2).

Damit spielt die Größe und Orientierung der zugrunde liegenden Graphenebene eine wesentliche Rolle für die Struktur der betrachteten Kohlenstoff-Nanoröhre. In Abb. 3.2 ist die Abwicklung eines Teilstücks eines Kohlenstoff-Nanotubes gezeigt. Man erkennt, dass mit strenger Regelmäßigkeit die gleichen Strukturelemente aneinander gereiht werden. Dieses immer wiederkehrende Element ist die *Translationselementarzelle*. Sie beschreibt die kleinste sich stetig wiederholende Einheit eines CNT.

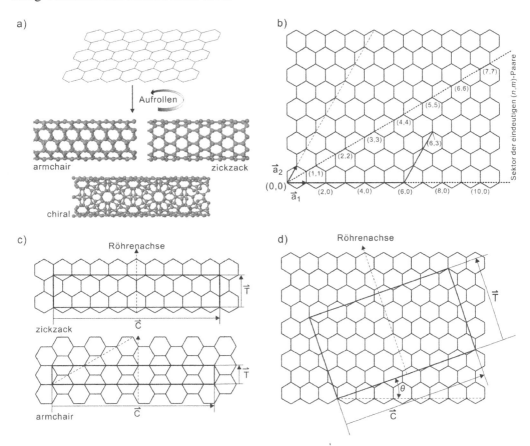

Abb. 3.2 a) Durch formales Aufrollen einer Graphenlage entstehen unterschiedliche Typen von Kohlenstoff-Nanoröhren, b) Definition der Deskriptoren *n* und *m* und des Parameterraumes, c), d) Translationselementarzellen eines *zickzack*- und eines *armchair*-Nanotubes sowie einer chiralen Nanoröhre. Für eine bessere Übersicht werden hier und in den meisten folgenden Abbildungen die Doppelbindungen in den Röhren nicht dargestellt.

Auf einer Graphenlage existieren zwei Vorzugsorientierungen, die entlang der Einheitsvektoren der zweidimensionalen Elementarzelle des hexagonalen Gitters verlaufen (Abb. 3.2). Wird die Graphenlage entlang $\vec{a}_1$ bzw. entlang der Winkelhalbierenden zwischen $\vec{a}_1$ und $\vec{a}_2$ aufgerollt, entstehen *Zickzack*- bzw. *Armchair*-Nanotubes. Die Elementarzellen für diese beiden Sonderformen der CNT besitzen nur eine sehr geringe Länge (Abb. 3.2c). Allerdings erhöht sich die Komplexität rasch, wenn man CNT mit deutlich größeren Elementarzellen betrachtet, die durch Aufwicklung der Graphenlage in einem bestimmten Winkel θ entstehen. Man benötigt also ein Verfahren zur eindeutigen Beschreibung der Struktur von Kohlenstoff-Nanoröhren, welches auf alle Typen dieses Materials anwendbar sein muss.

Hier hat sich das Vektormodell als sehr nützlich erwiesen. Es verwendet als Bezugsgrößen die Einheitsvektoren der zweidimensionalen Elementarzelle von Graphen. Der parallel zur Aufwickelrichtung verlaufende Vektor $\vec{C}$ stellt eine Linearkombination ganzzahliger Vielfacher dieser Einheitsvektoren dar und verbindet zwei identische Punkte auf dem Graphennetz (Abb. 3.2). Die durch $\vec{C}$ beschriebene Strecke stellt den abgerollten Umfang des betrachteten Nanotubes dar. Damit ist dann auch die Orientierung der Nanoröhre vorgegeben, da die Röhrenachse $\vec{T}$ senkrecht auf der durch $\vec{C}$ nach dem Aufrollen begrenzten Fläche (dem Röhrenquerschnitt) steht.

Bei genauer Betrachtung des Graphennetzes in Abb. 3.2b fällt auf, dass durch die hohe Symmetrie des zweidimensionalen Gitters viele der möglichen Nanoröhren strukturäquivalent sind. Letztendlich besitzen nur 1/12 aller möglichen Nanoröhren eine unterscheidbare Struktur. Um diese trotz allem unendliche Vielzahl von Kohlenstoff-Nanoröhren (wenn man unendliche Längen und Durchmesser zulässt) effizient zu unterscheiden, musste eine Nomenklatur für die wesentlichen Strukturmerkmale gefunden werden. Die Länge der einzelnen Röhren spielt dabei eine untergeordnete Rolle, so dass die Beschreibung hauptsächlich auf den Umfang sowie die Orientierung der Graphenlage der jeweiligen Röhre Bezug nehmen muss. Besonders bewährt hat sich die Notation nach *Dresselhaus*, bei der von den Einheitsvektoren des Graphengitters ausgegangen wird. Jeder Punkt auf der Graphenlage, an dem sich Kohlenstoffatome befinden, lässt sich durch eine Linearkombination der beiden Einheitsvektoren beschreiben. Das heißt, dass der Umfang jeder beliebigen Kohlenstoff-Nanoröhre eindeutig durch den Umfangsvektor $\vec{C}$ beschrieben wird. Dieser verbindet den Ursprung mit dem Punkt, der beim Aufrollen der Graphenlage deckungsgleich mit dem Ursprung wird. Der Umfangsvektor kann in Form der Gleichung *3.1* dargestellt werden.

$$\vec{C} = n \cdot \vec{a}_1 + m \cdot \vec{a}_2 \quad (n \geq m) \tag{3.1}$$

Dabei repräsentieren $\vec{a}_1$ und $\vec{a}_2$ die in Abb. 3.2b gezeigten Einheitsvektoren. Damit kann jede Nanotube-Struktur durch ein Deskriptoren-Paar (n,m) eindeutig beschrieben werden. n zeigt also an, wie viele Felder man auf dem Graphengitter in Richtung des Vektors $\vec{a}_1$ und m, wie viele Felder man in Richtung $\vec{a}_2$ vorrücken muss, um den Umfang der betrachteten Nanoröhre zu erhalten. Die Bedingung $n \geq m$ sorgt dafür, dass jede Struktur nur genau einmal dargestellt werden kann und diese Notation nicht zu redundanten Strukturen führt. Jedes Paar (n,m) definiert den Durchmesser sowie die Orientierung, und damit auch die Chiralität der entsprechenden Nanoröhre, was zur eindeutigen Strukturbeschreibung ausreicht. In der Beilage finden sich die Graphengitter mit eingezeichneten Umfangsvektoren $\vec{C}$ für verschiedene Kohlenstoff-Nanoröhren. Mit Hilfe dieser Beispiele lässt sich das Verfahren zur Beschreibung der Struktur von Kohlenstoff-Nanoröhren verdeutlichen.

⇨   **Aufbau eines (5,5)-, (9,0)- und (6,3)-Nanotubes (s. letzte Seite des Buches)**

Der Betrag des Vektors $\vec{C}$ stellt den Umfang der Kohlenstoff-Nanoröhre dar, aus dem sich leicht der Durchmesser ermitteln lässt (Gleichung *3.2*, *3.3*). Die Länge der beiden Einheitsvektoren $\vec{a}_1$ und $\vec{a}_2$ beträgt jeweils 0,246 nm ($\vec{a}$). Damit ergibt sich für Umfang und Durchmesser:

Umfang des Nanotubes [nm] $\left|\vec{C}\right| = \vec{a} \cdot \sqrt{n^2 + nm + m^2}$ (3.2)

Durchmesser des Nanotubes [nm] $d = \dfrac{1}{\pi}\left|\vec{C}\right| = \dfrac{\vec{a}}{\pi} \cdot \sqrt{n^2 + nm + m^2}$ (3.3)

Für *Zickzack*-Nanotubes gilt $m = 0$, während *Armchair*-Nanoröhren durch $n = m$ definiert sind. Diese beiden Spezialfälle beschreiben die Grenze der Deskriptorenzone, und ihre Umfangsvektoren stehen in einem Winkel von 30° zueinander. Alle anderen Nanoröhren-Strukturen liegen zwischen diesen beiden Grenzfällen. Je nach Winkel θ sind n und m für jede Röhre unterschiedlich. Außerdem ergibt sich für Kohlenstoff-Nanoröhren mit unterschiedlichen Werten für n und m, dass sie helicale Chiralität aufweisen. Diese wird durch den bereits erwähnten Winkel θ beschrieben. Er gibt an, um wie viel Grad die Graphenlage im Vergleich zum *Zickzack*-Nanotube vor der Aufwicklung gedreht wurde. Auch θ kann aus den Werten für die Deskriptoren berechnet werden (Gleichung *3.4*).

Chiralitätswinkel θ [°] $\theta = \sin^{-1}\left(\dfrac{\sqrt{3m}}{2\sqrt{n^2 + nm + m^2}}\right)$ (3.4)

Dabei gibt θ nicht an, um welches Enantiomer es sich handelt, da die Rotation der Graphenlage vom Betrag her für beide Enantiomere gleich ist, lediglich die Drehrichtung ist verschieden. Manche Autoren geben daher Werte mit einem Vorzeichen für den Chiralitätswinkel an, um die beiden Enantiomere eindeutig zu unterscheiden. Die Chiralität eines Nanotubes lässt sich am Beispiel des (6,3)-Nanotubes in der Beilage verdeutlichen. Zur besseren Sichtbarkeit ist eine Gerade entlang der Richtung des Vektors $\vec{a}_1$ eingezeichnet, die sich um die beim Aufrollen mit nach außen zeigendem Graphenaufdruck linksdrehend entstehende Kohlenstoffröhre windet. Erzeugt man die Röhre durch Aufrollen mit nach innen zeigendem Aufdruck, entsteht das andere Enantiomer.

Im Vergleich zu ihrem Durchmesser weisen Kohlenstoff-Nanoröhren üblicherweise eine um ein Vielfaches größere Länge auf. Entlang der Röhrenachse wiederholt sich daher die Anordnung der Sechsringe in einem bestimmten, regelmäßigen Abstand. Man spricht von der eindimensionalen bzw. Translationselementarzelle. Ihre Besonderheit besteht darin, dass es sich dabei im Gegensatz zu einer Elementarzelle im dreidimensionalen Kristallgitter um einen Abschnitt handelt, der einem Zylinderstück aus dem Nanotube entspricht. Sie umfasst also den gesamten Umfang der Nanoröhre. Die Länge der Elementarzelle in Achsenrichtung wird durch den Betrag des Translationsvektors $\vec{T}$ beschrieben. Dieser verläuft parallel zur Röhrenachse. Auf der flach dargestellten Graphenebene eines Nanotubes können Betrag und Richtung von $\vec{T}$ durch einfache geometrische Überlegungen bestimmt werden. $\vec{T}$ wird im Koordinatenursprung (0,0) senkrecht zum Umfangsvektor $\vec{C}$ eingezeichnet und so lange fortgesetzt, bis ein äquivalenter Gitterpunkt auf der Graphenebene erreicht ist. Die beiden Vektoren $\vec{T}$ und $\vec{C}$ spannen ein Rechteck auf, welches der abgewickelten zylinderförmigen Elementarzelle des betrachteten Nanotubes entspricht (Abb. 3.2). Durch Aufrollen erhält man die tatsächliche Form der Translationselementarzelle. In allen Vorlagen für den Aufbau der verschiedenen Nanoröhrentypen sind die jeweiligen Elementarzellen kenntlich gemacht. Dabei erkennt man, dass abhängig von den Werten für n und m die Länge der Translationselementarzelle stark variieren kann.

Auch mathematisch lässt sich aus den Werten für die Deskriptoren die Größe der Elementarzelle ermitteln. Dabei hängt die zu verwendende Formel vom Verhältnis der Werte n und m ab. Beträgt die Differenz von n und m ein ganzzahliges Vielfaches x von $3g$ (g = größter gemeinsamer Teiler von n und m), so ergibt sich der Betrag von $\vec{T}$ nach Gleichung 3.5:

$$\text{Länge der Elementarzelle [nm]:} \quad t = |\vec{T}| = \frac{\bar{a} \cdot \sqrt{3(n^2 + nm + m^2)}}{3g} \qquad (n - m = x \cdot 3g) \qquad (3.5)$$

Wenn die Differenz von n und m kein ganzzahliges Vielfaches von $3g$ darstellt, ist die Länge der Elementarzelle durch Gleichung 3.6 gegeben.

$$\text{Länge der Elementarzelle [nm]:} \quad t = |\vec{T}| = \frac{\bar{a} \cdot \sqrt{3(n^2 + nm + m^2)}}{g} \qquad (n - m \neq x \cdot 3g) \qquad (3.6)$$

In Abb. 3.2 c,d sind die Elementarzellen für einige Nanoröhren dargestellt. Wie man leicht erkennen kann, besitzen alle *Zickzack*-Nanotubes eine Elementarzelle, die eine Länge von 0,426 nm aufweist. Auch alle *Armchair*-Tubes besitzen eine exakt gleich lange Elementarzelle von 0,246 nm. Der Umfang der Röhre spielt bei identischem θ keine Rolle. Auch chirale Röhren besitzen bei exakt gleicher Ausrichtung des Umfangsvektors auf dem Gitternetz unabhängig vom Röhrendurchmesser eine in der Länge identische Translationselementarzelle.

Die Anzahl der Kohlenstoffatome in der Elementarzelle eines spezifischen Nanotubes kann je nach Struktur viele tausend Atome betragen. Mathematische Ausdrücke für die Atomzahl sind wiederum abhängig vom Verhältnis von n und m (Gleichung 3.7):

$$\text{C-Atome in der Elementarzelle} \quad N_C = \frac{4(n^2 + nm + m^2)}{3g} \qquad (n - m = x \cdot 3g) \qquad (3.7a)$$

$$\text{C-Atome in der Elementarzelle} \quad N_C = \frac{4(n^2 + nm + m^2)}{g} \qquad (n - m \neq x \cdot 3g) \qquad (3.7b)$$

Für Kohlenstoff-Nanoröhren mit typischen Durchmessern zwischen etwa 2 und 30 nm können diese Werte schnell sehr groß werden. So besitzt z.B. ein (95,51)-Nanotube mit einem Durchmesser von 10,05 nm bereits eine 54,7 nm lange Elementarzelle mit 65884 Kohlenstoffatomen.

In realen Röhren sind viele dieser Translationselementarzellen in Achsrichtung aneinander gereiht, so dass die Länge des Tubes sich um Größenordnungen vom Durchmesser unterscheiden kann. Durch diese strukturelle Besonderheit (nur in einer Raumrichtung ist die Ausdehnung größer als wenige Nanometer) können die Kohlenstoff-Nanoröhren auch als eindimensionale Kristalle aufgefasst werden, was einen großen Einfluss auf ihre spektroskopischen und elektronischen Eigenschaften ausübt, wie in den folgenden Kapiteln näher erläutert wird.

Nach dieser schematischen Betrachtung des Aufbaus der Kohlenstoff-Nanoröhren wenden wir uns nun der atomaren Struktur zu. In einem Nanotube mit im Vergleich zum Durchmesser sehr großer Länge liegen alle Kohlenstoffatome auf den Eckpunkten gleich großer Sechsecke. Die Bindungslänge beträgt einheitlich 1,425 Å. In diesem Detail unterscheiden sich die Nanoröhren nicht von der Anordnung im Graphit, in welchem ebenfalls alle Kohlenstoffatome äquivalent sind. Man kann also davon ausgehen, dass die π-Elektronen über die gesamte Zylinderstruktur delokalisiert sind.

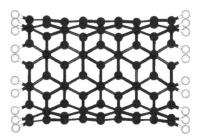

Abb. 3.3

Finites Nanotube mit Aufweitung und nichtäquivalenten Bindungen an den Röhrenenden.

Dagegen machen sich Effekte der beiden Enden bemerkbar, wenn das Nanotube eine größenordnungsmäßig mit dem Durchmesser vergleichbare Länge besitzt. In diesem Fall wird auch die Äquivalenz aller Bindungen aufgehoben und die Zylinderform an den Enden deformiert (Abb. 3.3). Außerdem nimmt der Grad der Delokalisation aller π-Elektronen über das gesamte System ab. Vielmehr kann man für diese sog. finiten Nanotubes mehrere Resonanzstrukturen aufstellen, die z.T. lokalisierte Doppelbindungen und Sechsringe ohne aromatischen Charakter aufweisen (s.a. Abb. 3.8). Die Bindungsalternanz ist nahe den Enden besonders stark und verliert sich zunehmend in Richtung der Röhrenmitte. Rechnungen auf unterschiedlichen Niveaus ergeben jedoch z.T. widersprüchliche Werte für die Bindungslängen zwischen den Kohlenstoffatomen in kurzen Nanoröhren. Einigkeit herrscht darüber, dass die Alternanz zwischen den Bindungen senkrecht zur Röhrenachse und denen in 30°-Position dazu besteht. Welcher der beiden Bindungstypen aber der längere ist, wird kontrovers diskutiert. Je länger das berechnete Nanotube wird, desto geringer ist allerdings der Einfluss dieser Bindungsalternanz.

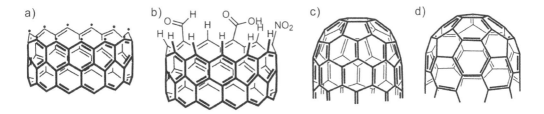

Abb. 3.4 Verschiedene Möglichkeiten des Röhrenabschlusses a) *dangling bonds*, b) terminale funktionelle Gruppen, c) Kappe auf einem (9,0)-Nanotube, d) Kappe auf einem (5,5)-Nanotube.

Betrachtet man die Enden einer offenen einwandigen Kohlenstoff-Nanoröhre, so erkennt man, dass die äußersten Kohlenstoffatome nicht abgesättigte Bindungsstellen aufweisen müssen (Abb. 3.4a). Die Absättigung dieser sog. „*dangling bonds*" kann entweder durch funktionelle Gruppen oder aber durch eine Kappe aus Kohlenstoffatomen erfolgen. Im ersten Fall bleibt die Öffnung der Röhre erhalten (s. Kap 3.3.6), im zweiten Fall handelt es sich um ein geschlossenes SWNT. Die Gruppen an den Enden üben besonders in kurzen Nanotubes einen erheblichen Einfluss auf die Struktur aus. So wird der Kohlenstoffzylinder an den Enden aufgeweitet. Dieses Phänomen beobachtet man allerdings nicht nur für kurze Nanotube-Abschnitte, sondern für Röhren jeglicher Länge, wobei dann jedoch der Einfluss auf die Struktur des Gesamtsystems vernachlässigbar bleibt.

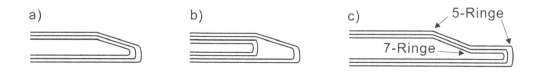

Abb. 3.5 Kappenformen unsymmetrisch verschlossener Kohlenstoff-Nanoröhren.

Die Form der Kappen in geschlossenen SWNT ist sehr variabel. Es wurden sowohl annähernd halbkugelförmige Kappen als auch solche mit spitz zulaufenden Strukturen oder konkaven Bereichen („Schnabelform") beobachtet (Abb. 3.5). Allerdings ist die Vielfalt der möglichen Kappen bei einwandigen Nanoröhren deutlich geringer ausgeprägt als bei mehrwandigen. Für die in der Beilage angeführten (9,0)- und (5,5)-Nanoröhren ergibt sich nach Gleichung *3.3* ein Durchmesser, der dem des C_{60} sehr nahe kommt. Entsprechend kommen halbkugelförmige Fragmente des C_{60}-Käfigs als Endkappen für diese Röhren in Frage. Je nach Typ der Nanoröhre muss das C_{60}-Molekül in unterschiedliche Halbkugeln zerlegt werden (Abb. 3.4c,d). Für das (9,0)-*Zickzack*-Nanotube muss ein C_{60}-Fragment verwendet werden, welches mit den äußersten Kohlenstoffatomen der Röhre wieder geschlossene Sechsringe bildet, also auch eine Zickzack-Kante enthält. Dazu wird das C_{60}-Molekül senkrecht zu einer seiner dreizähligen Drehachsen in zwei Halbkugeln geteilt. Beim (5,5)-*Armchair*-CNT dagegen muss die formale Zerlegung des C_{60} senkrecht zu einer seiner fünfzähligen Drehachsen erfolgen. Analog kann man auch für größere Nanoröhren passende Kappen finden. *Fujita* und *Dresselhaus et al.* haben hierfür einen sehr nützlichen Formalismus vorgestellt, der sich auf die Abwicklung der Nanoröhren auf eine ebene Graphenlage stützt. Fünfringdefekte werden in diesem Modell dadurch erzeugt, dass an der entsprechenden Position ein $60°$-Segment des Gitters „herausgeschnitten" wird, wodurch sich beim Zusammenfügen eine konvexe Krümmung und ein Fünfring ergeben würde (Abb. 3.6, unten rechts). Für die Projektion eines Fullerens werden nun die Positionen der Fünfringe dadurch gekennzeichnet, dass die ihnen entsprechenden Sechsringe farblich hervorgehoben und ihrer Zusammengehörigkeit folgend nummeriert werden. Positionen, die nach dem Zusammenfügen zu identischen Fünfringen gehören, erhalten die gleiche Ordnungszahl (Abb. 3.6). Man kann auf diese Weise viele verschiedene Kappen für ein gegebenes Nanotube konstruieren.

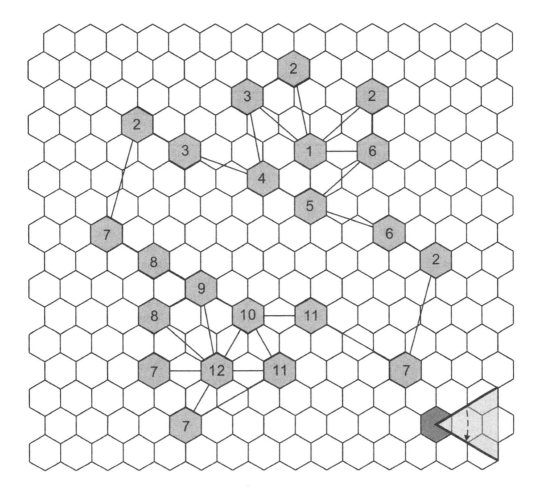

Abb. 3.6 Ermittlung der Struktur von Kappen für Nanoröhren nach *Dresselhaus* und *Fujita*. Die Kappen auf beiden Seiten der (7,5)-Röhre weisen eine unterschiedliche Geometrie auf (© APS 1992).

Dies entspricht auch den realen Verhältnissen, da man man halbkugelförmige Kappen tatsächlich eher selten beobachtet. Hauptsächlich finden sich konische Strukturen, die sowohl an der eigentlichen Spitze als auch am Übergang in den zylindrischen Teil des Nanotubes Defekte aufweisen. Allen gemein ist, dass die benötigte Krümmung durch Fünfringe hervorgerufen wird. Je nachdem, wie viele von ihnen sich in der Spitze einer solchen konischen Kappe befinden, ergibt sich ein anderer Öffnungswinkel, wie die Werte in Tab. 3.1 zeigen. Eine Kappe mit sechs Fünfringen, also z.B. eine Halbkugel aus einem Fulleren, erzeugt einen direkten Übergang in den zylindrischen Teil des Nanotubes, während eine geringere Anzahl von Fünfringdefekten in der Spitze zu einem mehr oder weniger konischen Verlauf führt.

Es existieren auch Kappen, in denen neben Fünfringen auch Defekte auftreten, die eine entgegengesetzte Krümmung verursachen (Abb. 3.5). In Frage kommen hierfür insbesondere Siebenringe. Resultat dieser Defekte sind die bereits erwähnten schnabelförmigen Röhrenkappen, die im Vergleich zur eigentlichen Röhre am Ende einen deutlich geringeren Durchmesser besitzen.

Tabelle 3.1 Abhängigkeit des Öffnungswinkels der Nanotube-Spitzen von der Anzahl der Fünfringe

Anzahl der Fünfringe	1	2	3	4	5	6
Öffnungswinkel der konischen Spitze	112,9°	83,6°	60°	38,9°	19,2°	0°

Quelle: P. J. F. Harris: „*Carbon Nanotubes and Related Structures*", Cambridge University Press, Cambridge **2001**, p. 75.

Wie bereits im Abschnitt zur atomaren Struktur einer einwandigen Röhre angesprochen, lässt die Äquivalenz aller Bindungslängen (u.a. durch STM-Messungen bestätigt) ein vollständig delokalisiertes System von π-Elektronen vermuten. Allerdings lässt das Reaktionsverhalten der Nanoröhren (Kap. 3.5) eher auf den Charakter eines mäßig konjugierten Polyolefins schließen. Dies ist jedoch nur ein scheinbarer Widerspruch: Der aromatische Charakter der Kohlenstoff-Nanoröhren ist zwar deutlich geringer ausgeprägt als im Vergleichssystem Benzol, die Doppelbindungen liegen dennoch nicht lokalisiert vor.

Das wirft generell die wichtige Frage nach der Aromatizität der Nanoröhren auf. Dabei ist zwischen lokaler Aromatizität und Superaromatizität zu unterscheiden. Letztere kommt durch Ringströme entlang des Umfangs der betrachteten Nanoröhre zustande. Wie Abb. 3.7 zeigt, wäre die geometrische Anordnung der Kohlenstoffatome in einer Nanoröhre prinzipiell für diese Art von Aromatizität geeignet. Allerdings wurde durch verschiedene Rechnungen festgestellt, dass die vorhandenen Ströme recht klein und superaromatisches Verhalten daher weitgehend vernachlässigbar ist.

π-π-Wechselwirkung

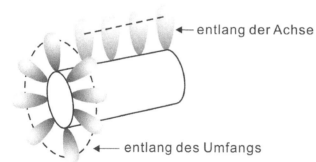

entlang der Achse

entlang des Umfangs

Abb. 3.7

Darstellung der äußeren π-Orbitallappen entlang des Umfangs und der Achse einer Kohlenstoff-Nanoröhre.

Aromatizität selbst ist eine sehr schwierig zu vergleichende Größe, da sie sich nicht direkt messen lässt. Es existieren zwar verschiedene Modelle zur Beschreibung von aromatischem Verhalten, diese sind untereinander jedoch z.T. nicht kompatibel und liefern recht unterschiedliche Ergebnisse. Man erhält bei der Berechnung stets theoretische Zahlen, die mit einem Bezugssystem, z.B. Benzol, verglichen werden müssen. Typische Größen, die zum Vergleich des aromatischen Charakters von konjugierten Systemen herangezogen werden, sind der NICS-Wert (*nucleus-independent chemical shift*), der die absolute magnetische Abschirmung eines Testatoms im Zentrum des betrachteten Systems beschreibt (negativer NICS zeigt Aromatizität) sowie die topologische Resonanzenergie TRE, die zum Zweck der besseren Vergleichbarkeit bei Molekülen unterschiedlicher Größe in die prozentuale Resonanzenergie (%RE) umgerechnet wird, wobei der TRE-Wert mit 100 multipliziert und anschließend durch die Gesamt-π-Bindungsenergie der kurventheoretischen Polyen-Referenz dividiert wird.

Es wurden zahlreiche Berechnungen zur Aromatizität von Kohlenstoff-Nanoröhren durchgeführt, wobei verschiedene Theorieniveaus und Verfahren zur Anwendung kamen. Im Allgemeinen wurde festgestellt, dass die Aromatizität von Nanotubes mit zunehmendem Durchmesser steigt und sich nur wenig von der einer entsprechenden Graphenlage mit vollkommen planarer Anordnung der Kohlenstoffatome unterscheidet. Dies steht im Einklang mit der vernachlässigbaren Bindungsalternanz für experimentell untersuchte Nanoröhren. Bei nur geringer Konjugation und damit ausgeprägterer Lokalisation der Doppelbindungen wäre eine stärkere Unterscheidbarkeit von Einfach- und Doppelbindungen zu erwarten. Die Durchmesserabhängigkeit der Werte für die Aromatizität lässt sich damit begründen, dass durch die radiale Anordnung die Wechselwirkung zwischen den π-Orbitalen bei großen Durchmessern stärker ausfällt als bei sehr dünnen Nanoröhren (Abb. 3.7). Allerdings muss man hier zwischen den äußeren und den im Inneren der Röhre befindlichen Orbitallappen unterscheiden. Die äußeren, großen Orbitallappen erreichen mit zunehmendem Durchmesser eine bessere Wechselwirkung, während die inneren, kleineren Orbitallappen im gleichen Maß eine schlechtere Überlappung zeigen. Letztere spielen jedoch für die Betrachtung der Aromatizität eine untergeordnete Rolle.

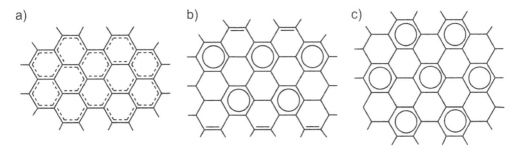

Abb. 3.8: a) *Kekulé*-Struktur, b) unvollständige und c) vollständige *Clar*-Struktur.

Außerdem zeigen neuere Rechnungen, dass auch die Länge eines finiten Nanotubes einen wesentlichen Einfluss auf die Struktur der Röhre besitzt. Prinzipiell sind drei verschiedene Klassen von Strukturen rechnerisch gefunden worden. Dabei handelt es sich um die in Abb. 3.8 dargestellten Bindungsmodelle mit *Kekulé*-Struktur, unvollständiger sowie vollständiger *Clar*-Struktur. Erstere enthält keine isolierten Doppelbindungen und ist vollständig konjugiert. Die *Clar*-Strukturen weisen jeweils *p*-Phenyleneinheiten auf, die im Fall der unvollständigen *Clar*-Struktur von isolierten Doppelbindungen flankiert werden. Die strukturelle Verschiedenheit bedingt Unterschiede der elektronischen Eigenschaften und somit auch des aromatischen Charakters. Die Ergebnisse von Rechnungen zeigen, dass in Abhängigkeit von der Röhrenlänge die drei Strukturen in Abb. 3.8 alternierend das energetische Minimum darstellen. Es ist also offensichtlich so, dass die elektronischen Eigenschaften und die Reaktivität von finiten Kohlenstoff-Nanotubes von der exakten Länge der Röhren abhängen.

Enthält eine Kohlenstoff-Nanoröhre nun Defekte, seien es Fehlstellen oder durch Anbindung funktioneller Gruppen erzeugte sp^3-Kohlenstoffatome, so wird die vollständige Konjugation der π-Elektronen unterbrochen, und der aromatische Charakter nimmt ab. Insbesondere führen diese Defekte zu finiten Abschnitten innerhalb der Nanoröhre, die ähnlich wie kurze Nanoröhren unterschiedliche Konjugationsmuster aufweisen. Auf der Höhe der Defektstellen kommt es dann zu einem Übergang von einem zum anderen Strukturtyp.

3.2.3 Struktur mehrwandiger Kohlenstoff-Nanoröhren

Mehrwandige Kohlenstoff-Nanoröhren bestehen aus konzentrisch angeordneten einwandigen Nanotubes mit meist konstantem Lagenabstand. Es existieren sowohl Vertreter mit nur zwei ineinander geschobenen Nanoröhren (sog. doppelwandige Nanotubes bzw. DWNT) als auch Beispiele mit sehr vielen Lagen (mehr als 50), die eine Dicke von vielen Nanometern aufweisen und nur noch schwer von den klassischen Kohlefasern zu unterscheiden sind. Erst die elektronenmikroskopische Untersuchung macht hier den Unterschied deutlich. Meist finden sich aber MWNT mit einer kleinen Anzahl konzentrischer Röhren. Bei der Bezeichnung von MWNT wird die Einlagerung der inneren Röhren durch die Schreibweise $(n_1,m_1)@$ $(n_2,m_2)@(n_3,m_3)@...$ dargestellt.

Im Inneren befindet sich meist ein mehr oder weniger großer zylindrischer Hohlraum, der Durchmesser von unter 1 nm bis zu vielen Nanometern aufweisen kann. Der kleinstmögliche Hohlraum wird durch die Größe des am weitesten innen liegenden SWNT bestimmt. Daher kann man erwarten, dass Durchmesser kleiner als etwa 1,2 nm eher nicht auftreten sollten, was bisher durch die experimentellen Befunde auch bestätigt wird (allerdings existieren auch einige Berichte von SWNT mit einem Durchmesser von nur 0,4 nm). Nach oben sind der Hohlraumgröße dagegen theoretisch keine Grenzen gesetzt, allerdings sind Strukturen mit sehr großen Hohlräumen zunehmend instabil und werden daher eher nicht gebildet. Typische Innendurchmesser für etwa zehnschalige Nanoröhren betragen wenige Nanometer.

Für den atomaren Aufbau mehrwandiger Strukturen gelten zunächst einmal die gleichen Prinzipien wie für einwandige Kohlenstoff-Nanoröhren, da sie ja aus diesen bestehen. Zusätzlich stellt sich aber die Frage, welche Nanoröhren für die konzentrische Anordnung geeignet sind und welche Wechselwirkungen zwischen den einzelnen Bestandteilen der mehrwandigen Kohlenstoff-Nanotubes auftreten.

Als erstes muss geklärt werden, in welchem Abstand sich die konzentrischen Röhren zueinander befinden und ob dieser Abstand innerhalb eines Systems von ineinander geschachtelten Nanotubes konstant ist oder aber sich von Lage zu Lage ändert. Elektronenmikroskopische Untersuchungen zeigen, dass i. A. der Abstand zwischen den einzelnen Röhren konstant 0,34 nm entspricht, also in etwa soviel wie in einem turbostratisch ungeordneten Graphit (Abb. 3.1a). Lediglich in einigen Ausnahmefällen werden auch größere Abstände beobachtet. Zum einen findet man in der Nähe der Enden oft Bereiche, in denen innere Lagen sich bereits zur Spitze krümmen, die äußeren aber noch gerade weiterlaufen. Zum anderen findet man manchmal Nanoröhren, die auf den gegenüberliegenden Seiten des inneren Hohlraums unterschiedliche Anzahlen von Lagen besitzen und teilweise zusätzlich eine Aufweitung des Lagenabstandes zeigen.

Hier werden wir zunächst die Struktur „normaler" mehrwandiger Kohlenstoff-Nanoröhren kennen lernen, also derjenigen mit konstantem Abstand zwischen den einzelnen Röhren. Das hat eine Reihe von Konsequenzen für die Struktur. So ergibt sich, dass normalerweise eine ABAB-Abfolge der einzelnen Lagen wie im Graphit nur in sehr kleinen Bereichen eingehalten werden kann. Ansonsten sind die einzelnen Röhren eher ungeordnet ineinander geschoben und eine direkte Wechselwirkung ist nicht möglich. Grund hierfür ist die Tatsache, dass sich durch einen Abstand von 0,34 nm zwischen den einzelnen Röhren ein Umfangsunterschied von etwa 2,14 nm ergibt (Gleichung 3.8). Dieser muss durch entsprechende Einführung zusätzlicher Kohlenstoffatome in das Röhrengitter realisiert werden.

Umfangszunahme u' zwischen zwei Röhren eines MWNT:

$$u' = 2\pi \cdot (r_2 - r_1)$$
$$u' = 2\pi \cdot 0,34 \text{ nm} = 2,14 \text{ nm}$$

(3.8)

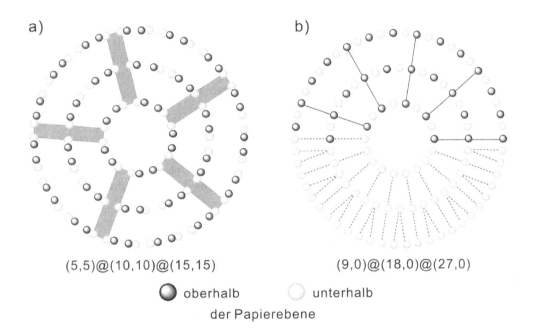

(5,5)@(10,10)@(15,15)   (9,0)@(18,0)@(27,0)

⬤ oberhalb   ◯ unterhalb

der Papierebene

Abb. 3.9 Projektion eines MWNT a) aus *Armchair*-Nanoröhren, b) aus *Zickzack*-Nanoröhren; die Bereiche guter π-Überlappung sind durch Bänder bzw. Linien angedeutet. Die gestrichelten Linien zeigen die Ergänzung durch einzelne Kohlenstoffatome in jeder neuen Lage der *Zickzack*-Röhre, was die π-Überlappung behindert.

Betrachtet man nun ein *Armchair*-Nanotube, so zeigt sich, dass ein Abstand von 0,34 nm fast exakt zu realisieren ist: Die am besten passende Vergrößerung des Umfanges ergibt einen Umfangsunterschied von 2,13 nm, also sehr nah an dem theoretisch berechneten. Die kleinste sich in Umfangsrichtung stetig wiederholende Einheit besitzt eine Länge von 0,426 nm, was sich aus der Größe der Einheitsvektoren $\bar{a}_1$ und $\bar{a}_2$ ergibt. Eine Vergrößerung um fünf dieser Einheiten bedingt einen Umfangsunterschied u' von $(5 \cdot 0,426)$ nm = 2,13 nm. *Armchair*-

Nanoröhren können also auch unter annähernder Beibehaltung der ABAB-Struktur des Graphits ein mehrwandiges Nanotube bilden (Abb. 3.9a).

Anders sieht die Situation bei *Zickzack*-Nanoröhren aus. Ihre kleinste sich wiederholende Einheit entlang des Umfangs entspricht dem Einheitsvektor $\vec{a}_1$ und besitzt damit eine Länge von 0,246 nm. Die benötigte Umfangsdifferenz von 2,14 nm kann auch nicht näherungsweise durch ein ganzzahliges Vielfaches dieser Länge erzeugt werden. Die am besten passende Anzahl von neun zusätzlichen Sechsringen ergibt eine Umfangsdifferenz von 2,214 nm und somit einen Abstand zwischen den beiden Röhren von 0,352 nm. Dabei werden in jeder weiteren nach außen angefügten Röhre neun Kohlenstoffatome auf dem Umfang ergänzt, die dann als eine Art Defekt eine Verschiebung der Packung zwischen den Lagen verursachen. In einem MWNT aus *Zickzack*-Nanotubes kann daher die ABAB-Struktur des Graphits nur in sehr kleinen Bereichen in der Mitte zwischen zwei Ergänzungspositionen aufrechterhalten werden (Abb. 3.9b).

Noch komplizierter sind die Verhältnisse im Fall chiraler Nanoröhren. Diese können in den seltensten Fällen bei gleichem Chiralitätswinkel ein MWNT mit korrektem Lagenabstand erzeugen. Daher kann man i. A. erwarten, dass zum einen nur in sehr kleinen Bereichen eine ABAB-Packungsstruktur der Einzelröhren auftreten wird und zum anderen MWNT meist aus einwandigen Nanoröhren mit unterschiedlichem Chiralitätswinkel aufgebaut sein werden. Dieses Ergebnis der theoretischen Betrachtung wird durch experimentelle Funde gestützt, die gezeigt haben, dass in Elektronenbeugungsbildern mehrwandiger Kohlenstoff-Nanotubes oft Signale für Nanoröhren unterschiedlicher Geometrie auftreten. Wie wir später sehen werden, ist diese Überlegung auch ein wichtiges Indiz für das tatsächliche Vorhandensein diskreter Röhren in einem MWNT. Allerdings macht die Existenz verschiedener Orientierungen der Einzelröhren die Vorhersage der Eigenschaften von mehrwandigen Kohlenstoff-Nanoröhren außerordentlich kompliziert, zumal die eindeutige Zuordnung der Orientierung der Einzelröhren bisher nicht möglich ist.

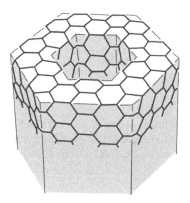 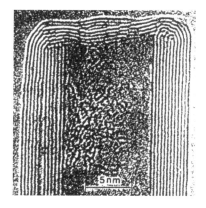

Abb. 3.10 Toroidale Nanoröhren besitzen nur eine Oberfläche (links), HRTEM-Aufnahme einer toroidalen Nanoröhre (rechts). © Cambridge Univ. Press 1999

Bleibt noch zu klären, welche Art von Wechselwirkungen zwischen den einzelnen Röhren eines MWNT bestehen. Diese Frage muss für die Bereiche an den Enden und in der Mitte separat beantwortet werden, da es deutliche Unterschiede gibt. In der Mitte, weit entfernt von den Enden eines mehrwandigen Nanotubes, liegen die Röhren mit einem konstanten Abstand von 0,34 nm vor, und es existiert keine direkte kovalente oder ionische Bindung zwischen den einzelnen Röhren. Die Wechselwirkung beschränkt sich also auf *van der Waals*-Wechselwirkungen und die Bereiche, in denen π-π-Wechselwirkungen durch die Packungs-geometrie ermöglicht werden. Wie wir oben gesehen haben, sind diese Bereiche im Normal-fall eher klein, so dass die Wechselwirkung zwischen zwei konzentrisch angeordneten Nano-röhren gering ausfallen sollte. Diese Vermutung wird auch durch Rechnungen gestützt, die für die Rotation einer Röhre in einer entsprechend größeren eine Barriere von nur 0,23 meV pro Atom und für die Translationsbarriere 0,52 meV pro Atom vorhersagen. Das bedeutet, dass die innere Röhre sich leicht gegenüber der äußeren verschieben und drehen lassen sollte, also nur geringe Wechselwirkungen vorliegen.

In der Realität beobachtet man dieses Phänomen jedoch nicht, was darauf zurückzuführen ist, dass an den Enden einer mehrwandigen Kohlenstoff-Nanoröhre ganz andere Verhältnisse herrschen. Hier sind die Wechselwirkungen nicht auf schwache π-π-Interaktion beschränkt. Stattdessen treten zum Teil kovalente Bindungen auf, die die einzelnen Röhren miteinander verbinden. Zum anderen verhindern Kappen durch ihre meist unsymmetrische Struktur ein Verdrehen der Röhren gegeneinander.

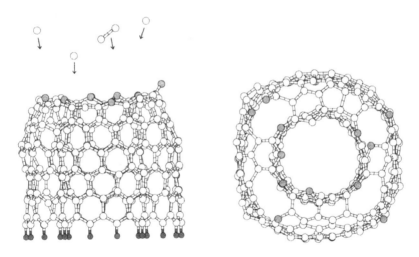

Abb. 3.11 *lip-lip*-Wechselwirkung am offenen Ende einer mehrwandigen Nanoröhre, Seitenansicht mit insertierenden Kohlenstoffatomen und C_2-Einheiten (links, © Springer 2000) und Aufsicht auf die verknüpften Wände des MWNT (rechts, © Springer 1999).

Insbesondere offene MWNT zeigen an ihren Enden bemerkenswerte Strukturen, die auf der kovalenten Verknüpfung der Einzelröhren beruhen. Dabei entstehen u.a. toroidale Strukturen, in denen sozusagen die Oberfläche des inneren Hohlraums ebenfalls Teil der äußeren Ober-fläche wird. Abb. 3.10 zeigt ein experimentelles Beispiel für derartige Strukturen und ein

Modell zur Beschreibung dieser Bindungsweise. Darin erkennt man, dass zum Erzeugen einer solchen Anordnung sowohl Fünfringe für die konvexe Krümmung im Bereich der äußeren Kante als auch Siebenringe für die konkave Krümmung der inneren Kante benötigt werden. Üblicherweise befinden sich in einer solchen semitoroidalen Struktur sechs solcher Fünfring-Siebenring-Paare, die formal jeweils durch Umlagerung aus zwei Sechsringen gebildet werden können.

Des Weiteren besteht die Möglichkeit, während des Wachstums einer mehrwandigen Nanoröhre Kohlenstoffatome so einzubauen, dass sie mit zwei benachbarten Röhren verbunden sind. In diesem Fall ergibt sich eine Anordnung wie in Abb. 3.11, in der eine gemeinsame Kante dieser zwei Nanoröhren zu erkennen ist. Man spricht von *lip-lip-interaction*, da die beiden Röhren an dieser Stelle mit ihren Kanten aufeinander treffen. Diese Art der Verbindung von zwei Einzelröhren spielt für die Diskussion des Wachstumsmechanismus eine wesentliche Rolle (Kap. 3.3.7).

Nachdem nun die Struktur der MWNT ausführlich diskutiert wurde, bleibt eine wichtige Frage zu klären: Bisher sind wir davon ausgegangen, dass es sich bei den mehrwandigen Kohlenstoff-Nanoröhren tatsächlich um konzentrische Anordnungen mehrerer geschlossener, einwandiger Nanotubes handelt. Doch können wir dessen tatsächlich sicher sein?

Es existiert eine Reihe von Argumenten, die zumindest für einen großen Teil der Nanotubes eine konzentrische Anordnung favorisieren. Dazu gehören z.B. die Beobachtungen von ein- oder mehrwandigen internen Kappen und abgeschlossenen Bereichen im Inneren einer mehrwandigen Röhre. Diese Merkmale sind mit einem spiralförmigen Aufbau eines MWNT nicht zu vereinbaren, da geschlossene Strukturen in einer derartigen „unendlichen" Anordnung nicht ohne weiteres erzeugt werden können. Auch die Reflexe der Elektronenbeugung im TEM sprechen für einen konzentrischen Aufbau der MWNT aus unabhängigen Einzelröhren. In vielen Fällen werden für ein bestimmtes MWNT Reflexe sowohl für chirale als auch für achirale Röhren beobachtet. Dies ist für ein aufgerolltes MWNT nicht möglich, da es aus einer einzigen Graphenlage mit definierter Ausrichtung bestehen und somit für die gesamte Struktur die gleiche Chiralität aufweisen müsste.

Wir können also im Folgenden davon ausgehen, dass im Normalfall mehrwandige Kohlenstoff-Nanotubes aus konzentrisch angeordneten einwandigen Röhren bestehen, die weitgehend unabhängig voneinander sind und auch innerhalb eines MWNT verschiedenen Strukturtypen angehören können. Allerdings bedeutet dies nicht, dass keine anderen Strukturen existieren. In einigen Fällen wurden zumindest teilweise aufgerollte Strukturen beobachtet und für einige Hypothesen zum Bildungsmechanismus der Nanoröhren spielen aufgerollte Graphenlagen eine wichtige Rolle.

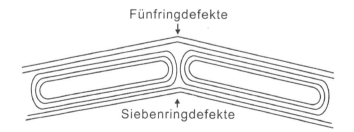

Fünfringdefekte

Siebenringdefekte

Abb. 3.12

Schematische Darstellung der Struktur eines gekapselten Knicks in einem MWNT.

Einen wesentlichen Aspekt der Struktur mehrwandiger Kohlenstoff-Nanoröhren stellen die Abschlüsse an ihren Enden sowie weitere Defekte wie Abwinklungen dar. Wie bei den einwandigen Röhren sind Fünfringe maßgeblich an derartigen Strukturen beteiligt. Im Fall der asymmetrischen konischen Struktur ist vermutlich ein einziger Fünfringdefekt am Ende der inneren Nanoröhre verantwortlich für das Entstehen der Kappe. Manchmal enden die inneren Nanotubes z.T. bereits in deutlicher Entfernung von der eigentlichen Spitze, so dass größere Hohlräume entstehen (Abb. 3.5b).

Defekte in den einzelnen Röhren können neben der Kappenbildung auch anderweitig die Struktur des MWNT beeinflussen. Durch das gleichzeitige Vorhandensein von Fünfring- und Siebenring-Defekten entsteht z.B. ein abgewinkeltes Nanotube (Abb. 3.12). In mehrwandigen Systemen beobachtet man in derartigen „Ellenbogen"-Strukturen im Inneren abgekapselte Bereiche, so dass sich die Biegung auf wenige Graphenlagen beschränkt.

3.3 Herstellung und Reinigung von Kohlenstoff-Nanoröhren

Die Vielfalt der Herstellungsmethoden für Kohlenstoff-Nanoröhren hat sich in den letzten Jahren dramatisch vergrößert. Eine Vielzahl von Techniken mit unterschiedlichen zugrunde liegenden Prinzipien wurde entwickelt, die je nach angewandter Methode einwandige und/oder mehrwandige Nanotubes liefern. Eines haben diese Methoden jedoch alle gemein: Die bisher zur Verfügung stehenden Techniken führen stets zu einem Produktgemisch, da sich sowohl die Längen als auch die exakte Geometrie und der Durchmesser nicht vollständig kontrollieren lassen. Daher spielen Reinigungs- und Separationsmethoden eine wichtige Rolle bei der Herstellung von möglichst homogenen Nanotube-Proben. Des Weiteren müssen für technische Anwendungen ausreichende Mengen zu einem akzeptablen Preis erhältlich sein. Auch hier hat die Entwicklung in der letzten Zeit große Fortschritte gemacht.

Ziel der meisten Methoden zur Nanotube-Herstellung ist die Verdampfung einer Kohlenstoff-quelle, so dass das Wachstum der Nanoröhren aus der Gasphase heraus stattfindet. Lediglich rationale Syntheseansätze, die das Gerüst Schritt für Schritt aufbauen sollen, verzichten auf den „Umweg" über die Gasphase.

3.3.1 Herstellung einwandiger Kohlenstoff-Nanoröhren

3.3.1.1 Lichtbogen-Methoden

Die Methode, die *Krätschmer* und Mitarbeiter für die Herstellung makroskopischer Mengen von Fullerenen entwickelten, eignet sich in abgewandelter Form auch für die Darstellung von Nanoröhren. Sie wurde zuerst zur Herstellung von mehrwandigen Nanoröhren verwendet (Kap. 3.3.2.1), inzwischen ist es aber auch gelungen, SWNT auf diese Weise herzustellen. Dabei muss man dafür Sorge tragen, dass die Wachstumsphase der Kohlenstoffstrukturen ausreichend lang ist, damit kein Kugelschluss zum Fullerenkäfig erfolgt, sondern zunächst zylindrische Strukturen wachsen.

Wesentliche Unterschiede der Lichtbogen-Apparatur zur Herstellung von Nanoröhren bestehen in einem erhöhten Inertgasdruck sowie im Abstand der Elektroden, die sich hier keinesfalls berühren dürfen. Eine schematische Darstellung der Anlage zeigt Abb. 3.19a in Kapitel 3.3.2.1. Für die Produktion von einwandigen Kohlenstoff-Nanoröhren muss der Kohlenstoffquelle ein Übergangsmetall-Katalysator zugesetzt werden. Normalerweise wird dies dadurch erreicht, dass die Anode mit einer Bohrung parallel zur Längsachse versehen wird, die mit einem Gemisch aus Katalysatormetall und pulverisiertem Kohlenstoff gefüllt wird. Bei der Verdampfung der Anode im Lichtbogen wird dann kontinuierlich Katalysator freigesetzt und ermöglicht die Bildung einwandiger Kohlenstoff-Nanoröhren. Folgende Metalle wurden u.a. bereits für eine erfolgreiche SWNT-Synthese eingesetzt: Eisen, Cobalt, Nickel, Seltene Erden, Edelmetalle wie Platin und Gemische verschiedener dieser Elemente. Es stellte sich heraus, dass Mischungen aus zwei oder mehr Metallen in der Regel aktiver sind als reine Elemente. Als besonders geeignete Katalysatoren haben sich Nickel/Cobalt- oder Nickel/Yttrium-Gemische erwiesen. Als Inertgas hat sich Helium bewährt. Es wird mit einem Druck von etwa 450 Torr eingesetzt. Die Elektroden werden in einem Abstand von 3 mm angeordnet und entsprechend dem Reaktionsfortschritt nachgeführt. Die Stromdichte des Lichtbogens beträgt etwa 250-300 A cm^{-2}.

Wie bei der Herstellung von MWNT im Lichtbogen bildet sich auch bei der Synthese von SWNT ein Depot auf der Kathode (s. Kap. 3.3.2.1). Allerdings enthält dieses zum einen nur einen gewissen Anteil der von der Anode verdampften Materie und zum anderen liegt die SWNT-Konzentration im Vergleich recht niedrig. Das Kathodendepot besteht aus einer grauen, harten Hülle und einer schwarzen, weichen Kernzone. Die Hülle enthält sinterartiges graphitisches Material, während die Kernzone eine Struktur mit leichter Ausrichtung in säulenartigen Aggregaten aufweist (weitaus weniger ausgeprägt als bei der Synthese von MWNT, s. Kap. 3.3.7). Der innere Bereich des Depots enthält zwar ebenfalls SWNT, aber nur in relativ geringen Anteilen. Vielmehr finden sich hier hauptsächlich graphitische Nanopartikel, mehrwandige Nanoröhren (MWNT), Graphit und amorpher Kohlenstoff. Teilweise sitzt in den Spitzen der MWNT ein Katalysatorpartikel, und oft beobachtet man eine Anreicherung eines Elementes aus dem Katalysatorgemisch im Kathodendepot. Interessanterweise findet man dort aber für ein Nickel-Cobalt-Gemisch keinerlei Katalysator.

Im Gegensatz zur Synthese von mehrwandigen Nanotubes mittels Bogenentladung beschränkt sich die Ausbeute an Kohlenstoffmaterial aber nicht auf das Kathodendepot. Vielmehr findet man in anderen Bereichen deutlich größere Mengen und Konzentrationen von SWNT. Insbesondere die Abscheidungen an den Wänden der Apparatur sind reich an einwandigen Nanoröhren. Der Niederschlag kann dort wie ein textilartiges Material abgeschält werden (Abb. 3.13). Daneben beobachtet man an den Rändern der Kathode eine Art Kragen, in dem die Konzentration der SWNT besonders hoch ist. Schließlich ist durch die gesamte Apparatur ein spinnennetzartiges Gewebe gespannt, welches ebenfalls zu einem großen Teil aus einwandigen Kohlenstoff-Nanotubes besteht. Dies deutet darauf hin, dass die Bildung der einwandigen Nanoröhren nicht nur im Bereich zwischen den beiden Elektroden in der Nähe des Lichtbogens stattfindet, sondern die Reaktionszone bis weit in den Reaktorraum hinausreicht (s. Mechanismus, Kap. 3.3.3.7).

Die Ausbeute an einwandigen Kohlenstoff-Nanoröhren beträgt etwa 15 %. Ungefähr 50 % des isolierten Kohlenstoffs fallen jedoch als amorphes Material an, welches sich z.T. auch auf der Oberfläche der SWNT wieder findet. Außerdem enthält das Rohprodukt bis zu 20 % Katalysator, der vor der weiteren Verwendung entfernt werden muss.

Die bei der Funkenentladung gebildeten einwandigen Nanoröhren besitzen einen Durchmesser von 1,2 bis 1,5 nm, den man durch die Wahl der Reaktionstemperatur in gewissem Maße steuern kann. Generell gilt, dass höhere Temperaturen einen größeren mittleren Durchmesser hervorrufen, was auf den Wachstumsmechanismus zurückzuführen ist (s. Kap. 3.3.7). Die Länge der Röhren hängt dagegen von der Wahl des Katalysators ab. Mit einem Nickel-Cobalt-Gemisch erhält man bis zu 20 μm lange Nanoröhren, während diese bei der Wahl eines Nickel/Yttrium-Katalysators eher um 5 μm lang sind. Die Röhren besitzen geschlossene Spitzen und scheinen relativ frei von Defekten zu sein. Durch Bogenentladung hergestellte Nanoröhren bilden feste Bündel.

Abb. 3.13

Filzartiges Material, das zum überwiegenden Teil aus einwandigen Kohlenstoff-Nanoröhren besteht (© CRC Press 2005).

Die Synthese von einwandigen Kohlenstoff-Nanoröhren im Lichtbogen ist prinzipiell auch für die Herstellung größerer Mengen geeignet. Apparate, die 100 Gramm pro Stunde erzeugen, sind mit Elektroden von 25 mm Durchmesser ausgestattet. Technologisch machbar sind auch Elektroden bis zu 70 mm, wobei die Ausbeute allerdings nicht proportional zur Durchmessererhöhung steigt. Wichtig ist, alle anderen Parameter wie Druck, Kühlung, Reaktorgeometrie usw. an den erhöhten Umsatz anzupassen, da sonst die Wachstumszeit, also die Verweildauer der Nanotubevorstufen und -intermediate in der Reaktionszone, zu kurz oder zu lang ausfällt.

3.3.1.2 Laser-Ablation

Eine andere Methode zur Zersetzung eines Graphit-Targets bedient sich eines fokussierten Laserstrahls, um die für die Atomisierung lokal benötigte Energie bereitzustellen. Auch diese Technik wurde bereits für die Erzeugung von Fullerenclustern genutzt. Die in Abb. 3.14a schematisch dargestellte Apparatur zeigt die wesentlichen Bestandteile einer Laserablationsanlage.

Sie besteht aus einem Ofen, der bei etwa 1200 °C gehalten wird. In diesem verläuft ein Quarzrohr, an dessen einem Ende sich ein stark gekühltes Element (meist ein Kupferkühlfinger) zur Abtrennung der gebildeten SWNT befindet. Allerdings scheiden sich auch an den

Wänden des Quarzrohres Nanoröhren ab. Des Weiteren muss die Anlage einen laserlicht-durchlässigen Teil besitzen, damit das Graphittarget durch den konzentrierten Laserstrahl verdampft werden kann. Als Trägergas wird Helium bzw. Argon verwendet. Heute ist Helium wegen seiner zu großen Kühlrate weitgehend von Argon verdrängt worden.

Um ausschließlich SWNT zu erhalten, muss dem Graphittarget eine gewisse Menge eines Katalysators beigemischt werden (1-2 at.%). Ohne diesen Zusatz bilden sich mehrwandige Nanoröhren (Kap. 3.3.2.2). Größere Mengen des Katalysators führen während der Umsetzung zu größeren Metallclustern, die dann für die Herstellung von Nanotubes inaktiv sind. Meist handelt es sich bei dem Katalysator um Cobalt oder Nickel oder Gemische mit einem dieser Metalle. Insbesondere eine Co/Ni-Mischung liefert sehr gute Ausbeuten an einwandigen Kohlenstoff-Nanoröhren. Andere Übergangsmetalle wie Platin oder Kupfer liefern in Gemischen mit Nickel bzw. Cobalt ebenfalls SWNT, allerdings sind die Ausbeuten deutlich geringer.

a)

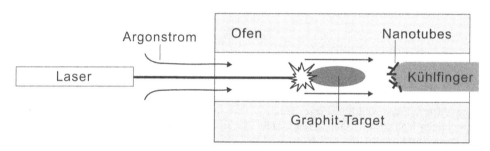

b)

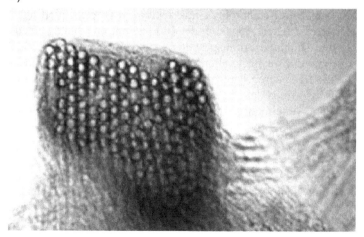

Abb. 3.14

a) Laserablationsanlage zur Herstellung von SWNT. Dem Graphittarget wird Katalysator beigemengt. b) HRTEM-Aufnahme eines SWNT-Bündels. Die hexagonale Anordnung im Bündel ist deutlich zu erkennen (© AAAS 1996).

Durch die Einstrahlung von Laserlicht mit hoher Leistung erfolgt eine lokale Erwärmung des Graphittargets. Dieses kann sich direkt am Einstrahlungspunkt auf mehrere tausend Grad aufheizen. Dadurch gehen sowohl vermehrt Kohlenstoffatome und -cluster als auch Katalysatormaterial in die Gasphase über. Dort ähneln die Bedingungen daher denen bei der Lichtbogenmethode, was auch durch die Ähnlichkeit der durch diese beiden Methoden hergestellten Nanotubes gestützt wird.

Während der Laserbestrahlung reichert sich die Oberfläche des Graphittargets zunehmend mit Katalysatormetall an, so dass die Produktionsrate an SWNT sinkt. Es wurde daher eine Technik entwickelt, in der ein unbehandeltes und ein katalysatorhaltiges Target gleichzeitig mit dem Laser bestrahlt und so die Ausbeute deutlich gesteigert werden kann. Auch die Temperatur hat einen wesentlichen Einfluss auf die Ausbeute an SWNT. Je höher sie ist, desto größere Mengen Nanoröhren werden produziert. Unterhalb von 200 °C beobachtet man keine SWNT. Meist wird bei einer Temperatur von 1200 °C gearbeitet.

Die Struktur der resultierenden einwandigen Nanotubes zeigt wenig Defekte und sie enthalten keine Katalysatorpartikel. Zudem sind die Proben meist nicht von signifikanten Mengen amorphen Kohlenstoffs umgeben, was bei anderen Techniken oft der Fall ist (s. Lichtbogen-Methode). Der Durchmesser der Einzelröhren liegt bei 1,2-1,7 nm mit einer sehr engen Größenverteilung, und die Länge der Röhren kann mehrere hundert Nanometer erreichen. Eine Besonderheit dieser Nanoröhren stellt die Ausbildung sehr fester Bündel dar, die sich durch Aneinanderlagerung der einzelnen SWNT ergeben. Diese Bündel besitzen meist Gesamtdurchmesser von 5-20 nm und Längen von mehreren hundert Mikrometern. Man kann also eher von SWNT-Fasern sprechen. Zwar weisen SWNT generell die Tendenz auf, sich zu Bündeln zusammenzulagern, allerdings ist diese Eigenschaft bei Produkten anderer Herstellungsmethoden bei weitem nicht so ausgeprägt. Oft werden auch zweidimensionale Überstrukturen in diesen Bündeln beobachtet. Meist handelt es sich um eine Art zweidimensionales hexagonales Gitter (Abb. 3.14b), aber es wurden auch komplexere Strukturen wie ringförmige Anordnungen gefunden

Die Tatsache, dass in einer geschlossenen Anlage gearbeitet wird, verhindert die kontinuierliche Durchführung des Verfahrens. Nach der vollständigen Umsetzung des Graphittargets muss der Prozess unterbrochen und die Kohlenstoffquelle ergänzt werden. Außerdem ist der Energieverbrauch für eine großtechnische Anwendung sehr hoch, so dass sie sich vermutlich hauptsächlich zur Herstellung sehr sauberer, defektfreier SWNT im Labormaßstab etablieren wird. Apparaturen, die bis zu 5 Gramm SWNT pro Stunde liefern, wurden bereits vorgestellt. Sehr viel größere Mengen wird man mit Hilfe der Laserablation vermutlich nicht gewinnen können, da eine Reihe von ungelösten Problemen (Wärmeverteilung, Energieverbrauch, kontinuierliche Zuführung des Targets usw.) die Entwicklung größerer Anlagen erschwert.

3.3.1.3 Der HiPCo-Prozess

Eine weitere Methode zur Darstellung einwandiger Nanoröhren wurde von Verfahren abgeleitet, die auch für die Herstellung klassischer Kohlefasern verwendet werden. Das Prinzip besteht in der Umsetzung einer strömenden, gasförmigen Kohlenstoffquelle, z.B. von Alkanen oder CO, an einem *in situ* erzeugten Übergangsmetallkatalysator. Das elementare Metall wird dabei thermisch aus einer organometallischen Vorstufe erhalten, oft handelt es sich um Carbonylkomplexe bzw. Metallocene. Die Metallpartikel weisen eine sehr geringe Größe auf und dienen als Nukleationskeime für Kohlefasern bzw. Nanotubes, die dann ausgehend von diesen Metallclustern wachsen (s. a. Kap. 3.3.1.5 zur CVD-Methode). Verwendet man Kohlenwasserstoffe als Ausgangsmaterial, muss beachtet werden, dass diese i. A. ab etwa 700 °C zu pyrolysieren beginnen, wobei amorphe graphitische Strukturen entstehen. Diese müssen dann von den gebildeten einwandigen Nanotubes abgetrennt werden, was den Aufwand für die Herstellung dieser SWNT deutlich erhöht.

Leichter gelingt die Darstellung einwandiger Kohlenstoff-Nanoröhren im sog. HiPCo-Prozess, der 1998 erstmals vorgestellt wurde. Der Name geht auf „*high pressure carbon monoxide*" zurück und deutet bereits einen wesentlichen Aspekt der Herstellungsmethode an: Hier wird als Kohlenstoffquelle kein Kohlenwasserstoff, sondern Kohlenmonoxid eingesetzt, welches bei den herrschenden Temperaturen noch keiner Pyrolyse unterliegt. Grundlage der Bildung von Kohlenstoffmaterial ist das *Boudouard*-Gleichgewicht (Gleichung *3.9*).

$$\text{\textit{Boudouard}-Gleichgewicht:} \qquad 2\ CO \xrightarrow{[Fe]} CO_2 + C(SWNT) \qquad\qquad (3.9)$$

Dabei katalysiert die Oberfläche der aus Eisenpentacarbonyl erzeugten Eisencluster die Umsetzung zu CO_2 und elementarem Kohlenstoff. Dieser fällt in Form von SWNT an, welche, analog zum Verfahren für die Herstellung von Kohlefasern, ausgehend von den Katalysatorpartikeln wachsen. Wie man an der Reaktionsgleichung leicht erkennt, geht der Druck des Kohlenmonoxids quadratisch in die Reaktionsgeschwindigkeit und in das Massenwirkungsgesetz ein, so dass nur bei hohem CO-Druck das Gleichgewicht effektiv auf die Seite der Produkte verschoben wird. Allerdings verläuft die Reaktion auch bei hohem CO-Druck recht langsam, so dass ein großer Anteil des durchströmenden Kohlenmonoxids den Reaktor unverändert verlässt. Daneben wird das gesamte im CO enthaltene Eisencarbonyl thermisch zersetzt und das gebildete Eisen aus dem Reaktor ausgetragen, so dass ständig neuer Katalysator zugesetzt werden muss. Praktischerweise enthält jedoch kommerziell erhältliches Kohlenmonoxid bereits geringe Mengen Eisenpentacarbonyl (2-10 ppm), so dass in Einzelfällen auch über die Verzichtbarkeit einer weiteren Katalysatorzugabe berichtet wurde.

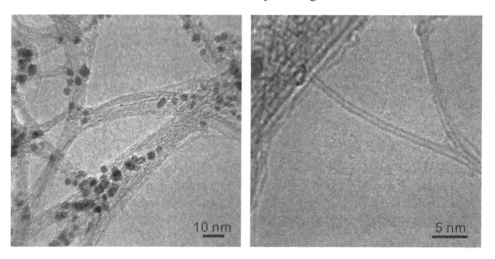

Abb. 3.15 HRTEM-Aufnahmen von HiPCo-Nanoröhren mit Eisenclustern (links) und nach der Reinigung (rechts). Der Durchmesser der einzelnen Röhren liegt bei 1,0-1,4 nm (© Amer. Vac. Soc. 2001).

Bei der katalytisch aktiven Spezies handelt es sich um aus dem Eisenpentacarbonyl gebildete Eisencluster mit etwa 40-50 Eisenatomen und einem Durchmesser von etwa 0,7 nm. Dies entspricht in etwa dem Durchmesser der kleinsten gebildeten SWNT (siehe dazu auch Kap. 3.3.7). Die aus dem Katalysator gebildeten Eisenpartikel lagern sich auch äußerlich an die gebildeten Kohlenstoff-Nanotubes an und machen bis zu 7 % der Gesamtmasse des Produktgemisches aus (Abb. 3.15). Die Metallcluster können aber nasschemisch entfernt werden (Kap. 3.3.6), da sie sich nicht tief im Inneren der gewünschten Substanz befinden, sondern meist nur von ein bis zwei Kohlenstofflagen umgeben sind.

Der Reaktor besteht aus einem Pyrolyseofen, der kontinuierlich von einem Gemisch aus CO und $Fe(CO)_5$ durchströmt wird. Der sich bildende Nanotube-Ruß wird mit dem Gasstrom aus dem Reaktor getragen und an kühleren Orten der Apparatur oder an einem speziellen Kühlfinger gesammelt und anschließend aufgearbeitet. Im Labormaßstab können mit einem HiPCo-Generator der neueren Generation ($p(CO) = 30$ atm, $t = 24$-72 h, Flussrate ~ 300 slm, $T = 1050\ ^\circ$C) pro Stunde bis zu 450 mg einwandige Kohlenstoff-Nanoröhren erzeugt werden. Die Anlage kann leicht bis zu zwei Wochen kontinuierlich betrieben werden.

Ein wesentlicher Aspekt der Reaktionsführung ist das Aufheizen des gasförmigen Ausgangsgemisches. Da sich $Fe(CO)_5$ bereits ab $\sim 250\ ^\circ$C zu zersetzen beginnt, die eigentliche Reaktion aber erst ab ca. $500\ ^\circ$C mit sinnvoller Geschwindigkeit abläuft, muss ein Kompromiss gefunden werden, der die optimale Menge an SWNT liefert. Dazu müssen sowohl ein zu schnelles als auch ein zu langsamen Erhitzen des Ausgangsgemisches vermieden werden, da im ersten Fall nur sehr kleine, wieder verdampfende Eisencluster entstehen, im letzteren zu große Eisencluster, die kein Nanotube-Wachstum erlauben. Hier hat sich ein Injektor bewährt, der dafür sorgt, dass die Erhitzung durch in den $CO/Fe(CO)_5$-Strom eingespritztes, vorgeheiztes Kohlenmonoxid sehr rasch erfolgt und so zügig eine akzeptable Reaktionsgeschwindigkeit erreicht wird. Im Reaktor herrscht dabei eine Temperatur von 800-1200 $^\circ$C. Der CO-Druck kann in typischen Laborreaktoren auf bis zu 30 atm gesteigert werden. Im Laufe der Reaktion werden die Eisenpartikel von Kohlenstoffschalen umgeben und verlieren somit ihre katalytische Aktivität. Auch daher muss dem Gas ständig Eisenpentacarbonyl zugesetzt werden, um eine gleich bleibende Katalysatormenge zu gewährleisten.

Abb. 3.15 zeigt typische SWNT-Proben, die aus einer HiPCo-Anlage stammen. Es fällt auf, dass die einzelnen Nanoröhren sehr ähnliche Durchmesser von etwa 1,0-1,4 nm aufweisen. Ein Grund hierfür ist sicherlich die Nukleation an *in situ* erzeugten Metallclustern, die eine recht enge Größenverteilung aufweisen. Die Länge der HiPCo-SWNT liegt im Bereich von 1 µm. Die einzelnen Röhren lagern sich zu sehr fest verknüpften Bündeln zusammen, die nur durch drastische Verfahren zerstört werden können (Kap. 3.4.2). Der CO-Druck besitzt einen Einfluss auf den durchschnittlichen Röhrendurchmesser. Bei steigendem Druck sinkt der Röhrendurchmesser auf ungefähr 0,7 nm ab, was etwa dem Durchmesser eines C_{60}-Moleküls entspricht.

Einer der wesentlichen Vorteile des HiPCo-Verfahrens liegt darin, dass es sich im Gegensatz zu den meisten anderen Methoden auch in einem kontinuierlichen Prozess durchführen lässt. Daher stellt die katalytische Zersetzung von Kohlenmonoxid eine Möglichkeit dar, die Produktion von SWNT von wenigen Gramm auf Kilogramm- oder gar Tonnenmengen zu erweitern.

3.3.1.4 Pyrolyse

Auch die thermische Zersetzung organischer Verbindungen kann dazu genutzt werden, kleine Kohlenstoffcluster bzw. -atome zu erzeugen. Dabei ist der Übergang zu der im nächsten Abschnitt vorgestellten chemischen Gasphasenabscheidung fließend. Das Prinzip beruht auf der thermischen Zersetzung organischer Vorläufersubstanzen, wobei Verfahren sowohl mit als auch ohne Katalysator beschrieben wurden. Im Gegensatz zur chemischen Gasphasenabscheidung wird bei der Pyrolyse der Katalysator nicht auf ein Substrat aufgebracht, sondern er oder eine Vorstufe wird direkt dem Edukt beigemischt (*floating catalyst*) und dieses in fester oder flüssiger Form in den Reaktor eingebracht. Unter diesem Gesichtspunkt stellt auch der HiPCo-Prozess eine pyrolytische Darstellung von SWNT dar, wird aber aufgrund seiner Bedeutung meist als eigenständiges Verfahren betrachtet.

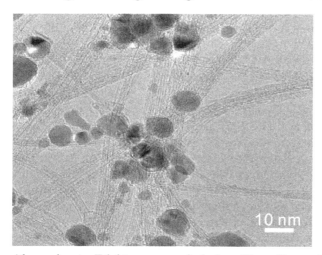

Abb. 3.16

HRTEM-Aufnahme einwandiger Kohlenstoff-Nanoröhren, die durch die Pyrolyse einer Ferrocen-Ethanol-Lösung erzeugt wurden. Bei den dunklen Objekten handelt es sich um Eisenpartikel (© Elsevier 2005).

Als geeignete Edukte zur pyrolytischen Herstellung einwandiger Nanoröhren haben sich verschiedene Alkohole erwiesen. So werden bei der thermischen Zersetzung eines Gemisches aus Ethanol und Ferrocen bei 950 °C im Argonstrom lange Stränge einwandiger Nanoröhren erhalten, deren Einzeldurchmesser ungewöhnliche 2-3 nm beträgt (Abb. 3.16). Dabei wird das flüssige Gemisch mit einer Düse fein im Argonstrom verteilt. Da Alkohole allgemein einwandige Nanoröhren liefern, während andere Kohlenstoffquellen wie Acetylen eher zu MWNT umgesetzt werden, machte man die bei der Zersetzung gebildete OH-Radikale dafür verantwortlich, dass wenig amorpher Kohlenstoff und in der Folge auch keine weiteren Wände an den gebildeten Nanoröhren entstehen. Allerdings sind inzwischen auch mit Ferrocen katalysierte Synthesen von einwandigen Nanoröhren aus sauerstofffreien Edukten wie Hexan und Benzol beschrieben worden, so dass die obige Hypothese zumindest keine Allgemeingültigkeit besitzt.

Einen Übergang zu CVD-Methoden (Kap. 3.3.1.5) stellt die Zersetzung von Methanol oder Ethanol an Eisen-Cobaltkatalysatoren dar, die auf einem Zeolith-Substrat abgeschieden sind. Auch hier werden einwandige Nanoröhren von hoher Reinheit gebildet, und man erreicht eine Ausbeute von über 800 % bezogen auf die Katalysatormenge (40 % auf Eduktmenge).

3.3.1.5 Chemische Gasphasenabscheidung – CVD

Bereits vor mehr als zwanzig Jahren wurde die chemische Gasphasenabscheidung (engl. *chemical vapour deposition*, CVD) zur Erzeugung von Kohlefasern und -filamenten entwickelt. Diese Technik ist aber auch hervorragend geeignet, verschiedene Nanotube-Materialien herzustellen.

Die Apparatur besteht aus einem Ofen und einem evakuierbaren, temperaturstabilen Behältnis, in dem sich ein Trägermaterial mit darauf verteilten Katalysatorpartikeln befindet (Abb. 3.17a). Ein Strom des verwendeten Gasgemisches wird über den Katalysator geführt. Nach Abschluss der Reaktion wird das Substrat mit den darauf gebildeten SWNT aus der Reaktionskammer entfernt und die Nanoröhren werden isoliert. Typischerweise liegt die Temperatur bei der chemischen Gasphasenabscheidung zwischen 550 und 770 °C.

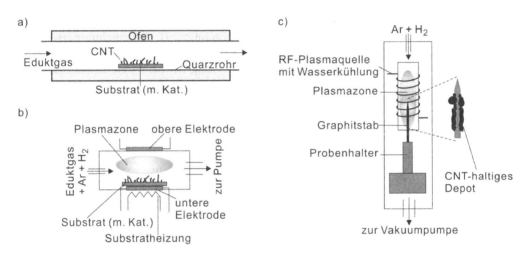

Abb. 3.17 Verschiedene Apparaturen zur chemischen Gasphasenabscheidung von Kohlenstoff-Nanoröhren. a) klassische CVD-Anlage in einem Röhrenofen, b,c) plasmaunterstützte CVD-Anlagen.

Als Kohlenstoffquelle dienen meist Kohlenwasserstoffe, allen voran Methan, mit Beimengungen von Wasserstoff und Inertgas. Daneben konnten auch mit Ethylen und Acetylen ähnliche Resultate erzielt werden. Allerdings limitieren die hohen Reaktionstemperaturen die Auswahl an Kohlenstoffquellen auf diejenigen Kohlenwasserstoffe, die bei Temperaturen zwischen 500 und 1000 °C keiner Selbstzersetzung unterliegen. Durch einen geringen Kohlenwasserstoff-Partialdruck kann diesem unerwünschten Prozess in gewissem Maße vorgebeugt werden, dennoch eignen sich die niedermolekularen Kohlenwasserstoffe am besten.

Der Katalysator wird meist in Form fein verteilter Partikel auf einen Träger aufgebracht. Die Wahl beider Materialien spielt eine wesentliche Rolle für die Produktqualität und -quantität. Beispielsweise muss das Trägermaterial mit dem Katalysator auch bei hohen Temperaturen eine stabile Bindung aufweisen. Daneben begünstigen eine große Oberfläche des Katalysators sowie geringe Aggregationsneigung der Partikel den Wachstumsprozess der SWNT. Als typische Trägermaterialien werden Aluminiumoxid und Siliciumoxid verwendet, aber auch Silicium selbst und einige Metalle eignen sich.

Als Katalysatormaterial haben sich die Elemente der Eisengruppe als besonders aktiv erwiesen. Daher werden für die CVD-Methode üblicherweise Eisen-, Cobalt- oder Nickelkatalysatoren auf Aluminiumoxid-Träger verwendet. Ein Grund für die Aktivität dieser Übergangsmetalle ist ihre Eigenschaft, bei hohen Temperaturen in einem geringen Umfang Kohlenstoff zu lösen. Das heißt, dass die aus dem Methan freigesetzten Kohlenstoffatome zunächst in den Katalysatorteilchen gelöst werden bzw. auf deren Oberfläche diffundieren und dann bei Übersättigung ausgehend vom Partikel Nanoröhren wachsen. Zusätzlich besitzt der Katalysator die Funktion, die thermische Zersetzung des vorhandenen Kohlenwasserstoffs zu katalysieren, so dass in der Gasphase Kohlenstoffatome und kleine Cluster entstehen, die als Bausteine für das Röhrenwachstum dienen.

Einen besonders attraktiven Aspekt stellt die Kontrolle des Nanoröhren-Durchmessers mit Hilfe gezielt hergestellter Katalysatorpartikel dar. So gelingt z.B. die durchmesserselektive Synthese von SWNT an Eisenpartikeln der Größen 3, 9 und 13 nm, wobei die Nanotubes im Mittel Durchmesser von 3, 7 und 12 nm aufweisen. Wichtig ist hierbei die einheitliche Größenverteilung der Katalysator-Nanopartikel, die meist durch Fällung aus metallorganischen Vorstufen (z.B. Eisenpentacarbonyl) erzeugt werden.

Die durch Gasphasenabscheidung erhaltenen einwandigen Nanoröhren sind von guter Qualität und im Gegensatz zu den mit anderen Techniken hergestellten Materialien deutlich weniger verknäult. Dadurch wird die Reinigung der CVD-SWNT erleichtert. Allerdings weisen diese Proben oft Defekte auf und enthalten immer auch einen relativ großen Anteil Katalysatormaterial, welches stets durch recht aufwändige Reinigungsschritte entfernt werden muss. Die Defekte können durch Ausheilen bei hohen Temperaturen unter Inertgas entfernt werden (Kap. 3.3.6).

Die Erhöhung der Produktionsmenge von CVD-Nanoröhren ist nicht ohne weiteres machbar. Einen limitierenden Faktor stellt die Größe der Substrate dar. Diese müssen zudem aus der Apparatur entnommen werden, wenn die Nanoröhren die gewünschte Länge erreicht haben. Kontinuierlich arbeitende Anlagen sind daher schwierig zu konstruieren. Allerdings hat die CVD-Methode auch als großtechnischer Prozess ihre Berechtigung: Insbesondere die Abscheidung auf strukturierten Oberflächen, wie z.B. integrierten Schaltkreisen, gelingt nur mit CVD nach der Aufbringung des Katalysators über ein strukturierendes Verfahren (*Inkjet*-Drucken, Lithographie, Photomasken etc.). Daher werden Kohlenstoff-Nanoröhren, die für bestimmte Anwendungen eine besonders gute, definierte Qualität aufweisen sollen bzw. geordnet auf einem Substrat benötigt werden, mittels CVD hergestellt. Nanoröhren für *bulk*-Anwendungen, z.B. zur Verstärkung von Polymerwerkstoffen, werden mit Hilfe anderer, weniger aufwändiger Verfahren (Lichtbogen, Pyrolyse, HiPCo) produziert.

Kürzlich wurde von *Hata* eine Methode vorgestellt, die, bezogen auf den Katalysator, deutlich erhöhte Wachstumsraten und drastisch verbesserte Ausbeuten (auf > 50000 %, mehr als hundertfach erhöht) ermöglicht. Es handelt es sich dabei um eine CVD-Methode, bei der Ethylen in Gegenwart eines Katalysators (Fe, Fe/Al_2O_3, Co/Al_2O_3 usw. auf Siliciumsubstrat) und bei genau kontrolliertem Wassergehalt des Eduktstromes zersetzt wird. Der wesentliche Vorteil dieser Methode besteht darin, dass aufgrund der oxidierenden Wirkung des Wassers amorpher Kohlenstoff aus dem Produktgemisch entfernt wird, was zum einen die Reinheit des Produkts verbessert, zum anderen aber insbesondere die Lebensdauer der Katalysatorpartikel deutlich verlängert, da diese nicht mehr von einer Schicht amorphen Kohlenstoffs überzogen werden. Als Produkt erhält man dichte, vertikal parallele Nanotube-Filme, die bereits nach einer Wachstumsperiode von 10 min eine Höhe von mehreren Millimetern erreichen können (Abb. 3.18). Die Nanoröhren sind nicht mit Metallpartikeln oder amorphem Kohlenstoff verunreinigt und weisen recht einheitliche Durchmesser von etwa 1-3 nm auf. Die Methode ermöglicht auch die Herstellung strukturierter Nanotube-Filme, wie sie z.B. für Feldemissions-Displays benötigt werden. Dazu wird der Katalysator mit lithographischen Verfahren auf das Substrat aufgebracht. Durch die hohen Wachstumsraten entstehen dann sehr scharf konturierte Strukturen aus SWNT auf dem Substrat (Abb. 3.18). Die Methode eignet sich gut zur Herstellung größerer Mengen von SWNT-Filmen, bleibt aber auf die durch die Anlage vorgegebenen Substratgrößen beschränkt.

Abb. 3.18 Durch CVD mit Wasserzusatz erzeugte Nanotube-Arrays. a) Die hohe Wachstumsrate ermöglicht die Produktion makroskopischer Mengen in wenigen Minuten. b) Durch die strukturierte Belegung mit Katalysatorpartikeln können verschiedene Anordnungen der Nanoröhren erzeugt werden. Das eingeschobene Bild zeigt die Nahaufnahme eines Nanotube-Pfeilers (© AAAS 2004).

3.3.2 Herstellung mehrwandiger Kohlenstoff-Nanoröhren

Die ersten mehrwandigen Kohlenstoff-Nanoröhren (MWNT) wurden bereits 1976 durch eisenkatalysierte Pyrolyse von Benzol erhalten. Daneben existiert zu ihrer Herstellung eine Reihe von Methoden, die sich in der Art der Erzeugung kleiner Kohlenstoffcluster bzw. -atome aus den Ausgangssubstanzen unterscheiden. Dazu gehören die Bogenentladung, die Laserablation, die chemische Gasphasenabscheidung mit und ohne Plasmaunterstützung sowie die katalytische Zersetzung von verschiedenen Vorläufersubstanzen. Es hat sich dabei gezeigt, dass MWNT aus Niedertemperatur-Syntheseverfahren mehr Defekte aufweisen und insgesamt einen geringeren Ordnungsgrad besitzen als solche, die bei hohen Temperaturen erzeugt wurden. Das kann zum Teil aber durch eine nachgeordnete Ausheilung defekthaltiger Proben bei hohen Temperaturen ausgeglichen werden.

3.3.2.1 Lichtbogenmethoden

Bereits 1991 wurden Kohlenstoff-Nanoröhren mit einer Apparatur hergestellt, die der Funkenentladungsanlage zur Herstellung von Fullerenen sehr ähnelt (Kap. 2.X). Auch hier wird ein Lichtbogen genutzt, um Kohlenstoff in Form von Graphitstäben zu verdampfen und an kühleren Teilen der Apparatur abzuscheiden. Der wesentliche Unterschied zur Fulleren-herstellung besteht darin, dass sich die Graphitelektroden während der Umsetzung nicht be-rühren und sich ein Lichtbogen ausbildet. Das sog. „contact arcing", wie es zur Fullerener-zeugung eingesetzt wird, ist zur Herstellung von Kohlenstoff-Nanoröhren nicht geeignet. Ursache ist zum einen, dass sich die Fraktion des abgeschiedenen Rußes, die den größten Anteil an mehrwandigen Nanoröhren enthält, als Depot auf der Kathode abscheidet. Zum anderen muss die Plasmazone eine gewisse Ausdehnung aufweisen, um das Wachstum der Nanoröhren zu ermöglichen, da im Gegensatz zur Produktion von Fullerenen und SWNT die Bildung der mehrwandigen Röhren nur innerhalb der Plasmazone stattfindet.

Abb. 3.19a zeigt eine typische Anordnung zur Darstellung von MWNT im Labor. Als Reakti-onskammer wird meist ein Stahlbehälter verwendet. Glasbehälter, wie sie für die Fullerens-synthese benutzt werden, sind eher ungeeignet, da die Montage der Graphitstäbe in einem gewissen Abstand zueinander schwieriger zu realisieren ist. Der Druck des Inertgases (Heli-um, Argon) liegt bei etwa 500 Torr, was im Vergleich zu den bei der C_{60}-Synthese herrschen-den Drücken (< 100 Torr) deutlich höher ist. Die Stromstärke beträgt etwa 50-100 A. Bei zu hohen Strömen werden keine Nanoröhren, sondern ein hartes, sinterartiges Material erhalten, welches für die Nanotube-Darstellung wertlos ist. Die angelegte Spannung liegt meist bei etwa 20 V Gleichspannung. Es ist z.B. möglich, eine derartige Anlage mit einem handelsübli-chen Gleichstrom-Schweißgerät zu konstruieren.

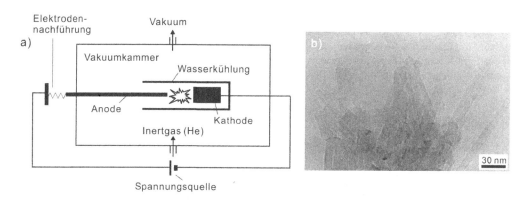

Abb. 3.19 a) Schematische Darstellung einer Funkenentladungsanlage; b) HRTEM-Aufnahme von durch Funkenentladung hergestellten mehrwandigen Kohlenstoff-Nanoröhren (© Elsevier 2002).

Durch den bei angelegter Spannung zwischen den beiden Graphitelektroden überspringenden Lichtbogen wird das Anodenmaterial in die Gasphase befördert, so dass es sich in Form der gewünschten Nanoröhren abscheiden kann. Ein Teil lagert sich als Depot auf der Kathode ab, eine gewisse Menge kondensiert aber auch an anderen Orten in der Apparatur. Da die Gra-phitanode während der Umsetzung verbraucht wird, muss sie zur Aufrechterhaltung eines stabilen Lichtbogens ständig nachgeführt werden. Der Anodenverbrauch liegt bei ≥ 1 mm pro Minute. Die Abmessungen der positiven Anode und der negativen Kathode unterscheiden sich in Länge und Durchmesser. Letzterer liegt für die Anode meist bei 6-12 mm. Die Ano-den-Nachführung wird üblicherweise mit einem Schrittmotor erreicht. Dabei muss die Anode so gelagert und nachgeführt werden, dass sie die Kathode im Laufe des Prozesses nicht berührt. Die Kathode besitzt einen Durchmesser von bis zu 12 mm und liegt meist als kurzes, zylindrisches Bauteil vor. So kann ein stabiler Lichtbogen erzeugt werden. Durch die große Wärmeentwicklung bei der Ausbildung des Plasmas muss die Kathode unbedingt gekühlt werden, da die Abscheidung der Nanoröhren ansonsten nicht zufrieden stellend gelingt. Meist wird auch die Anode gekühlt. Die Kühlung der Kathode besitzt einen großen Einfluss auf die Qualität des Kathodenrußes. Ist sie unzureichend, besteht das Depot aus harten Schichten, die nur wenige Nanoröhren enthalten. Wird die Kathode dagegen ausreichend gekühlt, bildet sich eine homogene Ablagerung mit in Bündeln angeordneten Nanotubes.

Ein weiterer Faktor bei der Lichtbogenmethode ist der Druck des Inertgases. Je höher der Heliumdruck in der Verdampfungskammer ist, desto bessere Ausbeuten an Nanoröhren werden erhalten. Dabei nimmt gleichzeitig der Anteil der Kohlenstoff-Nanopartikel ab. In den besten Proben beträgt das Verhältnis von Röhren zu Nanopartikeln etwa 2:1. Bei Drücken oberhalb von 500 Torr sinkt jedoch die Gesamtausbeute, so dass typische Anlagen bei genau diesem Druck betrieben werden. Es sind auch Apparaturen mit einem Heliumdruck oberhalb des Atmosphärendrucks beschrieben worden, die gute Ausbeuten an MWNT liefern. Allerdings beobachtet man dabei eine starke Verbreiterung der Durchmesserverteilung. Neben Helium können auch andere Gase Verwendung finden, z.B. Argon, Stickstoff oder H_2/N_2-Gemische. Die Synthese von MWNT im Lichtbogen ist im Vergleich zur Herstellung von SWNT oder Fullerenen mit der gleichen Methode deutlich weniger empfindlich gegenüber Spuren von Sauerstoff im Inertgas. Dies kann damit begründet werden, dass die Reaktion nicht außerhalb der Plasmazone stattfindet. Die Fullerene und SWNT dagegen legen während ihrer Bildung dagegen beträchtliche Strecken bei hoher Temperatur im Inertgas zurück und sind somit leichter durch Sauerstoff angreifbar.

Auch die Stromstärke beeinflusst Ausbeute und Qualität der MWNT. Ist sie zu hoch, so nimmt der Anteil des äußerst harten Sintermaterials auf Kosten der Nanotube-Ausbeute zu. Auf der anderen Seite wird eine ausreichende Stromstärke zur Ausbildung eines stabilen Lichtbogens und einer ausgedehnten Plasmazone benötigt, um eine kontinuierliche Verdampfung von Graphit zu erreichen. Typische Werte liegen bei 50-100 A.

Bei den Produkten der Lichtbogenmethode handelt es sich um lange, wenig gebogene MWNT mit meist asymmetrischer Spitze (Abb. 3.19b). Sie weisen in der Regel äußere Durchmesser zwischen 2 und 30 nm auf und bestehen aus wenigen bis zu einigen zehn Lagen. Der innere zylindrische Hohlraum dieser Röhren besitzt eine Größe von 1 bis 3 nm. Die Länge dieser MWNT liegt bei etwa 1 µm. Sie befinden sich hauptsächlich im Kathodendepot, der an den Reaktorwänden abgeschiedene Ruß enthält hauptsächlich Nanopartikel und amorphen Kohlenstoff. Auch die MWNT im Kathodenruß sind oft von einer Schicht amorphen Kohlenstoffs umgeben. Meist liegen die einzelnen MWNT aufgrund starker *van der Waals*-Wechselwirkung in Form von Bündeln vor. Die Qualität der einzelnen MWNT ist hoch, ihre elektrische Leitfähigkeit liegt nahe am theoretischen Grenzwert von $(12,9 \text{ k}\Omega)^{-1}$ für ballistischen Elektronentransport (s. Kap. 3.4.4.2), und die ohne nennenswerte Überhitzung erreichbare Stromdichte beträgt 10^7 A cm^{-2}.

Das Depot, welches sich an der Kathode ausbildet, besteht aus einer grauen Hülle von großer Härte, die aus fest zusammengesinterten Graphitlagen besteht. Darunter befindet sich die tiefschwarze, weiche Kernzone des Depots, welche aus säulenartigen Strukturen mit weichflockigem Material in den Kolonnen-Zwischenräumen besteht. Diese parallel zur Depotachse ausgerichteten kolumnaren Strukturen können bis zu 60 μm Durchmesser und mehrere Zentimeter Länge aufweisen. Sie enthalten neben Kohlenstoff-Nanoröhren auch graphitische und amorphe Anteile. Die höchste Konzentration an MWNT findet sich in den Kolonnenzwischenräumen. Sie lagern sich z.T. aber auch an die Außenwände der Kolonnen an (s. Kap. 3.3.6). Das Kathodendepot muss also zur Isolierung der MWNT in seine Bestandteile zerlegt werden. Außerdem zeigte sich, dass nur bei stabilem Lichtbogen eine gute Qualität der Ablagerung mit großem Kernzonenanteil zu erreichen ist. Wenn z.B. die Temperatur einen gewissen Wert überschreitet, setzt sich die Graphitisierung auch in der Kernzone fort, und es werden nur geringe Mengen Nanotubes erhalten, die zusätzlich stark verunreinigt sind. Jedoch stellt eine gut ausgeprägte Kernzone mit kolumnaren Strukturen keine Garantie für einen hohen Anteil an MWNT dar. Es wurden auch Depots beobachtet, die dem ersten Anschein nach von guter Qualität waren, bei genauerer Analyse aber nur geringe Mengen an Nanoröhren enthielten.

Auch die großtechnische Anwendung der Funkenentladungsmethode zur Herstellung mehrwandiger Kohlenstoff-Nanoröhren konnte bereits etabliert werden. Die Elektroden werden dann als Graphitstäbe von mehreren Zentimetern Durchmesser ausgeführt und die Stromstärke den Bedingungen angepasst. Die Stabilisierung des Plasmas bereitet in diesen Apparaten naturgemäß größere Probleme als im Labormaßstab, und die Ausbeute an mehrwandigen Kohlenstoff-Nanoröhren sinkt im Vergleich um etwa 25 %. Diese sehr energieintensive Herstellungsmethode kann über einen gewissen Zeitraum betrieben werden. Die kontinuierliche Prozessführung ist jedoch nicht möglich, da die verbrauchten Anoden ständig ausgetauscht werden müssen. Für eine Herstellung im Multikilogramm-Maßstab reichen diese Anlagen jedoch aus.

3.3.2.2 Laserablation

Auch MWNT können durch Laserablation hergestellt werden. Im Gegensatz zur Darstellung einwandiger Kohlenstoff-Nanoröhren wird hier kein Katalysator zugesetzt, sondern das reine Graphittarget durch den fokussierten Laserstrahl verdampft und die MWNT an kühleren Positionen der Apparatur abgeschieden. Die Arbeitstemperatur liegt auch hier bei etwa 1200 °C, da bei niedrigeren Temperaturen die Zahl der Defekte zu- und die Ausbeute an MWNT abnimmt. Bei Temperaturen unterhalb 200 °C kann dann keinerlei Nanotube-Wachstum mehr beobachtet werden. Neben MWNT wird bei diesem Verfahren auch ein recht hoher Anteil amorphen Kohlenstoffs, an Fullerenen und Kohlenstoff-Nanopartikeln erhalten, die durch anschließende Reinigung entfernt werden müssen. Die Ausbeute an mehrwandigen Kohlenstoff-Nanoröhren beträgt meist um 40 %.

Die sich bildenden mehrwandigen Röhren besitzen meist zwischen 4 und 25 Lagen und weisen eine Länge von wenigen hundert Nanometern auf, womit sie im Vergleich zu mit anderen Methoden hergestellten Nanoröhren recht kurz sind. Die Struktur der mit Laserablation erzeugten MWNT weist kaum Defekte auf, und die Enden der einzelnen Röhren sind mit Kappen verschlossen (Abb. 3.20). Dabei stellt sich die Frage, wieso es überhaupt möglich ist, dass die entstehenden Röhren über einen ausreichend langen Zeitraum nicht durch Kappen verschlossen sind, um auf ihre Länge anzuwachsen. Normalerweise kann man vermuten, dass unter den herrschenden Reaktionsbedingungen eine rasche Einfügung von Fünfringen und damit die vorzeitige Schließung der Röhren erfolgen sollte. Verantwortlich für die fortgesetzte Öffnung sind sog. Kohlenstoff-Adatom-Brücken, die benachbarte Lagen verbinden („lip-

lip"-Wechselwirkung). Diese Hypothese wird u.a. auch dadurch gestützt, dass i. A. zwei benachbarte Lagen an der gleichen Position geschlossen werden (Abb. 3.11).

Im Gegensatz zu anderen Methoden eignet sich die Laserverdampfung fester Kohlenstoffquellen nicht für die großtechnische Synthese von MWNT. Der Prozess kann nicht kontinuierlich geführt werden, und die benötigte Energiemenge macht ihn unwirtschaftlich. Daher werden Laserablationsapparate wohl der MWNT-Synthese im Labor vorbehalten bleiben.

3.3.2.3 Chemische Gasphasenabscheidung (CVD-Methoden)

Wie auch bei der Herstellung einwandiger Kohlenstoff-Nanoröhren handelt es sich bei der chemischen Gasphasenabscheidung (CVD) von MWNT um die Erzeugung kleiner Kohlenstoffcluster bzw. -atome aus Vorläuferverbindungen, die sich dann in Form verschiedener Kohlenstoffmaterialien abscheiden, wobei die Reaktionsbedingungen über die Struktur des abgeschiedenen Materials entscheiden.

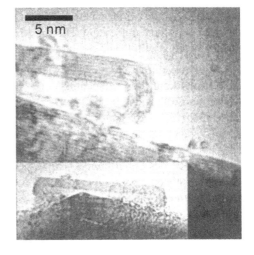

Abb. 3.20

HRTEM-Aufnahmen von durch Laserablation erzeugten MWNT. Man erkennt die gleichmäßige Kappenform sowie die geringe Länge dieser Nanoröhren (© ACS 1995).

Die einfachste Methode der CVD besteht in der thermischen Zersetzung einer kohlenstoffhaltigen Verbindung in einem erhitzten Quarzrohr in Gegenwart eines mit Katalysatorpartikeln belegten Substrats. Neben der Methode des substratgebundenen Katalysators besteht auch die Möglichkeit, mit sog. *„floating catalyst"* zu arbeiten, wobei die Katalysatorvorstufe dem Eduktgas beigemischt wird und der eigentliche Katalysator *in situ* in der Reaktionszone gebildet wird. Die Temperatur des Reaktionsofens beträgt zwischen 500 und 1000 °C, da unterhalb von 500 °C keine Aktivierung der Zersetzung durch den Katalysator zu beobachten ist. Das gasförmige Edukt wird im Strom über das Substrat geführt, wobei ein Teil der Moleküle zersetzt wird und sich als Nanoröhren abscheidet. Als Kohlenstoffquelle kommen u.a. Methan, Ethylen, Acetylen und Ethan in Frage. Nach Abschluss der Reaktion lässt man das Substrat auf etwa 300 °C abkühlen, um Schäden an der Nanotube-Struktur vorzubeugen, die bei der Entnahme bei höheren Temperaturen zu befürchten wären. Die Wachstumsrate der Nanoröhren beträgt je nach Reaktionsbedingungen zwischen wenigen Nanometern und einigen Mikrometern pro Minute. Im Fall der *„floating catalyst"*-Technik ist es u.U. nötig, einen zweiten Ofen nachzuschalten, um die vollständige Zersetzung des aktivierten Edukt-

Katalysatorkomplexes zu gewährleisten. Neben einem Ofen kommen auch Induktionserhitzung und Infrarotbestrahlung als Heizmethoden in Frage. Die Ergebnisse all dieser CVD-Varianten unterscheiden sich nicht wesentlich voneinander.

Es existiert auch eine Möglichkeit, die Zersetzung des Edukts durch eine Glühentladung zu fördern, die mittels einer Plasmaquelle hervorgerufen werden kann (Abb. 3.17b). Verschiedene Techniken haben sich mit der Zeit etabliert. Dazu gehört das Gleichstrom-Plasma, welches noch durch ein heißes Filament oder Mikrowellenbestrahlung ergänzt werden kann. Auch induktiv oder kapazitiv erzeugtes Radiofrequenz-Plasma kommt häufig für die Nanotube-Herstellung zum Einsatz. Im Gegensatz zu den weiter oben vorgestellten thermischen Methoden kann im Fall der plasmaunterstützten CVD (engl. *plasma enhanced CVD, PECVD*) bei deutlich geringeren Temperaturen gearbeitet werden, was insbesondere für die Abscheidung von Nanoröhren auf strukturierten, temperaturlabilen Substraten von Bedeutung ist. Eine gewisse Mindesttemperatur ist aber auch für PECVD-Techniken unerlässlich, da ansonsten die katalytische Zersetzung der Ausgangsverbindungen nicht in ausreichendem Maße stattfindet. Allerdings gestaltet sich die Messung der tatsächlichen Temperatur des Substrats schwierig. Zumeist findet man daher nur Angaben zur Temperatur des Heizhalters unterhalb des Substrats, die mit einem Thermoelement bestimmt wird. Der wahre Wert am Substrat dürfte aufgrund von Plasmaerhitzung und Ionenbombardement deutlich höher sein.

Als Edukte kommen die gleichen Verbindungen wie für die thermische CVD in Frage. Durch das Plasma kann die Zersetzung der Ausgangskohlenwasserstoffe in Gang gesetzt werden, wobei ein großer Anteil des so erzeugten Materials aus amorphem Kohlenstoff besteht. Um diese nicht am Katalysator stattfindende Reaktion zu unterbinden, wird dem Eduktgas ein inertes Trägergas beigemischt. Dabei kann es sich um Edelgase (meist Argon), Wasserstoff oder auch Ammoniak handeln. Der Gesamtdruck beträgt meist zwischen 1 und 20 Torr bei einem Anteil des eigentlichen Edukts von etwa 20 %. Die Durchführung bei höheren Drücken erweist sich als schwierig, da Probleme bei der Erzeugung eines stabilen Plasmas auftreten. Es wurden verschiedene Reaktortypen für die PECVD entwickelt (Abb. 3.17), die hier nun kurz vorgestellt werden:

Im klassischen Aufbau eines Plasmareaktors wird das Plasma durch eine konstante, zwischen zwei Elektroden anliegende Spannung erhalten. Ab einem bestimmten Mindestwert erfolgt der Durchbruch durch das Träger-Edukt-Gasgemisch, und eine Glühentladung bildet sich aus. In der Entladungszone werden verschiedene reaktive Spezies wie Elektronen, Kohlenstoffatome, Ionen und Radikale gefunden. In dieser Plasmakernzone ist die Teilchendichte besonders hoch, dagegen herrscht nur ein geringes elektrisches Feld. Der Abstand der Elektroden muss je nach im Reaktor herrschendem Druck eingestellt werden. Dabei gilt als Faustregel, dass die Elektroden umso weiter voneinander entfernt sein müssen, je niedriger der Druck ist.

Das mit dem Katalysator belegte Substrat kann sowohl auf der Anode als auch auf der Kathode befestigt werden, wobei meist eine zusätzliche Substratheizung erforderlich ist, um zufrieden stellende Wachstumsraten zu erhalten. Als Alternative zur Zusatzheizung hat sich die Einkopplung eines Wolfram-Filamentes in den Plasmastrom erwiesen. Diese Methode wird als „*Hot Filament CVD*" bezeichnet (s.a. Kap. 6.3.1). Zwar benötigt man weiterhin mehr als 300 V Spannungsdifferenz zwischen den Polen, aber die so produzierten Nanoröhren zeigen im Vergleich zu anderen Proben weniger Schäden durch Ionenbeschuss.

Um das Plasma zu stabilisieren, hat sich die Radiofrequenzunterstützung als Methode der Wahl erwiesen. In diesem Fall liegt eine mit Radiofrequenz (üblicherweise 13,5 MHz) wechselnde Spannung zwischen einer geerdeten und einer Strom führenden Elektrode an. Die Glühentladung findet hier bereits bei geringeren Spannungen statt, und somit werden bereits vorhandene Nanoröhren weniger geschädigt. Zudem ist durch das Wechselfeld auch die Ionisierung der reaktiven Spezies erleichtert. Die Ankopplung des Plasmas kann entweder über die gleiche Spannungsdifferenz erfolgen, die das Substrat erfährt, oder durch eine externe Quelle, wie z.B. eine Induktionsspule oder die Einkopplung von Mikrowellenstrahlung über Antennen oder Wellenausrichter (z.B. 2 kW, 2,45 GHz). Man spricht dann von mikrowellen-unterstützter Plasma CVD (engl. *microwave assisted PECVD*). Bei der Verwendung einer externen Quelle für die Glühentladung kann das Substrat völlig unabhängig unter Gleich- oder Wechselstrom gesetzt werden.

Allen CVD-Methoden gemein ist der Bedarf an Katalysator für die Zersetzung der Edukte. Je nach Anwendung wird der Katalysator auf ein Substrat aufgebracht oder direkt dem Eduktgas beigemischt („*floating catalyst*"). Am einfachsten können die entsprechenden Übergangsmetalle durch physikalische Methoden wie Elektronenquellen-Verdampfung (*electron gun evaporation*), thermische Verdampfung, gepulste Laserabscheidung, Ionenstrahl-Sputtern oder Magnetron-Sputtern auf Substrat-Scheiben (z.B. aus SiO_2, Si, SiC usw.) abgeschieden werden. Die Verwendung von Masken und lithographischen Techniken ermöglicht eine strukturierte Abscheidung, so wie sie aus der Halbleiterelektronik seit Jahrzehnten bekannt ist. Als Katalysatormetalle sind bisher Eisen, Cobalt, Nickel und Molybdän zur Anwendung gekommen. Dabei hat es sich z.T. als günstig erwiesen, das Katalysatormaterial nicht direkt auf das Substrat aufzutragen, sondern zunächst eine katalytisch nicht aktive Zwischenschicht (z.B. Al, Ir, Ti, Ta, W) abzuscheiden, auf der dann die Katalysatorteilchen positioniert werden. Dies hat den Vorteil, dass es zu einer Legierungsbildung und festeren Anbindung der Katalysatorpartikel kommt. Auch die Wärmeübertragungseigenschaften werden positiv beeinflusst.

Neben der physikalischen Abscheidung des Katalysators besteht auch die Möglichkeit einer chemischen Substratvorbereitung. Hierzu wird ein strukturgebendes Polymer (z.B. Pluronic 123) mit wässrigen Lösungen anorganischer Salze versetzt. Das entstehende Gel wird auf das Substrat aufgetragen, und durch anschließendes Trocknen, Reduzieren und Calcinieren werden separierte Metall-Nanopartikel auf der Substratoberfläche erhalten, die als Katalysator für die Nanoröhren-Produktion dienen können. Allerdings ist diese chemische Abscheidung mit großem Aufwand verbunden, da mehrere Reaktionsschritte nötig sind, um den Katalysator in seiner aktiven Form auf dem Substrat zu erzeugen. Des Weiteren erweist sich das Verfahren zur Optimierung der Katalysatorzusammensetzung als zu langwierig, so dass sich zunehmend physikalische Verfahren zur Substratvorbereitung durchsetzen.

Bei der Direkteinspritzung des Katalysators bzw. einer Vorstufe desselben muss die Auswahl der Verbindungen auf verdampfbare Substanzen beschränkt bleiben. Hier haben sich die entsprechenden Übergangsmetall-Carbonylverbindungen sowie die Metallocene bewährt. Durch die Erhitzung in der CVD-Apparatur zerfallen diese Substanzen und setzen die elementaren Metalle in Form kleiner Cluster frei, die dann katalytisch aktiv sind.

Wichtig für einen guten Katalysator, völlig unabhängig von seiner Herstellung, ist die geringe und gleichmäßige Größe der einzelnen Metallpartikel. Da der Durchmesser der Metallteilchen den Durchmesser der entstehenden Nanoröhren mitbestimmt (Kap. 3.3.6), sorgt eine einheitliche Katalysatorteilchengröße für eine geringere Durchmesservariabilität bei den erzeugten Nanotubes. Bei zu großen Katalysatorpartikeln nimmt die Nanotube-Ausbeute ab, da diese Cluster sich bevorzugt mit einem dünnen graphitischen Überzug umhüllen und somit rasch ihre katalytische Aktivität verlieren.

Je nach verwendetem Ausgangsmaterial kann auch gesteuert werden, ob ein- oder mehrwandige Röhren entstehen. So werden bei der Umsetzung von Benzol mit einem Metallocen-Katalysator mehrwandige Kohlenstoff-Nanoröhren gebildet, während die Umsetzung von Acetylen SWNT liefert.

3.3.2.4 Zersetzung von Kohlenwasserstoffen – Pyrolysemethoden

Mehrwandige Kohlenstoff-Nanoröhren können aus organischen Vorläufermolekülen hergestellt werden. Diese dienen dann lediglich als Kohlenstoffquelle. Die Zersetzung läuft bei hohen Temperaturen an einem Katalysator ab. Einige Verfahren, die keines Katalysators bedürfen, wurden ebenfalls entwickelt.

Ein typisches Beispiel stellt die Zersetzung von Acetylen an einem Eisenkatalysator auf SiO_2-Substrat dar. Bei dieser Methode wird das gasförmige Acetylen über eine Katalysatorschüttung in einer Quarzröhre geleitet, die auf etwa 700 °C (allgemein 500-1000 °C) erhitzt wird, und thermisch zersetzt. Dabei entstehen neben den gewünschten MWNT auch größere, faserartige Strukturen und amorphe Graphenlagen, die oft die Katalysatorteilchen umgeben. Die meist bambusförmigen (s. Kap. 3.3.4) Nanoröhren sind häufig von amorphem Kohlenstoff umhüllt und z.T. deutlich gekrümmt. Neben gebogenen Nanotubes werden dabei auch solche beobachtet, die helical oder spiralförmig verdrillt sind (Abb. 3.21). Sie besitzen im Inneren meist einen vergleichsweise großen zylindrischen Hohlraum. Sein Durchmesser beträgt etwa 10 nm, wenn als Katalysator Cobalt auf einem Graphitträger verwendet wird. Dabei liegt der äußere Durchmesser der mehrwandigen Röhren bei ungefähr 30 nm. Als Hülle beobachtet man eine recht dicke Schicht amorphen Kohlenstoffs. Der Durchmesser für die Gesamtstruktur liegt bei etwa 130 nm.

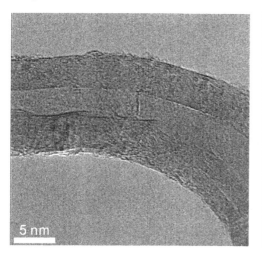 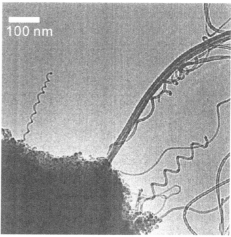

Abb. 3.21 Durch Pyrolyse von Acetylen bei 720 °C an einem Cobalt-Katalysator erzeugte MWNT. Die Röhren sind stark gekrümmt und zeigen oft helicale Strukturen (© ACS 2001).

Die Länge der Röhren kann viele Mikrometer betragen und hängt von der Reaktionszeit ab. Auch der Durchmesser der MWNT kann gesteuert werden, dazu werden auf dem Substrat Katalysatorpartikel der entsprechenden Größe aufgebracht. Die Proben sind i. A. mit anderen Strukturen verunreinigt. Hauptsächlich handelt es sich um graphitüberzogene Katalysatorteilchen und sog. Kohlenstoff-Nanopartikel (s. Kap. 4).

Auch durch die Pyrolyse von Campher unter Argon bei etwa 900 °C in Gegenwart eines Eisenkatalysators können Kohlenstoff-Nanoröhren gebildet werden. Man erhält vertikal angeordnete parallele MWNT mit Durchmessern zwischen 20 und 40 nm und einer Länge von bis zu 200 μm, wenn man Campher in Gegenwart von Ferrocen pyrolysiert. Dabei werden im Vergleich zu anderen CVD-Methoden nur etwa 10 % der üblichen Katalysatormenge benötigt, so dass die erhaltenen Nanoröhren vergleichsweise wenig mit Metallpartikeln verunreinigt sind. Außerdem sorgt der im Campher enthaltene Sauerstoff für die *in situ*-Oxidation des sich bildenden amorphen Kohlenstoffs. Die Ausbeute liegt bei 90 %, und die erhaltenen Nanotubes weisen einen hohen Graphitisierungsgrad auf.

Bei der chemischen Dehalogenierung perfluorierter Kohlenwasserstoffe, z.B. Perfluorcyclopenten, Perfluornaphthalin oder Perfluordecalin, entstehen ebenfalls Kohlenstoffmaterialien. Zunächst bilden sich dabei instabile Carbinphasen, die sich in Nanotubes umwandeln lassen. Gleiches gilt für die Zersetzung von 1,3,5-Hexatriin, welches ebenfalls Kohlenstoff-Nanoröhren bildet. Die Ausbeuten sind jedoch relativ schlecht, nur 1-2 % des Materials liegt dann tatsächlich als MWNT vor. Daneben werden auch Fullerene und zwiebelförmige Kohlenstoffpartikel gebildet.

Eine Methode, Nanoröhren ähnlich wie Kohlefasern herzustellen, besteht in der Pyrolyse kohlenstoffreicher Polymere. So bilden sich bei der thermischen Behandlung von Polyvinylpyrrolidon (PVP) an einer Aluminiumoxidmembran als Templat mehrwandige Kohlenstoff-Nanoröhren, die jedoch einen gewissen Anteil Stickstoff und nachgewiesenermaßen C-N-Bindungen enthalten.

Ein interessantes Verfahren, bei dem das verwendete Vorläufermolekül sowohl die Kohlenstoffquelle als auch den Katalysator liefert, ist die thermische Zersetzung des Eisen-Phthalocyanin-Komplexes. Die Reaktion wird bei etwa 950 °C in einem Argon/Wasserstoff-Strom durchgeführt. Dabei zersetzt sich der Komplex in seine Bestandteile, und der organische Ligand wird unter Bildung von atomarem Kohlenstoff bzw. kleinen Clustern zerstört. An der Oberfläche der gebildeten Eisenpartikel findet dann das Wachstum der mehrwandigen, meist bambusförmigen (s. Kap. 3.3.4) Nanoröhren statt.

3.3.2.5 Herstellung doppelwandiger Kohlenstoff-Nanoröhren

Doppelwandige Kohlenstoff-Nanoröhren (DWNT) stellen aufgrund ihrer definierten Röhrenanzahl ein attraktives Ziel für Syntheseversuche dar. Eine Möglichkeit zu ihrer Herstellung besteht in einer Variation der Lichtbogenmethode. Es wird eine etwa 8 mm dicke Graphitelektrode verwendet, welche ähnlich wie bei der Synthese von SWNT eine Bohrung aufweist, die mit einem Katalysator gefüllt wird. Allerdings handelt es sich dabei um ein im Vergleich zur SWNT-Synthese deutlich weniger reaktives Material. Meist wird Fe_2CoNi_4S verwendet, welches durch Zusammenschmelzen der Elemente bei 700 °C unter Argon gewonnen werden kann. Das Inertgas wird von Helium auf Argon umgestellt, dem zur Erleichterung des Funkenüberschlags Wasserstoff beigemengt ist. Der Gesamtdruck liegt bei etwa 380 Torr. An-

sonsten werden die Parameter in Anlehnung an typische SWNT-Synthesen durch Bogenentladung gewählt.

Auch bei dieser Herstellungsmethode entsteht neben dem Kathodendepot, welches hier keine
besondere Bedeutung besitzt, eine Reihe anderer Kohlenstoffablagerungen, die z.T. große
Mengen DWNT enthalten. Wie bei der SWNT-Synthese scheidet sich ein gewisser Anteil an
den Wänden der Apparatur ab (~ 20 % DWNT), und es bildet sich ein „Kragen" an den Seiten der Kathode (~ 50 % DWNT). Besonders reich an doppelwandigen Nanoröhren ist ein
dicker Film, der die Seiten der Kathode bedeckt. Dieser kann bis zu 70 % DWNT enthalten.
Als Nebenprodukte werden Kohlenstoff-Nanopartikel und amorpher Kohlenstoff beobachtet.
Fullerene finden sich dagegen nicht. Die erzeugten DWNT zeigen Außendurchmesser von 3
bis 5 nm und einen Graphenlagenabstand von 0,39 ± 0,2 nm, der im Vergleich zum üblichen
Abstand deutlich erweitert ist. Der Durchmesser der Röhren kann auch in diesem Fall in
gewissem Maße über die Reaktionstemperatur gesteuert werden, wobei höhere Temperaturen
zu größeren Durchmessern führen. Die DWNT sind geschlossen und nur lose gebündelt. Die
Kappen sind in der Regel frei von Katalysatorpartikeln.

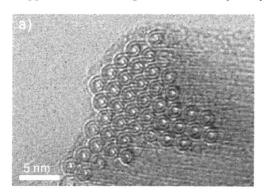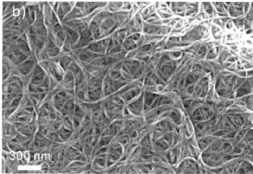

Abb. 3.22 a) Doppelwandige Nanoröhren, die durch chemische Gasphasenabscheidung gewonnen
wurden. Die DWNT bilden einen dichten Film (b) © Nature Publ. Group 2005.

Durch die Anwesenheit von Wasserstoff bilden sich in der Reaktionszone neben kleinen
Kohlenstoff-Clustern auch leichte Kohlenwasserstoffe, die ebenfalls zur Abscheidung von
DWNT beitragen. Prinzipiell handelt es sich also um eine *in situ* durchgeführte chemische
Abscheidung aus der Gasphase (CVD) mit „*floating catalyst*". Dies wurde auch in einer
Vielzahl von Experimenten als Methode zur gezielten Darstellung von doppelwandigen Koh-
lenstoff-Nanoröhren angewandt. Dabei dient in der Regel Acetylen als Kohlenstoffquelle, da
es offensichtlich am besten geeignet ist, um eine Schicht amorphen Kohlenstoffs um eine
bereits gebildete Nanoröhre zu legen (s. Kap. 3.3.6).

Die CVD-Synthese von DWNT erfolgt unter ähnlichen Bedingungen wie die Darstellung
anderer Nanoröhren durch Gasphasenabscheidung. Der Katalysator kann entweder auf einem
Substrat aufgebracht sein oder direkt in den Acetylengasstrom eingespeist werden. Allerdings
beobachtet man bei den üblichen Techniken unter Verwendung eines Eisen-Cobalt-
Katalysators stets ein Gemisch unterschiedlicher Nanoröhren, so dass die DWNT durch aufwändige Reinigungsverfahren isoliert werden müssen.

Inzwischen wurde aber auch eine Methode entwickelt, bei der durch den Einsatz eines Coka-
talysators die fast ausschließliche Bildung doppelwandiger Nanoröhren erreicht werden kann.
Ziel ist dabei, pro Zeiteinheit eine deutlich erhöhte Menge aktiver Kohlenstoffbausteine
(Atome, Cluster) zur Verfügung zu stellen, so dass sich bei endlicher Anzahl an Katalysatorpartikeln ein Teil des Kohlenstoffs als amorpher Film an die entstehenden Röhren anlagert
und so die Bildung doppelwandiger Nanotubes begünstigt. Als Cokatalysator, der am Eingang des Ofens positioniert wird, hat sich Molybdän bewährt. Ein Methan-Argon-Strom (1:1)
wird bei 875 °C zunächst über diesen Cokatalysator geleitet und erst anschließend mit dem
im Zentrum des Ofens befindlichen Eisenkatalysator in Kontakt gebracht. Bei der anschließenden Reinigung werden durch Behandlung mit Salzsäure die Metallpartikel entfernt, und
anschließende Teiloxidation an Luft beseitigt den überschüssigen amorphen Kohlenstoff. Das
in Form eines stabilen, schwarzen Films erhaltene Produkt besteht zu mehr als 95 % aus
DWNT, die sehr einheitliche Durchmesser aufweisen und in Form von trigonal gepackten
Bündeln auftreten (Abb. 3.22).

3.3.3 Ansätze zur rationalen Synthese von Kohlenstoff-Nanoröhren

Wenn es gelänge, einwandige Kohlenstoff-Nanoröhren gezielt herzustellen, wären eine Vielzahl von Untersuchungen der Eigenschaften möglich, die heute aufgrund der stets erhaltenen
Produktgemische nur schwierig bzw. unzureichend zugänglich sind. Auch für einige Anwendungen, die zwingend eine bestimmte Geometrie der Röhren erfordern, könnte Material zur
Entwicklung bereitgestellt werden.

a)

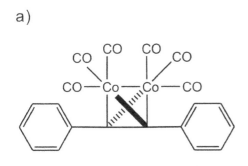

b)

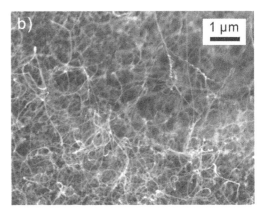

Abb. 3.23 a) Cobaltcarbonyl-Komplex des Tolans; b) durch thermische Zersetzung dieses Komplexes
gewonnene MWNT (© K. P. C. Vollhardt).

Leider ist es bisher nicht gelungen, eine rationale Synthese von SWNT zu verwirklichen. Es
existiert aber eine Reihe von Ansätzen, die hier vorgestellt werden sollen. Bei der ersten
Methode handelt es sich im eigentlichen Sinne nicht um eine rationale Synthese. Sie ist aber
eine der ersten gewesen, in der ausschließlich ein organischer Vorläufer zu Nanoröhren umgesetzt werden konnte. Dabei handelt es sich um die pyrolytische Zersetzung des Cobaltcar-
bonylkomplexes des Tolans (Diphenylacetylen) (Abb. 3.23). Beim Erhitzen auf 650 °C zer-

fällt dieser und es entsteht ein rußartiges Material, welches bei genauerer Untersuchung eine recht große Menge an Nanoröhren enthält.

Die Besonderheit dieser Methode liegt zum einen in der relativ niedrigen Temperatur der Thermolyse des Ausgangsmaterials, zum anderen darin, dass der Organocobalt-Komplex den benötigten Katalysator direkt mitbringt. Es handelt sich daher nicht um nanoskalige Metall-cluster, die katalytisch aktiv sind, sondern um einzelne Cobaltatome, die das Nanoröhren-wachstum fördern. Die Struktur der mit dieser Methode durch *Vollhardt* und Mitarbeiter dar-gestellten Nanotubes entspricht der bei anderen Verfahren, bei denen Kohlenwasserstoffe katalytisch zersetzt werden. Es handelt sich um mehrwandige Nanoröhren, die jedoch nicht das ausschließliche Produkt der Pyrolyse darstellen. Vielmehr finden sich im erhaltenen Ruß auch andere Kohlenstoffstrukturen und insbesondere amorpher Kohlenstoff.

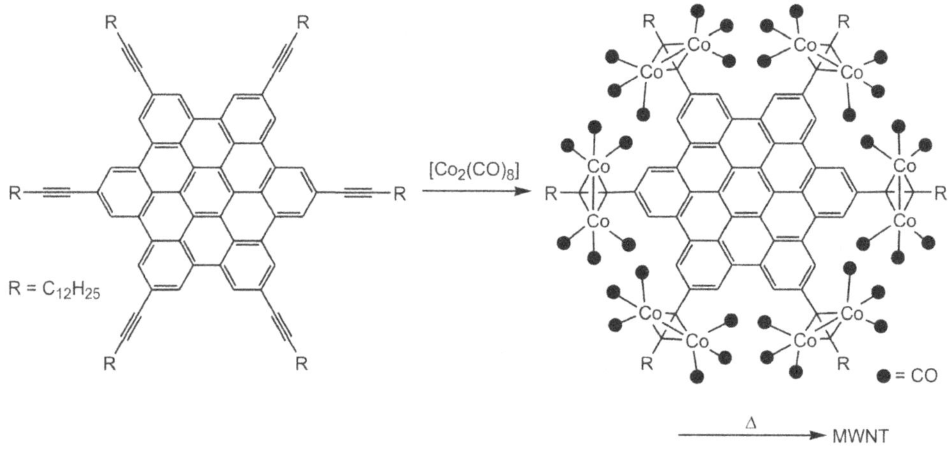

Abb. 3.24 Hochkondensierte Aromaten können zu mehrwandigen Nanoröhren umgesetzt werden. Die Komplexierung vorhandener Dreifachbindungen mit Dicobaltoctacarbonyl unterstützt diesen Prozess.

Dass die Wahl der organischen Ausgangskomponente einen großen Einfluss auf die Art der gebildeten Kohlenstoffstrukturen besitzt, wird u.a. daran deutlich, dass bei der Pyrolyse von Metallkomplexen einiger Dehydro[n]annulene neben den gewünschten Nanotubes auch eine ganze Reihe anderer Spezies, wie z.B. Kohlenstoffzwiebeln, Graphit und amorpher Kohlen-stoff, beobachtet werden.

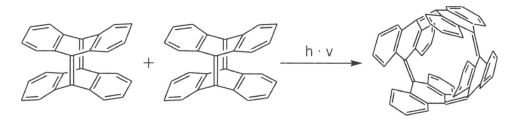

Abb. 3.25 Photochemische ringöffnende Metathese zu einem Picotube-Fragment.

Um die Bildung größerer Struktureinheiten zu fördern, erscheint es günstig, als Ausgangs-substanz Verbindungen mit einer möglichst großen Anzahl bereits kondensierter aromatischer Ringe zu wählen. Auch hier wird im letzten Schritt eine Pyrolyse der organischen Vorläufer-substanz durchgeführt (Abb. 3.24). Scheibenförmige große Aromaten wie Hexa-*peri*-hexabenzocoronen können an der Peripherie mit Alkinylsubstituenten modifiziert werden, so dass eine Komplexbildung mit Dicobaltoctacarbonyl möglich wird. In Abhängigkeit von der Temperatur werden bei der Zersetzung zwei verschiedene Arten von Nanotube-Strukturen gebildet: Bei etwa 800 °C entstehen die in Kap. 3.3.4 beschriebenen Bambusstrukturen, ober-halb von 1000 °C dagegen gerade, durchgängige MWNT. Die Röhren sind meist geschlossen, und es finden sich Katalysatorpartikel sowohl in einem Teil der Röhrenenden als auch in den Fächern der Bambusstruktur. Beachtlich ist die Tatsache, dass die Umwandlungsquote des Kohlenstoffs fast 100 % beträgt, es werden weder andere Kohlenstoffstrukturen noch amor-pher Kohlenstoff beobachtet. Die Größenverteilung der so produzierten MWNT ist recht einheitlich, der innere Durchmesser liegt bei etwa 15 nm, der äußere bei ca. 33 nm, was dar-auf zurückgeführt werden kann, dass der Katalysator *in situ* gebildet wird und daher eine sehr einheitliche Verteilung in der Probe aufweist. Die Länge der gebildeten Nanoröhren beträgt zwischen einigen hundert Nanometern und mehreren Mikrometern.

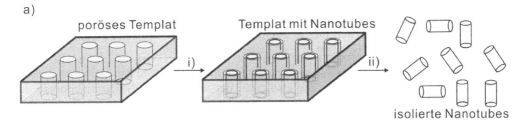

Abb. 3.26

a) Schematische Darstel-lung der Erzeugung von Nanoröhren in porösen Templaten; b) SEM-Aufnahme eines Zeo-lithsubstrats mit heraus-stehenden Nanotube-Enden. Ein Teil der Mat-rix wurde durch Ätzen entfernt (© Wiley-VCH 2005).

Den Versuch einer rationalen Synthese kleinerer röhrenförmiger aromatischer Verbindungen kann man auch unter dem Gesichtspunkt der gezielten Nanotube-Synthese betrachten. Die aus diesen Versuchen resultierenden Röhren weisen Durchmesser deutlich unterhalb der Nanometergrenze auf, so dass man sie wohl eher „Picotube" nennen sollte. Problematisch ist weiterhin die Abspaltung der terminalen Wasserstoffatome, so dass die Struktur dieser Pico-tubes an den Enden deutlich von der zylindrischen Form abweicht (Abb. 3.25). Gelingt die Abspaltung der terminalen Protonen, ergibt sich für den hier vorgestellten Fall ein kurzes [4,4]-*Armchair*-Nanotube. Neben diesem strukturellen Problem ergibt sich bei zunehmender Größe der synthetisierten Systeme eine weitere Schwierigkeit: Je größer der Kondensations-grad des aromatischen Systems, desto geringer wird die Löslichkeit, bis praktisch keine Um-setzungen in Lösung mehr durchgeführt werden können. Daher muss in diesem Fall auf pyro-lytische und/oder Festphasenmethoden zurückgegriffen werden.

Eine weitere Möglichkeit besteht in der templatgesteuerten Synthese von Nanoröhren. Man kann entsprechende Vorläufer (Kohlenwasserstoffe, Polyaromaten, Fullerene oder andere nanoskalige Kohlenstoff-Partikel) in Poren geeigneter Größe einer Pyrolyse unterwerfen (Abb. 3.26). Durch die räumliche Begrenzung entstehen auf diese Weise Nanoröhren, die sich dem Durchmesser der Poren anpassen. Realisiert wurde dieses Konzept bereits bei der Darstellung doppelwandiger Nanotubes durch Koaleszenz von C_{60}-Molekülen in den sog. Peapods (Kap. 3.5.6). Aber auch anorganische poröse Materialien wie die Zeolithe eignen sich. Diese bieten dann zusätzlich die Möglichkeit, das Templat chemisch zu entfernen und die erzeugten Nanoröhren zu isolieren.

Ein extrem verkürztes Modell eines Nanotubes stellen die sog. Beltene dar. Bei ihnen handelt es sich um gürtelförmige Aromaten, die also eines der wesentlichen Strukturmerkmale der Nanotubes, nämlich die ringförmige Konjugation entlang des Röhrenumfangs, korrekt abbil-den (Abb. 3.27). Allerdings fehlt ihnen die Ausdehnung entlang der Röhrenachse, lediglich ein Benzolring ist ausgebildet. Daher ist das π-System in *z*-Richtung von sehr geringer Aus-dehnung, die elektronischen Eigenschaften unterscheiden sich daher drastisch von denen der eigentlichen Nanoröhren. Sollte es jedoch gelingen, aus kondensierten Systemen, z.B. Pyre-nen, Beltene aufzubauen, würde man der rationalen Synthese genau definierter Nanotube-Fragmente ein deutliches Stück näher kommen.

a)
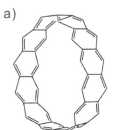

b)
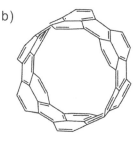

Abb. 3.27

Gürtelförmige Aromaten entsprechen Kohlenstoff-Nanoröhren mit minimaler Länge. a) kürzestes *Zickzack*-Nanotube, b) Hypothetisches *Armchair*-Nanotube aus Pyreneinheiten.

3.3.4 Struktur und Herstellung weiterer röhrenförmiger Kohlenstoffmaterialien

Neben den bereits beschriebenen einwandigen und mehrwandigen Kohlenstoff-Nanotubes wurde auch eine Vielzahl weiterer Strukturen mit röhrenförmiger oder verwandter Geometrie beobachtet. Dazu zählen u.a. die bambusförmigen und *cup-stacked* Nanoröhren sowie Nanohorns und helicale Nanotubes. Auch sie bestehen aus gekrümmten Graphenlagen, besitzen jedoch zusätzlich strukturelle Eigenarten, die im Folgenden angesprochen werden.

Bambusförmige Kohlenstoff-Nanoröhren

Typische MWNT bestehen aus durchgehenden SWNT mit unterschiedlichem Durchmesser. Im Fall der sog. bambusförmigen Nanoröhren beobachtet man eine hiervon deutlich verschiedene Struktur (Abb. 3.28). Sie bestehen im Inneren aus einzelnen Sektionen, die von einigen durchgehenden Nanoröhren umhüllt werden. Der Durchmesser beträgt etwa 30-120 nm, und sie weisen Längen weit in den Mikrometerbereich auf. Die Wände bestehen aus bis zu mehreren zehn Einzelröhren.

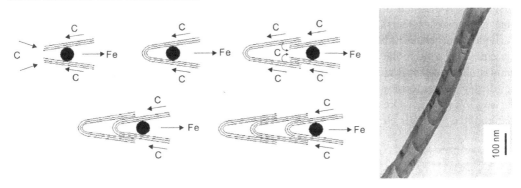

Abb. 3.28 Bildungsmechanismus bambusförmiger Nanoröhren (links, © Elsevier 2000) und HRTEM-Aufnahme eines solchen Nanotubes (rechts, © Elsevier 2002).

Die Herstellung der bambusförmigen Strukturen kann auf verschiedene Weise erfolgen. So gelingt die Erzeugung dieses Materials u.a durch Bogenentladung zwischen Graphit- oder Kohleelektroden, die eine Füllung aus Metallpartikeln (meist Eisen) besitzen. Die Verwendung von Kohle anstelle von Graphit hat zur Folge, dass der Wachstumsmechanismus aufgrund der anderen Struktur des Startmaterials leicht verändert wird. Besonders die Existenz nur lose gebundener polycyclischer Aromaten in der Kohle bei gleichzeitiger Abwesenheit eines ausgedehnten Gitters sorgt dafür, dass neben atomarem Kohlenstoff auch größere Bausteine direkt in die entstehenden Nanoröhren eingebunden werden. Der Mechanismus des Wachstums von bambusförmigen Nanotubes sowohl aus Kohle- als auch aus Graphitelektroden gründet sich auf ein Wechselspiel zwischen Röhrenwachstum aus dem am Katalysator adsorbierten Kohlenstoff und Weitertransport des Katalysatorteilchens. Durch die hohen Temperaturen im Lichtbogen liegt das Eisen zumindest teilweise geschmolzen vor, und kleine Eisentröpfchen sind die katalytisch aktive Substanz. Sie werden an der Spitze der weiter wachsenden Nanotubes transportiert und sind dort auch experimentell nachzuweisen (Abb. 3.28). Die Größe des Eisentröpfchens bestimmt den Durchmesser der entstehenden Röhre.

Auch die chemische Gasphasenabscheidung kann zur Gewinnung von bambusförmigen Strukturen genutzt werden. Dazu wird üblicherweise ein Katalysator aus der Eisengruppe (Fe, Co oder Ni oder Gemische derselben) auf einem Substrat abgeschieden und durch Ätzen vorbehandelt. Anschließende katalytische Umsetzung von Acetylen bei etwa 800 °C liefert die gewünschten Nanoröhren. Die Tatsache, dass in den erhaltenen Nanotubes keine Katalysatorpartikel nachgewiesen werden können, spricht für einen Mechanismus, bei dem die Katalysatorpartikel nicht durch die Röhre nach oben geschoben werden, sondern auf der Substratoberfläche liegen bleiben (*bottom growth*). Schließlich wurden auch bei der Pyrolyse polyaromatischer Verbindungen (Abb. 3.24) in Gegenwart von Cobaltcarbonyl bambusförmige Nanotubes als Produkt beobachtet.

Cup-stacked Kohlenstoff-Nanoröhren

Während es sich im vorstehenden Fall um nach außen geschlossene Nanoröhren mit einer ausgeprägten internen Struktur handelt, weisen die als *cup-stacked* bezeichneten Nanotubes eine ganz eigene Oberfläche auf. Sie sind aus Kegelhohlstümpfen, die kolumnar gestapelt vorliegen, aufgebaut (Abb. 3.29). Durch diese Struktur ergibt sich eine offene äußere Hülle, die eine hohe Reaktivität aufweisen sollte, da sich eine große Anzahl nicht abgesättigter Bindungsstellen an den Rändern der einzelnen *cups* befindet. Streng genommen handelt es sich bei dieser Röhrenform nicht um Kohlenstoff-Nanotubes, sondern eher um eine Überstruktur der sog. *Nanocones*. Diese kegelförmigen Gebilde aus entsprechend aufgerollten Graphenlagen konnten ebenfalls elektronenmikroskopisch nachgewiesen werden (Abb. 3.29).

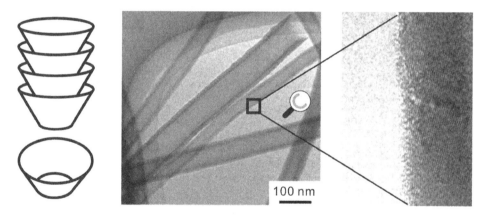

Abb. 3.29 *Cup-stacked* Kohlenstoff-Nanoröhren bestehen aus einzelnen Kegelstumpf-Fragmenten. Modell eines *cup-stacked* CNT (links) und HRTEM-Aufnahmen dieser Nanoröhren (© AIP 2002).

Die Öffnungswinkel dieser Graphenkegel (*cups*) entsprechen in der Regel den in Tab. 3.1 angegebenen Werten für die unterschiedliche Anzahl von Fünfringdefekten in der Spitze einer kegelförmigen Struktur. Allerdings handelt es sich bei den einzelnen *cups* nicht um geschlossene Kegel, sondern in der Regel um offene Elemente, so dass die aus ihnen gebildeten Röhren einen durchgehenden inneren Hohlraum besitzen, der zudem mit der Umgebung in Verbindung steht. Dieser Hohlraum weist meist einen Durchmesser von < 100 nm auf, während die Röhren selbst Durchmesser von 50-150 nm und Längen bis zu 200 μm zeigen. Der aufgespannte Trichter kann Öffnungswinkel zwischen 40° und 85° aufweisen, während die Länge der Cups durch das Katalysatorpartikel beeinflusst wird. Die nicht abgesättigten Bindungsstellen an der Innen- und Außenwand der *cup-stacked* Nanoröhren setzen sich i. A.

mit den benachbarten Wänden unter Bildung von Loops um oder lagern z.B. amorphen Kohlenstoff auf ihrer Außenhülle an.

Die Herstellung erfolgt nach der *floating-catalyst*-Methode, bei der eine Katalysatorvorstufe
(hier Ferrocen oder $Fe(CO)_5$ mit H_2S als Cokatalysator) zusammen mit der Kohlenstoffquelle
(hier Erdgas, welches hauptsächlich aus Methan besteht) verdampft wird. Die entstehenden
Kohle-Nanofasern können dann bei etwa 3000 °C graphitiert werden.

Kohlenstoff-Nanohorns (SWNH)

Auch kurze einwandige Kohlenstoff-Nanoröhren lassen sich herstellen (Abb. 3.30). Sie weisen i. A. einen Durchmesser von 2-6 nm und Längen um 50 nm auf. An einem Ende befindet
sich eine konische Spitze mit einem inneren Winkel von etwa 20°. Die Struktur erinnert an
ein kleines Behältnis, nicht unähnlich einem nanoskopisch kleinen Eppendorf®-Gefäß. Als
Bezeichnung für die einzelnen, an einer Seite geschlossenen einwandigen Röhren hat sich der
Begriff *Nanohorn* eingebürgert. Mehrere von ihnen bilden Strukturen, die in der Literatur mit
Dahlienblüten verglichen wurden. Besonders interessant sind die SWNH durch ihre große
innere Oberfläche und die sehr gleichmäßige Struktur. Außerdem lassen sie sich in sehr guter
Reinheit und Ausbeute herstellen. Die Eigenschaften der SWNH bieten mehrere Möglichkeiten für Anwendungen. So können die SWNH gefüllt werden und adsorbieren u.a. Wasserstoff
oder Methan sehr effektiv. Daneben wurde bereits gezeigt, dass SWNH katalytische Eigenschaften, z.B. zur direkten Zersetzung von Methan in Wasserstoff, besitzen. Des Weiteren
ließen sie sich als Elektrodenmaterial in Brennstoffzellen einsetzen.

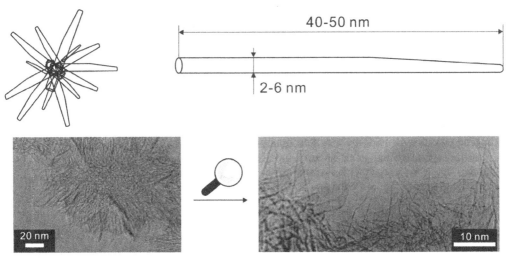

Abb. 3.30 Kohlenstoff-Nanohorns liegen oft als dahlien- oder igelförmige Agglomerate vor (© Elsevier
2004). Die Schemazeichnung verdeutlicht die Größenverhältnisse (oben).

Die Herstellung erfolgt z.B. durch CO_2-Laser-Ablation von reinem Graphit in einer Argon-
Atmosphäre unter Normaldruck. Es wird kein Katalysator zugesetzt. Mit dieser Methode
erreicht man eine Reinheit von > 90 %, und es können Gramm-Mengen dargestellt werden.
Daneben sind SWNH auch mit verschiedenen Lichtbogentechniken erhältlich. So können sie

durch Verwendung eines Lichtbogen-Schweißbrenners oder in einem gepulsten Lichtbogen erzeugt werden. Bei der letzteren Methode werden durch Vorheizen der Graphitelektroden auf 1000 °C eine deutlich bessere Reinheit und eine engere Größenverteilung der SWNH erreicht.

Helicale Kohlenstoff-Nanoröhren (hMWNT)

Bereits kurz nach der Entdeckung der Kohlenstoff-Nanoröhren wurden auch Exemplare beobachtet, die eine verdrillte bzw. helicale Form aufwiesen. Man findet diese helicalen Nanoröhren (*h*MWNT) oft als Nebenprodukt bei der Synthese mehrwandiger Kohlenstoff-Nanotubes. Es ist jedoch inzwischen auch gelungen, gezielt *h*MWNT herzustellen. Ihre ungewöhnliche Form macht die helicalen Nanoröhren zu einem interessanten Forschungsobjekt, da die zu erwartenden elektronischen Eigenschaften wie die induktive Wirkung bei Stromfluss z.B. die Anwendung als „Nanospulen" ermöglichen sollten.

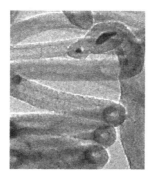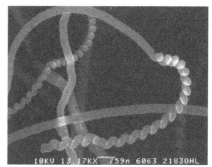

Abb. 3.31 Helicale Nanoröhren weisen sowohl Fünfringe als auch Siebenringe auf (links, © AIP 2002). Es existieren spiralfederartige (Mitte, © ACS 2003) und verdrillte Strukturen (rechts, © APS 1993).

Es existieren verschiedene Strukturtypen, die sich in der Art der Verdrillung unterscheiden. Zum einen werden Objekte beobachtet, die einer mikroskopisch kleinen Spiralfeder gleichen, zum anderen findet man in sich verdrillte Röhren, die eher das Aussehen eines gedrehten Fadens aufweisen (Abb. 3.31). Zusätzlich wurden auch Strukturen von mehreren, spiralförmig ineinander gewickelten Röhren beschrieben. Die Struktur der *h*MWNT leitet sich aus der für gerade Nanoröhren ab, enthält jedoch Defekte, die für die Krümmung verantwortlich sind. Wie bereits in den Kapiteln über Fullerene und die Kappenstruktur von Nanoröhren erläutert, wird eine Krümmung der Graphenlage durch die Anwesenheit von Ringen mit weniger bzw. mehr als sechs Kohlenstoffatomen verursacht. Dabei sorgen die häufig auftretenden Fünfringe für eine konvexe, Siebenringe dagegen für eine konkave Verformung der geraden Röhren. Um nun zu einer spiralförmigen Struktur zu gelangen, werden auf der Außenseite konvexe und innen konkave Strukturdefekte benötigt. Daher kann man davon ausgehen, dass sich auf der Außenseite der Kohlenstoff-Spirale vorwiegend Fünfringdefekte und innen hauptsächlich Siebenringdefekte befinden (Abb. 3.31). Bei genauer Betrachtung hochaufgelöster elektronenmikroskopischer Aufnahmen helicaler Nanoröhren erkennt man zudem, dass die inneren Wände an Positionen mit großer Krümmung z.T. nicht mehr parallel verlaufen, sondern sich ablösen und in das Röhreninnere wegklappen (engl. *buckling*), was auf eine gespannte Struktur schließen lässt.

Die Herstellung von *h*MWNT kann auf verschiedene Weise erfolgen. Zum einen werden in einer CVD-Apparatur bei der pyrolytischen Umsetzung von Pyridin bzw. Toluol im Wasserstoffstrom in Gegenwart von Eisenpentacarbonyl bei etwa 1100 °C überwiegend helicale Kohlenstoff-Nanoröhren erhalten. Zum anderen liefert auch die Reduktion von Diethylether an Zink bei etwa 700 °C bis zu 80 % helicale Nanoröhren.

Der Mechanismus der Bildung helicaler Strukturen ist noch weitgehend unerforscht, erste Hypothesen gehen aber davon aus, dass bei einer ungleichmäßigen Verteilung der aktiven Stellen auf der Katalysatoroberfläche und der daraus resultierenden unterschiedlichen Extrusionsgeschwindigkeit entlang des Röhrensaumes unterschiedlich viele Kohlenstoffatome eingebaut werden und es so zu einer Krümmung der wachsenden Nanoröhre kommt. Auch ellipsoide Katalysatorpartikel, die zufällig orientiert auf dem Substrat vorliegen, bedingen eine unterschiedliche Wachstumsgeschwindigkeit auf verschiedenen Seiten der sich bildenden Röhre, so dass es zur Ausbildung einer Spiralform kommt. Durch den Einbau von C_2-Einheiten auf einer Seite der Röhre werden dort Fünf- und Siebenring-Defekte erzeugt, die beim Einbau weiterer Einheiten getrennt werden und so lange wandern, bis sie in den „Knie"-Positionen der Röhre angekommen sind (Abb. 3.31). Die *h*MWNT stellen dann eine Aneinanderreihung derartiger „Knie"-Strukturen dar.

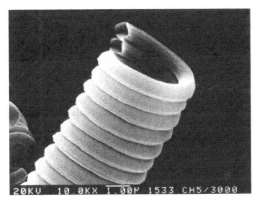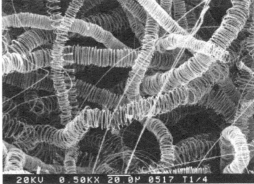

Abb. 3.32 Bei den *Microcoils* handelt es sich um größere helicale Objekte, die aus röhrenförmigen Kohlenstoffstrukturen aufgebaut sind (© MRS 2000).

Neben den *h*MWNT wurden auch größere helicale Kohlenstoff-Objekte beschrieben, die sog. *carbon microcoils* (Abb. 3.32). Diese weisen ebenfalls eine ausgeprägte Spiralform auf und werden durch thermische Zersetzung von Acetylen bei 800 °C in Gegenwart von Spuren eines Schwefel- oder Phosphorkatalysators hergestellt. Ihr Durchmesser beträgt etwa 1-10 µm, und sie weisen Längen von 100-500 µm auf. Damit stellen sie bereits einen Übergang zu spiralförmigen Kohlefasern dar. Durch thermische Nachbehandlung bei 3000 °C können die Microcoils graphitisiert werden, was ihnen eine Fischgrät-Struktur verleiht, in der große Bereiche als parallel orientierte Graphenlagenpakete vorliegen.

3.3.5 Arrays aus Kohlenstoff-Nanoröhren

Für eine ganze Reihe von Anwendungen der Kohlenstoff-Nanoröhren ist es von Interesse, die produzierten Nanotubes in einer parallelen Anordnung auf Substraten zu platzieren. Dazu existieren verschiedene Lösungsansätze, die im Folgenden diskutiert werden.

Zunächst kann die Anforderung in zwei Teilprojekte untergliedert werden – die Parallelität der Röhren sowie die ortsselektive Anordnung auf einem Substrat. Die Ausbildung von sog. Arrays, also von auf einer zweidimensionalen Matrix angeordneten Kohlenstoff-Nanoröhren, kann z.B. durch ein modifiziertes CVD-Verfahren erreicht werden. Hierzu werden die Katalysatorpartikel durch lithographische Verfahren oder direktes „Schreiben" auf der Oberfläche positioniert. Den gleichen Effekt erreicht man durch selektives Herausätzen aus kontinuierlichen Katalysatorfilmen auf einem Substrat. Bei der anschließenden Abscheidung von Kohlenstoff aus der Gasphase können nur an den Stellen Nanoröhren wachsen, an denen sich ein Katalysatorpartikel befindet. Mit dieser Technik gelingt die Herstellung von zweidimensionalen Nanotubefeldern, die Säulen aus vielen einzelnen Nanoröhren enthalten (Abb. 3.18b, 3.33). Beispiele hierfür sind die Platzierung einzelner Eisenpartikel durch Aufdampfen auf mit einem Photoresist teilgeschütztem Siliciumsubstrat oder das Aufdampfen eines Nickelfilms und anschließendes Plasmaätzen unter Verwendung einer Kupfermaske. In beiden Fällen erhält man Substrate, auf denen nur an den katalysatorhaltigen Positionen Nanotubes wachsen können (Abb. 3.33).

Sollen Kohlenstoff-Nanoröhren parallel zueinander ausgerichtet werden, reicht die Strukturierung des Substrats allein nicht aus. Vielmehr muss durch einen äußeren Einfluss eine Orientierung vorgegeben werden. Dabei können Nanotubes sowohl nach als auch während ihrer Herstellung in parallel angeordnete Strukturen übergeführt werden.

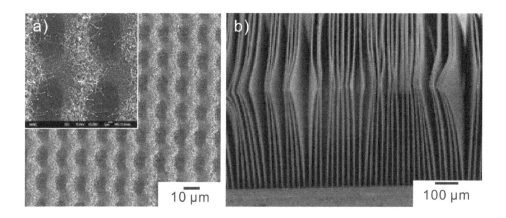

Abb. 3.33 Je nach Struktur des Katalysator-Arrays wachsen die Kohlenstoff-Nanoröhren in strukturierten Feldern. Es können säulen- oder lamellenförmige Strukturen erzeugt werden (die einzelnen Röhren in b) liegen parallel nebeneinander und senkrecht zur Substratoberfläche in den Lamellen). Auch komplexere Anordnungen sind möglich (© Elsevier 2004, © AAAS 2004).

Zur Anordnung bereits bestehender Kohlenstoff-Nanoröhren kann man sich verschiedener äußerer Einflüsse bedienen. So gelingt bei der Hochdruckfiltration eines SWNT-Kolloids bei gleichzeitigem Anlegen eines magnetischen Feldes von 7-25 Tesla die Herstellung einer Membran mit parallel angeordneten Nanotubes. Auch das Einbetten von ein- oder mehrwandigen Nanoröhren in nematische Flüssigkristalle führt zur spontanen Ausrichtung der einzelnen Nanotubes. Dabei kann man durch Umorientieren der Flüssigkristalle mittels eines elektrischen Feldes auch die Nanoröhren zur Veränderung ihrer Orientierung zwingen. Daneben gelingt die Extrusion von SWNT-Dispersionen in Oleum mit anschließender Trocknung. Dabei bilden sich positiv geladene SWNT, die jeweils von einer Hülle aus Sulfat- bzw. Hydrogensulfatanionen umgeben sind und sich bei der Extrusion aus einer Düse parallel zur Strömung anordnen. Ein ähnliches Verfahren wird beim Verspinnen von Mischungen aus SWNT und Polyvinylpyrrolidon (PVP) angewendet. Die dabei erhaltenen Komposite weisen einen hohen Ausrichtungsgrad der enthaltenen Nanoröhren auf. Anschließende thermische Behandlung entfernt das Polymer, und die Nanotubes bleiben in ihrer Anordnung erhalten. Diese Technik eignet sich z.B. auch, um Nanoröhren als Netzwerk auf Substraten anzuordnen und so z.B. Leiterbahnen zu erzeugen (Abb. 3.34).

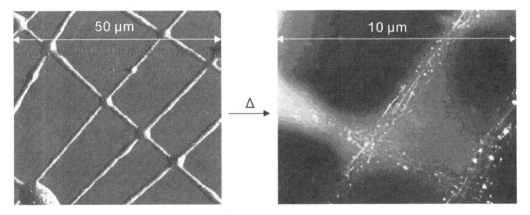

Abb. 3.34 Durch Erhitzen eines CNT-Polymer-Komposits auf einem Substrat können Leiterbahnen aus Kohlenstoff-Nanoröhren erzeugt werden (© ACS 2004).

Neben diesen Verfahren zur Ausrichtung bereits vorhandener Nanotubes, existiert eine Reihe von Methoden zur parallelen Anordnung der Nanoröhren direkt während ihrer Herstellung. Eine Möglichkeit, ihnen eine Wachstumsrichtung vorzugeben, besteht in der Anwendung eines Templats. Sowohl einwandige als auch mehrwandige Nanotubes können mit Hilfe dieser Methode gerichtet und zweidimensional angeordnet produziert werden (Abb. 3.26). Dazu wird eine organische Ausgangssubstanz in den Poren eines Zeolithmaterials oder anderer mesoporöser Silikate oder Aluminiumoxide zersetzt. Als Kohlenstoffquelle für die Synthese von Nanoröhren in und an Zeolithen können sowohl extern zugeführte Kohlenwasserstoffe als auch die aus der Produktion des Zeolithen verbliebenen organischen Verbindungen dienen. Die entstehenden Nanotubes werden durch die Porenstruktur in eine bestimmte Richtung gezwungen. In manchen Fällen wachsen die Röhrenbündel über den Zeolithbereich hinaus und bilden eine durch die Porenverteilung definierte Anordnung. Ein Beispiel für diese Art der Ausrichtung von mehrwandigen Kohlenstoff-Nanoröhren ist die chemische Gasphasenab-scheidung von Acetylen an anodischem Aluminiumoxid mit einer Porengröße von etwa 25 nm. Es entstehen MWNT, die durch chemisches Entfernen des Templats mittels Chrom-säure und Phosphorsäure freigelegt werden können (Abb. 3.26).

Eine Methode zur gezielten Darstellung von DWNT auf Siliciumcarbidsubstraten besteht in der selektiven Verdampfung der Siliciumatome in der obersten Substratschicht. Die dabei freiwerdenden Kohlenstoffatome organisieren sich in Form von doppelwandigen Nanoröhren, deren Wachstum senkrecht zur Oberfläche des Substrats stattfindet. Die Anordnung wird hier durch die zwischen den Röhren herrschende Enge erreicht, so dass keine Abweichungen in andere Richtungen möglich sind.

Die hohe Nukleationsdichte auf einem Substrat kann auch durch entsprechend dichte Anord-nung der Katalysatorpartikel für einen CVD-Prozess erreicht werden. Beispiele hierfür sind Eisen- oder Cobalt-Nanopartikel, die aus Lösungen auf Siliciumsubstraten abgeschieden werden oder das Vorbehandeln von Katalysatorfilmen mit Ammoniak. Auch bei der thermi-schen Zersetzung von Eisenphthalocyanin werden so viele Eisenpartikel erzeugt, dass die anschließend wachsenden Nanoröhren sich gegenseitig behindern und in eine senkrechte Ausrichtung zwingen.

Abb. 3.35 Durch PECVD hergestellte, weitgehend parallel angeordnete Kohlenstoff-Nanoröhren (links) und Nahaufnahme eines Nanotube-Films (rechts), in dem die Röhren durch große Enge zunächst paral-lel erscheinen. Dieses Bild zeigt jedoch, dass im Inneren eine relativ unregelmäßige Anordnung zu finden ist (© Elsevier 2004).

Hier ist jedoch ein Wort der Warnung angebracht. Viele der in der Literatur als parallel ange-ordnet bezeichneten Nanotube-Proben erscheinen zwar auf den ersten Blick im SEM als Array paralleler Röhren. Erhöht man aber die Vergrößerung, so dass einzelne Nanoröhren ins Blickfeld geraten, wird schnell deutlich, dass die angebliche parallele Anordnung nur schein-bar vorhanden ist (Abb. 3.35). Die Röhren weisen eine Vielzahl von Defekten, Knicks und Biegungen auf und werden in den Arrays hauptsächlich durch die große Enge daran gehindert, ein ungeordnetes Netz von sich überlagernden Nanoröhren zu bilden.

Neben der räumlichen Zwangsanordnung kann die Parallelität von Kohlenstoff-Nanoröhren auch durch ein während des Wachstums anliegendes elektrisches Feld erreicht werden. Dieses Konzept wird bei der plasmaunterstützten CVD-Methode (PECVD, engl. *Plasma enhanced CVD*) realisiert. Die Ausrichtung erfolgt durch das elektrische Feld zwischen Substrat und Elektrode. Es werden dünne MWNT mit etwa vier Wänden erhalten, die parallel zur mit Eisenpartikeln beschichteten Substratoberfläche angeordnet sind.

3.3.6 Die Reinigung und Trennung von Kohlenstoff-Nanoröhren

3.3.6.1 Entfernung von Verunreinigungen aus Kohlenstoff-Nanotube-Materialien

Die durch verschiedene Verfahren hergestellten Kohlenstoff-Nanoröhren enthalten in jedem Fall eine Reihe von Verunreinigungen. Insbesondere finden sich in den Proben metallische Katalysatorpartikel, amorpher Kohlenstoff, metallhaltige Kohlenstoff-Nanopartikel, Fullerene und polyaromatische Bruchstücke von Graphenlagen. Daher ist es notwendig, die Nanotubes vor weiterer Untersuchung oder Verwendung zu reinigen. Inzwischen wurde eine Vielzahl von Methoden beschrieben, die diesem Ziel zumindest teilweise näherkommen. Letztendlich ist es aber bisher nicht gelungen, analytisch vollständig reine Proben von ein- oder auch mehrwandigen Kohlenstoff-Nanotubes zu erhalten. Sämtliche auf dem Markt befindlichen Materialien enthalten mehr oder weniger große Anteile der oben genannten Verunreinigungen.

Im Gegensatz zu Fullerenen handelt es sich bei den Kohlenstoff-Nanotubes um Strukturen, die weitaus mehr variable Parameter aufweisen. Daher werden auch saubere Nanoröhren-Proben stets ein gewisses Spektrum unterschiedlicher Nanotubes (z.B. in der Länge) aufweisen und nie analytisch reine Fraktionen liefern. Die variable und im Verhältnis zum Durchmesser sehr große Länge der Nanoröhren verursacht u.a. auch die im Vergleich zu den Fullerenen stark verminderte Löslichkeit der Nanoröhren in den üblichen organischen und anorganischen Lösemitteln. Somit sind Verfahren, die auf der Löslichkeit der zu reinigenden Substanz beruhen, wie z.B. die Extraktion oder die Hochleistungsflüssigkeits-Chromatographie (HPLC), zunächst auf Kohlenstoff-Nanotubes nicht anwendbar.

Neben der Entfernung artfremder Verunreinigungen spielt bei der Reinigung von Kohlenstoff-Nanoröhren ein weiterer Aspekt eine wesentliche Rolle. Bei jedem der in Kap. 3.3.1 und 3.3.2 vorgestellten Verfahren entstehen Nanoröhren mit verschiedenen Strukturindices, also Röhren mit unterschiedlichem Durchmesser und elektronischen Eigenschaften. Daher werden verstärkt Anstrengungen unternommen, auch diese einzelnen Fraktionen zu separieren und Nanotubes mit einheitlichem Durchmesser oder zumindest einheitlichen elektronischen Eigenschaften zu isolieren (Kap. 3.3.6.4).

Für die Entfernung der Katalysatorpartikel, die i. A. aus unedlen Metallen bestehen, eignet sich die Behandlung mit verschiedenen Mineralsäuren. Am häufigsten werden Salzsäure bzw. Salpetersäure zu diesem Zweck verwendet (Abb. 3.36). Während Salzsäure nur an direkt zugänglichen Metallpartikeln angreifen kann, führt die Behandlung mit konzentrierter Salpetersäure zu einer recht effizienten Entfernung der Metallpartikel, da die Säure aufgrund ihrer oxidierenden Eigenschaften auch an den geschlossenen Spitzen der Nanoröhren angreift und diese öffnet. Dadurch ist der direkte Kontakt mit den Metallteilchen gewährleistet. Gleichzeitig reagiert die Säure aber auch mit anderen Defektstellen in der Seitenwand der Röhren.

Dadurch entstehen sauerstoffhaltige funktionelle Gruppen wie COOH, C=O usw. auf der Nanotube-Oberfläche. Bei langer Einwirkzeit und großer Defektdichte werden die Nanoröhren deutlich in der Länge reduziert. Man spricht vom „Schneiden" der Nanoröhren, das am Ende dieses Abschnitts näher diskutiert wird. Die Behandlung mit Säure ist für MWNT leichter durchführbar als für einwandige Nanotubes, da diese aufgrund ihrer Struktur empfindlicher gegenüber der Oxidationskraft der Säure sind. So werden selbst bei kurzer Einwirkdauer recht viele Defekte in der Seitenwand von SWNT erzeugt, was für einige Anwendungen sehr ungünstig ist. Teilweise kommt es sogar zur vollständigen Zerstörung der Röhrenstruktur, wenn Mineralsäuren zu hoher Konzentration lange Zeit auf die SNWT einwirken. Bei MWNT dagegen werden die Defekte hauptsächlich in den äußeren Wänden erzeugt, so dass die Gesamtstruktur nur wenig beeinflusst wird. Durch die Säurebehandlung gelingt es je nach Struktur der zu reinigenden Probe, den Metallgehalt auf unter 1 % zu senken. Allerdings gilt dies nur, wenn alle Nanotube-Spitzen geöffnet wurden. Lediglich Metallpartikel, die durch die Öffnung direkt mit der Säure in Kontakt kommen können, werden auch zuverlässig herausgelöst. In Proben, die auch nach der Säurebehandlung noch geschlossene Nanoröhren enthalten, kann der Metallanteil bis zu 8 Gew.% betragen.

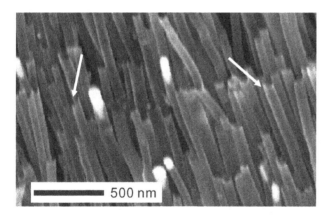

Abb. 3.36

Durch Säurebehandlung geöffnete Kohlenstoff-Nanoröhren (s. z.B. Pfeile). Einige Röhren sind noch durch Katalysatorpartikel verschlossen (helle Enden). © Elsevier 2000

Weitere Methoden zur Oxidation verschiedener Verunreinigungen umfassen die Behandlung mit überkritischem Wasser (Hydrothermal-Verfahren), die thermische Oxidation an Luft sowie die Plasmaoxidation in Anwesenheit von Wasser. Alle diese Methoden nutzen den Unterschied in der Reaktivität von amorphem Kohlenstoff und Nanoröhren, die im Vergleich zum ungeordneten Material stabiler sind. Allerdings ist dieser Reaktivitätsunterschied nicht sehr groß, so dass es bei weitgehender Entfernung des amorphen Kohlenstoffs auch zu massiven Verlusten an Nanoröhren kommt. Die Reinigung mit oxidativen Methoden stellt daher immer einen Kompromiss zwischen vollständiger Entfernung der Verunreinigungen und Erhalt der größtmöglichen Produktmenge dar.

Die Hydrothermalbehandlung, also die Behandlung der Probe mit Wasser unter hohem Druck und hoher Temperatur (oft im überkritischen Bereich), hat sich als geeignetes Verfahren zur Reinigung von Kohlenstoff-Nanoröhren erwiesen. Wasser entwickelt unter diesen Bedingungen eine erstaunliche Reaktivität in Redoxreaktionen und ist in der Lage, sowohl metallische Verunreinigungen (insbesondere in Gegenwart von Säure während der Umsetzung) als auch amorphen Kohlenstoff aus den behandelten Proben herauszulösen. Bei zu harschen Bedingungen wird allerdings die Struktur der Röhren massiv in Mitleidenschaft gezogen, und es bilden sich neue Kohlenstoff-Formen, die aus Bruchstücken und noch vorhandenen Anteilen amorphen Kohlenstoffs entstehen. Dazu gehören z.B. zwiebelförmige Gebilde, die dann auf den verbliebenen Nanoröhren Ablagerungen erzeugen. Werden sehr aggressive Bedingungen der hydrothermalen Behandlung (hohe Temperaturen und Drücke) gewählt, so wandeln sich einwandige Kohlenstoff-Nanoröhren in andere Kohlenstoff-Formen um. Bei 600 °C entstehen hauptsächlich MWNT sowie graphitische Partikel.

Ein generelles Problem bei der Anwendung oxidativer Reinigungsverfahren besteht darin, dass Verunreinigungen, die sich im Inneren von Nanotube-Bündeln befinden, nur schlecht für den Angriff der Oxidanzien zugänglich sind und somit in der Probe verbleiben. Es ist daher wichtig, neben der Reinigung auch eine Entbündelung (s. Kap. 3.4.2) der Nanoröhren zu erreichen. Außerdem versagen die oxidativen Methoden bei der Reinigung von auf Substraten abgeschiedenen, parallel angeordneten Kohlenstoff-Nanoröhren. Diese können zum einen nicht in Suspension gebracht werden, und zum anderen reagiert die räumliche Anordnung der Röhren empfindlich auf harsche Reaktionsbedingungen. Daneben verursacht das in stark oxidierenden Säuren stattfindende Schneiden der Röhren an Defektstellen eine breitere Längenverteilung als vor der Reinigung. Wenn sich die Katalysatorpartikel an der Spitze der einzelnen Nanotubes befinden, können sie aber in einem Tauchverfahren mit Säure herausgelöst werden. Eine andere Möglichkeit besteht darin, zunächst eine Luftoxidation der metallischen Partikel zu den entsprechenden Oxiden durchzuführen und anschließend diese Oxidpartikel durch weniger stark konzentrierte Säure herauszulösen. Dies schont die Struktur der Nanotube-Arrays.

Neben den oxidativen Methoden haben sich auch einige andere Verfahren etabliert, die sich zur Reinigung der Nanotube-Proben eignen. Dazu gehört z.B. die Auftrennung von Dispersionen mittels Mikrofiltration, wobei unterstützend Ultraschall eingesetzt werden kann, um eine Ablagerung der Nanoröhren auf dem Filter und damit dessen Verstopfen zu vermeiden. Auf diesem Wege werden insbesondere Teilchen mit geringerer Größe als die Röhren (z.B. amorphe Bruchstücke) entfernt. Für funktionalisierte Kohlenstoff-Nanoröhren eignen sich auch chromatographische Verfahren, deren Trennwirkung entweder auf Wechselwirkungen der funktionellen Gruppen mit der stationären Phase oder aber auf der unterschiedlichen Größe der Teilchen beruht. Diese Methoden kommen aber nur für lösliche Proben in Frage. Dagegen kann man sich die Unlöslichkeit der Kohlenstoff-Nanoröhren zur extraktiven Entfernung polyaromatischer Kohlenwasserstoffe und Fullerene aus dem Probenmaterial zu Nutze machen, so entfernt Toluol den Großteil derartiger Verunreinigungen.

I. A. wird für die Reinigung von Kohlenstoff-Nanoröhren eine Kombination verschiedener, möglichst komplementärer Methoden verwendet. Ein typisches Fließschema zur Routine-Reinigung ist in Abb. 3.37 dargestellt. Wie leicht zu erkennen ist, umfasst dieses Verfahren mehrere Filtrations- und Zentrifugationsschritte, weshalb der Qualität der Filtermaterialien bzw. der Durchführung der Zentrifugation und anschließenden Dekantation besondere Bedeutung zukommt. Insbesondere das Dekantieren der überstehenden Lösung erfordert viel Erfahrung und führt bei unsachgemäßer Durchführung zu einer deutlichen Verschlechterung der Probenqualität und Nichtreproduzierbarkeit der Ergebnisse.

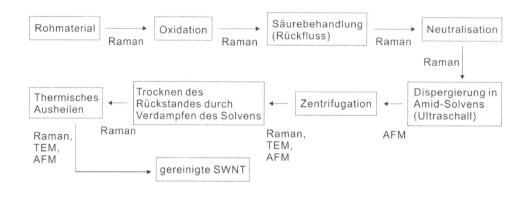

Abb. 3.37 Schematischer Ablauf der Reinigung von Kohlenstoff-Nanoröhren. Unter den Pfeilen sind jeweils die geeigneten Analysemethoden zur Qualitätskontrolle angegeben (© ACS 2004).

3.3.6.2 Reinheitsüberprüfung von Kohlenstoff-Nanotube-Materialien

Aufgrund der Vielzahl der Herstellungs- und Reinigungsmethoden ist die Frage nach der Qualität gereinigter Nanoröhren von großer Bedeutung. Es existiert eine Reihe von Analyseverfahren, von denen jedoch jedes gewisse Nachteile aufweist. Die Probenqualität wird bisher nicht standardisiert festgestellt, so dass eine 90 %ige Probe eines Herstellers einer völlig anderen Qualität entsprechen kann, als die 90 %ige Ware eines zweiten Anbieters. Einige Analysemethoden ermöglichen jedoch zumindest die Abschätzung der tatsächlich vorliegenden Qualität, und die Kombination mehrerer Verfahren bietet gute Anhaltspunkte für den tatsächlichen Reinheitsgrad. Man sollte aber stets auf einer ausführlichen Analytik der Proben bestehen und sich nicht mit nur wenigen der im Folgenden vorgestellten Methoden zufrieden geben.

Elektronenmikroskopische Verfahren liefern den direkten Nachweis von Nanotubes, ihrer Struktur sowie der An- oder Abwesenheit von Verunreinigungen wie Nanopartikeln oder Katalysatorteilchen. Insbesondere durch hochauflösende Transmissionselektronenmikroskopie (HRTEM) lassen sich so eindeutige Abbildungen der erzeugten Proben erhalten (Abb. 3.1). Allerdings ist die untersuchte Probenmenge so gering (im Pikogrammbereich!), dass selbst Untersuchungen vieler verschiedener Proben keinen repräsentativen Querschnitt durch eine makroskopische Menge liefern können, da die Homogenität der Probe kein derart hohes Niveau erreicht. Ähnliches gilt auch für die Rasterelektronenmikroskopie (engl. *scanning electron microscopy*, SEM), die die Oberfläche untersucht. Auch hier werden nur verschwindend geringe Probenmengen untersucht, so dass die Methode für die Qualitätsprüfung ungeeignet ist. Außerdem sind bei der SEM die Katalysatorteilchen und amorpher Kohlenstoff nicht oder nur in Einzelfällen sichtbar, was bei ausschließlicher Analytik mit dieser Methode zu einer deutlichen Überschätzung der Reinheit führt. So kann eine nach dem Augenschein in SEM-Aufnahmen zu 100 % reine Nanoröhrenprobe tatsächlich bis zu 30 % Katalysator enthalten, der bei der reinen SEM-Untersuchung verborgen bleibt. Daneben hängt die Art der Abbildung einer Probe, die neben Nanoröhren auch Kohlenstoffpartikel und amorphes Material enthält, massiv von der Dispergierung der Probe ab. So erscheinen Proben, die lediglich mit Ultraschall in kleinere Aggregate zerlegt wurden, von deutlich besserer Reinheit zu sein als eine unbehandelte Vergleichsprobe, was der Realität natürlich nicht entspricht (Abb. 3.38). Daher kann allein auf elektronenmikroskopischen Verfahren beruhend keine Analyse der Probenreinheit erfolgen.

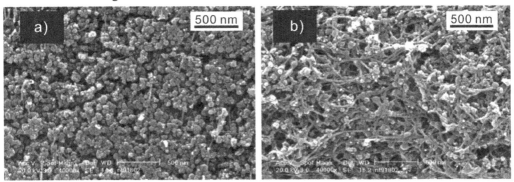

Abb. 3.38 SEM-Aufnahmen einer Nanotube-Probe vor der Behandlung mit Ultraschall (a) und danach (b). Scheinbar kommt es zu einer Verbesserung der Probenqualität, was aber natürlich nicht der Realität entspricht (© ACS 2005).

Zusätzlich müssen Methoden verwendet werden, die größere Anteile einer zu untersuchenden Charge betrachten. Hierzu zählen die Thermogravimetrie und spektroskopische Methoden wie die Infrarot- und *Raman*-Spektroskopie. Diese liefern wertvolle Hinweise für die Beurteilung der Reinheit und Qualität einer Probe, aber auch sie sind nicht geeignet, um als *stand alone*-Methode zu dienen.

Die thermogravimetrische Untersuchung (TGA) gibt insbesondere über den Anteil an metallischen Katalysatorpartikeln in einer Probe Auskunft. Bei der Analyse an Luft oxidiert der Kohlenstoffanteil bei deutlich unterhalb 1000 °C zu gasförmigen Produkten und entweicht, wohingegen der metallische Anteil zwar teilweise bis vollständig oxidiert wird, aber als Rückstand erhalten bleibt. Nach Analytik des Oxidanteils lässt sich daher der Metallgehalt einer Nanotube-Probe relativ genau bestimmen. Dieser kann je nach Probenqualität bis zu 30 Gew.% betragen. Dagegen lässt sich der Anteil des amorphen Kohlenstoffs mittels TGA nur unzureichend bestimmen.

Als weitere wichtige Methode zur Untersuchung der Probenreinheit hat sich die Spektroskopie im nahen Infrarotbereich entwickelt. Dieses Verfahren eignet sich zur Ermittlung einer relativen Reinheit in Bezug auf eine Referenzprobe, der eine Reinheit von 100 % zugeschrieben wird. Da bisher eine derartige Probe nicht existiert, wird auf die bestmögliche verfügbare Probe als Referenz zurückgegriffen. Als zu betrachtendes Signal hat sich der S_{22}-Interband-Übergang erwiesen, da er im Gegensatz zum S_{11}-Übergang nicht so anfällig gegen unbeabsichtigtes Doping ist. Die Proben werden als Suspension in DMF untersucht, da somit eine bessere Homogenität als bei pulvrigen Proben gegeben ist. Als Maß für die Qualität einer Nanotube-Probe dient das Verhältnis V der Fläche A_{S22} des S_{22}-Signals zum Integral A_T unterhalb der strukturlosen Basislinie (Abb. 3.39). Der Anstieg der Basislinie ist auf π-Plasmonen der Nanoröhren sowie des amorphen Kohlenstoffs zurückzuführen und somit ein

Maß für den Anteil des amorphen Kohlenstoffs in der betrachteten Probe. Der betrachtete Spektralbereich wird je nach vorliegender Probe dem Bereich des S_{22}-Signals angepasst, da die genaue Wellenzahl vom Durchmesser der Nanoröhren abhängig ist. Typischerweise liegt die Bande bei 7750 bis 11750 cm^{-1}. Der Wert V wird dann durch das entsprechende Verhältnis V_{ref} der Referenzprobe dividiert, und man erhält die relative Reinheit der Probe in Bezug auf den Anteil amorphen Kohlenstoffs. Allerdings ist die Methode anfällig für nicht vollständig deaggregierte Proben, da aufgrund der Teilchengröße, die im Bereich der eingestrahlten Wellenlänge liegt, verstärkt Lichtstreuung (*Mie*-Typ) auftritt. Die Probenvorbereitung ist also auch hier ausschlaggebend für die Reproduzierbarkeit der Messergebnisse.

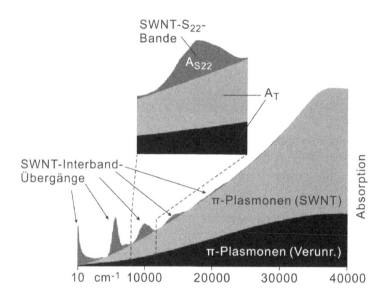

Abb. 3.39

Ermittlung der Probenreinheit aus dem IR-Spektrum einer Nanoröhren-Probe. Das Verhältnis V wird aus den Flächen A_{S22} und A_T gebildet und durch das Verhältnis V_{ref} dividiert (© ACS 2005).

Auch *Raman*-Spektren liefern Informationen zur Reinheit einer Probe. Dazu werden die D- und die G-Bande des Spektrums analysiert. Die im Bereich von etwa 1200-1400 cm^{-1} lokalisierte D-Bande wird durch ungeordneten sp^3-hybridisierten Kohlenstoff verursacht, während die im Bereich von etwa 1500-1600 cm^{-1} auftretende G-Bande von den C-C-Streckschwingungen in den Seitenwänden der Nanoröhren herrührt (Kap. 3.4.5.1). Die Integration der G-Bande allein gibt mangels eines Standards noch keine Auskunft über die Menge der vorhandenen Nanoröhren, das Verhältnis von D- zu G-Bande jedoch eignet sich gut für die Bestimmung des Anteils amorphen Kohlenstoffs. Allerdings sorgen die geringe Empfindlichkeit der D-Bande und die damit kleinen Flächen unter ihrem Signal für eine recht hohe Messungenauigkeit und Streuung der Werte.

3.3.6.3 Schneiden von Kohlenstoff-Nanoröhren

Wie bereits bei einigen Reinigungsmethoden erwähnt, gelingt es durch bestimmte Verfahren, die Länge der in einer Probe vorhandenen Kohlenstoff-Nanoröhren zu beeinflussen. Dazu gehören u.a. oxidative Methoden („Schneiden"). Dabei handelt es sich natürlich nicht um tatsächliches Schneiden, sondern um die chemische Verkürzung von Nanoröhren. Man nutzt hier die erhöhte Reaktivität an Defektstellen wie Löchern, Knicks und Endkappen aus, die dafür sorgt, dass der oxidative Angriff bevorzugt in diesen Positionen stattfindet. Als Reagenzien kommen u.a. konzentrierte Salpetersäure, HNO_3/H_2SO_4-Gemische, Fluor, aber auch elementarer Sauerstoff in Frage. I. A. führt das oxidative Schneiden zu großen Materialverlusten (bis zu 90 %). Zunächst werden die Kohlenstoff-Atome an den Defekten oxidiert und mit sauerstoffhaltigen Gruppen belegt, die weitere Umsetzung führt dann zur Bildung von CO_2. Der Prozess umfasst im Wesentlichen zwei Schritte: a) die Erzeugung von Seitenwanddefekten und b) das Schneiden bzw. die Zerstörung der Röhrenstruktur an diesen Defektstellen. Bewährt hat sich neben den oben genannten Reagenzien auch das sog. „Piranha"-Wasser, eine 4:1-Mischung aus konzentrierter Schwefelsäure und 30%igem Wasserstoffperoxid. Allerdings ist diese Lösung nur in der Lage, an bereits existierenden Defekten zu schneiden, neue Defekte können auf diesem Weg nicht erzeugt werden. So gelingt es durch Behandlung mit *Piranha*-Wasser bei Raumtemperatur, kurze Nanoröhren zu erzeugen, ohne den sonst üblichen Verlust an Kohlenstoff-Material in Kauf nehmen zu müssen. Die erhaltenen Nanoröhren weisen im Mittel Längen um 500 nm auf, was einer deutlichen Reduzierung der ursprünglichen Länge entspricht.

Daneben können auch auf mechanischem Wege kürzere Kohlenstoff-Nanoröhren erhalten werden. Zum einen können mit Hilfe von Elektronen- oder Ionenstrahlen einzelne Nanotubes sehr präzise geschnitten werden, zum anderen eignen sich Ultraschall-Techniken oder die Vermahlung in einer Kugelmühle zum Schneiden größerer Mengen. Auch hier erfolgt der Energieeintrag über die Wechselwirkung mit Defektstellen in der Seitenwand oder an den reaktiven Enden der Röhren. Dabei kommt es auf die geringere mechanische Stabilität dieser Bereiche an, wodurch die Zerstörung der Struktur bevorzugt an diesen Stellen abläuft. Bei zu langer Behandlung der Proben mit Ultraschall oder in einer Mühle muss man allerdings damit rechnen, dass auch die Röhrenstruktur zerstört wird und als Produkt ungeordnetes Kohlenstoffmaterial mit Nanotube-Bruchstücken entsteht. Die Länge der Nanotube-Fragmente liegt auch bei mechanisch gekürzten Proben im Bereich weniger hundert Nanometer.

Eine weitere Möglichkeit, Abschnitte von Kohlenstoff-Nanotubes zu erhalten, besteht in der Einbettung der Röhren in eine Polymermatrix (z.B. ein Epoxidharz) und anschließendem Schneiden mit einem Ultramikrotom. Auf diesem Wege können Nanotubes mit einer Länge von unter einhundert Nanometern erzeugt werden. Auch bei der Herstellung von Kohlenstoff-Nanoröhren mittels kontrollierter Abscheidung aus der Gasphase (CVD, Abb. 3.18) kann durch Wahl einer bestimmten Wachstumszeit die Länge der Nanotubes eingegrenzt werden.

3.3.6.4 Trennung von Kohlenstoff-Nanoröhren nach ihren Eigenschaften

Da die gezielte Synthese einzelner Typen von Kohlenstoff-Nanoröhren bisher noch in weiter Ferne liegt, müssen die verfügbaren Nanoröhrengemische für die Anwendung bestimmter Arten von Nanotubes in ihre Bestandteile zerlegt werden. Diese Aufgabe hat sich als sehr komplex erwiesen, und eine abschließende Lösung steht noch aus. Es sind aber bereits Teilerfolge erzielt worden, die zur Anreicherung bestimmter Nanoröhren führen.

Die durch Reinigung erhaltenen Nanotubes sind zwar weitestgehend frei von metallischen Partikeln und amorphem Kohlenstoff, nichtsdestotrotz stellen sie weiterhin ein sehr heterogenes Gemisch verschiedener Kohlenstoff-Nanoröhren mit einer großen Bandbreite an Eigenschaften dar. Das für derartige Gemische beobachtete Verhalten entspricht einem Durchschnittswert über die gesamte Probe und gibt in keinem Fall die tatsächlichen Eigenschaften einzelner Röhren wieder. Für viele der avisierten Anwendungen der Kohlenstoff-Nanoröhren stellt die Einheitlichkeit der verwendeten Nanotubes und ihrer Eigenschaften jedoch einen essentiellen Faktor dar, so dass große Anstrengungen unternommen werden, um z.B. Röhren mit bestimmtem Durchmesser oder Eigenschaften (metallisch oder halbleitend) von der restlichen Probe abzutrennen. Im Folgenden werden einige Methoden vorgestellt, die uns dem Ziel der vollständigen Auftrennung von Nanotube-Gemischen näher bringen. Man kann die Kohlenstoff-Nanoröhren nach verschiedenen Kriterien sortieren, z.B. nach der Länge der einzelnen Röhren, ihrem Vorliegen in Bündeln oder als Einzelröhren, nach ihrem Durchmesser, ihrem Chiralitätswinkel und nicht zuletzt nach ihren elektronischen Eigenschaften. Je nach gewünschtem Selektionsparameter existieren verschiedene Verfahren zur Separierung.

Wenn Nanoröhren mit deutlich unterschiedlichen Längen getrennt werden sollen, wie z.B. nach dem oxidativen Schneiden von Nanotube-Proben, kann man sich den Unterschied in der Masse der kurzen und langen Röhren zu Nutze machen und mittels Zentrifugation und anschließendem Dekantieren die überstehende Flüssigkeit und die in ihr enthaltenen Nanoröhren abnehmen. Allerdings erfordert die Entfernung der überstehenden Lösung viel Erfahrung, um zum einen keine größeren Partikel aufzuwirbeln und zum anderen möglichst wenig Lösung zu hinterlassen. Daneben besteht die Möglichkeit, die längeren Nanoröhren durch Filtration zurückzuhalten. Hierfür bedarf es spezieller Filtermembranen, die Porendurchmesser im Bereich unter 1 μm aufweisen. Dennoch kann es vorkommen, dass auch einzelne lange Röhren bei ungünstiger Positionierung den Filter passieren. Daher wird die Probe nie vollständig frei von ungekürzten Nanoröhren sein. Auch Größenausschluss-Chromatographie (SEC) ist für die Auftrennung der Kohlenstoff-Nanoröhren nach Länge geeignet. Hierbei verwendet man stationäre Phasen aus Glas mit kontrollierter Porosität (engl. *controlled pore glass*, CPG), z.B. mit einem mittleren Porendurchmesser von 300 nm. Als mobile Phase wird eine Tensidlösung von Natriumdodecylsulfat (SDS) in Wasser verwendet. Diese hält die eluierten Einzelröhren in stabiler Suspension. Neben der Längenselektion gelingt es mit dieser Methode zudem, amorphen Kohlenstoff, Kohlenstoff-Nanopartikel und Katalysatorrückstände abzutrennen, da diese im Vergleich zu den Nanoröhren eine deutlich verschiedene Größe aufweisen. Dagegen werden Einzelröhren und Bündel nicht voneinander getrennt. Man beobachtet allerdings während der Chromatographie eine teilweise Entbündelung der Proben auf der Säule.

Die Selektion bestimmter Dicken ist im Vergleich zur Längenseparation deutlich schwieriger, da es sich i. A. nicht um bimodale Größenverteilungen handelt, sondern um ein kontinuierliches Spektrum an Röhrendurchmessern. Daher wird es Kohlenstoff-Nanoröhren mit definiertem Durchmesser erst dann in makroskopischen Mengen geben, wenn es gelingt, sie durch eine rationale Synthese aus niedermolekularen Bausteinen aufzubauen. Hier böte dann die Wahl der Bausteinmoleküle Kontrolle über die Größe der gebildeten Nanoröhren (s. Kap. 3.3.3). Es existieren aber einige andere Methoden, die zumindest eine Anreicherung bestimmter Durchmesser erlauben. Eine Variante besteht in der durchmesserselektiven Oxidation bestimmter Kohlenstoff-Nanoröhren durch Wasserstoffperoxid bei Bestrahlung mit Licht verschiedener Wellenlänge. Je nach Energie des eingestrahlten Lichtes werden hierbei ganz bestimmte Durchmesserfraktionen bevorzugt angegriffen. So erfolgt bei Einstrahlung 488 nm die Oxidation der Nanoröhren mit einem Durchmesser von 1,2 nm. Bei 514 nm werden dagegen die Nanotubes mit einem Durchmesser von 1,33 nm oxidiert. Dabei stellte man fest, dass durch diese Oxidation nur halbleitende Nanoröhren angegriffen werden und dass die

Energie des eingestrahlten Lichtes mit jener der S3-Bandlücke der bevorzugt oxidierten Nanoröhren übereinstimmt.

Die Umsetzung mit Nitroniumsalzen, wie z.B. NO_2BF_4 oder NO_2SbF_6 findet dagegen bevorzugt an metallischen Nanoröhren statt, da diese in der Nähe des *Fermi*-Niveaus eine höhere Elektronendichte aufweisen. Es erfolgen die Interkalation der Nitronium-Ionen in die Nanotube-Bündel, der Ladungstransfer von den SWNT auf die Nitronium-Ionen und die anschließende selektive Zerstörung der metallischen Nanoröhren, die somit durch Filtration der Lösung entfernt werden. Als Rückstand erhält man die nicht mit den Nitroniumverbindungen wechselwirkenden halbleitenden Kohlenstoff-Nanoröhren. Allerdings funktioniert diese Methode nur für Nanoröhren mit recht geringem Durchmesser ($\leq 1{,}1$ nm), da nur hier die Unterschiede zwischen halbleitenden und metallischen Nanoröhren ausreichend groß sind, um eine Selektion zu ermöglichen.

Auch andere chemische Reaktionen sind geeignet, Nanoröhren eines bestimmten Typs aus einer Probe zu selektieren. So gelingt es durch Umsetzung mit Diazoniumsalzen, nur metallische Nanoröhren zu funktionalisieren. Durch die Oberflächenmodifizierung erhöht sich die Löslichkeit dieser Röhren, so dass sie einfach von den unlöslichen, da nicht funktionalisierten Halbleiter-Nanoröhren abgetrennt werden können. Anschließendes Entfernen der funktionellen Gruppen und Ausheilen bei hohen Temperaturen führt dann zu Nanoröhren, die in ihrer Mehrzahl elektrisch leitend sind. Daneben werden allgemein metallische Nanotubes eher von Elektrophilen angegriffen, da sie eine größere Elektronendichte in der Nähe des *Fermi*-Niveaus aufweisen. Dazu zählen u.a. die Addition von Carbenen und Nitrenen. Bei der elektrochemischen Reaktion mit Aryldiazoniumsalzen werden auch auf Substraten selektiv die metallischen Nanoröhren funktionalisiert, wenn durch eine angelegte Steuerspannung die Leitfähigkeit der halbleitenden Röhren unterdrückt wird. Dadurch sind dann nur die metallischen Röhren in der Lage, den nötigen Strom zu transportieren. Die so funktionalisierten, vormals metallischen Nanoröhren werden im Zuge der Reaktion zu Isolatoren, so dass die erhaltene Probe reine Halbleitereigenschaften aufweist. Diese Methode ist u.a. für die Herstellung von Feldeffekttransistoren von großem Interesse.

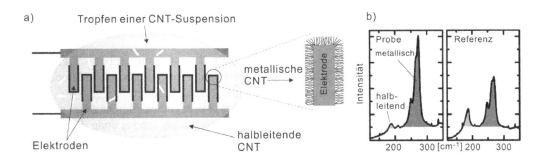

Abb. 3.40 Separierung metallischer und halbleitender Kohlenstoff-Nanoröhren durch Wechselstrom-Dielektrophorese. a) Schematische Darstellung des Aufbaus, b) *Raman*-Spektrum der metallischen Probe im Vergleich zum Ausgangsmaterial (Referenz), © AAAS 2003.

Auch nichtkovalente Wechselwirkungen mit gürtel- oder röhrenfömigen Wirtsmolekülen könnten für eine durchmesserselektive Auftrennung von Kohlenstoff-Nanoröhren geeignet sein. Als Beispiele seien hier Cyclodextrine und gürtelförmige Aromaten genannt, die zwar ihre praktische Anwendbarkeit als selektives Komplexierungsmittel noch nicht unter Beweis gestellt haben, die vom geometrischen Standpunkt gesehen aber günstige Voraussetzungen für die selektive Interaktion mit bestimmte Nanotubes aufweisen. Supramolekulare Anordnungen mit Kohlenstoff-Nanoröhren werden auch im Kap. 3.5.7 beschrieben.

Eine besonders attraktive Methode zur Auftrennung von metallischen und halbleitenden SWNT wurde im Jahr 2003 vorgestellt. Es handelt sich dabei um eine Wechselstrom-Dielektrophorese, die dadurch gekennzeichnet ist, dass sich die metallischen Nanoröhren im Medium bewegen und sich an der Elektrode parallel anordnen, während die halbleitenden Nanotubes sich nicht bewegen (Abb. 3.40). Es ist hier allerdings sehr wichtig, stabile Suspensionen der zu trennenden Nanoröhren vorzubereiten. Außerdem beläuft sich die bisher aufgetrennte Menge auf 100 Pikogramm, die aus 100 Nanogramm gewonnen wurden. Bei der genauen Untersuchung der Röhren stellte man fest, dass in dem Depot auf den Elektroden des Gerätes eine Konzentration von etwa 80 % metallischen Nanoröhren vorliegt. Das *Raman*-Signal der RBM (*radial breathing mode*, Kap. 3.4.5.1) für halbleitende Kohlenstoff-Nanoröhren nimmt im Laufe der Separation ab. Außerdem beobachtet man für die G-Bande eine Veränderung der Signalform sowie der Signalhöhen bei hohen und niedrigen Wellenzahlen. Hier unterscheiden sich metallische und halbleitende Nanoröhren beträchtlich: Während halbleitende Nanotubes symmetrische Peaks mit hohen Intensitäten bei hohen Frequenzen aufweisen, erscheint die G-Bande für metallische Nanoröhren unsymmetrisch und zeigt eine ausgeglichene Intensität im hohen und niedrigeren Frequenzbereich der Bande. Das Absinken der Hochfrequenzintensität sowie die zunehmende Asymmetrie der Bande weisen deutlich auf die Anreicherung metallischer Nanoröhren hin.

Eine weitere recht einfache Methode ist die Zerstörung der metallischen Nanoröhren durch Erhitzen beim Fließen eines starken elektrischen Stroms. In den halbleitenden Nanoröhren fließt bei gleicher Spannung ein deutlich geringerer Strom, so dass sie sich nicht so stark aufheizen und somit der Zerstörung entgehen. Dieses Verfahren eignet sich jedoch nur zur gezielten Anwendung an einzelnen Röhren, nicht jedoch für Bündel, da dann die halbleitenden Röhren durch die Erhitzung der benachbarten metallischen Nanotubes ebenfalls in Mitleidenschaft gezogen werden.

Neben der Auftrennung bereits vorhandener Nanotube-Proben ist es ein erklärtes Ziel, Kohlenstoff-Nanoröhren mit definierten Abmessungen direkt zu erzeugen. Für große Durchmesser kann man hierzu auf eine templatgestützte Synthese zurückgreifen, bei der die durch Gasphasenabscheidung erzeugten Nanoröhren aus den Poren eines gleichmäßig porösen Templatmaterials herauswachsen. Bewährt haben sich für diese Anwendung keramische Werkstoffe wie Aluminium- oder Siliciumoxid (Abb. 3.26). Diese Methode funktioniert aber nur so lange, wie ausreichend innerer Hohlraum vorhanden und die Diffusion der Bausteine nicht behindert ist. Daher können nur Nanoröhren mit Durchmessern von meist > 100 nm auf diesem Wege gewonnen werden. Ein weiterer limitierender Faktor ist die kontrollierte Herstellung der porösen Matrix. Allerdings bietet hier die Familie der zeolithartigen Materialien eine große Bandbreite an geeigneten Strukturen.

3.3.7 Der Wachstumsmechanismus der Kohlenstoff-Nanoröhren

Je nach verwendeter Herstellungsmethode bilden sich die Kohlenstoff-Nanoröhren nach unterschiedlichen Mechanismen, die z.T. bis heute nicht vollständig aufgeklärt sind. Für eine gezielte Herstellung bestimmter Typen von Nanoröhren ist es jedoch von immenser Bedeutung, die Bildungsmechanismen genau zu kennen, um kontrollierte Bedingungen für ein optimales Wachstum zu schaffen. Im Folgenden werden einige der gängigen Bildungsmechanismen und -hypothesen derselben vorgestellt.

Lichtbogenmethoden

Eine der ersten erfolgreichen Synthesen von Kohlenstoff-Nanoröhren erfolgte mit Hilfe eines Lichtbogens. Der Mechanismus dieser Bildung stellt sich als sehr komplexes Gefüge von einzelnen Prozessen dar, die nur mit Hilfe vieler verschiedener Parameter wie Druck, Temperatur, Lichtbogenstärke, Zusammensetzung der Anode und Reaktorgeometrie kontrolliert werden können. Die einzelnen Einflüsse sind dabei z.T. im Detail nicht bekannt, so dass es sich bei den erfolgreichen Synthesen um empirisch optimierte Versuchsaufbauten handelt. Stets bildet sich ein Depot auf der Kathodenoberfläche, welches bei günstig gewählten Reaktionsbedingungen den in Kap. 3.3.2.1 beschriebenen Aufbau aus Hülle und Kernzone aufweist (Abb. 3.41). Diese Depotstruktur ist für das Wachstum der Nanoröhren von Bedeutung, da sich so ein gewisser Reaktionskreislauf ausbilden kann: Aus den Kolonnen (Zone A) ragen einzelne, bereits gebildete Nanoröhren heraus, die im angelegten elektrischen Feld Elektronen in das Plasma emittieren (Feldemission). Diese Elektronen ionisieren Kohlenstoffcluster bzw. -atome, welche dann einen Kohlenstoff-Ionenfluss oberhalb der Zone A erzeugen. Gleichzeitig wird dabei das Helium angesaugt und zur Seite weggedrückt, so dass eine Zirkulation in Gang kommt und ständig neue Kohlenstoffatome und Cluster nachliefert, die sich an die bereits vorhandenen Stücke von Nanoröhren anlagern und diese verlängern.

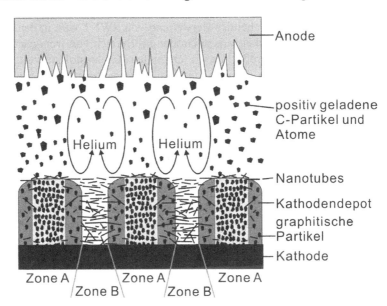

Abb. 3.41

Zonenweiser Aufbau des Kathodendepots bei der Herstellung von Kohlenstoff-Nanoröhren im Lichtbogen.

Diese Nanoröhren befinden sich hauptsächlich in Zone B zwischen den kolumnaren Strukturen. Der eigentliche Wachstumsmechanismus unterscheidet sich dann je nachdem, ob ohne
oder mit Katalysator gearbeitet wird (s. z.B. *Scooter*-Mechanismus, *lip-lip*-Wechselwirkung
etc.). MWNT bilden sich ohne Übergangsmetallkatalyse, während für die Herstellung einwandiger Röhren ein Katalysator vorhanden sein muss. Wegen der großen Erhitzung des
Systems verdampfen auch bereits gebildete Nanotubes wieder aus den Kolonnen, was eine
effiziente Elektrodenkühlung erfordert. Von der Anode verdampfen dagegen kleinste
Bruchstücke des Graphitmaterials. Diese Kristallite sind üblicherweise wenige Nanometer
groß und positiv geladen. Daher bewegen sie sich auf die Kathode zu und werden bei der
Passage des Plasmas in kleine C-Cluster (meist C_3) und Kohlenstoffatome zerlegt. Dies gelingt jedoch nur bei ausreichend kleinen Kristalliten. Übersteigt deren Größe einen Grenzwert,
reicht die Zeit der Plasma-Passage nicht aus, um vollständige Zersetzung zu erreichen. Diese
Teilchen werden dann als graphitische Partikel in das Kathodendepot eingebaut und ver-
schlechtern dessen Qualität. Die Atomisierung stellt den limitierenden Schritt der Graphitverdampfung und Abscheidung dar und begrenzt die maximal mögliche Ausbeute an MWNT auf
etwa 30 %.

Dagegen beobachtet man bei der Synthese einwandiger Kohlenstoff-Nanoröhren, dass nicht
die Verdampfung des Ausgangsmaterials die Reaktionsrate limitiert, sondern die Diffusion
der Kohlenstoff-Einheiten durch das Katalysatormaterial den geschwindigkeitsbestimmenden
Schritt darstellt. Die Bildung von SWNT erfolgt nach dem sog. *Dissolution-Precipitation*-
Modell (DP-Model). Dieses postuliert eine Folge von drei Schritten:

Zunächst wird Kohlenstoff an der Oberfläche von erhitztem Katalysatormetall gelöst. Die
Bildung von Kohlenstoff-Lösungen in Metallen ist ein weit verbreitetes Phänomen, man
denke nur an Stahl, der durch einen gewissen Anteil von Kohlenstoff weniger spröde ist. Das
Auflösen von Kohlenstoff in Elementen der Eisengruppe ist ein stark exothermer Prozess.
Dies führt dazu, dass sich die Katalysatorteilchen erhitzen (bis zu 1300 °C) und auch noch
einige Zentimeter entfernt vom Lichtbogen geschmolzen vorliegen. Somit erklärt sich auch,
warum die Wachstumszone bei der Herstellung von SWNT weit in den Reaktorraum hinausreicht. Die Katalysatorpartikel weisen Größen im Bereich von wenigen zehn Nanometern auf
und sind somit deutlich größer als die erzeugten Kohlenstoffstrukturen. Daher beobachtet
man bei diesen Verfahren i. A. auch keinerlei Katalysatorrückstände im Inneren der SWNT.
Die zweite Phase des DP-Modells besteht in der Diffusion des Kohlenstoff-Materials zu anderen Orten auf der Katalysatoroberfläche. Es existieren meist sog. „hot spots", also besonders reaktive Zentren auf den Metallpartikeln, an denen sich bevorzugt Nanoröhren bilden.

Im dritten Schritt findet dann die Kondensation des fluiden Kohlenstoffmaterials statt – hier
in Form einwandiger Kohlenstoff-Nanoröhren. Dieser Prozess ist endotherm (etwa
40 kJ mol^{-1}), wodurch sich zwischen den reaktiven Zonen und dem Rest der Katalysatoroberfläche ein Temperaturgradient ausbildet. Dieser ist jedoch nicht so stark ausgeprägt, dass sich
ein gerichteter Transport des Kohlenstoffmaterials hin zu den Verbrauchsorten ergäbe. Dafür
ist vielmehr hauptsächlich der Konzentrationsgradient verantwortlich. Durch die ständige
Entfernung von Kohlenstoff an den Nukleationsorten entsteht dort ein Mangel, der durch die
Diffusion (Schritt 2) kompensiert wird. Dieser Schritt ist i. A. geschwindigkeitsbestimmend.
Allerdings erreicht man die besten Wachstumsraten, wenn alle drei Schritte des Prozesses mit
etwa gleicher Geschwindigkeit ablaufen und sich somit ein stationärer Zustand ausbilden
kann.

Bei der Entstehung des SWNT-Niederschlags werden zunächst die Kappen der einzelnen Röhren erzeugt. Hierbei bildet sich eine Struktur, die aus Fünf- und Sechsringen besteht. Darin befinden sich im Idealfall sechs Fünfringe, so dass sich eine Halbkugelgestalt herausbildet. Wenn nun die Temperatur in der Reaktionszone sehr hoch liegt, wird durch Diffusion eine größere Menge Kohlenstoff nachgeliefert. Durch das erhöhte Angebot entstehen im Verhältnis noch mehr Sechsringe, so dass bei gleich bleibender Anzahl an Fünfringen zwangsläufig Kappen mit größerem Durchmesser entstehen. Daraus folgt dann bei höheren Temperaturen auch die Entstehung dickerer SWNT. Das weitere Wachstum erfolgt dann am Saum der Kappe. Diese wird durch nachgelieferten und in die Struktur eingebauten Kohlenstoff nach oben geschoben.

Man hat beobachtet, dass bei der Lichtbogenmethode bestimmte Nanoröhren häufiger entstehen als andere. Insgesamt wachsen *Armchair*-SWNT besser als *Zickzack*-Nanotubes und chirale Röhren. Hierfür sind zum einen die besondere thermodynamische Stabilität von z.B. (10,10)-Nanoröhren, zum anderen aber auch kinetische Gründe verantwortlich. In achiralen Nanotubes, besonders vom *Armchair*-Typ, ist die Deplatzierung von Metallatomen durch Kohlenstoff aufgrund der Orientierung der Netzstruktur (s.u.) deutlich leichter. Außerdem entstehen an besonders reaktiven Stellen mehrere SWNT auf einmal. Da die herrschende Temperatur für alle nukleierten Röhren in dieser Zone konstant ist, besitzen sie auch weitgehend den gleichen Durchmesser. Da sich somit symmetrische Packungen bilden können, kommt es in diesen Fällen zu besonders fester Bündelung.

Auch die Herstellung doppelwandiger Kohlenstoff-Nanoröhren (DWNT) im Lichtbogen weist einige Besonderheiten auf. Durch die Verwendung von Argon als Inertgas werden deutlich höhere Spannungen zum Erreichen einer stabilen Bogenentladung benötigt. Daher wird u.a. zur Erleichterung des Durchschlags Wasserstoff beigemengt. Dieser hat aber noch eine weitere Funktion: In der Nähe der Plasmazone des Lichtbogens bilden sich aus von der Anode verdampften Graphitpartikeln und Kohlenstoffatomen leichte Kohlenwasserstoffe wie Acetylen, Ethylen usw. Daneben greift der Wasserstoff auch die Elektrodenoberfläche an, so dass eine höhere Konzentration der Kohlenwasserstoffe vorliegt. Diese werden durch Konvektion und andere Prozesse aus der direkten Funkenzone heraustransportiert und scheiden sich an unterschiedlichen Orten ab, wobei sie wieder in ihre Elemente zersetzt werden. Dieser Prozess erfordert eine gewisse Menge Energie. Es hat sich außerdem herausgestellt, dass auch Polyine eine zentrale Rolle für den Transfer von Kohlenstoffatomen spielen.

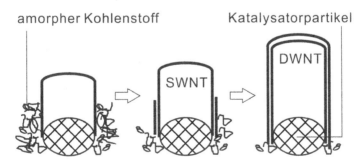

Abb. 3.42 Bildungsmechanismus doppelwandiger Kohlenstoff-Nanoröhren.

Die eigentliche Bildung der doppelwandigen Nanoröhren erfolgt an den vorhandenen Katalysatorpartikeln. Diese bestimmen den Durchmesser der resultierenden Nanoröhren und sind i. A. deutlich kleiner als für eine SWNT-Synthese. Daher muss die Diffusionsrate im Katalysatorpartikel merklich geringer ausfallen als bei der Herstellung einwandiger Nanoröhren, um ein Überangebot von Kohlenstoff an der Reaktionsstelle zu vermeiden. Dieses würde zu unkontrollierter Nukleation von Röhren und verwandten Strukturen führen. Man verwendet daher einen Katalysator, der durch einen gewissen Schwefelgehalt eine sehr viel geringere Reaktivität als die klassischen Katalysatoren für die SWNT-Synthese aufweist. Als typisches Material wird Fe_2CoNi_4S eingesetzt. Zunächst bilden sich an den Katalysatorteilchen einwandige Nanoröhren aus. Da aber durch die geringe Reaktivität des Katalysators nicht das gesamte Kohlenstoff-Material einwandige Nanoröhren bildet, bleibt ein großer Anteil als amorphes Material erhalten. Dieses kann sich dann auf der äußeren Oberfläche der bereits vorhandenen SWNT ablagern. Ausgehend von dort wird der amorphe Kohlenstoff dann mit Hilfe des Katalysatorpartikels in eine weitere Röhre umgewandelt, die sich konzentrisch um das bereits vorhandene Nanotube legt. Da die thermodynamische Stabilität von amorphem Kohlenstoff deutlich niedriger ist als die einer bereits fest gefügten Nanoröhre, werden die inneren Röhren nicht angegriffen (Abb. 3.42).

Abschließend stellt sich für alle Typen von Kohlenstoff-Nanoröhren die Frage, ob sie an einem offenen oder einem geschlossenen Ende wachsen. Insbesondere bei den hohen Temperaturen der Lichtbogenmethode besteht weitgehend Einigkeit darüber, dass das Wachstum von MWNT an einem offenen Ende stattfindet. Konsequenterweise müssten an diesem Ende an jeder der Wände zahlreiche nicht abgesättigte Bindungsstellen vorliegen. Dies wäre jedoch auch unter den herrschenden Bedingungen energetisch sehr ungünstig. Man geht man daher davon aus, dass benachbarte Wände miteinander über verbrückende Kohlenstoffatome in Wechselwirkung treten. Dieser als *lip-lip*-Wechselwirkung beschriebene Mechanismus sorgt für eine deutlich geringere Anzahl offener Bindungsstellen, erlaubt aber auf der anderen Seite auch die leichte Insertion weiterer Bausteine für das Röhrenwachstum. Abb. 3.11 zeigt ein Modell für diese Art des Röhrenabschlusses.

Auch für einwandige Nanoröhren ist auf atomarer Ebene zu klären, wie es zum Röhrenwachstum und -abschluss durch eine Spitze kommt. Dabei spielen besonders Überlegungen zur Wechselwirkung zwischen Metallkatalysator und den beteiligten Kohlenstoffatomen eine Rolle. Bei entsprechend hoher Temperatur liegt der Katalysator atomar oder in Form kleiner Cluster vor. Diese befinden sich am offenen Ende des wachsenden Nanotubes. Dabei existieren verschiedene Modelle, wie die Anbindung zustande kommt. Zum einen wird postuliert, dass die Metallatome Positionen von Kohlenstoffatomen einnehmen und das Wachstum durch Insertion von C_2-Einheiten oder größeren Bruchstücken aus der Gasphase stattfindet. Durch diesen ständigen Kohlenstoffeinbau ist die Position der Metallatome nicht statisch, sondern sie bewegen sich auf dem Saum des Nanotubes hin und her. Daher erhielt diese Form des Wachstums den Namen *Scooter*-Mechanismus (Abb. 3.43a). Dabei sorgen die Metallatome außerdem auch für die Offenhaltung des Röhrenendes, da sie u.a. durch Umlagerungen zur Korrektur von Defekten (z.B. Fünfringen) beitragen, die zum Schließen der Öffnung führen würden. Mit zunehmendem Röhrenwachstum und stetiger Zufuhr weiterer Katalysatoratome aus den Elektroden sammeln sich an den wachsenden Enden weitere Metallatome an, die schließlich aggregieren und zu kleinen Metallclustern koaleszieren. Ab einer kritischen Größe dieser Cluster reicht die Bindungsstärke zum Kohlenstoffatom nicht mehr aus, und das Metallteilchen „schält" sich von der Nanotubespitze ab. Von diesem Zeitpunkt an werden sich bildende Fünfringdefekte nicht mehr korrigiert, so dass sich das Röhrenende bald schließt und kein weiteres Wachstum mehr möglich ist. Durch diese Art von Mechanismus wird auch erklärlich, wieso im Lichtbogen gewonnene SWNT keine Katalysatorteilchen enthalten. Geringe Mengen atomar verteilten Metalls sind durch die üblichen Analysemethoden nicht detektierbar und können daher durchaus vorhanden sein.

Eine andere Hypothese zur Anbindung der Metallatome geht davon aus, dass sich am Saum der wachsenden Nanoröhre ein cyclisches Polyin befindet, an dem sich das Metallatom entlang bewegt (Abb. 3.43b). Diese Art von Struktur ist jedoch nur für *Armchair*-Nanoröhren schlüssig, da nur diese ohne allzu große Spannungen die entsprechende Polyinstruktur ausbilden könnten.

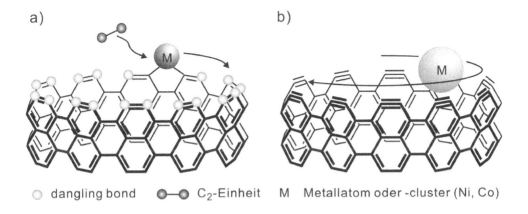

a)   b)

⚪ dangling bond   ●—● C_2-Einheit   M   Metallatom oder -cluster (Ni, Co)

Abb. 3.43 Metallkatalysiertes Wachstum am offenen Ende einer Nanoröhre nach dem *Scooter*-Mechanismus; a) Insertion von C_2-Bausteinen in Metall-Kohlenstoff-Bindungen, b) Komplexierung des Metallatoms durch cyclisches Polyin.

CVD-Methoden

Der Mechanismus der Bildung von Kohlenstoff-Nanoröhren durch chemische Gasphasenabscheidung weist völlig andere Merkmale auf als z.B. die Erzeugung von Nanotubes im Lichtbogen oder durch Laserablation. Im Gegensatz zu diesen spielt die Auflösung kleiner Kohlenstoffcluster und deren Diffusion durch die Katalysatorpartikel bei der Abscheidung aus der Gasphase eine geringere Rolle. Die verwendeten Kohlenwasserstoffe zersetzen sich direkt an der Oberfläche der katalytisch aktiven Teilchen und der Kohlenstoff steht somit auch direkt für das Wachstum zur Verfügung.

Das Wachstum findet in mehreren Schritten statt, die folgende Prozesse umfassen:

- Diffusion der Eduktmoleküle durch die Grenzschicht am Katalysatorteilchen

- Adsorption der reaktiven Spezies an der Katalysatoroberfläche

- Bildung des elementaren Kohlenstoffs und gasförmiger Nebenprodukte sowie Wachstum der Nanoröhre

- Desorption der gasförmigen Nebenprodukte
- Abtransport der gasförmigen Produkte durch die Grenzschicht

Je nachdem, welche Art von CVD-Methode angewendet wird, besitzen diese Schritte unterschiedliche Bedeutung für den Wachstumsprozess. Bei der thermischen CVD liegt als reaktive Spezies nur das Edukt vor, zusätzlich findet man das Trägergas und/oder H_2. Dagegen können in plasmaunterstützten CVD-Verfahren neben dem Edukt auch verschiedene Radikale, höhere Kohlenwasserstoffe, atomarer Wasserstoff sowie verschiedene Ionen nachgewiesen werden.

Aus *in situ*-Studien des Wachstumsmechanismus während der Abscheidung von Nanotubes aus der Gasphase weiß man, dass der Kohlenstoff sich bevorzugt an Stufen der Kristalloberfläche des Katalysatorpartikels ablagert und somit Graphenlagen entstehen. Dabei spielt auch die sich verändernde Form des Metallteilchens eine Rolle, da auf diese Weise stets neu aktive Zentren gebildet werden.

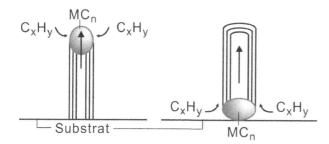

Abb. 3.44

Verschiedene Wachstumsmechanismen bei der Abscheidung von Kohlenstoff-Nanotubes aus der Gasphase: *tip growth* (der Katalysator wandert nach oben,) oder *bottom growth* (der Katalysator verbleibt am Substrat).

Je nachdem, ob man in den Spitzen der gefundenen Nanoröhren Katalysatorpartikel findet, werden zwei Wachstumsmodelle postuliert. Sind die Katalysatorteilchen in den Spitzen der Nanoröhren zu finden, so spricht man von *tip-growth*, bleiben sie am Substrat haften, von *base-* oder *bottom-growth*. Für beide Mechanismen wurden experimentelle Beispiele beobachtet. Der *tip-growth*-Mechanismus wird dann beobachtet, wenn das Katalysatorteilchen durch die wachsende Röhre nach oben geschoben wird. Dies kann nur bei recht schwacher Adhäsion des Katalysatorteilchens am Substrat sowie einer entsprechend geringen Größe geschehen (Abb. 3.44). Sind dagegen die Haftung des Katalysators auf dem Substrat stärker und die Partikel größer, so verbleiben sie am Boden der wachsenden Nanoröhre und werden nicht nach oben geschoben. Nach Ablösung vom Katalysator sind die so erhaltenen Kohlenstoff-Nanotubes praktisch frei von metallischen Verunreinigungen.

In beiden Fällen findet die Zersetzung der Kohlenstoffquelle (Methan, Acetylen etc.) direkt an der Katalysatoroberfläche statt, wobei der entstehende Kohlenstoff z.T. in das Metall eindiffundiert und die tatsächlich katalytisch aktive Spezies erzeugt. Bei Absättigung des Metalls wird weiterer Kohlenstoff in Form von Nanoröhren abgeschieden.

Insgesamt gesehen, spielen viele verschiedene Faktoren eine wichtige Rolle beim Wachstum von Kohlenstoff-Nanoröhren durch chemische Gasphasenabscheidung. Dazu gehören u.a. die Größe und Form des Katalysatorteilchens, die Fähigkeit des Katalysatormaterials, Carbide zu bilden, aber auch die Frage, ob der Kohlenstoff auf der Oberfläche oder durch die *bulk*-Phase des Katalysatorpartikels diffundiert. Nur wenn man ein tieferes Verständnis des Zusammen-spiels dieser Einflüsse erlangt, gelingt die reproduzierbare Herstellung einer bestimmten Sorte von Nanotubes.

3.4 Physikalische Eigenschaften

3.4.1 Allgemeines

Die außergewöhnlichen Eigenschaften, die man für Kohlenstoff-Nanoröhren bereits sehr kurz nach ihrer Entdeckung postuliert hatte, sind weiterhin eine der wesentlichen Motivationen für die Untersuchung dieser inzwischen weit verbreiteten Materialien.

Dabei hängt die Ausprägung der Eigenschaften ganz erheblich von der Struktur der betrachte-ten Nanoröhren ab. In den folgenden Kapiteln werden sowohl die Unterschiede zwischen ein- und mehrwandigen Röhren diskutiert, als auch der Einfluss der Geometrie einer einzelnen Röhre auf ihre elektronischen und spektroskopischen Eigenschaften erörtert.

Wie schon in Kap. 3.2 beschrieben, kann die Nanotube-Struktur durch Symmetrieüberlegun-gen und Anwendung geometrischer Operationen vollständig aus der des zweidimensionalen Graphits hergeleitet werden. Gleiches gilt auch für die physikalischen Eigenschaften der Röhren. Diese Tatsache unterstützt die bereits vorgestellte These, dass Kohlenstoff-Nanoröhren streng genommen keine eigene Modifikation des Kohlenstoffs darstellen. Aller-dings unterscheiden sich die beobachteten Eigenschaften so maßgeblich von denen des Graphens, dass die separate Untersuchung des elektronischen, mechanischen und chemischen Verhaltes gerechtfertigt erscheint.

Dabei stellt man ganz außergewöhnliche Eigenschaften fest. So unterscheiden sich Einzelröh-ren und Bündel erheblich in ihren elektronischen Eigenschaften. Auch untereinander zeigen einzelne SWNT ganz verschiedene Charakteristika. So existieren halbleitende und metalli-sche Nanoröhren. Je nach Durchmesser der Röhre werden auch unterschiedliche Banden im *Raman*-Spektrum beobachtet usw. Mit diesen und einer Reihe weiterer wichtiger Eigenschaf-ten beschäftigt sich dieses Kapitel.

3.4.2 Löslichkeit und Entbündelung von Kohlenstoff-Nanoröhren

Wie auch schon bei den Fullerenen beschrieben, spielt die Löslichkeit der Kohlenstoff-Nanoröhren eine wesentliche Rolle für die Untersuchung der Eigenschaften. Daher wurden zahlreiche Anstrengungen unternommen, um auf diesem Gebiet zu Fortschritten zu gelangen. Allerdings stellt die Größe und Struktur der Nanoröhren ein ernstes Hindernis für die Auflö-sung sowohl in wässrigen als auch organischen Medien dar. Die Ursache für die weitgehende Unlöslichkeit der Kohlenstoff-Nanoröhren ist in ihrer Struktur zu suchen. Zunächst einmal handelt es sich bereits um sehr große Objekte mit Längen im Mikrometerbereich, so dass die Bildung einer klassischen Lösung eher unwahrscheinlich ist. Vielmehr kann man wohl von einem kolloidalen System oder Dispersionen sprechen. Neben der räumlichen Ausdehnung in Richtung der Achse spielen aber auch andere Effekte eine Rolle, die zur Unlöslichkeit beitra-gen.

Bei gegenseitiger Annäherung können einzelne Nanotubes über π-π-Wechselwirkungen interagieren. Letztere sind durch die hohe Polarisierbarkeit der π-Elektronen in den gekrümmten
Graphenlagen besonders ausgeprägt. Die Wechselwirkung kann über die gesamte Länge der
Nanoröhre stattfinden, so dass die kleinen energetischen Einzelbeiträge in der Summe dennoch eine ausgeprägte Tendenz zur Ausbildung von Bündeln bedingen. Je einheitlicher die
Nanoröhren einer Probe sind, desto stärker können sie miteinander wechselwirken. Bei gleichem Durchmesser bilden einwandige Nanotubes leicht eine zweidimensionale trigonale
Packung aus, die dafür sorgt, dass alle Röhren eines Bündels über weite Strecken parallel
angeordnet sind und maximale Wechselwirkungskräfte entstehen (Abb. 3.14b). Dieses Phänomen wird in elektronenmikroskopischen Aufnahmen offensichtlich. Es ist daher wesentlich
schwieriger, einwandige Nanoröhren vollständig zu entbündeln und in Lösung bzw. Dispersion zu bringen als MWNT, die in der Regel eine breitere Durchmesserverteilung aufweisen.
Auch die Existenz von amorphem Kohlenstoff als Verunreinigung der Nanotube-Proben
begünstigt die Ausbildung von Bündeln. Der ungeordnete Kohlenstoff lagert sich i. A. an der
Außenwand einzelner Nanoröhren ab. Befinden sich diese an der Außenseite eines Nanotube-
Bündels, so schirmt der amorphe Kohlenstoff die Bündelstruktur ab und sorgt somit für eine
größere Resistenz gegenüber chemischen Angriffen zur Vereinzelung. In besonders polaren
hydrophilen Solvenzien kommt zusätzlich der hydrophobe Charakter der Nanoröhren zum
Tragen. Hier wird die Bündelung noch dadurch verstärkt, dass eine Wechselwirkung mit der
hydrophilen Umgebung energetisch deutlich ungünstiger ausfallen würde.

Es existieren verschiedene Strategien, um ein- und mehrwandige Nanoröhren trotz dieser
ungünstigen Ausgangsbedingungen in Lösung oder zumindest in stabile Suspension zu bringen. Im Folgenden werden die wesentlichen vorgestellt.

Reine Kohlenstoff-Nanoröhren lösen sich in keinem der üblichen organischen oder anorganischen Lösemittel. Lediglich die Darstellung einigermaßen stabiler Suspensionen gelingt
durch Anwendung von Ultraschall. Durch diese Methode kann auch bereits eine teilweise
Entbündelung erreicht werden. Als Lösemittel für die Dispergierung mittels Ultraschall haben
sich Solvenzien mit Amid- oder Aminfunktionen bewährt, wie z.B. Dimethylformamid
(DMF) oder N-Methyl-2-pyrrolidon (NMP). Die freien Elektronenpaare der stickstoffhaltigen
Gruppen wechselwirken mit dem π-System der Röhren. Sie ermöglichen so die zumindest
teilweise Auflösung der Bündel und damit eine bessere Dispergierbarkeit. Man kann hier aber
nicht von einer echten Lösung sprechen, da nach dem Ende der Ultrabeschallung langsam
Sedimentation eintritt. Für viele Untersuchungen oder zur homogenen Einarbeitung von
Nanoröhren z.B. in Polymere reicht dieses einfache Verfahren jedoch aus. Das Wirkprinzip
des Ultraschalls beruht auf dem Eintrag mechanischer Energie. Zunächst werden die reaktiv-
sten Positionen in einem Nanotube, also die Defekte, angegriffen. Es kommt zur teilweisen
Kürzung der Röhren (s. Kap. 3.3.6.3), und die Röhrenbündel werden partiell angegriffen.
Auch der in den Proben vorhandene amorphe Kohlenstoff wird durch die Ultraschallbehand-
lung aufgelöst, da er aufgrund seiner geringeren Teilchengröße mit unregelmäßigen, z.T.
nicht abgesättigten Rändern eine geringere Stabilität aufweist. Daher wird er schneller zerstört und dispergiert als die eigentlichen Kohlenstoff-Nanoröhren. Ähnliches gilt für die Reaktion mit oxidierenden Substanzen: Auch hier wird zunächst der deutlich instabilere ungeordnete Kohlenstoff angegriffen.

Die einfachste und zugleich eine der wirkungsvollsten Techniken, um eine Dispergierung in
Wasser oder wässrigen Lösungen zu erreichen, ist der Zusatz von amphiphilen Molekülen.

Kohlenstoff-Nanoröhren besitzen als unfunktionalisierte Teilchen hydrophobe Eigenschaften. Diese kann man nutzen, um sie in Mizellen einzuschließen. Dazu werden amphiphile Moleküle mit der Nanotube-Probe in Suspension gebracht. Die Tensidmoleküle ordnen sich so um die einzelnen Nanoröhren an, dass die hydrophilen Kopfgruppen nach außen und die hydrophoben Enden nach innen (in Richtung Nanotube) zeigen. Es bildet sich so um jedes einzelne Nanotube eine Hülle, die dafür sorgt, dass eine Dispergierung z.B. in Wasser möglich wird. Allerdings werden zur vollständigen Solubilisierung recht große Mengen des Tensids benötigt. Teilweise enthalten derartig gewonnene „Lösungen" bis zu 80 % Tensid und nur 20 % Kohlenstoff-Nanoröhren. Als Detergenz für die Bildung mizellen-umhüllter Nanoröhren sind z.B. Natrium-Dodecylsulfat (SDS), Triton X-100 und Octadecyltrimethylammoniumbromid (OTAB) geeignet.

Verwendet man als Amphiphil Block-Copolymere, die sowohl hydrophile als auch hydrophobe Bereiche aufweisen, kann durch geeignete Vernetzungsmethoden auch eine irreversibel geschlossene Kapsel um jede einzelne Kohlenstoff-Nanoröhre erzeugt werden. Z.B. wird durch Umsetzung mit einem Diamin-Linker die Quervernetzung in den Polyacrylsäureblöcken eines amphiphilen Polystyrol-Polyacrylsäure-Copolymers ausgelöst. Dieses bildet durch Wasserzugabe in DMF Mizellen, in deren Innerem sich Kohlenstoff-Nanoröhren befinden. Die quervernetzten Mizellen können im Gegensatz zu den zuvor beschriebenen nichtvernetzten Mizellen getrocknet und redispergiert werden.

Eine andere Strategie wird durch die direkte Funktionalisierung der Nanoröhren verfolgt. Durch die Anknüpfung verschiedener funktioneller Gruppen kann die Löslichkeit des Kohlenstoffmaterials in unterschiedlichen Lösemitteln kontrolliert werden. In Kap. 3.5 werden zahlreiche Beispiele für die Verbesserung der Löslichkeit von ein- und mehrwandigen Nanoröhren in verschiedenen Lösemitteln beschrieben. Eine denkbar einfache Funktionalisierung erfolgt in der Regel bereits bei den ersten Reinigungsschritten. Die Umsetzung mit konzentrierten Mineralsäuren entfernt nicht nur amorphen Kohlenstoff und Katalysatorpartikel, sondern erzeugt auch funktionelle Gruppen auf der Nanotube-Oberfläche. Insbesondere finden sich nach der Säurebehandlung Sauerstoff tragende polare Gruppen auf der Oberfläche. Sie erhöhen die Löslichkeit bzw. Dispergierbarkeit in polaren Solvenzien. Dabei verstärkt eine größere Konzentration an funktionellen Gruppen die Wechselwirkung mit dem Solvens und demzufolge auch die Löslichkeit, so dass das Ziel die Anbringung einer größtmöglichen Anzahl von funktionellen Gruppen ist. Führt man diesen Prozess mit konzentrierter Salpetersäure aus, so erhöht sich zwar die Anzahl der funktionellen Gruppen deutlich, insbesondere bei längerer Einwirkdauer, jedoch führt die Reaktion auch zu Schäden in der Seitenwand der Nanoröhren. Diese Defekte können aber durch thermische Behandlung bei etwa 1000 °C behoben werden. Ein deutliches Zeichen hierfür ist die abnehmende Intensität der nach Säurebehandlung verstärkt auftretenden D-Bande im *Raman*-Spektrum (Kap. 3.4.5.1). Neben Salpetersäure eignen sich auch viele weitere Oxidationsmittel zur Anbringung sauerstoffhaltiger Gruppen an Kohlenstoff-Nanoröhren. Exemplarisch zeigt das Beispiel einer Mischung von Schwefelsäure, $(NH_4)_2S_2O_8$ und Diphosphorpentoxid die Bandbreite der anwendbaren Systeme. Nach erfolgter Umsetzung belegt die elementare Zusammensetzung der Probe (C : O : H = 2,7 : 1,0 : 1,2), dass eine signifikante Erhöhung des Sauerstoffanteils stattgefunden hat. Durch die nun sehr hohe Konzentration von Carboxylgruppen auf der Oberfläche bilden die derart funktionalisierten Nanoröhren bereits in 0,3%iger wässriger Lösung ein Hydrogel, welches durch Wasserstoffbrückenbindungen zwischen den funktionellen Gruppen verschiedener Nanotubes zusammen gehalten wird. Allerdings wird bei dieser Oxidationsmethode ein gewisser Teil der Röhren so stark angegriffen, dass die tubulare Struktur zerstört und ungeordnetes Material erzeugt wird. Dieses lagert sich dann meist auf der Oberfläche der verbliebenen Nanoröhren ab.

Eine weitere Verbesserung der Löslichkeit in wässrigen Medien kann dadurch erreicht werden, dass an die primären funktionellen Gruppen, speziell -COOH, weitere polare Ketten geknüpft werden. Dazu gehören Ethylenglykole verschiedener Kettenlänge, Alkylketten mit endständigen Carboxylgruppen, aber auch Peptide und Proteine, die insbesondere die Löslichkeit in physiologischen Medien verbessern. Ein Beispiel für ein geeignetes Peptid, welches sich, allerdings ohne direkte kovalente Anbindung, an die Nanoröhren anlagert, ist das Concanavalin A. Es besitzt eine hydrophile Außenseite und eine hydrophobe Tasche. Offenbar gelingt es dem Peptid, sich so auf den Nanotubes anzuordnen, dass die Röhren mit der Tasche und die Außenseite mit dem Lösungsmittel wechselwirken. Dabei bildet Concanavalin A tetramere Strukturen auf der Oberfläche der Nanoröhren aus.

Soll die Löslichkeit in eher unpolaren, organischen Lösemitteln erhöht werden, bietet sich eine andere Strategie an. Hier eignen sich lange Alkylketten und Aromaten für eine bessere Wechselwirkung mit dem Solvens. Die Anbindung der löslichkeitsvermittelnden Substituenten erfolgt z.B. über eine Amidbildung mit Carboxylgruppen auf der Oberfläche säurebehandelter Nanotubes. In ähnlicher Weise wie unpolare Alkylketten erhöht auch die Fluorierung der Nanotube-Oberfläche (s. Kap. 3.5.4.1) die Löslichkeit in organischen Medien. Die direkte Verknüpfung von alkylkettentragenden Strukturen ist ebenfalls möglich. Hier sei z.B. auf die 1,3-dipolare Cycloaddition von Azomethinyliden an der Nanotube-Seitenwand verwiesen (Kap. 3.5.4.1).

Auch die nichtkovalente Anbindung von Löslichkeitsvermittlern stellt eine Variante dar, stabile Suspensionen bzw. Lösungen von Kohlenstoff-Nanotubes zu erhalten. Insbesondere die Umhüllung mit verschiedenen polymeren Substanzen erfüllt diesen Zweck. Die Funktionalisierung der Nanoröhren wird ausführlich im Kapitel 3.5.4.2 diskutiert.

Sehr häufig wird das Polymer Nafion (ein perfluorosulfoniertes Polymer) zur Dispergierung von ein- und mehrwandigen Kohlenstoff-Nanoröhren verwendet. Meist reichen weniger als 5 Gew.% Polymer in der Lösung, um eine stabile Suspension zu erhalten. Allerdings erfolgt hier keine Entbündelung der Einzelröhren, vielmehr werden die Bündel insgesamt vom Polymer umhüllt und damit solubilisiert.

Sicherlich wäre es für eine Reihe von Untersuchungen und Anwendungen attraktiv, direkt bei der Herstellung die Ausbildung von Bündeln zu vermeiden. Da dies aber bisher nicht gelungen ist, bedarf es stets einer Nachbehandlung der ursprünglichen Proben. Diese ist darauf ausgerichtet, zum einen die durch den Herstellungsprozess bedingten Verunreinigungen (z.B. Katalysator) zu entfernen und zum anderen die Bündel der Nanoröhren aufzulösen. Resultat dieser Bemühungen sind dann stabile Lösungen von Kohlenstoff-Nanotubes. Allerdings sind die erreichbaren Konzentrationen nicht besonders hoch, sie liegen im Bereich von wenigen Milligramm pro Milliliter.

Das Fließschema eines typischen Reinigungs- und Entbündelungsprozesses für Kohlenstoff-Nanoröhren ist in Abb. 3.37 dargestellt. Es ist deutlich zu erkennen, dass nur eine Kombination mehrerer der hier vorgestellten Methoden zum Erfolg führt.

Bleibt die Frage, wie der Erfolg der Entbündelung einer Nanoröhren-Probe kontrolliert werden kann. Elektronenmikroskopische Methoden eignen sich aus den bei der Reinheitskontrolle erwähnten Gründen sowie aufgrund der Art der Probenvorbereitung nur bedingt für einen direkten Nachweis der Entbündelung. Andere Methoden wie die *Raman*- oder XPS-Spektroskopie liefern ebenfalls keine eindeutigen Daten. Lediglich Fluoreszenzmessungen können klare Aussagen zur Agglomeration der Probe machen. Dabei kann man von der Tatsache profitieren, dass nur vereinzelte Röhren eine Bandlückenfluoreszenz zeigen. Diese wird im Infrarotbereich bei etwa 1060 nm beobachtet, wenn man die Probe mit kürzerwelligem Rot- bzw. Infrarotlicht anregt (z.B. 785 nm für 5,6-Nanoröhren). Die Fluoreszenz wird in etwa vorliegenden Bündeln effektiv gequencht, da nichtstrahlende Desaktivierungsprozesse in Wechselwirkung mit den benachbarten Nanoröhren stattfinden. Fluoresziert die Lösung also, liegt zumindest ein gewisser Teil der Nanoröhren isoliert vor.

3.4.3 Mechanische Eigenschaften von Kohlenstoff-Nanoröhren

Eine der ursprünglichen Motivationen für die Erforschung der Kohlenstoff-Nanotubes lag in der Erwartung außergewöhnlicher mechanischer Eigenschaften sowohl für ein- als auch mehrwandige Kohlenstoff-Nanoröhren. Die Aussicht auf mechanisch besonders widerstandsfähige Komposite oder faserartige Materialien hat große Kapazitäten in der Nanotube-Forschung freigesetzt. In den Medien machte die Schlagzeile vom „Fahrstuhl ins Weltall" Furore, die auf dem Höhepunkt der Nanotube-Euphorie andeutete, welche großen Erwartungen in das neu entdeckte Material gesetzt wurden. Hier wurde darauf Bezug genommen, dass eine aus Kohlenstoff-Nanoröhren hergestellte Faser im Gegensatz zu einem gleich dicken Stahlseil nicht ab einer bestimmten Länge durch die Eigenmasse kollabieren würde, da die Zugfestigkeit weit höher ist, als für das geringe Eigengewicht nötig. Natürlich handelt es sich bei diesem Gedankenexperiment um cine Überspitzung, der Aufbau würde an diversen anderen Problemen scheitern, aber das ändert nichts an der bemerkenswerten Festigkeit der Kohlenstoff-Nanotubes.

In der Tat ergaben erste Messungen an den vorhandenen Proben, dass der *Young*-Modul und die Zugfestigkeit erstaunlich hohe Werte aufweisen. Kürzlich wurden „superelastische" Nanotubes beschrieben, die eine Elongation um 280 % ohne Zusammenbruch der Röhrenstruktur überstanden.

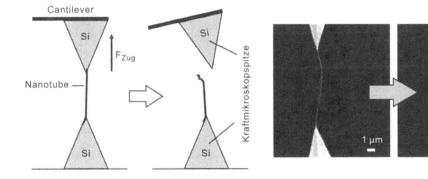

Abb. 3.45 Messung der mechanischen Eigenschaften einer einzelnen Nanoröhre mit Hilfe zweier Kraftmikroskopspitzen; schematische Darstellung (links) und Mikroskopaufnahme (rechts). Deutlich ist das abgerissene und deutlich verlängerte Nanotube zu erkennen (© ACS 2000).

Allerdings erwies sich die genaue Messung als schwierig, da die Manipulation derartig kleiner Objekte zu experimentellen Problemen führte. So muss für Zugexperimente eine Vorrichtung geschaffen werden, in die nur wenige Nanometer dicke Objekte eingespannt werden können. Hier hat sich die Verwendung von zwei Kraftmikroskop-Spitzen, die gegeneinander bewegt werden können, als nützlich erwiesen (Abb. 3.45).

Die bei den Messungen des *Young*-Moduls (auch Elastizitätsmodul) einwandiger Kohlenstoff-Nanoröhren erhaltenen Werte schwanken zwischen 0,4 und 4,15 TPa, was die Schwierigkeit einer exakten Messung verdeutlicht. In der Mehrzahl wurden jedoch Werte von etwa 1,0-1,25 TPa berichtet, was dem höchsten jemals für ein Material beschriebenen Wert entspricht. Diese Festigkeit entspricht der elastischen C_{11}-Konstante entlang der Basalebene des Graphits. Die erhaltenen Messwerte für den Elastizitätsmodul weisen eine Durchmesserabhängigkeit auf. So wurden z.B. 1,4 TPa für ein 1 nm dickes Tube und 0,7 TPa für ein 2 nm dickes Tube gemessen. Dabei wurde auch festgestellt, dass der *Young*-Modul sehr stark von der Qualität der untersuchten Nanoröhren abhängt. Für stark defekthaltige SWNT aus der katalytischen Zersetzung von Acetylen ergibt sich z.B. nur ein Wert von ~ 50 GPa.

Auch für mehrwandige Kohlenstoff-Nanoröhren wurde der Elastizitätsmodul bestimmt, wobei die Werte im Bereich von 1,1-1,3 TPa liegen, also sogar etwas oberhalb des für SWNT gemessenen Moduls. Diese Festigkeit resultiert aus der Stabilität des stärksten vorhandenen SWNT im betrachteten MWNT sowie einem kleinen zusätzlichen Beitrag aus der *van der Waals*-Wechselwirkung zwischen den Einzelröhren. Dies ist jedoch nur für die Messung an einzelnen MWNT gültig, die an den Enden eingespannt werden.

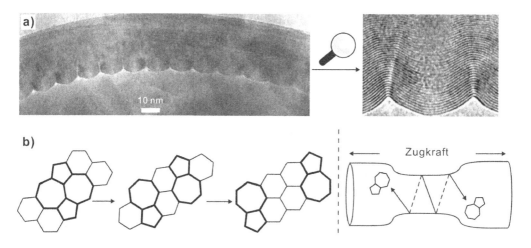

Abb. 3.46 Auswirkungen der mechanischen Belastung von Kohlenstoff-Nanoröhren; a) Ausbildung von Wellendefekten auf der Innenseite eines gebogenen MWNT, b) Wandern von *Stone-Wales*-Defekten durch Zugbelastung einer Nanoröhre. © AAAS 1999

Leichter lassen sich die mechanischen Eigenschaften von nanotube-haltigen Kompositmaterialien bestimmen, da diese in größeren Abmessungen untersucht werden können. Bei ausreichender Haftung zwischen der Kompositmatrix (z.B. einem Polymer) und den Nanoröhren wird ein Elastizitätsmodul von 45 GPa erreicht. Dabei muss man für MWNT neben der Benetzung mit der Polymermatrix auch die Beanspruchung durch teleskopartiges Auseinanderziehen der Einzelröhren beachten, was die Festigkeit herabsetzt. Im Gegensatz dazu werden in einwandigen Röhren direkt die C-C-Bindungen beansprucht, die erst bei sehr viel größeren Kräften kollabieren, so dass hier die Wechselwirkung mit der Matrix im Vordergrund steht (s. Kap. 3.5.5).

Es wurden auch zahlreiche Berechnungen der mechanischen Eigenschaften von einwandigen Nanotubes durchgeführt. Für eine Röhre mit einer konstanten Bindungslänge von 1,466 Å, also vollständig delokalisierten π-Elektronen, ergeben sich für den Elastizitätsmodul 0,764 TPa und für das *Poisson*-Verhältnis 0,32. Diese Werte zeigen, dass Kohlenstoff-Nanotubes im Vergleich zu anderen Materialien eine hohe Festigkeit aufweisen. Diese hohe Stabilität beruht darauf, dass im Gegensatz zu kristallinen Materialien keine bevorzugte Spaltung der Struktur entlang bestimmter Kristallebenen auftreten kann und alle Kohlenstoff-Kohlenstoff-Bindungen gleichmäßig belastet werden. In diesem Zusammenhang ist erwähnenswert, dass Kohlenstoff-Nanoröhren aufgrund ihrer Struktur so etwas wie einen dualen Charakter besitzen. Einerseits stellen sie definierte Moleküle mit klar bestimmten Abmessungen dar, andererseits weisen sie aber ausreichend Translationssymmetrie auf, um parallel zur Röhrenachse auch kristallartige Eigenschaften zu zeigen. Charakteristisch für diese Strukturen mit ihrem großen Länge-Durchmesser-Verhältnis ist die deutliche Unterscheidbarkeit der Festigkeit in den verschiedenen Raumrichtungen. Entlang der Röhrenachse führt Krafteinwirkung zu einer Zugbelastung, die durch die Elastizität der Röhre aufgefangen wird, bis zu dem Punkt, an dem die Struktur durch C-C-Bindungsbruch kollabiert. Krafteinwirkung senkrecht hierzu führt zu einer Biegebeanspruchung der Nanoröhre, besonders bei Angriff der Kraft nahe den Enden der Röhre. Bei Überbeanspruchung findet hier der Kollaps durch Ausbildung von Knickdefekten statt, so dass ein völlig anderer Mechanismus des Abbaus von Stress vorliegt. Mehrwandige Kohlenstoff-Nanotubes sind in der Regel steifer als SWNT, wobei mit zunehmendem Röhrendurchmesser die Festigkeit sinkt. Der Verformungsmechanismus bei Überbeanspruchung verändert sich bei zunehmender Belastung, und aus dem ungeordneten Abknicken an der Stelle höchster Belastung bildet sich bei größeren MWNT ein System von Wellendefekten auf der konkaven Seite der Biegung aus (Abb. 3.46a).

Eine Besonderheit der auf Zug belasteten Nanoröhren zeigt sich besonders bei sehr starker Beanspruchung. Nach Verlassen des *Hooke*schen Bereiches, in dem die Antwort des Systems perfekt elastisch und reversibel ist, verändert sich die Struktur des Nanotubes irreversibel, indem sein Durchmesser durch das Wandern von C-Atomen oder Defekten abnimmt, wodurch auch die Chiralität und die elektronischen Eigenschaften der betrachteten Nanoröhre dauerhaft beeinflusst werden. Metallische Nanotubes werden halbleitend, und es bildet sich eine Röhrenstruktur mit wechselndem Durchmesser aus (Abb. 3.46b), in der Abschnitte unterschiedlicher Helicität nebeneinander existieren. Dies resultiert aus der Bildung von Fünfring-Siebenring-Defekten, die meist paarweise auftreten (*Stone-Wales*-Defekte). Diese führen entweder zum direkten Bindungsbruch entlang der am meisten gespannten Bindungen, oder sie „gleiten" auf der Nanotube-Struktur auseinander und bauen so die Spannung ab (Abb. 3.46b). Dies führt dann zu einer Veränderung des Röhrendurchmessers auf einer Seite des Defektes, so dass nun zwei Röhrenabschnitte mit unterschiedlicher Helicität aneinander grenzen. Dabei hängt das Resultat dieser Verformung stark von der Chiralität des Ausgangsmaterials ab. Erst bei extrem hoher Beanspruchung fällt dann die Nanoröhrenstruktur zusammen, wobei zunächst ein oder mehrere Fäden aus Kohlenstoffatomen zwischen den beiden getrennten Einheiten zu beobachten sind.

Allgemein beobachtet man bei mechanischer Belastung von Kohlenstoff-Nanoröhren eine elektronische Antwort des Systems in Form veränderter Zustandsdichte und Leitfähigkeit. Diese Eigenschaft kann man sich z.B. bei der Herstellung elektromechanischer Systeme, zunutze machen, die durch wechselnde mechanische Belastung schaltbar sind. Dabei hat die Veränderung bei Zug- oder Biegebelastung durchaus unterschiedliche Ursachen. So werden im Fall der Zugbeanspruchung die Änderung der Strukturparameter n und m und damit veränderte Durchmesser und Leitfähigkeit gemessen (siehe hierzu auch Kap. 3.4.4 zur elektrischen Leitfähigkeit unterschiedlicher Nanoröhren). Im Fall von Biegebelastung sorgt die zunehmende Rehybridisierung von sp^2 zu sp^3 an den entstehenden Defektstellen für eine Abnahme der Delokalisation der π-Elektronen und somit verringerte Leitfähigkeit.

Abb. 3.47

Kohlenstoff-Nanoröhren mit sehr großem Durchmesser flachen auf einem Substrat ab, während kleinere Nanotubes ihren kreisförmigen Querschnitt weitgehend beibehalten.

Kohlenstoff-Nanotubes weisen als hohle Objekte noch einen weiteren Parameter der Strukturstabilität auf: Je größer der Durchmesser einer Röhre ist, desto weicher wird sie. Dies zeigt sich bei der Wechselwirkung mit einem Substrat. Große Tubes flachen ab und die Kontaktfläche mit dem Trägermaterial wächst (Abb. 3.47). Für mehrwandige Röhren ist dieser Effekt weniger stark ausgeprägt, da durch die *van der Waals*-Wechselwirkungen zwischen den einzelnen Röhren eine zusätzliche Stabilisierung der Zylinderform erfolgt.

3.4.4 Elektronische Eigenschaften von Kohlenstoff-Nanoröhren

3.4.4.1 Bandstruktur und Zustandsdichte von Kohlenstoff-Nanoröhren

Für das Verständnis des breiten Anwendungspotentials der Kohlenstoff-Nanoröhren ist es von großer Bedeutung, ihre elektronischen Eigenschaften korrekt und umfassend zu beschreiben. Dabei haben Chemiker und Physiker eine grundlegend unterschiedliche Betrachtungsweise entwickelt, die sich entweder auf die Betrachtung der Elektronen in Molekülorbitalen, insbesondere den Grenzorbitalen, und die Untersuchung des π-Systems stützt, oder aber den festkörperphysikalischen Ansatz der Betrachtung von Zustandsdichtefunktionen und Bänderstruktur in der *Brillouin*-Zone eines zweidimensionalen Graphens nutzt.

Dabei haben beide Herangehensweisen ihre Vorzüge. Hier soll im Wesentlichen der „chemische" Ansatz vorgestellt werden, wie ihn *E. Joselevich* bereits als Konzept beschrieben hat. Zusätzlich erfolgt auch eine kurze Diskussion des festkörperphysikalischen Weges, der im Detail in vielen Spezialbüchern zu den physikalischen Eigenschaften von Kohlenstoff-Nanotubes vorgestellt wird.

Erste Experimente und Berechnungen zeigten, dass die elektronischen Eigenschaften der Nanoröhren teilweise sehr ungewöhnlich sind. So bedingt ihr geringer Durchmesser das Auftreten von Quanteneffekten. Ihr Verhalten entspricht einem quasi-eindimensionalen molekularen Draht, was für einige elektronische Anwendungen großen Nutzen besitzt. Jedoch zeigt

sich auch, dass die elektronischen Eigenschaften eng mit denen des zweidimensionalen Graphens verbunden sind, da die Nanoröhren formal durch Aufrollen einer Graphenlage entstehen. Änderungen und ungewöhnliche Phänomene ergeben sich dann u.a. wegen der Krümmung des hexagonalen Graphengitters.

Messungen ergaben, dass ein Teil der Nanoröhren metallischen Charakter aufweist und der
Rest halbleitend ist. Ein geeignetes Modell zur Beschreibung der elektronischen Eigenschaften muss nun in der Lage sein, die unterschiedliche elektrische Leitfähigkeit einzelner Nanoröhren zu erklären und gleichzeitig die Quantisierungseffekte korrekt wiederzugeben. Es
sollte außerdem eine Vorhersage über das elektronische Verhalten eines beliebigen Nanoröh-
ren-Typs ermöglichen.

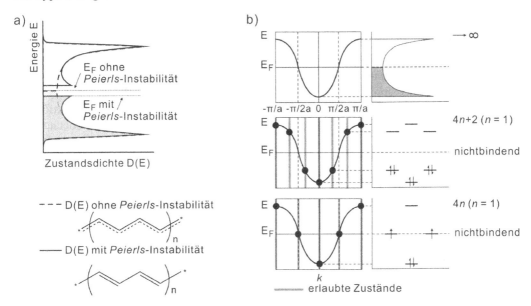

Abb. 3.48 a) Zustandsdichteverteilung von Polyacetylen mit und ohne *Peierls*-Verzerrung, b) erlaubte
Zustände für Annulene mit $4n + 2$ bzw. $4n$ π-Elektronen (durch graue Linien markiert) und die daraus
resultierenden Energieniveaus. Die Darstellung erfolgt im Wellenzahl-Raum (k-Raum), nach *E. Joselevich* © Wiley VCH 2004.

Betrachten wir nun zunächst das organische Molekül Polyacetylen, welches in einigen Punkten als eine Art niederdimensionales Homologes der Kohlenstoff-Nanoröhren angesehen
werden kann. Es besteht aus einer Kette von alternierenden Einzel- und Doppelbindungen, so
dass ein molekularer Draht mit einem vollständig konjugierten π-System vorliegt. Theoretische Vorhersagen, die eine gewisse Vereinfachung der tatsächlichen Gegebenheiten vorneh-
men, sagen für diese Verbindung elektrische Leitfähigkeit voraus. In der Realität ist Polyacetylen ein halbleitendes Material mit einer Bandlücke von 0,93 eV in der all-*cis*-Konfiguration
bzw. 0,56 eV für ein all-*trans*-Polyacetylen. Die Bandstruktur des Polyacetylens ist in Abb.
3.48a wiedergegeben. Sie ergibt sich aus der *Hückel*-Betrachtung des π-Systems, da man
davon ausgehen kann, dass nur die π-Elektronen zur elektrischen Leitfähigkeit beitragen,

während das σ-Bindungsgerüst keinen wesentlichen Einfluss auf die Zustandsdichte und Besetzung in der Nähe des *Fermi*-Niveaus ausübt. Die sich ergebende Bandstruktur stellt in erster Näherung ein Kontinuum erlaubter Zustände dar, das die *Fermi*-Energie (die Energie, die bei T = 0 K die Grenze zwischen besetzten und unbesetzten Zuständen darstellt) kreuzt.

Daraus ergibt sich eine Zustandsdichteverteilung, die besetzte Zustände bis zum *Fermi*-Niveau und darüber eine spiegelsymmetrische Verteilung unbesetzter erlaubter Zustände aufweist (Abb. 3.48a, gestrichelte Verteilungskurve), was für eine metallische Verbindung charakteristisch ist. Allerdings ist dieser Zustand so nicht stabil, sondern unterliegt der sog. *Peierls*-Verzerrung (durchgezogene Linie). Dabei handelt es sich um ein Phänomen in eindimensionalen molekularen Leitern, welches durch Strukturverzerrungen und durch Kopplung der elektronischen Wellenfunktionen mit Gitterschwingungsmoden hervorgerufen wird. Hierdurch spaltet sich das oberste teilbesetzte Band eines solchen eindimensionalen metallischen Leiters auf, was im Fall des Polyacetylens dann zum Öffnen einer schmalen Bandlücke in der Nähe des *Fermi*-Niveaus und damit zu halbleitenden Eigenschaften führt.

Nun betrachten wir endliche Abschnitte eines idealen Polyacetylens und bilden durch Ringschluss, also „eindimensionales Aufrollen", eine cyclisch konjugierte Verbindung. Diese sog. Annulene stellen quasi-nulldimensionale Objekte dar, da sie näherungsweise punktförmig sind. Die kleinsten Vertreter dieser Reihe sind Cyclobutadien, Benzol und Cyclooctatetraen (COT), die für das Konzept der Grenzorbitale und Betrachtungen zur Aromatizität wertvolle Modellverbindungen darstellen. Hier stellen sie nulldimensionale Analoga der Kohlenstoff-Nanoröhren dar. Als Strukturparameter n dient die Anzahl der π-Elektronen, vier im Fall des Cyclobutadiens, sechs im Fall des Benzols. Dabei ist jedoch zu beachten, dass für die weitere Betrachtung die Planarität der n-Annulene angenommen wird, was aber für COT und höhere Annulene in der Realität nicht zutrifft.

Durch den Ringschluss wird dem System eine Beschränkung aufgezwungen. Nicht jede Elektronenwelle kann sich in einem Annulen als stehende Welle ausbilden, so dass nur noch solche Wellenzahlen erlaubt sind, bei denen dies möglich ist. Es tritt also eine Quantisierung ein. Diese kann in Abhängigkeit vom Umfang (der wiederum mit der Anzahl der beteiligten π-Elektronen zusammenhängt) beschrieben werden. Letztendlich handelt es sich um die Ausdehnung des „Teilchen im Kasten"-Konzeptes, welches für ein einzelnes Elektron die Auswirkungen der Beschränkung auf einen definierten Raum wiedergibt. Die Quantisierungsbedingung für die Transformation vom Polyacetylen zu den Annulenen lautet (Gleichung *3.10*):

$$C_h\, \boldsymbol{k} \;=\; 2\,\pi\,q \tag{3.10}$$

Dabei stellt C_h den Umfang des Annulens, $\boldsymbol{k}$ den eindimensionalen Wellenvektor und q eine natürliche Zahl dar. In der Darstellung der Bandstruktur des Polyacetylens im reziproken k-Raum (s.u.) sind nun nur noch die Wellen und die zugehörigen Energieniveaus erlaubt, die den durch *3.10* definierten Wellenzahlen entsprechen. D.h., dass anstelle der kontinuierlichen Kurve nur noch einzelne Punkte im Bandstrukturdiagramm $E(k)$ verbleiben. Dies führt dann bei der Abbildung der erlaubten elektronischen Zustände zu den gut bekannten Molekülorbitaldiagrammen in Abb. 3.48b. Je mehr π-Elektronen das betrachtete Annulen besitzt, desto mehr erlaubte Zustände existieren (die dann in der $E(k)$-Darstellung entsprechend immer enger zusammenrücken), so dass sich sehr große Annulene der elektronischen Struktur des Polyacetylens annähern. Man kann nun zwei Typen von Annulenen betrachten, die sich in der

Anzahl der vorhandenen π-Elektronen unterscheiden. Die nach der *Hückel*-Theorie klassischen Aromaten wie Benzol besitzen $4n + 2$ π-Elektronen, die $4n + 2$ erlaubte elektronische Zustände besetzen könnten. Von diesen liegt jedoch nur die Hälfte unterhalb der *Fermi*-Energie. Diese werden vollständig besetzt, während die Zustände oberhalb des *Fermi*-Niveaus unbesetzt bleiben. Alle π-Elektronen befinden sich also in bindenden Orbitalen. Nichtbindende Orbitale existieren hier nicht, am *Fermi*-Niveau befinden sich keine erlaubten Zustände. Verbindungen vom Typ des Cyclobutadiens besitzen dagegen $4n$ π-Elektronen, die sich auf ebenso viele erlaubte Zustände verteilen können. Dabei liegen auf dem *Fermi*-Niveau die nichtbindenden Orbitale, die im Fall der $[4n]$ - Annulene jeweils zur Hälfte besetzt werden (Abb. 3.48b). In beiden Fällen gilt, dass $q = n$ ist.

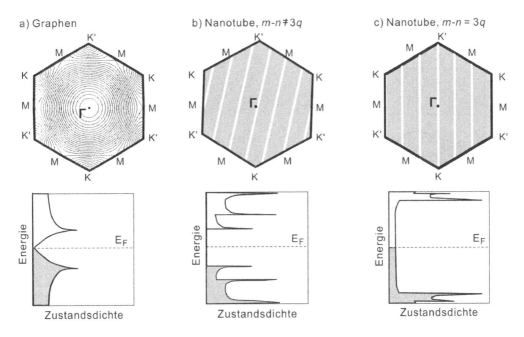

Abb. 3.49 Darstellung der erlaubten Zustände in der zweidimensionalen *Brillouin*-Zone a) des Graphens, für halbleitende (b) und metallische (c) Nanoröhren (oben) und die korrespondierenden Zustandsdichteverteilungen (unten), nach *E. Joselevich* © Wiley VCH 2004.

Die $[4n + 2]$ - Annulene besitzen tiefliegende besetzte Orbitale und eine relativ große HOMO-LUMO-Lücke, was einer großen Bandlücke in höhermolekularen Verbindungen entspricht. Daher ist es energetisch nicht günstig, Elektronen zu entfernen bzw. zu ergänzen. Im Fall der $[4n]$ - Annulene dagegen ist dies ohne großen energetischen Aufwand möglich, da sich halbbesetzte, nichtbindende Orbitale auf dem *Fermi*-Niveau befinden. Zwar sind die Orbitale dieser Verbindungen in realen Strukturen durch *Jahn-Teller*-Verzerrung nicht mehr degeneriert und es ergibt sich somit u. U. eine schmale HOMO-LUMO-Lücke. Diese ist jedoch im Vergleich zu den Aromaten verschwindend gering. Daher stellen die Annulene mit $4n$ π-Elektronen das Analogon zu metallischen Nanotubes und solche mit $4n + 2$ π-Elektronen Modellverbindungen für halbleitende Nanoröhren dar.

Dieser Analogieschluss soll im Folgenden erläutert werden. Anstelle des eindimensionalen Polyacetylens betrachten wir nun die in zwei Dimensionen vollständig konjugierte Struktur, also eine Graphenlage. Durch diese Dimensionserweiterung muss nun auch die berechnete elektronische Bandstruktur nicht in Abhängigkeit von nur einem Parameter (der Wellenzahl k), sondern über der zweidimensionalen *Brillouin*-Zone aufgetragen werden (Abb. 3.49a). Dabei repräsentieren die Höhenlinien unterschiedliche Energien. An den mit K bezeichneten Punkten wird das *Fermi*-Niveau erreicht. Trägt man nun die aus dieser Bandstruktur ermittelte Zustandsdichteverteilung auf, ergibt sich das in Abb. 3.49b dargestellte Bild. Eine Abbildung der Bandstruktur entlang einer Basalebene des Graphens ist in Abb. 3.50 gegeben. Man erkennt, dass sich am K-Punkt die dem *Fermi*-Niveau nächsten Bänder berühren.

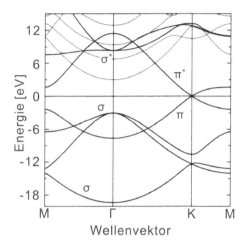
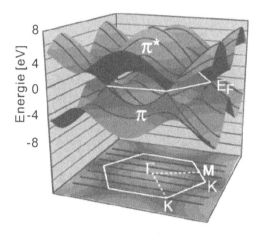

Abb. 3.50 Bandstruktur entlang einer Basalebene des Graphens (links, © Wiley-VCH 2004) und Darstellung des π- und des π^*-Orbitals über der *Brillouin*-Zone des Graphens (rechts, © ACS 2002).

Die ebene, zweidimensionale Graphenlage stellt einen Leiter mit einer Null-Bandlücke dar, dessen Zustandsdichte nur jeweils ein Maximum oberhalb und unterhalb des *Fermi*-Niveaus aufweist, die auf Energieminima an den Sattelpunkten M der Bandstrukturdarstellung zurückzuführen sind. Am Punkt Γ befindet sich das energetische Minimum, welches in einer molekülorbitalanalogen Betrachtung dem niedrigsten bindenden Orbital entspricht, in dem die p_z-Orbitale über den gesamten Bereich der Graphenlage bindend miteinander kombiniert sind (LCAO-Ansatz, *linear combination of atomic orbitals*). Entsprechend existiert dann auch das zugehörige antibindende Orbital, welches ebenfalls eine Linearkombination von Atomorbitalen am Punkt Γ darstellt. Die Punkte K entsprechen nichtbindenden Orbitalen auf dem *Fermi*-Niveau. Die Symmetrie dieser Orbitale entscheidet letztendlich über die Eigenschaften der beim Aufrollen entstehenden Nanotubes. Insgesamt existieren unendlich viele derartiger Orbitale für eine ideale Graphenlage, da diese aus einer unendlichen Anzahl von Kohlenstoffatomen besteht.

Wie beim Polyacetylen verwenden wir nun nur einen Teil der Graphenlage und rollen diesen zu einer Röhre auf. Vom chemischen Standpunkt aus handelt es sich dabei formal um eine elektrocyclische Reaktion entlang der „Naht" des gebildeten Nanotubes. Da es sich bei Graphen im Gegensatz zum Polyacetylen um eine zweidimensionale Struktur handelt, bestehen unendlich viele Möglichkeiten, eine Aufrollrichtung zu wählen. Daher muss man für die aus Graphen erhaltenen Nanoröhren zwei Strukturparameter n und m betrachten. Nichtsdestotrotz wird auch hier dem System eine periodische Randbedingung aufgezwungen, und nur noch bestimmte Wellenfunktionen stellen nach dem Aufrollen Lösungen der *Schrödinger*-Gleichung dar. Die Quantisierung kann analog zu Gleichung *3.10* beschrieben werden, wobei nun $\bar{C}_h$ den Umfangsvektor der betrachteten Kohlenstoff-Nanoröhre und k den zweidimensionalen Wellenvektor darstellt. Dadurch zerfällt die Bandstruktur in kleinere Unterbänder, die umso enger zusammenliegen, je länger $\left|\bar{C}_h\right|$ (also der Umfang) ist. Dies entspricht der immer dichter werdenden Anordnung der Molekülorbitale bei zunehmender Größe der oben betrachteten Annulene.

Im realen Raum, also aus chemischer Sicht, gelten für eine elektrocyclische Reaktion die *Woodward-Hoffmann*-Regeln zur Orbitalsymmetrieerhaltung. Man betrachtet hier nun nach *Fukui* die Grenzorbitale, um festzustellen, ob die fragliche Reaktion erlaubt ist oder nicht. Für einen thermischen Prozess, um den es sich bei der virtuellen Bildung eines Kohlenstoff-Tubes aus einer entsprechenden Graphenlage handelt, wird das höchste besetzte Orbital untersucht. Bei photochemischen Prozessen wäre das erste unbesetzte Orbital zu betrachten (hier nicht der Fall).

Wenden wir uns also den Orbitalen auf dem *Fermi*-Niveau zu, die die höchsten besetzten Orbitale darstellen. Beim Aufrollen der Graphenlage kann es nun zu zwei unterschiedlichen Szenarien kommen. Im ersten Fall treffen zwei Kohlenstoffatome aufeinander, die den gleichen LCAO-Koeffizienten aufweisen, z.B. + und +. Dies sorgt dann dafür, dass das Orbital im Nanotube die gleiche Periodizität wie zuvor aufweist und nach *Woodward-Hoffmann* erlaubte Zustände am *Fermi*-Niveau existieren. Dies hat metallisches Verhalten zur Folge (Abb. 3.51a). Im zweiten Fall dagegen treffen nun gerade Kohlenstoffatome aufeinander, die unterschiedliche LCAO-Koeffizienten aufweisen, also + und -. Hier kann die Periodizität, und damit die Orbitalsymmetrie, nicht aufrechterhalten werden. Somit sind die formal entstehenden Molekülorbitale nach dem Orbitalsymmetrie-Erhaltungssatz verboten. Es existieren also keine erlaubten Zustände am *Fermi*-Niveau und es entsteht eine Bandlücke. Somit sind die derart gebildeten Nanoröhren Halbleiter (Abb. 3.51b).

Nachdem geklärt ist, welche Nanotubes metallisch und welche halbleitend sind, muss noch die Frage beantwortet werden, ob es Gesetzmäßigkeiten gibt, die eine Vorhersage ermöglichen, wann welches Verhalten auftritt. Dazu betrachten wir noch einmal die in Abb. 3.51 gezeigte Darstellung eines nichtbindenden Graphenorbitals am *Fermi*-Niveau. Entlang der beiden Einheitsvektoren der zweidimensionalen Elementarzelle des Graphens wiederholt sich das Muster der positiven und negativen LCAO-Koeffizienten jeweils alle drei Längeneinheiten. Daher lautet die Bedingung für das Aufeinandertreffen zweier gleicher LCAO-Koeffizienten, und damit metallisches Verhalten, dass die Differenz aus den Strukturparametern n und m durch drei teilbar sein muss. In allen anderen Fällen treffen Atome mit unterschiedlichen LCAO-Koeffizienten aufeinander, und das durch diese Aufrollung entstehende Nanotube ist ein Halbleiter. Es gilt also (Gleichung *3.11*):

metallische Nanoröhren: $n - m = 3\,q$ (3.11 a)

halbleitende Nanoröhren: $n - m \neq 3\,q$ (3.11 b)

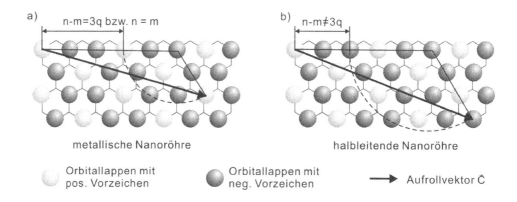

a) n-m=3q bzw. n = m   b) n-m≠3q

metallische Nanoröhre   halbleitende Nanoröhre

Orbitallappen mit   Orbitallappen mit
pos. Vorzeichen   neg. Vorzeichen   → Aufrollvektor Č

Abb. 3.51 LCAO-Veranschaulichung des Aufrollens metallischer und halbleitender Nanoröhren. Im Fall der metallischen Röhre treffen zwei Orbitallappen gleichen Vorzeichens aufeinander, im Fall der halbleitenden nicht (© Wiley-VCH 2004).

Zum gleichen Ergebnis führt die Betrachtung der Bandstruktur im reziproken Raum mit anschließender Ermittlung der elektronischen Zustandsdichtefunktion. Diese wird durch Multiplikation der Wellenzahldichte (abhängig von der Form der *Brillouin*-Zone) im reziproken *k*-Raum mit dem Energiebereich zwischen E und $E + dE$ berechnet, wobei nur die erlaubten Wellenzahlen **k** Berücksichtigung finden. Nun wird von der periodischen Randbedingung (3.10) ausgegangen, die nur noch bestimmte Lösungen der *Schrödinger*-Gleichung erlaubt, wobei durch die Quantisierung der in Abb. 3.50 dargestellten Bandstruktur des Graphens je nach Aufrollrichtung unterschiedliche Bandanordnungen entstehen. Die Quantisierung äußert sich dergestalt, dass in der hexagonalen ersten *Brillouin*-Zone des Graphengitters erlaubte Zustände nur noch entlang der in Abb. 3.49 eingezeichneten Linien existieren. Deren Orientierung hängt von den Strukturparametern n und m ab. In einigen Fällen kreuzen die erlaubten Linien die **K**-Punkte (also das *Fermi*-Niveau) der *Brillouin*-Zone, und die entsprechenden Nanoröhren sind metallisch, da sich auf diese Weise Valenz- und Leitungsband berühren. Dies gilt für alle Röhren mit $n = m$ und $n - m = 3\,q$. Allerdings weisen letztere bei genauerer Betrachtung eine sehr kleine Bandlücke auf, die durch Krümmungseffekte entsteht. Sie nimmt mit steigendem Durchmesser der Röhren ab, so dass bei Raumtemperatur die entsprechenden Nanoröhren für die meisten praktischen Anwendungen als metallisch betrachtet werden können. Wird dagegen der **K**-Punkt von keiner der Linien einer erlaubten Wellenzahl gekreuzt, dann beobachtet man halbleitende Eigenschaften mit signifikanter Bandlücke. Diese nimmt ebenfalls mit zunehmendem Durchmesser der Röhre ab, ist jedoch so groß, dass stets halbleitendes Verhalten beobachtet wird. Insgesamt existieren also drei verschiedene Typen von Kohlenstoff-Nanoröhren:

- Metallische Kohlenstoff-Nanotubes, in denen $n = m$ ist.
- Halbleitende Nanoröhren mit sehr kleiner Bandlücke mit $n - m = 3\,q$ $(q \neq 0)$, die unter Realbedingungen als metallisch angesehen werden können.
- Halbleitende Nanotubes mit großer Bandlücke mit $n - m \neq 3\,q$.

Schauen wir uns nun einmal die Zustandsdichtefunktionen für verschiedene Kohlenstoff-Nanoröhren an: Es fällt auf, dass sie eine Reihe von Singularitäten aufweisen (Abb. 3.52). Diese kommen dadurch zustande, dass in der Nähe jedes Energieminimums der einzelnen Unterbänder eine große Anzahl von Zuständen in einem sehr engen Energieintervall anzutreffen ist. Daher entstehen bei der Berechnung der Zustandsdichte für diese Energien Spitzen, die *van Hove*-Singularitäten genannt werden und sehr charakteristisch für die elektronische Struktur von Kohlenstoff-Nanoröhren sind. Die ersten *van Hove*-Singularitäten auf beiden Seiten des *Fermi*-Niveaus von halbleitenden Nanoröhren korrespondieren mit dem HOMO und LUMO des entsprechenden Nanotubes. Die Energiedifferenz zwischen diesen beiden repräsentiert den Abstand zwischen Valenz- und Leitungsband, also die Bandlücke. Eine große HOMO-LUMO-Lücke sowie tiefliegende, besetzte bindende und hochliegende, unbesetzte antibindende Orbitale finden sich auch bei den [4n + 2]-Annulenen. Dagegen sind HOMO und LUMO aufgrund der Bandstruktur für metallische Nanoröhren nicht zu unterscheiden und befinden sich am *Fermi*-Niveau. Dies entspricht einer Bandlücke von Null, und korrespondiert in dem zuvor für die Annulene diskutierten Formalismus mit den Verhältnissen in [4n]-Annulenen. *Van Hove*-Singularitäten finden sich im Zustandsdichtediagramm von metallischen Nanoröhren erst in etwas größerem Abstand vom *Fermi*-Niveau.

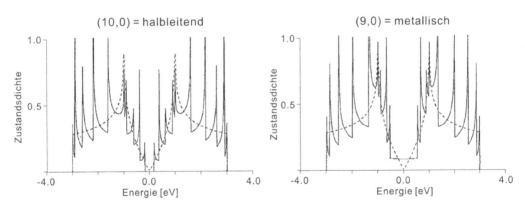

Abb. 3.52 Zustandsdichtefunktion eines metallischen (rechts) und eines halbleitenden (links) Kohlenstoff-Nanotubes. Die scharfen Maxima der Dichtefunktion werden *van Hove*-Singularitäten genannt (gestrichelt ist die Zustandsdichte für Graphen angegeben), © AIP 1992.

Es ist also deutlich geworden, dass sowohl die chemische als auch die festkörperphysikalische Herangehensweise zu einer qualitativ korrekten Wiedergabe der elektronischen Verhältnisse in Kohlenstoff-Nanoröhren führt. Dabei weist die „chemische" Methode eindeutig Vorteile in der Anschaulichkeit auf, da sie den realen nicht zugunsten des reziproken Raumes verlässt. Die quantitative Betrachtung der Zustandsdichten und Bandstrukturen bleibt jedoch dem stringenten Ansatz ausgehend von der Lösung der *Schrödinger*-Gleichung vorbehalten. Dabei bringt die Betrachtung im reziproken Raum deutliche Erleichterungen bei der Berechnung mit sich. Ausführliche Darstellungen der Methode und ihrer Implikationen finden sich in den am Ende des Buches angegebenen Quellen.

Bisher haben wir uns nur mit den elektronischen Eigenschaften einzelner Kohlenstoff-Nanoröhren beschäftigt. In der Realität werden jedoch häufig mehrwandige oder Bündel einwandiger Nanotubes verwendet. Deren elektronische Eigenschaften unterscheiden sich in gewissem Maße von denen der isolierten einwandigen Röhren. Allerdings erschwert die zunehmende Komplexität der Systeme eine analytische Beschreibung der Bandstruktur und Zustandsdichten. In letzter Zeit wurden jedoch Arbeiten publiziert, welche die Phänomene diskutieren, die beim Zusammentreten mehrerer Röhren beobachtet werden.

In mehrwandigen Kohlenstoff-Nanotubes befinden sich die einzelnen Röhren in so großer räumlicher Nähe, dass es auch zu elektronischen Wechselwirkungen kommt. Experimentell beobachtet man für makroskopische Proben ein Verhalten ähnlich dem des semimetallischen Graphits. Bei der Untersuchung von einzelnen MWNT mittels Rastertunnel-Spektroskopie (STS) wurden jedoch sowohl metallische als auch halbleitende Spezies gefunden, wobei nicht ganz klar ist, ob dabei nicht nur die Eigenschaften der äußersten Einzelröhre untersucht wurden.

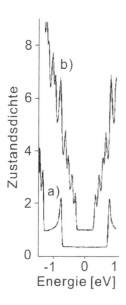

Abb. 3.53

Zustandsdichtefunktion mehrwandiger Nanoröhren; a) Dichtefunktion eines (6,6)@(11,11)-Nanotubes, b) Dichtefunktion eines (6,6)@(11,11)@(16,16)@(21,21)@(26,26)-MWNT (© World Scientific 1994).

Wenn die Nanotubes in geeigneter Struktur und Anordnung vorliegen, beobachtet man Band-Kopplungen. Dabei ist die Lage der Einzelröhren zueinander entscheidend, die sich jedoch durch die leichte Verschiebbarkeit der Röhren gegeneinander (s. Kap. 3.4.3) im zeitlichen Mittel verändern kann. Passenden Geometrien besitzen z.B. die Kombinationen (9,0)@(18,0) oder (5,5)@(10,10). Je nach Rotationswinkel untereinander ändern sich die Eigenschaften. So ist ein (5,5)@(10,10)-Nanotube mit einer Spiegelebene metallisch, während sich bei Verdrehung des inneren Tubes eine kleine Bandlücke öffnet. Mehrwandige Nanotubes aus nicht kompatiblen Einzelröhren zeigen dagegen in jeder Anordnung nur geringe Wechselwirkungen zwischen den Einzelröhren, so dass keine starke Bandkopplung beobachtet wird und die Zustandsdichte mehr oder weniger die Summe der Einzelzustandsdichten darstellt (Abb. 3.53).

Auch in SWNT-Bündeln treten intertubulare Wechselwirkungen auf, die die Symmetrie des Systems herabsetzen und damit die Bandstruktur beeinflussen. Dabei kommt es im Fall metallischer SWNT zur Öffnung einer Bandlücke, da sich Valenz- und Leitungsband für Wellenvektoren parallel zur Röhrenachse nicht mehr am *Fermi*-Niveau berühren. Allerdings überlappen die Bänder anderweitig aufgrund ihrer Dispersion in Normalrichtung zur Achse, so dass es sich nur um eine Pseudobandlücke handelt.

3.4.4.2 Der elektrische Leitungsmechanismus in Kohlenstoff-Nanoröhren

In einem normalen elektrischen Leiter bewegen sich die Elektronen unter dem Einfluss eines äußeren elektrischen Feldes in Richtung des positiven Pols. Dabei erfahren sie einen Widerstand durch die Streuung an Gitterdefekten und Phononen (Gitterschwingungen). Letztendlich bildet sich ein stationärer Zustand mit konstanter Stromstärke aus. Dieser wird durch die *Fermi*-Funktion beschrieben. Bei Temperaturerhöhung nimmt die Leitfähigkeit des Materials ab, da durch die thermische Anregung die Streuung an Phononen eine größere Rolle spielt. Daneben werden die Elektronen zwar auch an Gitterdefekten gestreut, diese aber spielen bei höheren Temperaturen eine untergeordnete Rolle, da sie temperaturunabhängig sind. Dagegen ist dieser Effekt bei sehr tiefen Temperaturen von Bedeutung, da hier keine Phononenstreuung mehr stattfindet und der spezifische Restwiderstand praktisch ausschließlich von der Streuung an Gitterdefekten abhängt. Aus dem verbleibenden Widerstand kann eine Aussage über die Reinheit des Materials getroffen werden: Je reiner und freier von Defekten eine Probe ist, desto geringer ist auch ihr spezifischer Restwiderstand.

In makroskopischen Proben eines elektrischen Leiters gilt das *Ohmsche* Gesetz, welches besagt, dass die Spannung zur Stromstärke proportional ist (mit dem *Ohmschen* Widerstand als Proportionalitätsfaktor). Der elektrische Widerstand seinerseits ist bei einem makroskopischen Draht abhängig vom Querschnitt und der Länge des Objektes. Dies ist im Fall eines nanoskaligen Leiters nicht mehr gegeben. Der Widerstand eines solchen Nanodrahtes ist unabhängig von seiner Länge, was darauf zurückzuführen ist, dass der Ladungstransport hier über sog. Leitungskanäle erfolgt, die alle einen Widerstand von ~ 13 kΩ (bei Berücksichtigung der Spin-Freiheitsgrade, sonst ~ 6,5 kΩ) aufweisen und von denen eine sehr große Anzahl existiert. Voraussetzung für die Richtigkeit dieser Aussage ist die absolute Defektfreiheit des betrachteten eindimensionalen Drahtes, was in der Realität nur schwer zu erreichen sein dürfte. In realen Nanodrähten kommt es u.a. zu Wechselwirkungen der Elektronen mit dem Atomgerüst.

Wichtig für das Verständnis der elektrischen Eigenschaften von Kohlenstoff-Nanoröhren ist die Erkenntnis, dass die Leitfähigkeit eine quantisierte Eigenschaft darstellt, so dass bei Erhöhung des anliegenden äußeren elektrischen Feldes kein kontinuierliches Anwachsen der Stromstärke, sondern ein stufenweises Ansteigen beobachtet wird. Ein sehr aufschlussreiches Experiment wurde 1998 von *W. de Heer* und Mitarbeitern beschrieben. Dabei wird ein Kohlenstoff-Nanotube in Quecksilber getaucht und bei angelegter Spannung aus diesem herausgezogen (Abb. 3.54). Gleichzeitig wird die Stromstärke in Abhängigkeit von der Position des

Nanotubes gemessen. Ein klassischer Leiter würde eine sich kontinuierlich verändernde Leitfähigkeit aufweisen, während im Fall der Kohlenstoff-Nanoröhre eine Reihe von Sprüngen
beobachtet wurde. Dies lässt auf eine Quantisierung der Leitfähigkeit schließen. Außerdem
wurde beobachtet, dass die Röhren trotz hoher angelegter Spannung (bis zu 6 V) keinerlei
Schäden aufwiesen. Bei einem normalen Leitungsmechanismus hätte sich das System aber
durch Wechselwirkungen mit dem Gitter so stark aufheizen müssen, dass Schäden durch
Überhitzung unvermeidbar wären. Es deutet also alles darauf hin, dass die Elektronen bei
ihrem Weg durch das Nanotube große Strecken ohne Wechselwirkung mit dem Kohlenstoff-
Gerüst zurücklegen.

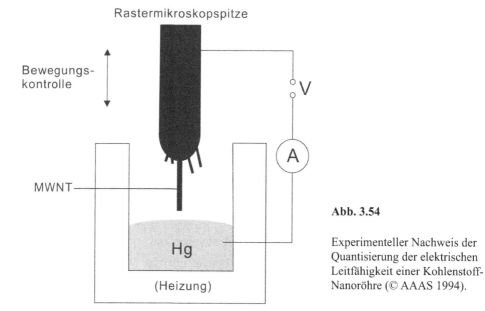

Abb. 3.54

Experimenteller Nachweis der
Quantisierung der elektrischen
Leitfähigkeit einer Kohlenstoff-
Nanoröhre (© AAAS 1994).

Diese Art der Elektronenbewegung wird auch als *ballistischer Transport* bezeichnet, was
darauf zurückgeht, dass die Elektronen auf ihren freien Wegstrecken keinerlei Widerstand
erfahren. Man kann sich die Elektronen in einem Teilchenmodell als frei durchfliegende
Objekte vorstellen, die erst am Ende ihrer freien Wegstrecke wieder in Wechselwirkung mit
dem Material treten. Durch diesen Mechanismus heizt sich das Material auch nur sehr wenig
auf, da es eben auch nicht zur Wechselwirkung mit Phononen kommt, so dass das Gitter nicht
zu stärkeren Schwingungen angeregt wird. Dies ist insbesondere für die Entwicklung leis-
tungsfähiger elektronischer Bauteile interessant. Konventionelle Materialien sind in der
Stromdichteverträglichkeit limitiert, da ab einer gewissen Grenzstromdichte die Hitzeent-
wicklung zu stark wird.

Die freie Weglänge Λ beträgt in einem defektfreien Kohlenstoff-Nanotube laut Rechnungen
etwa 1 µm, in Experimenten wurden Werte von mehr als 100 nm ermittelt, was im Vergleich
zu klassischen elektrischen Leitern einen extrem großen Wert darstellt (z.B. Lithium: 110 Å,
Kupfer: 430 Å, Silber: 560 Å)

Messungen an einzelnen Nanoröhren, die zwischen zwei Kontakten aufgespannt wurden, zeigten, dass der Elektronentransport an den Kontakten durch Tunneln erfolgt und dass die Wellenfunktion der Elektronen sich von einem zum anderen Kontakt ausdehnt, so dass ein solches Nanotube bei der Temperatur des Experimentes (im mK-Bereich) einen kohärenten Quantumdraht darstellt.

Die elektrische Leitfähigkeit der Kohlenstoff-Nanoröhren wird sehr stark durch die Anwesenheit von Defekten beeinflusst. Bereits axiale Beanspruchung unter Ausdehnung von Bindungen führt zu Veränderungen der Bandstruktur. Daneben sorgen sowohl *Stone-Wales*-Defekte als auch Fehlstellen für eine Verringerung der elektrischen Leitfähigkeit. Dieser Effekt ist bei Defekten mit zwei benachbarten Vakanzen besonders ausgeprägt. So erhöht sich der Widerstand in einem 400 nm langen SWNT um den Faktor 1000, wenn die Nanoröhre gerade einmal 0,03 % Doppelfehlstellen aufweist. Einzelfehlstellen verursachen dagegen keine derart dramatischen Veränderungen. In jedem Fall verringert sich aber die freie Weglänge der Elektronen durch die Defekte beträchtlich (teilweise auf wenige Nanometer), was jedoch bei der Vielzahl vorhandener Leitungskanäle keinen großen Einfluss auf die Gesamtleitfähigkeit ausübt.

Auch Verunreinigungen der Probe können einen signifikanten Einfluss auf die elektrische Leitfähigkeit besitzen. Z.B. wurde beobachtet, dass Kohlenstoff-Nanoröhren bei sehr tiefen Temperaturen keinen stetig absinkenden und sich dem spezifischen Restwiderstand annähernden Widerstand aufweisen, sondern es bei extrem tiefen Temperaturen zu einem Anstieg des Widerstands kommt, so dass die R(T)-Kurve ein Minimum aufweist. Dies wurde damit erklärt, dass die in den Proben noch vorhandenen Katalysatorpartikel aufgrund ihrer magnetischen Eigenschaften einen *Kondo*-Effekt hervorrufen. Dieser beruht auf einer Austauschwechselwirkung zwischen den magnetischen Momenten der Fremdatome und der Elektronen und führt zu einem Anstieg des Widerstands. Allerdings liegen inzwischen auch Arbeiten vor, die das Auftreten eines Widerstandsminimums auf ein intrinsisches Phänomen, das sog. Kontakttunneln zurückführen.

3.4.4.3 Feldemission von Kohlenstoff-Nanoröhren

Eine Eigenschaft der Kohlenstoff-Nanoröhren ist von besonderem Interesse für zahlreiche Anwendungen: die Feldemission. Dabei handelt es sich um die Fähigkeit, bei angelegtem elektrischem Feld Elektronen zu emittieren. Die Feldemission ist kein auf Kohlenstoff-Nanotubes beschränktes Phänomen. Es ist schon lange bekannt, dass aus der Oberfläche leitfähiger Materialien Elektronen extrahiert werden können. Um ihnen das Tunneln durch die Oberflächen-Energiebarriere zu ermöglichen, benötigt man allerdings z.T. sehr hohe Feldstärken von mehreren Kilovolt pro Mikrometer. Letztere sind in der Regel nicht praktikabel, so dass man nach anderen Möglichkeiten suchen muss, um die Extraktion der Elektronen zu erleichtern. Es ist bekannt, dass das elektrische Feld an spitz zulaufenden Enden einer Probe lokal verstärkt wird. An den Orten höchster Krümmung weisen die Feldlinien einen geringeren Abstand auf. Außerdem muss nach Materialien gesucht werden, die eine niedrige Arbeitsfunktion, also wenig Austrittsarbeit für die Elektronen aufweisen.

Kohlenstoff-Nanoröhren erfüllen diese Anforderungen auf geradezu ideale Weise. Insbesondere ist die Spitze der Nanotubes extrem dünn und stark gekrümmt, so dass eine außerordentliche lokale Verstärkung des elektrischen Feldes auftritt. Bereits bei äußeren Feldstärken

unterhalb von 1 V μm^{-1} emittieren Kohlenstoff-Nanoröhren Elektronen, die erzeugte Stromdichte kann dabei auf mehr als 3 mA cm^{-2} ansteigen (Abb. 3.55). Im Gegensatz zur Emission
von Elektronen aus thermionischen Quellen (z.B. Wolfram-Filament) wird das Quellenmate-
rial hier nicht auf mehr als 1000 °C erhitzt, und es geht weniger Energie durch Strahlung
verloren. Einen weiteren wesentlichen Vorteil der Kohlenstoff-Nanotubes gegenüber anderen,
durch mechanische Bearbeitung gewonnenen Spitzen illustriert Abb. 3.55c: Die hohen
Stromdichten und die Bombardierung mit Ionen und Strahlung, die durch das elektrische Feld
erzeugt werden, führen leicht zu einer Beschädigung der Emitterspitze. Dies hat im Fall einer
mechanisch erzeugten Spitze fatale Folgen. Bricht sie ab, wird gleichzeitig der Ort der höchsten Feldstärke vernichtet, und im schlechtesten Fall endet die Emission von Elektronen. Dagegen ändert sich an der Geometrie der Nanotubes nur wenig, wenn der obere Teil infolge
der Belastung zerstört wird. Die Dicke der Röhren ist weitgehend konstant, und die Emission
verläuft ohne Unterbrechung. Es wurde sogar festgestellt, dass geöffnete Nanoröhren bessere
Feldemitter darstellen als mit Kappen verschlossene. Dies kann daran liegen, dass an den
Enden befindliche Kohlenstoffketten als noch effizientere Feldemitter fungieren.

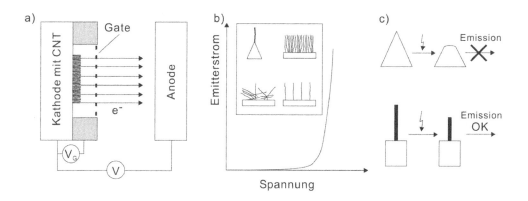

Abb. 3.55 Feldemission aus Kohlenstoff-Nanoröhren; a) schematische Darstellung eines Emitterarrays
aus Kohlenstoff-Nanotubes, b) Emissionskurve und mögliche CNT-Emittergeometrien (Inset), c) Vorteil
der Nanoröhren gegenüber anderen Emitterspitzen: Selbst nach einem Schaden bleibt die Emissionsfä-
higkeit erhalten.

Alle bekannten Typen von Kohlenstoff-Nanoröhren zeigen Feldemission (Abb. 3.55b). Sowohl einzelne SWNT, Bündel einwandiger Nanotubes als auch mehrwandige Nanoröhren
zeigen dieses Verhalten. Die Röhren können entweder einzeln als Spitze auf einem leitfähi-
gen Träger montiert werden, als ungeordneter oder geordneter Film vorliegen oder aber in
strukturierten Arrays verwendet werden (s.a. Kap. 3.3.5). Je nach gewünschter Anwendung
können dann entsprechende Produkte gewählt werden. Auch die Wahl zwischen ein- und
mehrwandigen Nanoröhren beeinflusst die Emissionseigenschaften: Während SWNT eine
geringere Austrittsarbeit aufweisen, sind die mehrwandigen Nanoröhren für den Dauereinsatz
besser geeignet, da sie sich als deutlich robuster gegenüber den Belastungen erwiesen haben.

3.4.5 Spektroskopische Eigenschaften von Kohlenstoff-Nanoröhren

Neben den elektronischen und magnetischen sind auch die spektroskopischen Eigenschaften der Kohlenstoff-Nanoröhren von besonderem Interesse. Einerseits erhofft man sich durch deren gezielte Ausnutzung Anwendungen, andererseits können die Nanotubes als quasi-eindimensionale Objekte zum grundlegenden Verständnis verschiedener spektroskopischer Phänomene beitragen.

Mit dem bereits für die Diskussion der elektronischen Eigenschaften so nützlichen Modell der erlaubten Wellenvektoren und der Anwendung des Konzeptes des reziproken Raumes (s. Kap. 3.4.4) lassen sich auch eine Reihe von spektroskopischen Eigenschaften der Kohlenstoff-Nanoröhren sehr gut darstellen. Insbesondere Phänomene, die auf das Verhalten von Phononen zurückzuführen sind, lassen sich auf diese Weise beschreiben.

Im Folgenden werden die wesentlichen spektroskopischen Eigenschaften dargestellt, wobei auf die stringente Herleitung der mathematisch-physikalischen Zusammenhänge weitgehend verzichtet wird, da zum einen eine Vielzahl von Büchern und Übersichtsartikeln zu diesem Thema vorhanden ist und zum anderen der Rahmen eines einführenden Textes sonst gesprengt würde.

3.4.5.1 Raman- und Infrarot-Spektroskopie von Kohlenstoff-Nanoröhren

Die *Raman*-Spektren von Kohlenstoff-Nanoröhren haben seit ihrer erstmaligen Messung und theoretischen Diskussion wertvolle Informationen über die räumliche Struktur der Nanotubes geliefert. Mit ihrer Hilfe ist es auch möglich, in unterschiedlichen Proben die Existenz bzw. Nichtexistenz von Nanotubes nachzuweisen, wofür man sich u.a. einer ganz bestimmten Bande des *Raman*-Spektrums bedient. Diese wird RBM-Bande genannt (engl. *radial breathing mode*) und entspricht der synchronen radialen Schwingung aller Kohlenstoffatome senkrecht zur Röhrenachse. Diese Bande ist charakteristisch für die Struktur der Nanotubes und tritt bei keinem anderen bisher untersuchten Kohlenstoffmaterial auf.

Während zur Beschreibung der elektronischen Eigenschaften die elektronischen Wellenfunktionen betrachtet wurden, werden nun die Phononen, also die quantisierten Normalschwingungen des Gitters, herangezogen. Auch hier hat sich das Zonenfaltungsmodell einer durch Aufrollen zu einem Nanotube gekrümmten Graphenlage als nützliche Herangehensweise erwiesen. Die resultierende Zustandsdichte der Phononen zeigt im Vergleich zum Graphit viele scharfe Peaks ähnlich den *van Hove*-Singularitäten der elektronischen Zustandsdichte (s. Kap. 3.4.4). Graphit weist nur eine aus E_{2g}-Phononen resultierende *Raman*-Bande bei 1582 cm^{-1} auf. Die Existenz der *van Hove*-Singularitäten für Kohlenstoff-Nanoröhren mit Durchmessern unterhalb von 2 nm verursacht sehr große Signalintensitäten der *Raman*-Banden, so dass auch die Messung an einzelnen Kohlenstoff-Nanotubes möglich ist. Dies ist besonders dann von Interesse, wenn Unterschiede zwischen metallischen und halbleitenden Nanoröhren untersucht werden sollen. Aus Symmetriegründen besitzen unterschiedliche Typen von Kohlenstoff-Nanoröhren auch unterschiedliche Anzahlen von IR- bzw. *Raman*-aktiven Banden, wobei die Deutung der Spektren von Gemischen verschiedener Nanoröhren im Hinblick auf die Identifizierung einzelner Röhrentypen sehr schwierig ist.

Man kann in der Bandstruktur der Phononen einige wesentliche Moden herausstellen. Dabei handelt es sich um die hochenergetischen longitudinalen akustischen Moden (Schwingung parallel zur Röhrenachse), die transversale akustische Mode (Schwingung senkrecht zur Röhrenachse) sowie zwei akustische Twist-Moden, die Rotationen um die Röhrenachse beschreiben. Die letzten beiden Banden sind insbesondere für die Streuung von Ladungsträgern am Gitter sowie die Wärmeleitfähigkeit von Bedeutung. Für die Kopplung der Elektronen an das Gitter sind die tief liegenden optischen Moden im Zentrum der *Brillouin*-Zone besonders wichtig. Diese sind auch für die typischen IR- und *Raman*-Signale der Kohlenstoff-Nanoröhren verantwortlich. Dazu gehören u.a. eine Mode mit E_1-Symmetrie bei etwa 118 cm^{-1}, eine E_2-Mode (sog. *squash mode*) bei etwa 17 cm^{-1} sowie eine A_{2g}-Mode bei etwa 165 cm^{-1}. Diese sog. *radial breathing mode* (RBM) befindet sich in einer für andere Kohlenstoff-Materialien „stummen" Region des Spektrums. Sie zeigt daneben eine indirekte Proportionalität (Gleichung *3.12*) der Wellenzahl zum Röhrendurchmesser d_{SWNT} (Wert für ein (10,10)-Nanotube 165 cm^{-1}). Diese Schwingung entspricht einer „Atmung" des gesamten Moleküls, also dem synchronen „Nach außen und nach innen"-Schwingen aller Kohlenstoff-Atome der Nanoröhre. Diese stammt aus der *out of plane*-Translation einer Graphenlage, wenn diese aufgerollt wird.

$$\omega = 234 \, \text{nm} \cdot \text{cm}^{-1} \cdot (d_{SWNT} \, [\text{nm}])^{-1} \qquad (3.12)$$

In Gemischen von Nanoröhren mit ähnlichen Durchmessern resultiert dann die sog. R-Bande, die die RBM der einzelnen Röhren vereinigt. Neben dieser Atmungsmode beobachtet man mit der G- und D-Bande noch zwei weitere wichtige Bandensysteme im *Raman*-Spektrum einwandiger Nanoröhren (Abb. 3.56). Bei Wellenzahlen von etwa 1580 cm^{-1} befindet sich die G-Bande, die aus mehreren, sich überlagernden Einzelsignalen besteht. Ihre zwei Hauptkomponenten werden als G^+- und G^--Bande bezeichnet. Daneben existieren noch Komponenten, die von Phononen mit E_1- und E_2-Symmetrie verursacht werden. Die G^+-Bande bei etwa 1593 cm^{-1} entspricht einer Schwingung parallel zur Röhrenachse. Ihre Frequenz wird durch die Anwesenheit von Elektronendonoren nach unten, von Elektronenakzeptoren nach oben verschoben, was ihre Empfindlichkeit gegenüber *Charge transfer* zeigt. Für die G^+-Bande wird keine signifikante Änderung der Signallage in Abhängigkeit vom Röhrendurchmesser und vom Chiralitätswinkel beobachtet, was bei der zugrunde liegenden Schwingung auch plausibel ist.

Dagegen weist die G^--Bande eine Abhängigkeit vom Röhrendurchmesser auf, während sie auf Änderungen des Chiralitätswinkels ebenfalls nicht sehr empfindlich reagiert. Die zugrunde liegende Schwingung kann als tangential entlang des Umfangs beschrieben werden, und die Signale weisen je nach Leitfähigkeit der Nanotubes unterschiedliche Formen auf. Halbleitende Nanoröhren erzeugen *Lorentz*-artige Banden, während metallische Nanotubes Banden vom *Breit-Wigner-Fano*-Typ aufweisen.

Die D-Bande befindet sich bei 1347 cm^{-1}. Sie resultiert aus Unordnungsdefekten im Nanotube-Gitter und stammt von Phononen in der Nähe des **K**-Punktes der *Brillouin*-Zone und hängt stark von der eingestrahlten Laserenergie ab. Z.B. verschiebt sich das Signal um 50 cm^{-1} bei einer Veränderung der Anregungsenergie um 1 eV. Metallische Nanotubes weisen zusätzlich zu den bereits beschriebenen Banden ein weiteres Signal bei 1540 cm^{-1} auf, was zur Identifikation dieser Röhren genutzt werden kann. Der genaue Ursprung dieser Bande ist bisher nicht abschließend geklärt.

Bei der experimentellen Untersuchung wird beobachtet, dass die Energie der Anregungsstrahlung allgemein einen Einfluss auf das *Raman*-Spektrum besitzt. Dies deutet auf resonante Prozesse hin, wobei sich die Resonanz zwischen der Anregungsenergie E_{exc} und der Übergangsenergie E_{ii} zwischen den *van Hove*-Singularitäten des Valenz- und des Leitungsbandes ergibt.

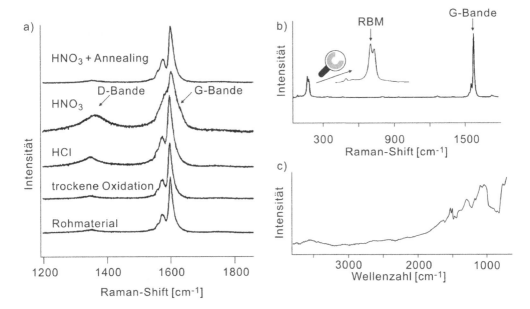

Abb. 3.56 a) *Raman*-Spektren von Kohlenstoff-Nanoröhren nach unterschiedlicher Behandlung (© ACS 2004), b) neben der G- und D-Bande beobachtet man im *Raman*-Spektrum von CNT die sog. *radial breathing*-Mode (RBM) bei niedrigen Wellenzahlen (© RSC 2005). c) IR-Spektrum einer Nanotube-Probe (© Royal Soc. 2004).

Mehrwandige Kohlenstoff-Nanoröhren liefern im Vergleich zu den einwandigen ein deutlich graphitähnlicheres *Raman*-Spektrum mit einem starken Signal um 1575 cm^{-1} und einem schwächeren bei etwa 868 cm^{-1}. Durch die Vielzahl der Einzelröhren, die zusätzlich untereinander wechselwirken, ist die Ermittlung von strukturellen Eigenschaften aus den *Raman*-Spektren von MWNT sehr schwierig bis unmöglich.

Auch die Struktur der Infrarot-Spektren einwandiger Kohlenstoff-Nanoröhren kann aufgrund von Symmetriebetrachtungen vorhergesagt werden. Dabei ergibt sich, dass je nach Struktur der betrachteten Nanoröhre eine unterschiedliche Anzahl von Banden IR-aktiv sein sollten. *Zickzack*-Nanotubes weisen IR-aktive A_{2u}- und zwei E_{1u}-Moden auf, für *Armchair*-Nanoröhren existieren drei E_{1u}-Moden, und chirale Röhren zeigen eine A_2- und fünf E_1-Moden. Dabei erwartet man die Signale hauptsächlich in zwei Bereichen bei etwa 870 cm^{-1} und 1590 cm^{-1}, wobei die Bande bei 870 cm^{-1} stets *Raman*-inaktiv ist, während dies im Fall der anderen Bande nur für achirale Nanoröhren gilt. Die beobachteten Banden kommen der Signallage von Graphit sehr nahe, so dass die Verunreinigung einer Probe mit graphitischen Partikeln im IR-Spektrum die Existenz von Nanotubes vortäuschen kann, denn im Vergleich zum Graphit sind die Banden nur 6-10 cm^{-1} zu höheren Wellenzahlen verschoben. Außerdem

gestaltet sich die Beobachtung schwierig, da aufgrund der starken Eigenabsorption der Nanoröhren nur schwache Signale erhalten werden. Abb. 3.56c zeigt das IR-Spektrum einer unbehandelten Nanotube-Probe.

3.4.5.2 Absorptions- und Emissions-Spektroskopie von Kohlenstoff-Nanoröhren

Im Vergleich zu den schwingungsspektroskopischen Untersuchungen führt die Absorptions-
und Lumineszenzspektroskopie der Kohlenstoff-Nanoröhren ein gewisses Schattendasein.
Dies liegt nicht daran, dass diese Methoden wenig zum Verständnis der elektronischen Struktur der Nanotubes beitragen könnten, sondern an experimentellen Schwierigkeiten, die auf
die Uneinheitlichkeit des verfügbaren Materials zurückgehen.

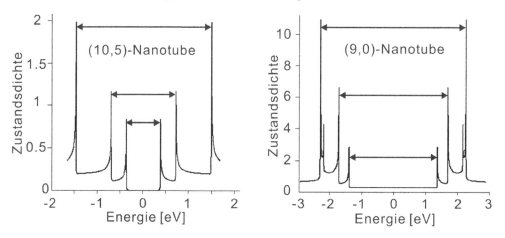

Abb. 3.57 Erlaubte elektronische Übergänge für ein halbleitendes und ein metallisches Nanotube
(© Wiley-VCH 2005).

Insbesondere würden diese Methoden Informationen zur Bandstruktur weiter entfernt vom
Fermi-Niveau liefern. Theoretische Betrachtungen sagen voraus, dass wegen der Eindimensionalität der Nanotubes stark strukturierte Absorptions- und Lumineszenz-Spektren zu erwarten sind. Die Extinktion sollte von der Struktur der vorliegenden Nanoröhren abhängen,
da insbesondere im Bereich niedriger Energien (Infrarot) die Übergänge zwischen den π-
Bändern beobachtet werden. Abb. 3.57 zeigt Diagramme der berechneten Zustandsdichten
eines metallischen und eines halbleitenden Nanotubes, in welche die dipol-erlaubten Übergänge eingezeichnet sind. Wie man leicht erkennen kann, handelt es sich bei den erlaubten
Übergängen um solche zwischen spiegelsymmetrischen *van Hove*-Singularitäten, deren E-
nergiedifferenz E_{ii} der Absorptionsenergie entspricht. Somit hängt die Lage der Absorptions-
maxima sowohl vom Durchmesser des betrachteten Nanotubes als auch von seinem Chiralitätswinkel ab, da beide Strukturparameter den Abstand der Singularitäten in der elektronischen Zustandsdichte beeinflussen (s. Kap. 3.4.4).

Zunächst wurden diese strukturierten Spektren jedoch experimentell nicht bestätigt, da aufgrund der geringen Löslichkeit der Nanotubes keine zufrieden stellenden Proben für die Ab-
sorptionsspektroskopie verfügbar waren. Außerdem liefert die Untersuchung von Bündeln
unterschiedlicher Nanoröhren kaum Informationen, da die Zuordnung der einzelnen Signale

unmöglich ist. Durch starke intertubulare elektronische Kopplung kommt es zu einer ausgeprägten Mischung der elektronischen Zustände, und die Feinstruktur der Spektren liefert somit keine für Einzelröhren auswertbaren Daten. Die Untersuchung von Nanotube-Bündeln mittels Photolumineszenz-Spektroskopie erweist sich ebenfalls als wenig erfolgreich, da aufgrund von schnellen Transferprozessen zwischen halbleitenden und metallischen Nanoröhren die Lichtemission sehr effizient gequencht wird. Daher kann die Fluoreszenz von Kohlenstoff-Nanotubes als Indikator für die erfolgreiche Entbündelung von einwandigen Nanoröhren eingesetzt werden: Gebündelte Proben zeigen keine Infrarotfluoreszenz, während diese für vereinzelte Nanoröhren gut messbar ist.

Einigen Arbeitsgruppen ist es dann gelungen, durch Ultraschall und Säurebehandlung Lösungen gekürzter Nanoröhren herzustellen, während als alternatives Verfahren die Herstellung von mittels *Airbrush*-Technologie oder *Spin-Coating* aufgebrachten Filmen entwickelt wurde. Außerdem wurden Spektren von entbündelten Nanoröhren aufgenommen, wobei sicher gestellt wurde, dass die beobachteten Signale nicht aus dem Tensid (meist Natriumdodecylsulfat) stammen. Die Oberflächenfunktionalisierung zum Zweck der Entbündelung ist hier nicht geeignet, da die funktionellen Gruppen zum einen die elektronische Struktur der Nanoröhren empfindlich stören können und zum anderen eigene Absorptions- bzw. Emissionsbanden zeigen, die die Spektren unnötig komplex werden lassen.

Insgesamt sind die Absorptionsspektren von Kohlenstoff-Nanoröhren unterhalb von etwa 2 eV weitgehend unabhängig von Verunreinigungen und Defekten der Probe. Man erhält für durch Tenside oder andere Techniken vereinzelte Nanoröhren stark strukturierte Absorptions- und Emissions-Spektren, die in ihren Signallagen gut übereinstimmen. Charakteristisch sind die Banden bei 0,68 eV (1823 nm), 1,2 eV (1033 nm) und 1,7 eV (729 nm), die dem ersten und zweiten Übergang in halbleitenden sowie dem ersten erlaubten Übergang in metallischen Nanotubes entsprechen, sowie das breite Signal bei etwa 4,5 eV (275 nm), welches eine π-Plasmonen-Bande darstellt (Abb. 3.58).

Die Fluoreszenz von Kohlenstoff-Nanoröhren ist nicht sehr stark ausgeprägt. Die Quantenausbeute beträgt nur zwischen 10^{-4} und 10^{-3}. Die Lebensdauer des angeregten Zustandes liegt bei unter 2 ns, und die Verschiebung zwischen Absorption und Emission ist sehr gering, was auf geringe geometrische Unterschiede zwischen Grundzustand und angeregtem Zustand hindeutet. Diese Eigenschaften stimmen gut mit dem überein, was für einen spin-erlaubten Prozess erwartet wird, der von Singulett-Excitonen ausgeht. Das Emissionsspektrum, welches durch Anregung bei 2,3 eV (532 nm) erhalten wird, zeigt Abb. 3.58b. Hierbei wird zunächst in höhere Zustände (z.B. E_{22}) angeregt. Die Ladungsträger relaxieren daher vor der Rekombination zunächst in den ersten angeregten Zustand, von wo dann die E_{11}-Emission stattfindet. Somit beobachtet man die Fluoreszenz an der Bandlückenkante. Abb. 3.58c zeigt das Anregungsspektrum für die Bandlückenfluoreszenz bei 875 nm. Die Bande bei 581 nm wird der Absorption der zweiten *van Hove*-Singularität zugeordnet. Die Untersuchung der Fluoreszenz liefert demzufolge auch Informationen über Zustände in gewisser Entfernung vom *Fermi*-Niveau.

Allerdings handelt es sich bei den bislang diskutierten experimentellen Daten weiterhin um Mischspektren vieler verschiedener Kohlenstoff-Nanoröhren. Abhilfe würde die Vermessung von Einzelröhren schaffen. Dies ist experimentell recht aufwändig, konnte aber inzwischen mit Hilfe der Fluoreszenzmikroskopie durchgeführt werden. Dabei ergaben sich einige erstaunliche Ergebnisse: Wie erwartet, konnten einzelne Nanoröhren gezielt angeregt werden, da sie aufgrund ihrer unterschiedlichen Bandstruktur bei verschiedenen Wellenlängen der Anregungsstrahlung absorbieren. Die erhaltenen Signale besitzen die Form einer *Lorentz*-Kurve und keinerlei Feinstruktur. Allerdings wurden für Nanoröhren mit den gleichen Strukturparametern *n* und *m* je nach Position der Messung unterschiedliche Fluoreszenzwellenlängen beobachtet, wofür Beiträge von Defekten und lokalen Fluktuationen, die zur Störung der Bandstruktur führen, verantwortlich gemacht wurden.

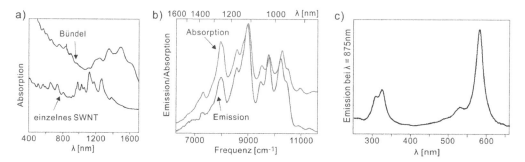

Abb. 3.58 a) Absorptionsspektrum einer einzelnen Nanoröhre und eines Nanotube-Bündels, b) Emissionsspektrum einer CNT-Probe bei $\lambda_{exc.}$ = 532 nm im Vergleich mit dem Absorptionsspektrum, c) Anregungsspektrum der gleichen Probe bei λ_{em} = 875 nm. © AAAS 2002

Fluoreszenzmikroskopie kann in Kombination mit der Beobachtung der radialen *Raman*-Atmungsschwingung (RBM) dazu genutzt werden, die Strukturparameter *n* und *m* für die untersuchten Nanotubes zu bestimmten. Tabelle 3.2 zeigt die experimentellen und theoretischen Werte für einige auf diese Weise charakterisierte Kohlenstoff-Nanoröhren.

Tabelle 3.2 Ermittlung der Strukturparameter *m* und *n* aus Raman- und Fluoreszenzdaten

Berechnete Werte		Experimentelle Daten		Ermittelte Strukturparameter
ν_{RBM} [cm^{-1}]	h · ν_{Em} [eV]	ν_{RBM} [cm^{-1}]	h · ν_{Em} [eV] (λ_{Em} [nm])	
281,9	1,212	282	1,212 (1023)	(7,5)
307,4	1,272	308	1,270 (976)	(6,5)
298,1	1,302	296	1,298 (955)	(8,3)
307,4	1,359	309	1,355 (915)	(9,1)
335,2	1,420	337	1,407 (881)	(6,4)

Quelle: A. Hartschuh, H. N. Pedrosa, J. Peterson, L. Huang, P. Anger, H. Qiang, A. J. Meixner, A. Steiner, L. Novotny, T. D. Krauss, *Chem. Phys. Chem.* **2005**, *6*, 577-582.

Eine weitere Eigenschaft der Fluoreszenz von einwandigen Kohlenstoff-Nanoröhren macht diese für quantenoptische Anwendungen interessant: Im Gegensatz zu allen Halbleiter-Quantenpunkten (z.B. CdS) zeigt ihre Fluoreszenz nicht das charakteristische *Blinking*-Verhalten. Das heißt, dass die Fluoreszenz der Nanotubes auf der untersuchten Zeitskala stabil ist und kein zufälliges Auftreten und Verschwinden der Fluoreszenz beobachtet wird. Damit sind sie als stabile Ein-Photonen-Quelle geeignet. Genauere Messungen zeigen jedoch, dass bei tiefen Temperaturen das *Blinking* auch für einen Teil der Nanotubes nachgewiesen werden kann. Bisher ist unklar, ob der Effekt erst bei tiefen Temperaturen einsetzt oder die Nanotubes bei Raumtemperatur auf einer deutlich schnelleren, bisher nicht untersuchten Zeitskala blinken.

3.4.5.3 ESR-spektroskopische Eigenschaften von Kohlenstoff-Nanoröhren

Elektronenspinresonanz (ESR), auch paramagnetische Elektronenresonanz (EPR) genannt, ist eine spektroskopische Methode, die auch für Kohlenstoff-Nanoröhren wichtige Informationen über ihre elektronische Struktur liefert.

Als Spektrum wird die Absorptionsintensität über der magnetischen Feldstärke aufgetragen. Dabei werden sowohl der g-Wert der Probe als auch die Signalform zur Interpretation der Ergebnisse herangezogen. Je nach der Fähigkeit des angelegten magnetischen Feldes, in der Probe lokale Ströme zu induzieren, zeigt der gemessene g-Wert eine mehr oder weniger große Abweichung von $g_e = 2,0023$ für ein freies Elektron. Insbesondere metallische Leiter weisen also große Abweichungen von g_e auf.

Im Graphit kann nur durch Resonanz der freien Leitungselektronen ein ESR-Signal entstehen. Wie man für ein nur in x,y-Richtung leitfähiges Material erwartet, beträgt g bei einem Feld parallel zu den Gitterebenen 2,0026 (~ g_e). Mit senkrecht zu den Graphenlagen ausgerichtetem Feld liegt der Wert um 0.047 höher. Typisch für metallische Materialien ist die Signalform, die als dysonisch bezeichnet wird (Abb. 3.59). Für weniger geordnete Kohlenstoff-Materialien ergeben sich aufgrund der in Defekten lokalisierten zusätzlichen ungepaarten Elektronen deutlich komplexere ESR-Spektren.

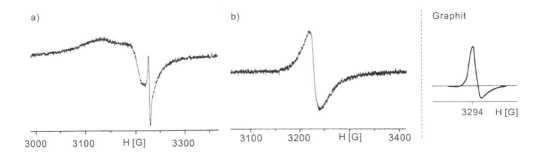

Abb. 3.59 ESR-Spektren a) einer ungereinigten Nanotube-Probe bei 10 K (© Elsevier 1994), b) einer gereinigten Probe bei 4 K (© Elsevier 1995) und von Graphit (rechts, © APS 1960).

ESR-Experimente an mehrwandigen Nanotubes ergaben Signale, die denen des Graphits stark ähneln. Man kann daraus schließen, dass ein großer Teil der Probe metallische Eigenschaften oder zumindest eine sehr kleine Bandlücke aufweist. Auch für Bündel einwandiger Kohlenstoff-Nanoröhren wurden ESR-Experimente durchgeführt, wonach die Bündel in ihrer Mehrheit aufgrund der Signallage und -form ebenfalls als mindestens semimetallisch angesehen werden müssen.

Für die Untersuchung von Kohlenstoff-Nanoröhren spielen die Reinigung und das Entfernen von Gitterdefekten eine wesentliche Rolle bei der Vorbereitung der Proben. In idealen Nanotubes wird das ESR-Signal ausschließlich von den Leitungselektronen bestimmt, wobei auch hier wie beim Graphit eine Anisotropie der g-Werte parallel und senkrecht zur Röhrenachse zu erwarten ist. Dabei sollte parallel zur Röhrenachse ebenfalls ein Wert nahe g_e resultieren, während die Abweichung bei Messung senkrecht zur Achse weniger stark ausfallen sollte als bei Messung senkrecht zu den Graphit-Ebenen, da die induzierten Orbitalströme nicht vollständig geschlossen sind, was bei Graphit der Fall ist. Enthalten die Nanotube-Proben Verunreinigungen, wie z.B. Katalysatorpartikel, oder Defekte, beobachtet man weitere ESR-Signale, die nicht den Leitungselektronen zuzuschreiben sind. Diese verschwinden, wenn die Proben z.B. stark erhitzt werden, da hiermit sowohl Katalysatorreste als auch Gitterdefekte eliminiert werden (Abb. 3.59b).

3.4.5.4 Weitere spektroskopische Eigenschaften von Kohlenstoff-Nanoröhren

Neben den bereits vorgestellten spektroskopischen Eigenschaften wurde auch eine ganze Reihe weiterer Phänomene experimentell und theoretisch an Kohlenstoff-Nanoröhren untersucht. Zu den verwendeten Methoden zählen u.a. die NMR-Spektroskopie und die Elektronenenergie-Verlustspektroskopie (EELS).

^{13}C-NMR-Spektroskopie

Die ^{13}C-NMR-Spektroskopie kann ebenfalls wertvolle Informationen zu Struktur und Bindungstyp der Kohlenstoff-Nanoröhren beitragen. Das Potential dieser Methode kann jedoch wegen experimenteller Probleme nicht vollständig ausgenutzt werden. Insbesondere die Heterogenität der Proben, die geringe Löslichkeit in üblichen NMR-Solvenzien sowie die Anwesenheit ferromagnetischer Verunreinigungen durch Katalysatorpartikel machen die Aufnahme aussagekräftiger NMR-Spektren sehr schwierig.

Inzwischen ist es gelungen, einige dieser Probleme zumindest teilweise zu überwinden und sowohl Spektren von Kohlenstoff-Nanoröhren im festen Zustand und auch in Lösung aufzunehmen. Besonders die Entfernung der Katalysatorreste durch magnetische Separation führt zu einer deutlichen Verbesserung der Spektrenqualität.

Festkörper-NMR-Spektroskopie liefert im Bereich von 120-130 ppm eine breite Bande, die den Kohlenstoffatomen der Nanoröhren zugeordnet werden kann (Abb. 3.60a). Dieser Verschiebungsbereich steht im Einklang mit den für sp^2-hybridisierte Kohlenstoffatome in konjugierten Systemen erwarteten Werten (z.B. Benzol 128 ppm). Auch in Lösung enthält das Spektrum eine Bande, deren Maximum bei 132 ppm liegt. Die Proben wurden durch Funktionalisierung mit Polyethylenglycol in D_2O in Lösung gebracht. Daher wird neben dem Signal für die Kohlenstoff-Nanoröhren auch eine scharfe Bande bei etwa 70 ppm beobachtet (Abb. 3.60b). Durch die genaue Untersuchung der Nanotube-Bande im ^{13}C-NMR-Spektrum der Kohlenstoff-Nanoröhren werden mindestens zwei sich überlagernde Signale nachgewiesen. Durch anschließende Dekonvolution werden diese getrennt, und man erhält zwei Banden mit Maxima bei 128 und 144 ppm. Diese können vermutlich den Signalen für halbleitende (hochfeldverschoben) und metallische (tieffeldverschoben) Nanoröhren zugeordnet werden. Die

Hochfeldverschiebung für halbleitende Nanotubes ist auf das Vorhandensein lokalisierter Ringströme (s. Kap. 3.2.2) zurückzuführen.

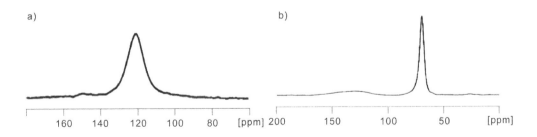

Abb. 3.60 a) Festkörper-^{13}C-NMR-Spektrum einer Nanotube-Probe, b) ^{13}C-NMR-Spektrum einer durch Funktionalisierung mit Polyethylenglycol solubilisierten Probe. © ACS 2005

Elektronen-Energie-Verlust-Spektroskopie (EELS)

Die Elektronen-Energieverlust-Spektroskopie (EELS) ist eine Methode, die sich gut zur Untersuchung leichter Elemente, wie z.B. Kohlenstoff, eignet. Dabei gewinnt man u.a. Informationen zum Oxidationszustand und zur Art der Bindung in dem untersuchten Material. Man kann sowohl die dielektrischen Eigenschaften der Substanz ermitteln als auch den Hybridisierungsgrad der Atome, die das Material aufbauen. So weisen sp^2- bzw. sp^3-hybridisierter Kohlenstoff typische Signallagen auf. Das Spektrum, welches den Energieverlust der eingestrahlten Elektronen nach Durchlaufen der Probe registriert, kann in zwei Regionen unterteilt werden, die verschiedenen Übergangstypen entsprechen. Im sog. *low loss*-Bereich, in dem die Elektronen inelastisch gestreut werden, findet man die Signale von Interband-Übergängen und kollektiven Anregungen, z.B. die *bulk*-Plasmonen des Materials. Im *core loss*-Bereich dagegen werden durch inelastische Streuung von hochenergetischen Elektronen (~ 200 kV) Übergänge aus kernnahen Elektronenniveaus in unbesetzte Zustände angeregt. Daher können hier auch Informationen über die Bandstruktur jenseits der *Fermi*-Grenze gewonnen werden. Bei kleinem Streuwinkel sind nur dipol-angeregte Übergänge erlaubt.

Auch für das Element Kohlenstoff sind beide Bereiche des Verlust-Spektrums von Bedeutung (Abb. 3.61). Im hochenergetischen Bereich (*core loss region*) zwischen 260 und 320 eV werden Elektronen aus dem kernnächsten 1s-Orbital angeregt. Aus der gemessenen Energiedifferenz und der Form des Signals lassen sich Aussagen zum Verhältnis von sp^2- und sp^3-Kohlenstoff machen. Da die für die Nanoröhren gemessenen Verlustspektren in diesem Bereich weitgehend dem Spektrum von Graphit gleichen, kann man von einem geringen Anteil sp^3-Hybridisierung ausgehen.

Im Bereich von 0-40 eV (*low loss region*) finden die Plasmonenanregungen statt. Dabei beobachtet man bei etwa 5,2 eV ein Signal von π-Plasmonen. Es handelt sich bei dieser Plasmonenschwingung um die kollektive Oszillation der π-Elektronen entlang der Nanotubeachse. Bei etwa 21,5 eV zeigt das Verlustspektrum ein weiteres Signal, das auf (π+σ)-Plasmonen zurückzuführen ist. Die Signale im niedrigenergetischen Bereich des Verlustspektrums sind abhängig vom Durchmesser der untersuchten Nanoröhren. Je kleiner der Durchmesser, desto tiefer liegt das Signal. Der Grund hierfür ist u.a. in der schlechteren Delokalisierung der π-Elektronen in immer kleiner werdenden Röhren zu suchen, so dass der Beitrag dieser Elektronen zur Anregung geringer ausfällt.

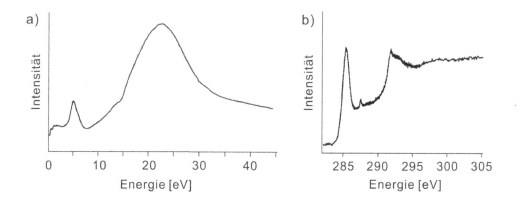

Abb. 3.61 EELS-Analyse einer Kohlenstoff-Nanoröhren-Probe; a) *low loss*-Region des Spektrums (© Oyo Butsuri Gakkai 1994) und b) *core loss*-Region (© Elsevier 1999).

3.4.6 Thermische Eigenschaften von Kohlenstoff-Nanoröhren

Neben den elektronischen und spektroskopischen Eigenschaften ist auch das thermische Verhalten der Kohlenstoff-Nanoröhren von Interesse. Insbesondere sollte auch eine ausgeprägte Anisotropie beobachtet werden. Das thermische Verhalten wird maßgeblich von den Phononen-Eigenschaften der Probe bestimmt. Da man in der Lage ist, die Phononen-Zustandsdichte der Nanotubes theoretisch zu ermitteln, bietet sich die Möglichkeit, diese Erwartungswerte direkt mit dem Experiment zu vergleichen. Allerdings gilt auch hier, dass für eine exakte Zuordnung von Phänomenen die Untersuchung einzelner, strukturell charakterisierter Nanoröhren von Nöten ist, was bisher eine Herausforderung darstellt.

3.4.6.1 Spezifische Wärmekapazität von Kohlenstoff-Nanoröhren

Die thermischen Eigenschaften der Kohlenstoff-Nanoröhren sind mit denen des zweidimensionalen Graphens verwandt, wobei durch das Aufrollen eine Quantisierung der Eigenschaften erfolgt. Diese zeigt sich insbesondere bei Nanoröhren mit Durchmessern unterhalb von 2 nm.

Die spezifische Wärmekapazität eines Stoffes setzt sich aus dem Beitrag C_{Ph} der Phononen sowie dem elektronischen Beitrag C_{e-} zusammen. Dabei dominiert für Kohlenstoff-Nanoröhren unabhängig von der Struktur der Phononenbeitrag. C_{Ph} wird durch Integration über die Phononenzustandsdichtefunktion und Multiplikation mit einem Faktor, der die Energie und die Besetzung der einzelnen Phononen-Niveaus berücksichtigt, erhalten.

Unterhalb der *Debye*-Temperatur gilt, dass nur die akustischen Moden zur Wärmekapazität beitragen. Es ergibt sich, dass innerhalb der Ebene eine quadratische Abhängigkeit von der Temperatur besteht, während senkrecht dazu lineares Verhalten beobachtet wird. Dies gilt für Graphit, für den zwei akustische Moden innerhalb der Ebene und eine senkrecht hierzu vorliegen. In Kohlenstoff-Nanoröhren existieren dagegen vier akustische Moden, so dass sich die thermischen Eigenschaften von denen des Graphits unterscheiden. Bei Raumtemperatur sind jedoch sehr viele Phononen-Niveaus besetzt, so dass die spezifische Wärmekapazität der des Graphits dennoch stark ähnelt. Erst bei tiefen Temperaturen macht sich die quantisierte Phononenstruktur bemerkbar. Man beobachtet eine lineare Abhängigkeit der spezifischen Wärmekapazität von der Temperatur. Dies gilt bis etwa 8 K. Darüber steigt die Wärmekapazität schneller als linear an, da dann neben den akustischen Moden auch die erste quantisierte Subbande einen Beitrag liefert.

3.4.6.2 Wärmeleitfähigkeit von Kohlenstoff-Nanoröhren

Der Transport von Wärme durch einen Festkörper wird wesentlich von den niederfrequenten Phononen geleistet. Entlang der Röhrenachse eines Kohlenstoff-Nanotubes kann die Wärmeleitfähigkeit κ_{zz} daher als Summe über alle Phononenzustände mit ihrer jeweiligen Wärmekapazität C_{Ph} beschrieben werden (v_z ist die Gruppengeschwindigkeit, τ die Relaxationszeit eines einzelnen Phononenzustands):

$$\kappa_{zz} = \sum C_{Ph} v_z^2 \tau \qquad (3.13)$$

Hieraus wird ersichtlich, dass Phononen mit großer Bandgeschwindigkeit bzw. großer freier Weglänge einen besonders großen Einfluss auf die Wärmeleitfähigkeit besitzen. Dies führt dazu, dass Kohlenstoff-Nanoröhren entlang ihrer Achse die höchste Wärmeleitfähigkeit aller Materialien aufweisen. Der Wert senkrecht zur Röhrenachse beträgt dagegen nur etwa ein Hundertstel von κ_{zz}. Daher kann man erwarten, dass mehrwandige Kohlenstoff-Nanoröhren und Bündel einwandiger Nanotubes in etwa die gleiche Wärmeleitfähigkeit wie ihre Einzelkomponenten besitzen, wohingegen Proben mit unregelmäßiger Anordnung der einzelnen Röhren aufgrund der intertubularen Kopplung geringere Werte aufweisen sollten. Dies wird durch die experimentellen Ergebnisse bestätigt. Während für einzelne MWNT Wärmeleitfähigkeiten bis zu 3000 W m^{-1} K^{-1} gemessen werden, weisen Matten von SWNT je nach Grad der Parallelität Werte zwischen nur 35 und 200 W m^{-1} K^{-1} auf. Dabei zeigt die Temperaturabhängigkeit der Wärmeleitfähigkeit ein Maximum bei etwa 310 K, welches darauf zurückzuführen ist, dass es darüber zu Phononen-Phononen-Streuung kommt. Allerdings ist der Effekt gegenüber Graphit weniger stark ausgeprägt und zu höheren Temperaturen verschoben, da wegen der Eindimensionalität der Nanoröhren weniger Phononenzustände zur Verfügung stehen, in die gestreut werden kann.

3.5 Chemische Eigenschaften

3.5.1 Allgemeine Betrachtungen zur Reaktivität der Kohlenstoff-Nanoröhren

Wie bei den in Kapitel 2 diskutierten Fullerenen besteht auch für die Kohlenstoff-Nanoröhren ein direkter Zusammenhang zwischen ihrer Struktur und der beobachteten Reaktivität. Daneben können auch wichtige Rückschlüsse aus der Verwandtschaft zum Graphit gezogen werden. Bei der Betrachtung eines Nanotubes wird schnell klar, dass für seine chemischen Reaktionen drei deutlich voneinander zu unterscheidende Orte existieren (Abb. 3.62): die besonders reaktiven Spitzen, die Seitenwand sowie die innere zylindrische Oberfläche der Nanoröhre. Hinzu kommt dann noch die ausgeprägte Reaktivität von Defektstellen, auf die im Verlauf dieses Kapitels ebenfalls eingegangen wird.

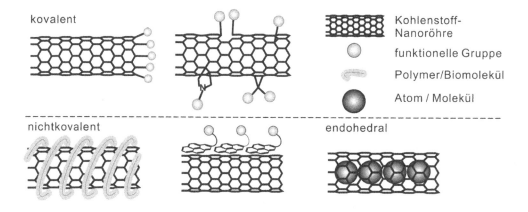

Abb. 3.62 Mögliche Funktionalisierungsarten von Kohlenstoff-Nanoröhren.

Da eine Kohlenstoff-Nanoröhre eine formal um die z-Achse aufgewickelte Graphenlage einer bestimmten Länge darstellt, kann man erwarten, dass ihr chemisches Verhalten dem des Graphits ähnelt. Dies ist jedoch nur z.T. der Fall. Wie bereits im Kapitel 3.2.2 zur Struktur und Aromatizität beschrieben, besitzen Kohlenstoff-Nanoröhren ebenso wie Graphit ein ausgedehntes Netzwerk von delokalisierten π-Elektronen. Im Gegensatz zum planaren Graphit bzw. einer Graphenlage wird jedoch durch die Zylinderform der Röhre auch eine Krümmung in der Ausrichtung der π-Orbitale induziert. Wie im Kapitel zur Aromatizität beschrieben, tritt dadurch eine gewisse Mischung von σ- und π-Orbitalen auf. Letztere stehen nunmehr radial von der Röhrenoberfläche ab, was nach außen hin für eine geringere Überlappung der Orbitale untereinander sorgt. Dies gilt umso mehr für Nanotubes mit kleinem Durchmesser, da sie besonders stark gekrümmt sind. Auf der anderen Seite der Skala zeigen sehr große Nanoröhren (z.B. die äußeren Wände von MWNT) eine viel geringere Krümmung des Kohlenstoffnetzwerkes und damit eine deutlich geringere Abschwächung der Wechselwirkung. Im Grenzfall eines unendlichen Durchmessers wird die Krümmung Null, sämtliche π-Orbitale stehen parallel zueinander, und die Struktur entspricht einer Graphenlage. Der Durchmesser der Nanoröhren spielt daher eine entscheidende Rolle für ihre Reaktivität. Je dünner das Nanotube, desto leichter reagiert es. Durch die stärkere Krümmung der Röhrenoberfläche ist die Hybridisierung der Kohlenstoffatome bereits stärker Richtung sp^3 verschoben und somit der vollständige Übergang zur sp^3-Hybridisierung erleichtert.

Vergleicht man nun die Fullerene mit den Nanoröhren, so fällt auf, dass erstere eine in allen drei Raumrichtungen gekrümmte Oberfläche besitzen, wogegen bei den Nanoröhren in Achsenrichtung keinerlei Krümmung zu beobachten ist. Zusätzlich sorgt die mit dem Einbau von Fünfringen verbundene Anordnung der Doppelbindungen in den Sechsringen und die daraus resultierende Abnahme der Delokalisation für eine reichhaltige Doppelbindungschemie der Fullerene. Daraus kann man nun schließen, dass Nanotubes im Vergleich zu den Fullerenen eine geringere chemische Reaktivität aufweisen sollten, was auch tatsächlich der Fall ist. Zwar gehen auch Nanoröhren eine ganze Reihe der Reaktionen ein, die für Fullerene beschrieben sind, meist sind aber drastischere Bedingungen bzw. längere Reaktionszeiten von Nöten, um ähnlich gute Ergebnisse zu erzielen. Proben von Kohlenstoff-Nanoröhren bestehen auch nie aus nur einem Strukturtyp mit genau einem Strukturdeskriptorenpaar. Vielmehr liegen meist alle drei Typen von Röhren und verschiedene Helicitäten vor. Zusätzlich ist stets eine Streuung über einen gewissen Durchmesser- bzw. Längenbereich vorhanden. Daher entstehen bei der Funktionalisierung von Kohlenstoff-Nanoröhren im Gegensatz zu den Fullerenen keine einheitlichen Substanzen, sondern stets Stoffgemische mit unterschiedlicher Anordnung und Anzahl der funktionellen Gruppen.

Ein weiterer Aspekt der Struktur realer Nanoröhren muss bei der Diskussion der Reaktivität unbedingt betrachtet werden: Im Gegensatz zu den bisher diskutierten „idealen" Röhren sind Nanotubes, die mit den in Kap. 3.3 beschriebenen Methoden hergestellt werden, teilweise stark defekthaltig. Defekte können z.B. in Form von Löchern in der Seitenwand auftreten, die dann an ihren Säumen sp^3-hybridisierte Kohlenstoffatome tragen. Diese sind entweder mit funktionellen Gruppen abgesättigt oder liegen zunächst als nicht abgesättigte Bindungsstellen (engl. *dangling bonds*) vor. An diesen Positionen ist die Reaktivität der Nanoröhre stark erhöht.

Abb. 3.63

Der *7-5-5-7*-Defekt als Ort erhöhter Reaktivität. Insbesondere die größere Krümmung sorgt für eine leichtere Angreifbarkeit.

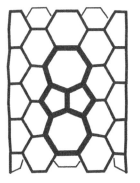

Daneben existieren noch andere Defekte, die für eine lokal erhöhte chemische Reaktivität verantwortlich sind. Dazu zählt u.a. der sog. *Stone-Wales*-Defekt, der durch eine Umlagerung vom *Stone-Wales*-Typ aus einem Sechsringpaar in eine Struktur mit anelliertem Fünf- und Siebenring entsteht. Treten zwei dieser Defekte nebeneinander auf, so entsteht die in Abb. 3.63 gezeigte *7-5-5-7*-Anordnung. Wie zu erkennen, weisen die Nanoröhre an dieser Stelle eine erhöhte Krümmung und die entsprechenden π-Orbitale einen höheren sp^3-Anteil auf.

Daher werden Kohlenstoff-Atome im Bereich eines derartigen Defektes leichter von potentiellen Bindungspartnern angegriffen. Allerdings weisen nicht alle Bindungen im Defekt eine erhöhte Reaktivität auf. So wird z.B. die Bindung, die die beiden Siebenringe miteinander verbindet, nicht so leicht angegriffen wie eine normale 6,6-Bindung des Nanotubes. Die Orte mit erhöhter Pyramidalisierung und damit erhöhter Reaktivität befinden sich an den Kontaktstellen zwischen Sieben- und Sechsring sowie Fünf- und Sechsring. Es scheint letztlich nicht unbedingt auf die Art der aufeinander treffenden Ringe anzukommen, sondern auf die Orientierung der betrachteten Bindung bezüglich der Röhrenachse: In Umfangsrichtung angeordnete Bindungen werden leichter angegriffen als näherungsweise axiale. Insgesamt sorgen *Stone-Wales*-Defekte für eine Störung der elektronischen und geometrischen Struktur und erhöhen hierdurch die Angreifbarkeit der Seitenwand der Nanoröhren.

Elektronenmikroskopische Aufnahmen zeigen zudem eine weitere Art von Defekt, der für eine lokale Erhöhung der Reaktivität sorgt. Dabei handelt es sich um Stellen in der Nanoröhre, die durch das gleichzeitige Auftreten von Fünfring- und Siebenringdefekten an gegenüberliegenden Positionen einen Knick aufweisen (Abb. 3.64). Insbesondere die konvexe Seite des Knicks, wo sich die Fünfringe befinden, ist im Vergleich zur normalen Seitenwand deutlich reaktiver. Die Innenseite dieser Biegung, wo sich die Siebenringe befinden, wird aufgrund der sterischen Anforderungen nicht so leicht angegriffen. Allerdings sind diese Knickstellen besonders anfällig für oxidative Umsetzungen, bei denen es an diesen Positionen oft zum vollständigen Auseinanderbrechen der Nanoröhre kommt, so dass nach der Reaktion deutlich verkürzte Abschnitte vorliegen, die dann i. A. keine Knickstellen mehr aufweisen.

Das bisher Gesagte gilt prinzipiell sowohl für ein- als auch mehrwandige Nanoröhren. Die Reaktivität dieser beiden Arten unterscheidet sich hauptsächlich durch die meist geringere Krümmung der äußeren Wände der MWNT. Dementsprechend ist der Zustand der π-Orbitale dem im Graphit auch deutlich ähnlicher, als das in SWNT der Fall ist.

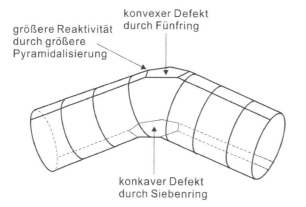

größere Reaktivität durch größere Pyramidalisierung

konvexer Defekt durch Fünfring

konkaver Defekt durch Siebenring

Abb. 3.64

Schematische Darstellung eines Knickdefektes. Besonders auf der konvexen Seite erhöht sich die Reaktivität der Kohlenstoffatome.

Zusätzlich bestehen zwischen den benachbarten Wänden einer mehrwandigen Nanoröhre Wechselwirkungen, die einen zusätzlich stabilisierenden Effekt ausüben. Trotzdem ist es ohne größere Schwierigkeiten möglich, auch mehrwandige Kohlenstoff-Nanoröhren zu derivatisieren. Dabei nutzt man insbesondere die erhöhte Reaktivität an den Röhrenenden sowie die Angreifbarkeit von Defektstellen in der äußeren Wand des MWNT.

Natürlich hat auch die elektronische Struktur der Nanotubes einen Einfluss auf die Reaktivität. Je nachdem, ob bei einer Reaktion Elektronen involviert sind, die sich in oder in der Nähe der *Fermi*-Fläche befinden, erwartet man unterschiedliche Reaktivität für metallische sowie halbleitende Röhren mit kleiner oder großer Bandlücke. Allerdings ist die Lage des *Fermi*-Niveaus sehr stark von der Art und Lage von Defekten im Kohlenstoffgitter abhängig, so dass kein einfacher experimenteller Zusammenhang beobachtet werden kann. Es hat sich aber im Laufe der Zeit erwiesen, dass einige Reaktionen eine bemerkenswerte Selektivität für einen bestimmten Typ von Nanoröhren zeigen. Dazu zählen u.a. die Umsetzung mit Diazoniumsalzen und die photochemische Osmylierung.

In den folgenden Abschnitten werden nun verschiedene Methoden der Funktionalisierung von Kohlenstoff-Nanoröhren beschrieben. Dabei wird nur dort, wo es signifikante Unterschiede im Verhalten ein- und mehrwandiger Nanotubes gibt, separat auf die Reaktivität der MWNT eingegangen.

3.5.2 Redoxchemie von Kohlenstoff-Nanoröhren

Da Kohlenstoff-Nanoröhren sowohl als Elektronendonor als auch als Elektronenakzeptor reagieren können, weisen sie eine reichhaltige Redoxchemie auf. Allgemein finden Oxidationsreaktionen hauptsächlich an den Röhrenenden bzw. an Defekten statt. Die direkte Oxidation der Kohlenstoffatome in einer intakten Seitenwand wird dagegen eher nicht beobachtet. Hierzu bedarf es deutlich harscherer Reaktionsbedingungen, die dann normalerweise auch dazu führen, dass die Struktur des Nanotubes insgesamt aufbricht und kleinere Fragmente mit sauerstoffhaltigen funktionellen Gruppen an ihren Rändern entstehen. Eine sehr wichtige Eigenschaft der Oxidationsreaktionen an Nanotubes besteht in der Öffnung der Röhren-Spitzen, wodurch sich zum einen die Homogenität der Probe verbessert, zum anderen aber auch der Hohlraum in Inneren der Röhre zugänglich wird (s. Kap 3.5.6). Die Funktionalisierung der endständigen Kohlenstoffatome mit funktionellen Gruppen ermöglicht außerdem erst die vielseitige Chemie an den Nanotube-Enden (s. Kap 3.5.3). Oxidative Methoden eignen sich aber ebenso, um die Länge unbehandelter Nanoröhren zu verändern. Man spricht dann vom oxidativen „Schneiden" der Nanotubes (s. Kap. 3.3.6.3).

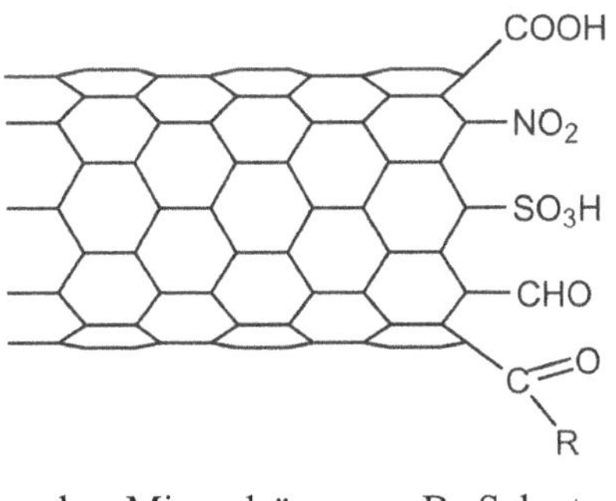

Abb 3.65

Mögliche funktionelle Gruppen nach der Säurebehandlung von Kohlenstoff-Nanoröhren.

Durch die Reaktion mit heißen, konzentrierten oxidierenden Mineralsäuren, z.B. Salpeter- oder Schwefelsäure, werden an den Enden der Röhren sowie an Seitenwanddefekten Carboxylgruppen eingeführt. Allerdings ist diese Reaktion nicht sonderlich selektiv, und es wird neben den Carboxylgruppen auch eine Vielzahl weiterer oxidierter Strukturen gebildet. Dazu zählen Keto-, Hydroxymethyl-, Anhydrid- und Sulfonsäuregruppen (Abb. 3.65). Nitrierung kann auch an den Sechsringen der Nanoröhren stattfinden.

Neben der Umsetzung mit Salpeter- oder Schwefelsäure können Kohlenstoff-Nanotubes auch mit anderen Oxidanzien reagieren. Dazu zählen Wasserstoffperoxid, Chromschwefelsäure, Perchlorsäure, $KMnO_4$, K_2IrCl_6, Nitriersäure und molekularer Sauerstoff bzw. Luft bei hohen Temperaturen. Auch in Wasser gelöster Sauerstoff kann als Oxidationsmittel dienen. Hierzu ist es lediglich nötig, bei saurem pH-Wert zu arbeiten, so dass die Redoxreaktion ablaufen kann. Vom thermodynamischen Standpunkt aus ist diese Reaktion mit Nanoröhren jeder Größe möglich, da das Potential der Halbreaktion des Sauerstoffs ($4\,H^+ + 4\,e^- + O_2 \rightarrow 2\,H_2O$) mit 820 mV bei pH 7 größer ist als die Oxidationspotentiale auch der kleinsten Kohlenstoff-Nanoröhren.

$$4\,SWNT + O_2 + 4\,H^+ \rightarrow 4\,SWNT^+ + 2\,H_2O \qquad (3.14)$$

Die Oxidation der Nanoröhren kann durch Umsetzung mit Reduktionsmitteln wie $NaBH_4$ oder $Na_2S_2O_4$ rückgängig gemacht werden. Bei relativ homogenen Proben kann der Verlauf der Redoxreaktion mittels Absorptions-Spektroskopie verfolgt werden, so dass Redoxtitrationen möglich sind.

Die Reaktivität einiger Oxidationsmittel, wie z.B. Schwefelsäure, kann durch die gleichzeitige Anwendung von Ultraschall noch gesteigert werden. Dabei verkürzen sich dann die benötigten Reaktionszeiten, und das Schneiden von Nanoröhren wird erleichtert.

Im Vergleich zu kleinen Graphenstücken bzw. amorphem Kohlenstoffmaterial überstehen die Nanoröhren die Oxidation mit entsprechenden Reaktionspartnern abgesehen von der Öffnung der Spitzen und teilweiser Generierung von Defekten weitgehend unbeschadet, während die Kleinbestandteile der Probe, z.B. amorpher Kohlenstoff, vollständig oxidiert werden. Dadurch eignen sich derartige Methoden auch zur Reinigung von Kohlenstoff-Nanoröhren. Man erhält stets end- und defektfunktionalisierte Nanotubes mit reduzierter Länge. Im Fall der MWNT kann durch die Stärke der Oxidation auch eingestellt werden, ob äußere Hüllen der Nanoröhre oxidativ entfernt werden. So gelingt es, neben der Länge auch den Durchmesser dieser Röhren zu beeinflussen.

Dabei weisen Methoden, die nicht in Suspension durchgeführt werden, stets das Problem auf, dass bei der Reaktion mit Nanoröhrenbündeln nur die Außenseite dieser sehr fest gebundenen Aggregate erreicht wird. Es resultiert dann ein sehr heterogenes Gemisch von stark, wenig und überhaupt nicht funktionalisierten Nanoröhren. Dieses Problem tritt besonders bei Reaktionen eines Nanotube-Pulvers mit Gasen auf. Es ist somit von großer Wichtigkeit, einen möglichst guten Zerteilungsgrad der Probe mit geringer Bündelung zu erreichen.

So verläuft die Umsetzung von MWNT-Bündeln mit Sauerstoff bei 700 °C nur dann zufrieden stellend, wenn zuvor, z.B. auf mechanischem Wege, eine ausreichende Zerstörung der Bündel, erfolgt ist. Zusätzlich ist zu beachten, dass bei der Reaktion die Röhrenenden geöffnet und nicht abgesättigte Bindungsstellen erzeugt werden. Diese müssen vor einer weiteren Verwendung der teiloxidierten Nanotube-Proben durch einen Heilungsschritt (engl. *annealing*) gebunden werden, wobei toroidale Strukturen an den Enden entstehen, die mehrere Wände ein und desselben Nanotubes miteinander verbinden (s. Abb. 3.10).

Auch von Ozon werden Kohlenstoff-Nanoröhren angegriffen. Es bilden sich zunächst die entsprechenden Ozonide durch Addition an Doppelbindungen, die nach Aufarbeitung als Carboxyl-, Keto- oder Hydroxylfunktionen vorliegen. Daneben kann durch die photochemische Zersetzung von Ozon unter Bildung von Sauerstoffradikalen ein weiterer Oxidationsweg beschritten werden. Dabei kommt es ebenfalls zur teilweisen Zerstörung und damit Kürzung der Nanoröhren. Insbesondere weiteres Erhitzen nach der Ozonierung führt durch Abspaltung von CO_2 und CO aus den sauerstoffhaltigen funktionellen Gruppen zu Defekten, die z.B. die Adsorptionseigenschaften der Röhren signifikant verändern. Auch die elektronischen Eigenschaften werden beeinflusst, so werden metallische Nanoröhren durch das Einbringen einer Vielzahl derartiger Effekte halbleitend.

Bei entsprechenden Reaktionsbedingungen entfaltet auch überkritisches Wasser oxidative Wirkung. Die Umsetzung kann ebenfalls zur Reinigung der Nanotube-Proben dienen, da diese im Vergleich zu den vorhandenen Verunreinigungen eine geringere Reaktivität besitzt. Es gelingt auf diese Weise, Metallkatalysatorpartikel und amorphes Kohlenstoffmaterial zu entfernen.

Auch zur Reduktion von Kohlenstoff-Nanoröhren steht ein reichhaltiges Repertoire an Reaktionen zur Verfügung. (Abb. 3.66). Eine der wirksamsten Methoden stellt die Umsetzung mit Alkalimetallen in flüssigem Ammoniak mit anschließender Methanolyse dar. Hierbei werden durch die Oxidation des Alkalimetalls, meist Lithium, zum entsprechenden einwertigen Kation zunächst solvatisierte Elektronen erzeugt. Diese hochreaktiven Teilchen [e⁻$(NH_3)_x$] greifen dann Kohlenstoffatome des Nanotubes an und reduzieren diese zum Carbanion. Anschließende Reaktion mit Methanol führt zur Hydrierung des Kohlenstoffatoms und Freisetzung eines Äquivalentes Methanolat. Durch diesen Vorgang werden sp^3-hybridisierte Zentren in das Netzwerk der Nanoröhre eingefügt, was sich u.a. stark auf die elektronischen Verhältnisse auswirkt, da die Konjugation der π-Elektronen unterbrochen wird. Außerdem ergibt sich insbesondere für die äußeren Wände eines MWNT, eine wellige, teilweise ungeordnete Struktur, was auf die veränderten Platzbedürfnisse der hydrierten Kohlenstoffatome zurückzuführen ist. Für die Umsetzung einwandiger Nanoröhren ergibt sich ein ähnliches Bild. Die Struktur der Nanotube-Oberfläche wird durch die sp^3-hybridisierten Zentren gestört und zeigt ein ungeordneteres Aussehen. Die Zusammensetzung der reduzierten Nanoröhren entspricht etwa $C_{11}H$, woraus man, besonders für die Außenwand von MWNT, auf einen recht hohen Funktionalisierungsgrad schließen kann.

Die Umsetzung von einwandigen Kohlenstoff-Nanoröhren mit Lithium in flüssigem Ammoniak führt zu mehrfach reduzierten SWNT-Anionen, die von Lithiumkationen umgeben sind. In aprotischen Medien können die negativ geladenen SWNT dann mit Alkylhalogeniden unter Bildung alkylierter Nanotubes umgesetzt werden (Abb. 3.66). Bei der Verwendung langkettiger Alkylreste, wie z.B. Dodecylresten (-$C_{12}H_{25}$), erhöht sich die Löslichkeit der so modifizierten Röhren in organischen Solvenzien deutlich.

Auch die reduzierten, als Lithiumsalz vorliegenden einwandigen Kohlenstoff-Nanoröhren wurden untersucht (Abb. 3.66a). Sie verhalten sich wie ein Polyelektrolyt und weisen ohne zusätzliche Anwendung von Ultraschall, Tensiden usw. eine relativ hohe Löslichkeit in polaren, aprotischen Solvenzien auf. Diese beträgt bis zu 2,0 mg ml^{-1} in DMSO und 4,2 mg ml^{-1} in Sulfolan. Auch in DMF und *N*-Methylpyrrolidon (NMP) lösen sich die Nanotube-Salze. Die Ladungskonzentration beträgt etwa eine negative Ladung je zehn Kohlenstoffatome.

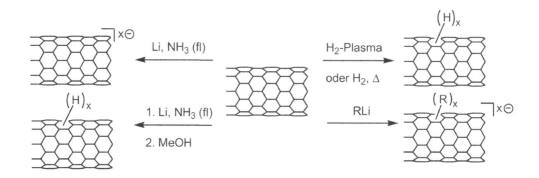

Abb. 3.66 Methoden zur reduktiven Umsetzung von Kohlenstoff-Nanoröhren.

Die direkte Reduktion von Nanoröhren mit Lithiumorganylen liefert ebenfalls reduzierte Kohlenstoff-Nanotubes. Diese werden meist sofort durch den organischen Rest abgesättigt und tragen daher nur verhältnismäßig wenige Ladungen. Allerdings können mit diesen Nanotubes Polymerisationsreaktionen gestartet werden, die zu interessanten Kompositmaterialien führen (Kap. 3.5.5). Auch elektrochemisch können Nanoröhren reduziert werden. Hierzu bedient man sich z.B. der reduktiven Verknüpfung von Arylresten aus Anilinen mit dem Nanotube. Es werden Elektronen auf das Nanotube übertragen. Andere Umsetzungen, z.B. in supramolekularen Strukturen, beinhalten Elektronentransferprozesse (z.B. SET), die den Redoxzustand der betroffenen Kohlenstoff-Nanoröhren verändern (s. Kap. 3.5.4.2 und 3.5.7). Je nach Art der Wechselwirkung können die Nanotubes sowohl Elektronen aufnehmen als auch abgeben.

Weitere Reaktionen, die unter Oxidation bzw. Reduktion der Nanoröhren ablaufen, sind in den Abschnitten zur kovalenten Seitenwandfunktionalisierung beschrieben. Dazu gehören z.B. die Ozonierung, die elektrochemische Umsetzung mit Diazoniumsalzen und die Hydrierung mit verschiedenen Reagenzien. Außerdem werden Nanotubes auch bei der Ausbildung von *charge transfer*-Komplexen je nach Bindungspartner reduziert oder oxidiert. Beispiele hierfür finden sich in Kap. 3.5.6 und 3.5.4.2 bei Interkalationsverbindungen sowie nichtkovalent funktionalisierten Nanoröhren.

3.5.3 Funktionalisierung der Kappen und offenen Enden von Kohlenstoff-Nanoröhren

Bei der Reinigung der Nanotubes, die durch verschiedene Herstellungsverfahren erhalten werden, kommt es zu einer ersten kovalenten Funktionalisierung der Röhrenstruktur. Dabei handelt es sich um den Angriff der meist oxidierenden Reaktanden an den Enden der einzelnen Röhren. Dies gilt sowohl für einwandige als auch mehrwandige Nanotubes. Der Angriff an den Röhrenspitzen kann je nach Einwirkdauer und Ausmaß der Reaktivität zu unterschiedlichen Ergebnissen führen. Im Extremfall werden die Kappen vollständig entfernt, und es entstehen offene Nanoröhren, die an den Säumen funktionelle Gruppen, meist Carboxylgruppen, tragen (Abb. 3.65). Allerdings reagieren bei den herrschenden drastischen Bedingungen nicht ausschließlich die Enden der Nanoröhren. Insbesondere Defekte in der Seitenwand, z.B. Löcher oder *Stone-Wales*-Defekte, (s. Kap. 3.5.1) weisen ebenfalls eine erhöhte Reaktivität auf und werden entsprechend angegriffen. Bei weitgehend perfekter Oberfläche findet die Reaktion aber in diesem Stadium ausschließlich an den Nanotube-Spitzen statt.

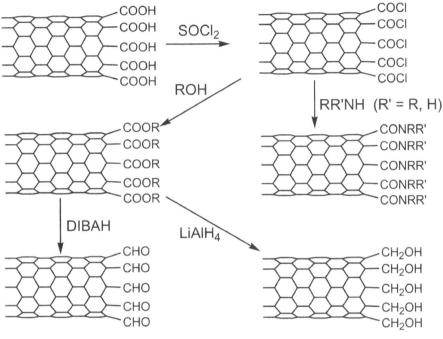

$R = -C_nH_{2n+1}$, C_nH_{2n}-X, PEG etc.
(X = funktionelle Gruppe, z.B. $-NH_2$, -OH, -Halogen, -COOH, $-CH=CH_2$ etc.)

Abb. 3.67 Weitere Umsetzungen terminal carboxylierter Kohlenstoff-Nanoröhren.

Die durch oxidative Öffnung der Nanoröhren hergestellten Carboxylderivate lassen sich mit klassisch organisch-chemischen Methoden weiter modifizieren (Abb. 3.67). Die so gewonnenen Derivate weisen nach Anknüpfung langer Alkylketten eine erheblich gesteigerte Löslichkeit in organischen Solvenzien auf. Auch die Entbündelung einwandiger Kohlenstoff-Nanotubes kann durch die Öffnung und Funktionalisierung der Enden vorangetrieben werden, da durch die Modifizierung die intertubularen *van der Waals*-Wechselwirkungen abnehmen. Außerdem verringert sich bei derartigen Reaktionen meist auch die Gesamtlänge der Röhren auf wenige hundert Nanometer.

Die Säuregruppen können insbesondere durch Veresterung und Bildung des Säureamids leicht mit anderen organischen Verbindungen gekuppelt werden (Abb. 3.67). Es ist eine Vielzahl von Strukturen bekannt, die auf diese Weise mit Nanoröhren verbunden werden können. Über die Amidbindung werden z.B. auch biologisch aktive Substanzen an den Spitzen von SWNT oder MWNT angebracht, was u.a. deren Einsatz in Sensorapplikationen ermöglicht.

Werden die terminalen Carboxylgruppen mit *N*-Hydroxysuccinimid umgesetzt, resultiert ein Nanotube-Derivat, welches sich leicht mit Peptiden verknüpfen lässt, die Nukleobasen tragen. Diese sog. Peptid-Nukleinsäuren (PNS) können mit DNS-Einfachsträngen Paarungen ausbilden. Gibt man nun zu einer Suspension der PNS-funktionalisierten Nanoröhren DNS mit *„sticky ends"* (das DNS-Stück trägt am Ende eine kurze Sequenz eines ungepaarten Strangs), so findet die Paarung mit den Komplementärbasen der PNS statt, und die DNS wird am Nanotube gebunden. Auf diese Weise können durch molekulare Erkennung Nanoröhren angeordnet und detektiert werden.

Wasserlösliche Kohlenstoff-Nanoröhren können durch die Anknüpfung von Polyethylenglycoleinheiten an die Carboxylgruppen hergestellt werden (Abb. 3.67). Es gelang auf diesem Wege, mehrere hundert Milligramm in einem Milliliter Wasser zu lösen. Durch die Umsetzung der mit Carboxylgruppen belegten Nanoröhrenenden lassen sich nützliche Derivate herstellen, die z.B. als Spitzen für die chemosensitive Kraftmikroskopie dienen (Kap. 3.6.1.1).

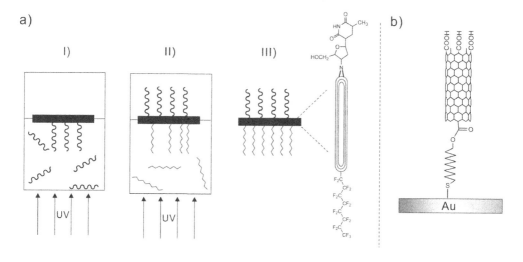

Abb. 3.68 Unsymmetrische Funktionalisierung von Kohlenstoff-Nanoröhren; a) durch Umsetzung in einer Phasengrenzfläche, b) durch Immobilisierung an einem festen Substrat.

Eine besondere Herausforderung stellt die asymmetrische Funktionalisierung der Enden einer Nanoröhre dar. Normalerweise werden diese an beiden Enden gleichmäßig funktionalisiert, was jedoch für einige Anwendungen, bei denen die Ausrichtung der Nanoröhren ein Rolle spielt, von Nachteil ist. Daher hat man versucht, Methoden für eine gezielt unterschiedliche Belegung der beiden Säume einer Nanoröhre zu entwickeln. Inzwischen ist es gelungen, Nanotube-Filme so zu positionieren, dass ein Ende der Röhren in die Lösung eines photoaktiven Reagenzes hineinragt und sich das andere Ende an der Luft befindet. Dies wird dadurch realisiert, dass der Film entweder auf einem ihn abstoßenden Solvens (z.B. Wasser, Ethanol) oder aber aufgrund seiner geringeren Dichte auf einem schweren Lösemittel, wie z.B. 1,1,2,2-Tetrachlorethan, schwimmt. So kann zunächst die eine Seite der parallel angeordneten Röhren photochemisch funktionalisiert werden und nach dem Wenden des Films die andere

Seite mit einem zweiten Bindungspartner in Kontakt gebracht werden. Man erhält Nanotubes, die z.B. auf der einen Seite Perfluoroctylgruppen und auf der anderen Seite 3'-Azido-2'-deoxy-thymidin tragen (Abb. 3.68a). Prinzipiell ist die Technik, die geringe Dichte und Löslichkeit der Nanoröhren für die asymmetrische Funktionalisierung zu nutzen, sehr viel versprechend. Für SWNT wurde zudem eine Methode beschrieben, die durch Anbindung eines Endes der Nanoröhre an eine Goldoberfläche die asymmetrische Funktionalisierung erlaubt (Abb. 3.68b).

3.5.4 Seitenwand-Funktionalisierung von Kohlenstoff-Nanoröhren

3.5.4.1 Kovalente Anbindung der funktionellen Einheiten

Wie auch bei den Fullerenen wurde sehr bald nach der Entdeckung der Kohlenstoff-Nanoröhren daran gearbeitet, Methoden für ihre Funktionalisierung zu entwickeln. Nachdem es zunächst gelungen war, die Enden zu öffnen und an den Spitzen funktionelle Gruppen anzubringen, versuchte man, die für Fullerene gängigen Reaktionen auch auf die Seitenwandfunktionalisierung der mit ihnen verwandten Nanotubes anzuwenden. Wie erwartet, können viele der an Fullerenen durchgeführten Umsetzungen auch für die Modifizierung von Kohlenstoff-Nanotubes genutzt werden. Allerdings beobachtet man i. A. eine geringere Reaktivität für die Nanoröhren, was bereits in Kap. 3.5.1 diskutiert wurde.

Für die Umsetzung an der Seitenwand kommen hauptsächlich Reaktionen in Frage, die das π-System des Nanotubes angreifen, also Reaktionen aus der Chemie der Doppelbindungen wie Additions- und Cycloadditionsreaktionen, die im Folgenden beschrieben werden sollen. Der direkte Angriff am π-System der Nanoröhre besitzt noch einen weiteren interessanten Aspekt: Auf diese Weise gelingt im Gegensatz zur Funktionalisierung der Enden die Beeinflussung der elektronischen Verhältnisse im Nanotube selbst. Bei entsprechender Modifizierung bietet sich so die Möglichkeit, komplexere elektronische Systeme auf der Basis von Kohlenstoff-Nanoröhren zu konstruieren. Zunächst beschäftigen wir uns hier aber mit einfachen Seitenwandfunktionalisierungen.

Hydrierung

Die einfachste denkbare Modifizierung der Seitenwand einer Kohlenstoff-Nanoröhre ist die Hydrierung. Sie führt im Extremfall zu röhrenförmig anellierten Kohlenwasserstoffen, wobei die erschöpfende Absättigung mit Wasserstoff den Nanotube-Charakter vollständig zerstören dürfte. Im Experiment führen die Umsetzung mit molekularem Wasserstoff in einem Plasma bzw. die Reaktion mit Natrium oder Lithium in flüssigem Ammoniak unter modifizierten *Birch*-Bedingungen zu partiell hydrierten Kohlenstoff-Nanoröhren. Hochtemperaturreaktionen in einem Pyrolyserohr unter Wasserstoffatmosphäre ergeben ähnliche Resultate (Abb. 3.69). Rechnungen haben gezeigt, dass vollständig hydrierte Nanoröhren, in denen ausschließlich sp^3-hybridisierte Kohlenstoffatome vorliegen, bis zu einem Röhrendurchmesser von 12,5 Å (etwa ein 8,8-Nanotube) stabil sein sollten. Darüber gelingt die Einbindung von sp^3-hybridisierten Kohlenstoffatomen wegen der geringeren Krümmung nur noch unvollständig.

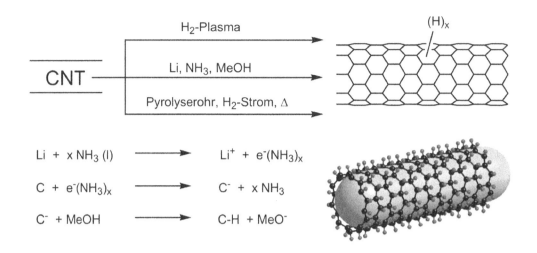

Abb. 3.69 Hydrierung von Kohlenstoff-Nanotubes. Rechts unten ist die theoretische Struktur einer vollständig hydrierten Nanoröhre gezeigt.

Man könnte vermuten, dass die Umsetzung von Kohlenstoff-Nanoröhren mit Boranen in Analogie zur Chemie der Fullerene hydroborierte Produkte liefert, die man zu einer Reihe von Derivaten, z.B. teilhydrierten Strukturen durch Reaktion mit Carbonsäuren, umsetzen kann. Es zeigt sich jedoch, dass in Nanoröhren die Reaktivität der Doppelbindungen für die Hydroborierung nicht ausreicht. Rechnungen haben ergeben, dass für ein typisches SWNT die Hydroborierung thermodynamisch neutral ablaufen sollte, also keine besonders bevorzugte Reaktion darstellt.

Halogenierung

Die Fluorierung von Kohlenstoff-Nanoröhren stellt eine wichtige Erstfunktionalisierung dar, da sie auch als heterogene Gas-/Festphasenreaktion durchgeführt werden kann. So gelingt die Fluorierung von SNWT in einem Rohrreaktor bei Temperaturen um $150\,°C$ und führt zu perfluorierten Nanoröhren mit einem Fluorierungsgrad von bis zu $100\,\%$.

Auch doppelwandige (DWNT) und mehrwandige Nanoröhren können fluoriert werden. Bei DWNT wird ausschließlich die Außenwand angegriffen, da die innere Röhre von dieser geschützt wird. Dabei entstehen Verbindungen mit einer Gesamtzusammensetzung von etwa $CF_{0,3}$, was einem sehr hohen Fluorierungsgrad der äußeren Hülle entspricht.

Die Rückreaktion der fluorierten Nanotubes zu nichtmodifizierten Nanoröhren gelingt durch Reaktion mit Hydrazin. Diese Methode kann auch dazu eingesetzt werden, nur einen Teil der Fluoratome wieder zu entfernen und so einen definierten Fluorierungsgrad einzustellen.

$$4\,C_nF \;+\; N_2H_4 \qquad \rightarrow \qquad 4\,C_n \;+\; 4\,HF \;+\; N_2 \qquad\qquad (3.15)$$

Der Mechanismus der Fluorierung ist noch nicht vollständig aufgeklärt, es werden aber radikalische Zwischenstufen vermutet. Die Fluoratome finden sich i. A. nahe beieinander, und die fortgesetzte Fluoraddition erfolgt vorzugsweise entlang des Umfangs der Röhre, nicht entlang ihrer Achse. So ergeben sich Bereiche mit hohem Fluorierungsgrad neben Arealen, die wenig oder gar nicht vom Fluor angegriffen wurden. Eine Möglichkeit, diesen Effekt zu erklären, ist die Annahme, dass die Addition als 1,4- und nicht als 1,2-Addition an die konjugierten Sechsringe verläuft. Diese These wird durch Rechnungen bestätigt, die zeigen, dass die 1,2-Addition entlang der Röhrenachse energetisch günstiger sein sollte, während dies im Fall der 1,4-Addition entlang des Umfangs gilt. Die Frage nach der thermodynamischen Stabilität der 1,2- und 1,4-Additionsprodukte muss allerdings bisher unbeantwortet bleiben. Verschiedene Rechnungen sagen entweder eine Bevorzugung des 1,2-Addukts oder des 1,4-Addukts vorher. Da die ermittelten Energiedifferenzen in allen Fällen nur wenige Kilojoule pro Mol und Fluoratom betragen, kann man allerdings davon ausgehen, dass in der Realität beide Additionswege nebeneinander existieren.

Es gibt jedoch ein weiteres Phänomen, welches für die zumindest teilweise stattfindende 1,4-Addition der Fluoratome spricht: Die Produkte der Umsetzung einwandiger Kohlenstoff-Nanoröhren mit Fluor sind ausgesprochene Nichtleiter (Widerstand > 20 MΩ), während die eingesetzten Nanotubes einen Widerstand von nur 10-15 Ω aufwiesen. Betrachtet man die durch konsekutive 1,2- bzw. 1,4-Addition von Fluor entstehenden Strukturen, wird deutlich, dass im Fall der 1,2-Addukte der Stromfluss über die weiterhin konjugierten π-Bindungen möglich wäre (Abb. 3.70). Dagegen ist im Fall des 1,4-Addukts die Konjugation unterbrochen, und als Produkt entsteht ein Isolator. Demnach werden zumindest an einigen Stellen 1,4-Additionen stattfinden, die dafür sorgen, dass die fluorierten Nanoröhren keine elektrische Leitfähigkeit aufweisen. Die fluorierten Kohlenstoff-Nanotubes unterscheiden sich nicht nur in der elektrischen Leitfähigkeit von unfunktionalisierten Röhren, vielmehr sind auch andere Charakteristika verändert. So lösen sich die fluorierten Nanoröhren in einigen organischen Lösemitteln, wie z.B. DMF, THF und verschiedenen Alkoholen. Insbesondere ist die Löslichkeit in 2-Propanol und 2-Butanol stark erhöht. Vermutlich sind dafür Wasserstoffbrückenbindungen zwischen den Protonen der Hydroxylgruppen und den Fluoratomen der Nanotubes verantwortlich, wodurch eine gute Solvatation erreicht wird.

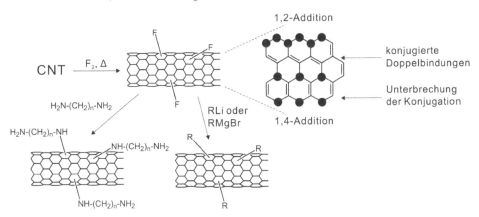

Abb. 3.70 Halogenierung von Kohlenstoff-Nanotubes. Die Reaktion findet zumindest z.T. als 1,4-Addition statt. Fluorierte Nanoröhren sind gute Edukte für weitere Funktionalisierungen (unten).

Während die Fluorierung als Standardmethode zur Erstfunktionalisierung von Kohlenstoff-Nanoröhren etabliert ist, existieren über die Halogenierung mit den Elementen Chlor und Brom nur wenige Arbeiten. Dies mag u.a. daran liegen, dass Fluor die mit Abstand größte Reaktivität unter den Halogenen aufweist und somit auch für einen Angriff an eher unreaktiven Spezies geeignet ist. Daneben zeigte sich, dass die schwereren Halogene auch nichtkovalente Wechselwirkungen eingehen, die dann die eigentliche Kohlenstoff-Halogen-Bindungsbildung behindern.

Für die Umsetzung von ein- und mehrwandigen Nanoröhren mit Brom werden verschiedene *charge transfer*-Komplexe beschrieben, in denen sich die Elektronendichte von den Nanoröhren zu den Halogenatomen verschiebt. Dagegen wird in keinem Fall die Ausbildung kovalenter Bindungen bei der Bromierung von Kohlenstoff-Nanotubes beobachtet. Dennoch zeigen die hergestellten Brom-Nanotube-Addukte deutlich veränderte elektronische Eigenschaften im Vergleich zu den unbehandelten Röhren. Insbesondere die Konzentration der Ladungsträger vergrößert sich durch diese Umsetzung um mehr als eine Größenordnung, was der Ausbildung von *charge transfer*-Komplexen zuzuschreiben ist. Dabei bilden sich laut einem vereinfachten Modell Br_2^--Teilchen, die durch die Aufnahme delokalisierter Elektronen aus dem Nanotube entstehen, wodurch die Nanoröhre p-Doping erfährt.

Aufgrund der höheren Reaktivität des Chlors sollte die Chlorierung von Kohlenstoff-Nanoröhren im Vergleich zur Bromierung leichter möglich sein. Dies wird auch beobachtet, jedoch findet die Chlorierung hauptsächlich an den Enden bzw. an Defekten in der Seitenwand statt. Die direkte Chlorierung der Seitenwand wurde bisher nicht als präparative Methode beschrieben. Doch auch die Chlorierung an Defekten erzeugt bereits neue Materialien mit veränderten Eigenschaften.

Reaktionen fluorierter Nanotubes

Die Fluoratome an den Seitenwänden funktionalisierter Kohlenstoff-Nanoröhren lassen sich leicht durch Alkylreste substituieren, was u.a auch darauf zurückzuführen ist, dass die C-F-Bindung durch ekliptische Wechselwirkungen geschwächt wird. Dazu werden metallorganische Verbindungen wie Lithiumorganyle oder *Grignard*-Verbindungen eingesetzt (Abb. 3.70). Auf diesem Wege gelingt die direkte C-C-Verknüpfung funktioneller Gruppen mit dem Nanoröhren-Grundkörper. Wie später beschrieben wird, existieren noch weitere Methoden für eine direkte C-C-Verknüpfung. Der Weg über fluorierte Intermediate mit anschließender Alkylierung bzw. Arylierung jedoch führt zu einer breiten Variabilität der möglichen Produkte sowie zu einem im Vergleich zu anderen Methoden erhöhten Funktionalisierungsgrad.

Die Umsetzung fluorierter Kohlenstoff-Nanotubes mit Alkoholaten liefert etherverbrückte Strukturen. Analog kann durch die Reaktion der Fluor-Nanoröhren mit primären Aminen eine Stickstoffverbrückung von Nanoröhre und Rest erreicht werden. Werden endständige Diamine verwendet, können die Nanotubes bei ausreichender Länge der verbrückenden Alkylkette miteinander verknüpft werden und so ein kovalent gebundenes Netzwerk ausbilden. Durch die hier beschriebenen Umsetzungen gelingt es, funktionalisierte Kohlenstoff-Nanoröhren darzustellen, in denen etwa jedes siebte Kohlenstoffatom eine funktionelle Gruppe trägt.

Addition von Carbenen und Nitrenen

Die Addition von hochreaktiven Sechselektronen-Elektrophilen, wie z.B. Carbenen und Nitrenen, erlaubt die Herstellung von Nanoröhren, die mit Cyclopropan- bzw. Azacyclopropan-Ringen modifiziert sind (Abb. 3.71). Durch die Verwendung substituierter Reagenzien kann so eine große Vielfalt an funktionalisierten Kohlenstoff-Nanoröhren erhalten werden. Insbesondere die Tatsache, dass (R-)Oxycarbonyl-Nitrene *in situ* photochemisch bzw. thermisch aus den entsprechenden Azidocarbonaten gebildet werden, ermöglicht eine große Bandbreite an Funktionalitäten, da sich die entsprechenden Azide relativ leicht herstellen lassen. Z.B. können auf diese Weise Zucker an die Nanoröhren gebunden werden, die bei weiterer Umsetzung das Skelett für die Synthese von DNA-Sequenzen direkt auf dem Nanotube bilden. Ausgehend vom Alkohol ROH wird durch Umsetzung mit Phosgen das Chlorocarbonat gewonnen, welches durch Reaktion mit Natriumazid in das Azidocarbonat umgewandelt wird (Abb. 3.71 unten). Dagegen eignen sich die Alkylazide nicht für diese Art der Umsetzung. Laut Rechnungen würden sie bevorzugt [3+2]-Cycloadditionen ohne Abspaltung von Stickstoff eingehen, und in der Praxis blieb der Versuch zur experimentellen Durchführung selbst dieser Reaktion ohne Erfolg.

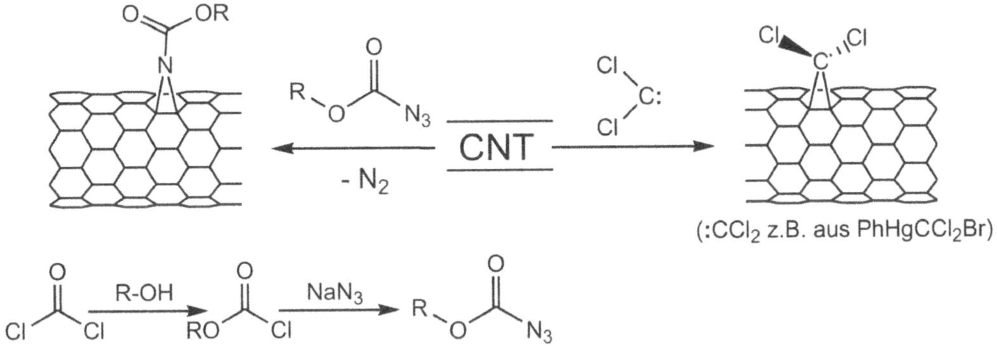

Abb. 3.71 Cycloaddition von Carbenen (rechts) und Nitrenen (links) an einzelne Doppelbindungen der Kohlenstoff-Nanoröhren.

Die Addition von Dichlorcarben ermöglicht ebenfalls weitere Umsetzungen, da hier die vorhandenen Substituenten ausgetauscht werden können. Diese Reaktion wird meist unter Einsatz der Carbenquelle $PhHgCCl_2Br$ durchgeführt, sie gelingt aber auch mit anderen Carbenen und Carbenquellen. Die Addition von Dichlorcarben verändert die elektronische Struktur der funktionalisierten Nanoröhren erheblich. So werden metallische SWNT zu halbleitenden Nanoröhren, was auf die veränderten elektronischen Übergänge in der Nähe des *Fermi*-Niveaus zurückzuführen ist. Außerdem verringert sich die Intensität der Interbandübergänge sowohl für ursprünglich metallische als auch halbleitende Nanoröhren, da das ausgedehnte π-Netzwerk durch die Funktionalisierung und die damit verbundene Einführung von sp^3-Kohlenstoffatomen nachhaltig gestört wird. Allerdings haben einige Rechnungen ein gänzlich anderes Bild der Carben- bzw. Nitrenaddition ergeben. Demnach werden bei der Addition dieser Spezies keine Dreiringe aufgebaut, sondern es erfolgt eine Öffnung der Nanotube-Seitenwand (Abb. 3.72). Dadurch bleibt die sp^2-Struktur erhalten, und es ergeben sich bei geringen Funktionalisierungsgraden verhältnismäßig kleine Auswirkungen auf die elektronische Struktur in der Nähe des *Fermi*-Niveaus. Erst bei höherer Belegung (um 20 %) sorgen die Substituenten für starke Veränderungen in der Bandstruktur der betrachteten Nanotubes.

Die gleichen Rechnungen zeigten, dass aufgrund der elektronischen Gegebenheiten metallische Nanoröhren leichter reagieren als halbleitende. Bei höherem Substitutionsgrad (15-20 % je nach Röhrendurchmesser) tritt dann allerdings auch die Umwandlung von metallischen zu halbleitenden Röhren ein. Möglicherweise lässt die Methode der Carben- oder Nitrenaddition sich für die maßgeschneiderte Beeinflussung der Bandlücke von Kohlenstoff-Nanoröhren nutzen. Allerdings sind Fortschritte auf diesem Gebiet bisher nicht sehr zahlreich.

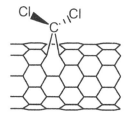

Abb. 3.72

Alternative Reaktion der Nanoröhren mit Dichlorcarben unter Öffnung der Seitenwand.

Die Bingel-Reaktion

Die *Bingel*-Reaktion läuft auch an Kohlenstoff-Nanoröhren vergleichsweise leicht ab, allerdings beobachtet man im Vergleich zu C_{60} eine verringerte Reaktivität. Auch hier wird ein Brommalonat mit einer starken Base deprotoniert und das so gewonnene Kohlenstoff-Nucleophil greift die Doppelbindung an. Anschließend kommt es unter Abspaltung des Bromidanions zur Ausbildung eines Kohlenstoff-Dreirings, der an seiner Spitze zwei Estergruppen trägt. Diese beiden Gruppen bieten dann die Möglichkeit, weitere Funktionalisierungsschritte anzuschließen, so dass die *Bingel*-Reaktion als Ausgangspunkt für die Darstellung einer Vielzahl unterschiedlich modifizierter Nanoröhren dient (Abb. 3.73). Die Verseifung der Estergruppen führt zur freien Säure – ein weiteres Beispiel für die Anbindung von nicht direkt mit dem Nanotubegerüst verbundenen Carboxylgruppen. Umesterungen oder die Umsetzung der freien Säuregruppen ermöglichen die Anknüpfung verschiedener Funktionseinheiten.

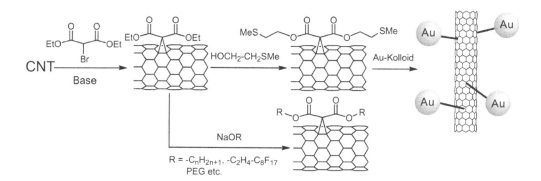

Abb. 3.73 Die *Bingel*-Reaktion an Kohlenstoff-Nanoröhren und Beispiele für die weitere Umsetzung der Produkte.

Reaktion mit Ozon

Die Reaktion mit Ozon läuft nach dem klassischen *Criegee*-Mechanismus ab, der mit einer 1,3-dipolaren Cycloaddition des Ozons an der entsprechenden Doppelbindung beginnt. Dabei werden zunächst die Primärozonide erhalten, die je nach Aufarbeitung in eine Reihe von funktionellen Gruppen übergeführt werden können. In der Literatur beschrieben sind Umsetzungen mit Wasserstoffperoxid, Dimethylsulfid oder Natriumborhydrid, wobei je nach Reagenz Carboxylgruppen, Ketogruppen oder Hydroxylgruppen anstelle der Doppelbindung erzeugt werden können (Abb. 3.74 oben). Es stellte sich heraus, dass die Ozonierung von einwandigen Nanotubes in gewissem Maße durchmesserselektiv ist, dünnere Röhren reagieren deutlich leichter als solche mit großem Durchmesser. Hier bietet sich in der Zukunft möglicherweise die Chance, Kohlenstoff-Nanoröhren durch Funktionalisierung größenselektiv zu separieren. Durch die oxidative bzw. reduktive Aufarbeitung der Ozonide werden Bindungen im Nanotube gespalten. Durch die Ozonierung entstehen also nicht nur funktionelle Gruppen auf der Röhrenseitenwand, sondern auch Defekte im Nanotube-Körper, was eine deutliche Veränderung der elektronischen Eigenschaften nach sich zieht.

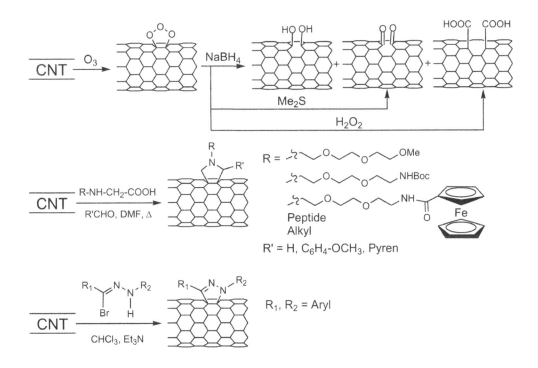

Abb. 3.74 Beispiele für [3+2]-Cycloadditionsreaktionen und die Vielfalt der daraus resultierenden Nanotube-Derivate. Besonders für biologische Anwendungen sind einige dieser Reaktionen wegen der Vielzahl tolerierter Funktionalitäten von Interesse.

Weitere [3+2]-Cycloadditionen

In Analogie zur Reaktion von Fullerenen gelingen auch mit Kohlenstoff-Nanoröhren [3+2]-Cycloadditionsreaktionen. Wie bei den meisten anderen Umsetzungen auch, weisen die Nanotubes durch die schwächere Krümmung auch eine geringere Reaktivität auf, so dass meist drastischere Bedingungen gewählt werden müssen.

Eine typische [3+2]-Cycloaddition ist die Reaktion mit Azomethinyliden, die zu dem in Abb. 3.74 (Mitte) gezeigten Produkt führt. Diese Umsetzung ist besonders geeignet, auch biologisch aktive Strukturen an Kohlenstoff-Nanoröhren zu kuppeln, was z.B. für Nanotube-Peptid-Komposite von großer Bedeutung ist. Typischerweise werden ein N-substituiertes Glycin und Paraformaldehyd bzw. ein Aldehyd, der einen weiteren zu kuppelnden Rest trägt, mit den Nanoröhren in einer DMF-Suspension umgesetzt. Dabei bildet sich *in situ* das Azomethinylid, welches das eigentliche Reagenz darstellt. Die Reaktion ist für ein- und mehrwandige Nanotubes gleichermaßen geeignet, wobei der Funktionalisierungsgrad für SWNT bei etwa 0,4 mmol g^{-1} und für MWNT bei etwa 0,7 mmol g^{-1} Nanotubes liegt. Die Bündelung einwandiger Nanoröhren wird durch die Reaktion nicht komplett aufgehoben, MWNT dagegen liegen danach vollständig vereinzelt vor.

Je nachdem, welche Art von Rest das Stickstoffatom des Pyrrolidinringes trägt, kann die Löslichkeit der erzeugten Nanoröhren-Derivate gesteuert werden. Dabei sind für biologische Anwendungen insbesondere die Funktionalisierungsmuster interessant, die die Löslichkeit in physiologischen Medien erhöhen. Bewährt haben sich hier Oligo- und Polyethylenglycole (PEG), die zwischen der Anknüpfungsstelle und der eigentlichen Funktionalität des Restes eingebaut werden (Abb. 3.74). An die Endgruppen der an das Nanotube geknüpften Spacer können verschiedene Gruppen und Moleküle angebunden werden. Dazu gehören u.a. Aminosäuren, Peptide, DNS und peptidbasierte DNS.

Auch redoxaktive Substanzen können auf diese Weise mit Nanoröhren verbunden werden. Im Fall eines auf diese Weise mit Ferrocen verknüpften Nanotubes wurde der erste photoinduzierte Ladungstransfer von einem Nanotube zum Ferrocen beobachtet (Abb. 3.74). Die lange Lebensdauer des ladungsseparierten Zustands macht das Material interessant für elektronische Anwendungen.

Eine weitere [3+2]-Cycloaddition an Kohlenstoff-Nanotubes kann mit Nitriliminen durchgeführt werden. Dabei bildet sich ein Pyrazolinring an der Röhrenoberfläche (Abb. 3.74 unten). Bei der Wahl geeigneter Substituenten am Pyrazolin kommt es zu einem Elektronentransfer von den elektronenreichen Substituenten zum Nanotube.

Letztendlich stellt auch die Ozonierung von Kohlenstoff-Nanoröhren eine [3+2]-Cycloaddition dar, die hier bereits separat diskutiert wurde (s.o.), da erst die Produkte der Aufarbeitung für die weitere Funktionalisierung und Untersuchung der Nanotube-Derivate relevant sind.

[4+2]-Cycloadditionen

Obwohl bereits recht früh theoretisch vorhergesagt, blieben Erfolge bei der Durchführung von *Diels-Alder*-Reaktionen an der Seitenwand von Kohlenstoff-Nanoröhren lange Zeit aus. 2004 gelang dann schließlich mit Hilfe von Mikrowellenbestrahlung die Umsetzung von endkappen-funktionalisierten SWNT mit *o*-Chinodimethanen unter Ausbildung der entsprechenden Cycloadditionsprodukte (Abb. 3.75). Dabei wird als Dien-Komponente das *in situ* aus 4,5-Benzo-1,2-oxathiin-2-oxid dargestellte *o*-Chinodimethan eingesetzt, während die Doppelbindung des Nanotubes als Dienophil fungiert. Unter Druck und in Gegenwart von Cr(CO)$_6$ gelingt auch die Diels-Alder-Reaktion mit elektronenreichen Dienen an unfunktionalisierten SWNT. Auch hier zeigt sich die Analogie zur Chemie der Fullerene, da diese ebenfalls stets als Dienophil auftreten. Allerdings ist es denkbar, dass wenig gekrümmte Außenwände mehrwandiger Nanoröhren auch mit starken Dienophilen reagieren.

Auch an fluorierten Nanotubes gelingt die Durchführung der *Diels-Alder*-Reaktion. Man kann auf diese Weise verschiedene Diene mit den Doppelbindungen der Nanoröhrenoberfläche verknüpfen (Abb. 3.75), wobei ein Funktionalisierungsgrad von etwa 5 % erreicht wird. Durch die Fluorierung erhöht sich die Reaktivität der verbleibenden Doppelbindungen des Kohlenstoff-Nanotubes zum einen durch die erhöhte Spannung durch benachbarte sp^3-Zentren, zum anderen durch die elektronenziehende Wirkung der Fluoratome. Auch hier fungieren die Doppelbindungen des Nanotubes stets als Dienophil.

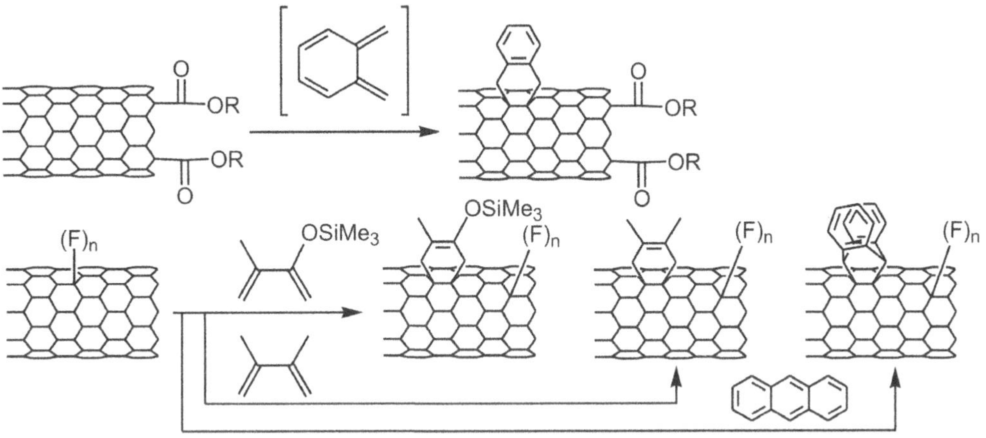

Abb. 3.75 Beispiele für *Diels-Alder*-Reaktionen an der Seitenwand von Kohlenstoff-Nanoröhren.

Insgesamt ist der elektrophile Charakter der Nanoröhren im Vergleich zu den Fullerenen weniger stark ausgeprägt. Berücksichtigt man zudem, das die Reaktivität bereits durch die geringere Krümmung vermindert ist, so erwartet man auch keine sehr starke Affinität zu den typischen Dienen. Es ist aber davon auszugehen, dass in Zukunft weitere Beispiele für *Diels-Alder*-Reaktionen an ein- und mehrwandigen Nanoröhren beschrieben werden.

Photochemische und radikalische Reaktionen

Bei den meisten Photoreaktionen im Gebiet der Nanotube-Chemie handelt es sich um die Darstellung reaktiver Intermediate, die dann an den Nanoröhren angreifen. Der eigentliche Funktionalisierungsschritt ist dagegen nur selten photochemisch. Einige Beispiele für eine solche Vorbereitung der eigentlichen Funktionalisierung sind die Umsetzungen von Aziden zu Nitrenen oder die Radikalerzeugung aus Acylperoxiden, Iodalkanen usw. Bei der photochemischen Umsetzung von Nanoröhren mit Osmiumtetroxid dagegen findet die eigentliche Funktionalisierung nur unter Bestrahlung statt.

Vergleicht man Fullerene und Kohlenstoff-Nanoröhren, so erwartet man für letztere ebenfalls eine ausgeprägte Reaktivität in photochemischen [2+2]-Cycloadditionen. Dies konnte bisher aber experimentell nicht bestätigt werden. Offensichtlich reicht die Reaktivität der Nanoröhren für diese Umsetzung nicht aus. Die für Fullerene bekannte Dimerisierung durch Bestrahlung in fester Phase wurde mit Nanotubes ebenfalls noch nicht realisiert.

Radikalische Reaktionen können an Kohlenstoff-Nanoröhren ganz analog zu klassischen Doppelbindungen durchgeführt werden. So gelingt die Anknüpfung von perfluorierten Alkylresten, welche durch Photolyse der entsprechenden Perfluorazoalkane gewonnen werden (Abb. 3.76 oben). Auch die Umsetzung mit Alkyliodiden und Lithium liefert alkylierte Nanoröhren (s. a. Kap. 3.5.4.1, Umsetzung fluorierter CNT). Dabei sorgt die Bildung von Lithiumiodid für die Triebkraft dieser Reaktion. Die direkte Umsetzung mit Alkylhalogeniden wurde ebenfalls beschrieben. So können SWNT durch Vermahlung in einer Atmosphäre aus Trichlormethan, Trifluormethan, Hexafluorpropan oder Tetrachlorethylen direkt in die alkylierten Derivate übergeführt werden. Hierbei werden reaktive Positionen am Nanotube durch den Eintrag mechanischer Energie erzeugt.

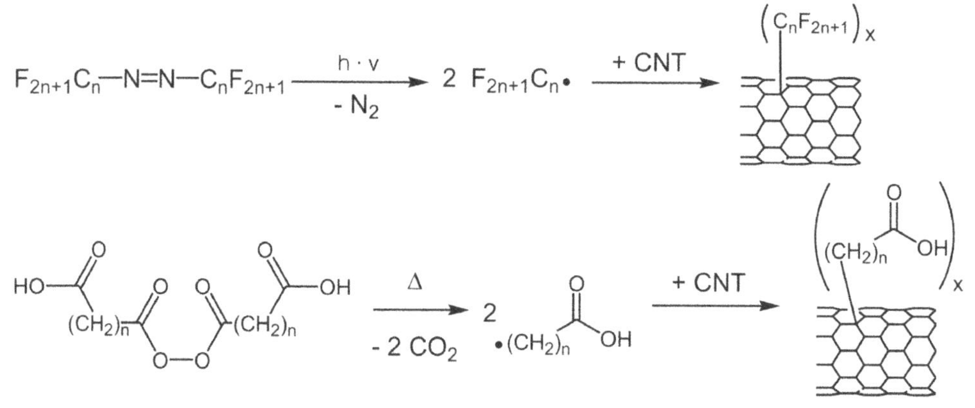

Abb. 3.76 Beispiele für photochemisch (oben) und thermisch (unten) induzierte Radikalreaktionen an Kohlenstoff-Nanoröhren.

Eine weitere Möglichkeit, Alkylreste direkt mit Kohlenstoff-Nanoröhren zu verknüpfen, besteht in der Umsetzung mit Diacylperoxiden unter Wärmeeinwirkung. Dabei bilden sich unter Abspaltung von CO_2 Alkylradikale, die direkt an den Doppelbindungen der Kohlenstoff-Nanoröhren angreifen (Abb. 3.76 unten). Eine Vielzahl von Diacylperoxiden, z.B. mit Lauryl- oder Phenylresten eignet sich für diese Reaktion. Ganz analog verläuft die Reaktion bei der Verwendung von Bernsteinsäureperoxid bzw. Glutarsäureperoxid. Diese Verbindungen spalten ebenfalls unter Ausbildung eines Alkylradikals Kohlendioxid ab. Es bilden sich Nanotubes, die Alkylketten mit endständigen Carboxylgruppen tragen. Diese befinden sich also nicht an Defekten, sondern sind über einen zwei bzw. drei Kohlenstoffatome langen Spacer mit der Röhrenwand verbunden.

Elektronisch gesehen induziert die radikalische Addition an Nanoröhren sog. Verunreinigungsbänder in der Nähe des *Fermi*-Niveaus, wenn die Addenden weit genug voneinander entfernt sind. Bei der Addition an benachbarte Kohlenstoffatome interagieren die hiermit eingebrachten Defekte stark, und es kommt zum Auseinanderdriften der Bandstruktur mit Ausbildung eines Kreuzungspunktes am *Fermi*-Niveau. Dies bedeutet, dass letztendlich die elektronische Struktur trotz des Entstehens von sp^3-Defekten weitgehend unverändert und z.B. der metallische Charakter einer derart modifizierten Nanoröhre erhalten bleibt.

Koordinationsverbindungen mit Übergangsmetallen

Obwohl es sich bei den Koordinationsverbindungen formal nicht um kovalent gebundene Strukturen handelt, sollen sie in diesem Kapitel diskutiert werden, da sie im Vergleich zu anderen nichtkovalenten Varianten eher mit den kovalent modifizierten Nanoröhren verwandt sind. Wie bei den Fullerenen kann man auch für Nanotubes annehmen, dass sie Koordinationsverbindungen mit Übergangsmetallen ausbilden. Allerdings ist die Tendenz zu derartigen Verbindungen weitaus schwächer ausgeprägt, da u.a. durch das Fehlen der Fünfringe zum einen die Delokalisierung der Doppelbindungen weniger gestört ist und zum anderen die HOMO-LUMO-Energielücke größer ausfällt. Letzteres verhindert eine effiziente Rückbindung und reduziert somit die Affinität der Nanoröhren gegenüber elektronenreichen Metallsystemen. Die in Fullerenen vorhandenen Cyclopentadienyleinheiten stabilisieren die gebildeten Komplexe, wohingegen ihr Fehlen in den einwandigen Nanoröhren die Ausbildung von η^2-Komplexen erschwert.

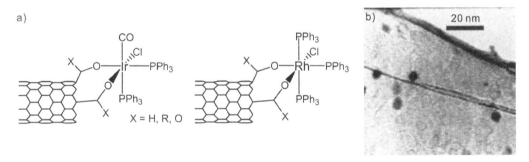

Abb. 3.77 a) Beispiele für an die Enden von Kohlenstoff-Nanoröhren gebundene Übergangsmetallkomplexe, b) HRTEM-Aufnahme einer oxidierten Nanoröhre mit angebundenen CdSe-Nanopartikeln, die mit Mercaptopropionsäure funktionalisiert sind (© Wiley-VCH 2003).

Beispiele für die Komplexierung von einwandigen Kohlenstoff-Nanotubes wurden in den letzten Jahren mit dem *Wilkinson*-Komplex [RhCl(PPh₃)₃] und dem *Vaska*-Komplex [Ir(CO)Cl(PPh₃)₂] gezeigt (Abb. 3.77a). In vielen Fällen besitzen die untersuchten Nanoröhren bereits eine Reihe sauerstoffhaltiger funktioneller Gruppen, so dass eine Koordinierung an diesen gegenüber der Ausbildung eines η^2-Komplexes eindeutig bevorzugt ist. Dadurch gelingt die Anbindung von Metallspezies an den Enden und evtl. vorhandenen Defektstellen der Nanotubes, was auch zur Verknüpfung von Kohlenstoff-Nanoröhren mit kleinen Metall-clustern, z.B. Platin, Quecksilber oder Rhodium, verwendet werden kann. Auch Quanten-punkte aus CdTe und CdSe konnten auf diese Weise mit Kohlenstoff-Nanoröhren verbunden werden (Abb. 3.77b).

Osmylierung und Epoxidierung

Mit Osmiumtetroxid reagieren Kohlenstoff-Nanoröhren so, wie man es für doppelbindungs-haltige Substanzen erwartet. Es bildet sich das Osmylierungsaddukt, in dem die entsprechen-de Doppelbindung durch zwei C-O-Bindungen ersetzt wird (Abb. 3.78). Allerdings wird die Reaktion hier i. A. photochemisch durchgeführt. Die so gewonnenen Intermediate können durch Hydrolyse in die hydroxylierten Nanoröhren übergeführt werden, wobei es sich anbie-tet, mit Wasserstoffperoxid die Rückoxidation des gebildeten Osmium(VI) durchzuführen, um den Osmiumverbrauch gering zu halten. Die Osmylierung an Nanoröhren ist reversibel, so dass diese Umsetzung auch für Reinigungs- oder Separationsschritte anwendbar ist. Im Gegensatz zur Ozonolyse mit anschließender reduktiver Aufarbeitung entstehen bei der Os-mylierung keine Öffnungen in der Nanotube-Seitenwand. Die elektronische Struktur wird daher weniger stark beeinflusst.

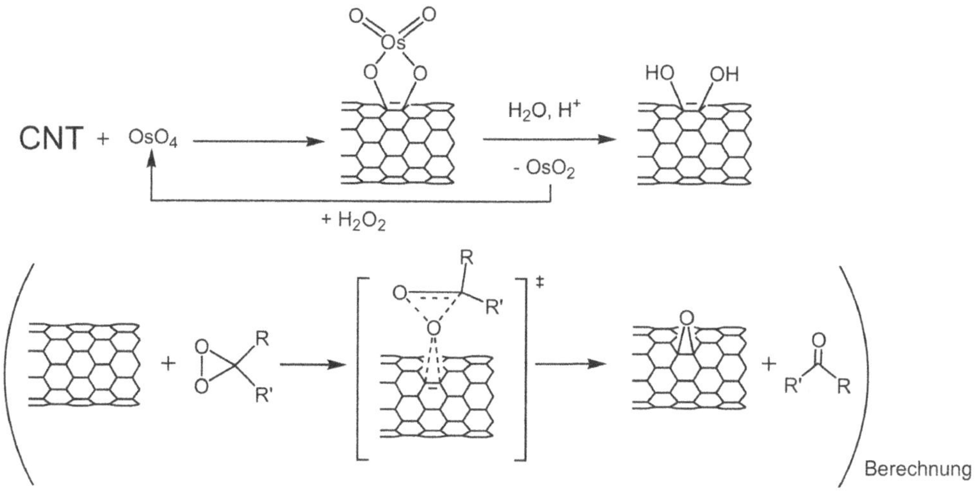

Abb. 3.78 Osmylierung und Epoxidierung von Kohlenstoff-Nanoröhren. Die Epoxidierung wurde bisher experimentell nicht realisiert.

Es wurde festgestellt, dass die Osmylierung in organischen Lösemitteln (im Vergleich zur Reaktion aus der Gasphase) bevorzugt an metallischen Nanoröhren mit höherer Elektronen-dichte in der Nähe des *Fermi*-Niveaus stattfindet. Diese Tatsache lässt sich u.U. nutzen, um selektiv Nanoröhren mit bestimmten elektronischen Eigenschaften zu isolieren. Festgestellt wurde dieser Effekt durch die ungleichmäßige Abnahme der *Raman*-Resonanz bei verschie-denen Anregungswellenlängen.

Die Epoxidierung der Seitenwand einwandiger Kohlenstoff-Nanoröhren wurde rechnerisch als eine energetisch durchführbare Reaktion erkannt, allerdings ist bisher die Umsetzung im Experiment noch nicht gelungen. Möglicherweise ist auch in diesem Fall die im Vergleich zu den Fullerenen reduzierte Reaktivität verantwortlich für das abweichende Reaktionsverhalten. Die Rechnungen zeigen, dass die Umsetzung mit Dioxiran zu den für die weitere Umsetzung attraktiven epoxidierten Nanoröhren führen sollte (Abb. 3.78). Ob andere Epoxidierungsreagenzien, wie Persäuren oder HOF, die sich bei der Umsetzung von Olefinen und Fullerenen zu Epoxiden bewährt haben, auch Kohlenstoff-Nanoröhren epoxidieren können, bleibt zunächst unklar. Die gut untersuchte Chemie organischer Epoxide sollte im Anschluss an eine erfolgreiche Epoxidierung zu einer großen Anzahl neuer Nanotube-Derivate führen.

Umsetzung mit Diazonium-Salzen

Die Reaktion mit Diazoniumsalzen aromatischer Verbindungen liefert die direkt arylierten Derivate der Kohlenstoff-Nanoröhren (Abb. 3.79). Zunächst wurde die Reaktion für HiPCo-Tubes beschrieben, die durch ihren geringen Durchmesser und die damit verbundene große Krümmung sehr reaktiv sind. Mit anderen Nanoröhren, die durch ihren größeren Durchmesser reaktionsträger sind, erfolgt die Umsetzung erst bei etwas drastischeren Bedingungen, das aber immer noch mit guter Ausbeute.

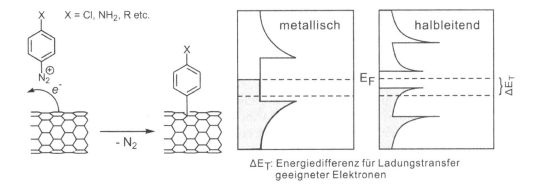

Abb. 3.79 Umsetzung mit aromatischen Diazoniumsalzen. Die Fähigkeit, Elektronen an die Substituenten abzugeben, hängt von der Zustandsdichte in einem gewissen Bereich in der Nähe des *Fermi*-Niveaus ab (ΔE_T), © AAAS 2003.

Die arylierten Kohlenstoff-Nanotubes werden dadurch gebildet, dass das Diazoniumsalz bei der elektrochemischen Reaktion molekularen Stickstoff abspaltet, wobei ein Arylradikal entsteht, welches am π-System der Nanoröhre angreift (Abb. 3.79). Offensichtlich werden dabei Elektronen aus dem Nanotube extrahiert, die für die Bindungsbildung verwendet werden. Dabei tritt in Lösung eine erstaunliche Selektivität für die Funktionalisierung metallischer Nanoröhren auf, die mit der hohen Affinität zu Elektronen in der Nähe des *Fermi*-Niveaus begründet werden kann (Abb. 3.79). Es kommt zur Ausbildung eines *charge transfer*-Komplexes des Reaktanden mit dem Nanotube, welches Elektronen zur Stabilisierung des Übergangszustandes bereitstellt. Letztendlich wird in einer Einelektronenreduktion das Arylradikal gebildet, welches die C-C-Bindung mit dem Nanotube eingeht. Durch die Störung der elektronischen Struktur der Nanoröhre erhöht sich in der Folge auch die Reaktivität der benachbarten Kohlenstoffatome, so dass es zu einer starken Funktionalisierung der metallischen Nanoröhren kommt. Dabei werden bis zu 5 % der Kohlenstoffatome mit Arylgruppen verknüpft. Die Herstellung der benötigten Diazoniumsalze kann u.a. durch Umsetzung der Aniline mit Nitrosonium-Tetrafluoroborat bzw. Isoamylnitrit erfolgen. In letzterem Fall wird die Reaktion in Substanz, d.h. ohne Solvens ausgeführt, wobei der Eintrag mechanischer Energie durch den Magnetrührer ausreicht, um die Nanotubebündel zumindest teilweise aufzubrechen. Über die an der Arylgruppe vorhandenen funktionellen Gruppen können die arylierten Nanoröhren mit einer Reihe von Reagenzien umgesetzt werden. Hierdurch gelingt z.B. auch die Anbindung von Polymeren an Kohlenstoff-Nanotubes, wobei die Anbindung über die gesamte Länge der Röhre bzw. des Polymerstrangs erfolgen kann. Auch Biomoleküle wurden über einen geeigneten Spacer angeknüpft. Dabei kommen dann p-Aminoaryle zum Einsatz.

Derivatisierung von Carboxylgruppen an der Seitenwand

Eine der auch an der Seitenwand von Nanotubes häufigsten funktionellen Gruppen ist die Carboxylgruppe, die beispielsweise durch die oxidative Reinigung der Nanoröhren gebildet wird oder auch durch andere Umsetzungen, wie z.B. Ozonolyse mit oxidativer Aufarbeitung, entstehen kann. Diese Säuregruppen eignen sich ganz besonders zur einfachen Verknüpfung von Nanoröhren mit Molekülen und Funktionseinheiten über Ester- bzw. Amidbindungen. Bereits bei der Diskussion der Endkappenfunktionalisierung wurden zu den Reaktionsmöglichkeiten einige Beispiele gegeben (Kap. 3.5.3). Hier sollen nun weitere Möglichkeiten zur Derivatisierung der Seitenwandcarboxylgruppen vorgestellt werden.

Die Umsetzung von Nanoröhren mit Seitenwand- und Endkappen-Carboxylgruppen mit Octadecylamin (ODA) liefert ein in vielen organischen Solvenzien lösliches Produkt. Dabei muss ein Schwellenwert von etwa 28 % ODA im Material überschritten werden. Unterhalb dieses Funktionalisierungsgrades bleibt die Dispergierbarkeit unzureichend, und die Herstellung einer stabilen Lösung misslingt.

Die Anbindung von DNS und verwandten Strukturen erfolgt auf dem gleichen Weg wie bei der Endkappenfunktionalisierung beschrieben. Im Unterschied zu der dort erhaltenen Struktur sind durch das Vorhandensein von Carboxylgruppen an den Nanotube-Seitenwänden die angeknüpften Strukturen mehr oder weniger gleichmäßig über die die gesamte Röhrenlänge verteilt und konzentrieren sich nicht an den Enden. Neben DNS lassen sich auch eine ganze Reihe anderer biologisch aktiver Substanzen, wie z.B. Peptide, auf diese Weise mit Kohlenstoff-Nanoröhren kovalent verknüpfen, was für eine Reihe von Anwendungen in der Biosensorik und Enzymforschung interessant ist. Dabei ist die Amidbindung ausreichend stark, um unter physiologischen Bedingungen Bestand zu haben, aber immer noch ausreichend labil, um bei Bedarf durch saure Hydrolyse gespalten zu werden. Die Anbindung gelingt auch mit komplexen Strukturen wie dem Flavin-Adenin-Cofaktor (FAD-Cofaktor), der zur Anbindung von Glucoseoxidase an Nanoröhren verwendet wird. Weiterhin können durch die kovalente Anbindung von DNS-Oligonucleotiden an SWNT-Filme Systeme für die Biosensorik konstruiert werden.

Eine weitere attraktive Möglichkeit der Derivatisierung besteht auch hier in der Anknüpfung bifunktionaler Strukturen, die somit eine Reihe von weiteren Reaktionsmöglichkeiten eröffnen. Ein Beispiel hierfür sind ω-thiolfunktionalisierte Amine, die sozusagen als Spacer zwischen der Carboxylgruppe und dem Thiol angebracht sind (Abb. 3.80). Mit Hilfe der Schwefelgruppen ist es dann möglich, die Nanoröhren auf thiophilen Substanzen wie Goldnanopartikeln oder entsprechenden Oberflächen abzuscheiden und selektiv zu binden. Diese selbstorganisierenden Strukturen sind für die Herstellung von Sensoren auf Nanotube-Basis von großer Bedeutung.

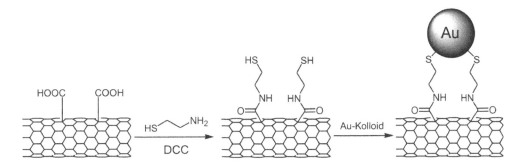

Abb. 3.80 Derivatisierung carboxylierter Kohlenstoff-Nanoröhren. Die Anbindung kann über Amid- oder Esterbrücken erfolgen.

Verwendet man als Reagenz ein Diamin mit ausreichender Kettenlänge, so gelingt auch die Verknüpfung zweier Nanoröhren durch eine Alkylkette. Diese Methode kann dazu angewandt werden, kovalente Netzwerke von Nanoröhren aufzubauen.

Auch die Anbindung von Strukturen, die Isocyanatgruppen enthalten, gelingt über eine Amidierung. Allerdings wird hier von einem Diisocyanat ausgegangen, dessen eine funktionelle Gruppe mit der Carboxylfunktion zum Säureamid umgesetzt wird. Die so modifizierten Kohlenstoff-Nanoröhren eignen sich zur Herstellung von Nanotube-Polymer-Kompositen, besonders vom Typ der Polyurethane.

Nicht zuletzt lässt sich die Reduktion von Carbonsäurederivaten an den Enden und der Seitenwand einer Kohlenstoff-Nanoröhre recht einfach realisieren. Die Reduktion von Carbonsäureamiden (z.B. des Didecylamids) auf der Seitenwand von MWNT mit Lithiumaluminiumhydrid liefert aminomethylierte Nanotubes, deren Röhrenstruktur durch diese Umsetzung nicht verändert wird.

3.5.4.2 Nichtkovalente Anbindung der funktionellen Einheiten

Neben der kovalenten Anbindung von funktionellen Gruppen an den Enden, Defekten und der Seitenwand von Kohlenstoff-Nanoröhren kann man auch ihre Tendenz zu starken intermolekularen Wechselwirkungen ausnutzen. Wie wir bereits im Kapitel zur Reinigung (Kap. 3.3.6) gesehen haben, neigen die Nanoröhren zur Ausbildung fester Bündel. Diese werden ausschließlich durch nichtkovalente Wechselwirkungen zusammengehalten. Wenn es gelingt, diese Interaktion mit den benachbarten Röhren durch eine andere, mindestens genauso starke

Wechselwirkung zu ersetzen, gelingt die nichtkovalente Anknüpfung von Molekülen an die
Nanotube-Oberfläche.

Umhüllung mit langkettigen Molekülen

Eine sehr einfache und dabei extrem wirkungsvolle Methode zur Funktionalisierung von
Kohlenstoff-Nanoröhren besteht in der Wechselwirkung mit langkettigen Molekülen, die sich
um die einzelnen Nanotubes wickeln. Dabei werden diese Verbindungen nicht kovalent an
das Nanotube gebunden, sondern nur über *van der Waals*-Kräfte. Meist handelt es sich um
polymere Verbindungen, die ein immer wiederkehrendes Muster an Funktionalität aufweisen,
was eine gleichmäßige Umwicklung der Nanoröhren ermöglicht. Es gibt verschiedene Arten
von Strukturen, die zu dieser Art Wechselwirkung befähigt sind. Dazu zählen Biopolymere
wie Amylose, synthetische Polymere wie Poly-*m*-phenylenvinylen, aber auch Verbindungen
vom Typ der Tetraalkylammoniumsalze und der Pyrene (Abb. 3.81).

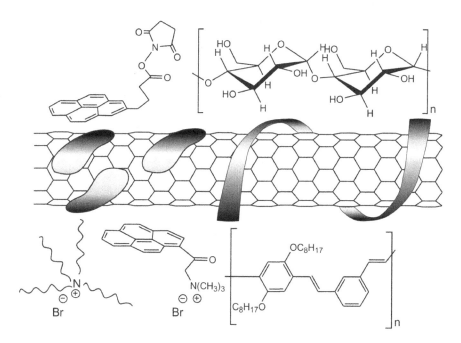

Abb. 3.81 Möglichkeiten der nichtkovalenten Funktionalisierung von Kohlenstoff-Nanoröhren. Je nach
Struktur des Komplexbildners bilden sich flächige oder helicale Wechselwirkungen aus.

Allen diesen Substanzen gemein ist die Art der Funktionalisierung. Die recht starken intertubularen Anziehungskräfte, die insbesondere bei einwandigen Nanoröhren zur Bildung der
Bündel führen, werden durch die Wechselwirkung mit dem Reagenz ersetzt. Dazu muss zumindest ein Teil der Struktur eher hydrophoben Charakter aufweisen, um mit den unpolaren
Nanotubes eine ausreichend starke Wechselwirkung eingehen zu können. Enthält das Polymer außerdem aromatische Ringe, wie z.B. die Polyphenylenvinylene, binden die Nanoröhren und das Polymer auch über π-*stacking*. Obwohl der Beitrag eines einzelnen Benzolrings

nur gering ist, ergibt sich durch die große Anzahl der vorhandenen aromatischen Einheiten eine deutliche Stärkung der Wechselwirkung zwischen Nanotube und Polymer.

Da die Kettenlänge der meisten für diesen Zweck eingesetzten Verbindungen groß ist, besteht die Interaktion über eine große Strecke entlang der Röhrenachse, und die Ausbildung neuer Bündel wird effizient verhindert (Abb. 3.81). Dadurch erhöht sich die Löslichkeit dieser Nanotube-Derivate signifikant. Je nach gewählter Substanz kann hier auch gezielt beeinflusst werden, in welcher Art von Lösemittel die Solubilisierung besonders leicht erfolgt. So lösen sich Nanoröhren, die mit Biopolymeren wie Amylose, bestimmten Zuckern, Peptiden oder polaren synthetischen Polymeren (z.B. Polyvinylpyrrolidon, Polystyrolsulfonat) derivatisiert sind, in Wasser und physiologischen Medien.

Insbesondere Polymere, die eine helicale Struktur besitzen, sind für die Umwicklung von Nanoröhren geeignet. Daher werden häufig Peptide mit einer α-Helix-Struktur für diesen Zweck eingesetzt. Es ist auch gelungen, ganz gezielt derartige amphiphile Peptide zu konstruieren und dann durch einfache Reaktion einer Peptidlösung mit SWNT im Ultraschall die Umwicklung zu erreichen. Die so derivatisierten SWNT lösen sich in Wasser. Mit unpolaren synthetischen Polymeren wie Poly-m-phenylenvinylen (PmPV) umwickelte Nanoröhren werden dagegen in organischen Solvenzien wie THF, Chloroform oder Hexan löslich, wobei hier eine Seitenkettenfunktionalisierung mit polaren Gruppen wiederum Löslichkeit in wässrigen Medien hervorrufen kann. Die Produkte der Umwicklung mit PmPV besitzen ganz neue Eigenschaften, die sie zu attraktiven Materialien machen. So wird die starke Lumineszenz des PmPV mit der elektrischen Leitfähigkeit der Nanoröhren (ca. achtfache Erhöhung gegenüber dem unbehandelten Polymer) sowie einer deutlichen mechanischen Stabilisierung des Komposits kombiniert.

Auch die Derivatisierung mit Tetraalkylammoniumsalzen, wie z.B. Tetraoctylammoniumbromid, führt zu einer nichtkovalenten Funktionalisierung der Kohlenstoff-Nanoröhren. Hier treten die langen Alkylketten des Ammoniumsalzes mit den Nanotubes in Wechselwirkung (Abb. 3.81). Diese Modifizierung ist auch dazu geeignet, Ladungen auf den Nanoröhren zu stabilisieren, die durch ein angelegtes elektrisches Feld induziert werden. Dadurch gelingt die Bildung parallel angeordneter Addukte, die senkrecht von der positiven Elektrodenoberfläche ausgehen. Diese Anordnung hat nur solange Bestand, wie auch das Feld anliegt, so dass hier eine Möglichkeit zur schaltbaren Agglomeration von SWNT geschaffen wurde.

Wechselwirkung mit größeren aromatischen Systemen

Wie wir bereits in Kap. 3.2.2 gesehen haben, besitzen Kohlenstoff-Nanoröhren ein ausgedehntes System delokalisierter π-Elektronen. Es ist daher möglich, dass aromatische Moleküle mit diesem π-System durch sog. π-*stacking* in Wechselwirkung treten. Wie aber die nicht vorhandene Löslichkeit von Kohlenstoff-Nanoröhren in aromatischen Solvenzien wie Benzol oder Toluol zeigt, reicht die Wechselwirkung mit einem einzelnen Benzolring dafür nicht aus, sondern es bedarf größerer π-Systeme, um eine ausreichend starke Interaktion zu erreichen. Erstmals beschrieben wurde dieser Effekt für die Wechselwirkung von Nanotubes mit dem π-System des Pyrens. Diese konnte durch die Verschiebung der Protonensignale des Pyrens im ^{1}H-NMR-Spektrum nachgewiesen werden.

Durch eine geeignete Derivatisierung der Pyrene wird auch die Löslichkeit in verschiedenen Solvenzien gezielt beeinflusst. Dazu wird an das Pyren ein entsprechender Rest gebunden, dessen Endgruppe z.B. die Wasserlöslichkeit hervorruft. Gängige Substituenten tragen Am-

moniumgruppen an ihrem Ende, u.a. wird häufig Trimethyl-(2-oxo-2-pyren-1-yl-ethyl)-
ammoniumbromid eingesetzt (Abb. 3.82a). Dagegen vermitteln langkettige Alkylsubstituen-
ten am Pyren die Löslichkeit in organischen Solvenzien. Beispielsweise lösen sich mit DomP
(1-Docosyloxymethyl-Pyren) derivatisierte SWNT in THF und können spektroskopisch untersucht werden. Dabei wurde festgestellt, dass nicht nur das π-System des Pyrens durch die
elektronische Wechselwirkung beeinflusst, sondern auch die Bandlücke eines halbleitenden
Nanotubes verändert wird (Abb. 3.83a). Durch Umsetzung von Kohlenstoff-Nanoröhren mit
Polymeren, die in den Seitenketten Pyreneinheiten tragen, kann auch die Bildung eines nichtkovalenten Komposits erreicht werden. Z.B. gelingt auf diesem Weg die Verknüpfung mehrwandiger Nanoröhren mit Polymethacrylaten (Abb. 3.82b), welche durch Copolymerisation
von Methylmethacrylat und dem 1-Pyren-Methylester der 2-Methyl-2-Propensäure erhalten
werden. Auch eine weitere Funktionalisierung der Seitenketten des Pyrens ist möglich. So
können Succinimidylester nach Abspaltung der Succinimidylgruppe mit Proteinen oder DNS
verknüpft werden, was für biologische Anwendungen der Nanoröhren von Interesse ist (s.
Abb. 3.82c).

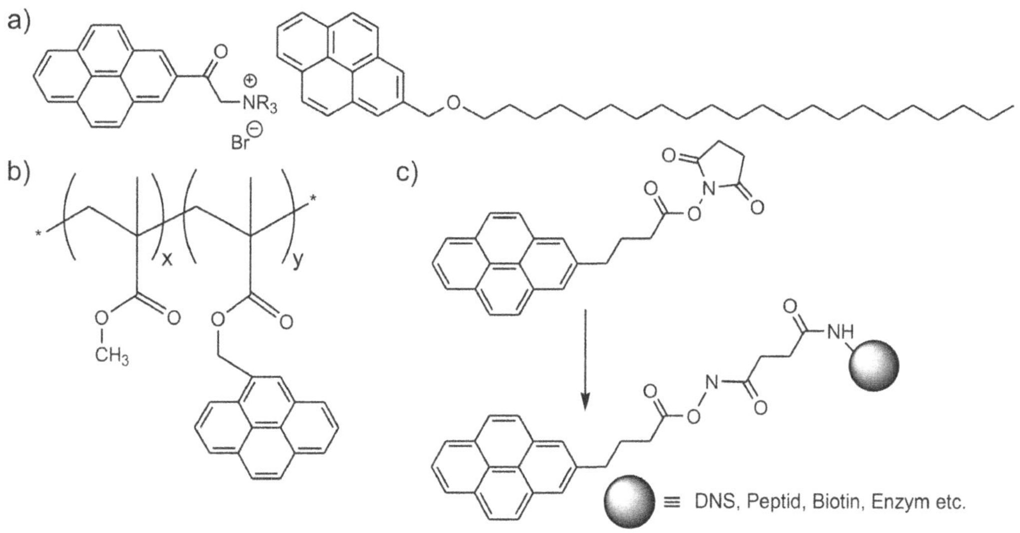

Abb. 3.82 Beispiele für Pyrenderivate zur Umsetzung mit CNT. a) Über die vorhandenen Substituenten
lässt sich die Löslichkeit der Addukte steuern; b) auch die nichtkovalente Einbindung in ein Polymer
gelingt mit in der Seitenkette vorhandenen Pyreneinheiten; c) via Substitution mit einem Aktivester
können nichtkovalente Addukte mit verschiedenen biologisch aktiven Substanzen gebildet werden.

Die Wechselwirkung zwischen den π-Systemen des Aromaten und des Nanotubes beruht auf
der Überlappung der entsprechenden Orbitale. Wie bereits im Kapitel über die Fullerene
festgestellt wurde, weisen gekrümmte Graphenlagen auch ein gekrümmtes π-System auf.
Dies hat einerseits einen Einfluss auf die Stärke der Delokalisation, andererseits sorgt es für
eine nur begrenzte Überlappung mit planaren aromatischen Verbindungen. Nanoröhren sind
allerdings im Gegensatz zu Fullerenen nicht in allen drei Raumrichtungen gekrümmt. Durch

die Zylinderform sind die π-Orbitale entlang der Röhrenachse parallel zueinander angeordnet (Abb. 3.83b).

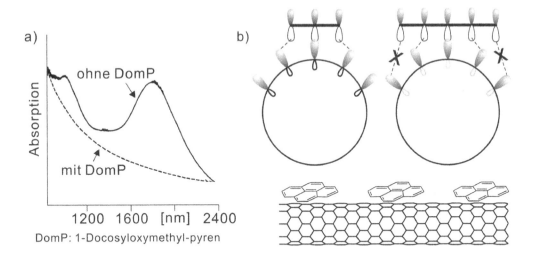

DomP: 1-Docosyloxymethyl-pyren

Abb. 3.83 a) Der Einfluss der nichtkovalenten Wechselwirkung mit Pyrenen auf die Bandlücke äußert sich auch in einem signifikant veränderten Absorptionsspektrum (© ACS 2004); b) die Größe des aromatischen Systems eines Komplexbildners ist nur bis zu einer bestimmten Ausdehnung verantwortlich für die Stärke der Wechselwirkung. Besonders geeignet sind längliche Aromaten wie das Pyren.

Treten nun ein planares aromatisches System und ein Kohlenstoff-Nanotube in Wechselwirkung, kommt es darauf an, dass möglichst viele Überlappungen entlang der Röhrenachse vorhanden sind. Diese werden jedoch mit zunehmendem Abstand von der gedachten Mittellinie (Abb. 3.83b) durch die steigende Distanz zwischen den Atomen immer geringer. Besonders geeignet sind daher längliche aromatische Moleküle wie das Pyren, da sie eine Vorzugsrichtung aufweisen und sich mit dieser parallel zur Röhrenachse anordnen können, was die mögliche Wechselwirkung maximiert. Günstig für eine starke Interaktion ist auch ein recht großer Durchmesser der funktionalisierten Nanoröhre. In diesem Fall fällt die Krümmung ihres π-Systems geringer aus, und der Abstand zum Aromaten nimmt nach außen hin nicht so stark zu.

I. A. hat sich die Funktionalisierung mit Pyrenen als wesentliches Beispiel dieser Art nichtkovalenter Funktionalisierung etabliert, da sie einen breiten Spielraum für Derivatisierungen bieten, ein parallel zur Röhrenachse ausrichtbares π-System aufweisen und die Löslichkeit der Pyrenverbindungen eine gute Handhabbarkeit gewährleistet. Größere aromatische Verbindungen zeigen nämlich bereits ähnliche Löslichkeitsprobleme wie die Fullerene oder Nanotubes selbst.

Eine interessante Idee wäre die Funktionalisierung mit um die z-Achse gekrümmten Aromaten, die dann eine besonders gute Wechselwirkung mit dem π-System von Kohlenstoff-Nanotubes zeigen sollten, womöglich sogar mit einer gewissen Durchmesserselektivität für Nanoröhren unterschiedlicher Dicke. Ein erster Ansatz, der in diese Richtung geht, wurde kürzlich vorgestellt. Hierbei wird ein gürtelförmiges aromatisches Molekül über ein Fulleren „gestülpt" (s. Kap. 2.5.6). Prinzipiell sollte dieses Vorgehen auch für Nanoröhren geeignet sein. Gelänge deren Umsetzung mit diesen Verbindungen, wäre man einer größenselektiven Funktionalisierung und damit möglicherweise einer gezielten Abtrennung einen großen Schritt näher gekommen. Auch die Wechselwirkung mit aromatischen Molekülen, die in röhrenförmigen Templaten, z.B. Zeolithen, verankert sind, ist hier denkbar.

Weitere nicht-kovalente Derivatisierungen von Kohlenstoff-Nanoröhren

Inzwischen existiert eine Vielzahl unterschiedlicher Ansätze zur Derivatisierung von ein- und mehrwandigen Kohlenstoff-Nanoröhren über nichtkovalente Wechselwirkungen. Neben den bereits beschriebenen Methoden können auch zahlreiche andere organische und anorganische Substanzen an Nanotubes gebunden werden.

Eine insbesondere vor dem Hintergrund elektronischer Anwendungen interessante Variante besteht in der Funktionalisierung mit Porphyrinen. Auch hier spielen *van der Waals*-Wechselwirkungen und *π-stacking* die Hauptrolle bei der Anbindung. Für Porphyrin ist auch bekannt, dass es von Graphitoberflächen adsorbiert wird. Vermutlich beruht die Bindung an Kohlenstoff-Nanoröhren auf ähnlichen Effekten. Durch einfache Ultrabeschallung von SWNT in einer DMF-Lösung des Porphyrins entstehen stark gefärbte Lösungen, die über Wochen stabil sind. Die Löslichkeit beträgt etwa 20 µg ml^{-1}, was in etwa dem Wert für pyren-funktionalisierte Nanoröhren entspricht. Man beobachtet für die Porphyrin-Nanotube-Addukte eine deutliche Abschwächung der charakteristischen Fluoreszenz des Porphyrins, was auf den vom Porphyrin auf das Nanotube stattfindenden Energietransfer zurückzuführen ist.

Eine weitere wichtige Entdeckung wurde 2004 beschrieben. Es gelang durch Derivatisierung eines typischen Gemisches aus metallischen und halbleitenden SWNT mit einem Porphyrin-derivat (Abb. 3.84a) selektiv die halbleitenden Nanoröhren zu funktionalisieren und damit in Lösung zu überführen, während die metallischen Röhren nicht reagierten und somit als Bodensatz zurückblieben. Dieses Verfahren könnte es ermöglichen, auch in größerem Maßstab halbleitende und metallische Nanoröhren voneinander zu trennen, was insbesondere für die Konstruktion elektronischer Bauteile aus Nanotubes von immenser Wichtigkeit ist.

Auch anorganische Substanzen wie kleine Metallcluster, Metalloxide etc. können auf der Oberfläche von einzelnen oder gebündelten Kohlenstoff-Nanoröhren abgeschieden werden. Z.B. gelingt die „Dekoration" mehrwandiger Nanotubes mit Zinkoxid- und Magnesiumoxid-Nanopartikeln. Dazu wird eine mit Tensidunterstützung dispergierte Probe von MWNT in Cyclohexan mit Triton X-114 als oberflächenaktiver Substanz umgelöst und eine Wasser/Öl-Emulsion hergestellt. In diese werden wässrige Lösungen der entsprechenden Metallacetate gegeben, wobei diese sich in den wässrigen Bereichen der Emulsion befinden. Anschließende Erhöhung des pH-Wertes auf etwa 9,5 führt zum Ausfällen der Metallhydroxide, welche sich in Form von Hohlkugeln auf der Nanotube-Oberfläche abscheiden. Anschließendes Calcinie-ren bei 450 °C übergeführt diese Hohlpartikel in die kristallinen Metalloxide. Es wurden für ZnO etwa 5 nm und für MgO etwa 30-40 nm große Partikel beobachtet (Abb. 3.84b).

Reine Metalle können ebenfalls auf der Oberfläche von Kohlenstoff-Nanotubes abgeschieden werden. Exemplarisch sei hier die reduktive Ausfällung von Goldnanopartikeln an mit Citrat-ionen belegten MWNT genannt, wobei die Zitronensäure neben der Dispergierung der MWNT auch für die reduktive Abscheidung der Goldpartikel aus HAuCl$_4$ verantwortlich ist.

Andere Metalle, wie Platin, Palladium, Titan und Eisen, können ebenfalls auf der Oberfläche von Nanoröhren deponiert werden.

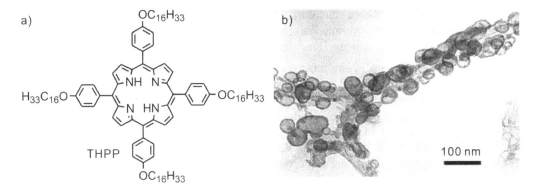

Abb. 3.84 a) Beispiel für ein Porphyrin, das zur nichtkovalenten Funktionalisierung von Nanotubes eingesetzt wurde, b) HRTEM-Aufnahme einer Kohlenstoff-Nanoröhre, die mit MgO-Hohlkugeln umgeben ist (© RSC 2004).

Eine völlig andere Art der Wechselwirkung kann mit Alkalimetallen, einigen Metallhalogeniden sowie Wolframhexafluorid beobachtet werden: Ganz analog zum Verhalten des Graphits sind mehrwandige Nanoröhren in der Lage, in den Räumen zwischen den einzelnen Röhren Atome bzw. Moleküle einzulagern. Diese Interkalationsverbindungen zeichnen sich durch einen erweiterten Röhrenabstand aus und sind im Hinblick auf die Herstellung von Materialien für Lithiumionenbatterien oder Wasserstoffspeichermedien interessant. Die Interkalaten dringen in der Regel durch Diffusion aus der Gasphase oder einer Schmelze in die Röhren ein, wobei zum Erreichen weiter innen gelegener Zwischenräume Defekte in den einzelnen Röhren vorhanden sein müssen.

3.5.5 Kompositmaterialien mit Kohlenstoff-Nanoröhren

Die Struktur der Kohlenstoff-Nanoröhren mit ihrem im Verhältnis zur Länge geringen Durchmesser prädestiniert sie für die Herstellung von faserverstärkten Kompositmaterialien. Ähnlich wie bei den klassischen kohlefaserverstärkten Kunststoffen erhofft man sich von der Einbringung von Nanotubes in die entsprechenden Polymere eine Ausweitung des Anwendungsspektrums aufgrund verbesserter mechanischer, chemischer und elektronischer Eigenschaften. Ein generelles Problem bei der Herstellung derartiger Komposite stellt die gleichmäßige Verteilung der Fasern bzw. Nanoröhren im Polymer dar. Dies ist auf die große Tendenz zur Aggregatbildung zurückzuführen, die zu starken Konzentrationsunterschieden führen und somit ein homogenes Eigenschaftsprofil verhindern kann. Daneben spielt auch die Wechselwirkung an der Grenzfläche zwischen Polymer und Füllstoff (Kohlefaser bzw. Nanotube) eine wichtige Rolle für die Erzeugung eines stabilen Komposits. Nur bei ausreichender Benetzung bzw. Anbindung wird eine Separation vermieden. Für die klassischen Kohlefasern birgt genau diese interfaciale Wechselwirkung mit dem Polymer die größten Probleme, da bezogen auf die Länge und den Umfang nur wenige funktionelle Gruppen erzeugt werden können und die kovalente Anbindung somit erschwert ist. Kohlenstoff-Nanoröhren sind dagegen durch ihre deutlich geringere Größe leichter im Polymer zu verteilen, und die Anbringung einer Vielzahl funktioneller Gruppen ist als Standardmethode etabliert. Allerdings neigen die Kohlenstoff-Nanoröhren sehr stark zur Ausbildung von Bündeln, die eine homogene Verteilung im Polymer erschweren. Zur Herstellung einheitlicher Komposite ist es daher notwendig, effiziente Methoden zur Deaggregierung der Nanoröhren zu finden.

Insgesamt sollten Kohlenstoff-Nanotubes gut für die Herstellung faserverstärkter Kompositmaterialien geeignet sein, da sie mit ihrer großen äußeren Oberfläche starke interfaciale Wechselwirkungen eingehen können. Aufgrund ihrer Eigenschaften (leitfähig, mechanisch belastbar) eröffnen sie attraktive Anwendungsmöglichkeiten und erzeugen bereits in geringen Konzentrationen deutliche Effekte. Die große Oberfläche ist auch unter dem Gesichtspunkt des Stress-Transfers vom Polymer auf den verstärkenden Füllstoff von Bedeutung. Zusätzlich erhöht die kovalente Anbindung der Nanoröhren die Haftung des Polymers an den Nanotubes und damit die Festigkeit des Komposits.

Die mechanischen Eigenschaften isolierter SWNT (Kap. 3.4.3) machen sie geradezu zum Füllstoff *par excellence* für Polymerkomposite. Allerdings erreichen die bisher erzeugten Kompositmaterialien bei weitem noch nicht die erhofften Verbesserungen der mechanischen Eigenschaften. Grund hierfür ist die Tatsache, dass es immer noch große Probleme bereitet, einzelne, vollständig entbündelte Kohlenstoff-Nanotubes in die Matrix einzubetten. Röhrenbündel weisen aufgrund der Tendenz zur Abscherung einzelner Nanotubes deutlich schlechtere mechanische Eigenschaften auf, und die Übertragung der Beanspruchung auf die einzelnen Nanoröhren ist weniger effektiv als bei isolierten Nanotubes. Ziel muss es daher sein, Kompositmaterialien mit vereinzelten Kohlenstoff-Nanoröhren und guter Anbindung an die Matrix zu erzeugen.

Die mechanische Belastbarkeit eines Nanotube-Komposits hängt u.a. von der Anordnung der einzelnen Röhren in der Polymermatrix ab. Für Werkstoffe, die in einer Vorzugsrichtung auf Zug oder Kompression beansprucht werden sollen, bietet sich eine möglichst parallele Anordnung der Einzelröhren im Verhältnis zur Belastungsrichtung an, da dann jedes einzelne Nanotube bis zu seiner maximalen Belastbarkeit beansprucht werden kann. Diese ist entlang der Röhrenachse besonders hoch (s. Kap. 3.4.3). Zu diesem Zweck können z.B. mittels Schmelzextrusion formbare Polymerwerkstoffe durch Auspressen der Kompositmasse aus einer entsprechenden Düse orientiert werden, die Nanoröhren ordnen sich dabei parallel zur Extrusionsrichtung an. Eine weitere Methode besteht im Anlegen eines elektromagnetischen Feldes während der Polymerisation. Hier hat man u.a. mit Polyanilinkompositen gute Erfahrungen bei der Anordnung der Nanoröhren parallel zu den Feldlinien gemacht.

Eine interessante Fragestellung ergibt sich für Komposite mit mehrwandigen Kohlenstoff-Nanoröhren. Bei der mechanischen Beanspruchung derartiger Materialien existieren zwei Möglichkeiten des Stressabbaus: Zum einen können wie in anderen faserverstärkten Kompositen die interfacialen Wechselwirkungen durch die mechanischen Kräfte überwunden werden, so dass sich die Nanoröhren aus dem Polymer schälen. Zum anderen können auch die einzelnen Wände des MWNT teleskopartig ineinander verschoben werden (engl. *interwall sliding*, Abb. 3.85). Je nach Stärke der Anbindung der mehrwandigen Röhren an das Polymer können beide Effekte auftreten.

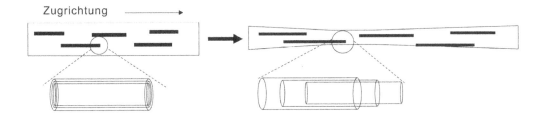

Abb. 3.85 Auswirkungen einer Zugbelastung eines MWNT-haltigen Komposits. Neben dem Herausschälen aus dem Polymer kann ein Auseinandergleiten der einzelnen Nanotube-Wände auftreten.

Auch in anderer Hinsicht unterscheiden sich Komposite mehrwandiger Nanoröhren von denen mit SWNT als Füllstoff. MWNT-Komposite weisen in der Regel unterschiedliche Festigkeiten für Kompression und Expansion auf. Dies kann damit begründet werden, dass im Fall der Kompression die Beanspruchung an allen Einzelwänden des MWNT anliegt, während bei Zug nur die äußeren Hüllen der Kraft unterliegen. Besonders hier kommt dann das oben erwähnte *interwall sliding* zum Tragen.

Generell existieren zwei Möglichkeiten für die Einbringung der Nanoröhren. Zum einen können Komposite hergestellt werden, in denen die Wechselwirkung von Polymer und Nanotube ausschließlich auf nichtkovalenten Kräften beruht und die sich durch einfaches Beimengen erzeugen lassen. Zum anderen kann durch die kovalente Anknüpfung von Initiatormolekülen oder Monomereinheiten an die Kohlenstoff-Nanoröhren bzw. Funktionalisierung mit quervernetzenden Gruppen eine deutlich verbesserte Anbindung der Matrix erreicht werden.

3.5.5.1 Komposite mit kovalenter Anbindung des Polymers

Für die kovalente Anbindung entsprechender Polymermoleküle an ein Kohlenstoff-Nanotube muss dieses chemisch funktionalisiert werden. Dies kann z.B. mit den in Kap. 3.5.4.1 diskutierten Methoden erfolgen. Es existieren verschiedene Verfahren, um kovalent gebundene Komposite herzustellen, die im Folgenden näher erläutert werden. Insgesamt kann man die Herstellungsmethoden nach Zeitpunkt der Kompositbildung und der Art der Anknüpfung in verschiedene Typen einteilen.

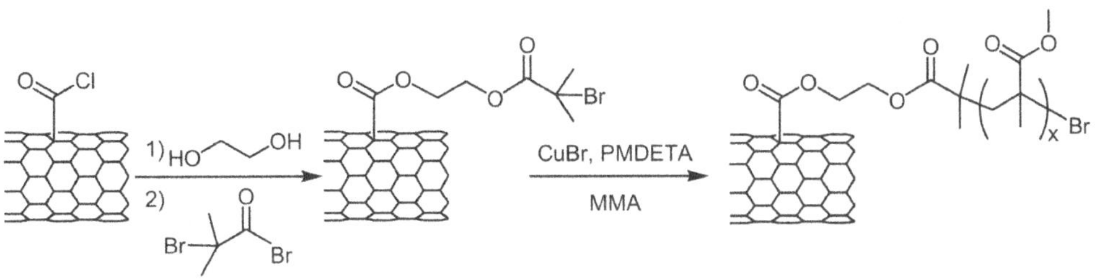

Abb. 3.86 Die Anbindung von Initiatormolekülen wie der Bromisobuttersäure hat sich für die Atomtransfer-Radikal-Polymerisation (ATRP) ausgehend von Kohlenstoff-Nanotubes bewährt.

Anbindung während des Polymerisationsprozesses bzw. an „lebende" Polymere

In diesem Fall wird die Anbindung der Kohlenstoff-Nanoröhren durch das Abfangen reaktiver Positionen an den Enden der entstehenden Polymerketten realisiert. Dabei entstehen also Polymerstränge, die maximal an zwei Positionen mit dem Nanotube verbunden sind. Durch den Verlust an konformationeller Entropie werden zusätzlich die Andiffusion weiterer Polymerstränge und ihre Reaktion mit dem Nanotube erschwert, so dass nur geringe Anknüpfungsgrade (< 10 %) erreicht werden und eine große Menge des Polymers nicht mit den Nanoröhren verknüpft ist. Dieses Verfahren ist vor allem von historischem Interesse, da über Veresterungen und Amidbildung die ersten Kohlenstoff-Nanotube-Kompositmaterialien überhaupt hergestellt wurden.

Polymerisation ausgehend vom Nanotube

Die von den Kohlenstoff-Nanoröhren ausgehenden Polymerisation wird folgendermaßen realisiert: Durch chemische Funktionalisierung werden Initiatormoleküle auf der Nanotube-Oberfläche gebunden, von denen dann bei Zugabe entsprechender Reagenzien die Polymerisation beginnt (Abb. 3.86). Diese Verfahren ermöglicht hohe Anbindungsgrade von Polymer an die Nanoröhren, es ist allerdings relativ schwierig, die Kettenlänge und Anzahl der angebundenen Polymermoleküle zu kontrollieren. Lediglich über die Anzahl der vorhandenen Initiatorstellen kann dabei ein gewisser Einfluss ausgeübt werden

Einen Spezialfall der vom Nanotube ausgehenden Polymerisation stellt die Erzeugung dendritischer Strukturen auf der Nanoröhren-Oberfläche dar. Diese Methode ist für die Gewinnung von Kompositen mit einer großen Anzahl terminaler funktioneller Gruppen von Interesse.

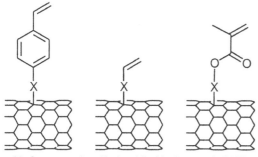

X: Spacer oder direkte Verbindung mit CNT

Abb. 3.87

Beispiele für an Kohlenstoff-Nanoröhren gebundene Monomereinheiten, die durch Copolymerisation mit dem entsprechenden reinen Monomer in das Polymergerüst eingebaut werden.

Copolymerisation

Tragen die in das Komposit einzuarbeitenden Kohlenstoff-Nanoröhren funktionelle Gruppen, die als Monomereinheit eines Polymers fungieren können, so besteht die Möglichkeit, ein Kompositmaterial durch klassische Copolymerisationsreaktion herzustellen (Abb. 3.87). Dieses Verfahren erlaubt insbesondere die relativ genaue Einstellung der Produktstöchiometrie sowie die Herstellung von Block-Copolymeren. Nachteilig wirkt sich hier aber die manchmal etwas schwierige Handhabbarkeit der funktionalisierten Nanoröhren aus, da sie bei unvorsichtiger Lagerung o.ä. bereits miteinander reagieren und so der Copolymerisation nicht mehr in vollem Maße zur Verfügung stehen. Von Vorteil ist dagegen, dass sich die Eigenschaften der Materialien i. A. über den Polymerisationsgrad sowie die Anzahl der Verknüpfungsstellen gut steuern lassen.

Chemische Verknüpfung der Nanoröhren mit bereits vorhandenen Polymerketten

Tragen Polymerketten an ihren Enden reaktive Gruppen (z.B. Amino- oder Hydroxylgruppen), so können diese an (z.B. mit Säurechloridgruppen) funktionalisierte Kohlenstoff-Nanotubes gebunden werden. Hierbei entstehen ebenfalls Kompositmaterialien, in denen die Polymerstränge nur an wenigen Positionen mit den Nanoröhren verknüpft sind. Dieses Problem lässt sich jedoch umgehen, wenn Polymere mit reaktiven Gruppen in den Seitenketten verwendet werden, die dann über die gesamte Länge eines Nanotubes mit diesem reagieren können und somit eine sehr starke Anbindung ermöglichen.

3.5.5.2 Komposite mit nicht-kovalenter Anbindung des Polymers

Wie bereits in Kap. 3.5.4.2 beschrieben, kann die Funktionalisierung von Kohlenstoff-Nanoröhren über nichtkovalente intermolekulare Wechselwirkungen erreicht werden. Dieses Konzept kann auch bei der Darstellung von Kompositmaterialien zur Anwendung kommen. Dabei ist zwischen der Wechselwirkung einzelner Funktionseinheiten an den Seitenketten eines Polymers und der direkten Umwicklung der Nanoröhren durch den Polymer-Hauptstrang zu unterscheiden (Abb. 3.88a).

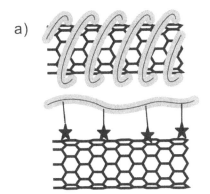

Abb. 3.88 a) Möglichkeiten der nichtkovalenten Wechselwirkung eines Polymers mit Kohlenstoff-Nanoröhren, b) SEM-Aufnahme eines Nanotube-Polyanilin-Komposits (© Wiley-VCH 2003).

Allerdings weisen nichtkovalent gebundene Nanotube-Komposite einen Nachteil auf. Die Proben enthalten in der Regel einen Überschuss an Polymer, der nicht mit Nanoröhren verbunden ist. Dadurch entstehen Inhomogenitäten im Material, und außerdem kann es zu Entmischungs- und Benetzungsproblemen kommen. Dadurch sind die Eigenschaften nur schwer mit dem Gehalt an Kohlenstoff-Nanoröhren zu korrelieren. Eine weitere Schwierigkeit bei der Herstellung von nichtkovalent gebundenen Nanotube-Kompositmaterialien stellt die gleichmäßige Verteilung der einzelnen Röhren dar. Durch ihre starke Tendenz zur Ausbildung von Bündeln erweist es sich in der Regel als schwierig, tatsächlich einzelne Röhren in der

Polymermatrix zu dispergieren. Dieses Problem kann gelöst werden, wenn neben den Kohlenstoff-Nanoröhren und dem Polymer eine oberflächenaktive Substanz, z.B. Natriumdodecylsulfat (SDS), beigemengt wird. Diese bewirkt zunächst die Entbündelung und gleichmäßige Dispergierung der Nanotubes in der Lösung.

Die Herstellung nichtkovalent gebundener Nanoröhren-Komposite gestaltet sich denkbar einfach. Durch Mischen der Ausgangsmaterialien (in Lösung oder Schmelze) bzw. durch Polymerisation des Monomers in Anwesenheit der Nanotubes erhält man die gewünschten Komposite. Auch durch Schmelzextrusion einer Mischung des Polymers mit den Nanoröhren kann ein derartiges Material gewonnen werden. In diesem liegen die Nanoröhren dann bereits in einer gewissen parallelen Anordnung vor, was sich günstig auf die Festigkeit des Komposits auswirkt. Ein Beispiel für ein nichtkovalentes Komposit zeigt Abb. 3.88b.

3.5.5.3 Nanotube-Komposite mit verschiedenen Polymeren

Im Folgenden werden einige Beispiele für kovalent bzw. nichtkovalent gebundene Kohlenstoff-Nanoröhrenkomposite vorgestellt. Dabei wird nach Substanzklassen sortiert, da in den meisten Fällen Komposite mit beiden Anbindungsformen bekannt sind.

Epoxid-Harze

Die Epoxidharze stellen eine große Gruppe der mit Kohlenstoff-Nanoröhren bereits untersuchten Kompositmaterialien dar. Es existieren sowohl nichtkovalent als auch kovalent gebundene Varianten. Gelingt es, einwandige Nanoröhren in einer metastabilen Suspension zu dispergieren und anschließend (z.B. mit Diaminen oder Phthalsäureanhydrid) die Aushärtung des Epoxidharzes zu veranlassen, können die SWNT sehr gleichmäßig und weitgehend entbündelt in das Polymer eingebettet werden. So ist die Dispergierung in Dimethylformamid unter Ultrabeschallung erfolgreich eingesetzt worden, um nichtkovalent gebundene Epoxidharz-Nanotube-Komposite zu erzeugen.

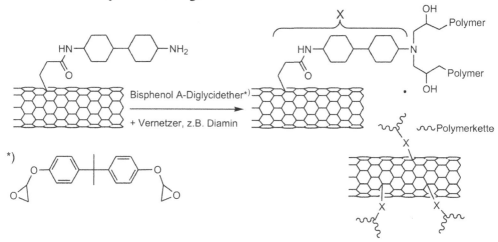

Abb. 3.89 Herstellung von Epoxidharzen, die durch aminofunktionalisierte Kohlenstoff-Nanoröhren ausgehärtet werden. Dadurch werden die Nanotubes direkt in das Harz eingebunden.

Da die Aushärtungsreagenzien (engl. *curing agents*) oft endständige Aminogruppen tragen, können aminofunktionalisierte Nanoröhren auch direkt bei der Aushärtung kovalent in das Harz eingebunden werden (Abb. 3.89).

Polymethacrylate

Polymethacrylate finden breite Anwendung als harte, transparente Kunststoffe (z.B. Plexiglas®), was das Interesse an PMMA-Nanotube-Kompositmaterialien verstärkt hat. Es sind auch in diesem Fall nichtkovalente und kovalente Komposite bekannt, wobei die nichtkovalente Variante aufgrund der deutlich verbesserten Eigenschaften der kovalenten zusehends an Bedeutung verliert. Außerdem erschwert der hydrophobe Charakter der Nanotube-Oberfläche die interfaciale Wechselwirkung mit nichtkovalent gebundenen PMMA-Molekülen. Einen weiteren wesentlichen Aspekt stellt der gewünschte Erhalt der Transparenz der Polymermatrix dar. Dies gelingt beim Einsatz ausreichend kleiner Nanoröhren, deren Größe deutlich unterhalb der Wellenlängen des sichtbaren Lichtes liegt.

Für die Herstellung von kovalenten PMMA/Nanotube-Kompositen kommt in der Regel die oberflächeninitiierte Polymerisation (engl. *surface initiated polymerisation, SIP*) zum Einsatz, wobei das Initiatormolekül über verschiedene Linker an das Nanotube gebunden sein kann. Häufig wird Bromisobuttersäure verwendet und die Polymerisation durch Zugabe von Kupfer(I)salzen und einem geeigneten Liganden gestartet (Abb. 3.86). Diese als ATRP bezeichnete Art der Polymerisation stellt eine der möglichen Varianten einer oberflächeninitiierten Polymerisation dar. Als Linker für die Anknüpfung des Initiators an den Nanoröhren können je nach gewünschter Löslichkeit polare oder eher unpolare Einheiten dienen. Mit Ethylenglycolen als Linkereinheit sind die funktionalisierten Nanoröhren sogar wasserlöslich. Auch über die 1,3-dipolare Cycloaddition von Azomethinyliden können Kohlenstoff-Nanoröhren mit dem Initiatormolekül verbunden werden (s. Kap. 3.5.4.1).

Die erhaltenen PMMA-Kompositmaterialien sind in organischen oder wässrigen Solvenzien unlöslich. Daher hat man nach alternativen Acrylaten gesucht, die auch in polymerisierter Form solubilisierbar sind. Insbesondere Poly-*tert*-butylacrylate eignen sich für diesen Zweck. Außerdem sind in diesen Kompositen die *tert*-Butylreste leicht zu entfernen, so dass man zu den wasserlöslichen Polyacrylsäuren kommt, die zusätzlich Kohlenstoff-Nanoröhren enthalten.

Polyaniline

Polyaniline (PANI) wurden ebenfalls sehr früh als potentielle Kompositpartner der Kohlenstoff-Nanoröhren entdeckt (Abb. 3.88b). Dabei wurden in der Regel nichtkovalent gebundene Materialien hergestellt, die interessante mechanische und elektronische Eigenschaften aufweisen. Inzwischen wurde aber auch über kovalent verbundene PANI-Nanotube-Komposite berichtet.

Polyanilin selbst besitzt bereits elektrische Leitfähigkeit, interessante Redoxeigenschaften und ist sowohl an Luft als auch in Wasser stabil. Diese Eigenschaften machen es zu einem idealen Kandidaten für Nanotube-Kompositmaterialien. Auch die Struktur (Abb. 3.90) zeigt, dass intermolekulare Wechselwirkungen mit den Kohlenstoff-Nanoröhren günstig sein sollten, da die Möglichkeit zu π-π-Interaktionen besteht. Die Beimengung von Nanotubes zu PANI führt zu einer drastischen Veränderung der Materialeigenschaften, so steigt z.B. die elektrische Leitfähigkeit bei einem nur 10 %igen Anteil an Nanoröhren um eine Größenordnung.

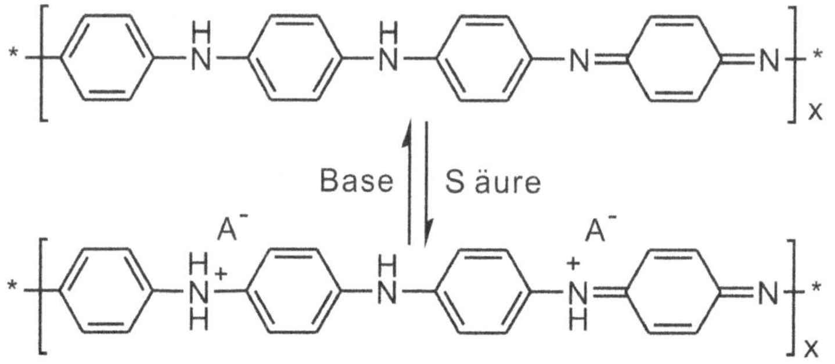

Abb. 3.90

Struktur von Poly-
anilin (PANI).

Ein weiterer Vertreter der Polyaniline, die Poly-(*m*-Aminobenzol-Sulfonsäure) (PABS), bildet
ebenfalls Nanotube-Komposite. Davon lösen sich aufgrund der vorhandenen Sulfonsäuregruppen bis zu 5 mg ml^{-1} in Wasser. Für diese Materialien wurde erstmals in einem Nanoröh-
ren-Komposit internes Doping beobachtet, was sich aus der Signallage im IR-Spektrum able-
sen lässt. Diese deutet auf eine elektronische Hybridstruktur mit Zuständen zwischen denen
der Einzelkomponenten im Grundzustand hin.

Polystyrol

Für Polystyrol sind sowohl kovalent als auch nichtkovalent gebundene Kompositmaterialien
mit Kohlenstoff-Nanotubes bekannt. Wie im Fall der Methacrylate kann Polystyrol durch
radikalische, oberflächeninitiierte Polymerisation erzeugt werden (analog Abb. 3.86), wobei
die Nanoröhren mit Initiatormolekülen funktionalisiert sind. Hier kommen u.a. analoge Verbindungen wie im Fall der Polymethacrylate in Frage.

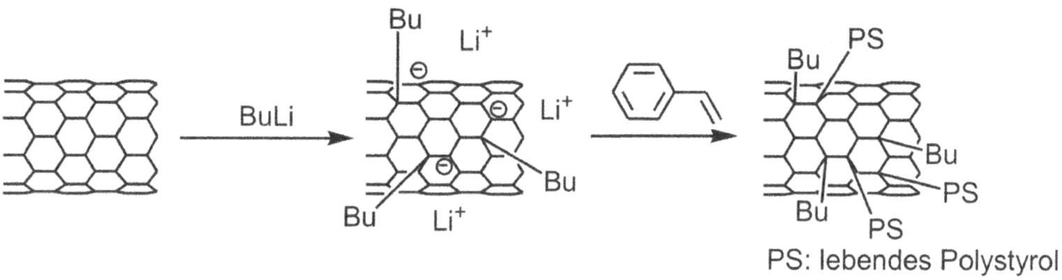

PS: lebendes Polystyrol

Abb. 3.91 Polystyrol-Nanotube-Komposite können u.a. durch anionische Polymerisation erhalten
werden.

Eine weitere Möglichkeit besteht in der Umsetzung der Kohlenstoff-Nanoröhren mit Lithiumorganylen, z.B. Butyllithium, und anschließender Umsetzung mit Styrol im Sinne einer
anionischen Polymerisation (Abb. 3.91). Hierbei gelingt es auch, die Nanotube-Bündel während der Reaktion aufzubrechen und einzelne polymerumhüllte Nanoröhren darzustellen.

Polyphenylenvinylidene und verwandte Polymere

Sehr häufig werden für die Erzeugung von Nanotube-Kompositmaterialien *meta*-Polyphenylenvinylidene (PmPV) verwendet. Im Normalfall handelt es sich um Derivate mit funktionellen Gruppen, die eine bessere Benetzbarkeit gewährleisten (z.B. PmPV'). Ein häufig verwendeter Vertreter ist in Abb. 3.92 (links) dargestellt. Die Anziehung zwischen den Nanoröhren und dem Polymer beruht hauptsächlich auf π-π-Wechselwirkungen, wobei die Phenylringe des Polymers sich parallel zur Oberfläche der Nanoröhren ausrichten. Daneben tragen auch die langen Seitenketten substituierter PmPV zur interfacialen Wechselwirkung bei.

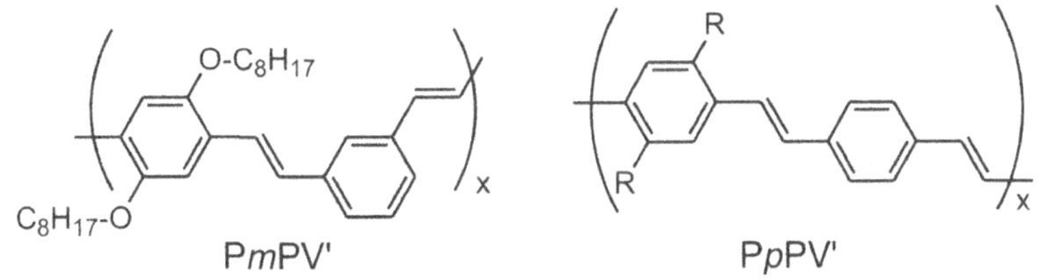

Abb. 3.92

Beispiele für Polyphenylenvinylidene.

PmPV'   PpPV'

Wie in Abb. 3.92 ersichtlich, existieren verschiedene Arten der Verknüpfung der Phenylene mit den Vinylideneinheiten. Sowohl für *meta*- (PmPV) als auch für *para*-Verknüpfung (PpPV) sind experimentelle Beispiele für Nanotube-Komposite bekannt, die interessante Eigenschaften aufweisen.

Die Herstellung der Komposite erfolgt durch Dispergieren der SWNT in einer Lösung des Polymers (z.B. in Chloroform) und anschließendes Entfernen des Lösemittels im Vakuum. Es wurde festgestellt, dass sich die elektrische Leitfähigkeit des Polymers um etwa das Zehnfache erhöht, während die Lumineszenzeigenschaften weitgehend unbeeinträchtigt bleiben.

Komposite mit weiteren Polymeren

Neben den bisher vorgestellten Kompositwerkstoffen wurden auch mit zahlreichen weiteren Polymeren Kompositmaterialien mit Kohlenstoff-Nanoröhren dargestellt und deren Eigenschaften untersucht. Letztendlich ist jedes Polymer je nach Polarität und Funktionalisierung mehr oder weniger gut zur Wechselwirkung mit verschiedenen Kohlenstoff-Nanotubes (unbehandelt oder funktionalisiert) befähigt. Die Anzahl und Bandbreite der möglichen Kombinationen übersteigt den Rahmen dieses Buches, so dass die Aufzählung im Folgenden unvollständig bleiben muss.

Auch einfache Polymere wie *Polyethylen* oder *Polypropylen* können mit Kohlenstoff-Nanoröhren Komposite bilden, allerdings besteht hier aus Mangel an funktionellen Gruppen nur die Möglichkeit zur nichtkovalenten Einbettung. Aufgrund der hydrophoben Oberfläche der Nanoröhren ergeben sich aber kaum Probleme mit der Benetzbarkeit durch die unpolaren Polymerketten und bei der Ausbildung nichtkovalent gebundener Komposite.

Neben binären Kompositen, die aus nur einer Polymerkomponente und Kohlenstoff-Nanoröhren bestehen, hat es sich in einigen Fällen bewährt, ternäre oder auch quaternäre Mischungen zu verwenden. Ein Beispiel hierfür ist ein Komposit aus mit *Polyvinylidenfluorid* (PVDF) umhüllten mehrwandigen Kohlenstoff-Nanoröhren und Polymethacrylat, welches durch Zusammenschmelzen (engl. *melt blending*) erhalten wird. Zwar besteht keine kovalente Bindung zwischen den Nanoröhren und dem Methacrylat, die Umhüllung mit dem deutlich unpolareren PVDF sorgt aber für eine gute Benetzbarkeit mit dem Matrixpolymer. PVDF übernimmt in dieser Mischung also die Rolle des Kompositvermittlers, ohne den es zur Separation der beiden anderen Komponenten kommen könnte.

Mit *Gummiarabikum* (einem Polysaccharid) können Nanotubes so modifiziert werden, dass sie auch mit recht polaren Polymeren Komposite bilden. So gelingt die Herstellung von *Polyvinylacetat* (PVAc)-Kompositen mit derartig vorbehandelten Kohlenstoff-Nanoröhren in wässriger Emulsion. Beim Entfernen des Wassers reichern sich die Kohlenstoff-Nanotubes in den Zwischenräumen der PVAc-Emulsionströpfchen an, so dass nach der Trocknung und Formung eines kompakten Werkstoffes ein Netzwerk von Nanoröhren in der Polymermatrix entsteht. Dieses führt bereits bei sehr geringen Konzentrationen (~ 0,04 Gew.%) zu signifikanter elektrischer Leitfähigkeit. Diese sog. Perkolationsschwelle, also die kritische Konzentration, um gerade noch elektrische Leitfähigkeit im Material nachzuweisen, konnte mit dieser Emulsionspolymerisations-Methode deutlich abgesenkt werden, so dass leitfähige Polymere nun mit geringsten Mengen von Kohlenstoff-Nanoröhren erhältlich sind (zum Vergleich: Das analoge System mit Ruß als Füller weist eine Perkolationsschwelle von 4 Gew.% auf). Dies ist nicht nur im Hinblick auf den immer noch recht hohen Preis für Kohlenstoff-Nanoröhren von Bedeutung, sondern auch für die optischen Eigenschaften der betrachteten Polymere: Je geringer die Konzentration der Nanotubes und je gleichmäßiger ihre Verteilung (sie sollten möglichst als Einzelröhren vorliegen), desto weniger werden Farbe und Transparenz des Materials beeinflusst.

3.5.5.4 Nanotube-Komposite mit anderen Materialien

Neben den Polymerkompositen sind auch einige Verbundmaterialien von Kohlenstoff-Nanoröhren mit anderen, insbesondere anorganischen Werkstoffen bekannt. Dabei handelt es sich meist um Metalle oder keramische Verbindungen, z.B. Aluminiumoxid. Auch hier besteht das Ziel darin, die Eigenschaften der Nanoröhren für die Verbesserung der Materialcharakteristik zu verwenden, wobei der mechanischen Verstärkung besondere Bedeutung zukommt.

Übliche Verfahren zur Herstellung von keramischen oder Metallkompositen nutzen zur Bindung der einzelnen Partner meist Sinter- oder Heißpressverfahren. Bei der Herstellung von Kohlenstoff-Nanotube-Kompositen weisen diese Methoden aber erhebliche Defizite auf, da zum einen die Benetzung der Nanoröhren mit den Kompositpartnern oft schwierig, im festen Zustand sogar oft unmöglich ist. Zum anderen bereitet es nach wie vor recht große Probleme, die Nanotubes homogen und möglichst einzeln dispergiert in das Komposit einzuarbeiten.

Die klassischen Verfahren zur Herstellung von Metall- und Keramikkompositen verwenden in der Regel die Ausgangssubstanzen in ihrer Pulverform. Daher kann mit diesen Methoden i. A. keine ausreichende Dispergierung erreicht werden. Ein als „molekulares Durchmischen" bezeichnetes Verfahren dagegen kann dazu verwendet werden, aus anorganischen Salzlösungen Komposite mit Nanoröhrenanteil darzustellen. Beispielsweise können unterschiedlich funktionalisierte Nanotubes in Lösung dadurch zu metallischen Kompositen umgesetzt werden, indem man sie mit dem jeweiligen Metallsalz versetzt, die homogene Lösung eintrocknet, das entstehende Produkt calciniert und schließlich unter reduktiven Bedingungen (Wasserstoffatmosphäre) die Metalloxide in die Elemente überführt. Beispielsweise kann so ein Komposit erzeugt werden, welches aus säuremodifizierten Nanoröhren und elementarem Kupfer besteht, das aus Cu(II)-Salzen über die Stufe des CuO erhalten wird. Das gewonnene Kompositmaterial weist außergewöhnliche Eigenschaften auf. Z.B. ist seine Festigkeit um den Faktor drei höher verglichen mit Kupfer allein, und der *Young*-Modul erfährt immerhin eine Verdoppelung. Diese Werte übertreffen die Verstärkungseffekte anderer Füllstoffe deutlich, was noch einmal die besondere Stellung der Kohlenstoff-Nanoröhren in den Materialwissenschaften unterstreicht. Die Ursache für die Verbesserung der mechanischen Eigenschaften beruht auf der Stärke und Vielzahl der interfacialen Wechselwirkungen, die durch die gute Dispergierung in der Matrix noch verstärkt werden. Neben Kupfer können z.B. auch Silber als metallische oder Aluminiumoxid als keramische Matrix bei der Kompositbildung fungieren. Im Fall der Keramiken entfällt die Reduktion der oxidischen Pulver, da hier ja Metalloxide einen Großteil des Endprodukts ausmachen. Mit Kohlenstoff-Nanoröhren gefüllte keramische Werkstoffe weisen ebenfalls deutlich erhöhte mechanische Festigkeiten auf.

3.5.6 Interkalationsverbindungen und endohedrale Funktionalisierung von Kohlenstoff-Nanoröhren

In den Bündeln von ein- und mehrwandigen Kohlenstoff-Nanoröhren existieren Hohlräume, die mit Atomen bzw. Molekülen gefüllt werden können. Bereits im Einführungskapitel zur Reaktivität der Kohlenstoff-Nanotubes wurde darauf verwiesen, dass für die Einlagerung verschiedene Orte zur Verfügung stehen. Dazu zählen die Kanäle zwischen den Röhren, der Zwischenraum zwischen den einzelnen Lagen in mehrwandigen Nanotubes sowie der innere Hohlraum der Nanoröhre. Für alle diese Strukturtypen wurden bereits experimentelle Beispiele nachgewiesen (Abb. 3.93).

Abb. 3.93 Mögliche Orte für die Interkalation kleiner Partikel oder Atome sind neben dem Röhreninnenraum (links) auch der Zwischenraum in mehrwandigen Nanoröhren (Mitte) sowie die Hohlräume in Nanotube-Bündeln (rechts).

Die Einlagerung in den Lagenzwischenräumen von MWNT wurde bereits in Kapitel 3.5.4.2 diskutiert. Insbesondere für Alkalimetalle konnte die intertubulare Einlagerung beobachtet werden. In die Zwischenräume von Nanotube-Bündeln können ebenfalls Alkalimetalle, aber auch eine Reihe weiterer Substanzen eingelagert werden. Dabei kommt es i. A. zu einer Ladungsübertragung zwischen Wirt (Nanotube-Bündel) und Gast (Interkalat).

Wie bereits in Kap. 3.5.4.1 erwähnt, gelingt die kovalente Bromierung von Kohlenstoff-Nanoröhren nicht, stattdessen bilden sich nichtkovalente Aggregate, in denen sich die Bromatome in den Zwischenräumen der Nanotube-Bündel aufhalten. Dabei entstehen durch die Ladungsübertragung Br_2^--Einheiten, und der Widerstand der Probe sinkt um den Faktor 15.

Dabei kann die Stöchiometrie der Verbindung über die Temperatur bei der Herstellung eingestellt werden. Je höher diese ist, desto geringere Mengen Brom lagern sich aus der Gasphase ein. Auch mit Kaliumdampf gelingt die Herstellung derartiger Interkalationsverbindungen mit SWNT-Bündeln. In diesem Fall werden Elektronen auf die Nanoröhren übertragen, formal findet also n-Doping statt. Die maximal aufgenommene Kaliummenge entspricht einer Zusammensetzung von C_8K, analog der im Graphit. Offensichtlich ist es so, dass das benzenoide Sechsecknetzwerk der Graphenlagen nur eine begrenzte Kapazität zur Aufnahme weiterer Elektronen besitzt, die bei der Zusammensetzung C_8M erreicht wird. U.a. ist dafür die Bindungsdilatation verantwortlich, die durch die Elektronenaufnahme verursacht wird. Strukturmodelle für die tatsächliche Anordnung der Interkalaten in den Hohlräumen stehen noch aus, man kann aber davon ausgehen, dass in jedem Fall eine gewisse Unordnung vorhanden sein muss, da die Nanotube-Proben stets inhomogener Natur sind.

Wie bereits in der Einführung der allgemeinen chemischen Eigenschaften erläutert, ist auch der innere Hohlraum einer Kohlenstoff-Nanoröhre als Ort für eine chemische Modifikation denkbar. Allerdings ist i. A. keine kovalente Wechselwirkung mit potentiellen Bindungspartnern im Inneren eines Nanotubes möglich, da die bindenden Orbitallappen durch die Krümmung der Oberfläche nur geringe Ausdehnung und Intensität besitzen (Abb. 3.94). Dieser Effekt ist im Vergleich zu den Fullerenen aber weniger stark ausgeprägt. Es existieren z.B. auch Hinweise darauf, dass bei der Umsetzung von Nanoröhren mit relativ großem Innendurchmesser auch die Innenseite zumindest teilweise mit Reaktanden, z.B. Ammoniak, belegt wird (s.u.).

Abb. 3.94

Die in den Röhreninnenraum ragenden Orbitallappen sind relativ klein und eine intensive Wechselwirkung mit eingelagerten Verbindungen ist nur schwer möglich.

Aufgrund seiner weitgehenden Inertheit kann der innere Hohlraum einer Kohlenstoff-Nanoröhre als eine Art Container oder Reaktionsgefäß genutzt werden. Rechnungen zu Reaktionen, die unter Separierung von Ladungen verlaufen, zeigen, dass sich die Umgebung (also der Hohlraum des SWNT) wie ein Solvens mit niedriger Dielektrizitätskonstante verhält.

Prinzipiell gelingt die Einlagerung jeglicher Atome und Moleküle, deren Durchmesser kompatibel mit dem Querschnitt der betrachteten Nanoröhre ist. Es muss jedoch gewährleistet sein, dass die Wechselwirkung der Außenseite der Nanoröhre energetisch nicht deutlich bevorzugt ist, da sonst eine Interkalation zwischen den Röhren und nicht die Ausbildung endohedraler Komplexe stattfindet. Die Einlagerung kann sowohl durch Diffusion aus der Gasphase als auch aus flüssiger Phase mit Hilfe des Kapillareffektes erfolgen. Dazu müssen jedoch die geschlossenen Spitzen unbehandelter Nanoröhren entfernt werden, um das Eindringen der Substanzen zu ermöglichen, und die Oberflächenspannung der einzulagernden Substanz bzw. einer Lösung derselben darf nicht mehr als 100-200 mN m^{-1} betragen, da ansonsten keine Benetzung der Nanotubes erfolgt. Zum Öffnen der Kappen bedient man sich der in Kap. 3.3.6 beschriebenen Methoden. In die geöffneten Röhren können anschließend verschiedene Gastatome bzw. -moleküle eingefüllt werden. So können z.B. große Edelgasatome (u.a. Kr, Xe) im Inneren von chemisch geöffneten einwandigen Nanoröhren adsorbiert werden. Dies wurde durch die Messung von Adsorptionsisothermen von Krypton und Xenon für geschlossene und geöffnete SWNT nachgewiesen. Beim Vergleich der beiden Messwerte ergab sich für die offenen Röhren eine zusätzliche Adsorption bereits bei geringen relativen Drücken der entsprechenden Edelgase. Daneben gelingt auch die Einlagerung kleinerer Gasmoleküle wie Wasserstoff, Argon oder Stickstoff. Diese dringen ebenfalls durch Diffusion in die inneren Hohlräume ein. Insbesondere die Einlagerung von Wasserstoff ist für mögliche Anwendungen von Nanoröhren als Wasserstoffspeicher in Brennstoffzellen von besonderem Interesse.

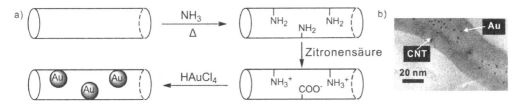

Abb. 3.95 a) Durch die Umsetzung mit Ammoniak gelingt wahrscheinlich auch die Belegung der inneren Röhrenoberfläche mit NH_2-Gruppen. Anschließend können dort dann z.B. Goldnanopartikel immobilisiert werden; b) HRTEM-Aufnahme der Goldpartikel in einem MWNT (© Elsevier 2003).

Metalle können ebenfalls in das Innere von Kohlenstoff-Nanotubes eingebracht werden. Die prinzipielle Machbarkeit dieser Art endohedraler Funktionalisierung wird bereits bei der Untersuchung katalytisch hergestellter Nanoröhren deutlich: Sie enthalten Katalysatorpartikel, die in den Spitzen der Nanoröhren eingeschlossen sind. Aber auch das nachträgliche Einbringen von Metallclustern ist möglich. So gelingt die Einlagerung 1-2 nm großer Goldcluster durch reduktive Abscheidung aus $HAuCl_4$, nachdem die mehrwandigen Nanoröhren durch Erhitzen im Ammoniakstrom geöffnet und mit Aminogruppen versehen wurden. Dabei ist noch nicht abschließend geklärt, ob sich auch auf der inneren Oberfläche des MWNT wirklich Aminogruppen bilden (Abb. 3.95).

Neben Gold können auch diverse andere Metalle in Kohlenstoff-Nanoröhren eingelagert werden, die dann Nanodrähte bilden. Beispiele sind die niedrig schmelzenden Metalle Blei, Bismut, Kupfer, Natrium und Silber. Im letzten Fall wird zunächst Silbernitrat als niedrig schmelzendes Salz eingefüllt, welches anschließend durch Erhitzen elementares Silber freisetzt. Es entstehen Drähte, die in ihrem Durchmesser dem Innenraum der Wirtsröhre entsprechen und bis zu 120 nm lang sind. Die endohedrale Funktionalisierung mit Metallnitraten ist auch für andere Elemente, insbesondere höher schmelzende, wertvoll, da die i. A. niedrig schmelzenden Nitrate sich leicht zu den Metallen bzw. Metalloxiden umsetzen lassen. Ein Beispiel für ein derart eingelagertes Metalloxid ist das Cobaltoxid. Auch hier entstehen Nanofilamente, die möglicherweise als eindimensionale Leiter Anwendung finden können (Abb. 3.96).

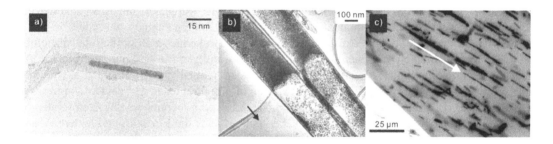

Abb. 3.96 In den Hohlraum von Nanoröhren können Metalle oder Oxide eingelagert werden, die dem Komposit neue elektronische oder magnetische Eigenschaften verleihen; a) Silber-Draht in einem MWNT (© Springer 1998); b) Eisenoxid-Partikel in einem großen MWNT (der Pfeil markiert den Trägerfilm, © ACS 2005); c) im Magnetfeld ausgerichtete Nanotubes, die mit Eisenoxid gefüllt sind (der Pfeil markiert die Magnetfeldrichtung, © ACS 2005).

Auch die Herstellung magnetischer Kohlenstoff-Nanoröhren ist durch das Einfüllen entsprechender Nanopartikel möglich. Nanotubes, die durch CVD in einer Templatmatrix mit definiertem Durchmesser erzeugt werden, können Eisenoxid-Nanopartikel aus Ferrofluiden einlagern. Beim Entfernen des Lösemittels verbleiben die ferromagnetischen Fe_3O_4-Teilchen im Inneren der Röhren und sorgen für deren magnetisches Verhalten, z.B. richten sie sich im Magnetfeld aus (Abb. 3.96). Auf ähnliche Weise werden auch Nanoröhren mit fluoreszierenden Nanopartikeln (z.B. aus modifiziertem Polystyrol) im Inneren erhalten.

Bei der Einlagerung kristalliner Verbindungen, wie z.B. Salzen und Metalloxiden, stellt man immer wieder fest, dass die Begrenzung des Kristallisationsraumes in zwei Dimensionen dazu führt, dass sich teilweise völlig andere Strukturen als in der *bulk*-Phase ausbilden. Als Beispiele seien hier Antimon(III)-oxid und Kaliumiodid genannt. Im Fall des Antimonoxids beobachtet man für die im Inneren von Nanoröhren befindlichen Sb_2O_3-Filamente eine *Valentinit*-Struktur, wobei es durch die äußere Begrenzung zu Gitterverzerrungen kommt (Abb. 3.97d). Diese Phase wird üblicherweise bei hohen Drücken beobachtet. Unter Normalbedingungen liegt Sb_2O_3 in einer kubischen *Senarmonit*-Struktur mit diskreten Sb_4O_6-Einheiten vor.

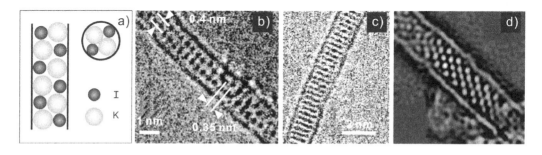

Abb. 3.97 Die räumliche Begrenzung innerhalb einer Nanoröhre führt zu völlig anderen Kristallstrukturen als in der *bulk*-Phase; a) schematische Darstellung der Struktur eines Kaliumiodid-Kristalls in einem Nanotube; b) HRTEM-Aufnahme von KI@SWNT mit d = 1,4 nm; c) von KI@SWNT mit d = 1.6 nm, c) von Sb_2O_3@SWNT. © ACS 2002

Kaliumiodid als binäres Halogenid bildet bedingt durch die äußere Eingrenzung sog. *Feyn-man-Kristalle*, in denen die Anzahl der Atomlagen genau durch den inneren Hohlraum des begrenzenden Nanotubes festgelegt ist. So findet man in SWNT mit einem Durchmesser von 1,4 nm Kristalle mit einem 2x2-Gitter, während in 1,6 nm großen Nanoröhren ein 3x3-Gitter ausgebildet wird (Abb. 3.97). Neben dieser strukturellen Einschränkung beobachtet man aber auch Veränderungen der üblichen Koordinationszahlen. So ist im 2x2-Typ die Koordination von 6:6 auf 4:4 reduziert, wobei es zusätzlich zu einer Gitterexpansion entlang der Röhren-achse kommt. Im Fall der 3x3-Anordnung findet man dagegen sowohl 6:6-, 5:5- als auch 4:4-Koordination vor, wobei die Übergänge durch Gitterverzerrungen ausgeglichen werden.

Eine besonders attraktive Methode, den inneren Hohlraum einwandiger Kohlenstoff-Nanoröhren zu füllen, liefert ein Material, mit dem trotz Komplexbildung das resultierende Produkt weiterhin ausschließlich aus Kohlenstoff besteht. Bei der eingelagerten Verbindung handelt es sich um das Fulleren C_{60}. Man nennt diese Verbindungen *Peapod* (Erbsenschote), da die einzelnen Fullerenmoleküle wie Erbsen in einer Schote angeordnet sind (Abb. 3.98). Die Herstellung der *Peapods* bereitet keine großen Schwierigkeiten. Man lässt in einer abge-schlossenen Ampulle die gereinigten und geöffneten einwandigen Nanoröhren etwa einen Tag lang bei 400 °C direkt mit festem C_{60} reagieren. Die Komplexbildung erfolgt durch Dif-fusion der C_{60}-Moleküle. Der Erfolg der Reaktion wird durch elektronenmikroskopische Aufnahmen überprüft. Auch in Lösung gelingt die Darstellung der *Peapods*. In diesem Fall erfolgt das Eindringen der Fullerenmoleküle über Defekte in der Seitenwand der Nanoröhren.

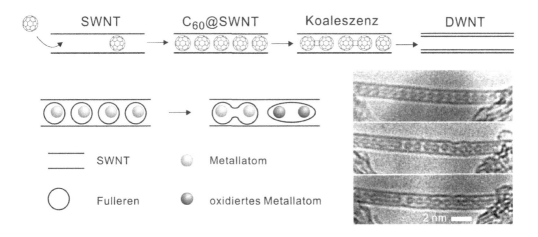

Abb. 3.98 Erzeugung von *Peapods*. Die Fullerenmoleküle diffundieren in das SWNT und formen die Erbsenschote. Unter Elektronenbeschuss und Erwärmen entstehen DWNT (oben). Auch Endofullerene werden eingelagert. Bei der Koaleszenz oxidieren die Metallatome z.T. (unten links); Die HRTEM-Aufnahme zeigt Sm@C_{82}@SWNT, wobei die Koaleszenz der Fullerenstrukturen von oben nach unten zunimmt (© ACS 2001).

Neben C_{60} können für diese Umsetzung auch größere Fullerene wie C_{70} verwendet werden. Es ist lediglich nötig, Nanoröhren mit ausreichend großem Innendurchmesser einzusetzen. Insbesondere die Einlagerung von Endofullerenen wurde ausgiebig untersucht. Bei den dabei erhaltenen Produkten handelt es sich um Objekte, die eine zweifache Verschachtelung aufweisen, da sich in jedem der eingelagerten Fullerenmoleküle ein Metallatom befindet (Abb. 3.98). Man kann diese Substanzen als $M@C_n@SWNT$ (M = Gd, Dy, La, Sm) auffassen. Dabei liegen die Endofullerene nicht unbedingt isoliert voneinander vor, vielmehr kommt es bei Bestrahlung mit Elektronen oder Erhitzen auf 1200 K zu einer Koaleszenz benachbarter Fullerene und z.T. zur Oxidation der eingelagerten Metallatome (Abb. 3.98). Dabei fungiert die Nanoröhre als Elektronenakzeptor. Neben einkernigen Endofullerenen können auch Dimetallofullerene in SWNT eingelagert werden. Dazu zählen u.a. die Verbindungen $La_2@C_{80}$, $Gd_2@C_{92}$ und $Ti_2@C_{80}$.

Auch bei C_{60}-*Peapods* beobachtet man die Umwandlung der Erbsenschoten in doppelwandige Nanoröhren. Z.B. kommt es beim Erhitzen der *Peapods* auf 1270 K im Vakuum oder bei Elektronenbeschuss im Transmissionselektronenmikroskop zum Verschmelzen benachbarter Fullerenmoleküle. Bei ausreichender Reaktionsdauer wird die Ausbildung einer Kohlenstoff-Nanoröhre im Inneren des *Peapods* beobachtet (Abb. 3.98 oben). Es wird also selektiv ein doppelwandiges Nanotube erzeugt. Der Mechanismus der Fullerenverschmelzung war Gegenstand zahlreicher Diskussionen. Mit großer Wahrscheinlichkeit spielen auch hierbei *Stone-Wales*-Umlagerungen sowie Dimerisierungsreaktionen (über Cyclobutanringe oder einzelne kovalente Bindungen) eine Rolle. Der tatsächliche Mechanismus konnte bis heute nicht abschließend bewiesen werden. Relativ sicher ist, dass zunächst benachbarte Fullerene zu C_{120}-Einheiten verschmelzen, die dann mit benachbarten Einzelfullerenen oder Dimereinheiten weiter reagieren. Die Wechselwirkung zwischen den einzelnen C_{60}-Molekülen und der Röhrenwand wird durch den geringen Abstand von nur 0,3 nm gestärkt. Diese Distanz liegt in der gleichen Größenordnung wie der *van der Waals*-Abstand zwischen zwei Kohlenstoffatomen.

Kürzlich gelang auch die Einlagerung von Perylen-3,4,9,10-tetracarboxyl-Dianhydrid (PTCDA) und die anschließende Umwandlung der gefüllten Nanoröhren in DWNT durch Erhitzen auf etwa 1000 °C. PTCDA ist dafür bekannt, dass es beim Erhitzen auf 2800 °C Graphenschichten bildet. Durch die räumliche Begrenzung im Nanotube wird es gezwungen, eine röhrenförmige Geometrie auszubilden.

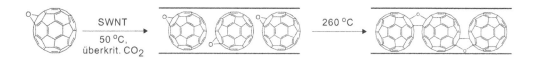

Abb. 3.99 In SWNT werden durch die räumliche Beschränkung ungewöhnliche Reaktionen möglich. Hier ist die Umsetzung von epoxidiertem C_{60} gezeigt, das über eine Furanbrücke mit dem Nachbarmolekül verknüpft wird (© RSC 2005)

An in SWNT eingelagerten C_{60}-Molekülen können ebenfalls Reaktionen stattfinden. So gelingt z.B. durch Erhitzen des $C_{60}O@SWNT$-Komplexes auf etwa 260 °C die Verknüpfung von $C_{60}O$-Molekülen zu polymeren Ketten, wobei das äußere Nanotube als Templat für diese Umsetzung fungiert. Die Reaktion besteht in der Öffnung eines Epoxids zu einer furanartigen Struktur, die jeweils zwei benachbarte Fullerenkäfige miteinander verbindet. Daher ist der

Abstand zwischen den einzelnen Fullerenmolekülen größer als in einem über eine C-C-Einfachbindung oder ein Cyclobutan verknüpften Dimer, was in HRTEM-Aufnahmen bestätigt wird. Im Gegensatz zur dreidimensionalen Polymerisation von $C_{60}O$ außerhalb einer Nanoröhre bildet sich hier ein völlig anderes Produkt, welches linear und unverzweigt ist (Abb. 3.99).

Dagegen ist der Angriff von Sauerstoff an den eingelagerten Fullerenmolekülen durch die Röhrenwand hindurch deutlich erschwert. Wie thermogravimetrische Untersuchungen belegen, setzt die Oxidation erst ein, wenn auch das äußere Nanotube oxidativ zersetzt wird. Normalerweise geht C_{60} bereits bei niedrigeren Temperaturen Oxidationsreaktionen ein, die jedoch im Fall der *Peapods* durch die Unmöglichkeit des Eindringens von Sauerstoffmolekülen in das Innere der gefüllten Röhre unterbunden werden.

Neben den bereits erwähnten Substanzen können auch funktionalisierte Fullerene wie das einfache *Bingel*-Addukt (s. Kap. 2.5.5.2) in Nanoröhren eingelagert werden. Außerdem wurde die *Peapod*-Bildung auch für Metallocene (z.B. Ferrocen), Porphyrine (z.B. Erbium-Phthalocyanin-Komplex) und kleine Nanoröhrenbruchstücke beschrieben. Wichtigstes Kriterium für die Realisierbarkeit der Einlagerung bleibt stets ein geeignetes Größenverhältnis zwischen Röhre und eingelagerter Struktur. Dies wird z.B. bei der Einlagerung von verschiedenen Cobaltocen-Derivaten in SWNT deutlich. Erst ab einem Innendurchmesser von 0,92 nm wird die endohedrale Funktionalisierung beobachtet (Abb. 3.100). Es besteht aber auch eine Obergrenze für die erfolgreiche Einlagerung, da bei zu großer Öffnung der Nanoröhre die Teilchen sehr leicht wieder heraus diffundieren können, so dass sich in zu weiten Nanotubes nur wenige Moleküle im Inneren der Röhre befinden würden.

Abb. 3.100

Der Durchmesser bestimmt die Art der Einlagerung kleiner Verbindungen. Bei zu großem Durchmesser können die Moleküle wieder heraus diffundieren.

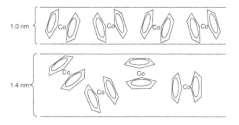

Auch rein organische Verbindungen lassen sich in das Innere von Nanoröhren einlagern. Ein Beispiel hierfür ist die Befüllung der inneren Hohlräume mit Ethylenglycol, welches in elektronenmikroskopischen Abbildungen als im Hohlraum befindliche Flüssigkeit abgebildet wird. Es gelingt dann auch, eine Polymerisation innerhalb der Nanoröhren durchzuführen, so dass ein drahtförmiges, durch das Nanotube eingeschränktes Polymermolekül entsteht. Weitere organische Verbindungen umfassen andere Solvenzien (z.B. $^{i}PrOH$), aber auch größere Bausteine wie ein- oder doppelstrangige DNS mit bis zu 2000 Basenpaaren. Dabei ist für all diese Experimente die Anwendung eines hohen Druckes charakteristisch. Bei der Befüllung mit Nukleinsäuren wird z.B. bei mehr als 100 °C und 3 bar gearbeitet.

3.5.7 Supramolekulare Chemie der Kohlenstoff-Nanoröhren

Ein- und mehrwandige Kohlenstoff-Nanotubes stellen attraktive Komponenten für supramolekulare Anordnungen dar. Ihre Stäbchenform prädestiniert sie als Gastmoleküle in ring- oder hohlzylinderförmigen Wirtsverbindungen. Daneben kann auch durch helicale Anordnung um die Röhren herum eine supramolekulare Verbindung entstehen. Außerdem dienen Nanoröhren als Template für supramolekulare Strukturen, die sich durch Anlagerung an die einzelnen Röhren oder Bündel ausbilden. Bereits im Kap. 3.5.4.2 zu nichtkovalent funktionalisierten Nanotubes wurden verschiedene Beispiele für supramolekulare Strukturen diskutiert, daher werden hier nur einige weitere Vertreter vorgestellt.

Bereits die Mischung von Kohlenstoff-Nanoröhren mit tensidhaltigen wässrigen Lösungen führt in einem geeigneten Konzentrationsbereich zur Anordnung der Tensidmoleküle auf der Nanotube-Oberfläche. Für amphiphile Verbindungen wie Natriumdodecylsulfat (SDS) oder Octadecyltrimethylammoniumbromid (OTAB) können im Elektronenmikroskop regelmäßige Strukturen beobachtet werden, die der Ausbildung von Halbzylindern aus Tensidmolekülen entsprechen, welche auf der Oberfläche der einzelnen Nanoröhren angeordnet sind (Abb. 3.101). Diese Halbzylinder liegen niemals parallel zur Röhrenachse, sondern senkrecht zu ihr oder in einem Winkel von 2 bis 30° zur Querschnittsebene. Daraus folgt, dass im Fall der Ausrichtung senkrecht zur Röhrenachse ringförmige und im Fall der schrägen Anordnung helicale Strukturen aus Tensidmolekülen auf der Nanotube-Oberfläche entstehen. Die Anordnung folgt vermutlich der Lage des Graphitnetzwerkes der einzelnen Nanoröhren, wobei für diese These noch der Beweis fehlt, da eine Aussage zur Struktur der im Inneren befindlichen Nanoröhre wegen der vollständigen Bedeckung nicht möglich ist. Hierfür würden Proben mit einheitlicher Nanotubestruktur benötigt, die zum heutigen Zeitpunkt nicht verfügbar sind.

Abb. 3.101 Auf der Oberfläche der Kohlenstoff-Nanoröhren bilden sich mit einigen Tensiden wie SDS oder OTAB regelmäßige Strukturen aus, die vermutlich vom Chiralitätswinkel der Nanoröhre abhängen.

Offensichtlich spielt aber auch die Fähigkeit, Mizellen zu bilden, sowie das Vorhandensein einer langen Alkylkette eine Rolle bei der Selbstanordnung der Tensidmoleküle. Triton X-100, ein nichtionisches Tensid auf Polyethylenglycolbasis, zeigt z.B. keinerlei Anordnungseffekte, sondern umhüllt die einzelnen Nanoröhren vollständig mit einer unstrukturierten Schicht. Auch wasserunlösliche, mit zwei Alkylketten ausgestattete Reagenzien zeigen keine strukturierte Abscheidung auf der Nanotube-Oberfläche. Diese konnten allerdings unter Zuhilfenahme eines Mizellenbildners (z.B. SDS) und anschließender Entfernung desselben durch Dialyse ebenfalls geordnet auf Nanoröhren abgeschieden werden.

Auch durch kontrollierte Kristallisation von Polymeren wie Polyethylen oder Nylon-6,6 auf Kohlenstoff-Nanoröhren werden interessante supramolekulare Strukturen erhalten. Hier dient das Nanotube als Templat und Kristallisationskeim. Prinzipiell bestünden drei Möglichkeiten bei der Kristallisation von Polymeren auf der Nanotube-Oberfläche: a) die Kristallisation verläuft unter Phasenseparation und die dispergierten Kohlenstoff-Nanoröhren reagglomerieren und fallen als Niederschlag aus, b) das Polymer wickelt sich um die einzelnen Röhren, und die Löslichkeit derselben steigt an, c) es erfolgt eine epitaxiale Kristallisation an der Nanotube-Oberfläche. Es wird Variante c) beobachtet, wobei das kristallisierte Polymer eine Morphologie ähnlich zu der in Scherungs- oder Elongationsflussfeldern aufweist. Da jedoch keine derartige Beanspruchung während der Kristallisation stattfand, wird diese Struktur wohl durch die vorhandenen MWNT induziert. Besonders charakteristisch ist das Auftreten scheibenförmiger Kristallite in regelmäßigen Abständen von 50-70 nm. Diese Polymerscheiben weisen alle in etwa einen Durchmesser von 60-80 nm auf (Abb. 3.102).

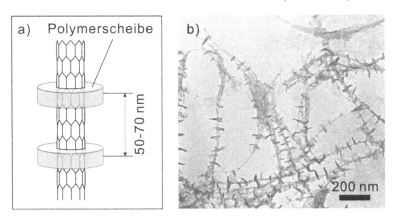

Abb. 3.102 a) Die Kristallisation von Polymeren (hier Polyethylen) auf der Nanotube-Oberfläche führt zu scheibenförmigen Strukturen in regelmäßigen Abständen; b) HRTEM-Aufnahme (© ACS 2006).

Auch für die Erzeugung von Nanodrähten aus Phthalocyaninen (Pc) eignen sich Kohlenstoff-Nanoröhren als Templat. So wurde die Kristallisation von $HErPc_2$, einem Erbium-Phthalocyanin, auf SWNT beschrieben. Ab einer bestimmten Mindestkonzentration bildet sich eine kontinuierliche Schicht auf der Nanotube-Oberfläche, die dann als Nanodraht fungieren kann. Für dieses System wurde photoinduzierter Elektronentransfer beobachtet, bei dem aus dem HOMO des Elektronendonors (hier das Phthalocyanin) Elektronen auf das Nanotube übertragen werden. Es bildet sich ein langlebiger, ladungsseparierter Zustand aus, der für elektronische Anwendungen von Interesse ist. Auch Phthalocyanine, die an eine Polymerkette geknüpft werden, sind in der Lage, photoinduzierte *charge transfer*-Komplexe mit Nanoröhren auszubilden. Dabei wickelt sich das Polymer (z.B. PMMA) um die einzelnen Röhren, während die in den Seitenketten vorhandenen Phthalocyaninmoleküle mit diesen elektronisch wechselwirken. Analog können auch polymergebundene Metall-Porphyrineinheiten durch Umwicklung mit SWNT in Wechselwirkung treten, wobei ein Donor-Akzeptor-System entsteht (Abb. 3.103).

Eine wichtige Möglichkeit, übermolekulare Strukturen zu erzeugen, ist die Erkennung durch angebundene DNS-Bausteine. Kohlenstoff-Nanoröhren, die mit Oligodesoxynucleotiden funktionalisiert sind, können durch Basenpaarung mit komplementären Nukleinsäure-Strukturen oder mit DNS-funktionalisierten Nanopartikeln, z.B. aus Gold, verknüpft werden. Dies eröffnet weitreichende Anwendungsgebiete in den Biowissenschaften (Biosensoren, Marker, *Targeted Drug Delivery* usw.) und kann für den Aufbau komplexer, nanotubehaltiger

Strukturen für elektronische Anwendungen genutzt werden, die sich durch Selbstorganisation aufbauen. Dazu muss jedoch der Ort der Funktionalisierung auf der Nanotube-Oberfläche genau kontrolliert werden. In Kap. 3.5.3 wurden bereits Methoden vorgestellt, die es ermöglichen, gezielt apikale Positionen (durch Amidbindung an Säuregruppen auf der Nanotube-Spitze) oder die Seitenwand (funktionalisierte Pyrene) zu modifizieren.

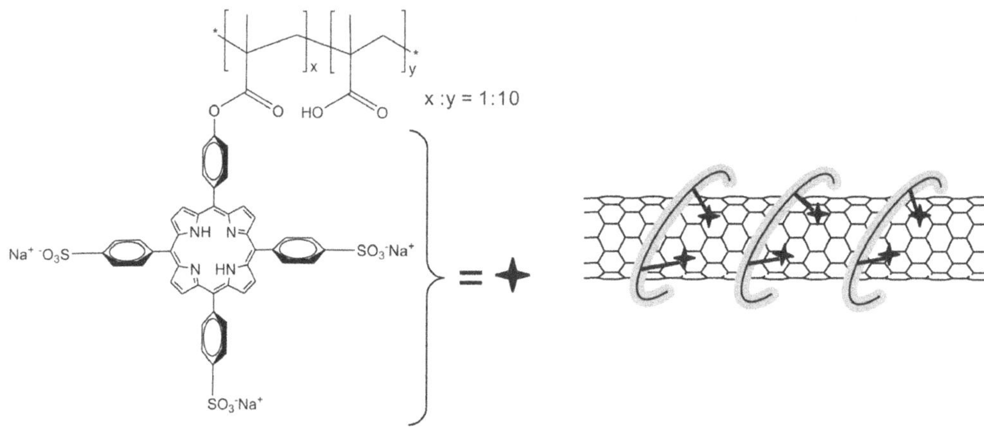

Abb. 3.103 Helicale Umwicklung von CNT durch mit Phthalocyaninen funktionalisierte PMMA-Ketten.

Lange wurde ein Weg gesucht, über die Erzeugung supramolekularer Strukturen zu einer größenselektiven Komplexierung von Kohlenstoff-Nanoröhren zu gelangen. Inzwischen hat sich gezeigt, dass durch Umsetzung mit Cyclodextrinen (cyclischen Polysacchariden) verschiedenen Durchmessers zumindest eine partielle Auftrennung möglich ist. So gelingt mit γ-Cyclodextrin die spezifische Komplexierung und damit Solubilisierung von Nanoröhren mit einem Durchmesser von 0,7 nm. Das mit einem äußeren Durchmesser von 1,8 nm deutlich größere η-Cyclodextrin dagegen bevorzugt Nanoröhren mit einem Durchmesser von etwa 1,2 nm (Abb. 3.104a). Dabei werden jedoch nicht nur Nanoröhren mit einem definierten (n,m)-Paar komplexiert, sondern alle Nanotubes, die in etwa einen passenden Durchmesser aufweisen. Dazu zählen im letzteren Fall die (9,9)-, (15,0)-, (15,1)-, (14,2)-, (13,4)-, (12,5)-, (11,6)- und (10,8)-Nanoröhren. Die Methode eignet sich also zur Abtrennung bestimmter Größen, jedoch nicht zur Selektion einer bestimmten Helicität. Die Isolierung der selektierten Nanoröhren erfolgt durch thermische Zersetzung des jeweiligen Cyclodextrins bei etwa 300 °C, da SWNT in diesem Temperaturbereich noch keinerlei Schäden erleiden.

Auch andere Polysaccharide eignen sich zur Bildung supramolekularer Strukturen mit Kohlenstoff-Nanoröhren. So kann mit Schizophyllan, einem β-1,3-Glucan, welches als Dreifachhelix vorliegt, ein Komplex gebildet werden, in dem die SWNT helical von Schizophyllanmolekülen umgeben sind. Durch Funktionalisierung der Termini des Glucans, z.B. mit Lactosiden, kann die so erhaltene, in Wasser lösliche Verbindung eine erhöhte Affinität z.B. zu Lectin erlangen.

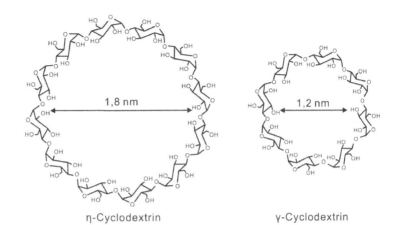

Abb. 3.104

Beispiele für Cyclo-
dextrine, die in der
Lage sind, Kohlen-
stoff-Nanoröhren zu
komplexieren.

η-Cyclodextrin   γ-Cyclodextrin

3.6 Anwendungen und Perspektiven

Bereits sehr früh nach Entdeckung der Kohlenstoff-Nanoröhren wurde klar, dass ihre außergewöhnlichen Eigenschaften sie zu interessanten Materialien für eine Reihe von Anwendungen machen. Inzwischen haben sich einige Felder herauskristallisiert, in denen durch den
Einsatz von Nanotubes ein erheblicher technologischer Fortschritt erreicht werden kann.
Dieses Kapitel stellt einige dieser Anwendungsgebiete vor.

3.6.1 Elektronische Anwendungen der Kohlenstoff-Nanoröhren

3.6.1.1 Nanotubes als Spitzen für die Kraftmikroskopie

Die Kraftmikroskopie (AFM, *atomic force microscopy*) ist eine leistungsfähige Methode zur
Charakterisierung von Oberflächen. Die Methode beruht auf der Wechselwirkung einer an
einem Hebel montierten Spitze mit dem Substrat, wobei dieses dann in einem Raster abges-
cannt wird und so ein dreidimensionales Bild der untersuchten Oberfläche entsteht (Abb.
3.105). Die Proben können im Gegensatz zu anderen Mikroskopiertechniken unter Umgebungsbedingungen untersucht werden und bedürfen im Fall von nicht leitenden Materialien
auch keiner Beschichtung mit einem metallisch leitenden Material, was den Aufwand bei der
Probenpräparation deutlich reduziert.

Die Leistungsfähigkeit der Kraftmikroskopie hängt von einigen apparativen Aspekten ab.
Wesentlich für eine gute Auflösung in z-Richtung sind u.a. die empfindliche Detektion der
Hebelbewegungen und die Flexibilität des Hebels. Für die Auflösung in x,y-Richtung spielen
dagegen die präzise Positionierung sowie die Schärfe der Mikroskopspitze eine wesentliche
Rolle. Bei optimaler Einstellung aller Parameter ist die Methode geeignet, atomar aufgelöste
Abbildungen der untersuchten Oberfläche zu liefern. Der limitierende Faktor für die Auflö-
sung kleiner Objekte und besonders von engen, tiefen Schlitzstrukturen ist die Größe und
Form der Mikroskopspitze. Normalerweise werden in Kraftmikroskopen Spitzen aus Silicium

verwendet, die pyramidal geformt sind und auf ihrer Kuppe einen Durchmesser von etwa 10 nm besitzen. Diese Spitzen sind zum einen ungeeignet für tiefe Schlitzstrukturen, zum anderen lässt aufgrund ihrer Sprödigkeit die mechanische Stabilität zu wünschen übrig (Abb. 3.106). Bricht die Spitze, so sinkt die Auflösung. Dagegen bieten Kohlenstoff-Nanoröhren eine Reihe günstiger Eigenschaften, die sie für den Einsatz als Mikroskopspitzen prädestinieren. Zunächst sorgt das große Länge-Durchmesserverhältnis für eine geeignete Form, des Weiteren weisen die Nanotubes eine große mechanische Stabilität gegenüber den Belastungen der Kraftmikroskopie (Biegung) auf.

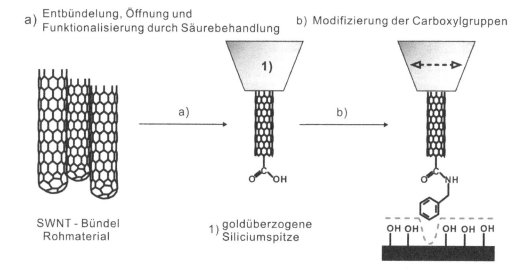

a) Entbündelung, Öffnung und Funktionalisierung durch Säurebehandlung   b) Modifizierung der Carboxylgruppen

SWNT - Bündel Rohmaterial   1) goldüberzogene Siliciumspitze

Abb. 3.105 Schematische Darstellung einer CNT-Kraftmikroskopspitze, die für chemoselektive Anwendungen auch entsprechend funktionalisiert werden kann.

Sowohl ein- als auch mehrwandige Nanoröhren sind geeignet, um Spitzen für die Kraftmikroskopie herzustellen. Wie Beispiele in der Literatur zeigen, kann eine bessere Auflösung als mit den üblichen Spitzen aus Silicium bzw. Siliciumnitrid erreicht werden. Die erste in der Literatur beschriebene Nanotube-Spitze bestand aus einem an eine Silicium-Pyramide geklebten MWNT, welches durch einen Strompuls auf die gewünschte Länge gekürzt wurde. Wichtig ist, dass genau ein mehrwandiges Nanotube an der Spitze herausragt. Die mit dieser Anordnung erreichbare Auflösung liegt bei etwa 100 nm für tiefe Schlitzstrukturen und bei etwa 10 nm in lateraler Richtung.

Einwandige Nanoröhren versprechen aufgrund ihres geringeren Durchmessers eine weitere deutliche Verbesserung der Auflösung. Die bisher erreichten Werte liegen bei unter 5 nm. SWNT weisen aber noch einen weiteren Vorteil auf: Durch Präparierung des Siliciumträgers mit einem geeigneten Katalysator können die einwandigen Nanoröhren direkt auf dem Siliciumsubstrat wachsen, was prinzipiell eine Massenproduktion dieser Mikroskopspitzen ermöglicht. Es besteht aber noch das Problem, dass nicht nur eine Röhre entsteht und die gebildeten Nanotubes nicht unbedingt senkrecht von der Spitze ausgehen.

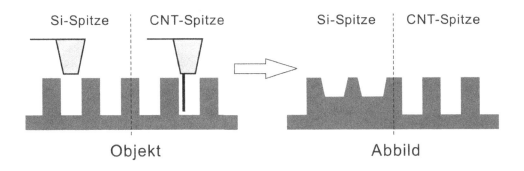

Abb. 3.106 Einer der Vorteile der Kohlenstoff-Nanoröhren liegt in ihrer großen Länge im Verhältnis zum Durchmesser. Daher lassen sich auch tiefe Talstrukturen korrekt abbilden (rechts).

Außerdem gelingt es im Fall der Nanoröhren, die Spitze chemisch so zu modifizieren, dass neben der hohen Auflösung auch eine chemische Selektivität erreicht wird. So ist es möglich, nicht nur topologische Eigenschaften der untersuchten Oberfläche zu visualisieren, sondern auch chemische Strukturen. Z.B. kann durch AFM einer hydroxylgruppentragenden Oberfläche mit einer säureamid-funktionalisierten Mikroskopspitze die Verteilung der Hydroxylgruppen auf der Oberfläche detektiert werden. (Abb. 3.105b).

3.6.1.2 Feld-Emission

Wie bereits im Kapitel 3.4.4.3 erläutert, besitzen Kohlenstoff-Nanotubes die Fähigkeit, bei angelegtem elektrischem Feld aus der Röhrenspitze Elektronen zu emitteren. Dieser als Feldemission bezeichnete Effekt kann für eine Reihe von Anwendungen nutzbar gemacht werden. Eine der attraktivsten Möglichkeiten stellt die Fabrikation von Feldemissions-Displays dar. Diese können durch den Einsatz von Kohlenstoff-Nanoröhren deutlich lichtstärker und sparsamer im Stromverbrauch konstruiert werden. Kürzlich ist es gelungen, einen anwendungsreifen Bildschirm zu entwickeln (Abb. 3.107). Möglich wird dies durch eine neue, dem *Inkjet*-Verfahren ähnliche Methode zur Herstellung strukturierter Nanotube-Matrizen. Nützlich für diese Anwendung sind auch solche Techniken, die es ermöglichen, durch Gasphasenabscheidung an vorstrukturierten Katalysatormatrices nur bestimmte, adressierbare Positionen auf einer Substratoberfläche mit Nanotubes zu dekorieren.

Im Gegensatz zu anderen Feldemissions-Displays, die aus Arrays von mechanisch erzeugten Spitzen bestehen, sind Kohlenstoff-Nanoröhren bei deutlich höheren Feldstärken stabil, emittieren bei recht niedriger Feldstärke ($< 1 \ V \ \mu m^{-1}$) und vertragen auch hohe Stromdichten ($> 1 \ A \ cm^{-2}$). Sowohl SWNT als auch MWNT eignen sich für die Herstellung von Feldemissions-Geräten. Wichtiger ist die tatsächlich vorhandene Defektfreiheit, die gut mit der Effizienz der Emission korreliert. MWNT sind im Dauergebrauch robuster, bei den SWNT ist der geringe Durchmesser der vorhandenen Einzelröhren attraktiv.

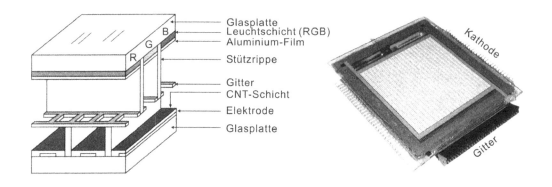

Abb. 3.107 Schematische Darstellung eines CNT-basierten Feldemissions-Displays (links) und vollständiges Display (rechts). © Springer 2002

Neben den Anwendungen der Feldemissionseigenschaften von Kohlenstoff-Nanoröhren in der Displaytechnologie sind auch andere Einsatzmöglichkeiten publiziert worden. So wird die Entwicklung sog. „kalter Kathoden", die Nanotubes enthalten, zumindest ein Element der fortgeschrittenen Röhrentechnologie werden. Auch zur Erzeugung von Röntgenstrahlung und als Mikrowellenverstärker können die Feldemissionsmaterialien auf Nanotube-Basis eingesetzt werden (Abb. 3.108).

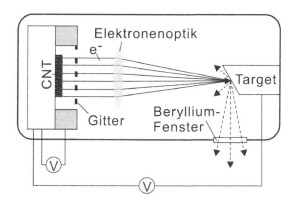

Abb. 3.108 Schematische Darstellung einer „kalten" Kathode. Die Nanoröhren befinden sich direkt auf der Kathode.

3.6.1.3 Feldeffekt-Transistoren

Neben dem für Halbleiter typischen Abfall des elektrischen Widerstandes bei Erhöhung der Temperatur und der hieraus resultierenden Erhöhung der Zahl von Ladungsträgern, die die Bandlücke überwinden können, lässt sich die elektrische Leitfähigkeit halbleitender Nanoröhren auch durch das Anlegen eines externen Feldes beeinflussen. Bei diesem als Feldeffekt bezeichneten Phänomen wird durch die elektrische Induktion des anliegenden Feldes die Zahl der Ladungsträger in der betrachteten Zone erhöht bzw. verringert. Diese Eigenschaft kann man sich zum Bau von Feldeffekt-Transistoren (FET) mit Hilfe von Kohlenstoff-Nanoröhren zunutze machen (Abb. 3.109).

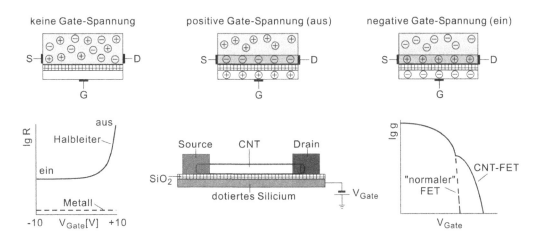

Abb. 3.109 Schematischer Aufbau und Funktionsweise eines FE-Transistors (g: *channel conductance* oder Kanalleitfähigkeit). © ACS 1999

Auf Substraten abgeschiedene halbleitende Kohlenstoff-Nanoröhren weisen in der Regel die Eigenschaften eines *p*-dotierten Leiters auf, was sich in der größeren Anzahl von Lochladungsträgern im Vergleich zu Elektronen bemerkbar macht. Daher führt das Anlegen einer negativen Gate-Spannung zu einer erhöhten Ladungsträgerkonzentration und einem deutlichen Anstieg der elektrischen Leitfähigkeit. Man kann auf diese Weise den Widerstand des Nanotubes über mehrere Größenordnungen modulieren (Abb. 3.109). Metallische Nanoröhren reagieren dagegen nicht auf das Anlegen einer Steuerspannung. Einen wesentlichen Einfluss auf die $g(V_G)$-Charakteristik (Abhängigkeit der Kanalleitfähigkeit von der Gate-Spannung) eines Kohlenstoff-Nanotube-FET übt auch die Art der Kontakte mit dem restlichen Stromkreis aus. An der Grenzfläche zwischen Nanoröhre und metallischem Kontakt bildet sich eine *Schottky*-Barriere aus, die für einen Knick in der $g(V_G)$-Kurve sorgt, da die Ladungsträger diese Barriere durch Tunneln überwinden müssen (Abb. 3.109). Die *Schottky*-Barriere kann durch Oxidation massiv beeinflusst werden, was ihre Existenz in Nanoröhren-FET nachweist.

3.6.2 Sensor-Anwendungen von Kohlenstoff-Nanoröhren

Eine Vielzahl von Eigenschaften der Nanoröhren ist stark von den gegebenen Bedingungen abhängig. Was sich bei der Charakterisierung als problematisch erweist, kann jedoch auch dafür genutzt werden, eben diese Umgebungsbedingungen zu untersuchen. Die Nanotubes werden also als Sonde bzw. Sensor eingesetzt. Eine dieser Anwendungen, nämlich die Verwendung als Kraftmikroskopspitze, wurde bereits im Kap. 3.6.1.1 näher beschrieben, denn letztendlich fungieren auch diese Nanotube-Spitzen als Sensoren, die Änderungen der Oberflächenstruktur eines Substrats detektieren. Die bisher in der Literatur vorgestellten Sensoranwendungen lassen sich in zwei Gruppen unterteilen: zum einen physikalische Sensoren und zum anderen chemische, beide unterscheiden sich in der Art der untersuchten Umgebungseigenschaften.

3.6.2.1 Physikalische Sensoren

Physikalische Sensoren reagieren empfindlich auf Umwelteinflüsse wie Temperatur, Druck, mechanische Beanspruchung usw. Dabei wird durch den Sensor ein Signal generiert, welches gemessen und einem bestimmten Wert zugeordnet werden kann. Kohlenstoff-Nanoröhren können für eine Vielzahl von Messgrößen eingesetzt werden. Hier sollen nur einige Beispiele ihre Vielseitigkeit veranschaulichen.

Auf mechanische Beanspruchung reagieren Kohlenstoff-Nanoröhren u.a. durch eine Veränderung der Signallagen im *Raman*-Spektrum. Besonders die Verschiebung der G-Bande proportional zum Druck lässt sich für Messungen desselben verwenden. Auf ähnliche Weise können Nanoröhren als Indikator für Spannungszustände in Polymeren verwendet werden. Dies ist besonders für Nanotube-Polymer-Kompositmaterialien von Interesse.

Auch als Strömungsmesser sind Kohlenstoff-Nanoröhren geeignet, wobei als Signal der generierte Strom gemessen wird, der proportional zur Fließgeschwindigkeit des untersuchten Fluids steigt. Den umgekehrten Weg, also die Einwirkung eines elektrischen Signals und die Antwort des Nanotubes in Form von Bewegung, geht man bei der Herstellung von kleinen Aktuatoren, molekularer Objekte also, die sich aufgrund einer (elektrischen) Triebkraft bewegen. Durch Ladungsinjektion in ein Bündel von Kohlenstoff-Nanoröhren in einer geeigneten Umgebung kann sich das Bündel deutlich verbiegen. Es wäre also denkbar, Bauteile zu entwickeln, die die Funktion eines Muskels nachahmen, zumal die mechanische Leistung dieser Nanotube-Aktuatoren deutlich über dem Potential von magnetischen Aktuatoren liegt.

3.6.2.2 Chemische Sensoren

Im Gegensatz zu den physikalischen Sensoren werden mit Hilfe chemischer Sensoren keine Umwelteigenschaften untersucht, sondern die Art und Konzentration von in dieser Umwelt befindlichen Substanzen. Kohlenstoff-Nanoröhren sind insbesondere durch die Tatsache, dass sich alle Atome auf der Oberfläche der Struktur befinden, für die Herstellung chemischer Sensoren geeignet und können Analyten in Konzentrationen oft bis in den ppt-Bereich nachweisen. Dabei funktionieren Sensoren auf der Basis von Nanotubes bereits bei Raumtemperatur, während die üblichen Halbleiterbauteile erst oberhalb von 200 °C arbeiten. Die Adsorption und Wechselwirkung durch partiellen Ladungstransfer vom Analyten führt im Fall der Kohlenstoff-Nanoröhren zur Veränderung der Ladungsträgerkonzentration oder aber der Potentialbarriere zwischen der Nanoröhre und den Kontakten. Dabei wird in der Regel die Leitfähigkeit des Nanotubes, die Änderung der Resonanzfrequenz oder der elektrische Widerstand in Abhängigkeit von der Analytenkonzentration gemessen. Wesentliches Merkmal geeigneter Analyten ist die Fähigkeit, entweder Elektronen zu akzeptieren oder als Donor zu fungieren. So sind z.B. Stickstoffdioxid NO_2 (Akzeptor) und Ammoniak NH_3 (Donor) bequem mit Hilfe von Nanoröhren nachweisbar (Abb. 3.110). Die Detektion kann entweder in der Gasphase oder z.T. auch in Flüssigkeit stattfinden. Analyten, die weniger starke oder keine Donor-/Akzeptoreigenschaften besitzen, können nur dann mit ausreichender Sensitivität nachgewiesen werden, wenn die Kohlenstoff-Nanoröhren zuvor an der Oberfläche modifiziert wurden. So gelingt der empfindliche Nachweis von molekularem Wasserstoff erst nach elektrochemischer Abscheidung kleiner Palladiumpartikel auf den Kohlenstoff-Nanoröhren. Dabei wird der Wasserstoff durch das Palladium in Atome gespalten und diffundiert anschließend in die Grenzfläche zwischen Metall und Nanotube. Dort bildet sich in der Folge eine Dipolschicht aus, die wie eine mikroskopisch kleine *Gate*-Elektrode funktioniert. Somit arbeitet diese Anordnung in der Art eines Feldeffekttransistors (Kap. 3.6.1.3). Allerdings muss die Elektrode zur Entfernung des Wasserstoffs in Luft oder Sauerstoff regeneriert werden.

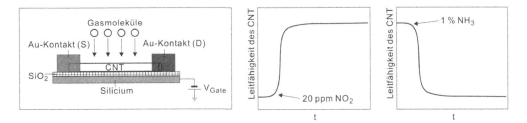

Abb. 3.110 Anwendung von Kohlenstoff-Nanoröhren als Sensor. Eine Schemazeichnung ist links gezeigt. Das elektrische Verhalten bei Zugabe von NO_2 oder NH_3 lässt eine deutliche Konzentrationsabhängigkeit erkennen (Mitte und rechts). Die Pfeile markieren den Zeitpunkt der Analyten-Zugabe. © AAAS 2000

Auch organisch funktionalisierte Kohlenstoff-Nanoröhren können als Sensor fungieren. So sinkt die Nachweisgrenze von NO_2 auf unter 100 ppt, wenn die Nanotubes mit Polyethylenimin funktionalisiert wurden. Auch andere stark elektronenziehende Moleküle können auf diese Art und Weise detektiert werden. Sensoren, die aus Nanoröhren aufgebaut sind, können auch in Überstrukturen integriert werden, so dass man die Sensormoleküle in elektronischen Schaltungen verwenden kann.

Ein Beispiel für die Anwendung elektrochemischer Sensoren für biologische Systeme ist die Messung des Glucosegehaltes einer Probe mit Hilfe von Glucoseperoxidase, die an halbleitenden Kohlenstoff-Nanoröhren immobilisiert ist. Die Detektion erfolgt amperometrisch. Es konnte gezeigt werden, dass das System aus Nanotube und Enzym in Gegenwart einer Elektronenquelle (hier Ferrocenylcarbonsäure) als sehr effizienter, elektrochemischer Glucosesensor fungieren kann, wobei dies erst durch die Verbindung von Nanoröhre und Glucoseperoxidase (Gox) möglich wird. Neben Glucoseperoxidase wurden auch andere Enzyme und bioaktive Substanzen wie Meerrettich-Peroxidase (HRP), Cytochrom c und Myoglobin an Kohlenstoff-Nanoröhren immobilisiert und durch direkten Elektronentransfer aus den Nanotubes aktiviert. Die Struktur der Nanoröhren mit ihrem großen Länge-Durchmesser-Verhältnis macht sie zu idealen 1D-Elektronenkanälen, die die Elektronen direkt zum Redoxzentrum leiten.

3.6.3 Biologische Anwendungen der Kohlenstoff-Nanoröhren

Neben den bereits in Kap. 3.6.2.2 beschriebenen, mit biologisch aktiven Verbindungen modifizierten Kohlenstoff-Nanoröhren für Sensoranwendungen existieren noch weitere Perspektiven für einen Einsatz von Nanotubes in der Biologie und Medizin. So wurden sie bereits als Trägermaterial für Antigene, als Ionenkanal-Blocker, Biokatalysatoren, Bioseparatoren sowie für das kontrollierte Zellwachstum z.B. von Neuronen vorgeschlagen und erste viel versprechende Ergebnisse vorgelegt.

Bisher ist jedoch immer noch unklar, inwieweit funktionalisierte Kohlenstoff-Nanotubes toxisch sind. Die unbehandelten Röhren weisen u.a. wegen ihrer Unlöslichkeit und der enthaltenen Katalysatorrückstände eine nicht zu vernachlässigende Cytotoxizität auf. Erste Experimente mit funktionalisierten Derivaten deuten aber darauf hin, dass diese Toxizität zumindest deutlich geringer ausfällt, wenn die Oberfläche modifiziert ist. Hier sind jedoch weitere Studien nötig, und Anwendungen im medizinischen Bereich liegen noch in weiter Ferne.

3.6.3.1 Erkennung von DNS-Abschnitten

Wie bereits in Kap. 3.5.3 beschrieben, lassen sich Kohlenstoff-Nanotubes recht einfach mit Peptidnucleinsäuren (PNS) funktionalisieren. Diese mit einem PNS-Einzelstrang versehenen Röhren können nun dazu eingesetzt werden, mit einstrangigen Endstücken von DNS (*sticky ends*) spezifische Wechselwirkungen einzugehen und so eine Erkennung von DNS-Bruchstücken zu realisieren. Natürlich könnte zu diesem Zweck auch einstrangige DNS mit den Nanoröhren verknüpft werden, PNS bietet aber einige Vorteile, z.B. die Löslichkeit in DMF sowie die Stabilität gegenüber enzymatischem Abbau. Außerdem stabilisiert das ungeladene Peptid-Rückgrat die PNS-DNS-Konjugate aufgrund verminderter elektrostatischer Abstoßung. Die PNS-funktionalisierten Nanoröhren können neben der Erkennung von DNS-Bruchstücken auch zur Erzeugung supramolekularer Strukturen verwendet werden. Entsprechend komplementär funktionalisierte Nanotubes können sich zu Supernetzwerken zusammenfinden, was für die Erzeugung größerer integrierter Schaltkreise von Interesse ist.

3.6.3.2 Freisetzung von Wirk- oder Impfstoffen und Gentherapie

Eine wesentliche Voraussetzung für die Anwendung der Kohlenstoff-Nanoröhren in einem biologischen Kontext ist die Löslichkeit in physiologischen Medien. Diese ist für unfunktionalisierte Nanotubes nicht gegeben. Daher mussten zunächst Wege zu einer ausreichenden Löslichkeit durch entsprechende Oberflächenfunktionalisierung gefunden werden. Eine Methode besteht in der Anbindung von Triethylenglycol-Einheiten mit terminaler Boc-geschützter Aminogruppe an die Pyrrolidinringe eines durch [3+2]-Cycloaddition funktionalisierten Nanotubes (s. Kap. 3.5.4.1). Anschließende Entschützung liefert die terminalen Ammoniumgruppen (Abb. 3.111). Die Löslichkeit der auf diese Weise modifizierten Nanoröhren beträgt immerhin 200 mg ml^{-1} bei einer Oberflächenbeladung von etwa 0,4 mmol Ammoniumgruppen pro Gramm Material.

Mit gängigen Kupplungsstrategien können nun Peptide, Maleimidlinker (dort anschließende Anbindung von Proteinen über freie Cysteineinheiten) usw. kovalent mit den funktionellen Gruppen der Nanoröhren verbunden werden. So gelingt auch die Immobilisierung von viralen Proteinen (z.B. eines Proteins des Maul- und Klauenseuche-Virus) an Nanoröhren, wobei deren immunologische Eigenschaften erhalten bleiben (Abb. 3.111). Das Nanotube fungiert also z.B. als Träger für Antigene und kann u.U. als Transportvehikel für einen Impfstoff verwendet werden. Dabei besitzen Nanoröhren gegenüber den für diese Zwecke oft eingesetzten Trägerproteinen einen wichtigen Vorteil: In beiden Fällen wird zwar die korrekte Immunantwort gegen das Antigen erzeugt und im Mausmodell auch die Widerstandsfähigkeit gegenüber dem tatsächlichen Virus hervorgerufen, gegen die Nanoröhren selbst erfolgt aber keinerlei Immunantwort. Trägerproteine dagegen erzeugen eine solche Reaktion durch die Bildung unspezifischer Antikörper.

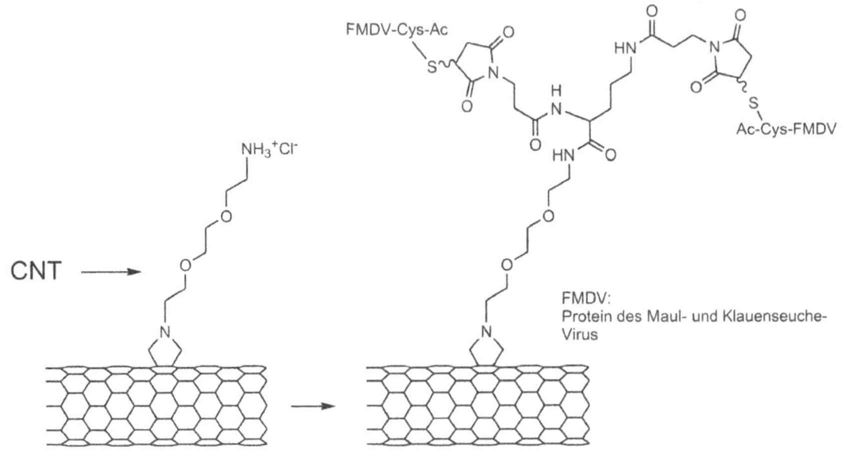

Abb. 3.111 Die Immobilisierung von Enzymen, Antikörpern und anderen biologisch aktiven Substanzen wird über eine Pyrrolidinanbindung erreicht.

Nanoröhren-Peptid-Konjugate besitzen auch für die Diagnostik günstige Eigenschaften. So binden derart immobilisierte Peptide besser an ELISA-Platten, und das Peptid ist für die Erkennung besser zugänglich. Außerdem können Kohlenstoff-Nanotubes mehrere Epitope (auf der Antigenoberfläche befindliche, für die Affinität/Valenz des Antigens bestimmende Molekülbereiche) gleichzeitig präsentieren, was zu einer genaueren Detektion führt.

Auch für die Einschleusung und Freisetzung von Wirkstoffen in Zellen bieten die Kohlenstoff-Nanoröhren einige interessante Perspektiven. Derartige Trägersysteme helfen dabei, einige für die direkte Wirkstoffgabe typische Schwierigkeiten (z.B. geringe Löslichkeit oder Verteilung des Wirkstoffs, geringe Selektivität und Schädigung gesunden Gewebes) zu mildern oder zu überwinden. Es konnte bereits gezeigt werden, dass mit Fluorescein-Isothiocyanat (FITC) fluoreszenzmarkierte Nanotube-Peptid-Konjugate und Nanotube-Streptavidin-Konjugate ohne Zerstörung der Zellmembran eingeschleust werden können (Abb. 3.112). Der Mechanismus der Aufnahme in die Zellen durch Endocytose oder andere Mechanismen ist dabei noch nicht abschließend geklärt.

Abb. 3.112

Entsprechend funktionalisierte Kohlenstoff-Nanoröhren können in lebende
Zellen eingeschleust werden und sind
durch Fluoreszenzmarkierung, z.B. mit
FITC, direkt abbildbar (© RSC 2005).

Ähnliche Vorteile wie beim Wirkstofftransport bieten entsprechende Nanotube-Konjugate
auch in der Gentherapie. Die heute meist eingesetzten viralen Vektoren führen zu starken
Nebeneffekten, die von unerwünschten Immunantworten über entzündliche Prozesse bis zur
Entstehung von Krebszellen reichen können. Hier bieten sich die nichtviralen Nanoröhren als
Transportvehikel für gencodierende DNS oder RNS an. Erste Versuche zur Eignung als Gen-
transfervektoren mit nichtkovalent gebundener Plasmid-DNS verliefen viel versprechend.
Die DNS-Nanoröhren-Komplexe wurden sowohl in Zellen eingeschleust als auch das codier-
te Enzym (hier β-Galactosidase) um ein Vielfaches stärker exprimiert. Zwar ist die Effizienz
im Vergleich zu anderen Vektorsystemen momentan noch zu niedrig, diese vorläufigen Studien lassen aber eine deutliche Verbesserung der Eigenschaften in der Zukunft erwarten.

3.6.4 Werkstoffe mit Kohlenstoff-Nanoröhren

Aufgrund ihrer faserartigen Struktur und ihrer bemerkenswerten Eigenschaften sind Kohlenstoff-Nanoröhren zur Herstellung von Polymerkompositen geeignet. Besonders die extrem
hohe Zugfestigkeit (> 1 TPa) und eine ebenfalls hohe Kompressionsstabilität prädestinieren
Nanotubes für den Einsatz als Füller in Hochleistungswerkstoffen. Dabei besteht aufgrund
der starken *van der Waals*-Wechselwirkungen zwischen Polymermatrix und Nanoröhren eine
recht starke Verknüpfung zwischen diesen Komponenten. Allerdings können aus diesem
Grund auch nur eher unpolare Kunststoffe mit Nanotubes gefüllt werden, da anderenfalls die
Anziehungskräfte für eine Einbindung des Kohlenstoffmaterials in die Polymermatrix nicht
ausreichen. In vielen Fällen werden auch gebündelte Nanoröhren für die Herstellung derartiger Komposite eingesetzt. Das hat den Vorteil, dass die aufwändige Entbündelung vermieden
wird, jedoch leiden die Verteilung der Röhren sowie die Stärke der Wechselwirkung mit der
Matrix.

Als Polymermaterialien für diese Komposite kommt eine Reihe von Substanzen in Frage. In
der Literatur sind Beispiele mit Polystyrol, Polypropylen, PMMA, Polyanilinen, PmPV, Epoxidharzen etc. beschrieben (s. Kap. 3.5.5). Insbesondere Polymere mit konjugierten π-
Bindungen eignen sich für die Aufnahme von Kohlenstoff-Nanoröhren, da hier zusätzlich π-
π-Wechselwirkungen die Anbindung verstärken und ein Umwickeln der Nanoröhren bzw.
Bündel mit Polymermolekülen verursachen.

In allen Fällen beobachtet man durch den Zusatz von Kohlenstoff-Nanotubes eine Zunahme
der mechanischen Belastbarkeit des Materials. Insbesondere bei Beanspruchung auf Zug oder

Biegung verbessern sich die Eigenschaften im Komposit signifikant. Dagegen bieten Nano-röhren keine Vorteile bei auf Druck belasteten Werkstücken.

Je nach Herstellungsmethode können die Polymerwerkstoffe mit zufällig im Raum oder pa-rallel angeordneten Nanoröhren hergestellt werden. Wird während der Polymerisation kein Einfluss auf die Ausrichtung der Nanotubes genommen, entsteht ein Werkstoff mit isotropen Eigenschaften. Zur Ausrichtung dagegen haben sich Verfahren wie die Schmelzextrusion oder das Anlegen eines elektrischen bzw. magnetischen Feldes während der Einpolymerisati-on in die Matrix bewährt. Eine besonders gute parallele Anordnung und damit stark anisotro-pe Eigenschaften des resultierenden Materials ergeben sich beim Verspinnen von Nanotube-Suspensionen oder -Lösungen in Gegenwart des gelösten Polymers bzw. seines Vorläufers. So erreicht man bei der *in situ*-Polymerisation von Caprolactam zu Nylon 6 die sehr gleich-mäßige Verteilung von Nanotubes in der entstehenden Faser, wenn dem Monomer carboxy-lierte Nanoröhren beigemengt werden, die sich in Caprolactam lösen. Bei der Polymerisation werden die Nanotubes dann gleichmäßig in die Faser eingebaut und führen so zu einer Ver-besserung der mechanischen Eigenschaften.

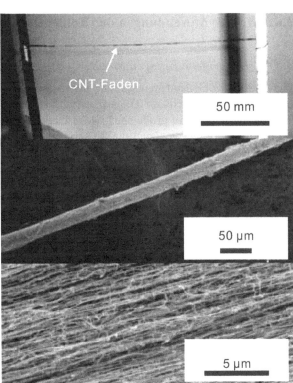

Abb. 3.113

Fasern, die ausschließlich aus Kohlen-stoff-Nanoröhren bestehen, sind durch Abscheidung aus der Gasphase zugäng-lich. Dabei wird das gebildete Aerogel am Ende des Reaktors direkt auf eine Spule gewickelt. In der Faser liegen die Nanotubes mit hoher Parallelität vor (© AAAS 2004).

In einem ähnlichen Ansatz wird nicht das Monomer, sondern eine Lösung des bereits fertigen Polymers (hier Polyacrylnitril) in DMF verwendet, in der SWNT sehr fein dispergiert werden. Das Produkt enthält dann ebenfalls parallel in Faserrichtung angeordnete SWNT. In einem Verfahren, das der Methode zur Herstellung von Kohlefasern aus PAN (s. Kap. 1.2.3) ent-spricht, werden die Kompositfasern carbonisiert, und es entsteht ein nanotube-verstärktes

Kohlefasermaterial, das bereits bei einem Anteil von nur 3 % Nanoröhren deutlich verbesserte mechanische Eigenschaften aufweist.

Auch die direkte Erzeugung von Fasern, die ausschließlich aus Kohlenstoff-Nanoröhren bestehen, ist bereits gelungen. Die Methode bedient sich der Abscheidung aus der Gasphase an einem sehr fein verteilten Eisenkatalysator, der *in situ* erzeugt wird. Als Kohlenstoffquelle dient Ethanol, dem < 2 % Ferrocen und < 4 % Thiophen beigemengt werden. Das flüssige Gemisch wird in einen Wasserstoff-Trägergasstrom injiziert, der durch einen etwa 1100 °C heißen Ofen führt. Dort entstehen an den Katalysatorpartikeln je nach gewählten Reaktionsbedingungen SWNT oder MWNT, die ein Aerogel bilden, welches am kühlen Ende des Ofens auf einer Spule aufgewickelt werden kann und somit ein Nanotube-Garn bildet. In den Fasern weisen die Nanoröhren einen hohen Grad an Parallelität auf (Abb. 3.113). Für die großtechnische Anwendung von Kohlenstoff-Nanoröhren als Füller für Polymerwerkstoffe muss der Preis für die Kohlenstoffkomponente noch deutlich fallen. Derzeit sind Nanotube-Kompositmaterialien daher nur für spezielle Untersuchungen bzw. Anwendungen geeignet.

3.6.5 Weitere Anwendungen der Kohlenstoff-Nanoröhren

3.6.5.1 Heterogene Katalysatoren

Für andere Kohlenstoffmaterialien, insbesondere aktivierte Kohlenstoffe, ist seit langem bekannt, dass sie sich als Trägermaterial für heterogene Katalysatoren eignen. Einer der Gründe hierfür ist ihre große spezifische Oberfläche. Kohlenstoff-Nanoröhren sind ebenfalls als Katalysatorträger geeignet und bieten neben der besseren Kontrolle der Morphologie und chemischen Zusammensetzung auch den Vorteil, dass entsprechende Katalysatoren kovalent an die Kohlenstoffmatrix gebunden werden können. So gelingt z.B. die Immobilisierung eigentlich homogener Katalysatoren auf der Oberfläche von Nanotubes. Dies dient der leichteren Abtrennung und damit Rückgewinnung des Katalysators. Als Beispiel sei hier die Verknüpfung des in Abb. 3.114a gezeigten Organovanadiumkomplexes genannt, der sich für die Cyanosilylierung von Aldehyden eignet.

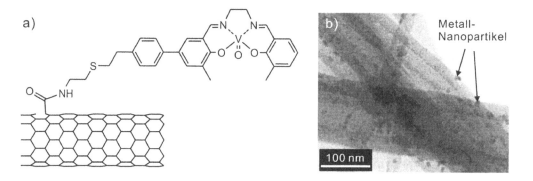

Abb. 3.114 a) Immobilisierung eines homogenen Katalysatorkomplexes, b) Pt-Ru-Partikel auf einem MWNT, die durch reduktive Fällung erzeugt wurden (© AIP 2004).

Auch klassische heterogene Katalysatoren wie Edelmetallpartikel lassen sich auf der Nanotube-Oberfläche immobilisieren. So werden z.B. Platin- und Ruthenium-Nanopartikel durch reduktive Fällung auf *cup-stacked* Kohlenstoff-Nanoröhren abgeschieden (Abb. 3.114b). Die so gewonnenen Katalysatoren eignen sich für den Einsatz in Methanol-Brennstoffzellen. Elektroden, die mit dem Nanotube-Material gefertigt werden, weisen gegenüber dem klassischen Material XC-72-Kohlenstoff eine auf das Doppelte erhöhte Leistungsfähigkeit auf. Dabei katalysieren die auf der Nanotube-Oberfläche vorhandenen Edelmetallteilchen die direkte Umwandlung von Methanol in CO_2 ($MeOH + H_2O \rightarrow CO_2 + 6\,H^+ + 6\,e^-$). Wesentliche Anforderungen an das in solchen Brennstoffzellen benötigte Material umfassen eine möglichst große spezifische Oberfläche, eine definierte Porosität sowie einen hohen Grad an Kristallinität. Da Kohlenstoff-Nanoröhren genau diese Eigenschaften mitbringen, eignen sie sich ganz besonders als Elektrodenmaterial. Allerdings ist ihr hoher Preis immer noch prohibitiv für eine großtechnische Anwendung.

3.6.5.2 Wasserstoffspeicherung in Kohlenstoff-Nanoröhren

In zunehmendem Maße wird an Energiequellen geforscht, die nach dem Versiegen der Öl- und Gasvorräte die Rolle der bisher genutzten fossilen Energieträger übernehmen. Eine der viel versprechenden Möglichkeiten, insbesondere für den Automobilsektor, stellt die Gewinnung von Energie aus Wasserstoff dar. Dieser reagiert dabei umweltfreundlich in einer kontrollierten Knallgasreaktion zu Wasser. Das bisher nur unzureichend gelöste Problem stellt die sichere und effiziente Speicherung des Gases dar. Man geht davon aus, dass ein Träger, der mehr als 6,5 % seines Eigengewichtes bzw. 62 kg m^{-3} Wasserstoff speichern kann, für einen routinemäßigen Einsatz in Frage kommt.

Eine Methode zur sicheren Speicherung von Gasen ist mit der Adsorption an Festkörpern gegeben. Naturgemäß wurden bereits sehr früh in der Entwicklung der Wasserstoffzellen auch aktivierte Kohlenstoffe als Speichermaterial getestet. Diese erwiesen sich jedoch trotz ihrer günstig erscheinenden großen spezifischen Oberfläche als ungeeignet, da in den zu großen Poren nur eine schwache Wechselwirkung zwischen den Wasserstoffmolekülen und der Kohlenstoffoberfläche zustande kommt.

Kohlenstoff-Nanoröhren weisen dagegen mit ihren inneren Hohlräumen Poren geeigneter Größe auf und sind somit attraktive Kandidaten für eine effiziente Wasserstoffspeicherung. Tatsächlich wurden bereits Werte von mehr als 7 % der Eigenmasse gemessen, was bereits im Bereich der benötigten Speicherkapazität liegt. Dabei zeigte sich, dass die Nanotubes bereits bei Raumtemperatur derart große Mengen Wasserstoff speichern können, während andere Materialien deutlich höhere Temperaturen benötigen. Auch CNT-Bündel zeigen ein gutes Speichervermögen, hier geht man davon aus, dass in den Röhrenzwischenräumen ebenfalls eine Einlagerung von Wasserstoffmolekülen erfolgt.

Mechanistisch beobachtet man mindestens zwei unterschiedliche Adsorptionsorte für die Wasserstoffmoleküle. Dabei tritt die Desorption an den weniger stark bindenden Positionen bereits bei etwa 400 °C, an den fester gebundenen Stellen dagegen erst bei über 600 °C ein. Man kann vermuten, dass es sich bei letzteren um Adsorptionsstellen im Inneren der Nanoröhren, bei den schwächer bindenden um Positionen auf der Außenwand handelt. Daneben sollten auch vorhandene Defektstellen zu einer Adsorption des Wasserstoffs beitragen, wobei in diesem Fall dann eher von Chemisorption auszugehen ist.

Auch andere tubulare Strukturen, wie z.B. Kohlenstoff-Nanohorns (SWNH, Kap. 3.3.4), sind in der Lage, große Mengen Wasserstoff zu speichern. Die Anwendung dieser Materialien ist erst durch die Verfügbarkeit in ausreichenden Mengen möglich geworden, und es werden Anstrengungen unternommen, möglichst bald zu einsatzreifen Wasserstoff-Speichern auf Nanotube-Basis zu gelangen. Auch hier gilt jedoch, dass das Material für eine großtechnische Anwendung immer noch zu kostspielig ist und erst eine Massenproduktion von Kohlenstoff-Nanoröhren die breite Anwendung ermöglichen wird. Außerdem hat sich die Reproduzierbarkeit der Ergebnisse als problematisch herausgestellt. Die Wasserstoffspeicherkapazität hängt ganz erheblich von der Qualität der eingesetzten Nanotubes ab, so dass deren Vorbehandlung und evtl. Defekte einen deutlichen Einfluss auf die Aufnahmefähigkeit besitzen. Daher ist es nötig, Protokolle für eine reproduzierbare Probenqualität zu etablieren.

3.6.5.3 Kohlenstoff-Nanoröhren als Materialien in der Elektrotechnik

Auch in Lithium-Ionen-Batterien können Kohlenstoff-Nanotubes gewinnbringend eingesetzt werden. Durch ihren geringen Durchmesser, der eine gleichmäßige Verteilung im Elektrodenmaterial ermöglicht, ihre elektrische Leitfähigkeit, die maßgeblich zu der des Elektrodenmaterials beiträgt, sowie die Fähigkeit, den Stress abzufangen, der durch Lithium-Interkalation entsteht, eignen sich Nanoröhren als Zusatz für das Anodenmaterial in solchen Batterien. Durch den Zusatz einiger Prozent Kohlenstoff-Nanoröhren bleibt die cyclische Effizienz auch noch nach vielen Ladecyclen stabil bei nahe 100 %, während unbehandelte Elektroden einen Abfall zeigen.

Neben der Anwendung in Batterien eignen sich die Kohlenstoff-Nanoröhren auch als Zusatz für Materialien, die in elektrischen Doppelschichtkondensatoren zum Einsatz kommen. Dabei gewährleisten die Nanotubes eine hohe Kapazität bei deutlich höheren Stromdichten als bei der Verwendung von Kohlenstoff-Ruß (*carbon black*).

3.7 Zusammenfassung

Kohlenstoff-Nanoröhren stellen eine der wichtigsten Klassen der „neuen" Kohlenstoff-Materialien dar. Man unterscheidet ein- und mehrwandige Nanoröhren, *Zigzag-*, *Armchair-* und chirale Nanotubes. Die Struktur wird durch die Deskriptoren n und m beschrieben. Anhand dieser Strukturparameter kann direkt eine Aussage über die elektrische Leitfähigkeit getroffen werden. Nur *Armchair*-Nanoröhren (n,n) und solche mit $m - n = 3q$ sind elektrische Leiter. Alle anderen Nanotubes weisen halbleitende Eigenschaften auf. Dies kann aus Symmetriebetrachtungen und Ermittlung der Bänderstruktur durch die Zonenfaltungsmethode ermittelt werden. Die Herstellung der ein- und mehrwandigen Kohlenstoff-Nanoröhren kann auf verschiedenen Wegen erfolgen. Wichtige Darstellungsmethoden sind:

- Chemische Abscheidung aus der Gasphase (CVD-Methode)
- Bogenentladung zwischen Graphitelektroden
- Laserablation
- HiPCo-Prozess

Kasten 3.1 Struktur und elektronische Eigenschaften der Kohlenstoff-Nanoröhren

- *Armchair*-Nanoröhren (n,n): elektrische Leiter

- *Zigzag*-Nanoröhren ($n,0$): Halbleiter, wenn $n \neq 3q$; bei Raumtemperatur elektrischer Leiter, wenn $n = 3q$

- Chirale Nanoröhren (n, m mit $m \neq n$, $n > m$): Halbleiter, wenn $n - m \neq 3q$; bei Raumtemperatur elektrischer Leiter, wenn $n - m = 3q$

- In der Zustandsdichtefunktion treten die charakteristischen *van Hove*-Singularitäten auf.

Die so erhaltenen Nanoröhren müssen bei Verwendung eines Katalysators von dessen Rückständen befreit werden. Auch amorpher Kohlenstoff und z.T. Fullerene verunreinigen die Proben. Die übliche Reinigung erfolgt mit einer Säurebehandlung, die gleichzeitig auch die Endkappen der zuvor geschlossenen Röhren entfernt.

Wesentliche Probleme bei der Untersuchung der Nanoröhren sind ihre Tendenz, Bündel zu bilden, sowie ihre geringe Löslichkeit. Daher wurden zahlreiche Methoden entwickelt, um diese Schwierigkeiten durch Funktionalisierung der Nanoröhren zu überwinden.

Die Chemie der Kohlenstoff-Nanoröhren ist mit der der Fullerene verwandt. Durch die Krümmung in nur einer Richtung ist die Reaktivität aber schwächer ausgeprägt. Es existieren drei Arten der Funktionalisierung: kovalent und nichtkovalent an der Außenseite und die Füllung des inneren Hohlraumes. Wichtige Reaktionstypen sind in Kasten 3.2 aufgelistet.

Kasten 3.2 Chemische Modifizierung von Kohlenstoff-Nanoröhren

- kovalent: *Bingel*-Reaktion, [3+2]-Addition von Azomethin-Yliden, Halogenierung, oxidative Öffnung der Nanotube-Spitzen

- nichtkovalent: Funktionalisierung mit Pyrenderivaten, Mizellenbildung mit verschiedenen Tensiden, Umhüllung durch Polymere (auch Stärke, Peptide)

- endohedral: Bildung von *Peapods*, Einlagerung von Metallatomen, Speicherung von Wasserstoff

Kohlenstoff-Nanotubes haben großes Potential für Anwendungen in der Elektronik, Sensorik und der Medizin. Folgende Applikationen sind bereits realisiert oder befinden sich in einem fortgeschrittenen Stadium der Entwicklung:

Kasten 3.3 Anwendungen und Perspektiven für Kohlenstoff-Nanoröhren

- Feldemissions-Displays mit hoher Leuchtstärke und geringem Energieverbrauch

- Spitzen für die Kraftmikroskopie

- Feldeffekt-Transistoren

- Sensorfilme für kleine Moleküle

- Kompositmaterialien mit großer mechanischer Belastbarkeit aufgrund der hohen Zug-festigkeit der Nanoröhren

- Trägermaterial für Systeme zur gezielten Einschleusung und Freisetzung von Wirkstof-fen in lebende Zellen

Die bisher erreichten Forschungsergebnisse zeigen eindrucksvoll, welches Potential in den röhrenförmigen Kohlenstoff-Strukturen steckt. Für eine weitere erfolgreiche Entwicklung ist aber die gezielte Darstellung von bestimmten Strukturtypen von eminenter Wichtigkeit, so dass diese Aufgabe eine wesentliche Herausforderung für die weitere Arbeit bleibt. Daneben müssen Anstrengungen unternommen werden, um preisgünstige Kohlenstoff-Nanotubes in großer Menge zu produzieren.

4 Kohlenstoffzwiebeln und verwandte Materialien

Nachdem wir die Fullerene sowie die ein- und mehrwandigen Kohlenstoff-Nanoröhren kennen gelernt haben, stellt sich nun auch die Frage nach mehrwandigen Fullerenen. Diese konzentrisch ineinander verschachtelten Kohlenstoffkäfige werden auch als Kohlenstoffzwiebeln (engl. *carbon onions*) bezeichnet. Im Vergleich zu anderen „neuen" Kohlenstoffmaterialien sind die Zwiebeln weitaus weniger untersucht, was in erster Linie an der Verfügbarkeit nur geringer Mengen des Materials liegt. Dennoch stellen sie eine interessante Strukturvariante des Elementes Kohlenstoff dar. Dieses Kapitel beschäftigt sich mit ihrer Struktur, verschiedenen Herstellungsmethoden und ersten Ergebnissen zu ihren Eigenschaften.

4.1 Einleitung

Bereits im Jahr 1980, also vor der Entdeckung der Fullerene, berichtete *S. Iijima* über die Herstellung mehrschaliger, kugelförmiger Teilchen, die graphitischen Charakter aufwiesen. Er interpretierte sie als ein sp^2/sp^3-Kohlenstoff-Hybridmaterial, und seine Entdeckung blieb weitgehend unbemerkt. Erst nach der Strukturaufklärung der Fullerene und der Entdeckung von *D. Ugarte*, dass sich Fullerenrußpartikel durch Bestrahlung mit Elektronen in mehrschalige Fullerene umwandeln lassen (Abb. 4.1), wurden die damals beschriebenen Strukturen ebenfalls als Kohlenstoffzwiebeln interpretiert.

Abb. 4.1

Titelbild der Zeitschrift *Nature* am 22. Oktober 1992 (© Nature Publ. Group 1992).

Die Kohlenstoffzwiebeln und verwandte Materialien nehmen eine Brückenstellung zwischen den Fullerenen und den mehrwandigen Nanoröhren ein. So können sie als ineinander verschachtelte Fullerenkäfige mit nach außen regelmäßig zunehmender Größe angesehen werden, oder aber als mehrwandige Nanoröhren mit einer Länge von Null, so dass nur die Kappen der einzelnen Röhren erhalten sind. Bei unregelmäßigen Kappen ergeben sich Kohlenstoff-Nanopartikel, die eine unregelmäßige Gestalt aufweisen.

4.2 Struktur und Vorkommen

4.2.1 Struktur der Kohlenstoffzwiebeln

Es existieren zwei Arten von mehrschaligen graphitischen Objekten: die echten Kohlenstoff-zwiebeln, die eine konzentrische Struktur kugelförmiger Schalen besitzen, sowie die zwiebel-artigen, graphitischen Nanopartikel, die oft eine stark facettierte Gestalt und einen deutlich größeren inneren Hohlraum aufweisen. Zusätzlich beobachtet man für beide Formen häufig das Auftreten einer starken Agglomeration, wobei teilweise auch einzelne Schalen mehrere kleinere Objekte umfassen und so untrennbar miteinander verbinden (Abb. 4.2).

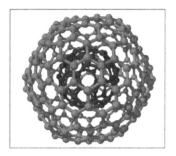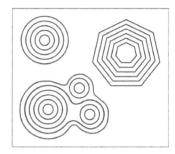

Abb. 4.2 Kohlenstoffzwiebeln bestehen aus ineinander verschachtelten Fullerenen (links), was dem Strukturmodell einer Matroschka nahe kommt (Mitte). Allerdings existieren neben den ideal sphäri-schen Onions auch facettierte und miteinander verbundene Zwiebeln (rechts).

Alle diese Formen sind eng miteinander verwandt und lassen sich z.T. recht leicht ineinander umwandeln (s. Kap. 4.3.5). Das wesentliche Prinzip all dieser Strukturen ist die Existenz geschlossener Kohlenstoff-Hohlkäfige, die ineinander verschachtelt sind wie die einzelnen Puppen einer Matroschka (Abb. 4.2). In der sich so ergebenden Struktur bestehen kovalente Bindungen nur innerhalb der einzelnen Schalen, während sich die Wechselwirkung zwischen benachbarten Schalen auf *van der Waals*-Kräfte beschränkt, so dass eine dem Graphit ver-wandte Struktur resultiert. Im Folgenden werden zunächst die vollständig gefüllten, sphäri-schen Kohlenstoffzwiebeln diskutiert, während Kap. 4.2.2 näher auf die facettierten Nanopar-tikel eingeht.

Die durch verschiedene Verfahren (Kap. 4.3) hergestellten Kohlenstoffzwiebeln weisen meist sehr ähnliche Strukturen auf. Die hochauflösenden TEM-Aufnahmen zeigen üblicherweise konzentrische Kreise mit einem Abstand von 0,34 nm. Dies lässt auf eine weitgehend perfek-te Kugelgestalt aller Schalen und auf graphitähnliche Wechselwirkungen zwischen den ein-zelnen Lagen schließen (Abb. 4.3a). Nur selten beobachtet man leicht facettierte Zwiebeln, die bei geeignetem Betrachtungswinkel symmetrische Polygone (z.B. ein rotationssymmetri-sches Zehneck) als Abbild aufweisen (Abb. 4.3c). Es stellt sich nun die Frage, wie sich diese Beobachtungen mit den theoretischen Ansätzen zur Zwiebelstruktur in Einklang bringen lassen.

Abb. 4.3

Verschiedene Ty-
pen von Kohlen-
stoffzwiebeln. a),
b) weitgehend
kugelförmige
Onions, c) Kohlen-
stoffzwiebel mit
facettierter Projek-
tion. Die weiße
Linie markiert
einen Teil der
facettierten Projek-
tion (© Elsevier
1996).

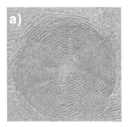
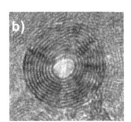
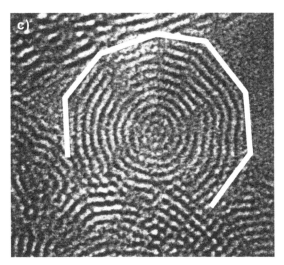

Wie bereits im Kapitel über Fullerene beschrieben, bedarf es zur Ausbildung einer geschlossenen Käfigstruktur, die aus einem zweidimensionalen Sechseckgitter gebildet werden soll,
der Anwesenheit von mindestens zwölf Fünfecken. Diese Regel leitet sich direkt aus dem
Eulerschen Theorem (Gleichung *4.1*) ab, welches die in einem Polyeder vorhanden Flächen
(F), Ecken (E) und Kanten (K) in Beziehung setzt.

$$F - K + E = \chi \tag{4.1}$$

Für Objekte, die der gleichen Topologieklasse angehören, ist χ eine konstante, charakteristische Zahl. Für die Klasse der Polyeder ergibt sich für χ der Wert 2. Hieraus resultiert dann
auch die Notwendigkeit von mindestens zwölf Fünfecken zum Schließen eines Kohlenstoff-
hohlkäfigs. Berücksichtigt man dann zusätzlich die weiteren in Kap. 2.2.3 diskutierten Regeln für stabile Fullerene, ergeben sich bei ikosaedrischer Struktur die folgenden möglichen
Schalen einer Kohlenstoffzwiebel: $C_{60}@C_{240}@C_{540}@C_{960}@C_{1500}$... Diese Abfolge verschiedener Fullerene kann auch aus einfachen geometrischen Überlegungen geschlossen werden:
Mit der Vorgabe von zwölf in jeder Schale vorhandenen Fünfringen und H Sechsringen ergibt
sich für die Anzahl der Atome N in dieser Schale Gleichung *4.2*

$$N = 20 + 2H \tag{4.2}$$

Nehmen wir nun an, dass diese Atome so verteilt sind, dass sich eine Kugel ergibt, so muss
deren Oberfläche genauso groß sein wie die der Summe der deformierten Fünf- und Sechsringe (A_5 und A_6), aus denen sie entstanden ist (*4.3*).

$$4\pi r^2 = 12 A_5 + H A_6 = (12 A_5 - 10 A_6) + 1/2 N A_6 \tag{4.3}$$

Zusätzlich kann man davon ausgehen, dass aufgrund der in jeder Schale konstanten Bindungslänge die Dichte der Atome pro Oberflächeneinheit für alle Schalen der Kohlenstoffzwiebel konstant ist. Daraus ergibt sich, dass $12 A_5 = 10 A_6$. Mit dem Flächeninhalt eines
Sechsecks $A_6 = a^2 (\sqrt{3}/2)$ ergibt sich dann

$$4\pi \cdot r^2 = (\sqrt{3}\,/\,4)\cdot a^2 \cdot N \qquad\qquad (4.4)$$

Hieraus kann dann die Atomzahl-Differenz zwischen zwei benachbarten Schalen ermittelt werden (4.5).

$$\Delta N = N_d \cdot (1 + 2\sqrt{N/N_d}) \qquad \text{mit} \qquad N_d = \left(16\pi\,/\,\sqrt{3}\right)\cdot(d\,/\,a)^2 \qquad (4.5)$$

Unter Berücksichtigung der Länge des Einheitsvektors einer Graphenzelle von $|\vec{a}| = 0{,}246$ nm und der Tatsache, dass alle Schalen einen konstanten Abstand von 0,34 nm aufweisen, ergibt sich hieraus für eine aus $i = 1,2,3,\ldots$ Schalen bestehende Kohlenstoffzwiebel und $N_1 = N_d$ eine Atomanzahl pro Schale mit $\Delta N = N_1\,(1 + 2\,i)$ nach Gleichung 4.6:

$$N_i = N_1\;i^2 \qquad\qquad (4.6)$$

Wenn also die innerste Schale aus einem C_{60}-Molekül besteht, ergibt sich die oben bereits gegebene Abfolge von *Goldberg*-Polyedern: $C_{60}@C_{240}@C_{540}@\ldots$

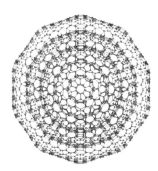
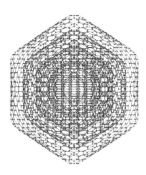

Abb. 4.4

Projektion einer idealen fünfschaligen Kohlenstoffzwiebel, die aus *Goldberg*-Polyedern aufgebaut ist, aus verschiedenen Richtungen. Deutlich ist die Facettierung zu erkennen (© Elsevier 1996).

Allerdings sind Fullerene mit einer I_h-Symmetrie bei steigender Größe zunehmend facettiert und weisen eine ausgeprägte Ikosaederstruktur mit zwölf Spitzen auf (Abb. 4.4). Auch die Projektion der *Goldberg*-Polyeder weist aus sämtlichen Blickrichtungen deutlich ausgeprägte Facetten auf. Die Abbildung in Richtung der C_5-Achse zeigt z.B. ein regelmäßiges Zehneck. Auf diese Weise können somit die manchmal beobachteten facettierten HRTEM-Abbildungen erklärt werden, die konzentrischen Kreise in den Projektionen der meisten Zwiebeln begründen sie dagegen nicht.

Es existieren nun verschiedene Möglichkeiten, den Fullerenansatz so weiterzuentwickeln, dass er auch die kugelförmige Struktur zu erklären vermag. Eine Variante besteht darin, in einem Modell die zwölf Spitzen abzuschneiden und die entstehenden Öffnungen als Defekte in der Schalenstruktur zu betrachten (Abb. 4.5). Das Ergebnis eines solchen Ansatzes wäre eine Struktur mit einer Vielzahl nicht abgesättigter Bindungsstellen an den Säumen dieser Öffnungen. Daher sollte man ein sehr starkes ESR-Signal beobachten. Zwar werden etwa zehn Spins pro Kohlenstoffzwiebel gemessen (s. Kap. 4.4.1.5), diese reichen aber nicht aus, um eine derart defekthaltige Struktur zu beweisen. Eine Möglichkeit besteht in der Absättigung dieser Bindungsstellen mit funktionellen Gruppen, worauf sich jedoch keine Hinweise in den Spektren der vorhandenen Proben finden. Die hochenergetischen, defekthaltigen Strukturen würden vermutlich unter Normalbedingungen aufgrund ihrer Instabilität kollabieren und existieren daher höchstens als Intermediate während der Bildung der Zwiebeln z.B.

im Elektronenstrahl eines HRTEM (s. Kap. 4.3.5). Daher ist dieses Modell vermutlich nicht geeignet, um die Struktur der sphärischen Kohlenstoffzwiebeln abschließend zu erklären.

Abb. 4.5

Eine Möglichkeit, die kugelförmi-ge Gestalt der meisten Kohlen-stoffzwiebeln zu erklären, ist das Entfernen der fünfringhaltigen Fragmente an den Ikosaederspit-zen. Allerdings ruft dies eine große Zahl nicht abgesättigter Bindungs-stellen hervor.

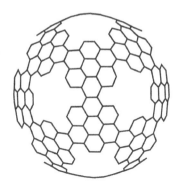

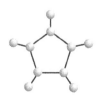

entferntes Strukturfragment

Eine alternative Erklärung geht ebenfalls von defekthaltigen Fullerenen aus, sie postuliert jedoch weiterhin geschlossene Käfigstrukturen. Der Ansatz versucht, die Krümmung der Zwiebelschalen möglichst gleichmäßig auf die gesamte Oberfläche zu verteilen. Dies gelingt durch den Einbau von Sieben- oder Achtringen, die eine konkave Krümmung der Oberfläche hervorrufen. Bei gleichzeitigem Einbau einer entsprechenden Anzahl zusätzlicher Fünfringe ergibt sich in der Summe kein Effekt auf die Gesamtkrümmung, sie wird jedoch über einen weiteren Bereich verteilt (Abb. 4.6). Dabei kompensiert ein Fünfring die konkave Krümmung eines Siebenrings, während zum Ausgleich eines Achtrings zwei Fünfringe benötigt werden. Allerdings ist die Wahrscheinlichkeit des Auftretens von Achtringen im Vergleich zu Sieben-ringen vermindert, da sie nicht durch eine einfache Umlagerung entstehen können.

Ein Fünfring-Siebenring-Paar kann sich dagegen durch die bereits erwähnte *Stone-Wales*-Umlagerung aus zwei benachbarten Sechsringen bilden (Abb. 3.63). Dabei entstehen in der Regel aus vier pyrenartig angeordneten Sechsringen zwei miteinander verbundene Defekt-paare. Beim Einbau einer genügend großen Anzahl dieser Defekte gelingt es, eine nahezu perfekte Kugelgestalt für die ehemals ikosaedrischen Fullerenkäfige zu erzielen (Abb. 4.6). Dabei ist man aufgrund der vorhandenen Defekte auch nicht ausschließlich auf die Größen der *Goldberg*-Polyeder beschränkt. Die im Abstand von 0,34 nm positionierten sphärischen Fullerene sind in einer zufälligen Orientierung zueinander angeordnet, so dass sich eine graphitische Wechselwirkung zwischen benachbarten Schalen höchstens in sehr kleinen Be-reichen ergibt. Mit Hilfe dieses Modells lassen sich die elektronenmikroskopischen Beobach-tungen auch theoretisch untermauern.

Es bleibt die Frage nach der Größe der innersten Schale zu klären. Eine Abschätzung kann aus Messungen des Durchmessers in Projektionen von vollständig oder unvollständig gefüll-ten Kohlenstoffzwiebeln vorgenommen werden. Dabei werden sehr häufig Werte erhalten, die in etwa dem Durchmesser von C_{60} entsprechen. Allerdings ist es nicht möglich, ähnlich große Fullerene, wie z.B. C_{50}, mit Sicherheit auszuschließen, zumal die im isolierten Zustand geringere Stabilität dieser Käfiggrößen durch den im Inneren der Zwiebeln herrschenden Druck (s. Kap. 4.5.2) kompensiert werden könnte. Lediglich Strukturen, die keine Kugelge-stalt aufweisen, wie z.B. C_{70}, liegen mit großer Wahrscheinlichkeit nicht vor.

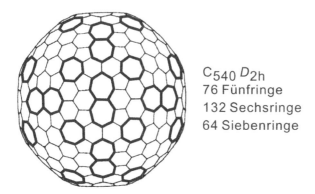

Abb. 4.6

C$_{540}$ D$_{2h}$
76 Fünfringe
132 Sechsringe
64 Siebenringe

Ein anderer, weitaus realistischerer Strukturvorschlag für sphärische Riesenfullerene und Onions geht von der Existenz von Fünf- und Siebenringen aus. Durch die Siebenringe (dunkler Rand) in Nachbarschaft zu den Fünfringen wird die Krümmung auf der gesamten Oberfläche verteilt (© APS 1998).

Zum Teil werden in Proben von Kohlenstoffzwiebeln spiralförmige Abbildungen beobachtet. Diese entsprechen einer dreidimensionalen, nautilusartigen Spiralform und werden insbesondere als Intermediate bei der Bildung von konzentrischen Nanozwiebeln aus anderen Kohlenstoff-Formen gefunden. Eine genauere Diskussion dieser Strukturen und ihrer Bedeutung findet sich im Kapitel zu den Bildungsmechanismen von Kohlenstoffzwiebeln (s. Kap. 4.3).

4.2.2 Struktur facettierter Kohlenstoff-Nanopartikel

Wie bereits in Kap. 4.2.1 erwähnt, existieren neben den kugelförmigen Kohlenstoffzwiebeln auch deutlich facettierte Strukturen, die z.T. einen großen zentralen Hohlraum aufweisen (Abb. 4.7a). Diese können z.B. durch Erhitzen von sphärischen Nanozwiebeln, aber auch direkt durch Funkenentladung oder andere Herstellungsmethoden erzeugt werden. Des Weiteren finden sich derartige Strukturen als facettierte Hüllen von Metall-Nanopartikeln, die den inneren Hohlraum der Kohlenstoffstruktur ausfüllen.

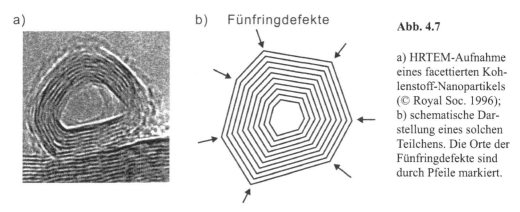

a)

b)   Fünfringdefekte

Abb. 4.7

a) HRTEM-Aufnahme eines facettierten Kohlenstoff-Nanopartikels (© Royal Soc. 1996); b) schematische Darstellung eines solchen Teilchens. Die Orte der Fünfringdefekte sind durch Pfeile markiert.

Die Struktur dieser Kohlenstoff-Partikel lässt deutlich parallel angeordnete graphitische Schichten erkennen, die auch den typischen Lagenabstand von 0,34 nm aufweisen. Einige dieser Nanopartikel ähneln kurzen mehrwandigen Kohlenstoff-Nanoröhren. An den Berührungspunkten der Facetten sind die einzelnen Lagen jeweils stark gekrümmt, was auf das Vorhandensein einer größeren Anzahl von z.B. Fünfringdefekten auf engem Raum zurückzuführen ist (Abb. 4.7b). In diesen Bereichen weicht die Struktur z.T. deutlich von der des Gra-

phits ab. Die hier vorhandenen Strukturmerkmale finden sich auch in den Kappen von mehrwandigen Kohlenstoff-Nanoröhren.

Durch den über weite Teile graphitischen Charakter der facettierten Kohlenstoff-Nanopartikel
sind diese stabiler als ihre sphärischen Analoga. Diese weisen aufgrund der Vielzahl von
Defekten und der zufälligen Anordnung der einzelnen Schalen nur geringe graphitische
Wechselwirkungen zwischen den Schalen auf. In den parallelen Bereichen der Nanopartikel
können sich dagegen ausgeprägte Anziehungskräfte ausbilden. Ein Hinweis für die erhöhte
Stabilität der facettierten Kohlenstoff-Nanopartikel ist die Tatsache, dass sich diese aus den
sphärischen Nanozwiebeln, z.B. durch Tempern bei hohen Temperaturen, bilden lassen (s.
Kap. 4.3.5.).

4.2.3 Vorkommen von Kohlenstoffzwiebeln und -partikeln

Bei den Kohlenstoffzwiebeln handelt es sich um eine künstlich erzeugte Modifikation des
Kohlenstoffs. Es sind bisher keine terrestrischen Vorkommen bekannt. Lediglich stark defekthaltige, den Kohlenstoffzwiebeln ähnelnde Strukturen wurden in klassischem Ruß beobachtet (s. Kap. 1.2.3). Diese weisen jedoch in der Regel keine geschlossenen Schalen auf,
so dass man nicht von Kohlenstoffzwiebeln im eigentlichen Sinne sprechen kann.

Allerdings existieren Kohlenstoffzwiebeln möglicherweise im Weltall. Sie wurden recht bald
nach ihrer Entdeckung als eine mögliche Ursache der bis dahin nicht interpretierbaren Absorption bei 217,5 nm im Spektrum des interstellaren Raumes diskutiert. In der Tat weist das
Absorptionsspektrum der Kohlenstoffzwiebeln große Ähnlichkeit mit dem Spektrum des
interstellaren Staubes auf. Die dabei beobachtete Rotverschiebung lässt sich auf die Messung
in unterschiedlichen Medien (Wasser bzw. Vakuum) zurückführen (s. Kap. 4.4.1.3).

Murchinson-Meteorit   Allende-Meteorit

Abb. 4.8

Sphärische und zwie-
belartige Kohlenstoff-
Strukturen finden sich in
chondritischen Meteori-
ten (© Amer. Astron.
Soc. 1996, Elsevier
2000).

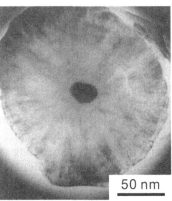
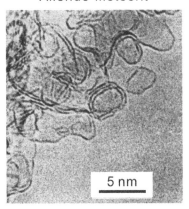

50 nm   5 nm

Die Entstehung der Kohlenstoffzwiebeln im Weltall ist bisher nicht abschließend geklärt. Es
erscheint aber sinnvoll anzunehmen, dass sie sich aus nanoskopisch kleinen Diamantpartikeln
bilden. Diese werden durch Erhitzen, Beschuss mit Elektronen oder intensive Bestrahlung in
Kohlenstoffzwiebeln umgewandelt (s. Kap. 4.3.5.4). Die Existenz von Nanodiamant in extra-
terrestrischem Material konnte durch die Untersuchung verschiedener Meteoriten bestätigt
werden. Insbesondere der *Allende*-Meteorit enthält signifikante Mengen kleinster Diamantteilchen (s. Kap. 5.1.2).

In eben diesem Meteoriten wurden auch erstmals Anzeichen für die Existenz von Kohlenstoffzwiebeln in solchen Objekten gefunden. Elektronenmikroskopische Aufnahmen (Abb. 4.8) zeigen zirkulare Strukturen mit einem Schichtabstand von 0,34 nm, was ein deutlicher Hinweis auf zwiebelartige Strukturen ist und die These der Existenz von Kohlenstoffzwiebeln im interstellaren Raum stützt.

4.3 Herstellung und Bildungsmechanismen

Prinzipiell lassen sich zwei Arten der Herstellung für Kohlenstoffzwiebeln unterscheiden: Einerseits kann man sie durch Transformation anderer Kohlenstoff-Formen gewinnen, wobei ein erheblicher Energieeintrag, z.B. in Form von Wärme, hochenergetischen Teilchen oder elektromagnetischer Strahlung, benötigt wird. Eine weitere Art der Herstellung beruht auf der Segregation von Kohlenstoff aus kohlenstoffhaltigen kondensierten Phasen, in denen er nur eine geringe Löslichkeit besitzt.

4.3.1 Funkenentladungsmethoden

Eine der gängigsten Methoden zur Herstellung von Fullerenen und Kohlenstoff-Nanoröhren ist die Funken- bzw. Bogenentladung im Vakuum bzw. in verdünnten, inerten Gasen. Ein ähnliches Verfahren sollte daher auch für die mit diesen Strukturen eng verwandten Kohlenstoffzwiebeln möglich sein, da sie sich aus den gleichen Bausteinen zusammensetzen.

Dabei kommt der Tatsache, dass es sich bei Nanozwiebeln formal um mehrwandige Nanotubes mit einer Röhrenlänge von Null handelt, besondere Bedeutung zu. Die Plasmazone, in der das Wachstum der Kohlenstoff-Strukturen stattfindet, muss so gestaltet werden, dass es nicht zum Längenwachstum evtl. entstehender Nanoröhren kommt, um so die Ausbildung kugelförmiger Strukturen zu begünstigen. Eine Möglichkeit dazu besteht in der Erhöhung des Gasdrucks in der Reaktionskammer, um eine rasche Hitzeabfuhr zu gewährleisten.

Erste Versuche zur Funkenentladung zwischen Graphitelektroden in Helium bei 300 Torr lieferten sphärische Objekte, jedoch eher von amorphem Charakter. Grund für diese Struktur ist die gewünschte Verteilung der Wärme, die jedoch auch dazu führt, dass die sich bildenden Objekte keine Zeit zum Graphitisieren haben, bevor sie endgültig abgekühlt sind. Bei dem Versuch, diesem Problem durch Absenken des Drucks entgegenzuwirken, wurden dann jedoch hauptsächlich größere graphitische Strukturen erhalten. Daher muss ein anderer Weg zur Begrenzung der Reaktionszone gefunden werden, der nicht auf der Erhöhung des Gasdrucks beruht. Das kann z.B. durch eine räumliche Begrenzung der Gasphase in Blasen erreicht werden, wobei das umgebende Medium gleichzeitig für eine Kühlung sorgt. So kann in den Blasen eingeschlossener Kohlenstoffdampf kondensieren, und die gebildeten Kohlenstoffstrukturen sammeln sich an der Phasengrenze von Gas und Flüssigkeit. Die Idee besteht also in der Durchführung der Funkenentladung in einem geeigneten flüssigen Medium, was außerdem den Vorteil hätte, ohne aufwändige Vakuumtechnik auszukommen.

Insbesondere Wasser hat sich als geeignetes Medium erwiesen, in dem zwischen Graphit- oder anderen Kohlenstoffelektroden ein stabiler Lichtbogen erzeugt werden kann (Abb. 4.9a). Es bildet sich im Lauf der Zeit ein Bodensatz im Reaktionsgefäß, der aus größeren graphitischen Bruchstücken, Nanopartikeln und Nanoröhren besteht. Auf der Wasseroberfläche dagegen entsteht ein Film, der einen großen Anteil an Kohlenstoff-Nanozwiebeln enthält. Auf der Kathode wird kein Depot gefunden. Der Kohlenstoffbedarf der Umsetzung wird ausschließlich aus der sich stetig verbrauchenden Anode gedeckt. Diese besitzt nur einen halb so großen Durchmesser wie die Kathode, was für einen stabileren Lichtbogen sorgt. Die erhaltenen Kohlenstoffzwiebeln weisen einen Durchmesser von 5-40 nm (hauptsächlich 25-30 nm) und eine Dichte von 1,64 g cm^{-3} auf. Auf den ersten Blick ist verwunderlich, warum die Kohlenstoffzwiebeln trotz ihrer deutlich höheren Dichte auf Wasser schwimmen. Normalerweise sollten sie auf den Boden des Reaktionsgefäßes sinken. Allerdings weisen sie eine extrem hydrophobe Oberfläche auf, die ein Benetzen und damit Absinken für so kleine Teilchen unmöglich macht. Zusätzlich führt die Bildung von Agglomeraten auf der Wasseroberfläche zu einer weiteren Segregation der Nanozwiebeln von den übrigen gebildeten Kohlenstoff-Formen. Das von der Wasseroberfläche abgenommene und getrocknete Material zeigt eine extrem hohe spezifische Oberfläche von über 980 m^2 g^{-1}, was zum einen auf die geringe Teilchengröße und zum anderen auf die vorhandenen Defekte und die somit raue Oberfläche der einzelnen Zwiebeln zurückzuführen ist.

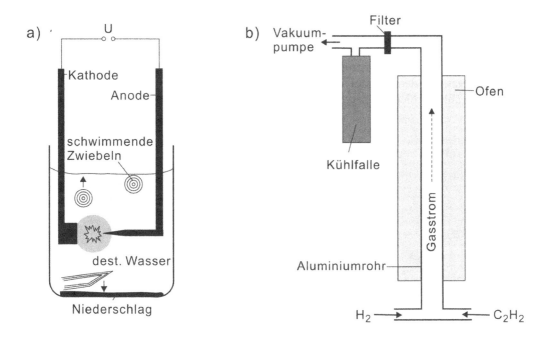

Abb. 4.9 Herstellungsmethoden für Kohlenstoffzwiebeln. a) Funkenentladung in einem Kühlmedium, b) Niederdruck-CVD-Methode, bei der die gebildeten Onions mit dem Gasstrom aus dem Reaktor entfernt werden.

Auch bei der Verwendung von flüssigem Stickstoff beobachtet man die Bildung von Zwiebeln, die allerdings eine größere Zahl von Defekten aufweisen und deren Konzentration abnimmt. Dabei sollte die deutlich größere Kühlkapazität des flüssigen Stickstoffs eigentlich die Bildung der unerwünschten Nanoröhren und -partikel vermeiden. Dies ist jedoch nicht der Fall, da das Medium aufgrund der extrem niedrigen Siedetemperatur sehr heftig verdampft, und die dabei gebildeten Blasen und der Lichtbogen sehr instabil sind. Außerdem kann man für das Innere der Blasen eine größere Inhomogenität von Drucks und Dichte erwarten. Daher hat es sich bewährt, als flüssiges Medium Wasser zu verwenden, da seine relativ hohe Siedetemperatur, die Ungiftigkeit sowie die allgemeine Verfügbarkeit es zu einem idealen Lösemittel für eine Synthese im größeren Maßstab machen.

4.3.2 CVD-Methoden

Bisher sind nur wenige Berichte zur Darstellung von Kohlenstoffzwiebeln und Nanopartikeln mit Hilfe chemischer Abscheidung aus der Gasphase vorhanden. Offensichtlich ist diese Methode nur in Ausnahmefällen zur Herstellung mehrschaliger Fullerene geeignet.

Ausgehend von Acetylen als Kohlenstoffquelle wurden Mitte der neunziger Jahre erste Versuche unternommen, Kohlenstoffzwiebeln mittels CVD herzustellen. In einem als Niederdruck-CVD (LPCVD, *low pressure CVD*) bezeichneten Verfahren erfolgt die katalysatorfreie Zersetzung von Acetylen in einem Hochtemperaturreaktor (Abb. 4.9b). Dieser wird von einem Gemisch des Trägergases (hier Wasserstoff) und Acetylen laminar durchströmt. Der Reaktor wird auf 1150-1250 °C erhitzt und meist bei einem Druck von 200 mbar betrieben. Streng genommen handelt es sich bei diesem Verfahren nicht um einen Abscheidungsprozess, da die gebildeten Kohlenstoffstrukturen nicht auf einem Substrat kondensieren, sondern mit dem Trägergas aus den Reaktor heraustransportiert werden und sich erst in einer nachgeschalteten Kühlfalle niederschlagen.

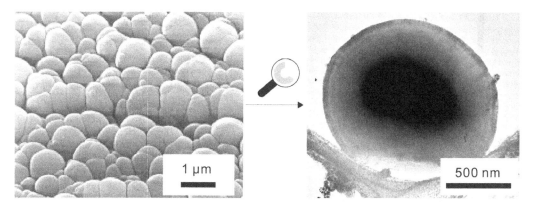

Abb. 4.10 SEM- und TEM-Aufnahme kugelförmiger graphitischer Partikel, die durch eine plasmaunterstützte Gasphasenabscheidung erzeugt wurden (© IOP Publ. 2003).

Beim Reaktionsprodukt handelt es sich um Nanozwiebeln mit einem durchschnittlichen Durchmesser von 50 nm. Je höher der herrschende Gasdruck ist, desto größere Zwiebeln werden beobachtet. Deren einzelne Schichten weisen einen im Vergleich zu Graphit aufgeweiteten Abstand von etwa 3,5 Å auf, was auf die Anwesenheit von Defekten hindeutet. Die Dichte des gewonnenen Materials ist mit 1,9 g cm^{-3} deutlich geringer als die des Graphits. Außerdem beobachtet man eine starke Agglomeration der Primärteilchen, die z.T. auch eine oder mehrere Graphenlagen teilen, sowie nicht perfekt konzentrische Bereiche in den Nanozwiebeln. Die Struktur ähnelt also in vielen Belangen derjenigen des aus Acetylen bei deutlich höheren Temperaturen gewonnenen Rußes (s. Kap. 1.3.1). Außerdem finden sich auf der Oberfläche der einzelnen Kohlenstoffzwiebeln teerartige Ablagerungen aus höherkondensierten aromatischen Verbindungen, die jedoch durch Extraktion, z.B. mit Toluol, herausgelöst werden können.

Eine weitere Art zwiebelartiger Kohlenstoffobjekte konnte durch eine plasmaunterstützte CVD gewonnen werden. Dabei handelt es sich um kugelförmige graphitische Partikel, die Durchmesser von etwa 1 μm aufweisen. Ihre Bildung erfolgt durch Abscheidung der Zersetzungsprodukte von Methan (Konzentration 0,5 %) im Argonstrom auf einem Substrat. Der entstehende Kohlenstoff-Film besteht aus aggregierten sphärischen Partikeln (Abb. 4.10). Daneben entstehen unregelmäßige Kohlenstoffzwiebeln mit einem Durchmesser unterhalb 30 nm, die jedoch teilweise große Hohlräume und eine Vielzahl an Defekten in den einzelnen Schalen aufweisen. Die Methode beruht auf der UHF-Mikrowellenplasma-CVD. Auch hier wird kein Katalysator angewendet, da es sonst zum Wachstum mehrwandiger Kohlenstoff-Nanoröhren käme. Die Zwiebelbildung dagegen, da sie kein Längenwachstum erfordert, kann ohne Zusatz von Übergangsmetallen direkt auf dem Substrat stattfinden.

4.3.3 Herstellung von Kohlenstoffzwiebeln durch Ionenbeschuss

Beim Versuch, Diamantfilme durch Implantation von Kohlenstoffionen in Kupfersubstrate zu erzeugen, machten *T. Cabioc'h* und Kollegen eine bemerkenswerte Entdeckung: Sie beobachteten, dass anstelle der erwarteten Diamantkristallite große, sphärische Kohlenstoffpartikel mit graphitischer Struktur entstanden waren. In weiteren Experimenten konnte die Verallgemeinerbarkeit dieser Technik auf andere Substrate gezeigt werden.

In dem ursprünglichen Experiment wurden sog. Riesenzwiebeln (engl. *giant onions*) erzeugt, die Durchmesser von 50 bis zu 1000 nm aufwiesen (Abb. 4.11). Hochaufgelöste elektronenmikroskopische Aufnahmen zeigten den graphitischen Charakter des Materials sowie einen gewissen Anteil an amorphem Kohlenstoff. Auch EELS-Untersuchungen bestätigten die sp^2-Hybridisierung der Atome, wobei aus der Signallage ebenfalls auf amorphe und turbostratische Anteile des Materials geschlossen werden konnte. Die Kohlenstoffzwiebeln befinden sich auf der Oberfläche des Metallsubstrats, sind jedoch zu einem Teil in dieses und einen Kohlenstoff-Film aus amorphem und turbostratischem Material eingebettet.

Abb. 4.11

Kohlenstoffzwiebeln, die durch Ionenimplantation in einem Silbersubstrat erzeugt wurden (© Elsevier 1996).

Als Substrat eignen sich Silber und Kupfer, aber auch andere Metalle wie Gold, Zinn oder Blei können zum Einsatz kommen. Wesentliches Merkmal aller in Frage kommenden Materialien ist die geringe Löslichkeit des Kohlenstoffs in diesen Metallen. Somit kommt es beim Eindringen von Kohlenstoffatomen in die Metallmatrix zur Segregation, entweder direkt an der Oberfläche oder bei größerer Eindringtiefe in Form von Einschlüssen im *bulk*-Material. Beim Beschuss des Metallsubstrats (Substrattemperatur je nach Experiment 500-750 °C) mit Kohlenstoffionen findet dann die Bildung von Kristallisationskeimen statt, die sich im umgebenden Metall durch den gleichmäßig einwirkenden Druck und die sich bildende Phasengrenzfläche zu kugelförmigen Objekten weiterentwickeln. Üblicherweise werden C^+-Ionen mit einer Energie von 120 keV verwendet (Flussrate ~ $1 \cdot 10^{13}$ cm^{-2} s^{-1}). Diese erreichen je nach Metall eine Eindringtiefe von etwa 150 nm. In dieser Tiefe bilden sich dann auch die Kohlenstoffzwiebeln, die anschließend durch Schäden des Materials infolge der Bestrahlung an die Substratoberfläche wandern (Abb. 4.12).

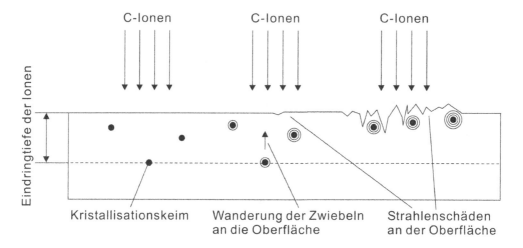

Abb. 4.12 Bildungsmechanismus von Kohlenstoffzwiebeln in einem Metallsubstrat.

Neben der Art des Metalls wirkt sich auch die Struktur des Substrats auf die Größe der erzeugten Kohlenstoffzwiebeln aus. So wird bei Beschuss von Silber eine deutlich geringere Partikelgröße von 10-20 nm Durchmesser beobachtet, die sich bei Verwendung von 300 nm dicken Silberfilmen auf einem Kieselgelsubstrat noch weiter auf 5-10 nm verringert. Außerdem wird im Fall der Implantation in Silber kaum amorpher oder turbostratischer Kohlenstoff beobachtet. Grund für die Bildung kleinerer Zwiebeln ist vermutlich der höhere Diffusionskoeffizient von Kohlenstoff in Silber und die damit verbundene Generierung einer größeren Anzahl von Kristallisationskeimen und/oder die höhere Anzahl von durch die Strahlung erzeugten Defekten. Das weitere Absinken der Partikelgröße bei Bestrahlung des oben erwähnten Silberfilms lässt sich mit der unterschiedlichen Korngröße des Materials erklären. In dem aufgedampften Film befinden sich deutlich kleinere Silberkristallite. Da die Nukleation an den Korngrenzen erfolgt und der Strom an Kohlenstoffionen konstant ist, müssen sich zwangsläufig mehr und darum kleinere Nanozwiebeln bilden.

Die Kohlenstoffzwiebeln können aus dem Metallsubstrat durch thermische Behandlung isoliert werden. Bei Temperaturen oberhalb von 850 °C verdampft im Vakuum das Silber bzw. Kupfer, so dass die Kohlenstoffzwiebeln freiwerden. Insbesondere bei Verwendung eines dünnen Silberfilms auf einem Kieselgelsubstrat können die Nanozwiebeln leicht von der

Oberfläche des auch nach dem Erhitzen verbleibenden Kieselgels abgenommen werden, da dieses praktisch keine Wechselwirkungen mit den Kohlenstoffzwiebeln eingeht (Abb. 4.12). Dagegen wird bei Verwendung von Silicium oder Stahl als Träger der aufgedampften Silberschicht nach dem Verdampfen des Substratmetalls eine starke Anbindung der Kohlenstoffzwiebeln beobachtet, was vermutlich auf die lokale Ausbildung von Carbidstrukturen zurückzuführen ist. Auf die hier beschriebene Art und Weise können leicht mehrere zehn Milligramm Kohlenstoffzwiebeln als Pulver erhalten werden, für eine Herstellung in größerem Maßstab ist die Methode dagegen zu aufwändig.

4.3.4 Chemische Methoden

Wie bereits im Kap. 2.3.5 erläutert, stellt die rationale Synthese schon des einfachsten Fullerens große Anforderungen an die Herstellung geeigneter Vorstufen, die im Anschluss dann in einer Pyrolysereaktion zum Kohlenstoffkäfig geschlossen werden. Diese Problematik tritt beim Versuch der Entwicklung einer Strategie zur rationalen Synthese mehrschaliger Fullerene umso mehr in den Vordergrund, da hier neben der Krümmung des Kohlenstoffgerüstes auch die supramolekulare Struktur aus konzentrisch angeordneten Einzelfullerenen geeigneter Größe berücksichtigt werden muss. Daher ist es bisher auch nicht gelungen, mehrschalige Fullerene in einer gezielten Synthese zu gewinnen.

Ein Ansatz zur Darstellung von Kohlenstoffzwiebeln müsste neben der gezielten Ausbildung kovalenter und nichtkovalenter Bindungen an den richtigen Positionen auch die Anordnung der Fünfringe in den benachbarten Schalen einbeziehen. Möglicherweise könnte hier das im Zentrum befindliche C_{60}-Molekül eine Art Templatwirkung entfalten, die zur Ausbildung der benötigten π-π-Interaktionen führt. Ein Modell zur Anwendung dieser Methode wurde kürzlich vorgestellt. Dabei gelang es, einen dreigliedrigen Komplex aus einem C_{60}-Molekül und zwei es umschließenden Kohlenstoff-Nanoringen zu bilden (Abb. 4.13). Die Wechselwirkung zwischen den π-Systemen ist so groß, dass dieser Komplex auch in unpolaren Lösemitteln stabil ist. Bei Messungen der Komplexierungskonstante wurde aber auch festgestellt, dass die Wechselwirkung zwischen den beiden äußeren Ringen durch die geringere Krümmung bereits abgeschwächt ist. Um dieses Modell nun auf die Herstellung tatsächlicher Nanozwiebeln zu übertragen, müsste es gelingen, ähnliche Wechselwirkungen mit halbschalenförmigen Aromaten passender Größe zu realisieren. Probleme dürfte dabei die geringe Löslichkeit dieser Verbindungen in den gängigen organischen Solvenzien bereiten.

Ähnlich wie bei der Fullerensynthese existiert jedoch eine ganze Reihe von Methoden, bei denen aus z.T. synthetisch erzeugten Vorläufersubstanzen durch eine abschließende Umsetzung elementarer Kohlenstoff gebildet wird, der auch in Form von Kohlenstoffzwiebeln vorliegen kann. Einer „Synthese" am nächsten kommt dabei wohl die thermische Zersetzung von Benzodehydroannulenen, die im Vakuum bei etwa 245 °C in einer explosionsartigen Reaktion zu Wasserstoff, Methan und eben elementarem Kohlenstoff zerfallen (Abb. 4.14). Es bildet sich dabei ein Gemisch verschiedener graphitischer Strukturen, welches auch einen gewissen Anteil an Nanozwiebeln enthält. Die Bildung verläuft vermutlich über einen schrittweisen Vernetzungsprozess, der auch die Vielzahl weiterer Allotrope (insbesondere Graphit, amorpher Kohlenstoff und Nanoröhren) erklären würde. Fullerene werden dagegen nicht gebildet. Größere Kohlenstoffzwiebeln mit einem Durchmesser von etwa 60-90 nm Durchmesser können durch die Reduktion von Glycerin mit Magnesium bei etwa 650 °C im Autoklaven erzeugt werden. Das als Nebenprodukt gebildete Magnesiumoxid ist in verdünnter

Salzsäure löslich und kann so aus dem Produktgemisch entfernt werden. Neben Glycerin können auch Ethanol oder Butanol als Kohlenstoffquelle zum Einsatz kommen.

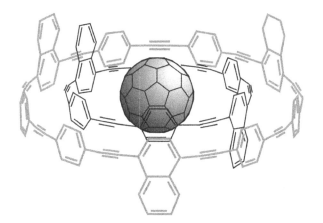

Abb. 4.13

Durch zwei Kohlenstoff-Nanoringe komplexiertes Fullerenmolekül. Es stellt einen ersten Ansatz für die rationale Synthese mehrschaliger Kohlenstoff-Objekte dar.

Weiterhin gelingt die reduktive Umwandlung von überkritischem Kohlendioxid in Kohlenstoffzwiebeln mit Hilfe von Wasserstoff (CO_2 + 2 H_2 → C + 2 H_2O). Dabei kommt als Platinkatalysator [Pt(η^2-C,S-$C_{12}H_8$)(PEt_3)$_2$] zum Einsatz, der als reaktive Spezies vermutlich [Pt(PEt_3)$_2$] freisetzt. Die resultierenden Kohlenstoffzwiebeln weisen zum Teil spiralförmige Strukturen auf oder sind durch gemeinsame Schalen miteinander verbunden.

Die Chlorierung von Titancarbid führt ebenfalls zur Bildung zwiebelartiger Kohlenstoffstrukturen. Dabei wird das sich bildende Titan(IV)-chlorid aus dem Reaktionsgemisch abdestilliert. Das entstehende Kohlenstoffgemisch weist eine hohe spezifische Oberfläche von etwa 1400 m^2 g^{-1} auf und enthält u.a. Kohlenstoffzwiebeln mit einem Durchmesser von 15-35 nm. Daneben werden insbesondere amorpher Kohlenstoff und geringe Mengen an Nanoröhren erzeugt.

Eine Methode, bei der neben Nanoröhren und unregelmäßigen Kohlenstoff-Partikeln auch Zwiebelstrukturen beobachtet werden können, ist die Ultrabeschallung von Chloroform, Dichlormethan o.ä. halogenhaltigen Solvenzien. Die Zersetzung des Lösemittels erfolgt an wasserstoff-terminierten Silicium-Nanodrähten, die gleichzeitig auch als Templat für die Entwicklung von Röhrenstrukturen dienen.

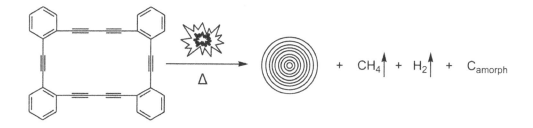

Abb. 4.14 Die Thermolyse von Benzodehydroannulenen führt zur Bildung von zwiebelhaltigem Kohlenstoffmaterial.

Auch die Umsetzung perfluorierter Kohlenwasserstoffe, z.B. Teflon (PTFE) oder Perfluor-naphthalin, mit Alkalimetall-Amalgam liefert unter geeigneten Bedingungen Kohlenstoffna-nostrukturen. Durch die reduktive Dehalogenierung werden intermediär Polyine erzeugt, die anschließend zu entsprechenden Graphensubstrukturen kondensieren. Es entsteht in der Re-gel ein Gemisch aus Kohlenstoff-Nanoröhren und -zwiebeln.

Auch die katalytische Zersetzung von Methan an einem gemischtvalenten Metalloxidkataly-sator (Übergangsmetalle und Seltene Erden sind als Metallkomponente geeignet) bei 1100 °C liefert sphärische Kohlenstoffstrukturen mit einem recht einheitlichen Durchmesser von etwa 210 nm. Allerdings handelt es sich nicht um Kohlenstoffzwiebeln im klassischen Sinne, da die einzelnen Schalen nicht geschlossen sind. Vielmehr bestehen die Objekte aus übereinan-der gestapelten graphitischen Strukturen und ähneln klassischen Rußpartikeln.

4.3.5 Umwandlung anderer Kohlenstoff-Formen

Verschiedene Modifikationen des Kohlenstoffs lassen sich unter entsprechenden Umweltbe-dingungen ineinander umwandeln. Dies wurde bereits in Kap. 1.3.2 für die Herstellung künstlicher Diamanten beschrieben, die sich bei der Anwendung sehr großer Drücke und hoher Temperaturen aus Graphit bilden.

Allgemein ermöglichen extreme Bedingungen eine Phasenumwandlung, wobei nicht nur hohe Drücke, sondern auch extreme Temperaturen, Beschuss mit Elektronen oder anderen Teilchen oder die Anwendung energiereicher elektromagnetischer Strahlung als Auslöser wirken können. Entscheidend ist die Entfernung von Kohlenstoffatomen aus ihren Gleichge-wichtslagen, so dass eine Abscheidung in Form einer anderen Modifikation stattfinden kann. Dabei bildet sich nicht unbedingt das bei den herrschenden Bedingungen thermodynamisch stabilste Allotrop, denn kinetische Effekte können eine ebenso wichtige Rolle spielen.

Die Verdampfung der Kohlenstoffprobe vor ihrer Umwandlung ist bei dieser Art von Umset-zung nicht nötig, es reicht aus, wenn eine genügend große Anzahl von Kohlenstoffatomen mobilisiert wird und sich in neuen Gleichgewichtslagen abscheiden kann. Dies wird z.B. durch thermische Schwingungen bei hohen Temperaturen, aber auch durch sog. *knock-on*-Effekte bei Teilchenbeschuss oder Bestrahlung erreicht. Im Folgenden werden ausgehend von unterschiedlichen Kohlenstoff-Formen die Produkte thermischer Behandlung und verschie-dener Bestrahlung vorgestellt. Allen diesen Verfahren gemein ist die Tatsache, dass in der Regel heterogene Produktgemische entstehen. Diese können jedoch oft in makroskopischen Mengen erzeugt werden und geben damit die Möglichkeit, die physikalischen und chemi-schen Eigenschaften zwiebelartiger Kohlenstoffmaterialien zu untersuchen.

4.3.5.1 Thermische Umwandlung rußartiger Strukturen

Wie Abb. 1.10 deutlich machte, besitzen Kohlenstoffruße bereits einen den Nanozwiebeln sehr ähnlichen Aufbau. Lediglich die dachziegelartige Anordnung der Graphenplättchen unterscheidet sich von der konzentrischen Struktur ineinander verschachtelter Fullerene. Daher liegt der Versuch nahe, Kohlenstoffzwiebeln aus verschiedenen Rußstrukturen herzu-stellen.

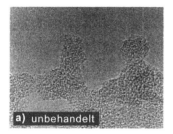
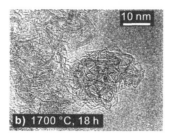
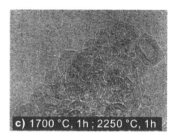

Abb. 4.15 Thermische Umwandlung von Ruß in zwiebelartiges Material (© Elsevier 1993).

Bei der Erhitzung von Lichtbogenruß in Metallröhren erhält man je nach einwirkender Temperatur Produkte mit ganz unterschiedlicher Gestalt. Beim Erhitzen auf 1700 °C entstehen zwiebelartige Strukturen, die jedoch noch große Ähnlichkeit mit glasartigem Kohlenstoff besitzen und ebenfalls ineinander verschlungene Kohlenstoffbänder zeigen (Abb. 4.15b). Erst bei weiterem Erwärmen auf deutlich mehr als 2000 °C beginnt die Bildung von Kohlenstoffzwiebeln. Dabei beobachtet man in Abhängigkeit von der Temperatur der zweiten Erhitzungsstufe eine verschiedene Anzahl von Zwiebelschalen und unterschiedliche Mengen und Arten von Nebenprodukten. Bei einer Temperatur von 2100 °C besitzen die Zwiebeln drei bis vier Schalen, und man findet recht große Mengen glasartigen und amorphen Kohlenstoffs. Bei 2250 °C nimmt der Anteil dieser Nebenprodukte rapide ab, und die Zwiebeln weisen bis zu acht Schalen auf (Abb. 4.15c). Dieser Trend setzt sich allerdings bei noch höheren Temperaturen nicht fort, bei 2400 °C nimmt die Anzahl der Zwiebelschalen vermutlich durch Verdampfung der äußeren Lagen wieder auf drei bis vier ab, und man beobachtet zusätzlich größere Strukturen, wie z.B. mehrwandige Kohlenstoff-Nanoröhren. Bei der Untersuchung der einzelnen Kohlenstoffzwiebeln stellt man fest, dass diese trotz einer nicht perfekt sphärischen Form einige strukturelle Gemeinsamkeiten zeigen. In der Regel handelt es sich um ovale Objekte mit einer Dicke von etwa 3 nm und einer Länge von 4-10 nm, die in der Mitte einen Hohlraum aufweisen. Dieser entspricht in etwa den beiden innersten Fullerenschalen, die aufgrund ihrer starken Krümmung bei den herrschenden Bedingungen offensichtlich instabil sind. Möglicherweise werden Strukturen mit einer Größe von etwa C_{60} zwar gebildet, dann im weiteren Verlauf des Zwiebelwachstums aber wieder konsumiert. Ein Indiz für diese These ist die Tatsache, dass in den gebildeten Produkten teilweise auch einschalige fullerenartige Objekte mit Durchmessern von weniger als 1 nm gefunden wurden.

Abb. 4.16

Schematische Darstellung eines Rußpartikels mit mehreren Nukleationszentren. Es existieren sowohl konzentrische als auch spiralförmige Strukturen in der Mitte der einzelnen Teilpartikel.

Bei genauer elektronenmikroskopischer Untersuchung von Kohlenstoffruß (*carbon black*) stellt man fest, dass die einzelnen Rußpartikel ein oder mehrere Nukleationszentren aufweisen, die z.T. eine zwiebelartige Struktur besitzen. Sowohl konzentrische als auch spiralförmige Anordnungen wurden beschrieben (Abb. 4.16). Außerdem findet man hier auch einwandige Fullerene mit Durchmessern, die in etwa C_{60} und C_{70} entsprechen. Es deutet also vieles darauf hin, dass fulleren- und zwiebelartige Strukturen am Wachstumsmechanismus von Rußpartikeln in unvollständigen Verbrennungen, wie sie z.B. bei der Herstellung von *Furnace*-Ruß stattfinden, beteiligt sind. Daher stellt sich die Frage, ob durch ein frühzeitiges, starkes Abkühlen („Abschrecken") der sich bildenden Rußpartikel ein Beenden des Wachstums auf der Stufe von Kohlenstoffzwiebeln und anschließendes Tempern des Produkts bei hohen Temperaturen möglich ist.

In diesem Kontext wurde auch die Produktstruktur von rußenden Benzol/Sauerstoff-Flammen untersucht. Dabei stellte man fest, dass die an den kalten Teilen der Apparatur abgeschiedenen Rußfilme aus röhrenförmigen und zwiebelartigen Kohlenstoffstrukturen bestehen. Allerdings sind die erhaltenen Produkte sehr inhomogen, so dass sich das Verbrennungsverfahren zur effektiven Erzeugung von Kohlenstoffzwiebeln bisher nicht eignet.

4.3.5.2 Bestrahlung rußartiger und anderer sp²-hybridisierter Kohlenstoffe

Ähnlich wie bei der thermischen Umwandlung von sp^2-hybridisierten Kohlenstoffen spielt auch bei der Bestrahlung das Erzielen einer strukturellen Fluidität eine wesentliche Rolle bei der Transformation des Ausgangsmaterials. Durch Energieabsorption kommt es auch bei der Bestrahlung mit Elektronen, z.B. in einem Transmissions-Elektronenmikroskop (HRTEM), zur lokalen Erhitzung der Probe, und es erfolgt der Bruch von Kohlenstoff-Kohlenstoff-Bindungen durch die Anregung von Elektronen. Zusätzlich sind hochenergetische Teilchen wie die Elektronen im Elektronenstrahl des HRTEM auch in der Lage, einen Impuls auf die Atomkerne der Probe zu übertragen und diese aus ihren ursprünglichen Gleichgewichtslagen in interstitielle Positionen zu transferieren. Man verwendet hierzu i. A. einen zehn- bis zwanzigmal höheren Elektronenfluss (200-400 A cm⁻²) als bei der reinen elektronenmikroskopischen Untersuchung der Probe.

Abb. 4.17

Die Umwandlung einer Rußprobe (a) in Kohlenstoffzwiebeln (b) wird auch durch die Einwirkung des Elektronenstrahls im Elektronenmikroskop erreicht (schwarze Pfeile markieren Onions mit konzentrischem Kern, weiße Pfeile solche mit spiralförmigem Kern). © ACS 2002

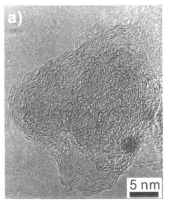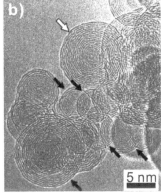

Erste Ergebnisse zur Bestrahlung von Lichtbogenruß wurden bereits 1992 von *D. Ugarte* beschrieben. Bei diesen Experimenten wandelt sich der aus röhrenförmigen Strukturen, Na-

nopartikeln und amorphem Kohlenstoff bestehende Ruß innerhalb von etwa 30 min vollständig in weitgehend sphärische Kohlenstoff-Nanozwiebeln um (Abb. 4.17). Auch Graphit
selbst wandelt sich unter Elektronenbeschuss in Zwiebeln um. Je nach Bestrahlungsdauer
können die Nanozwiebeln eine Größe von bis zu 50 nm erreichen, andere Autoren berichten
auch über die Erzeugung von „Riesenzwiebeln" (*giant carbon onions*), die Durchmesser bis
zu 80 nm und 115 Schalen besitzen können (Abb. 4.18). Neben dem Ansteigen des Durchmessers führt eine längere Elektronenbestrahlung auch zur einer leichten Veränderung der
Form der Kohlenstoffzwiebeln, die dann zunehmend facettierte Außenschalen aufweisen.
Derartige Zwiebeln, die im Elektronenmikroskop einen derartigen Temper-Prozess durchlaufen haben, sind anschließend auch an Luft für mehrere Monate stabil.

Die Tatsache, dass sich letztlich alle bisher untersuchten Proben bei Elektronenbeschuss in
mehrschalige Fullerene umwandeln und diese bei entsprechender Nachbehandlung auch an
Luft stabil sind, legt die Schlussfolgerung nahe, dass sich bei ausreichend hohem Energieeintrag sämtliche sp^2-Kohlenstoffe in Nanozwiebeln umwandeln, die wohl eine metastabile
Hochenergie-Modifikation des Kohlenstoffs darstellen. Die Struktur der Zwiebeln, die vollständig frei von nicht abgesättigten Bindungsstellen ist, sorgt für die kinetische Stabilisierung
der bei Raumtemperatur thermodynamisch nicht bevorzugten Zwiebelform. Ein Aufbrechen
der Bindungen in den geschlossenen Käfigen erfordert eine recht große Energie. Dagegen
wird die Struktur defekthaltiger Kohlenstoffzwiebeln recht schnell zerstört, und sie wandeln
sich sowohl im Vakuum als auch bei Normalbedingungen rasch in ungeordnetes graphitisches
Material um. Hier liegen an den Defekten ausreichend Angriffsstellen vor, so dass eine Transformation leicht beginnen kann. Daher müssen entsprechende Proben vor der Lagerung ausreichend lange mit Elektronen bestrahlt werden, um ein vollständiges Ausheilen aller Strukturdefekte zu erreichen.

Abb. 4.18

Ausschnitt aus der HRTEM-Aufnahme einer Riesen-
Kohlenstoffzwiebel (© Taylor & Francis 1995).

Auch andere Kohlenstoff-Formen wandeln sich unter Elektronenbeschuss in Kohlenstoffzwiebeln um. Ein Beispiel hierfür sind Nanopartikel, die in ihrem Zentrum einen Metallcluster enthalten. Diese Objekte werden ähnlich wie die endohedralen Fullerene durch Funkenentladung zwischen entsprechend präparierten Graphitelektroden erhalten. Man verwendet z.B. Elektroden, die in einer zentralen Bohrung Gold oder Lanthanoxid enthalten. Für

Lanthan ist die Einkapselung in Fullerene und Kohlenstoff-Nanopartikel lange bekannt, aber auch Gold, welches keine Endofullerene bildet und auch nur schlecht von Kohlenstoff benetzt wird, kann auf diese Weise in mehrschalige Nanopartikel eingekapselt werden. Bei anschließender Bestrahlung dieser Metall-Kohlenstoff-Kapseln kommt es zur Wanderung der Metallcluster aus dem Zentrum des Partikels nach außen, wobei der sich bildende Hohlraum sofort von Kohlenstoffmaterial ausgefüllt wird und sich eine weitgehend perfekte Kohlenstoffzwiebel bildet (Abb. 4.19). Offensichtlich entsteht durch die Elektronenbestrahlung im Inneren der Kapsel ein so großer Druck, dass der Metallcluster als Ganzes ein großes Loch in der Partikelwand öffnen und durch dieses nach außen wandern kann. Dabei verändern die Metallteilchen oft auch ihre Form, was ebenfalls ein Hinweis auf erhöhten Druck sein kann. Neben Gold und Lanthan bildet auch Aluminium derartige Nanokapseln, die sich zur Herstellung von Kohlenstoffzwiebeln durch Elektronenbeschuss eignen. Hier werden die eingekapselten Metallteilchen aber *in situ* im Elektronenmikroskop erzeugt und anschließend durch Bestrahlung transformiert.

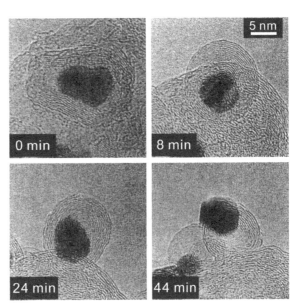

Abb. 4.19

Unter Elektronenbeschuss wandeln sich metallgefüllte Kohlenstoff-Nanopartikel in Onions um. Dabei verlässt das Metallteilchen die Zwiebel unversehrt. Hier ist die Wanderung eines Goldpartikels aus dem Zentrum einer sich bildenden Kohlenstoffzwiebel gezeigt (© Elsevier 1993).

4.3.5.3 Thermische Umwandlung von Diamant

Der durch Detonation aus kohlenstoffreichen Explosivstoffen hergestellte Diamant mit einer Primärteilchengröße von etwa 5 nm zeigt bei der elektronenmikroskopischen Untersuchung auch graphitische Anteile, die z.T. als zwiebelartige Strukturen sowie als Diamantpartikel mit mehrschaliger graphitischer Hülle vorliegen (s. Kap. 5.2.2). Somit kann man annehmen, dass die vollständige Graphitisierung von Detonationsdiamant zu zwiebelartigen Partikeln führt.

Beim Versuch, Nanodiamant im Vakuum auf 1000-1500 °C zu erhitzen, werden als Produkte tatsächlich verschiedene zwiebelartige Strukturen erhalten. Zum einen finden sich die erwünschten sphärischen Kohlenstoffzwiebeln, zum anderen beobachtet man ovale Zwiebeln und facettierte Nanopartikel (Abb. 4.20). Dabei stellte sich heraus, dass kleine Nanodiamanten zur Bildung von echten Zwiebelstrukturen neigen, während sich aus größeren Diamanten facettierte Nanopartikel entwickeln. Diese können jedoch beim Erhitzen auf 1700 °C ebenfalls in Kohlenstoffzwiebeln umgewandelt werden. Die experimentell bestimmte Minimal-Temperatur für eine beginnende Graphitisierung einzelner Nanodiamantteilchen liegt deutlich niedriger als die für die Umwandlung von Ruß, obwohl dieser eigentlich bereits eine sehr ähnliche Gestalt wie das gewünschte Produkt besitzt. Allerdings weisen die (111)-Flächen des Diamanten große strukturelle Gemeinsamkeiten mit der (001)-Ebene im Graphit auf, so dass die Umwandlung bevorzugt an diesen Flächen stattfindet. Des Weiteren sorgt der Trend zur Minimierung der Oberflächenenergie für den Abbau struktureller Spannungen und somit für die Bildung von Nanozwiebeln (s. Kap. 4.3.7).

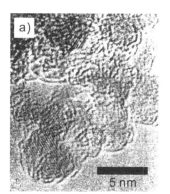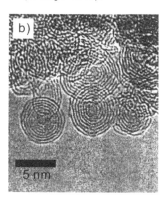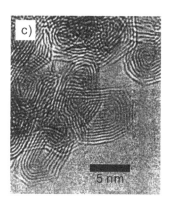

Abb. 4.20 Thermische Umwandlung von Nanodiamant in Kohlenstoffzwiebeln; a) Ausgangsmaterial, b) Behandlung bei 1700 °C, c) bei 2000 °C. (© Elsevier 1999)

Die gebildeten Kohlenstoffzwiebeln bestehen in der Regel aus fünf bis zehn Schalen und agglomerieren zu traubenförmigen Gebilden. Die einzelnen Nanozwiebeln sind nur z.T. sphärisch, andere zeigen eine ovale Form (Abb. 4.20). Im Zentrum der Strukturen befindet sich oft eine Schale, die vom Durchmesser her einem C_{60}-Molekül entspricht. Bei sehr hohen Umwandlungstemperaturen (meist > 1900 °C) verändern die gebildeten Kohlenstoffzwiebeln allerdings ihre Form und facettieren. Dies steht in Analogie zur Bestrahlung von Rußpartikeln im Elektronenmikroskop, wo nach Bildung der sphärischen Zwiebeln bei verlängerter Strahlungseinwirkung ebenfalls leicht facettierte Partikel entstehen.

Auch die Partikelgröße des eingesetzten Diamanten beeinflusst die Umwandlungstemperatur. Je größer die Diamantpartikel sind, desto höhere Temperaturen sind zum Beginn der Graphitisierung von Nöten. Nanodiamant mit einer Teilchengröße von ~ 5 nm beginnt bereits bei etwa 940 K zu graphitisieren, Proben mit Partikelgrößen im zweistelligen und unteren dreistelligen Nanometerbereich dagegen bei Temperaturen von etwa 1100 und 1500 K. Im *bulk* setzt die Umwandlung in sp^2-Kohlenstoff erst bei 1800 K ein. Das lässt darauf schließen, dass mit steigender Diamantpartikelgröße eine zunehmend höhere Aktivierungsbarriere überwunden werden muss, bevor die Umwandlung in graphitisches Material einsetzt.

Insgesamt hat sich die thermische Umwandlung von Nanodiamant als geeignete Methode zur Herstellung makroskopischer Mengen zwiebelartigen Kohlenstoffs erwiesen. Die erhaltenen Produkte sind zwar in gewissem Maße inhomogen, und die gebildeten Zwiebeln weisen eine

Reihe von Unzulänglichkeiten (Defekte, Abweichung von der Kugelgestalt) auf, dennoch ist die Erhitzung von Diamant im Vakuum bisher die beste Methode zur Herstellung größerer Mengen von Kohlenstoffzwiebeln für die Untersuchung prinzipieller physikalischer und chemischer Eigenschaften.

4.3.5.4 Bestrahlung von Diamantmaterialien

Wie bereits im vorherigen Abschnitt erwähnt, prädestiniert die Existenz von sp^2/sp^3-Übergangszonen an den Partikelgrenzflächen kleine Diamantpartikel als Vorläufer von Kohlenstoffzwiebeln. Neben der bereits beschriebenen thermischen Umwandlung gelingt die Erzeugung von Nano-Onions auch durch Bestrahlung mit Elektronen. Diese Methode wird in der Regel mit einem gebündelten Elektronenstrahl im HRTEM durchgeführt. Die verwendeten Flussraten betragen 10^7 Elektronen pro Quadratnanometer, was einer Stromdichte von $150\,A\,cm^{-2}$ entspricht. Die Dauer der Bestrahlung richtet sich nach der Beschaffenheit der Ausgangsmaterialien. Üblicherweise werden Zeiträume von etwa 15-30 Minuten angegeben. Bei längerer Bestrahlung beobachtet man das Ausheilen von Defekten in den erzeugten Nanozwiebeln. Im Gegensatz zu Ruß bleibt hier jedoch die Größe der Kohlenstoffzwiebeln auch nach längerer Bestrahlung erhalten. Meist beobachtet man weitgehend kugelförmige Objekte mit fünf bis zehn Schalen.

Abb. 4.21

Auf Diamant bildet sich bei genügend glatter Oberfläche durch Elektronenbestrahlung eine Graphitschicht aus. Unregelmäßigkeiten führen zu zwiebelartigen Strukturen (© Elsevier 1996).

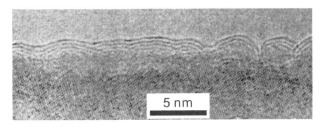

Sowohl nanoskalige (~ 5 nm) als auch größere Diamanten mit plättchenartiger Morphologie und Partikelgrößen von mehreren Mikrometern wurden bereits erfolgreich in zwiebelartige Strukturen transformiert. Dabei spielt die Struktur der Partikeloberfläche eine wesentliche Rolle: Nur bei ausreichender Oberflächenimperfektion entstehen auf größeren Diamanten Kohlenstoffzwiebeln. Ist die Oberfläche dagegen glatt und frei von Defekten, bildet sich eine gleichmäßige, ebene Graphitschicht (Abb. 4.21). Nanoskalige Diamanten wandeln sich dagegen in genau eine Kohlenstoffzwiebel pro Diamantpartikel um, so dass jede dieser Nanozwiebeln ein größeres Volumen als das entsprechende Diamantteilchen aufweist, was sich mit der geringeren Dichte des graphitischen Materials erklären lässt. Bei Elektronenbeschuss von Diamantpartikeln, die deutlich größer als die 5 nm großen Nanodiamanten (s. a. Kap. 5.5.3) sind, beobachtet man, dass sich zwar zwiebelartige Strukturen bilden, diese sich aber zu größeren traubenförmigen Agglomeraten verknüpfen, bevor die äußere Schale der jeweiligen Objekte abgeschlossen ist.

Das Wirkprinzip des Elektronenbeschusses entspricht dem bei der Bestrahlung von graphitischen Materialien. Im Wesentlichen sind sog. *knock-on*-Effekte für die Deplatzierung einzelner Kohlenstoffatome verantwortlich. Eine einfache Abschätzung der dafür benötigten Energie ergibt etwa 50-80 eV. Die im Mikroskop erzeugte Elektronenstrahlung (etwa 200 keV) ist daher gerade ausreichend für die Impulsübertragung auf die Kerne der Kohlenstoffatome. Die Wahrscheinlichkeit, dass die *knock-on*-Verschiebung stattfindet, ist für Randatome signifikant erhöht, da diese eine geringere Energie zum Verschieben ihrer Gleichgewichtslage benötigen. Neben den Deplatzierungsreaktionen sind auch elektronische Effekte denkbar, die durch das Anregen von Elektronen in höhere Orbitale zu Bindungsbruch und anschließender Umorientierung der Atome führen.

Einen wesentlichen Nachteil weist die Herstellung von Kohlenstoff-Nanozwiebeln durch Elektronenbeschuss auf: Die erhaltenen Mengen sind derart klein, dass an eine Untersuchung der *bulk*-Eigenschaften nicht zu denken ist. Erst hochenergetische Elektronenquellen außerhalb eines HRTEM würden die Herstellung makroskopischer Mengen ermöglichen. Da die aus Diamant erzeugten Kohlenstoffzwiebeln eine sehr gleichmäßige Qualität besitzen, ist die Weiterentwicklung dieser Methode von großem Interesse.

4.3.6 Weitere Herstellungsmethoden für Kohlenstoffzwiebeln

Neben den bereits beschriebenen Verfahren zur Herstellung von Kohlenstoffzwiebeln existiert eine Reihe von Methoden, bei denen hauptsächlich oder zu einem gewissen Anteil Nanozwiebeln bzw. zwiebelartige Strukturen gebildet werden. Einige von diesen Experimenten werden im Folgenden vorgestellt.

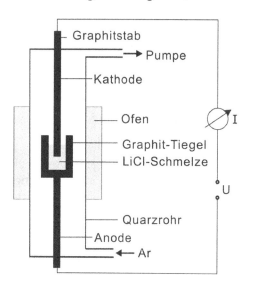

Abb. 4.22

Schemazeichnung einer Apparatur zur Herstellung von Kohlenstoffzwiebeln in einer Alkalihalogenid-Schmelze. Die Eintauchtiefe der Graphitelektrode bestimmt die Art der gebildeten Kohlenstoffmaterialien.

Eine Möglichkeit, Kohlenstoff-Nanomaterialien in kondensierter Phase herzustellen, ist die elektrolytische Umwandlung von Graphitelektroden in Alkalihalogenidschmelzen. Insbesondere in geschmolzenem Lithiumchlorid und -bromid werden je nach Reaktionsbedingungen zahlreiche Kohlenstoff-Nanostrukturen gebildet. In der in Abb. 4.22 gezeigten Apparatur wird insbesondere durch die Eintauchtiefe und die Stromstärke gesteuert, ob sich hauptsächlich MWNT, Kohlenstoffzwiebeln oder amorphes Material bilden. Daneben besitzt auch die Temperatur einen wichtigen Einfluss. Zur Bildung von Kohlenstoff-Nanostrukturen kommt es erst oberhalb 500 °C. Die in den Gemischen beobachteten Kohlenstoffzwiebeln weisen eine durchschnittliche Größe von 20 nm auf und zeigen zahlreiche Defekte. Die interne

Struktur deutet in einigen Fällen auf ein spiralförmiges Wachstum hin. Für die Erzeugung makroskopischer Mengen an sauberen Kohlenstoffzwiebeln ist die Methode zumindest in der vorliegenden Form ungeeignet, sie zeigt aber, dass die Nukleation von derartigen Strukturen nicht unbedingt aus der Gasphase erfolgen muss, sondern auch in kondensierter Phase stattfinden kann.

Auch die Bestrahlung mit hochenergetischem Laserlicht verursacht bei der Wahl eines geeigneten Substrats die Bildung zwiebelartiger Kohlenstoffstrukturen. So entsteht bei der Bestrahlung von Acetylen mit einem CO_2-Infrarotlaser in einer Knallgasflamme ein Ruß, der hauptsächlich aus zwiebelartigen Teilchen besteht. Die Injektion von Acetylen in eine derartige Flamme ohne simultane Bestrahlung liefert flache Graphenlagen und Partikel, die dem üblichen Acetylenruß entsprechen. Auch die nachträgliche Bestrahlung von Acetylenruß liefert keine Kohlenstoffzwiebeln. Offensichtlich ist die Einwirkung der Strahlung während der Nukleation der Nanozwiebeln nötig.

Die Bestrahlung von Siliciumcarbid mit einem gepulsten UV-Laser (KF-Laser, 248 nm, 25 ns) liefert bei einer Substrattemperatur von etwa 600 °C ebenfalls Kohlenstoffzwiebeln. Das Wirkprinzip beruht auf der selektiven Verdampfung des Siliciums, welches unter den gegebenen Bedingungen einen deutlich höheren Dampfdruck aufweist als elementarer Kohlenstoff oder das Siliciumcarbid selbst. Dabei bilden sich die Onions sowohl an der Substratoberfläche als auch im Inneren der SiC-Phase. Es liegen offensichtlich zwei unterschiedliche Wachstumsmechanismen vor. An der Oberfläche folgt auf die selektive Verdampfung des Siliciumanteils die thermische Umwandlung des zurückbleibenden Kohlenstoffs in Zwiebelstrukturen. Dieser Vorgang sollte der Bildung von Nano-Onions aus Ruß ähneln. Im Inneren der SiC-Phase kommt dagegen die geringe Löslichkeit von Kohlenstoff in Siliciumcarbid zum Tragen. Durch die Siliciumverarmung kommt es zur partiellen Segregation des Kohlenstoffs von der umgebenden Phase, und unter dem herrschenden gleichmäßigen Druck bilden sich sphärische Strukturen aus (vgl. Kap. 4.3.3). Auch diese Methode ist bislang nur für die Herstellung geringer Produktmengen geeignet, wobei auch die Entfernung noch vorhandenen Siliciumcarbids Probleme bereitet.

4.3.7 Bildungsmechanismen von Kohlenstoffzwiebeln

Je nach Art des Ausgangsmaterials und der Herstellungsmethode erfolgt die Bildung von Kohlenstoffzwiebeln und verwandten Strukturen nach unterschiedlichen Mechanismen. Insbesondere muss man Verfahren unterscheiden, bei denen durch Beschuss mit hochenergetischen Teilchen die Bildung der Zwiebeln aus anderen Kohlenstoffstrukturen erreicht wird, und solche, bei denen durch Energieeintrag kleine Kohlenstoffbausteine C_x erzeugt werden, die sich anschließend zu Nanozwiebeln zusammenlagern.

4.3.7.1 Mechanismus der Bildung von Kohlenstoffzwiebeln durch Elektronenbestrahlung

Die Einwirkung energiereicher Elektronen auf ein Material kann strukturelle Modifikationen hervorrufen, die durch die Positionsveränderung einzelner Atome oder Atomgruppen gekennzeichnet sind. Hierzu benötigen die einwirkenden Teilchen eine Mindestenergie, die von mehreren Faktoren, wie z.B. ihrer eigenen Masse und der Aktivierungsbarriere der Positionsänderung im bestrahlten Material, abhängt. Für graphitischen Kohlenstoff, u.a. Ruß, beträgt die zur Deplatzierung eines einzelnen Atoms benötigte Energiemenge 15 eV. Daher müssen die verwendeten Elektronen aufgrund ihrer geringen Masse eine Energie von mindestens 100 keV aufweisen, um in einem elastischen Stoß den benötigten Impuls für die Positionsänderung zu übertragen.

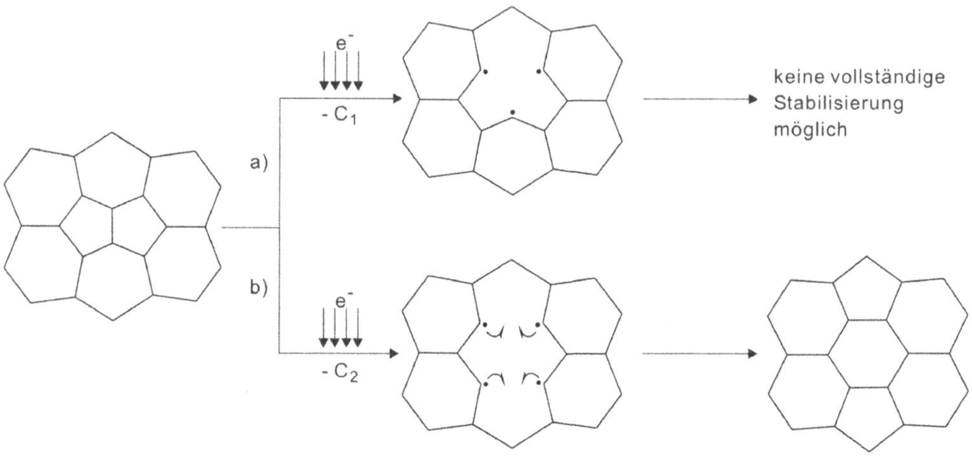

Abb. 4.23 Durch Elektronenbeschuss entstehen Einfachdefekte (a) und Zweifachdefekte (b) in graphitischen Materialien. Letztere führen wieder zu geschlossenen Strukturen.

Durch die Elektronenbestrahlung entstehen in graphitischen Materialien mehrere Arten von Defekten. Häufig beobachtet man sog. Einfachdefekte durch das Herausschlagen eines einzelnen Atoms. Dieses hinterlässt eine Lücke und befindet sich an einem Zwischengitterplatz (Abb. 4.23a), wo es bei hoher Konzentration solcher interstitiellen Atome zu einer Clusterbildung aus mehreren Kohlenstoffatomen kommt. Das in der Graphenstruktur gebildete Loch ist solange stabil, bis es durch ein einzelnes Atom gefüllt wird, da es nicht durch Umlagerungen zwischen den benachbarten Atomen kompensiert werden kann. Je nach Temperatur können solche Defekte daher eine durchaus beachtliche Lebensdauer besitzen. Bei höherer Temperatur steigt jedoch die Mobilität der interstitiellen Kohlenstoffatome und die Einfachdefekte heilen leichter wieder aus. Dagegen sind die ebenfalls gebildeten Zweifachdefekte, die durch die Entfernung zweier Kohlenstoffatome entstehen, unabhängig von der Temperatur instabil (Abb. 4.23b). Sie können durch eine Art *Stone-Wales*-Umlagerung (vgl. Abb. 3.63) in eine geschlossene Struktur übergehen. Dabei entstehen unter Verlust einer C_2-Einheit zwei Fünfringe, wodurch die Gesamtstruktur zum einen schrumpft und zum anderen eine weitere Krümmung erfährt. Beobachtungen von Rußproben und anderen graphitischen Materialien legen aufgrund der weitgehenden Temperaturunabhängigkeit der Zwiebelbildung einen Mechanismus unter deutlicher Beteiligung von Zweifachdefekten nahe. Allerdings werden bei Elektronenbestrahlungs-Experimenten an Rußen auch spiralförmige Intermediate beobachtet. Auf den hier zugrunde liegenden Mechanismus wird in Kap. 4.3.7.2 eingegangen.

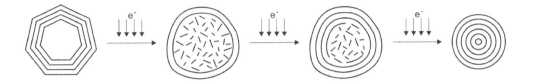

Abb. 4.24 Bildungsmechanismus von Kohlenstoffzwiebeln aus facettierten Nanopartikeln.

Bei der Umwandlung von facettierten Kohlenstoff-Nanopartikeln beobachtet man eine zunehmende Ordnung der Struktur, wobei sich zunächst an der äußeren Oberfläche Zwiebelschalen ausbilden, während das Innere eher einen ungeordneteren Zustand einnimmt (Abb. 4.24). Bei weiterer Bestrahlung kommt es dann im Inneren zur Ausbildung von Zwiebelschalen durch Verknüpfung der vorhandenen Graphenbruchstücke. Durch die Tendenz zur Vermeidung nicht abgesättigter Bindungsstellen (*dangling bonds*) bilden sich bei dieser Umwandlung auch Fünfringe, die für die nötige Krümmung sorgen.

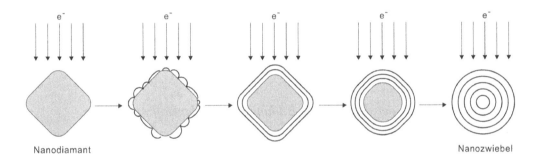

Abb. 4.25 Umwandlung eines Diamantpartikels in eine Kohlenstoffzwiebel. Hier beginnt die Graphitisierung ebenfalls auf der Partikeloberfläche.

Die Elektronenbestrahlung von hauptsächlich sp^3-hybridisierten Kohlenstoffmaterialien, wie z.B. Nanodiamant (s. Kap. 5.5.3), liefert ebenfalls Kohlenstoffzwiebeln. Die für die Deplatzierung eines einzelnen, im *bulk* befindlichen Kohlenstoffatoms benötigte Energie beträgt im Fall des Diamanten bis zu 80 eV, so dass Elektronen mit einer Energie von mindestens 330 keV erforderlich wären. Die Umwandlung von Nanodiamant in Kohlenstoffzwiebeln findet jedoch auch mit Elektronen deutlich geringerer Energie, z.B. 200 keV, und einem Fluss von 10^9-10^{10} Elektronen pro nm^2 statt. Das Herausschlagen von Atomen aus dem Diamantgitter ist damit nicht möglich. Allerdings befinden sich an der Partikeloberfläche Kohlenstoffatome, die bereits bei deutlich niedrigerem Energieeintrag deplatziert werden können. Gleiches gilt auch für Defektstellen. Tatsächlich beobachtet man, dass die Umwandlung von Nanodiamant-Partikeln in graphitisches Material unter Elektronenbeschuss von der Partikeloberfläche ins Innere des Teilchens fortschreitet und die sich bildenden graphitischen Strukturen sich aus den darunter liegenden Diamantebenen speisen (Abb. 4.25). Dabei findet man zunächst ebenfalls Defekte, die durch interstitielle Atome charakterisiert sind und bereits bei Raumtemperatur eine hohe Mobilität aufweisen. Diese Defektatome fungieren während der Bildung der einzelnen Schalen durch den Übergang von sp^2- zu sp^3-Hybridisierung als Brückenatome zwischen diesen, wodurch sie zur Absättigung der Bindungsstellen und damit zur Stabilisierung der sich bildenden Struktur beitragen. Auf der Oberfläche des Diamanten bilden sich kappenartige graphitische Strukturen, ähnlich den Keimen für die Bildung von mehrwandigen Nanoröhren (s. Kap. 3.3.7). Die Nanokappen wachsen dann weiter unter Ausbildung von zunächst unvollständigen Zwiebelschalen, die sich im weiteren Verlauf schließen, wobei Defekte durch Diffusion von Kohlenstoffatomen geheilt werden. Man beobachtet dabei, dass sich aus drei (111)-Ebenen im Diamant zwei (001)-Ebenen im Graphit bilden (s. a. Kap. 4.3.7.2), da die entsprechenden Gitterabstände nur einen geringen Unterschied aufweisen. Die dazwischen liegenden sp^3-Kohlenstoffatome werden auf die beiden benachbarten sp^2-Schichten „verteilt" (Abb. 4.26).

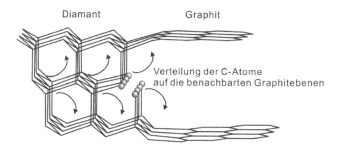

Abb. 4.26

Mechanismus der Aufteilung der Kohlenstoffatome aus der (111)-Ebene des Diamantgitters auf die sich bildenden Graphenlagen (© AIP 1999).

4.3.7.2 Mechanismus der thermischen Bildung von Kohlenstoffzwiebeln

Auch die thermische Umwandlung verschiedener Kohlenstoff-Formen führt zur Ausbildung zwiebelartiger Strukturen. Bei Diamantpartikeln spielt dabei die Struktur der Teilchenoberfläche eine wesentliche Rolle. Ist diese mit funktionellen Gruppen belegt, so sind die Bindungsstellen abgesättigt, und die Graphitisierung ist erschwert. Liegen dagegen *dangling bonds* vor, so entstehen graphitisierte Bereiche, die als Keimzelle für die Bildung von Kohlenstoffzwiebeln dienen. Eine geringe Partikelgröße und ein somit höherer Anteil teilgraphitisierter Oberflächenstrukturen sowie eine günstige Orientierung der Gitterebenen fördern dabei die Bildung zwiebelartiger Strukturen. *Bulk*-Diamant wandelt sich nur schwer in Kohlenstoffzwiebeln um, während nanoskalige Diamantpartikel bereits bei etwa 1170 K in zunächst ungeordnete sp^2-Strukturen übergehen. Die Umwandlung erfolgt wie erwartet ausgehend von der Oberfläche, wobei das Erhitzen u.a. der Entfernung der funktionellen Gruppen auf der Oberfläche und der damit einhergehenden Teilgraphitisierung dient.

Bei höheren Temperaturen erfolgt dann eine rasche Ausbildung der sp^2-Strukturen, wobei sich intermediär Partikel mit einer zwiebelartigen Hülle und einem Diamantkern bilden (Abb. 4.25). Aufgrund der räumlichen Nähe zwischen sp^2-Hülle und sp^3-Kern (nie mehr als 0,35 nm Abstand) kann davon ausgegangen werden, dass diese chemisch miteinander verbunden sind. Die Transformation erfolgt ähnlich wie bei der Umwandlung mittels Elektronenbestrahlung bevorzugt ausgehend von den (111)-Ebenen des Diamanten, da diese durch einen Rekonstruktionsmechanismus besonders leicht graphitische Oberflächenstrukturen ausbilden (s. dazu Kap. 6.X). Auch hier entstehen aus den (111)-Ebenen die (001)-Ebenen des gekrümmten graphitischen Materials (s. Kap. 4.3.7.1). Dabei beobachtet man je nach Struktur des Ausgangsmaterials entweder die Exfoliation von Graphenschichten von der Diamantoberfläche oder die Transformation an Kanten begrenzter (111)-Ebenen (Abb. 4.26). Man findet z.T. Zwiebeln mit einer dreidimensional spiralförmigen Struktur.

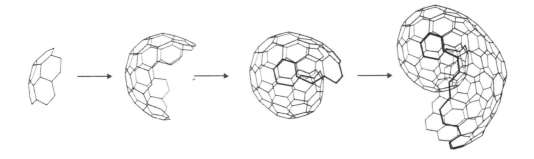

Abb. 4.27 Bildung zwiebelartigen Kohlenstoffs durch den sog. „Schneeball-Mechanismus", der zum Wachstum der Zwiebel von innen nach außen führt (© Nature Publ. Group 1988).

Die Ausbildung spiralförmiger Intermediate wird sowohl bei der thermischen als auch bei der mittels Elektronenbeschuss erzielten Umwandlung von sp^2-Kohlenstoffen (z.T. auch bei Umwandlung von Nanodiamant u.ä.) beobachtet. Die gebildeten Strukturen stellen das 3D-Pendant zu einer aufgewickelten Graphenlage dar, wie sie als hypothetischer Strukturtyp für mehrwandige Nanoröhren diskutiert wurde (Kap. 3.2.3). Der als Spiral- oder Schneeball-Mechanismus bezeichnete Wachstumsprozess geht von einem Zwiebelwachstum von innen nach außen aus, was durch elektronenmikroskopische Aufnahmen gestützt wird. Dabei bildet sich zunächst ein Keim in Form eines schalenförmigen Aromaten, welche insbesondere in rußartigen Materialien bereits im Edukt vorhanden sind. Durch Anlagerung weiterer Kohlenstoffatome bildet sich ein größeres, zunehmend kugelförmiges Objekt, das im Idealfall zu einem Käfig geschlossen wird. In den meisten Fällen jedoch wird aufgrund der nicht passenden Krümmung die Anbindung verfehlt, und es kommt zur Überlappung. Die Keimzelle der dreidimensionalen Spirale ist entstanden. Anschließend sorgen *van der Waals*-Wechselwirkungen für einen stets ausreichend niedrigen Abstand zwischen der Außenkante und der darunter liegenden Schicht (Abb. 4.27). Das weitere Wachstum erfolgt dann stets an dieser Außenkante, wobei der Mechanismus dem Größerwerden eines Schneeballs (engl. *snow accreting mechanism*) ähnelt. Durch die Wechselwirkung mit der weiter innen liegenden Graphenschicht kann man die Anlagerung als eine Art „epitaxialen" Prozess betrachten, wodurch der gleichmäßige Schichtenabstand gewährleistet wird, während makroskopische Spiroide meist einen nach außen zunehmenden Lagenabstand aufweisen, wie u.a. das Beispiel des Nautilus (Abb. 4.28) zeigt.

Die sich bildenden Spiroide stehen stets im Gleichgewicht mit teilweise konzentrischen und zwiebelförmigen Strukturen. Aufgrund der großen Krümmung und der hohen Konzentration von *dangling bonds* ist die innere Kante eines Kohlenstoff-Spiroids besonders reaktiv und in der Lage, die nächstäußere Schicht anzugreifen (Abb. 4.29). Dabei wird im Zentrum ein Fullerenkäfig geschlossen, und es bildet sich eine neue Kante mit nicht abgesättigten Bindungsstellen. An dieser setzt sich dann die Transformation fort, so dass im Verlauf der weiteren Bestrahlung mit Elektronen bzw. der weiteren Erwärmung vollständig konzentrische Kohlenstoffzwiebeln gebildet werden. An den stattfindenden Reaktionen sind sowohl radikalische als auch Arinstrukturen beteiligt (Abb. 4.29).

Abb. 4.28

Der Nautilus ist ein Beispiel für in der Natur vorkommende dreidimensionale Spiralstrukturen. Der Abstand der einzelnen Windungen nimmt von innen nach außen zu.

Dass es sich bei der Umwandlung der Kohlenstoffspiroide in Nanozwiebeln tatsächlich um eine von innen nach außen verlaufende Kaskade handelt, zeigen elektronenmikroskopische Aufnahmen. In diesen beobachtet man Objekte, die sich aus zunächst vollständig spiralförmigen Strukturen über eine Hybridform mit Zwiebelkern und Spiralhülle in vollständig konzentrische Onions umwandeln (Abb. 4.30). Dabei wird bei der Untersuchung vermutlich sogar nur ein Teil der vorhandenen Spiroidstrukturen als solche erkannt, da diese bei ungünstiger Orientierung eine scheinbar zwiebelförmige Projektion besitzen.

Bei der Einwirkung sehr hoher Temperaturen, z.B. in der Plasmazone eines Funkenentladungsapparats, kommt es zur Verdampfung kleiner Kohlenstoffcluster bzw. auch zur Bildung atomaren Kohlenstoffs. In diesem Fall findet das Wachstum der Nanozwiebeln nicht durch Deplatzierung von Atomen in bereits bestehenden Strukturen, sondern durch schrittweisen Aufbau ausgehend von einem Kristallisationskeim statt. Insbesondere C_2-Cluster werden mit hoher Konzentration in der Gasphase eines solchen Prozesses beobachtet. Zunächst entstehen polykondensierte aromatische Strukturen, die aufgrund der Tendenz zur Bindungsabsättigung schnell Fünfringe bilden, wodurch eine Krümmung induziert wird.

Durch Anlagerung weiterer Kohlenstoffbausteine wächst das Gebilde weiter, wobei je nach Verhältnis der Größe und Anzahl von Defekten und dem daraus resultierenden Krümmungsgrad geschlossene Käfigstrukturen (s. Kap. 2.2.3) oder dreidimensional spiralförmige Objekte entstehen (Abb. 4.27). Die Umwandlung in Kohlenstoffzwiebeln erfolgt dann wie beim Spiralmechanismus beschrieben. Allerdings kann das Wachstum von zwiebelartigen Strukturen auch dadurch erklärt werden, dass sich an bereits geschlossene Kohlenstoffkäfige weitere Atome und Cluster anlagern. Insbesondere bei einer durch Kühlung stark eingegrenzten Plasmazone dienen bereits vorhandene Käfigstrukturen als Kondensationskeime. In diesem Wachstumsmodell erfolgt die Zwiebelbildung schalenweise, wobei nicht zwangsläufig alle inneren Schalen bereits vollständig geschlossen sein müssen, bevor sich weitere Cluster an der Außenhaut anlagern (Abb. 4.31). Diese Hypothese würde die oft auch im Inneren auftretenden Defekte in Kohlenstoffzwiebeln erklären.

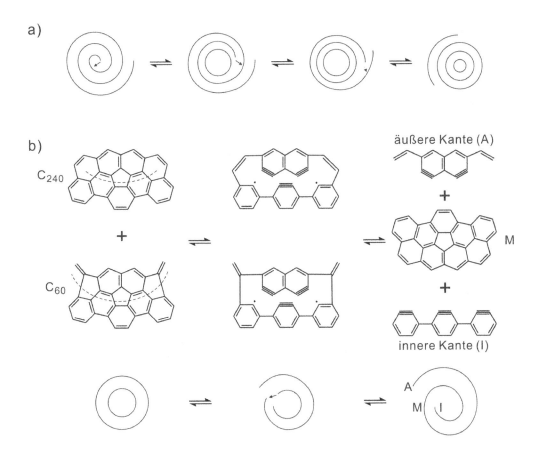

Abb. 4.29 Vorschlag eines Mechanismus der Bildung von Kohlenstoffzwiebeln über spiroide Zwischenstufen. Dabei besteht jederzeit ein subtiles Gleichgewicht zwischen der konzentrisch geschlossenen und der spiroid offenen Form.

Abb. 4.30 Umwandlung eines aus Ruß gebildeten spiroiden Kohlenstoff-Teilchens (a) in eine konzentrische Zwiebel (c). Die Transformation wird durch den Elektronenbeschuss im Elektronenmikroskop hervorgerufen, wobei von innen nach außen eine Umordnung erfolgt (b). © ACS 2002

Insgesamt muss man vermutlich davon ausgehen, dass unabhängig von Ausgangsmaterial und gewählter Methode verschiedene Wachstumsmechanismen, insbesondere spiralförmiger und schalenweiser Aufbau, parallel ablaufen.

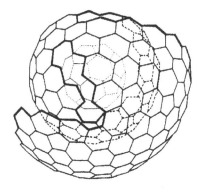

Abb. 4.31

Durch Anlagerung von gekrümmten graphitischen Strukturen und kondensierten Aromaten entstehen ebenfalls Kohlenstoffzwiebeln. Die inneren Schalen sind nicht immer geschlossen, so dass Defekte in der Onion-Struktur so erklärlich sind (© ACS 1986).

4.4 Physikalische Eigenschaften

4.4.1 Spektroskopische Eigenschaften

Zahlreiche spektroskopische Methoden wurden bereits zur Untersuchung der physikalischen Eigenschaften und zur Aufklärung der Struktur von Kohlenstoffzwiebeln eingesetzt. Dazu gehören u.a. die IR- und *Raman*-Spektroskopie, Röntgenbeugung, Elektronenergie-Verlustspektroskopie (EELS), Absorptions- und Photolumineszenzspektroskopie sowie die NMR-Spektroskopie. Jede dieser Methoden gibt Auskunft über bestimmte Aspekte der geometrischen und elektronischen Struktur, und so erhält man insgesamt ein recht genaues Bild der Gegebenheiten in Kohlenstoffzwiebeln und verwandten Materialien. Allerdings besteht eine starke Abhängigkeit von der Qualität der untersuchten Proben, so dass die Daten oft große Schwankungen aufweisen. Im Folgenden werden einige der wichtigsten Untersuchungsmethoden aufgeführt und die Resultate dieser Experimente diskutiert.

4.4.1.1 IR- und Raman-Spektroskopie

Die bisher vorhandenen IR-Spektren verschiedener Proben von Kohlenstoffzwiebeln aus Ionenbeschuss- bzw. Funkenentladungsexperimenten weisen eine recht einfache Struktur auf (Abb. 4.32). Es wurden bis zu neun verschiedene Signale identifiziert, wobei diese insbesondere in Transmissionsspektren eher breit sind und mehrere Schwingungen umfassen. Die Verwandtschaft der Spektren mit dem des C_{60} ist eindeutig zu erkennen. Alle vier Signale des kleinsten stabilen Fullerens finden sich auch im Spektrum der untersuchten Nanozwiebeln. Dies bedeutet, dass C_{60} in diesen häufig als innerste Schale vorliegt. Die weiteren Signale können als zu größeren Schalen gehörig identifiziert werden. So lassen computerchemische Simulationen des IR-Spektrums eines C_{240} darauf schließen, dass es sich bei den verbleibenden Signalen zumindest zum Teil um die Schwingungen der zweiten Schale handelt. Zusätzlich erscheinen in den IR-Spektren weitere Banden oberhalb von 1430 cm^{-1}, die noch größeren Schalen der Zwiebelstruktur zugeordnet werden.

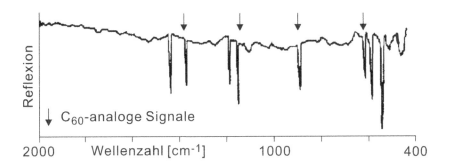

Abb. 4.32 IR-Spektrum einer Onion-Probe (© Elsevier 1998).

Abweichungen von den berechneten Werten ergeben sich zum einen aus der Rechenmethode selbst, zum anderen sollte die Wechselwirkung zwischen den einzelnen Schalen einer Kohlenstoffzwiebel einen Einfluss auf die Struktur des IR-Spektrums ausüben, da sich ein anderes Schwingungsverhalten ergibt.

Das *Raman*-Spektrum der Kohlenstoffzwiebeln zeigt ebenfalls eine einfache Struktur. Im Wesentlichen werden zwei Banden beobachtet, die sich in den Bereichen um 1350 cm^{-1} und 1580 cm^{-1} befinden. Prinzipiell erwartet man für jede einzelne Schale der Zwiebeln ein *Raman*-Signal. Da diese jedoch sehr nah beieinander liegen sollten, entsteht ein Summenspektrum mit breiten Signalen.

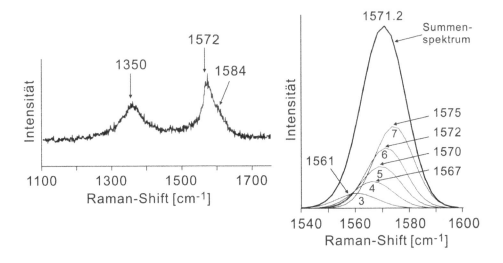

Abb. 4.33 Das *Raman*-Spektrum der Kohlenstoffzwiebeln enthält zwei typische Bandenbereiche: das Signal bei ~1350 cm^{-1} und die Bande oberhalb von 1570 cm^{-1}. Letztere kann der *in plane*-Schwingung der Sechsringe in den Zwiebelschalen zugeordnet werden und lässt sich in Anteile für die unterschiedlich großen Fullerene zerlegen (rechts, die Ziffern entsprechen der Schalennummer). © Elsevier 1998)

Bei dem in Abb. 4.33 deutlich sichtbaren Signal bei 1350 cm^{-1} handelt es sich um eine indu-zierte Bande, die erst durch das Aufweichen der Kristallmoment-Erhaltungsregel sichtbar wird. Sie ist charakteristisch für ungeordnete graphitische Materialien. Die Bande oberhalb von 1570 cm^{-1} setzt sich aus mehreren Signalen zusammen. Sie enthält ein Signal bei 1584 cm^{-1} sowie eine Komponente bei 1572 cm^{-1} (Abb. 4.33). Die G-Bande, die auf die opti-schen Phononen am Γ-Punkt der *Brillouin*-Zone zurückzuführen ist, befindet sich für *bulk*-Graphit bei 1600 cm^{-1}. Die hier beobachtete Verschiebung zu niedrigeren Wellenzahlen (1584 cm^{-1}) entsteht durch die aus der Krümmung resultierende Verbiegung der Bindungen und die daraus folgende Spannung.

Die zusätzlich beobachtete Bande bei 1572 cm^{-1} kann der Zwiebelstruktur zugeordnet werden. Sie resultiert aus der *in plane*-Schwingung der Sechsringe (E$_{2g}$-Mode) der Zwiebelschalen. Computersimulationen zeigen, dass je nach Größe der Schale unterschiedliche Wellenzahlen für diese Schwingung beobachtet werden müssten. Das vorliegende Signal kann aber sehr gut als Summe dieser Einzelschwingungen interpretiert werden (Abb. 4.33). Die Halbwertsbreite dieses Peaks ist ein Indiz für die Zahl der Defekte in den untersuchten Kohlenstoffzwiebeln. Je schärfer der Peak, desto weniger Defekte enthält das Material.

Außerdem werden im *Raman*-Spektrum der Kohlenstoffzwiebeln weitere intensitätsschwache Signale bei 250, 450, 700, 861 und 1200 cm^{-1} beobachtet, die ebenfalls durch die Verletzung der Auswahlregeln aufgrund der gekrümmten Graphenlagen sichtbar werden.

4.4.1.2 Röntgenbeugung

Die Röntgenbeugung kann wichtige Hinweise zur Anwesenheit verschiedener kristalliner Kohlenstoff-Formen in einem Material machen. Daher eignet sie sich besonders gut, um die Reinheit der erzeugten Kohlenstoffzwiebeln festzustellen. In unvollständig umgewandelten Proben finden sich auch noch die Signale des Ausgangsmaterials (z.B. Diamant).

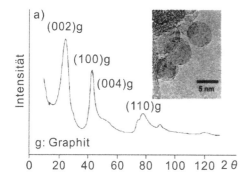 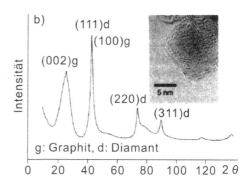

Abb. 4.34 Röntgendiffraktogramme einer sauberen (a) und einer diamanthaltigen Kohlenstoffzwiebel-Probe (b). Anhand der Röntgensignale lässt sich also z.B. entscheiden, ob die thermische Umwandlung von Nanodiamant in Kohlenstoffzwiebeln vollständig abgelaufen ist (© Elsevier 2002).

Abb. 4.34 zeigt die XRD-Spektren einer sauberen und einer diamanthaltigen Probe zwiebelartigen Kohlenstoffs. Deutlich sind in Abb. 4.34b die Signale des Diamantgitters zu erkennen, wobei die starke Linienverbreiterung auf die geringe Partikelgröße zurückzuführen ist (s.a. Kap. 5.4.1.3). Zusätzlich enthält das Spektrum sehr breite Signale, die für ungeordnetes graphitisches Material charakteristisch sind. Das in Abb. 4.34a gezeigte Spektrum dagegen enthält ausschließlich die Signale der Kohlenstoffzwiebeln. Im Wesentlichen beobachtet man die (002)-, (100)-, (004)- und (110)-Reflexe von graphitischem Material. Allerdings weisen auch diese Signale eine starke Verbreiterung auf. Daraus kann eine durchschnittliche Partikelgröße von etwa 3 nm abgeschätzt werden. Der Wert liegt im Vergleich zu dem aus HRTEM ermittelten Durchmesser etwas niedriger, was auf die Tatsache zurückzuführen ist, dass im XRD-Spektrum ein Mittelwert über die gesamte Probe unter Einbeziehung auch der sehr kleinen Teilchen gebildet wird, während diese Komponenten durch Elektronenmikroskopie in der Regel nicht erfasst werden.

Insgesamt ist die Röntgenbeugung eine sinnvolle Ergänzung zur hochauflösenden Elektronenmikroskopie, da sie die durchschnittlichen Eigenschaften der gesamten Probe erfasst, während im HRTEM nur ein extrem kleiner Ausschnitt untersucht werden kann. Mittels XRD wird der sp^2-Charakter der Kohlenstoffatome in den Zwiebeln bestätigt, und die geringe Teilchengröße sowie eine gewisse Abweichung von der perfekten Kristallinität werden ebenfalls beobachtet. Letztere resultiert u.a. aus der Packung der Einzelschalen, die in keiner definierten Ordnung zueinander stehen, sowie aus der unterschiedlichen Größe der einzelnen Zwiebeln und den vorhandenen Defekten in den Fullerenschalen.

4.4.1.3 Absorptionsspektren von Kohlenstoffzwiebeln und verwandten Materialien

Sehr bald nach der Entdeckung der Kohlenstoffzwiebeln wurde auch ihr Absorptionsverhalten im sichtbaren und UV-Licht untersucht. Grund hierfür war u.a. die Vermutung, dass es sich bei ihnen um die lange gesuchte Quelle der Absorptionsbande bei 217,5 nm (4,60 μm^{-1}) im Spektrum des interstellaren Raums handelt.

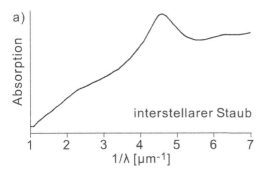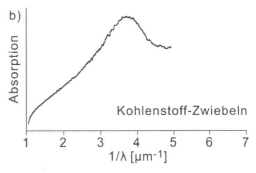

Abb. 4.35 Absorptionsspektrum des interstellaren Staubs (a) und von Kohlenstoffzwiebeln (b). Die Lage das Absorptionsmaximums ist zwar leicht verschoben, es erscheint dennoch plausibel, dass zwiebelartige Kohlenstoffstrukturen für das kosmische Spektrum verantwortlich sein könnten (© Elsevier 1993).

Bei der Untersuchung von dispergierten Nanozwiebeln in Wasser wird tatsächlich eine Absorptionsbande beobachtet, die in ihrer Form stark dem interstellaren Spektrum ähnelt (Abb. 4.35). Auch die Eigenschaft, dass bei unterschiedlicher Teilchen- (bzw. Schalen-) größe keine Verschiebung der Bande, sondern nur eine Verbreiterung stattfindet, gleicht dem Verhalten der astronomischen Absorption. Bei dem Signal handelt es sich um eine π-Plasmonenbande, wie es für mehrschalige Fullerene auch erwartet wird. Lediglich die Position des Absorptionsmaximums bei 3,78 μm^{-1} (264 nm) unterscheidet sich von der Signallage im interstellaren Spektrum. Ursachen für die bathochrome Verschiebung sind u.a. die unterschiedlichen Medien, in denen das Spektrum aufgenommen wurde. Die Labormessungen fanden in wässriger Suspension statt, während im Weltall Vakuum herrscht. Die dielektrische Funktion des umgebenden Mediums hat aber einen wesentlichen Einfluss auf die Lage der Banden. Durch die Anwesenheit des Wassers erfolgt daher eine deutliche Rotverschiebung der Absorption. Zum anderen liegen die Kohlenstoffzwiebeln im Experiment z.T. auch als Agglomerate vor. Dies sorgt ebenfalls für eine bathochrome Verschiebung im Vergleich zur Messung im Vakuum, wo die einzelnen Zwiebeln unabhängig voneinander existieren.

4.4.1.4 EELS-Spektren von Kohlenstoffzwiebeln und verwandten Materialien

Ein wichtiges Werkzeug zur Ermittlung des Anteils an sp^2- und sp^3-hybridisiertem Kohlenstoff in einem Material stellt die Elektronenenergie-Verlustspektroskopie dar. Sowohl in der *low loss*-Region als auch im *core loss*-Bereich befinden sich Signale, die Aufschluss über Strukturmerkmale der Kohlenstoffzwiebeln geben. Im Bereich zwischen 0 und 40 eV weist das Verlustspektrum zwei charakteristische Banden bei 5,7 und 24 eV auf (Abb. 4.36a). Das Signal bei 5,7 eV resultiert aus der Plasmonenanregung der π-Elektronen (π-Plasmon-Peak), während bei 24 eV das Signal der kollektiven Anregung von σ- und π-Elektronen (σ + π-Plasmon-Peak) erscheint. Im gleichen Bereich erwartet man für Diamant ein Signal bei 33 eV und für *bulk*-Graphit bei 6,6 und 26 eV. Es wird also bereits an den Plasmonen-Peaks deutlich, dass sich die dielektrischen Eigenschaften der Kohlenstoffzwiebeln von denen des *bulk*-Graphits unterscheiden.

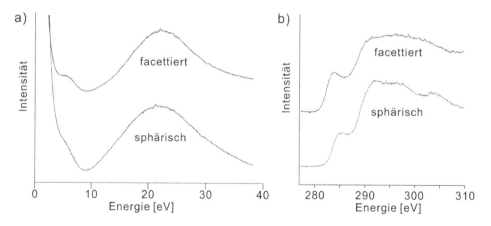

Abb. 4.36 Elektronenenergie-Verlustspektren sphärischer und facettierter Kohlenstoffzwiebeln; a) *low loss*-Region und b) *core loss*-Region. © Elsevier 1999

Auch das Verlustspektrum nahe der Kante im *core loss*-Spektrum liefert wichtige Hinweise zur Struktur der Kohlenstoffzwiebeln (Abb. 4.36b). Insbesondere gewinnt man aus der Form des Spektrums Informationen über unbesetzte Leitungsbandzustände und somit über die nächsten Nachbarn von kovalent gebundenen Atomen. Neben einem charakteristischen Peak bei 285,4 eV, der aus 1s→π*-Übergängen resultiert und allgemein für graphitische Materialien beobachtet wird, zeigt das Spektrum einen Anstieg bei 290 eV (1s→σ*-Übergang), eine Schulter bei 297 eV und ein weiteres Signal bei 303 eV. Diese Feinstruktur oberhalb des 1s→σ*-Übergangs deutet darauf hin, dass die sphärischen Kohlenstoffzwiebeln auch einen geringen Anteil sp^3-hybridisierten Kohlenstoffs aufweisen. Eine perfekte Zwiebelstruktur sollte dagegen nur aus sp^2-hybridisierten Atomen bestehen. Woher kommen also die Signale für sp^3-Kohlenstoff? Dafür existieren mehrere Erklärungsmöglichkeiten: Zum einen können die Zwiebeln bei der Herstellung aus Nanodiamant in ihrem Zentrum noch einen winzigen Diamantkern enthalten, der zwar im HRTEM nicht mehr sichtbar ist, im sehr empfindlichen EELS jedoch sehr wohl zu einem Signal führt. Zum anderen können Defekte in den Zwiebelschalen sp^3-hybridisierten Kohlenstoff enthalten. Eine Möglichkeit sind z.B. verbrückende Atome, die benachbarte Schalen miteinander verbinden. Eine Unterstützung dieser These liefert das Verlustspektrum facettierter Kohlenstoffpartikel, die sich durch weiteres Erhitzen der kugelförmigen Zwiebeln bilden (s. Kap. 4.3.5). Im *core loss*-Bereich des Spektrums lassen sich in diesem Fall keinerlei Anzeichen für sp^3-Kohlenstoff finden, und die Signale für graphitische Strukturen fallen deutlich stärker aus.

4.4.1.5 Weitere spektroskopische Eigenschaften von Kohlenstoffzwiebeln und verwandten Materialien

ESR-Spektroskopie

Im ESR-Spektrum von aus Nanodiamant hergestellten Kohlenstoffzwiebeln wird ein scharfes Signal mit einem *g*-Wert von 2,002 beobachtet, welches nicht von einer amorphen Oberflächenschicht, sondern tatsächlich von den Nanozwiebeln herrührt (Abb. 4.37b). Da aus anderen Untersuchungen, z.B. EELS-Messungen, bekannt ist, dass Kohlenstoffzwiebeln einen gewissen sp^3-Anteil aufweisen, kann auf einen intermediären Zustand zwischen sp^2- und sp^3-Hybridisierung geschlossen werden, in dem sich an den Enden nicht geschlossener sp^2-Lagen Atome mit sp^3-Hybridisierung befinden, so dass hier nicht abgesättigte Bindungsstellen (*dangling bonds*) vorliegen. Diese lokalisierten freien Elektronenspins sind für das ESR-Signal der Kohlenstoffzwiebeln verantwortlich. Eine Abschätzung der Spindichte ergibt eine Anzahl von etwa $3,9 \cdot 10^{19}$ Spins pro Gramm, was etwa zehn freien Valenzen pro Kohlenstoffzwiebel entspricht. Diese sind also mitnichten frei von Defekten, deren Konzentration ist allerdings bei ca. 12.000 Kohlenstoffatomen pro Zwiebel (bei einem Durchmesser von etwa 5 nm) auch nicht sehr hoch.

Ein Signal für delokalisierte π-Elektronen wird dagegen in sphärischen Nanozwiebeln nicht detektiert. Dies bedeutet, dass die konjugierten sp^2-Domänen nur geringe Ausmaße besitzen und die einzelnen π-Elektronen lokalisiert vorliegen. In den besser graphitisierten, polyhedralen Kohlenstoffzwiebeln, die durch höheres Erhitzen der sphärischen Onions entstehen, beobachtet man dagegen die Ausbildung eines zusätzlichen breiten Signals, das mit zunehmender Graphitisierung immer stärker ausgeprägt wird (Abb. 4.37b). Dieses kann den elektrisch leitenden π-Elektronen zugewiesen werden, die durch die Abnahme der Zahl von Defekten zunehmend delokalisiert sind. Dennoch beobachtet man auch in diesen Kohlenstoffpartikeln mit facettierter Zwiebelstruktur das Signal für Spins aus nicht abgesättigten Bindungsstellen, wobei deren Anzahl von etwa $7{,}6 \cdot 10^{18}$ Spins pro Gramm die geringere Anzahl von Defekten dokumentiert.

^{13}C-NMR-Spektroskopie

Das Festkörper-^{13}C-NMR-Spektrum von Kohlenstoffzwiebeln zeigt ein Signal bei 100 ppm, das eine Halbwertsbreite von 117 ppm aufweist (Abb. 4.37a). Es ist auf sp^2-hybridisierte Kohlenstoffatome zurückzuführen. Im Vergleich zu Graphit (179 ± 10 ppm) und C$_{60}$ (143 ppm, scharfes Signal) ist es deutlich hochfeldverschoben und zeigt eine starke Verbreiterung. Der Grund für diese Signallage ist der Einfluss des Ringstromes der aromatischen Strukturen in den benachbarten Schalen, der für einen ausgeprägten Anisotropieeffekt sorgt. Die auch für Festkörpermessungen große Verbreiterung des Signals ist u.a. auf das Vorhandensein vieler ähnlicher, aber nicht äquivalenter Kohlenstoffatome und auf die Schalenstruktur zurückzuführen. Ein Signal im Bereich von etwa 40 ppm wird dagegen nicht beobachtet, was auf einen wenn überhaupt nur geringen sp^3-Anteil in den Nanozwiebeln schließen lässt. *Bulk*-Diamant zeigt z.B. ein ^{13}C-NMR-Signal bei 38 ppm, und auch nanoskalige Diamanten weisen in diesem Bereich eine Resonanz auf.

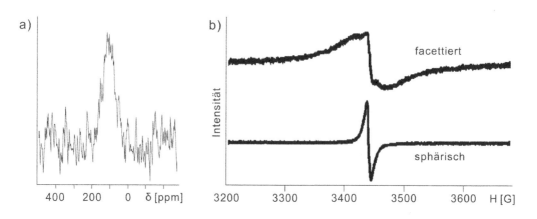

Abb. 4.37 a) Festkörper-^{13}C-NMR-Spektrum von Kohlenstoffzwiebeln (© Elsevier 2000); b) ESR-Spektren sphärischer Onions und facettierter Kohlenstoff-Nanopartikel (© AIP 2001).

4.4.2 Thermodynamische Eigenschaften

Die Frage nach der thermodynamischen Stabilität der Kohlenstoffzwiebeln wird seit ihrer Entdeckung kontrovers diskutiert. Einige Forschergruppen postulieren, dass es sich bei ihnen um die für diese Teilchengröße thermodynamisch stabilste Phase handelt, während andere sie als metastabil, nur unter bestimmten Bedingungen existent beschreiben. Im Folgenden werden einige der gelieferten Argumente diskutiert.

Wesentlich für die Diskussion ist die Größe der betrachteten Teilchen. Insbesondere im unteren Nanometerbereich spielt die Anzahl der Atome für die Stabilität eines bestimmten Strukturtyps eine wichtige Rolle. So ergibt sich aus quantenchemischen Rechnungen, dass für Kohlenstoff die Fullerene bis zu einem Durchmesser von 1,9 nm die stabilste Modifikation darstellen, während oberhalb von 5,2 nm Durchmesser Graphit die stabilste Struktur aufweist. Für den dazwischen liegenden Bereich wurde ermittelt, dass Nanodiamant stabiler als die betrachteten sp^2-Phasen sein sollte (s. Kap. 5.2.3). Kohlenstoffzwiebeln weisen aufgrund ihres optimalen Oberfläche-Volumen-Verhältnisses und der geschlossenen Schalen einige Vorteile gegenüber anderen nanoskaligen Kohlenstoff-Formen auf. So besitzen sie regulär keine nicht abgesättigten Bindungsstellen, was die Energie des Gesamtsystems beträchtlich senkt. Allerdings ist die Bildung der Nanozwiebeln offensichtlich zumindest kinetisch gehemmt, da man bei Normalbedingungen bisher keine spontanen Umwandlungen in Zwiebelstrukturen beobachtet hat. Erst unter extremen Bedingungen reicht die Energie aus, um die Transformation auszulösen. Die hergestellten Zwiebeln weisen dann jedoch eine beachtliche Stabilität auf. Selbst an Luft können sie ohne größere Schäden gelagert werden. Lediglich die äußeren Schalen unterliegen einem leichten Zerfall zu amorphem Kohlenstoff.

Andere Autoren postulieren dagegen, dass die sphärischen Kohlenstoffzwiebeln zumindest bei der Beobachtung (nicht Bestrahlung!) im HRTEM hochgradig instabil sind und nur bei ausreichender Elektronenintensität ihre Kugelform behalten. Sie zerfallen von außen nach innen in ungeordnetes graphitisches Material. Die Instabilität wird darauf zurückgeführt, dass sich das System weit entfernt vom thermodynamischen Gleichgewicht befindet. Beim Wegfall der Elektronenbestrahlung, die einen stationären Zustand zwischen Bildung und Zerfall der Nanozwiebeln verursacht, bewegt sich die Struktur in Richtung des Gleichgewichtes. Hier werden die Kohlenstoffzwiebeln somit als eine Hochenergie-Modifikation des Kohlenstoffs betrachtet.

Auch beim Erhitzen von Kohlenstoffmaterial, z.B. Nanodiamant, das zur Bildung von Kohlenstoffzwiebeln führt, findet man bei Erwärmung auf noch höhere Temperatur, dass sich die kugelförmigen Zwiebeln in facettierte Nanopartikel umwandeln. Möglicherweise handelt es sich bei diesen Teilchen um die tatsächlich thermodynamisch stabilste Form des Kohlenstoffs in diesem Größenbereich. Allerdings muss man beachten, dass geringste Variationen der Partikelgröße oder der jeweils herrschenden Bedingungen zu beträchtlichen Veränderungen der Stabilitätsverhältnisse führen können, da im Bereich bis etwa 10.000 Kohlenstoffatome das Phasendiagramm eine äußerst komplexe Struktur aufweist. Daher ist eine Aussage über die thermodynamisch stabilste Modifikation des Kohlenstoffs im Nanometerbereich nur sehr schwer möglich.

4.4.3 Elektronische Eigenschaften

Aufgrund der geringen Verfügbarkeit ideal sphärischer Kohlenstoffzwiebeln sind für diese nur wenige experimentelle Daten zu elektronischen Eigenschaften vorhanden. Dagegen wurden die Leitfähigkeit und andere Parameter von unregelmäßigen zwiebelartigen Materialien (engl. *onion-like carbon*), die z.B. aus Nanodiamant hergestellt werden können, deutlich ausführlicher untersucht.

So stellt man fest, dass beim Erhitzen von Nanodiamant der spezifische Widerstand von $10^9 \, \Omega$ cm auf unter 0,3 Ω cm sinkt. Grund ist die Ausbildung von Kohlenstoffzwiebeln, die mit zunehmender Graphitisierung einhergeht. Die Zwiebelstrukturen in diesen Materialien liegen als stark gebundene Agglomerate vor, deren Zusammenhalt auf Defekt-Graphenlagen und C-C-Bindungen beruht, die mehrere Zwiebeln miteinander verknüpfen. Aufgrund dieser kovalenten und nichtkovalenten Verbindungen bilden sich in den Zwiebelagglomeraten Leitungskanäle aus, und die Leitfähigkeit steigt signifikant an (Abb. 4.38). Dabei macht sich auch der strukturelle Unterschied zwischen den zunächst gebildeten, nahezu kugelförmigen Zwiebeln und den durch weiteres Tempern bei höherer Temperatur erhaltenen facettierten Zwiebelstrukturen bemerkbar: Die freie Weglänge der Elektronen in den Zwiebelstrukturen beträgt zunächst etwa 12 Å, was in etwa der Größe der graphitischen Fragmente in diesen defekthaltigen Strukturen entspricht. Für die facettierten Zwiebeln wird dagegen ein Wert von 18 Å gefunden, was die Vergrößerung der graphitischen Bereiche widerspiegelt.

Abb. 4.38

Modell für die elektrische Leitfähigkeit eines Kohlenstoffmaterials, das aus Onions und verwandten Strukturen besteht. Mit zunehmender Graphitisierung des Materials bilden sich Leitungskanäle aus.(© MRS 2002).

4.5 Chemische Eigenschaften

4.5.1 Reaktivität und Funktionalisierung von Kohlenstoffzwiebeln und Kohlenstoff-Nanopartikeln

Über die Reaktivität der Kohlenstoffzwiebeln ist bisher wenig bekannt. Dies liegt zum einen daran, dass nur sehr geringe Mengen des Ausgangsmaterials zur Verfügung stehen und zum anderen ähnliche Probleme auftreten, wie wir sie bereits bei den Fullerenen und Nanoröhren diskutiert haben (Einheitlichkeit, Löslichkeit usw.).

Die Struktur der einzelnen Schalen, also auch der äußersten, entspricht im weitesten Sinne der der Fullerene. Man kann also ein ähnliches chemisches Verhalten wie für große Fullerene erwarten. Im Gegensatz zu diesen weisen Kohlenstoffzwiebeln aber i. A. viele Defekte auf, die sowohl aus Fünf- und Siebenringen als auch aus Löchern oder Vernetzungen mit inneren Schalen bestehen können. An einigen Stellen dürfte daher eine erhöhte Reaktivität zu beobachten sein, weil das π-Elektronensystem deutlich gestörter ist. Aus dem gleichen Grund sollte auch die Wechselwirkung mit Bindungspartnern für eine nichtkovalente Funktionalisierung schwächer sein. Konsequenterweise wurde ein derartiges Beispiel bisher auch nicht beschrieben.

Bei Zwiebeln mit großem Durchmesser sorgt die geringe Krümmung für eine Abnahme der Reaktivität. Dieses Phänomen wurde bereits in Kap. 2.5 und 3.5 ausführlich erläutert, hier sei nur noch einmal auf den Energiegewinn durch Spannungsabbau in gekrümmten Objekten verwiesen, der bei großem Durchmesser nur noch sehr schwach ausfällt.

Im gleichen Maße wie die Fullerene bieten sich auch die mehrwandigen Kohlenstoff-Nanoröhren als Vergleichsstrukturen für die Zwiebeln an. Wie bei den MWNT bereitet die geringe Löslichkeit der Kohlenstoffzwiebeln Probleme bei der chemischen Umsetzung. Auch die Inhomogenität bezüglich Durchmesser und Anzahl der Schalen macht sich in beiden Fällen als Schwierigkeit bemerkbar, da keine definierten Produkte, sondern stets Gemische entstehen, deren Charakterisierung weitaus komplexer ist.

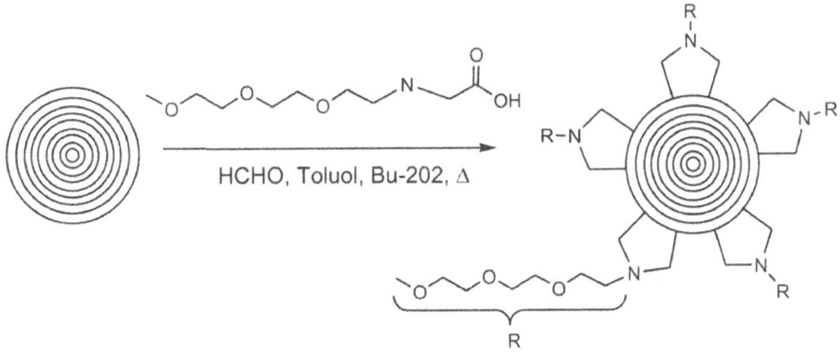

Abb. 4.39

Umsetzung von Kohlenstoffzwiebeln mit Azomethinyliden.

Ein Beispiel für die Funktionalisierung von Kohlenstoffzwiebeln (hier 50-300 nm Durchmesser) wurde im Jahr 2003 vorgestellt. Dabei kam eine häufig zur Funktionalisierung von mehrwandigen Nanoröhren und Fullerenen verwendete Reaktion zum Einsatz: die Umsetzung mit Azomethinyliden (Abb. 4.39). Durch die Derivatisierung des Reaktanden mit Triethylenglycoleinheiten wird eine gewisse Löslichkeit (5-7 mg pro 100 mL) der umgesetzten Nanozwiebeln in verschiedenen organischen Solvenzien erreicht.

Bei der Reaktion, die sonst nach dem gleichen Verfahren wie für MWNT durchgeführt wird, verwendet man als Solvens nicht DMF, sondern Toluol. Grund hierfür ist die Unlöslichkeit der als Verunreinigung vorhandenen MWNT in Toluol, wohingegen sie in DMF ebenfalls dispergiert würden und so an der Reaktion mit den Azomethinyliden teilnehmen könnten. In Toluol dagegen lösen sich nur Fullerene und Kohlenstoffzwiebeln werden ausreichend dispergiert. Die nach der Umsetzung erhaltenen Proben sind in verschiedenen organischen Solvenzien löslich und weisen interessante nichtlineare optische Eigenschaften auf. Inzwischen ist es auch gelungen, Carboxylgruppen auf der Zwiebeloberfläche zu erzeugen, die anschließend durch Umsetzung mit Aminen funktionalisiert werden können (Abb. 4.40).

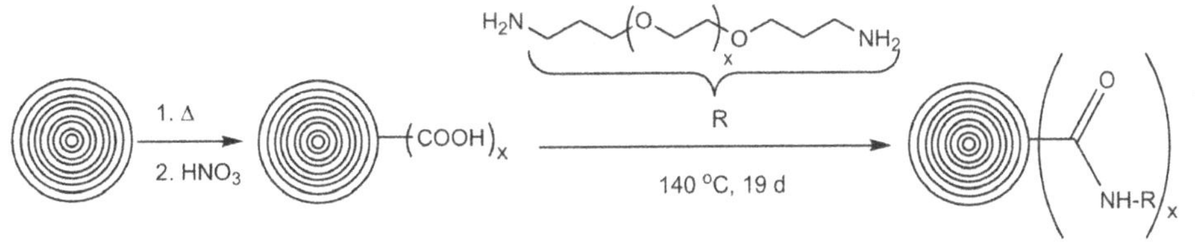

Abb. 4.40 Durch Oxidation und anschließende Umsetzung mit einem Amin gelingt die Anbindung organischer Gruppen an die Kohlenstoffzwiebeln über eine Amidbindung.

4.5.2 Umwandlung in andere Kohlenstoff-Formen

Aufgrund ihrer gekrümmten und defekthaltigen Struktur werden Kohlenstoffzwiebeln recht leicht in andere Kohlenstoff-Formen umgewandelt. Die Transformation sphärischer Nanozwiebeln in facettierte Nanopartikel durch Erhitzen auf mindestens 1900 °C wurde bereits im Kap. 4.3.5.3 zur thermischen Herstellung von Kohlenstoffzwiebeln aus Diamantpartikeln beschrieben.

Erstaunlicherweise können sphärische Kohlenstoffzwiebeln mit einer ausreichenden Größe durch Elektronenbestrahlung auch in Partikel mit Diamantstruktur transformiert werden. Die Beobachtung wurde an großen Kohlenstoffzwiebeln mit 30-50 Schalen gemacht, die sich beim Beschuss mit energiereichen Elektronen und einer hohen Flussrate ($100\,A\,cm^{-2}$) von innen nach außen in Diamant umwandeln, wenn die Probe während der Bestrahlung eine Temperatur von etwa 600 °C aufweist (Abb. 4.41). Meist findet man am äußeren Rand der transformierten Partikel eine einzelne graphitische Schale, die offensichtlich nicht abgesättigte Bindungsstellen abfängt.

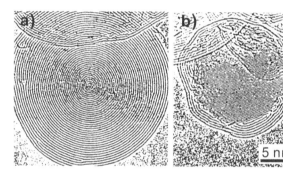

Abb. 4.41

In sehr großen Kohlenstoffzwiebeln nimmt der Lagenabstand von außen nach innen deutlich ab, was ein Zeichen für erhöhten Druck im Inneren darstellt (a). Durch Erhitzen und gleichzeitigen Elektronenbeschuss im TEM wandeln sich diese Zwiebeln in nanoskopische Diamantpartikel um (b). (© Elsevier 1998)

Bei genauerer Betrachtung der zu dieser Umwandlung fähigen großen Kohlenstoffzwiebeln macht man eine bemerkenswerte Entdeckung: Der Abstand zwischen den einzelnen Schalen nimmt vom äußeren Rand (0,335 nm) zum Zentrum hin (0,22 nm) dramatisch ab (Abb. 4.41). Wollte man Graphit in diesem Ausmaß komprimieren, bräuchte man Drücke von mehr als 100 GPa! Man kann also für das Innere großer Kohlenstoffzwiebeln annehmen, dass ein sehr hoher Druck herrscht. Die Ermittlung des genauen Wertes ist experimentell jedoch kaum möglich. Durch diesen Druck, die hohe Temperatur sowie den Energieeintrag durch die Elektronen entstehen in den Nanozwiebeln viele Defekte, die sich in einer großen Anzahl von interstitiellen Atomen äußern. Diese sind zwischen den Schalen mobil und bilden im Laufe des Experimentes Brücken zwischen den Schalen und führen somit zur Nukleation eines Diamantkerns. Zusätzlich erleichtert die im Zentrum der Zwiebeln besonders große Krümmung der Schalen den Übergang von sp^2- zu sp^3-hybridisiertem Kohlenstoff. Insgesamt gesehen fungieren die Zwiebeln als nanoskaliger Druckreaktor für die Nukleation von Diamant.

Zunächst würde man nun vermuten, dass nach Abbau des immensen Drucks das Wachstum zum Stillstand kommt und sich ein Partikel mit graphitischer Hülle und diamantenem Kern bildet. Bemerkenswerterweise verläuft die Bildung von Diamant jedoch bei fortgesetzter Bestrahlung weiter bis zum äußeren Rand der ehemaligen Kohlenstoffzwiebel (Abb. 4.41). Es existieren verschiedene Ansätze zur Erklärung dieses Phänomens. Möglicherweise erfolgt das weitere Wachstum nach einem ähnlichen Mechanismus wie bei der Abscheidung von

Diamant aus der Gasphase (s. Kap. 6.3.2), nur dass in diesem Fall die Kohlenstoffatome aus den noch vorhandenen Zwiebelschalen stammen, aus denen sie durch die Bestrahlung herausgeschlagen wurden. Dabei werden derartige Defekte in graphitischem Material deutlich leichter erzeugt, da die zur Deplatzierung eines Kohlenstoffatoms benötigte Energie hier nur 15 eV im Vergleich zu > 50 eV im Diamant beträgt. Hieraus begründet sich dann auch, warum der bereits vorhandene Diamantkern durch die fortgesetzte Bestrahlung nicht beschädigt wird. Eine weitere Theorie geht davon aus, dass unter den weit vom thermodynamischen Gleichgewicht entfernten Bedingungen während der Elektronenbestrahlung bei hoher Temperatur die thermodynamische Stabilität der verschiedenen Kohlenstoffphasen verändert wird. Dieses Modell geht davon aus, dass bei ausreichender Elektronenbestrahlung in einem gewissen Temperaturbereich Diamant stabiler ist als die defekthaltige graphitische Phase, so dass Atome bei der Deplatzierung als sp^3-Kohlenstoff abscheiden.

Neben der Bestrahlung mit energiereichen Elektronen gelingt die Umwandlung von Kohlenstoffzwiebeln in Diamant auch durch Beschuss mit Ionen, z.B. Ne^+. Aufgrund der 36.000-mal höheren Masse der Neon-Ionen benötigen diese eine weitaus geringere Geschwindigkeit und damit kleinere Beschleunigungsspannung als die sehr leichten Elektronen, um den gleichen Effekt zu erreichen. Auch durch thermische Behandlung bei 500 °C in Luft sowie durch den Beschuss mit einem CO_2-Laser lassen sich aus Kohlenstoffzwiebeln diamantartige Strukturen erzeugen.

4.6 Anwendungen

Aufgrund der geringen Herstellungsmengen an Kohlenstoffzwiebeln und Problemen bei der Absicherung einer homogenen und reproduzierbaren Probenqualität existieren bisher keine kommerziellen Anwendungen für dieses Material. Die im Folgenden beschriebenen Ansätze stellen daher erste Perspektiven dar, in welche Richtung die Entwicklung gehen könnte.

4.6.1 Tribologische Anwendungen

Aufgrund ihrer mechanischen Eigenschaften eignen sich Kohlenstoffzwiebeln und verwandte Materialien für tribologische Anwendungen (zur Reibungsverminderung) an bewegten Bauteilen, sie können also als eine Art Schmiermittel eingesetzt werden. Insbesondere ihre mit etwa 10 nm geringe Größe, ihre Kugelgestalt und die geringen *van der Waals*-Wechselwirkungen zwischen den einzelnen Schalen, die ein leichtes Abscheren ermöglichen, prädestinieren die Nanozwiebeln für diesen Einsatz. Zudem bestehen im Fall einer defektfreien Außenschale auch nur geringe Wechselwirkungen mit dem umgebenden Material, was für gute Gleitmitteleigenschaften ebenfalls von Bedeutung ist. Außerdem lassen sich Kohlenstoffzwiebeln als Film auftragen, was ebenfalls die mechanischen Eigenschaften verbessert. Die Anwendung der Kohlenstoffzwiebeln kann sowohl trocken als auch in einer Mischung erfolgen, z.B. mit normalem Schmierfett oder Ölen. Der Einsatzbereich erstreckt sich neben Vakuumanwendungen auch auf Luft bei Raumtemperatur und feuchte Umgebungen, was für normale Schmierfette extreme, nicht handhabbare Bedingungen darstellt. Insbesondere in feuchter Luft führt der Zusatz von Kohlenstoffzwiebeln zu einer deutlichen Verlängerung der Lebensdauer bewegter Teile, ein Effekt, der auch für Graphit als Schmiermittel beobachtet wird. Die Zwiebeln fungieren als eine Art *back up*-Schmiermittel, das seine volle Wirkung dann entfaltet, wenn das eigentliche Gleitmittel versagt. Dabei bildet sich ein graphitischer Film auf den Bauteilen.

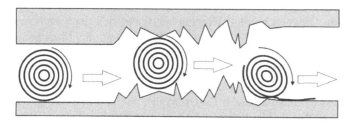

Abb. 4.42

Funktionsweise der Kohlenstoffzwiebeln in tribologischen Anwendungen. Selbst bei Zerstörung der Zwiebelstruktur bleibt eine lubrifizierende Wirkung erhalten.

Die geringe Größe und die Kugelform sorgen für eine veränderte Wirkungsweise der Schmierung. Im Gegensatz zu den üblichen Ölen und Fetten werden die Nanozwiebeln nicht durch Gleiten, sondern durch Rollen entlang der Oberfläche bewegt (Abb. 4.42). Ein analoges Wirkprinzip wurde für zwiebelartige Strukturen aus Molybdänsulfid vorgestellt. Bei der Reibungsverminderung werden die Kohlenstoffzwiebeln „geopfert", da sie im Laufe der mechanischen Beanspruchung kurz vor dem Versagen der Reibungsminderung durch die auftretenden Scherkräfte zerstört werden (Abb. 4.42). Der sich bildende Film aus graphitischen und amorphen Bruchstücken und noch vorhandenen intakten Zwiebelstrukturen aber weist weiterhin gute tribologische Eigenschaften auf.

4.6.2 Anwendungen in der Katalyse

Eine ganze Reihe von Kohlenstoffmaterialien ist für ihre Anwendbarkeit als Katalysator oder Katalysatorträger bekannt. Insbesondere aktivierte Kohlenstoffe mit ihrer großen spezifischen Oberfläche aber auch Kohlenstoff-Nanoröhren und in gewissem Maße Fullerene können eingesetzt werden. Daneben sind auch die Kohlenstoffzwiebeln und zwiebelartige Kohlenstoffmaterialien für den Einsatz in der Katalyse attraktiv. Sie besitzen eine ausgesprochen große spezifische Oberfläche, weisen bei entsprechender Herstellung wenig Strukturdefekte auf und sind in einem weiten Bereich temperaturstabil.

Ein Beispiel für die Anwendung in einem industriell relevanten Prozess stellt die Katalyse der Dehydrierung von Ethylbenzol zu Styrol dar (Abb. 4.43). Diese im Millionentonnen-Maßstab hergestellte Grundchemikalie wird üblicherweise durch thermische Dehydrierung erzeugt. Der Prozess erfordert aufgrund seines endothermen Verlaufes die Zufuhr großer Energiemengen, der Katalysator (ein Hämatit mit Kaliumzusatz) wird rasch deaktiviert, und die Effizienz der Synthese ist somit limitiert. Es ist daher lohnend, nach alternativen Prozessen und Katalysatormaterialien zu suchen. Die oxidative Dehydrierung von Styrol verläuft z.B. exotherm, und es wird somit weit weniger Energie benötigt. Für diese Umsetzung wurde zunächst eine Reihe von Katalysatormaterialien gefunden, z.B. Aluminiumoxid, verschiedene Phosphate und Metalloxide. Es stellte sich jedoch heraus, dass die eigentlich katalytisch aktive Substanz ein auf der Oberfläche dieser Materialien gebildeter Kohlenstoff-Film ist. Es ist daher nahe liegend, direkt Kohlenstoffmaterialien einzusetzen.

Abb. 4.43

Die Dehydrierung von
Ethylbenzol kann durch
den Zusatz von zwie-
belartigem Kohlenstoff
katalysiert werden.

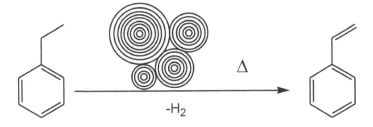

Allerdings zeigte sich beim Einsatz poröser Kohlenstoffe, dass die Desorption des gebildeten Styrols von der Katalysatoroberfläche behindert ist und somit der Umsatz limitiert bleibt. Durch die Abwesenheit jeglicher Partikelporosität weisen Kohlenstoffzwiebeln hier einen wesentlichen Vorteil auf. In der Tat wurden ein höherer Umsatz und eine gesteigerte Ausbeute an Styrol erreicht, wenn Kohlenstoffzwiebeln bzw. zwiebelartiges Material eingesetzt wurde. Bei der Untersuchung bereits verwendeter Katalysatorproben fand man, dass die Zwiebelstruktur z.T. zerstört war. Tatsächlich erreicht der Katalysator erst in diesem Zustand seine volle Aktivität, was auch an der beobachteten Induktionsperiode abzulesen ist. Auf der Zwiebeloberfläche bilden sich vermutlich Carbonylgruppen und chinoide Strukturen, die die eigentlich aktiven Zentren darstellen.

4.7 Zusammenfassung

Kohlenstoffzwiebeln (*carbon onions*) bestehen aus konzentrisch angeordneten Kohlenstoffkäfigen, die nur über *van der Waals*-Wechselwirkungen miteinander verbunden sind.

Kasten 4.1 Struktur der Kohlenstoffzwiebeln

- Kohlenstoffzwiebeln bestehen aus einer mehrschichtigen Anordnung einzelner, geschlossener Fullerenschalen, die im Idealfall jeweils $N_i = N_1 \cdot i^2$ Kohlenstoffatome besitzen.

- Kohlenstoffzwiebeln sind in der Regel sphärisch, was eine große Anzahl von Defekten in den einzelnen Schalen impliziert, da bei Ausbildung als *Goldberg*-Fullerene eine facettierte Ikosaeder-Geometrie vorliegen müsste.

- Der Hohlraum im Zentrum ist weniger als 1 nm groß, so dass als Struktur der innersten Schale C_{60} und andere kugelförmige Fullerene mit etwa dieser Größe in Frage kommen. C_{70} kann dagegen aufgrund seiner ellipsoiden Form weitgehend ausgeschlossen werden.

- Unter Bedingungen, die hochenergetische Strukturen fördern (z.B. Elektronenbeschuss), stellen die Nanozwiebeln aufgrund der geringen Anzahl von *dangling bonds* und dem geringen Oberfläche-Volumenverhältnis möglicherweise die stabilste Form für kleine Kohlenstoffcluster dar.

Die Herstellung der Kohlenstoffzwiebeln kann durch Umwandlung anderer Kohlenstoff-Formen mittels Elektronenbeschuss oder Erhitzung erfolgen. Daneben werden modifizierte Funkenentladungsmethoden oder die Implantation von Kohlenstoffionen in Metallsubstrate eingesetzt.

Die physikalischen Eigenschaften der Kohlenstoffzwiebeln demonstrieren deutlich ihre Verwandtschaft mit den Fullerenen und den mehrwandigen Nanoröhren. Sie zeigen charakteristische Signale im *Raman-* und IR-Spektrum, und die Elektronenenergie-Verlustspektroskopie liefert wichtige Hinweise auf die Struktur des π-Elektronensystems.

Die chemischen Eigenschaften sind bisher nur wenig untersucht. Es liegen jedoch erste Ergebnisse vor, die eine ähnliche Reaktivität wie für mehrwandige Kohlenstoff-Nanoröhren nahe legen. Die Umwandlung der Nanozwiebeln in andere Kohlenstoff-Formen durch Erhitzen (Äquilibrierung als facettierte Nanopartikel) oder Elektronenbeschuss kann ebenfalls erfolgen. Dabei wurde gefunden, dass aufgrund der Selbstkompression in großen Kohlenstoffzwiebeln kleine Diamantcluster gebildet werden, die anschließend unter vollständiger Konsumierung der Zwiebelstruktur zu nanoskaligen Diamantpartikeln heranwachsen.

Weitreichende Anwendungsmöglichkeiten für die Kohlenstoffzwiebeln sind bisher aufgrund der geringen Materialverfügbarkeit und der Inhomogenität der vorhandenen Proben nicht bekannt. Attraktive Perspektiven bieten sich aber in tribologischen Applikationen oder als Katalysatormaterial.

5 Nanodiamant

5.1 Einleitung

Neben dem natürlich vorkommenden Diamant kennt man inzwischen eine ganze Reihe von Kohlenstoffmaterialien, die ebenfalls Diamantstruktur besitzen. Dazu zählen die durch hohen Druck und hohe Temperatur erzeugten künstlichen Diamanten, aber auch Filme, polykristalline Materialien, die den *carbonados* ähneln (s. Kap. 1.3.2), sowie der sog. Nanodiamant.

Um was für eine Substanz handelt es sich bei diesem letzten Kohlenstoffmaterial? Zunächst ist Nanodiamant nichts anderes als Diamant, besitzt also die gleiche kristalline Struktur wie makroskopischer Diamant und kann kubisch oder hexagonal vorliegen. Zusätzlich aber ist er durch seine geringe Partikelgröße gekennzeichnet, die zwischen wenigen und einigen hundert Nanometern betragen kann. Im engeren Sinne werden besonders die Partikel mit einem Durchmesser von etwa unter 50 nm als Nanodiamant bezeichnet. Nanokristalline Diamantfilme, deren Einzelkristallite Größen im einstelligen Nanometerbereich aufweisen, werden dagegen oft mit dem Begriff *ultrananokristalliner Diamant* beschrieben und werden hier im Kapitel 6 besprochen (s. UNCD, *ultrananocrystalline diamond*).

Die geringe Partikelgröße hat eine Reihe interessanter Effekte, insbesondere der große Anteil der Oberflächenatome an der Gesamtmasse macht sich in den physikalischen und chemischen Eigenschaften bemerkbar.

5.1.1 Geschichtliches zur Entdeckung von Nanodiamant

Nanodiamant ist eigentlich kein neues Material. Tatsächlich wurden bereits Ende der fünfziger, Anfang der sechziger Jahre wesentliche Experimente zur Herstellung nanoskaliger Diamantkristallite durchgeführt. *DeCarli* und *Jamieson* entdeckten bereits 1959, dass durch die Einwirkung einer Schockwelle auf graphitisches Material kleinste Diamantkristalle gewonnen werden können. Dieses Verfahren wurde in den sechziger Jahren patentiert, und die Firma *DuPont* stellt seitdem etwa 2 Millionen Karat pro Jahr an künstlichem Diamant auf diese Weise her (Kap. 5.3.2).

Etwa zur gleichen Zeit wie die Schocksynthese wurde auch das Grundprinzip der Detonationssynthese entdeckt. Die russischen Wissenschaftler *Volkov* und *Danilenko* fanden etwa 1963, dass die Detonation kohlenstoffhaltigen Sprengstoffs einen diamanthaltigen Ruß liefert (Abb. 5.1). Diese Ergebnisse blieben jedoch aufgrund ihrer militärischen Relevanz (das Ausgangsmaterial war immerhin Sprengstoff) unveröffentlicht. Erst Ende der achtziger Jahre wurde die Detonationsmethode von verschiedenen Arbeitsgruppen „neu" entdeckt, wobei auch hier Ergebnisse aus Geheimhaltungsgründen oft erst Jahre später publiziert wurden (*Abadurov* 1987, *Greiner* 1988). Die Geschichte der Synthese von Nanodiamant kann daher als ein Beispiel für die Verhinderung der Verbreitung von Forschungsergebnissen durch politische Gegebenheiten gesehen werden. Erst jetzt, mehr als vierzig Jahre nach der erstmaligen Durchführung einer Detonationssynthese, ist es möglich, dass Forscher weltweit Zugang zu den Ergebnissen ihrer Kollegen haben.

Abb. 5.1

Detonations-Nanodiamant als Pulver (links), als instabile Suspension in Wasser (Mitte) und als vollständig deagglomerierte Dispersion in Wasser (rechts).

Zusätzlichen Auftrieb erhielt die Erforschung des Nanodiamanten durch den Nachweis von nanoskopischen Diamantpartikeln in interstellarer Materie und den Fund von Nanodiamant in präsolaren Meteoriten (Kap. 5.1.2). Insbesondere Studien zur Bildungsweise dieser Strukturen und zu den spektroskopischen Eigenschaften sorgten für Erkenntnisse zur Bildung von Diamant im Weltall. Ebenfalls Anfang der achtziger Jahre ging die erste großtechnische Anlage zur Produktion von Nanodiamant in Betrieb, die mehrere Tonnen pro Jahr liefern kann. Hier zeigt sich ein wesentlicher Vorteil dieses Materials: Im Gegensatz zu anderen „neuen" Kohlenstoffmaterialien existiert hier bereits eine industrielle Herstellungsmethode, so dass das Forschungsobjekt in ausreichender Menge und zu einem günstigen Preis zur Verfügung steht und bei Entwicklung von Anwendungen das Ausgangsmaterial auch in großem Maßstab leicht verfügbar ist. Größere Anlagen bestehen heute z.B. in Russland, Weißrussland, der Ukraine, China, Deutschland, den USA und Japan.

Inzwischen hat sich die Forschung zum Thema Nanodiamant zu einem vielseitigen und sehr aktiven Gebiet entwickelt, wobei die physikalischen und chemischen Eigenschaften im Vordergrund stehen. Zahlreiche Anwendungen wurden bereits realisiert, und man kann eine weitere dynamische Entwicklung erwarten, wenn es gelingt, die Nanodiamantpartikel einzeln zu untersuchen und zu modifizieren.

5.1.2 Natürliches Vorkommen von Nanodiamant

In terrestrischen Substanzen wurde die Existenz nanoskaliger Diamantpartikel bisher nicht nachgewiesen. Allerdings geht man davon aus, dass etwa 30 % des im Weltall vorhandenen Kohlenstoffs als Diamant vorliegen. Einen Nachweis der Existenz extraterrestrischen Diamantmaterials liefern Meteoritenfundstücke, die präsolare Diamantteilchen enthalten. Die bekanntesten dieser Meteoriten sind der *Allende*- sowie der *Murchinson*-Meteorit, die beide zur Klasse der primitiven Chondriten gehören. Die Materie dieser Art von Meteoriten wurde bei der Bildung des Sonnensystems nicht oder nur wenig in Mitleidenschaft gezogen, so dass sich die präsolare Zusammensetzung erhalten hat. Dies äußert sich insbesondere in der Isotopenzusammensetzung gewisser Elemente (s.u.), die deutlich von der ansonsten im Sonnensystem einheitlichen Verteilung abweicht. Die Meteoritenfundstücke enthalten zwischen 1 und 1400 ppm Nanodiamant (umso geringerer Anteil, je stärker das umgebende Material durch thermische Metamorphose beeinflusst wurde) mit einer Partikelgröße von 0,2 bis 10 nm, wobei für den *Allende*-Meteoriten ein Durchschnittswert von 2,7 nm, für den *Murchinson*-Meteoriten von 2,8 nm gefunden wird. Die Isolierung der Diamantpartikel erfolgt durch eine Säurebehandlung, bei der mineralische und metallische Bestandteile des Meteoritenmaterials aufgelöst werden und so der Diamantanteil als Rückstand verbleibt.

Die Entstehung der Diamantpartikel im Weltall ist weiterhin Gegenstand lebhafter Diskussion. Einzig die Tatsache, dass die Teilchen nicht erst im Meteoriten, sondern bereits zuvor gebildet wurden, ist unstrittig. Für den Mechanismus der Entstehung gibt es verschiedene Möglichkeiten. Zum einen kann Diamant durch eine Art Schockwellensynthese in Supernovae entstehen. Das Material sollte in diesem Fall Diamant aus Schock- oder Detonationssynthesen sehr ähnlich sein. Eine weitere Möglichkeit besteht in der Abscheidung aus der Gasphase (verwandt mit dem CVD-Prozess). Diese Materialien sollten den in der Gasphase synthetisierten Nanodiamanten ähneln. Auch die strahlungsinduzierte Transformation anderer Kohlenstoffpartikel mit sp^2-Hybridisierung wurde diskutiert (s.a. Kap. 4.2.3). Eine Unterscheidung und Gewichtung der Anteile dieser Prozesse kann anhand der Mikrostruktur der meteoritischen Nanodiamantpartikel und Vergleich mit synthetischen Teilchen erfolgen. In einigen der isolierten Diamanten findet man für das Element Xenon eine ungewöhnliche Anreicherung der schweren Isotope ^{134}Xe und ^{136}Xe. Letzteres tritt mit einer Häufigkeit von $4 \cdot 10^{12}$ Xenonatomen pro Gramm Diamant auf. Die Entstehung der schweren Isotope ist auf einen nucleosynthetischen Prozess in Supernovae zurückzuführen. Man muss also davon ausgehen, dass zumindest ein gewisser Anteil der Diamanten in Supernovae entstanden sein muss. Der dort zugrunde liegende Mechanismus ähnelt einer Schockwellensynthese. Insbesondere die Existenz nichtlinearer Verzwillingungen, das gehäufte Auftreten von sternförmigen Twins (Abb. 5.2) und die verhältnismäßig hohe Anzahl von Einkristallen deuten aber für einen großen Anteil des meteoritischen Materials auf einen isotropen, nicht allzu schnellen Wachstumsprozess hin. Zudem beobachtet man keine Dislokationen, die in einem martensitischen Prozess gefunden würden (s.a. Kap. 5.3.2). Hier kann man daher von homoepitaxialem Wachstum, typisch für eine Gasphasenabscheidung, ausgehen. Insgesamt deuten die experimentellen Daten mehrheitlich auf einen solchen Gasphasenprozess hin, wie er in der expandierenden äußeren Hülle eines Roten Riesen (eine Klasse von Sternen) ablaufen kann.

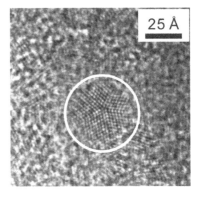

Abb. 5.2

Diamantpartikel meteoritischen Ursprungs mit sternförmiger Verzwillingung (© Elsevier 1996).

5.2 Struktur von Nanodiamant

5.2.1 Die Gitterstruktur des Nanodiamanten

Die Gitterstruktur des Nanodiamanten wurde mit Hilfe verschiedener spektroskopischer und kristallographischer Methoden untersucht. Dabei stellte man fest, dass sie im Wesentlichen der des *bulk*-Diamanten entspricht. Insbesondere Röntgenbeugungsexperimente zeigten, dass die Gitterkonstante nur sehr wenig von dem für makroskopischen Diamant gefundenen Wert von 2.456 Å abweicht. Lediglich eine Verbreiterung der beobachteten Signale aufgrund der geringen Partikelgröße wurde festgestellt (Kap. 5.4.1.3). Es wurden sowohl kubische als auch hexagonale (diese nur in Koexistenz mit kubischen) Phasen beobachtet, wobei kubische Strukturen sehr viel häufiger auftreten.

Allerdings ist die geringe Teilchengröße der Partikel für eines der wesentlichen Struktur- merkmale des Nanodiamanten verantwortlich: Der große Anteil von Oberflächenatomen sorgt für eine Spannung in der Partikelstruktur, die sich in veränderten Bindungsverhältnissen nahe der Oberfläche äußert. So zeigten oberflächennahe Kohlenstoffatome in NMR- Untersuchungen eine andere chemische Verschiebung als Atome im Kernbereich der Partikel. Verantwortlich hierfür ist die Anbindung an funktionelle Gruppen bzw. an sp^2-hybridisierte Oberflächenatome, die durch die Rekonstruktion der Oberfläche entstehen (s. Kap. 5.2.2).

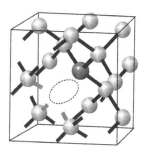

Abb. 5.3

N-V-Defekt im Diamantgitter. Gezeigt ist ein Ausschnitt des Diamantgitters mit einer Fehlstelle (gestrichelte Linie) und einem substitutionellen Stickstoffatom (dunkelgrau).

Neben dem besonderen Einfluss der Oberflächenstruktur machen sich in derart kleinen Teil- chen auch Fehler im Gitter besonders stark bemerkbar. Ein möglicher Defekt, der sich in Nanodiamant findet, ist das sog. N-V-Zentrum (engl. *nitrogen vacancy centre*), das aus einem in das Gitter eingebauten Stickstoffatom und einer benachbarten Fehlstelle besteht (Abb. 5.3). Daher besitzt dieses Defektzentrum ein zusätzliches ungepaartes Elektron, welches als Ein- zelspin beobachtbar ist. Außerdem sind die N-V-Zentren z.B. für eine charakteristische Fluo- reszenz von stickstoffhaltigen Nanodiamantpartikeln verantwortlich (s. Kap. 5.4.1.4).

Weitere Defekte umfassen z.B. gezielte Dotierungen mit Bor, Stickstoff oder Nickel, die den Nanodiamantpartikeln bestimmte elektronische oder optische Eigenschaften verleihen (Kap. 6.2.3). Experimentelle und theoretische Ergebnisse zeigen, dass nur wenige Elemente als stabile Defekte in das Diamantgitter eingebaut werden können, u.a. Bor, Stickstoff, Silicium, Sauerstoff und Phosphor. Dagegen sind Aluminium, Arsen, Antimon, Schwefel u.v.a. nicht geeignet, da sie keine stabilen Strukturen innerhalb des Diamantgitters erzeugen.

5.2.2 Die Oberflächenstruktur des Nanodiamanten

Wie bei allen Nanopartikeln besitzen auch im Nanodiamant die an der Oberfläche befindli- chen Atome einen großen Einfluss auf die Eigenschaften des Materials. Daher ist es von großer Bedeutung, die Struktur der Partikeloberfläche genau zu kennen. Je kleiner die Teil- chen sind, desto mehr Oberflächenatome pro Masseneinheit besitzen sie. Deren Anteil an der Gesamtzahl der Kohlenstoffatome für oktaedrische Partikel ist in Abb. 5.4 aufgetragen. In dem für Detonationsdiamant relevanten Bereich von 3-5 nm Durchmesser befinden sich im- merhin 20-30 % der Atome an der Oberfläche. Theoretisch müssten diese jeweils mindestens eine nicht abgesättigte Bindungsstelle aufweisen (Abb. 5.5). Diese sog. *dangling bonds* sind jedoch energetisch sehr ungünstig und hochreaktiv, so dass es zu verschiedenen Prozessen kommt, die der Absättigung dieser Positionen dienen. Sowohl die Rekonstruktion der Oberfläche (s. hierzu auch Kap. 6.2.2) unter Ausbildung von mehr oder weniger konjugierten π-Bindungen als auch die Reaktion mit externen Partnern werden beobachtet.

Abb. 5.4

Verhältnis der Oberflächenatome zur Gesamtzahl der Atome für oktaedrische Partikel. Je kleiner der Durchmesser d der Partikel, desto mehr Atome liegen an der Oberfläche. So beträgt der Anteil der Oberflächenatome (C_{AO}) für ein 2 nm großes Diamantteilchen bereits mehr als 40 %.

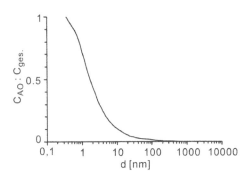

Im Fall der Ausbildung von π-Bindungen kommt es zu einer partiellen Graphitisierung der Partikeloberfläche, die durch die sp^2-Hybridisierung der beteiligten Atome gekennzeichnet ist. Im Zuge einer ausgeprägten Oberflächenrekonstruktion entstehen fullerenartige Teilstrukturen, in denen die Krümmung der Partikeloberfläche ebenfalls durch Fünfringe verursacht wird (Abb. 5.27). Diese Fulleren-Partialstrukturen sind teilweise durch kovalente Bindungen mit dem Diamantkern verknüpft, es existieren aber auch Fälle, in denen keinerlei kovalente Wechselwirkung zwischen dem sp^3-hybridisierten Kern und der sp^2-hybridisierten Hülle besteht (engl. *bucky diamond*). Hier sind nicht abgesättigte Bindungsstellen zwischen Diamant- und Graphitbereich eingeschlossen und werden durch die äußere Hülle geschützt. Zum Teil wurde auch das „Herauswachsen" von graphitischen Strukturen aus der Diamantoberfläche beobachtet, wobei aus drei Diamantgitterebenen zwei Graphenlagen entstehen. (Abb. 4.26).

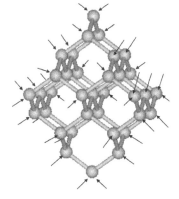

Abb. 5.5

Theoretische Struktur eines oktaedrischen Diamantpartikels mit nicht abgesättigten Bindungsstellen (Pfeile).

Theoretische Untersuchungen haben ergeben, dass die *bucky diamonds* stabiler als entsprechende hydrierte Diamantpartikel sind. Nach einer Detonations- oder Schocksynthese beobachtet man denn auch keine hydrierten Diamant-Nanopartikel. Dies liegt allerdings insbe-

sondere an den Reaktionsbedingungen, die eher oxidierenden Charakter haben. Man beobachtet zwar bei Wasserkühlung der Detonation (Kap. 5.3.1) im IR-Spektrum Signale für C-
H-Schwingungen, diese sind jedoch vermutlich auf CH_2-OH-Gruppen zurückzuführen. Auch
die nachträgliche Hydrierung der Nanodiamantoberfläche hat sich als recht schwierig erwiesen. Man kann zwar durch Umsetzung mit Wasserstoff bei etwa 900 °C bzw. im Wasserstoffplasma die Reaktion zu C-H-Bindungen erreichen, die Partikel sind jedoch niemals vollkommen homogen hydriert. Dazu trägt insbesondere auch die starke Agglomeration im Feststoff bei, die den Zugang zu inneren Bereichen der Aggregatoberfläche behindert (Kap. 5.2.4).

Neben der partiellen Graphitisierung und der Absättigung mit Wasserstoff spielt für Nanodiamant auch die Existenz verschiedener funktioneller Gruppen auf der Partikeloberfläche eine
große Rolle. Die Elementarzusammensetzung (Kap. 5.3.4) deutet eine dichte Belegung mit
sauerstoffhaltigen Gruppen an. Der Stickstoff befindet sich zu einem großen Teil im Diamantgitter, so dass stickstoffhaltige Oberflächen-Gruppen eine eher untergeordnete Rolle
spielen dürften. Auch die IR-Spektren bestätigen diese Vermutung durch weitgehende Abwesenheit der entsprechenden Banden für Amid-, Amin-, Nitro- bzw. Cyanogruppen. Nur in
einigen Fällen, besonders nach Behandlung mit hochkonzentrierter Salpetersäure bei hohen
Temperaturen und Drücken beobachtet man Signale, die auf Amid- und Nitrogruppen hin-
weisen.

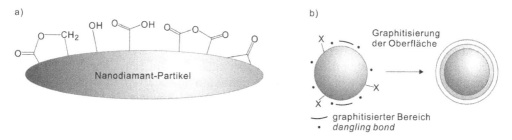

Abb. 5.6 Durch die Herstellung bedingte inhomogene Funktionalisierung der Oberfläche (a) und
Graphitisierung durch vorhandene *dangling bonds* und amorphen Kohlenstoff.

Die Elementarzusammensetzung unbehandelter Nanodiamantmaterialien resultiert jedoch
nicht allein aus der Existenz funktioneller Gruppen auf der Partikeloberfläche. Vielmehr sind
zahlreiche Verunreinigungen in der Probe enthalten wie etwa Metalle und Metalloxide, z.T.
Material aus den Reaktorwänden und eine erhebliche Menge Wasser. Dieses wird an der
großen Oberfläche der Nanopartikel sehr leicht adsorbiert und ist für einen großen Teil des
Sauerstoffgehaltes in unbehandelten Diamantproben verantwortlich. Das Wasser kann durch
Erhitzen im Vakuum zumindest teilweise entfernt werden, jedoch nimmt man dabei eine
partielle Graphitisierung in Kauf, wenn auf zu hohe Temperaturen erhitzt wird. Metallische
Verunreinigungen werden durch Säure und anschließendes Waschen mit Wasser entfernt.

Im Zuge der oxidativen Behandlung mit Mineralsäuren (z.B. bei der Reinigung von Detonationsdiamant) werden auf der Partikeloberfläche weitere funktionelle Gruppen erzeugt. Übliche Proben zeigen im IR-Spektrum ausgeprägte Signale von verschiedenen Carbonyl- und
Etherfunktionen. Daneben beobachtet man OH-Schwingungen und in Proben aus der sog.
„*wet synthesis*" auch C-H-Schwingungen (Kap. 5.4.1.2). Proben, die aus Synthesen ohne

Wasserkühlung stammen, zeigen diese C-H-Schwingungen dagegen nicht, so dass eine Reaktion mit dem als überkritisches Fluid vorliegenden Wasser als Ursache für diese Funktionalisierung gesehen wird. Es wird also deutlich, dass es sich um ein komplexes Gemisch verschiedener Gruppen handelt und keine einheitliche Belegung vorhanden ist.

In verschiedenen spektroskopischen Untersuchungen (IR, XPS, NMR etc.) konnten sowohl die Carbonylgruppen als auch die Ether- und Hydroxylstrukturen identifiziert werden (Abb. 5.6). Im Wesentlichen finden sich Carbonsäuren, Lactone, einfache Carbonyle, teilweise Amide und Ester. Anhydride werden nur selten beobachtet, was durch die Abwesenheit ihrer bei sehr hohen Wellenzahlen (~ 1800 cm^{-1}) erscheinenden Carbonylbande untermauert wird. Des Weiteren befinden sich zahlreiche Hydroxylgruppen auf der Nanodiamantoberfläche. Vermutlich liegt ein großer Teil dieser Gruppen als tertiärer Alkohol vor. Auch die Bildung von Etherstrukturen wird durch die oxidative Behandlung befördert. Insgesamt ist die Oberflächenfunktionalisierung der Partikel sehr ungleichmäßig und trägt auch zur sehr festen Agglomeration der Primärteilchen bei (Abb. 5.7).

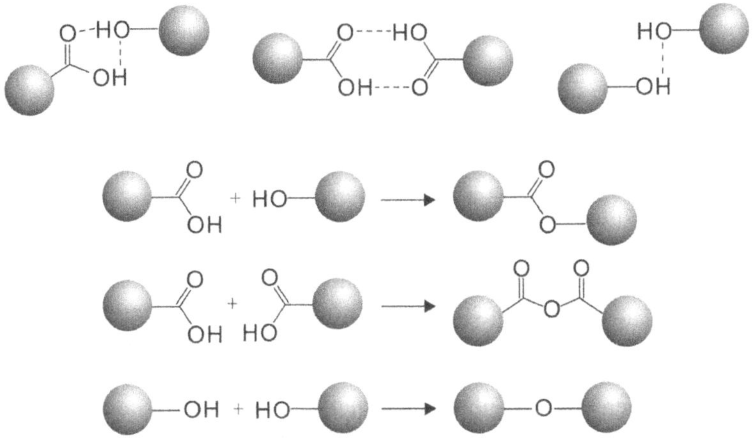

Abb. 5.7 Die Ausbildung von festen Agglomeraten wird auch durch die Existenz von Wasserstoffbrücken und kovalenten Bindungen befördert.

Neben den außenständigen sp^3-Kohlenstoffatomen sind natürlich auch die nicht abgesättigten Enden von graphitischen Strukturen auf der Oberfläche mit entsprechenden funktionellen Gruppen belegt. Zudem kann die Reaktion mit dem Kühlmedium sowohl am Diamant als auch an evtl. graphitischen Strukturen stattfinden. So ist bekannt, dass sich bei der Anlagerung von Kohlendioxid (Kühlmedium bei der sog. *dry synthesis*, Kap. 5.3.1) an eine reaktive Graphenlage Lactone bilden.

5.2.3 Diamant oder Graphit? - Stabilität im Nanometerbereich

Die experimentellen Befunde deuten an, dass im Nanometerbereich andere Regeln für die Stabilität unterschiedlicher Kohlenstoffstrukturen gelten als im Makroskopischen. So bilden sich in verschiedenen Herstellungsverfahren wie Detonations- und Schocksynthese oder in CVD-Verfahren spontan verschiedene Diamantmaterialien mit nanoskopisch kleinen Partikeln. Dazu gehören polykristalline Materialien mit Partikelgrößen von ungefähr 1-60 μm, die aus etwa 1-50 nm großen Primärteilchen bestehen, weiterhin „freie" Nanodiamantpartikel mit Durchmessern von etwa 3-10 nm, die in Form sehr fest gebundener Aggregate vorliegen, und sog. ultrananokristalline Diamantfilme, die aus nanoskopisch kleinen Diamantkristalliten bestehen. All diese Strukturen zeigen, dass im unteren Nanometerbereich ein Stabilitätsgebiet für Diamant gegenüber graphitischen Strukturen liegen sollte.

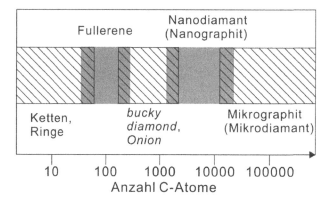

Abb. 5.8

Stabilitätsbereiche von Kohlenstoff-Nanomaterialien. Im unteren Nanometerbereich besteht zwischen verschiedenen Kohlenstoff-Clusterstrukturen ein subtiles Gleichgewicht.

Gleichzeitig wurden zahlreiche Untersuchungen zur Transformation von Kohlenstoffmaterialien durch verschiedene äußere Einflüsse veröffentlicht. Dabei stellte sich heraus, dass eine subtile Balance zwischen graphitischen und diamantartigen Strukturen besteht, die durch Teilchengröße und Umgebungstemperatur beeinflusst wird. So wandeln sich 2-5 nm große Nanodiamantpartikel in Kohlenstoffzwiebeln um, wenn man sie oberhalb von etwa 800 °C erhitzt (Kap. 4.3.5.3). Während des Übergangs von den reinen Nanodiamantpartikeln zu den Kohlenstoffzwiebeln werden von außen nach innen immer mehr Graphenlagen gebildet, so dass ein sp^3-/sp^2-Nanokomposit entsteht. Auch die Umkehrung dieser Transformation kann durchgeführt werden. Durch Bestrahlung mit Elektronen unter gleichzeitigem Erhitzen wandeln sich Kohlenstoffzwiebeln unter vollständigem Konsum der Ausgangsstruktur in Nanodiamantpartikel um (Kap. 4.5.2). In der Regel beobachtet man dabei ebenfalls eine Art intermediären Zustand, der als ein Kern-Schale-Teilchen aus einem sp^3-hybridisierten Kern und einer sp^2-hybridisierten Hülle aufgefasst werden kann (Abb. 5.6b). Es besteht also ein subtiles Gleichgewicht zwischen Nanodiamanten und Kohlenstoffzwiebeln, welches durch die Wahl der Umgebungsbedingungen leicht beeinflusst werden kann.

Wie die experimentellen Ergebnisse zeigen, bewirken geringe Veränderungen der Umgebungsbedingungen eine teilweise nachhaltige Veränderung der Stabilitätsverhältnisse zwischen sp^3- und sp^2-Phasen. Daher wurden theoretische Berechnungen durchgeführt, die den Einfluss verschiedener Parameter, besonders der Clustergröße, auf die Stabilität untersuchten. Dabei zeigte sich, dass in einem engen Fenster zwischen etwa 2 und 6 nm Durchmesser Nanodiamant die stabilste Struktur darstellt. Sowohl Cluster mit einer geringeren als auch solche mit höherer Atomzahl nahmen dagegen Strukturen mit sp^2-hybridisierten Kohlenstoffatomen an. Im Bereich bis etwa 20 Atome stellen Ringe die stabilste Anordnung dar, wobei im einstelligen Atomzahlbereich auch offene Ketten eine wichtige Rolle spielen. Zwischen etwa 20 und 30 Kohlenstoffatomen befindet sich eine Art „Grauzone". Hier können Ringe, schalenförmige Aromaten als auch fullerenartige Strukturen die jeweils stabilste Anordnung darstellen, und die berechneten Energieunterschiede sind z.T. sehr gering. Oberhalb von ca. 30 Kohlenstoffatomen beginnt der Stabilitätsbereich der Fullerene, der bis zu etwa 10^3 Atomen ausgedehnt ist. Im oberen Größenbereich koexistieren die Fullerene mit geschlossenen Kohlenstoff-Nanoröhren und Kohlenstoffzwiebeln.

Erst ab etwa 1500 Atomen bzw. einem Durchmesser von etwa 2 nm tritt dann Diamant als stabile Struktur auf. Dabei handelt es sich um *bucky diamond*, der in diesem Größenbereich stabiler ist als ein gleich großer mit Wasserstoff abgesättigter Nanodiamant. Ab etwa 3 nm nimmt die Stabilität nicht graphitisierter Nanodiamanten zu, die bis zu einer Partikelgröße von ungefähr 6 nm anhält und anschließend bis etwa 10 nm wieder abfällt. Ab dieser Größe stellt dann Graphit die stabilste Struktur dar, was sich bis in den makroskopischen Bereich auch nicht mehr ändert (Abb. 5.8). Das Stabilitäts-„Fenster" für Nanodiamant befindet sich also im Bereich zwischen etwa 2 und 10 nm Durchmesser. Dieses Ergebnis trägt auch zur Erklärung der bei der Schock- und Detonationssynthese gefundenen Partikelgrößen bei (s. Kap. 5.3): Die kurze Dauer der Druckwelle lässt Teilchen mit genau dieser Größe entstehen, die bei anschließendem Absinken von Druck und Temperatur erhalten bleiben, während kleinere und größere Partikel nicht als Diamant bestehen können und zu sp^2-hybridisiertem Kohlenstoff transformieren.

Zwischen den einzelnen Stabilitätsinseln befinden sich Bereiche, in denen mehrere Kohlenstoff-Nanostrukturen koexistieren. So beobachtet man im Bereich von 1,5 bis 2,5 nm das gleichzeitige Auftreten von Fullerenen (teilweise auch Zwiebeln), *bucky diamond* und Nanodiamant. Im Bereich von etwa 4,5 bis 10 nm koexistieren Nanodiamant und graphitische Strukturen. In diesem Bereich spielt für die Ausbildung einer bestimmten Phase eine Vielzahl von Faktoren eine wesentliche Rolle. Hierzu zählen die Oberflächenenergie, ihre Funktionalisierung, Oberflächenstress und -ladung. Insgesamt kann man für den Teil der experimentell zugänglichen Strukturen feststellen, dass die theoretischen Berechnungen die tatsächlichen Verhältnisse recht genau wiedergeben. Man muss also davon ausgehen, dass im Bereich bis etwa 10 nm verschiedene Kohlenstoffstrukturen möglich sind und die Wahl der Umgebungsbedingungen einen wichtigen Faktor für ihre Entstehung darstellt.

5.2.4 Agglomerationsverhalten von Nanodiamant

Die einzelnen Nanodiamantpartikel liegen je nach Herstellungsmethode nicht als isolierte Kristallite vor, sondern existieren in Form von sehr fest gefügten Agglomeraten, in denen neben ungeordnetem Kohlenstoff mit sp^2- und sp^3-Hybridisierung auch andere Verunreinigungen eingeschlossen sein können. Letztere stammen entweder aus dem Synthese- oder dem Reinigungsprozess, wobei z.B. Material aus den Reaktorwänden fein verteilt in die Probe gelangen kann (s. Kap. 5.3). Dies gilt in besonderem Maße für Material, das aus Detonations- oder Schockwellensynthese gewonnen wird. Wasserstoffterminierte Diamant-Nanopartikel zeigen dieses Verhalten nicht.

Die Nanodiamant-Agglomerate zeigen einen mehrstufigen Aufbau, der durch sehr fest gebundene Primäraggregate und bis zu mehrere Mikrometer große „traubenförmige" Sekundäragglomerate gekennzeichnet ist (Abb. 5.9). Letztere werden durch elektrostatische Wechselwirkungen zusammengehalten, wobei die Funktionalisierung der Nanodiamantpartikel eine wesentliche Rolle spielt. Die Sekundäragglomerate lassen sich aufgrund ihrer nichtchemischen Bindung relativ leicht zerstören, wobei die in Kap. 5.3.4 erwähnten klassischen Deagglomerationsmethoden eingesetzt werden können. Auch die chemische Funktionalisierung kann zu einer Verringerung der Agglomeratgröße beitragen. So wird durch die Verstärkung des hydrophoben Charakters der Diamantoberfläche mittels Fluorierung eine deutlich verbesserte Dispergierbarkeit und eine Agglomeratgröße von unter 200 nm erzielt.

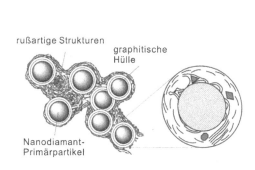 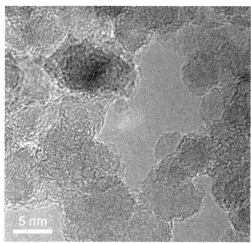

Abb. 5.9 Strukturmodell des agglomerierten Nanodiamanten (links); im HRTEM-Bild (rechts) erkennt man die auf der Oberfläche der Diamantteilchen vorhandenen rußartigen Strukturen.

Die Primäraggregate besitzen je nach Herstellung und Reinigung Durchmesser zwischen 30 und maximal 100 nm (in Ausnahmefällen auch 200 nm). Diese Strukturen werden nicht durch ausschließlich elektrostatische Kräfte zusammengehalten, sondern chemische Bindungen und ein gewisser Anteil an rußartigem Kohlenstoff sorgen für eine ungleich stärkere Kohäsion der Partikel (s.o.). Zwischen den auf der Partikeloberfläche befindlichen Gruppen, die aktive Wasserstoffatome tragen (Carboxyl-, Hydroxyl-Gruppen etc.) kann es sowohl zur Ausbildung von Wasserstoffbrücken als auch zur kovalenten Verknüpfung durch Ester-, Anhydrid- oder Etherbindungen kommen (Abb. 5.6). Diese sind nur teilweise durch entsprechende chemische Umsetzungen spaltbar, da die Reagenzien wegen der dichten Aggregatstruktur nicht in das Innere der Aggregate eindringen können. Auch die bereits erwähnten rußartigen Strukturen verbinden die Nanodiamantpartikel untereinander. Dabei wird eine Wechselwirkung wie in graphitischen Materialien erreicht, an der die sp^2-hybridisierten Bereiche der Diamantoberfläche (Kap. 5.2.2) teilhaben. Auf diese Weise entsteht die durch ungeordnetes graphitisches Material umhüllte, traubenförmige Struktur der Nanodiamant-Primäraggregate. Diese lassen sich nur sehr schwer zerstören, und es besteht eine hohe Tendenz zur Reagglomeration. Lediglich bei der Anwendung großer Scherkräfte, z.B. in einer Rührwerkskugelmühle, gelingt die vollständige Dispergierung der Primärpartikel, welche dann in Wasser oder organischen Lösemitteln kolloidal verteilt vorliegen. Auch ohne die Zugabe einer oberflächenaktiven Substanz sind diese kolloidalen Nanodiamantlösungen stabil, da sich die einzelnen Partikel aufgrund der gleichnamigen Ladung abstoßen. Dies ist jedoch nur in einem engen pH- und Konzentrationsbereich von Hintergrundelektrolyten gültig. Beim Ansäuern oder dem Zusatz von Base zu einer neutralen Lösung von Nanodiamant in Wasser tritt sofortige Reagglomeration ein. Auch die Überführung in den festen Zustand sorgt für die Rückbildung der Agglomeratstruktur. Um dies zu vermeiden, muss die Oberfläche so modifiziert werden, dass eine vollständige Redispergierung nach Trocknung möglich ist. Hierfür eignen sich unpolare organische Gruppen, die gleichzeitig zu erhöhter Löslichkeit in organischen Solvenzien führen.

5.3 Herstellung von Nanodiamant

Im Phasendiagramm des Kohlenstoffs befindet sich der Bereich der thermodynamischen Stabilität des Diamanten bei sehr hohen Temperaturen und Drücken. Zu seiner Herstellung ist es daher in der Regel nötig, derartige Bedingungen zu schaffen. Lediglich bei Abscheidungsverfahren aus der Gasphase gelingt es unter kinetischer Kontrolle, Diamant auch bei niedrigen Drücken zu erzeugen. Dieses Verfahren wird in Kap. 6.3.1 näher erläutert. Die Erzeugung hoher Drücke bereitet einige experimentelle Schwierigkeiten. Zwar kann man in entsprechenden Pressen Drücke im Gigapascal-Bereich erzielen, diese Apparate sind jedoch sehr groß, und es können nur geringe Volumina unter Druck gesetzt werden. Bei der Herstellung makroskopischer Diamanten lohnt sich dieser Aufwand aufgrund des hohen Preises der natürlichen Steine dennoch, für die Synthese von Nanodiamant dagegen besteht keine Notwendigkeit, auf dieses Verfahren zurückzugreifen. Neben der Unhandlichkeit der Apparatur, den Problemen der Abgrenzung entsprechend kleiner Bereiche (es wandelt sich stets das gesamte graphitische Ausgangsmaterial um, so dass auch nanoskopische Graphitpartikel zum Einsatz kommen müssten) und dem hohen Preis liefert insbesondere die Tatsache ein entscheidendes Argument, dass deutlich bequemere Verfahren zur Herstellung von Nanodiamant zur Verfügung stehen. Dazu gehören z.B. die Einwirkung externer Schockwellen oder die Detonation von Explosivstoffen in einem abgeschlossenen Behältnis. Beide Möglichkeiten werden zur Nanodiamantsynthese eingesetzt.

5.3.1 Detonationssynthese

Die Erzeugung hoher Drücke durch Detonation in einem abgeschlossenen Behältnis ist seit langem bekannt. Sie wurde bereits in den sechziger Jahren durch sowjetische Wissenschaftler zur Herstellung von Nanodiamant eingesetzt. Inzwischen wird die kontrollierte Detonation von Explosivstoffen auch im großen Maßstab durchgeführt.

Prinzipiell existieren zwei Verfahren, die sich in der Art der eingesetzten Ausgangsmaterialien unterscheiden. Im ersten Prozess wird ein graphitisches Material zusammen mit einem Explosivstoff zur Detonation gebracht. Dabei entsteht durch direkte Umwandlung des bereits vorhandenen Kohlenstoffs sowie durch Kondensation von Kohlenstoffatomen aus dem Sprengstoff ein polykristallines Diamantmaterial mit einer Teilchengröße, die annähernd mit der des Ausgangsmaterials übereinstimmt. Daher kann zumindest ein teilweise martensitisch verlaufender Bildungsmechanismus angenommen werden. Die Ausbeute beträgt bezogen auf den eingesetzten Kohlenstoff etwa 17 %, bezogen auf den Explosivstoff etwa 3,4 %. Das Produkt besteht aus Primärteilchen, die während der Wachstumsphase zusammensintern. Je nach Art der Umgebung bilden sich unterschiedliche Partikel aus. Führt man die Umsetzung in einem Inertgas durch, so beobachtet man ausschließlich kubischen Diamant mit einer Primärteilchengröße von etwa 20 nm. Dagegen sind die Partikel bei Umsetzung in Luft nur 8 nm groß und weisen stets einen gewissen Anteil hexagonalen Diamant (*Lonsdaleit*) auf.

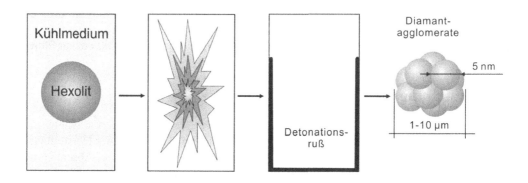

Abb. 5.10 Schematische Darstellung der Detonationssynthese von Nanodiamant.

Das zweite Verfahren geht dagegen ausschließlich von einem Explosivstoff bzw. einer Mischung verschiedener Sprengstoffe aus (Abb. 5.10). Diese dienen gleichzeitig als Energieträger und als Kohlenstoffquelle. Hierzu muss gewährleistet sein, dass das Ausgangsmaterial eine negative Sauerstoffbilanz aufweist. Dies ist stets der Fall wenn $z \leq x$ ist (s. unten), da dann der im Molekül bereitgestellte Sauerstoff nicht einmal ausreicht, um den gesamten Kohlenstoff zu oxidieren (Gleichung *5.1*). Bei der Detonation in einem abgeschlossenen Behälter entsteht dann unweigerlich Ruß.

$$C_xH_yO_zN_w \quad \rightarrow \quad a\,CO_2 + b\,CO + 0{,}5w\,N_2 + c\,H_2O + d\,H_2 + e\,O_2 + f\,C \qquad (5.1)$$

Neben den in Gleichung *5.1* angegebenen Reaktionsprodukten werden teilweise auch Methan, Ammoniak und Stickoxide gebildet. Gleichzeitig sind die vorhandenen Substanzen auch durch verschiedene Gleichgewichtsreaktionen miteinander gekoppelt (Gleichung *5.2 a-c*).

Wassergas-Gleichgewicht:	$CO_2 \; + \; H_2 \; \rightarrow CO \; + \; H_2O$	(5.2a)
Boudouard-Gleichgewicht:	$CO_2 \; + \; C \; \rightarrow \; 2\,CO$	(5.2b)
Wasserdissoziation:	$2\,H_2O \; \rightarrow \; 2\,H_2 \; + \; O_2$	(5.2c)

Es gibt eine ganze Reihe im industriellen Maßstab verfügbarer Sprengstoffe, die eine negative Sauerstoffbilanz aufweisen. Dazu gehören u.a. so bekannte Substanzen wie TNT (2,4,6-Trinitrotoluol), Hexogen (auch RDX genannt, Cyclo-1,3,5-trimethylen-2,4,6-trinitramin), HMX (Cyclo-1,3,5,7-tetramethylen-2,4,6,8-tetranitramin) und TATB (Triaminotrinitrobenzol) (Abb. 5.11). Besonders viel Detonationsruß entsteht bei der Umsetzung von TNT ($C_7H_5O_6N_3$), da es ein besonders günstiges Verhältnis von Kohlenstoff zu Sauerstoff aufweist. Bei der Detonation von Trinitrotoluol werden Drücke von etwa 18 GPa und Temperaturen um 3500 K erreicht. Die Bedingungen entsprechen also dem Bereich im Phasendiagramm, in dem Diamant die thermodynamisch stabilste Modifikation darstellt. Allerdings stellt man fest, dass der aus reinen TNT gebildete Detonationsruß nur einen niedrigen Anteil (um 15 %) an diamantartigem Kohlenstoff enthält. Die Ursache hierfür ist im recht geringen Energiegehalt des TNT zu suchen, wodurch die sich bildende Schockwelle keine ausreichende Stabilität und Stärke erreicht. Daher ist man dazu übergegangen, energiereichere Sprengstoffmischungen zu verwenden.

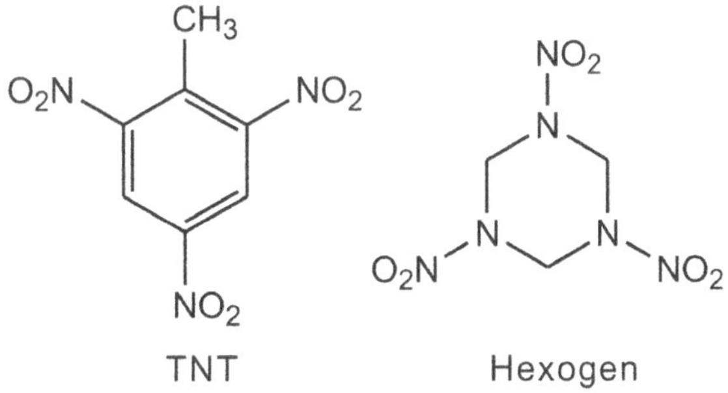

Abb. 5.11

Strukturformeln der beiden am häufigsten für die Detonationssynthese von Diamant eingesetzten Explosivstoffe.

TNT   Hexogen

Eine typische Zusammensetzung besteht aus 40 % TNT und 60 % Hexogen, die auch als Hexolit im Handel ist und häufig für zivile und militärische Zwecke Verwendung findet. Hexogen allein besitzt nur eine gering negative Sauerstoffbilanz, so dass nur 1 % des vorhandenen Kohlenstoffs nach einer Detonation als Ruß zurückbleibt. In der beschriebenen Mischung ergänzen sich jedoch die rußbildenden Eigenschaften von TNT und der hohe Energiegehalt des Hexogens, so dass bis zu 10 % des vorhandenen Kohlenstoffs als Detonationsruß isoliert werden können. Davon entfallen je nach Reaktionsbedingungen 60-80 % auf nanoskaligen Diamant. Die innerhalb von 10^{-6} s erreichten Drücke betragen 20-30 GPa, und die Mischung heizt sich kurzfristig auf 3000-4000 K auf. Andere Mischungen, die aber in der Regel zu einem geringeren Diamantanteil im entstehenden Ruß führen, umfassen u.a. die binären Gemische HMX-TNT (2:3, 60 % Diamant) und TATB-TNT (1:1, 30 % Diamant).

Außerdem zeigt auch die Größe der Sprengladung einen deutlichen Einfluss auf die Detonation, da sich erst ab einem kritischen Durchmesser $d_{krit.}$ überhaupt eine propagierende Schockwelle ausbildet. Darunter sind die durch das laterale Entweichen von Reaktionsgasen verursachten Energieverluste so groß, dass sich die Zersetzungsreaktion nicht selbst trägt und damit keine Detonation zustande kommt. Bei $d_{krit.}$ handelt es sich um eine charakteristische Substanzgröße für jeden Sprengstoff, wobei eine Abhängigkeit von der Dichte und Korngröße besteht. So beträgt der minimal nötige Durchmesser einer TNT-Ladung 40 mm, wenn die Korngröße des Sprengstoffs mit 1,4 mm gegeben ist. Um im Fall von Mischungen, deren $d_{krit.}$ nicht immer bekannt ist, sicher eine Detonation zu erzeugen, sollte die Sprengladung mindestens zehnmal größer als die Länge der Reaktionszone sein. Zusätzlich spielt auch die Form der Ladung eine Rolle. Optimal für eine gleichmäßige Ausbreitung der Detonation ist eine kugelförmige Ausführung. Allerdings werden in der Praxis meist zylindrische Sprengladungen eingesetzt.

Die bei der Zersetzung des Sprengstoffs freigesetzten Kohlenstoffatome koagulieren zunächst zu kleinen Clustern, die anschließend durch Diffusion weiter wachsen. Dabei findet ab einer bestimmten Teilchengröße auch Wachstum der großen auf Kosten der kleineren Cluster statt. Das Wachstum der Diamantpartikel hört vollständig auf, sobald der Druck abgesunken ist. Aufgrund des Detonationscharakters ist das vorhandene Zeitfenster für eine Diamantbildung sehr kurz, so dass nur Teilchen bis zu einer bestimmten Größe überhaupt gebildet werden können. Zieht man außerdem in Betracht, dass deutlich kleinere Partikel aufgrund von Diffusionsprozessen eine geringe Lebensdauer besitzen, kann man davon ausgehen, dass die erhaltenen Nanodiamantpartikel eine recht einheitliche Primärteilchengröße aufweisen, was experimentell auch bestätigt wird.

Im Gegensatz zum Druck sinkt die bei der Detonation erreichte hohe Temperatur nur langsam wieder ab. Dadurch kommt es hinter der Schockwelle zu einer fortgesetzten Bildung von Ruß. Dieser sp^2-hybridisierte Kohlenstoff wird entweder auf bereits vorhandenen Diamantkernen als Hülle abgeschieden oder bildet lose Cluster. Daher ist es für eine zufrieden stellende Diamantausbeute von großer Bedeutung, ein effizientes Kühlverfahren einzusetzen, um möglichst schnell den kritischen Temperaturbereich zu verlassen. Es existieren dazu verschiedene Möglichkeiten: inerte Gase oder Wasser. Als gasförmige Kühlmedien werden häufig Argon, Kohlendioxid, Stickstoff oder auch Luft verwendet („*dry synthesis*"). Sie besitzen den Vorteil, dass nur wenige Nebenreaktionen an der Oberfläche der neu gebildeten Diamantpartikel stattfinden, die Wärmekapazität ist allerdings eher gering. Dagegen liegen beim Wasser („*wet synthesis*") die Probleme nicht beim Wärmespeichervermögen (aufgrund der besseren Kühleigenschaften sinkt der Anteil graphitischer Kohlenstoffs im Vergleich zur trockenen Synthese), sondern es kommt zur einer starken Funktionalisierung der Nanodiamantpartikel. Dies liegt u.a. daran, dass im Reaktor Bedingungen herrschen, bei denen Wasser überkritisch vorliegt. Es stellt dann ein hochreaktives Reagenz dar, insbesondere in Gegenwart von Metallspuren wie Eisen o.ä. Es bilden sich verschiedene funktionelle Gruppen, z.B. Hydroxylgruppen, Hydroxymethylgruppen usw. (s. Kap. 5.2.2).

Die großtechnische Herstellung von Detonations-Nanodiamant wurde bereits recht früh realisiert. Inzwischen existieren mehrere Anbieter, die auch im Tonnenmaßstab Nanodiamant produzieren können. Einzelne der vorhandenen Anlagen produzieren mehr als zehn Millionen Karat pro Jahr. Dabei kommt ein kontinuierlicher oder semikontinuierlicher Prozess zum Einsatz, an dessen Anfang die Umsetzung in einer großen Detonationskammer (20 m³, teilweise auch größer, Abb. 5.12) steht. Die benötigten Sprengstoffmengen hängen von der Größe des Reaktors ab und liegen bei einem 2 m³-Reaktor bei 1,2 kg Hexolit. Das Sprengstoffgemisch entspricht der auch in Laborversuchen als optimal gefundenen Zusammensetzung aus TNT und Hexogen. Es besteht aber auch die Möglichkeit, das Verfahren zur Vernichtung und Weiterverwertung von Explosivstoffen einzusetzen.

Abb. 5.12

Großtechnische Anlage zur Detonationssynthese von Diamant der Firma Alit in Zhitomir (Ukraine). Der Reaktor hat ein ungefähres Volumen von 100 m³ (© Alit Corp.).

In der Regel werden mehrere Detonationen in einem Reaktor durchgeführt, bevor der Ruß entfernt wird. Dabei spielt für die Produktqualität neben der Wahl des Kühlmediums auch die Reaktorgeometrie eine Rolle, da sie für den schnellen Wärmetransport von Bedeutung ist. Die Reinigung des Detonationsrußes erfolgt in Autoklaven unter hohem Druck und bei hoher Temperatur unter Verwendung von Salpetersäure unterschiedlicher Konzentration. Auch Verfahren, in denen Chromschwefelsäure oder konzentrierte Perchlorsäure als Oxidationsmittel eingesetzt werden, sind bekannt. Die Qualität der erhältlichen Produkte schwankt sehr stark und ist sowohl vom gewählten Ausgangsmaterial als auch ganz erheblich von den Reaktionsbedingungen abhängig. Zusätzlich beeinflusst dann auch die weitere Verarbeitung, z.B. durch Behandlung mit Säure und thermische Verfahren, die Beschaffenheit des Produkts (s. Kap. 5.3.4).

5.3.2 Schocksynthese von Nanodiamant

Neben der direkten Herstellung von Nanodiamant in einer Detonation kann die nötige Druckänderung auch durch Einwirken einer externen Schockwelle herbeigeführt werden. Diese wird in der Regel ebenfalls durch eine Explosion erzeugt und komprimiert dann das in einer Art Kapsel eingeschlossene Kohlenstoffmaterial. Oft wird in diesem Prozess ein Katalysator, z.B. Kupfer, Eisen, Aluminium, Nickel oder Cobalt, eingesetzt. Wie bereits in der Einleitung erwähnt, gelang die Synthese nanoskaliger Diamantpartikel recht früh durch Umwandlung anderer Kohlenstoff-Formen in einer Schockwelle. Bereits kurz nach dieser Entdeckung entwickelten dann Forscher der Firma *DuPont* ein Verfahren, in dem ebenfalls durch Schockeinwirkung sehr kleine Diamantpartikel entstehen, die durch anschließendes Sintern zu äußerst widerstandsfähigen Schneid- und Polierwerkzeugen verarbeitet werden.

Der von *DuPont* zur Herstellung des Produktes *Mypolex*® verwendete Prozess beruht auf der Umwandlung eines hochreinen synthetischen Graphits in einer abgeschlossenen Metallkapsel. Diese ist von einem dickeren, hochstabilen Metallrohr umgeben, welches im eigentlichen Reaktor platziert wird. Dieser wird mit einem Explosivstoff gefüllt und die Ladung an einem Ende gezündet. Durch die ringförmig propagierende Schockwelle wird zunächst das Metallrohr komprimiert, wodurch sich die Druckwelle in das Innere der Graphitprobe überträgt (Abb. 5.13). Diese wandelt sich nun entsprechend dem Fortgang der Schockwelle in nanoskaligen Diamant um, der eine Primärteilchengröße von etwa 10-20 nm aufweist. Der herrschende Druck beträgt mehr als 48 GPa. Die relativ lange Dauer der Druckerhöhung sorgt dafür, dass die Primärteilchen unter Ausbildung von fest zusammengesinterten Clustern agglomerieren. Zusätzlich hat die im Reaktor herrschende Temperatur einen Einfluss auf die Produktqualität. Hohe Temperaturen fördern die Rekonversion, also die Rückumwandlung des gebildeten Diamanten in graphitisches Material, wodurch bei unzureichender Kühlung ein großer Teil des Produktes verloren gehen kann.

Das erhaltene Endprodukt besteht aus polykristallinen, 1-60 μm großen Diamantteilchen, die den natürlich vorkommenden *Carbonados* (Kap. 1.3.2) sowohl im Aussehen als auch in den Eigenschaften stark ähneln. Insbesondere weisen diese Diamanten aufgrund der polykristallinen Struktur keine bevorzugten Spaltebenen auf, so dass sie eine erhöhte Festigkeit und mechanische Belastbarkeit aufweisen, was bei der Anwendung in Schneid- und Polierwerkzeugen für höhere Lebensdauern der Werkzeuge sorgt. Die auf diese Weise jährlich hergestellte Menge an gesintertem Nanodiamant beträgt mehr als 2 Millionen Karat (> 0,4 t).

Auch im Labormaßstab lässt sich eine Synthese von Nanodiamanten mittels Schockeinwirkung erreichen (Abb. 5.14). Die ursprüngliche, von *DeCarli* und *Jamieson* vorgestellte Methode beruht auf der Einwirkung einer Druckwelle von ungefähr 30 GPa für etwa 1 µs auf synthetischen Graphit mit spektroskopischer Reinheit. Allerdings stellten die Autoren fest, dass diese Umwandlung bei der Verwendung eines natürlichen, hexagonalen Graphits scheitert. Sie stellten die These auf, dass hierfür der Mechanismus der Diamantbildung verantwortlich sei, der durch eine Kompression kleiner rhomboedrischer Domänen im Kunstgraphit entlang der *c*-Achse gekennzeichnet ist. Diese Domänen existieren in perfekt hexagonalem Graphit nicht, so dass die Umwandlung in einer Schockwelle misslingt.

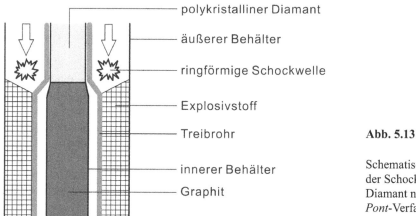

polykristalliner Diamant

äußerer Behälter

ringförmige Schockwelle

Explosivstoff

Treibrohr   **Abb. 5.13**

innerer Behälter   Schematische Darstellung
                                                           der Schocksynthese von
Graphit   Diamant nach dem *Du-
                                                           Pont*-Verfahren.

Die Einwirkdauer der Schockwelle auf die Probe beträgt je nach Verfahren 0,1 bis 10 µs. Auch hier ergibt sich das Problem, dass die gebildeten Diamanten nach dem Abklingen des hohen Drucks noch eine recht lange Zeit der wesentlich langsamer sinkenden Temperatur ausgesetzt sind. Hierdurch wird die Rekonversion zu graphitischem Material begünstigt, was letztendlich zu massiven Ausbeuteverlusten führt. Die Lösung dieses Problems besteht in der Anwendung von Kühlelementen, die sich während des Schocks weniger erwärmen als der Diamant, so dass die Abkühlung aufgrund des Temperaturgradienten erfolgt. Wünschenswert sind Temperaturen von unter 1800 °C, bis 2000 °C sind jedoch noch akzeptabel. Das Material des Kühlelementes muss eine hohe Wärmekapazität, eine gute Wärmeleitfähigkeit sowie eine möglichst niedrige Schock-Impedanz aufweisen, um eine effiziente Kühlung zu ermöglichen. Neben dem Einsatz von Metallblöcken in direkter Nachbarschaft zur Kohlenstoffprobe können auch dünne Metallplatten mit guten dissipativen Eigenschaften verwendet werden. Außerdem dient ein evtl. dem Ausgangsmaterial zugesetzter Metallkatalysator in der Regel ebenfalls als Wärmeverteiler. Hier hat sich insbesondere ein Gemisch aus Kupfer und Graphit bewährt. Die Eigenschaften des Kühlmaterials bestimmen auch die zur Umwandlung benötigten Bedingungen. Hohe Schockimpedanz führt zu einer Erhöhung des benötigten Druckes (z.B. bis zu 200 GPa bei hoher Schockimpedanz und einer sehr dichten Graphitprobe), bei günstigen Bedingungen reichen aber bereits 20 GPa für die Initiation der Umwandlung aus. Dabei spielt zusätzlich die Dichte des Kohlenstoff-Ausgangsmaterials eine wichtige Rolle. Dichte Proben ($\rho > 1{,}7$ g cm^{-3}) wandeln sich erst bei höheren Drücken um. An die eigentliche Reaktion schließt sich dann die Isolierung des Reaktionsproduktes an, wobei das Metallpulver sowie der nicht umgesetzte Kohlenstoff durch das Einwirken von konzentrierter Salpetersäure entfernt werden. Die einzelnen Diamantpartikel sind meist mit einer graphitischen Hülle überzogen, was einen Hinweis auf die stattfindenden Prozesse während des Partikelwachstums liefert.

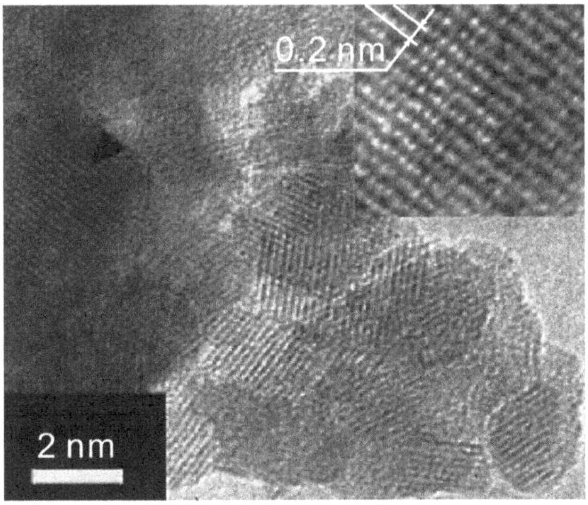

Abb. 5.14

HRTEM-Aufnahmen von mittels Schocksynthese erzeugten Diamantpartikeln
(© Elsevier 1998).

Die Ausbeute bezogen auf den eingesetzten Kohlenstoff beträgt je nach Verfahren 10-25 %, wobei ein beträchtlicher Teil der gebildeten Diamantpartikel sich wieder in graphitisches Material umwandelt, bevor die Probe ausreichend abgekühlt ist.

Der Mechanismus der Umwandlung mittels einer Schockwelle ist bisher nicht abschließend geklärt. Generell besteht die Möglichkeit eines rekonstruktiven Vorgangs unter Beteiligung von Diffusionsprozessen oder die einer martensitischen Umwandlung, bei der keine Diffusion stattfindet. Dieser Prozess kann z.B. die Tatsache erklären, dass man in vielen der mittels Schockeinwirkung erzeugten Diamantproben einen signifikanten Anteil an *Lonsdaleit* (hexagonaler Diamant) findet. Dieser bildet sich durch einen martensitischen Prozess aus hexagonalem Graphit. Allerdings kann ein martensitischer Mechanismus nicht erklären, wieso ein Teil der erzeugten Partikel einen größeren Durchmesser als die Kristallite im Ausgangsmaterial aufweisen. Dies ist nur mit einem rekonstruktiven Prozess und Diffusion von Kohlenstoffatomen vereinbar. Die Bildung des hexagonalen Diamanten ist ein kinetisch begünstigter Prozess, wobei unterhalb von 2000 K die Wachstumsgeschwindigkeit von *Lonsdaleit* größer als die des kubischen Diamanten ist, wodurch sich zumindest ein Teil des Eduktes in hexagonalen Diamant umwandelt. Bei höheren Temperaturen transformiert *Lonsdaleit* dann in kubischen Diamant.

5.3.3 Weitere Methoden zur Herstellung von Nanodiamant

Eine weitere Methode, nanoskalige Diamantpartikel zu erzeugen, wurde bereits in Kap. 4.5.2 vorgestellt: Im Zentrum von sehr großen Kohlenstoffzwiebeln entstehen aufgrund hoher Selbstkompression, die zu einer deutlichen Verringerung des Lagenabstands von 0,34 auf unter 0,25 nm führt, zunächst kleine Diamantcluster. Auf diese Weise weicht das System dem extremen Druck aus, der nach Simulationen der gefundenen Gitterabstände dort herrschen muss. Die Diamantkeime wachsen dann bis an die Oberfläche der Kohlenstoffzwiebel weiter, obwohl der dort herrschende Druck eigentlich nicht zur Diamantbildung führen sollte. Jedoch sorgt die Bestrahlung mit Elektronen für ausreichend Energie, um die Kohlenstoffatome aus ihren Gleichgewichtslagen herauszuschlagen, so dass sie sich in einer Art von epitaktischem Prozess an den bereits vorhandenen Diamantnukleus anlagern (Abb. 5.15). Zusätzlich unterstützt die Erhitzung der Probe auf etwa 600 °C den Vorgang, u.a. durch die Erhöhung der Mobilität der Kohlenstoffatome. Allerdings ist diese Methode nicht zur Herstellung größerer Mengen von Nanodiamant geeignet, da sie nur unter gleichzeitiger Erwärmung und Elektronenbestrahlung, z.B. in einem Elektronenmikroskop, abläuft. Es bestünde jedoch die Möglichkeit, zumindest kleine Mengen mit Hilfe anderer, intensiver Elektronenquellen herzustellen. Bisher sind jedoch keinerlei Arbeiten hierüber bekannt.

Es wurden noch einige weitere Methoden beschrieben, um Diamantpartikel mit einem Durchmesser im unteren Nanometerbereich herzustellen. Hier sollen nur einige exemplarische von ihnen vorgestellt werden, für eine umfassende Darstellung sei auf die im Anhang angegebene Fachliteratur verwiesen.

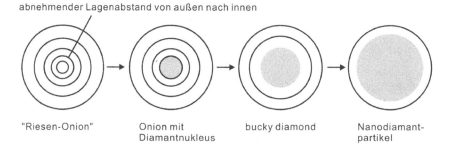

Abb. 5.15 Modell der Bildung von nanoskaligen Diamantpartikeln in Kohlenstoff-Zwiebeln bei gleichzeitigem Erhitzen und Elektronenbeschuss.

Verwandt mit Hochdruck- und Schocksynthese-Verfahren ist eine Methode, bei der Graphit oder ein anderes kohlenstoffhaltiges Material wie Fullerene oder Polyethylen zunächst unter hohen Druck (~ 13 GPa) gesetzt wird und dann in einer *Flash*-Erhitzung sehr schnell auf etwa 3300 K aufgeheizt wird. Dabei entstehen Nanodiamanten mit Partikelgrößen zwischen 20 und 50 nm, die ein kubisches Kristallgitter aufweisen.

Ein Verfahren, bei dem in einem Strömungsreaktor Nanodiamant erzeugt wird, leitet sich von der mikrowellen-unterstützten Plasma-CVD ab, wie sie auch für die Abscheidung von Diamantfilmen Anwendung findet (s.a. Kap. 6.3.1). Um einzelne Partikel zu erhalten, verzichtet man lediglich auf ein Substrat im Reaktor, so dass die sich bildenden Diamantpartikel mit dem Gasstrom weitergetragen werden und sich erst an kühleren, dem Ofen nachgeordneten Apparateteilen niederschlagen. Als Kohlenstoffquelle dient Dichlormethan, welches in einem Gemisch mit Sauerstoff eingesetzt wird. Hauptsächlich entsteht bei dieser Methode amorphes, graphitisches Kohlenstoffmaterial, welches jedoch durch Behandlung mit heißer 70 %iger Perchlorsäure quantitativ entfernt werden kann. Das verbleibende weiße, flockige Pulver besteht fast ausschließlich aus sehr kleinen Diamantpartikeln.

Des Weiteren ist bekannt, dass auch mit Hilfe von überkritischem Wasser verschiedene Umwandlungen von Kohlenstoffmaterialien möglich sind. Z.B. beobachtet man bei der Umsetzung von glasartigem Kohlenstoff bei 800-900 °C und 140 MPa ein signifikantes Wachstum von dem Ansatz beigegebenen Diamantpartikeln. Ohne den Zusatz dieser Impfkristalle funktioniert die Synthese allerdings nicht. Der Kohlenstoff wird über den Umweg durch die Gasphase (z.B. als CH_4) als Diamant abgeschieden. Vermutlich spielt aus dem Wasser gebildeter Wasserstoff ebenfalls eine wesentliche Rolle im Mechanismus der Reaktion, der mit dem für CVD-Verfahren postulierten (s. Kap. 6.3.2) verwandt sein dürfte. Ein Hinweis hierauf ist die Tatsache, dass die Umwandlung in den üblicherweise verwendeten Goldkapseln stattfindet, in Platinkapseln, die den Wasserstoff binden, dagegen nicht. Insbesondere die Vermeidung von graphitischen Ablagerungen ist auf die Anwesenheit von Wasserstoff zurückzuführen, da dieser die Oberfläche durch Anbindung an die freien Bindungsstellen von der Graphitisierung abhält. Zusätzlich kann die Umsetzung durch die Beimischung von Nickel, Platin oder Eisen begünstigt werden. Die Rolle des Übergangsmetalls ist dabei noch nicht abschließend geklärt, es könnte z.B. die Bildung von Wasserstoff aus dem überkritischen Wasser fördern oder aber die Abscheidung der Diamantphase aus flüssigen Metall-C_xH_y-Verbindungen geschehen. Als Produkte der Hydrothermalsynthese erhält man in jedem Fall polykristalline, 0,1-1 μm große Agglomerate von Diamantpartikeln.

Auch bei der Chlorierung von verschiedenen Carbiden wurden kleinste Diamantpartikel in den Produkten nachgewiesen. Die Umsetzung von Siliciumcarbid mit Chlorgas bei mehr als 900 °C (darunter ist die Reaktion des SiC mit Chlorgas zu CCl_4 und Silicium bevorzugt)führt unter Bildung von Siliciumtetrachlorid zur Produktion elementaren Kohlenstoffs, der als Gemisch verschiedener Modifikationen vorliegt. So findet man neben mehrwandigen Nanoröhren und teilweise amorphen Strukturen auch kleinste Diamantkristallite. Allerdings stellen sie nicht das Hauptprodukt dar, und die Synthese ist somit nicht geeignet, größere Mengen des reinen Materials zu produzieren. Eine Methode, aus einer chlorierten Kohlenstoffverbindung Diamant zu erzeugen, wurde kürzlich mit der Umsetzung von Tetrachlorkohlenstoff und Natrium bei 700 °C in Anwesenheit eines Nickel- oder Cobaltkatalysators realisiert. Diese Umsetzung, die man wegen der großen Explosionsgefahr üblicherweise unbedingt vermeiden möchte, wird hier unter kontrollierten Bedingungen in einem Autoklaven durchgeführt. Die Ausbeute an Diamant beträgt zwar nur 2 % bezogen auf den Kohlenstoff, sie stellt jedoch einen interessanten chemischen Ansatz zur Synthese kleinster Diamantpartikel dar. Schließlich wurde eine ganze Reihe von Methoden zur Erzeugung von nanoskaligen Diamantpartikeln beschrieben, deren Funktionsweise und Art der erhaltenen Produkte nicht immer eindeutig geklärt sind. Hierzu zählen Verfahren, bei denen durch Reduktion von Carbonaten oder anderen Kohlenstoffquellen mit unterschiedlichen Metallen Diamant gebildet werden soll, und Methoden, die in starken Magnetfeldern arbeiten bzw. durch Laserbeschuss die Umwandlung induzieren wollen. Da in vielen Fällen die Reproduzierbarkeit bzw. der Nutzen für eine größere Anwendung zumindest noch nachzuweisen sind, wird für detaillierte Angaben zu diesen Verfahren auf die jeweilige Originalliteratur verwiesen.

5.3.4 Deagglomeration und Reinigung

Zwei weitere wesentliche Aspekte sind bei der Herstellung von Nanodiamant mit reproduzierbarer Qualität zu beachten: Zum einen müssen vorhandene Verunreinigungen entfernt werden, zum anderen ist es für viele weitere Verfahren von Interesse, die Primärteilchen aus den Agglomeraten zu befreien. Es wurden inzwischen verschiedene Methoden entwickelt, die beide Anforderungen erfüllen.

Der aus dem Detonationsreaktor gewonnene Ruß enthält in Abhängigkeit von den Reaktionsbedingungen 60 bis 80 % Diamant, 15 bis 35 % graphitisches Material und etwa 5 % nicht brennbare Verunreinigungen, wie z.B. Metalle und Metalloxide.

Zunächst werden die groben Verunreinigungen durch mechanische Verfahren wie das Heraussieben größerer zusammenhängender Stücke (z.B. Reaktorwandmaterial) abgetrennt. Anschließend können mit Hilfe einer Magnetseparation nichtmagnetische (also der Diamant und anderer Kohlenstoff) von magnetischen Teilchen (z.B. eisenhaltigen Partikeln) getrennt werden. Diese Methode, zusammengefasst in einem mehrfach wiederholten Zyklus aus Sieben, Waschen und Magnetseparation, erzeugt ein Kohlenstoff-angereichertes Rohmaterial, welches aber immer noch größere amorphe Anteile enthält.

Die weitere Reinigung erfolgt durch Behandlung mit konzentrierten Mineralsäuren bei hoher Temperatur und teilweise erhöhtem Druck. Ein häufig eingesetztes Verfahren verwendet konzentrierte Salpetersäure, wobei sowohl metallische Verunreinigungen als auch der Anteil sp^2-hybridisierten Kohlenstoffs verringert werden. Die Metall- und Metalloxidpartikel werden gelöst, während der amorphe Kohlenstoff letztendlich zu CO_2 oxidiert wird. Der Diamant bleibt aufgrund seiner geringeren Reaktivität gegenüber Mineralsäuren erhalten. Neben Salpetersäure kommen auch Schwefelsäure, Perchlorsäure, Gemische von Salzsäure und Schwefelsäure oder von Wasserstoffperoxid und Schwefelsäure zum Einsatz. Dabei ist das Ziel immer, die Verunreinigungen aufzulösen und den graphitischen Kohlenstoff selektiv zu oxidieren. Insbesondere die Behandlung mit Perchlorsäure führt dabei auch zu einer signifikanten Funktionalisierung der Partikeloberfläche mit Carbonyl- und Carboxylgruppen, die man bei der Behandlung mit Schwefelsäure bzw. Salpetersäure nicht in diesem Maße beobachtet.

Die selektive Oxidation des amorphen graphitischen Kohlenstoffs gelingt auch mit weiteren starken Oxidationsmitteln, wie z.B. Bleioxid oder einem Gemisch aus KOH und KNO_3. Letzteres weist eine derart effiziente und selektive Oxidationsfähigkeit für sp^2-Kohlenstoff auf, dass Proben erhalten werden, die laut Röntgenbeugung nur noch marginale Anteile graphitischen Materials enthalten. Diese sind auf die direkt mit der Diamantoberfläche verbundenen graphitischen Schichten zurückzuführen, die die Nanopartikel zumindest zu einem gewissen Teil bedecken (Kap. 5.2.).

In einigen Fällen schließt sich an die oxidative Reinigung ein thermischer Behandlungsschritt an, in dem die Probe unter Argon auf etwa 700 °C erhitzt wird. Dies dient zur Ausheilung von Oberflächendefekten und sorgt teilweise auch für die thermische Entfernung funktioneller Gruppen von der Oberfläche. Allerdings führt dies auch zu einer weitergehenden Graphitisierung der Oberfläche, so dass man abwägen muss, ob für bestimmte Experimente eher graphitisierter oder funktionalisierter Nanodiamant vorzuziehen ist.

Die typische Zusammensetzung einer derart aufgereinigten Nanodiamantprobe ist in Tabelle 5.1 angegeben. Die Elemente wie Sauerstoff und Wasserstoff befinden sich hauptsächlich an der Oberfläche der Partikel, während der Stickstoff in das Diamantgitter eingebaut wird, das so eine Reihe von Defekten enthält.

Neben der nasschemischen Aufarbeitung können graphitische Verunreinigungen auch durch Sedimentation von den Diamantpartikeln getrennt werden. Nach der Dispergierung mittels Ultraschall in einem geeigneten Solvens, hier 1,1,2-Trichlor-1,2,2-trifluorethan (Dichte von

$1,56 \ g \ cm^{-3}$) wird jeweils so lange gewartet, bis sich die Hälfte der Partikel abgesetzt hat, worauf der Überstand abpipettiert wird. Das Solvens wird ergänzt, die Mischung redispergiert und wieder nach dem Absetzen der obere Teil der Flüssigkeit entfernt. Auf diese Weise erreicht man aufgrund des großen Dichteunterschieds zwischen amorphem, graphitischem Material und Diamant eine effiziente Abtrennung der amorphen Bestandteile. Allerdings können auf diese Weise nur lose graphitische Partikel entfernt werden, die auf der Nanodiamant-Oberfläche befindlichen Graphitschichten werden nicht erfasst.

Tabelle 5.1 Typische Zusammensetzung von Detonationsdiamantproben

Probe	Kohlenstoff	davon Diamant	Sauerstoff	Wasserstoff	Stickstoff	Rückstand
Detonationsdiamant nach Reinigung	80-90 %	90-97 %	0,5-8 %	0,5-1,5 %	2-3 %	0,5-5 %

Neben der Entfernung von Verunreinigungen muss man für viele Anwendungen und Experimente auch die fest gefügte Agglomeratstruktur des Detonationsdiamanten aufbrechen. Wie bereits in Kap. 5.2.4 beschrieben, liegen die 5 nm großen Primärpartikel nicht isoliert vor, sondern sind sowohl in der festen Phase als auch in Suspension sehr fest miteinander verbunden, so dass sich die Deagglomeration als äußerst schwierig erweist. Insbesondere die Tatsache, dass nicht ausschließlich elektrostatische Wechselwirkungen, sondern auch chemische Bindungen zwischen den einzelnen Partikeln bestehen, erfordert einen deutlich höheren Energieeintrag. Dies wird z.B. daran deutlich, dass Verfahren, die üblicherweise zur Deagglomeration eingesetzt werden, beim Versuch scheitern, die Nanodiamant-Primärteilchen freizusetzen. So erreicht man durch Einsatz von Ultraschall (bis zu 2 kW), durch Behandlung mit konzentrierten Mineralsäuren oder überkritischem Wasser, durch Tensidzusatz oder klassische Kugelvermahlung höchstens die Reduktion der Agglomeratgröße auf etwa 100 nm. Auch die Modifizierung der Oberfläche, z.B. mit Fluor, liefert nur funktionalisierte Agglomerate, die in der Regel einen ungefähren Durchmesser von 150-200 nm aufweisen.

Die vollständige Dispergierung der Diamantagglomerate gelingt aber in einer Rührwerkskugelmühle unter Verwendung sehr kleiner Mahlkörper aus Zirkonoxid ($\rho = 6 \ g \ cm^{-3}$) mit 30 bis 50 μm Durchmesser. Eine Suspension des Mahlgutes wird durch die mittels einer Rührwelle bewegte Mahlkörperschüttung geführt. Durch die auftretenden Scherkräfte werden die Diamantagglomerate zerstört und die Primärteilchen freigesetzt. Diese sind aufgrund ihrer Oberflächenbelegung recht hydrophil und werden in Wasser stabilisiert, so dass sich eine kolloidale Lösung von Diamant ausbildet. Auch in anderen Solvenzien, z.B. DMSO und EtOH, gelingt die Deagglomerierung. Lediglich die Entfernung des Lösemittels führt unabhängig von der gewählten Methode zu sofortiger Rückbildung der Agglomeratstruktur. Auch die Fähigkeit des verwendeten Dispergiermittels, die Primärpartikel zu solvatisieren, spielt eine wesentliche Rolle. Nur in polaren Solvenzien ist eine ausreichende Stabilität des kolloidal verteilten Diamanten gegeben. Bereits in Chloroform neigt das System zur schnellen Rückbildung von Agglomeraten und zur Sedimentation.

5.4 Physikalische Eigenschaften

5.4.1 Spektroskopische Eigenschaften von Nanodiamant

Neben der elektronenmikroskopischen Untersuchung von Nanodiamant können durch die Auswertung spektroskopischer Eigenschaften wertvolle Hinweise zur Struktur des Materials gewonnen werden. Hier werden sowohl Methoden vorgestellt, die die *bulk*-Eigenschaften wiedergeben, als auch Analyseverfahren, die hauptsächlich die Oberflächeneigenschaften betrachten. Diese Unterscheidung in Oberfläche und Partikelinneres ist beim Nanodiamant von besonderer Bedeutung, da die Oberflächeneigenschaften z.T. signifikant von den *bulk*-Charakteristika abweichen.

5.4.1.1 Raman-Spektroskopie

Wie bereits in den Kapiteln zu Kohlenstoff-Nanoröhren und Kohlenstoffzwiebeln gezeigt, eignet sich die *Raman*-Spektroskopie ganz hervorragend zur strukturellen Untersuchung von Kohlenstoffmaterialien. Dies gilt in gleichem Maße für die Charakterisierung von Nanodiamant. Sein *Raman*-Spektrum setzt sich zusammen aus den Signalen für den im Kristallgitter gebundenen sp^3-Kohlenstoff und den Signalen von Oberflächenstrukturen (in der Regel sp^2-hybridisiert), Signalen von funktionellen Gruppen und evtl. vorhandenem amorphem Kohlenstoff (sp^2- oder sp^3-hybridisiert). Das beobachtete *Raman*-Spektrum wird von vielen Faktoren beeinflusst. Dazu zählen die Art der Bindung (sp^2 oder sp^3), der Grad der vorhandenen Unordnung, die Bindungslängen sowie der Grad der Clusterbildung aus mehreren Primärpartikeln.

Allerdings hängt dabei die Empfindlichkeit des sp^2- bzw. sp^3-hybridisierten Kohlenstoffs ganz erheblich von der Wellenlänge des anregenden Lasers ab. Bei den im sichtbaren Bereich liegenden Wellenlängen besitzen die sp^2-Atome einen um bis zu 250-fach höheren Querschnitt als die sp^3-Atome, so dass das Spektrum in diesen Fällen von den sp^2-Signalen dominiert wird. Erst bei Anregungswellenlängen im UV-Bereich, z.B. 244 nm, entspricht der Signalquerschnitt von sp^3-hybridisiertem Kohlenstoff etwa dem für sp^2-hybridisierten. U.a. wird die Empfindlichkeit des sp^3-Nachweises dadurch erhöht, dass durch Anregung bei Bedingungen nahe der Resonanz (die Bandlücke beträgt etwa 5,4 eV) eine Intensitätsverstärkung beobachtet wird. Allerdings hat die Verwendung von UV-Lasern in der *Raman*-Spektroskopie auch den Nachteil, dass die sehr energiereiche Strahlung die Probe beschädigen kann. Daher muss man darauf achten, dass mit nur geringer Leistung (< 1 mW cm^{-2}) gearbeitet wird. Außerdem absorbieren evtl. vorhandene funktionelle Gruppen auf der Partikeloberfläche im nahen UV, so dass das Spektrum auch hieraus resultierende Signale enthalten kann.

Ein typisches *Raman*-Spektrum einer Nanodiamant-Probe enthält eine Reihe von Signalen, die jeweils sp^3- und sp^2-hybridisierten Anteilen zugeordnet werden können (Abb. 5.16a). Dabei gilt, dass alle Signale, die oberhalb von 1360 cm^{-1} beobachtet werden, auf den sp^2-Anteil der Probe zurückzuführen sind, da hier das Band-Limit für sp^3-C-C-Schwingungen liegt.

Für *bulk*-Diamant findet man im *Raman*-Spektrum genau ein scharfes Signal bei 1332 cm^{-1}, das auf eine dreifach entartete optische Γ-Phononen-Mode zurückzuführen ist (Abb. 5.16b). Dies resultiert aus der hohen Symmetrie des Diamantgitters (O_h) mit zwei Atomen pro Elementarzelle. Dagegen findet sich diese Bande für nanoskalige Diamanten bei niedrigeren Wellenzahlen (~ 1322 cm^{-1} für 4-5 nm große Diamantpartikel), was auf einen Größeneffekt und die damit verbundene Phononen-Beschränkung (engl. *phonon confinement*) zurückzuführen ist (s.u.). Man kann diesen Effekt zusammen mit der beobachteten Linienverbreiterung auch zur Abschätzung der Größe von Nanodiamantpartikeln heranziehen und erhält dabei Werte, die den durch HRTEM ermittelten sehr nahe kommen. Bei einer Anregungswellenlänge im sichtbaren Bereich wird das Diamantsignal von einer starken Photolumineszenz begleitet, die das Hintergrundspektrum dominiert.

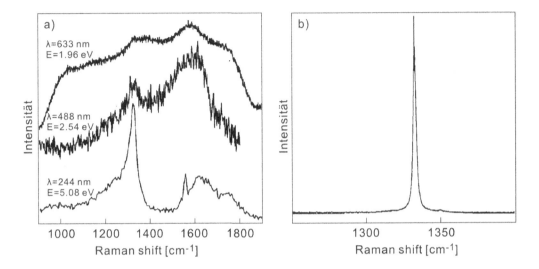

Abb. 5.16 *Raman*-Spektren von Nanodiamant in Abhängigkeit von der Anregungswellenlänge (a, © AIP 2005) und *Raman*-Spektrum eines makroskopischen Diamantbruchstücks (b, © APS 1991).

Ein weiteres Signal bei etwa 1100 cm^{-1}, das auf sp^3-hybridisierten Kohlenstoff zurückzuführen ist, tritt bei Anregung im UV auf. Dieses als T-Bande bezeichnete Signal resultiert aus einer Resonanzverstärkung von σ-Zuständen in amorphem tetraedrischem Kohlenstoff. Dieser Anteil ist oft nicht sehr hoch, so dass die Signalintensität der beobachteten Schulter meist nur gering ist. Ursprungsort dieser Bande ist die Hülle der einzelnen Partikel, wo stellenweise sp^2- und sp^3-hybridisierter Kohlenstoff nebeneinander vorliegen.

Für die sp^2-hybridisierten Anteile des Nanodiamant-Materials, also hauptsächlich die äußeren Schichten der Partikel sowie teilweise Material in Zwischenräumen der untersuchten Agglomerate, sind zwei Banden charakteristisch, die bereits bei den Kohlenstoff-Nanoröhren und den Nanozwiebeln erwähnt wurden: die G- und die D-Bande. Die Lage der bei etwa 1580 cm^{-1} beobachteten G-Bande hängt sowohl von der Anregungswellenlänge (Dispersion) als auch von der Größe der untersuchten Teilchen ab. Je kleiner die Wellenlänge des eingestrahlten Lichtes, zu umso höheren Wellenzahlen verschiebt sich die für sp^2-hybridisiertes, graphitisches Material charakteristische Bande. Dieser Effekt ist umso ausgeprägter, je ungeordneter das Material ist, wobei die Unordnung selbst ebenfalls einen Einfluss auf die Lage der G-Bande besitzt.

Das Modell des sog. *phonon confinement*, also der Beschränkung von Phononen, wird häufig genutzt, um die Verschiebung und Verbreiterung von *Raman*-Signalen, aber auch die Veränderung anderer spektroskopischer Eigenschaften im Vergleich zum *bulk*-Material zu erklären. Grundlage des Modells ist die Tatsache, dass in einem unendlichen Kristall aufgrund des Kristallmoment-Erhaltungssatzes nur Phononen aus dem Zentrum der *Brillouin*-Zone zum *Raman*-Signal beitragen, Beiträge anderer Phononen sind verboten. Dagegen sind die Phononen in einem sehr kleinen oder defekthaltigen Kristall begrenzt, so dass eine Unschärfe ihres Momentes resultiert. Das Verbot wird so aufgeweicht, und auch Phononen aus anderen Bereichen der *Brillouin*-Zone tragen zum *Raman*-Signal bei. Im Extremfall kleinster Partikel oder sehr hoher Defektdichten werden Phononen aus der gesamten *Brillouin*-Zone beobachtet.

Das Auftreten der G-Bande ist ein wichtiger Hinweis auf die Oberflächenstruktur der untersuchten Nanodiamantpartikel, da sie anzeigt, dass die Oberfläche zumindest teilweise graphitisiert vorliegt (s. Kap. 5.2.2). In den meisten Fällen beobachtet man diese Bande bereits in unbehandeltem Material. Ist die Oberfläche mit funktionellen Gruppen belegt, so dass keine ausgeprägte Graphitisierung vorliegt, kann die Bande durch Erhitzen der Probe bis zur vollständigen Desorption aller funktionellen Gruppen und Verunreinigungen (> 1100 K) erzeugt werden (Abb. 5.17a). Die beim Erhitzen entstehenden *dangling bonds* werden durch die Graphitisierung abgesättigt, und man beobachtet dann in derart behandelten Proben wieder eine ausgeprägte G-Bande.

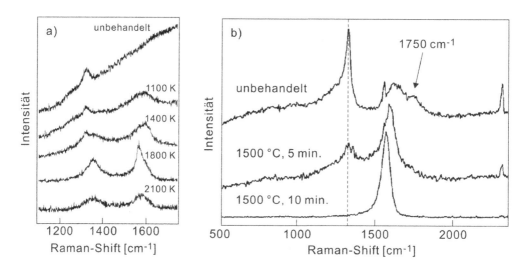

Abb. 5.17 a) Einfluss der thermischen Behandlung und der damit verbundenen zunehmenden Graphitisierung auf das *Raman*-Spektrum von Nanodiamant (© Elsevier 1998); b) Neben der Graphitisierung führen auch auf der Oberfläche vorhandene funktionelle Gruppen zu weiteren *Raman*-Signalen, die beim thermischen Entfernen verschwinden. Hier ist neben der Graphitisierung beim Erhitzen im Vakuum die Existenz einer C=O-Bande bei 1750 cm^{-1} zu beobachten (s. Text, © AIP 2005).

Neben der G-Bande findet man im *Raman*-Spektrum von oberflächengraphitisiertem bzw. agglomeriertem Nanodiamant auch bei etwa 1350 cm^{-1} eine breite Bande (Abb. 5.17a). Diese ist nicht mit dem eigentlichen Signal des Diamantgitters zu verwechseln, welches als scharfer

Peak bei etwa 1332 cm^{-1} (bei nanoskaligen Partikeln ~ 1322 cm^{-1}) beobachtet wird. Das als D-Bande bezeichnete Signal bei ca. 1350 cm^{-1} resultiert aus der Unordnung des graphitischen Materials, welches die einzelnen Diamantpartikel umgibt (s.a. Kap. 3.4.5.1 und 4.4.1.1).

Wie bereits erwähnt, führt der Einsatz der UV-*Raman*-Spektroskopie neben einer ausgewogeneren sp^2-/sp^3-Empfindlichkeit auch zum Auftreten weiterer Signale. Z.B. beobachtet man in entsprechenden Proben bei etwa 1750 cm^{-1} eine relativ breite Bande, die aufgrund ihrer Lage nicht auf einen Einphotonen-Streuprozess zurückführbar ist (Abb. 5.17b). Allerdings kann sie mit dem Vorhandensein von sauerstoffhaltigen funktionellen Gruppen auf der Diamantoberfläche erklärt werden, die sich in diesen Proben auch im IR-Spektrum eindeutig manifestieren. Es handelt sich um C=O-Streckschwingungen von Carbonylfunktionen. Diese absorbieren im nahen UV-Bereich Licht (z.B. liegt das Absorptionsmaximum von Aceton bei etwa 280 nm), da hier n→π*-Übergänge angeregt werden können. Dies führt zu einer Resonanzverstärkung dieses Signals bei Anregung mit einem UV-Laser, so dass in diesem Fall die Bande bei 1750 cm^{-1} sichtbar wird.

Die Zusammenfassung der beobachteten Signale (Diamantpeak, G-Bande, D-Bande, T-Bande und Banden funktioneller Gruppen) ergibt ein sehr aufschlussreiches Bild der Struktur des untersuchten Nanodiamant-Materials. Dabei muss jedoch beachtet werden, dass bei Partikeln, in deren Hülle ungeordnetes graphitisches Material vorliegt, das Diamantsignal z.T. abgeschirmt und somit seine Intensität verringert sein kann. Dies muss neben der Wellenlängenabhängigkeit der sp^2-/sp^3-Empfindlichkeit bei der Abschätzung des graphitischen Anteils eines Nanodiamantmaterials in Betracht gezogen werden.

5.4.1.2 Infrarot-Spektroskopie

Da die IR-Spektroskopie auch detaillierte Informationen zur Belegung der Oberfläche des untersuchten Materials liefert, stellt sie eine komplementäre Methode zu Analyseverfahren dar, die hauptsächlich die *bulk*-Eigenschaften charakterisieren.

Eine reine Diamantphase besitzt keine IR-aktiven Einphononen-Moden (Absorptionsprozesse erster Ordnung). Lediglich die Bande zweiter Ordnung oberhalb von 2000 cm^{-1}, die aus einem Zweiphononenprozess resultiert, wird beobachtet. Durch im Gitter befindlichen Stickstoff bzw. andere Defekte wird jedoch die verbotene Einphononen-Mode ebenfalls erlaubt, so dass das IR-Spektrum einer Diamant-*bulk*-Phase zwei breite Banden bei etwa 1100 cm^{-1} und zwischen 2000 und 2500 cm^{-1} zeigt. Dies gilt jedoch nicht für alle Arten von Diamantpartikeln. Je kleiner die Teilchen werden, desto schwächer fällt die Bande zweiter Ordnung aus, bis sie unterhalb von 5 nm Partikeldurchmesser überhaupt nicht mehr detektierbar ist. Der Grund für diese Veränderung liegt im *phonon confinement*, was Zweiphononenprozesse unterbindet. Dagegen sind stickstoff- bzw. defektinduzierte Einphononenprozesse weiterhin möglich, und man beobachtet z.T. auch mehrere Banden bei etwa 1360, 1260 und 1180 cm^{-1} (Abb. 5.18). Allerdings werden diese Signale durch die Beiträge eventuell vorhandener funktioneller Gruppen überlagert, so dass das IR-Spektrum der Gitterschwingungen des Diamanten für nanoskalige Partikel nur wenig Informationen liefert.

Dagegen kann man anhand der IR-Signale wertvolle Hinweise zur Oberflächenfunktionalisierung der Nanopartikel erhalten. Die Art der Funktionalisierung hängt sehr stark von der Behandlung der Proben während der Reinigung ab. Bei Verwendung oxidierender Reagenzien wie konzentrierter Schwefelsäure, Salpetersäure oder Perchlorsäure zeigt das

Spektrum eine sehr charakteristische Bande zwischen 1680 und 1780 cm^{-1}, wobei das Maximum in der Regel bei etwa 1730 cm^{-1} liegt (Abb. 5.18). Diese Signale können den durch die Oxidation der Oberfläche erzeugten Carbonylgruppen, z.B. Ketonen, Aldehyden und carboxylischen Gruppen (Ester, Lactone, Säuren) zugeordnet werden. Lediglich cyclische Anhydride, die eine Bande bei etwa 1800 cm^{-1} erzeugen würden, können oft aufgrund des Spektrums ausgeschlossen werden. Die Carbonylbande von säurebehandeltem Nanodiamant kann durch Hydrierung bei etwa 800 °C aus dem Spektrum entfernt werden, da die entsprechenden Carbonylgruppen durch den Wasserstoff reduziert werden.

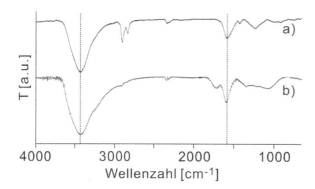

Abb. 5.18

IR-Spektren von Nanodiamant unterschiedlicher Herkunft:
a) Detonationssynthese mit Wasser als Kühlmedium, b) mit CO_2 als Kühlmedium. Durch die nass-chemische Nachbehandlung zeigen die Spektren starke Signale für adsorbiertes Wasser (Linien).

Neben der auf partielle Oxidation der Diamantoberfläche zurückzuführenden Carbonylbande findet man eine Reihe weiterer charakteristischer Signale im IR-Spektrum. Die intensive Bande bei etwa 1130 cm^{-1} resultiert aus der C-O-C-Streckschwingung von Etherstrukturen sowie z.T. aus Biegeschwingungen von OH-Gruppen (Abb. 5.18). Bei höheren Wellenzahlen mit einem Maximum bei etwa 1330 cm^{-1} liegen die sich überlagernden Banden der defektinduzierten Einphononen-Mode des Diamantgitters und der C-H-Biegeschwingung, die C-C-O-Streckschwingung tertiärer Alkohole (bei ~1230 cm^{-1}) und von Epoxygruppen (~1260 cm^{-1}). Die bei 1630 cm^{-1} auftretende Bande kann der OH-Biegeschwingung von adsorbiertem Wasser zugeordnet werden (s.u.). Bei ca. 2850-3000 cm^{-1} beobachtet man die symmetrischen und asymmetrischen C-H-Streckschwingungen verschiedener Alkylgruppen (CH, CH$_2$, CH$_3$), die insbesondere für Material aus der „*wet synthesis*" beobachtet wird, da hier auf der Oberfläche der gebildeten Diamantpartikel hydrothermale Prozesse ablaufen. Die in der Regel intensivste Bande des IR-Spektrums stellt das breite Signal bei 3430 cm^{-1} dar, welches aus mehreren Einzelpeaks besteht, die zu unterschiedlichen O-H-Streckschwingungen gehören. Die stärkste dieser Teilbanden resultiert aus an der Oberfläche adsorbiertem Wasser. Daher können sowohl diese als auch die Biegeschwingungsbande bei 1630 cm^{-1} durch Erhitzen der Diamantprobe in ihrer Intensität verringert werden. Allerdings verschwinden diese beiden Signale nie vollständig, da zum einen die restlose Entfernung des adsorbierten Wassers sehr schwierig ist und zum anderen Wassermoleküle bei der Desorption dissoziieren und auf diese Weise neue Hydroxylgruppen auf der Partikeloberfläche erzeugen können. Allein aus den IR-Daten einer Nanodiamantprobe können also bereits recht genaue Rückschlüsse auf die Verhältnisse auf der Partikeloberfläche gezogen werden. Die Art der Funktionalisierung wird erkannt, und Reaktionen an den vorhandenen funktionellen Gruppen lassen sich per IR-Spektroskopie verfolgen.

5.4.1.3 Röntgenbeugung und EELS

Wie bereits in den vorherigen Kapiteln deutlich geworden ist, eignet sich die Röntgenbeugung sehr gut zur Analyse kristalliner Proben. Neben der Feststellung des Gittertyps können auch Aussagen zur Partikelgröße der kristallinen Phase sowie über die Anwesenheit anderer kristalliner oder amorpher Modifikationen sowie Verunreinigungen getroffen werden. Dies äußert sich dann im Vorhandensein weiterer Signale oder aber eines Hintergrundspektrums.

Im Röntgenbeugungsspektrum des Nanodiamanten finden sich charakteristische Signale für die (111)-, (220)- und (311)-Ebenen eines Gitters vom Diamanttyp bei $2\theta = 43{,}9°$, $75{,}3°$ und $91{,}5°$ (Tabelle 5.2, Abb. 5.19). Diese zeigen im Vergleich zum *bulk*-Diamant ein anderes Intensitätsverhältnis sowie eine deutlich vergrößerte Halbwertsbreite. In einigen Fällen werden auch noch die Signale für die (400)- und die (331)-Ebenen beobachtet, die jedoch eine sehr schwache Intensität aufweisen.

Tabelle 5.2 Signalintensität der Röntgenbeugungsreflexe von *bulk*-Diamant und Nanodiamant

Gitterebene	(111)	(220)	(311)	(0002) graphitisch
2θ in Grad	43,9	75,3	91,5	~ 26
bulk-Diamant	44 %	22 %	18 %	-
Nanodiamant	85 %	14 %	0,5 %	variabel

Aus den erhaltenen Werten wird eine Gitterkonstante von 0,3562 nm ermittelt, die etwas geringer als im *bulk* (0,3567 nm) ausfällt. Aus der Halbwertsbreite der Beugungsreflexe lässt sich nach *Selyakov* und *Scherrer* eine durchschnittliche Partikelgröße von 4,5 ± 0,5 nm ermitteln, die gut mit den mittels Elektronenmikroskopie bestimmten Teilchendurchmessern übereinstimmt.

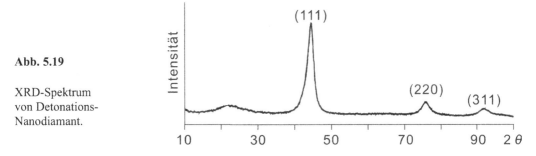

Abb. 5.19

XRD-Spektrum von Detonations-Nanodiamant.

Mit Hilfe des Röntgenbeugungsspektrums kann auch die Phasenreinheit des Kohlenstoffs überprüft werden. Zunächst fällt auf, dass für Detonationsdiamant keinerlei Anzeichen einer hexagonalen Phase (*Lonsdaleit*) vorhanden sind. Dagegen finden sich die entsprechenden Signale in den Spektren von mittels Schocksynthese erzeugten Nanodiamanten. Auch die Existenz graphitischen Materials kann durch Röntgenbeugung nachgewiesen werden. In relativ wenig aufgereinigten Proben findet sich bei $2\theta \sim 26°$ das Signal der (0002)-Ebenen des Graphits. Aus der großen Signalbreite leitet sich eine Größe der graphitischen Bereiche von etwa 2 nm ab. (s. dazu Kap. 5.2). Behandlung mit konzentrierten Mineralsäuren resultiert in der Intensitätsverringerung und schließlich gänzlichem Verschwinden dieser Bande. Letztlich verbleibt ein halo-artiges Signal bei $2\theta \sim 17°$, welches durch Streuung an kleinen aromatischen Strukturen (sp^2-Hybridisierung) verursacht wird. Diese Sechsringe und Cluster derselben befinden sich auf der Oberfläche der Nanodiamantpartikel. Die Intensität des Halo hängt von der Menge und Ordnung der vorhandenen kondensierten Sechsringstrukturen ab. So ist er für in CO_2 hergestellten Nanodiamant intensiver als für sog. *wet synthesis*-Materialien. Dies liegt an der langsameren Abkühlung in Kohlendioxid, wodurch die graphitische Hülle der einzelnen Partikel länger Zeit hat, sich zu ordnen. Beim Tempern von Nanodiamantproben oberhalb von 900 °C nimmt die Intensität des Halo zu, da sich zunehmend zwiebelartige Strukturen ausbilden. Verunreinigungen, die eine kristalline Struktur aufweisen, können ebenfalls mittels XRD identifiziert werden. In Proben, die keinerlei Säurebehandlung erfahren haben, findet man z.B. bisweilen Fe_3O_4.

Auch die Elektronen-Energieverlust-Spektroskopie (EELS) eignet sich zur Charakterisierung von Diamantpartikeln. Hier steht die Identifizierung anderer Kohlenstoff-Formen in der Probe im Vordergrund. Das *low loss*-Spektrum zeigt zwei Signale (Abb. 5.20a), wobei dasjenige bei etwa 34 eV charakteristisch für kristallinen Diamant ist. Es wird der kollektiven Anregung der Valenzelektronen (Volumenplasmon) zugeschrieben, wobei auch ein Beitrag aus der Anregung von Einzelelektronen vorhanden ist. Das Signal bei etwa 22 eV resultiert aus Oberflächenplasmonen-Oszillationen. Dabei hängen die konkrete Signallage und -intensität beider Signale von der Partikelgröße ab. Je kleiner die Diamantteilchen werden, desto mehr verschieben sich die Banden zu niedrigeren Energien. Außerdem nimmt in gleicher Richtung die Intensität des Oberflächenplasmonsignals zu. Dabei beobachtet man signifikante Effekte bereits ab einem Partikeldurchmesser von etwa 10 nm. Der Übergang von *bulk*-Eigenschaften zu molekularen Eigenschaften ist dann bei etwa 2 nm Durchmesser abgeschlossen. Das Spektrum zeigt kein Signal bei etwa 5-6 eV, so dass man davon ausgegehen kann, dass keine π-Plasmonen vorhanden sind. Im *core loss*-Spektrum beobachtet man die für diamantartigen Kohlenstoff charakteristische K-Kante und zusätzlich ein schwaches Signal bei 285 eV, welches dem 1s→π*-Übergang in graphitischen Strukturen zuzuschreiben ist (Abb. 5.20b). Je mehr graphitischer Kohlenstoff in der Nanodiamantprobe enthalten ist, desto stärker ausgeprägt fallen die Signale des sp^2-Kohlenstoffs ins Gewicht.

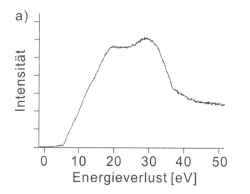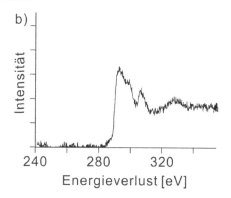

Abb. 5.20 Elektronen-Energieverlust-Spektren (EELS) von Detonationsdiamant, a) *low loss*-Verlustspektrum, b) *core loss*-Verlustspektrum. © Taylor & Francis 1997

5.4.1.4 Absorptions- und Lumineszenz-Spektroskopie

Im üblicherweise untersuchten Wellenlängenbereich weist das UV-Spektrum des Nanodiamanten keine charakteristischen Banden auf. Dies entspricht der für *bulk*-Diamant beobachteten Transparenz vom UV- bis in den Infrarotbereich. Die Abwesenheit von Absorptionsbanden im sichtbaren Bereich des Lichts lässt sich auf die Größe der Bandlücke von 5,5 eV zurückführen, wodurch eine direkte Anregung von Elektronen aus dem Valenz- in das Leitungsband einer entsprechend hohen Energie bedarf, die durch sichtbares Licht nicht bereitgestellt wird. Allerdings zeigt das Spektrum von Nanodiamant einen bis in den blauen Bereich des Spektrums hinein reichenden exponentiellen Abfall der Extinktion, der mittels einer Funktion $\varepsilon(\lambda) \sim \lambda^{-2}$ approximiert werden kann (Abb. 5.21). Auch für nanoskalige Diamantpartikel wurde eine Bandlücke im Bereich von 5,5 eV berechnet, wobei Größeneffekte erst unterhalb von 2 nm Partikeldurchmesser eine Rolle spielen. Für die üblicherweise untersuchten Nanodiamantmaterialien ist daher kein Einfluss der Partikelgröße auf die Bandlücke zu erwarten. Daher erwartet man auch für Nanodiamant ein Spektrum, welches dem des *bulk*-Diamanten ähnelt.

Die Lumineszenzeigenschaften nanoskaliger Diamantpartikel wurden ebenfalls ausführlich untersucht. Dabei erwartet man für nanoskopisch kleine Partikel aufgrund des hohen Anteils von Oberflächenatomen und einer möglicherweise verzerrten Bandstruktur Unterschiede in den Lumineszenzeigenschaften. Für Diamant bleibt jedoch z.B. die Bandlücke im betrachteten Partikelgrößenbereich unbeeinflusst, und das Lumineszenzverhalten zeigt viele Gemeinsamkeiten mit dem von *bulk*-Diamant.

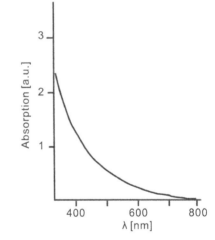

Abb. 5.21

UV-Vis-Spektrum einer in Wasser dispergierten Nanodiamantprobe. Es handelt sich um Detonationsdiamant.

Aufgrund der großen Bandlücke ist die direkte Anregung von Elektronen aus dem Valenz- in das Leitungsband nur durch Strahlung mit einer Energie von mindestens 5,5 eV möglich, was einer maximalen Wellenlänge von 223 nm entspricht. Bei Verwendung entsprechend kurzwelligen UV-Lichtes beobachtet man eine starke Photolumineszenz, die auf die Rekombination von Elektron-Loch-Paaren und optische Übergänge zurückzuführen ist. Auch beim Einsatz von Röntgenstrahlung erreicht man durch Anregung von Elektronen aus dem Valenz- in das Leitungsband eine hohe Konzentration von Elektron-Loch-Paaren. Neben der strahlungs-

losen Deaktivierung findet Rekombination von Löchern mit Elektronen statt, die in einer
ausgeprägten Fluoreszenz resultiert. Die Löcher befinden sich am oberen Ende des Valenzbandes, während die Elektronen aus Zuständen innerhalb der Bandlücke stammen, die durch
Verunreinigungen induziert werden (Abb. 5.22).

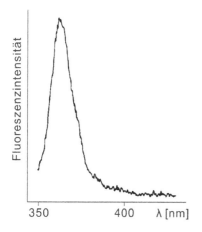

Abb. 5.22

Fluoreszenzspektrum von Detonations-
Nanodiamant. Das Lumineszenzmaxi-
mum liegt bei 364 nm (© Springer/
MAIK Nauka 1997).

Insgesamt spielen Defekte und Verunreinigungen des Nanodiamanten für die Lumineszenzeigenschaften eine ähnlich wichtige Rolle wie für das *bulk*-Material. Aufgrund ihrer Existenz
befinden sich innerhalb der Bandlücke elektronische Zustände, wodurch es möglich ist, auch
mit längerwelliger Strahlung Lumineszenz in den Nanodiamantproben zu induzieren. So
beobachtet man z.B. bei Anregung mit Licht der Wellenlänge von 300 bis 365 nm Fluores-
zenzbanden oberhalb von 400 nm, die auf verschiedene Stickstoffdefekte zurückzuführen
sind. Die Lebensdauer der angeregten Zustände ist dabei im Vergleich zu *bulk*-Diamant deutlich verkürzt, was möglicherweise auf den Effekt von Oberflächenzuständen und die erhöhte
Excitonendichte an der Oberfläche zurückzuführen ist.

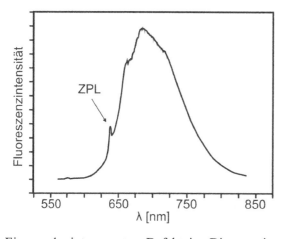

Abb. 5.23

Lumineszenz-Spektrum des N-V⁻-
Defektes im Diamantgitter bei Raumtemperatur (© F. Jelezko).

Einen sehr interessanten Defekt im Diamantgitter stellt das sog. N-V⁻-Zentrum (*nitrogen
vacancy centre,* Stickstoff-Fehlstellen-Zentrum) dar. Wie bereits in Kap. 5.2.1 beschrieben,
besteht es aus einem in das Gitter eingebauten Stickstoffatom und einer benachbarten Fehl-

stelle. Durch Anregung mit grünem Licht der Wellenlänge 532 nm kann eine Fluoreszenz im roten bis infraroten Bereich des Spektrums erzeugt werden (Abb. 5.23). Die *Zero-Phononen-Linie* (ZPL) befindet sich bei 637 nm (1,945 eV). Der korrespondierende Übergang erfolgt als $^3A \rightarrow \,^3E$-Übergang aus einem elektronischen Triplett-Grundzustand. Die Lebensdauer des angeregten Zustands beträgt etwa 20-25 ns. Aufgrund der relativ hohen Sättigungsintensität verbunden mit der sehr geringen Untergrundfluoreszenz des Diamantgitters können einzelne N-V$^-$-Zentren als Einzelphotonenquellen genutzt werden.

5.4.1.5 Weitere spektroskopische Eigenschaften

NMR-Spektroskopie von Nanodiamant

NMR-spektroskopische Untersuchungen an Diamant erweisen sich als recht schwierig. Insbesondere die teilweise äußerst langen Spin-Relaxationszeiten τ führen zu langen Messzeiten. Bei hochwertigen Schmuckdiamanten mit extrem geringer Defektdichte kann τ bis zu drei Tagen betragen! Bei synthetischen Diamanten mit verschiedenen Defekten, z.B. Stickstoffzentren, beobachtet man immerhin noch Relaxationszeiten von etwa einer Sekunde. Zur Erklärung muss man die geringe Häufigkeit des ^{13}C-Isotops und die damit verbundenen geringen Dipol-Dipol-Wechselwirkungen zwischen diesen Kernen sowie die langen Distanzen zwischen den ^{13}C-Spins und dem nächsten ungepaarten Elektron betrachten. In nanoskaligen Diamantpartikeln beobachtet man dagegen recht kurze Relaxationszeiten von etwa 140 ms, da ein effizienter Spin-Gitter-Relaxationskanal existiert: Die Kernspins können mit ungepaarten lokalisierten Elektronen koppeln, die aus der Existenz von nicht abgesättigten Bindungsstellen resultieren.

Abb. 5.24

Mit Hilfe der MAS-Technik aufgenommene Festkörper-^{13}C-NMR-Spektren von Nanodiamant (© Elsevier 2000).

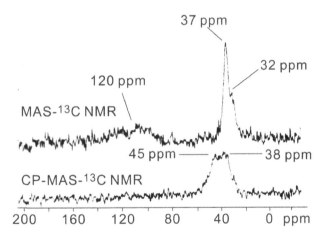

Zusätzliche Probleme erwachsen aus der Tatsache, dass aufgrund der geringen Anzahl von protonierten Kohlenstoffatomen Kreuzpolarisationsexperimente erheblich erschwert sind. ^{1}H-NMR-Untersuchungen sind aufgrund der großen Linienbreite und teilweise sehr geringen Signalintensität nicht sehr aussagekräftig.

Des Weiteren muss in der Regel ein Feststoff untersucht werden, z.B. mit der MAS-Technik, was die Signalbreiten deutlich vergrößert. Bei sehr kleinen Diamantpartikeln spielt außerdem der hohe Anteil von Oberflächenatomen eine Rolle. Diese befinden sich in einer im Vergleich zum *bulk* verzerrten Struktur, so dass jeder magnetische Kern eine andere elektronische Umgebung besitzt, woraus eine leichte Verschiebung der Signallage resultiert. In der Summe trägt dies ebenfalls zu einem breiteren ^{13}C-NMR-Signal bei.

Betrachtet man nun das ^{13}C-NMR-Spektrum einer Nanodiamantprobe, so erkennt man zwei Signalgruppen. Die höchste Intensität weist der Peak bei 37 ppm auf, welcher auf unprotonierten, tetragonalen kristallinen Kohlenstoff zurückzuführen ist, also auf die Diamantphase (Abb. 5.24 oben). Das Signal zeigt bei etwa 32 ppm eine Schulter, die ebenfalls durch tetragonale Kohlenstoffatome verursacht wird, die sich jedoch in verzerrten Bereichen der Gitterstruktur, z.B. in der Nähe von Defekten, befinden. Es werden keine Signale für protonierte Kohlenstoffatome beobachtet, da ihr Anteil offenbar für die zur Verfügung stehende Empfindlichkeit zu gering ist. Bei etwa 120 ppm weist das ^{13}C-NMR-Spektrum ein weiteres Signal auf (Abb. 5.24 oben). Dieses entspricht sp^2-hybridisiertem Kohlenstoff, der sich z.B. in den äußeren Schichten eines Nanodiamantpartikels befindet. Das Signal verschwindet weitgehend, wenn durch eine Säurebehandlung der Anteil des graphitischen Kohlenstoffs in der Probe deutlich reduziert wird. Einige Proben, die einer oxidativen Behandlung unterworfen wurden, zeigen ein zusätzliches breites Signal bei etwa 170 ppm. Dieses ist vermutlich auf die Existenz von Carbonylgruppen auf der Partikeloberfläche zurückzuführen.

Informationen über protonierte Kohlenstoffatome kann man mittels Kreuzpolarisations-Experimenten gewinnen. Man beobachtet in einem CP-MAS-^{13}C-NMR-Spektrum von Nanodiamantproben zwei Arten von protonierten Kohlenstoffatomen (Abb. 5.24 unten). Das Signal bei etwa 38 ppm entspricht vermutlich CH$_2$-Gruppen, während das Signal bei 45 ppm CH-Gruppen zugeordnet wird. Oxidierte Proben weisen zusätzlich ein Signal bei 71 ppm auf, welches auf die Entstehung von C-OH-Gruppen zurückgeführt wird.

ESR-Spektroskopie

Mit Hilfe der ESR-Spektroskopie kann man Informationen über die Existenz ungepaarter Elektronen gewinnen. Wie bereits im Kapitel 5.2 erläutert, spielen diese sowohl für die Oberflächeneigenschaften als auch im Kristallgitter des Nanodiamanten eine wichtige Rolle.

Für *bulk*-Diamant misst man einen *g*-Wert von 2,0029, was dem Wert für freie Elektronen sehr nahe kommt. Proben, die durch Ausheizen von Oberflächenbelegungen befreit wurden, zeigen Spindichten von etwa $7 \cdot 10^{18}$ Spins pro Gramm Material. Dieser Wert sinkt auf bis zu $2{,}2 \cdot 10^{18}$ Spins pro Gramm für bei 800 °C hydrierten Diamant. Es ist also offensichtlich, dass sich auch im *bulk*-Diamant ein großer Teil der nicht abgesättigten Bindungsstellen an der Partikeloberfläche befindet. Allerdings ist auch eine signifikante Fraktion der freien Spins im Kristallgitter lokalisiert. Insgesamt fällt auf, dass die Zahl der beobachteten freien Spins deutlich unterhalb der theoretisch möglichen Anzahl freier Bindungsstellen auf der Diamantoberfläche liegt, wenn man die üblichen Kristallflächen als Außenstruktur annimmt. Dies ist damit zu begründen, dass ein Teil der sog. *dangling bonds* durch Oberflächenrekonstruktion abgesättigt und somit die Spindichte reduziert wird.

Im Nanodiamant, für den ein *g*-Wert von 2,0027 gemessen wird, beobachtet man eine weitaus höhere Spindichte von 10^{19} bis 10^{20} Spins pro Gramm (Abb. 5.25). Dieser recht hoch erscheinende Wert entspricht bei einer durchschnittlichen Primärteilchengröße von 5 nm jedoch nur einem bis max. zehn Spins pro Partikel. Auch hier ist die beobachtete Spindichte deutlich niedriger als die bei vollständig unbelegten Teilchen theoretisch mögliche.

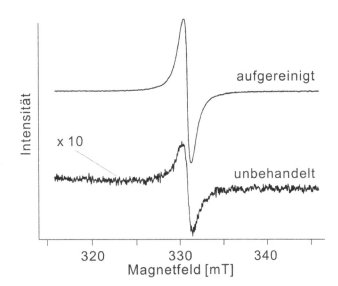

Abb. 5.25

ESR-Spektren von unbehandeltem Detonationsdiamant (unten) und nach Entfernung des graphitischen Kohlenstoffs (oben). © Elsevier 2000

Die Reinigung der Proben erhöht hier im Gegensatz zum *bulk*-Diamant die Spindichte, da durch Behandlung z.B. mit konzentrierten, oxidierenden Mineralsäuren die auf der Oberfläche der Nanopartikel gebildete graphitische Schicht entfernt wird (Kap. 5.3.4) und sich auf diese Weise neue, nicht abgesättigte Bindungsstellen ergeben. Auch im Fall der Nanodiamanten ist aber ein Teil der Spindichte im Kristallgitter lokalisiert, wobei hier ebenfalls Stickstoffzentren und andere Defekte für die ungepaarten Elektronen verantwortlich sind.

5.4.2 Elektronische Eigenschaften von Nanodiamant

Die Untersuchung der elektronischen Eigenschaften von Nanodiamanten stellt sich aufgrund von großen Unterschieden in der Probenqualität und den damit verbundenen Differenzen in der elektronischen Struktur recht schwierig dar. Hier wird auf einige wichtige Aspekte der elektronischen Struktur und Eigenschaften eingegangen, für eine ausführliche Darstellung sei auf die entsprechende Originalliteratur im Anhang verwiesen.

Im Gegensatz zu *bulk*-Diamant besitzt Nanodiamant insbesondere an der Partikeloberfläche auch sp^2-hybridisierte Bereiche. Dieser graphitische Anteil hat einen immensen Einfluss auf Eigenschaften wie die elektrische Leitfähigkeit. Diese erhöht sich um 12 Größenordnungen, wenn der sp^2-Anteil in einer Probe von 0 auf 50 % steigt. Des Weiteren besitzen die graphitischen Teilstrukturen einen Einfluss auf die Feldemissionseigenschaften (s. Kap. 6.4.2.2).

Hinzu kommt, dass sich aufgrund der geringen Partikelgröße ein großer Teil der Kohlenstoffatome an der Oberfläche befindet, wo wegen der besonderen Bindungssituation eine andere Bänderstruktur als im *bulk* beobachtet wird. Insbesondere sog. Oberflächenzustände (engl. *surface states*) spielen hier eine Rolle (Abb. 5.26). Betrachtet man einen 3 bzw. 4 nm großen Modelldiamanten, so erkennt man, dass 73 % bzw. 57 % der Kohlenstoffatome in maximal 0,25 nm Entfernung von der Oberfläche des Partikels liegen (Kap. 5.4.1.5). Dies stimmt gut mit der Abschätzung des Kernbereiches von Nanodiamantpartikeln mittels NMR-Untersuchungen überein. Hiernach befinden sich nur etwa 30 % der Atome in einer normal sp^3-hybridisierten Bindungssituation, während die restlichen 70 % einen deutlichen Einfluss der Partikeloberfläche erfahren. Man kann also ein typisches Nanodiamantpartikel als einen dreidimensionalen, sp^3-hybridisierten Diamantkern mit einer zweidimensionalen Oberflächenschicht aus modifiziertem sp^3- und sp^2-Kohlenstoff und ungepaarten Elektronen auffassen (Abb. 5.27).

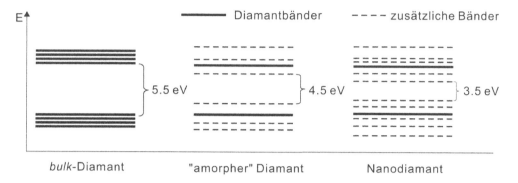

Abb. 5.26 Vergleich der Oberflächen-Bandstruktur von *bulk*-Diamant und Nanodiamant. Die zusätzlich eingeschobenen Niveaus resultieren aus zusätzlichen Oberflächenzuständen (s. Text). Für eine bessere Übersichtlichkeit sind für amorphen Diamant und Nanodiamant nur die Diamantniveaus an der Kante des Valenz- und Leitungsbandes gezeigt (© Elsevier 1999).

Natürlich spielen auch solche Besonderheiten wie ungepaarte Elektronen an nicht abgesättigten Bindungsstellen eine Rolle für die elektronischen Eigenschaften. Allerdings ermittelt man aus entsprechenden Messungen (s. Kap 5.4.1.5) eine Spindichte von nur 10^{19}-10^{20} Spins pro Gramm, was einer einstelligen Spinanzahl pro Nanodiamantpartikel entspricht. Dies resultiert aus der hohen Absättigungstendenz unter Ausbildung von π-Bindungen, wobei Oberflächenzustände entstehen, die eher graphitischen Charakter aufweisen und u.a. auch elektrische Leitfähigkeit hervorrufen (s.u.).

Die elektronischen Eigenschaften des Diamantkerns ähneln in hohem Maße denen von *bulk*-Material. Insbesondere die Bandlücke weist eine sehr ähnliche Größe von etwa 5,5 eV auf. Laut quantenchemischen Rechnungen ist für realen Nanodiamant kein *Quantum-Confinement*-Effekt zu erwarten, der eine Abhängigkeit der Bandlücke von der Teilchengröße bedeuten würde. Derartige Effekte, die für Silicium und Germanium gut bekannt sind, treten bei Nanodiamantpartikeln erst unterhalb eines Durchmessers von 2 nm auf. Signifikante Veränderungen wären wohl erst unterhalb von 1 nm Durchmesser zu beobachten. Derart kleine Diamanten sind aber nicht stabil und konnten daher bis jetzt nicht untersucht werden. Die üblicherweise verwendeten Nanodiamantmaterialien weisen Partikelgrößen oberhalb von 3,5 nm auf, so dass die Veränderung der Bandlücke keine Relevanz besitzt. Tatsächlich findet man jedoch Werte von teilweise unter 3,5 eV, was auf die Existenz von Zuständen innerhalb der Diamantbandlücke zurückzuführen ist (Abb. 5.26).

Die elektronischen Eigenschaften von Nanodiamant werden durch vorhandenen sp^2-Kohlenstoff und evtl. Verunreinigungen drastisch verändert. Durch die Existenz derartiger Defekte befinden sich in der Bandlücke des Diamanten zusätzliche Energieniveaus, die mit Elektronen besetzt sind bzw. besetzt werden können (Abb. 5.26). Aus diesem Grunde zeigen

Diamantproben mit einer partiell graphitisierten Oberfläche eine ausgeprägte Oberflächenleitfähigkeit vom p-Typ, wobei Löcherkonzentrationen von bis zu 10^{13} cm^{-2} erreicht werden.
Zusätzlich wird die Leitfähigkeit der Probe durch Stickstoff-Gitterdefekte und Phänomene
wie das Oberflächen-Doping erhöht (s.a. Kap. 6.4.2).

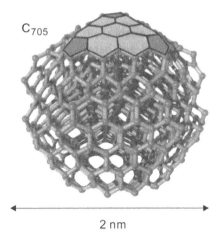

C_{705}

2 nm

Abb. 5.27

Strukturmodell eines etwa 2 nm großen Diamantpartikels mit teilgraphitisierter Oberfläche. Zur
Verdeutlichung ist ein Teil der Hülle graphisch
hervorgehoben, wobei die für die Krümmung
verantwortlichen Fünfringe am Rand dieses Teilstücks zu erkennen sind (© Springer 2005).

Experimentell kann man die elektronische Struktur einer Nanodiamantprobe mit verschiedenen spektroskopischen Methoden untersuchen. Dabei erhält man je nach gewählter Methode
Informationen aus unterschiedlichen Tiefen des Gitters. Während z.B. mittels *Auger*-
Spektroskopie aufgrund der geringen Eindringtiefe die π-Elektronen-Zustände auf der Oberfläche nachgewiesen werden können, beobachtet man im C1s-Verlustspektrum (Kap. 5.4.1.3)
keine π-Übergänge, da diese Methode hauptsächlich Informationen aus der zweiten bis sieb-
ten Atomlage unterhalb der Oberfläche liefert.

Auch Leitfähigkeitsmessungen wurden an verschiedenen Nanodiamantproben durchgeführt.
Dabei spielt der Graphitisierungsgrad für die Höhe des Widerstandes eine große Rolle. Auf
entsprechend aufgereinigten Nanodiamantpartikeln befinden sich zunächst nur kleine, nicht
zusammenhängende π-Systeme, wobei die Konjugation nicht sehr stark ausgeprägt ist. Es
herrschen vielmehr dimere sp^2-Strukturen vor, da wegen der geringen Größe einzelner Kris-
tallfacetten die Oberflächenrekonstruktion nur auf diesen begrenzten Flächen stattfinden
kann. Der spezifische Widerstand beträgt etwa 10^9 Ω cm. Er sinkt auf unter 0,3 Ω cm, wenn
die Probe einer kontrollierten thermischen Behandlung unterworfen wird. Es ist bekannt, dass
auf diese Weise der sp^2-Anteil der Oberfläche erhöht wird, da sich im Zuge des Erhitzens aus
den Nanodiamantpartikeln letztlich vollständig graphitisierte Kohlenstoffzwiebeln bilden
(Kap. 4.3.5.3). Stoppt man diese Umwandlung rechtzeitig genug durch Wahl einer ausreichend niedrigen Temperatur und Behandlungsdauer, so erhält man Kohlenstoff-
Nanokomposite, die aus einem sp^3-Kern und einer graphitischen Hülle bestehen. Je ausgeprägter diese Hülle und je besser sie graphitisiert ist, desto höhere Leitfähigkeiten werden für
das Material gemessen.

Auch auf die Feldemissionseigenschaften hat der Anteil graphitischen Kohlenstoffs einen
signifikanten Einfluss. Mit Nanodiamantpartikeln beschichtete Spitzen zeigen bereits bei
einer Feldstärke von etwa 5 V µm^{-1} stabile Emissionsströme von 95 mA cm^{-2} (Abb. 5.28).
Dies kann nur erklärt werden, wenn man davon ausgeht, dass auf der Diamantoberfläche

lokalisierte graphitische Bereiche existieren. Nanodiamant ist aufgrund seiner günstigen Eigenschaften ein attraktives Material für Feldemissionsanwendungen („kalte" Kathoden). Dazu zählen z.B. die gute Wärmeleitfähigkeit, die niedrige Elektronenaffinität und die im Inneren der Partikel sehr stark gebundene Kristallstruktur. Zusätzlich führt die Verwendung einer Beschichtung aus Nanodiamant im Gegensatz zu einem kontinuierlichen Film zu einer Unterbrechung der Kristallstruktur, was die Emissionsstromdichte erhöht.

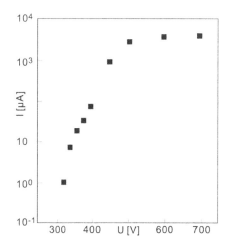

Abb. 5.28

Strom-Spannungs-Kurve der Feldemission aus Nanodiamantpartikeln auf stickstoff-dotiertem Silicium-Substrat. Die *turn on*-Feldstärke (Erreichen von $0.1\,\mu A$ Stromstärke) beträgt 3.2 V μm^{-1} und bei einer Feldstärke von 5 V μm^{-1} wird eine Stromdichte von etwa 95 mA cm^{-2} erreicht (© Elsevier 2000).

5.4.3 Mechanische Eigenschaften von Nanodiamant

Die besonderen mechanischen Eigenschaften des Diamanten sind in seiner Gitterstruktur und den elektronischen Eigenschaften begründet. Er zeichnet sich durch die höchste bei einem natürlichen Material gemessene Härte, ein hohes *Bulk*-Modul, ein hohes Schermodul und hohe Kratzfestigkeit aus. In seinem Gitter besitzen Dislokationen nur eine geringe Mobilität, und das Material zeigt eine sehr hohe Oberflächenenergie, die ebenfalls zur Härte beiträgt.

Die Existenz kovalenter Bindungen ist eine wesentliche Voraussetzung für die große Härte eines Elementes. Ein dreidimensionales, orthotropes Gitter mit kubischer Symmetrie kann mit einer minimalen Anzahl von vier Bindungen, die in einem Winkel von $109,47°$ (Tetraederwinkel) angeordnet sind, erzeugt werden. Dieser Zustand wird bei Kohlenstoff mit seinen vier Valenzen in der Diamantform erstmals im Periodensystem erreicht. Entlang der Bindungen herrscht eine inhomogene Ladungsanordnung. Die Elektronen halten sich bevorzugt auf $1/4$ und $3/4$ der Bindungsdistanz auf, was zu einem hohen Schermodul beiträgt, da in diesem Zustand die Elektronenkorrelation besonders stark ausgeprägt ist.

Metalle weisen eine hohe Plastizität auf, da Dislokationen (Verwerfungen) in ihrem Gitter aufgrund der metallischen Bindungssituation (Kationenrumpfgitter mit Elektronengas) eine hohe Mobilität aufweisen und so einzelne Gitterlagen leicht gegeneinander verschoben werden können. Im Fall des Diamanten, der lokalisierte kovalente Bindungen besitzt (gilt auch für Silicium und Germanium), ist ein derartiges Verschieben einer Verwerfung mit mehreren grundlegenden Veränderungen der Bindungssituation an der Dislokationsstelle verbunden. Es müssen sowohl kovalente Bindungen gelöst als auch neue aufgebaut werden. Dieser Prozess benötigt ungleich mehr Energie als das Verschieben in einem Metallgitter mit delokalisierter Bindungssituation. Man stellte fest, dass die Aktivierungsenergie dem Zweifachen der Bandlücke des Materials entspricht, was im Fall des Diamanten für eine sehr geringe Mobilität von Dislokationen spricht. Daher sind Diamant sowie Silicium und Germanium harte, spröde Werkstoffe, während Metalle wie Silber oder die Alkalimetalle eine hohe Plastizität aufweisen.

Die hohe Oberflächenenergie des Diamanten sorgt dafür, dass die Spaltung des Kristallgitters in den meisten Raumrichtungen deutlich erschwert ist. Die (111)-Ebene stellt die kristallographische Fläche mit der geringsten Oberflächenenergie dar, so dass die Spaltung bevorzugt hier stattfindet.

Die bis hier erläuterten mechanischen Eigenschaften größerer Diamantkristalle gelten im Wesentlichen auch für Nanodiamant, da dieser ja in seiner Kristallstruktur ebenfalls das kovalent gebundene Diamantgitter aufweist. Insbesondere *bulk*-Modul und Scherfestigkeit werden von der Teilchengröße zunächst nicht beeinflusst. Allerdings stellt das Nanodiamantmaterial in der Regel keine vollständig reine sp^3-Phase dar, sondern enthält neben dem eigentlichen Diamanten auch amorphes sp^3-Material sowie graphitische Strukturen auf der Oberfläche, und besteht im festen Zustand stets aus recht großen Agglomeraten. Diese Unterschiede führen auch zu einer gewissen Veränderung der beobachteten mechanischen Eigenschaften. Die Härte von Nanodiamant sinkt aufgrund der Überrepräsentanz weicherer kristallographischer Flächen sowie der annähernden Kugelgestalt und den damit verbundenen Oberflächenphänomenen etwas ab. Durch die Existenz sehr fest gebundener Agglomerate ist die Untersuchung dieser Eigenschaften von Nanodiamant-Primärteilchen schwierig. Weitere Angaben zu mechanischen Eigenschaften von Diamantmaterialien finden sich in Kap. 6.4.3.

Je nach Partikel-/Agglomeratgröße kann Nanodiamant als Abrasivstoff (Schleif- oder Poliermittel) oder aber als Schmiermittel verwendet werden. Der kritische Teilchendurchmesser beträgt etwa 100 nm. Unterhalb dieser Größe treten die reibungsverringernden Eigenschaften in den Vordergrund, während größere Partikel bzw. Agglomerate abrasive Eigenschaften zeigen. Bei größeren Nanodiamantpartikeln im dreistelligen Nanometerbereich treten eindeutig die abrasiven Eigenschaften zum Vorschein. Dabei beobachtet man auf der Oberfläche der bearbeiteten Substrate Ritzspuren, die mit der Teilchengröße korrelieren. Bei kleiner werdenden Teilchen kann der Reibungskoeffizient im Vakuum auf bis zu 0,01 herabgesetzt werden (50 nm große Nanodiamanten gegen SiC vermessen). Der Grund für die guten Schmiereigenschaften liegt in der Ausbildung eines kontinuierlichen Films aus den einzelnen Diamant-Agglomeraten, der insgesamt gesehen eine sehr geringe Oberflächenrauhigkeit aufweist. Dabei fällt auf, dass die Primärteilchengröße keine signifikante Rolle spielt. Vielmehr muss die Schichtstruktur bzw. die Größe der tatsächlich vorhandenen Agglomerate betrachtet werden. Auch die auf der Partikeloberfläche vorhandenen sauerstoffhaltigen funktionellen Gruppen tragen zu einer Verringerung der Reibung bei, da sie die Adhäsion verhindern.

5.5 Chemische Eigenschaften von Nanodiamant

5.5.1 Reaktivität von Nanodiamant

Im Vergleich zum *bulk*-Diamant weisen nanoskalige Diamantpartikel eine deutlich erhöhte Reaktivität auf. Dies kann u.a. mit der höheren Anzahl von Defekten und einer stark vergrößerten Oberfläche begründet werden. Es bestehen dadurch mehr Angriffsorte für potentielle

Reagenzien, so dass die chemische Modifizierung der Nanodiamantpartikel möglich wird. Dazu zählen neben der Oberflächenfunktionalisierung auch Umwandlungen in andere Kohlenstoff-Formen, die im Kap. 5.5.3 behandelt werden. Auch diese Umwandlungen gelingen aufgrund der defekthaltigen Struktur und der Existenz kleiner graphitisierter Bereiche auf der Partikeloberfläche deutlich leichter als bei makroskopischen Diamantpartikeln.

Wie bereits im Kap. 5.2 zur Struktur der Nanodiamanten beschrieben, besitzen diese eine gewisse Anzahl nicht abgesättigter Bindungsstellen. Diese ist jedoch nicht sehr hoch, was u.a. daran liegt, dass durch Ausbildung von Doppelbindungen auf der Oberfläche die Absättigung der freien Valenzen bereits weitgehend erfolgt ist. Die noch vorhandenen Radikalzentren sind in der Regel von sp^2-hybridisierten Strukturen umschlossen, so dass keine freie Zugänglichkeit für evtl. Reagenzien besteht. Daher führt dieser Ansatz nicht zu dem gewünschten Ergebnis.

Die sp^2-hybridisierten Bereiche auf der Oberfläche, liegen z.T. als gekrümmte, kondensierte aromatische Strukturen, aber auch als isolierte Doppelbindungen vor. Eine mögliche Strategie kann also die Anwendung von typischen Aromaten- oder Olefinreaktionen sein, wie z.B. der *Diels-Alder*-Reaktion oder anderer Cycloadditionsreaktionen, aromatischer Alkylierungen oder Halogenierungen. Einen gewissen Nachteil besitzt dieser Ansatz jedoch: Die auf der Oberfläche befindlichen graphitischen Strukturen sind in der Regel nur durch *van der Waals*-Kräfte mit dem eigentlichen Partikelkern verbunden. Die Funktionalität wird also nur mit einer Art Schale verknüpft, so dass möglicherweise Stabilitätsprobleme auftreten, insbesondere dann, wenn die erzeugten Materialien in mechanisch anspruchsvollen Applikationen eingesetzt werden sollen.

Ein weiterer Aspekt der Oberflächenstruktur von Nanodiamantmaterialien sollte ebenfalls beachtet werden: Oft ist die Partikel- bzw. Agglomeratoberfläche vollständig von Adsorbaten bedeckt. Diese müssen vor der eigentlichen Funktionalisierung entfernt werden. Am einfachsten gelingt dies durch Ausheizen der Proben, wobei jedoch Vorsicht geboten ist, da sich die Nanodiamantpartikel recht leicht in graphitische Strukturen umwandeln. Eine andere Möglichkeit besteht in der Umsetzung mit solchen Reagenzien, die zu einer kovalenten Funktionalisierung führen, welche in der Lage ist, die Oberflächeneigenschaften so zu verändern, dass die Adsorption ungünstiger wird und die Adsorbate von der Oberfläche verdrängt werden. Je nach Art der adsorbierten Substanzen eigenen sich hierzu z.B. Fluor, Wasserstoff, aber auch konzentrierte Mineralsäuren.

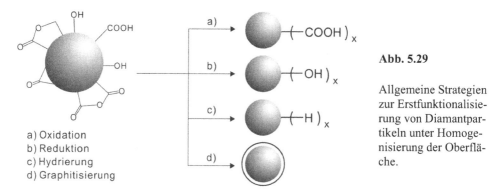

a) Oxidation
b) Reduktion
c) Hydrierung
d) Graphitisierung

Abb. 5.29

Allgemeine Strategien zur Erstfunktionalisierung von Diamantpartikeln unter Homogenisierung der Oberfläche.

Wie schon in Kap. 5.2.2 diskutiert, weisen die Nanodiamantpartikel bereits direkt nach ihrer Herstellung durch Detonations- oder Schocksynthese eine primäre Oberflächenfunktionalisierung auf. Diese besteht aus einer Vielzahl unterschiedlicher Gruppen. Es sollte nun gelingen, diese bereits vorhandene Funktionalität zu nutzen. Um eine reproduzierbare Qualität der erhaltenen Produkte sicherzustellen, ist jedoch eine Homogenisierung dieser Primärfunktionalisierung nötig. Dafür existieren verschiedene Strategien (Abb. 5.29):

Die thermische Behandlung entfernt bei entsprechender Durchführung nicht nur Adsorbate, sondern auch funktionelle Gruppen. Bei ausreichend hoher Temperatur (meist > 900 °C) verliert die Oberfläche im Vakuum ihre Funktionalisierung, und es kommt zur Graphitisierung der äußersten Schicht des Nanodiamanten. Allerdings führt die thermische Behandlung in der Regel zu einer Verstärkung der Agglomeration, so dass auf diese Weise die Funktionalisierung einzelner Primärpartikel nicht möglich ist.

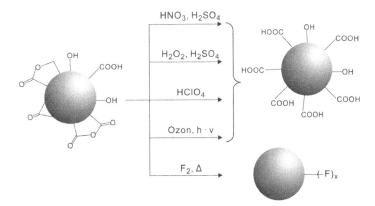

Abb. 5.30

Oxidationsreaktionen auf der Diamantoberfläche. In der Regel wird (außer bei photochemischer Ozonierung) bei hohen Temperaturen gearbeitet.

Neben der thermischen Homogenisierung kann man sich auch verschiedener chemischer Methoden zur Umsetzung der Oberflächengruppen bedienen. Generell werden diese in reduktive und oxidative Methoden eingeteilt. In beiden Fällen ist das Ziel eine möglichst gleichmäßige Belegung der Partikeloberfläche mit nur einer Art von funktionellen Gruppen, so dass bei der weiteren Umsetzung einheitliche Produkte erhalten werden können.

Die Oxidation der Oberfläche kann mit einer ganzen Reihe von Reagenzien durchgeführt werden (Abb. 5.30). Häufig kommen konzentrierte Mineralsäuren oder deren Gemische, Wasserstoffperoxid (oft im Gemisch mit Schwefelsäure), Ozon, aber auch Halogene (meist Fluor) zum Einsatz. Bei der Fluorierung der Oberfläche entstehen C-F-Bindungen, an denen z.B. durch Metall-Halogenaustausch und anschließende Umsetzung eine Vielzahl von Reaktionen möglich sind (Kap. 5.5.2). Da die Halogenierung aber in der Regel an festen Diamantproben in einem Strömungsreaktor durchgeführt wird, werden inhomogen funktionalisierte Nanodiamantpartikel erhalten. Die Umsetzung mit sauerstoffhaltigen Oxidationsmitteln führt zur Oxidation sowohl von Alkylgruppen als auch von Hydroxyalkylgruppen. Tertiäre Hydroxylgruppen werden unter den üblichen Bedingungen nicht angegriffen. Durch die Oxidation werden verschiedene Carbonylgruppen gebildet, wie z.B. Ketone, Säuregruppen und Lactone, so dass die Oberfläche nicht als homogen bezeichnet werden kann. Allerdings können anschließend mit einer Reihe weiterführender Reaktionen selektiv bestimmte Carbonylgruppen umgesetzt werden, so dass eine gewisse Homogenisierung bei der anschließenden Umsetzung erfolgt. Prinzipiell eignen sich insbesondere Carboxylfunktionen ganz hervorragend zur weiteren Funktionalisierung von Kohlenstoffmaterialien (Kap. 5.5.2).

Die reduktive Homogenisierung der Nanodiamantoberfläche kann auf verschiedenen Wegen und mit sehr unterschiedlichen Ergebnissen durchgeführt werden. Die Hydrierung der Oberfläche muss in der Hitze als heterogene Reaktion in einem Strömungsreaktor durchgeführt werden (Kap. 5.5.2.1). Es muss ohne Katalysator gearbeitet werden, was sehr hohe Temperaturen (Problem: Graphitisierung und Bildung amorphen Kohlenstoffs) und hohen Druck erfordert. Auf diese Weise können sowohl funktionelle Gruppen als auch graphitische Bereiche auf der Oberfläche hydriert werden. Allerdings ist diese Reaktion selten vollständig, zudem werden auch hier wieder nur die auf der Oberfläche der Agglomerate befindlichen Gruppen erfasst. Die gebildeten C-H-Bindungen lassen sich im Anschluss an die Hydrierung z.B. für photochemische C-C-Verknüpfungsreaktionen einsetzen (Kap. 5.5.2.6).

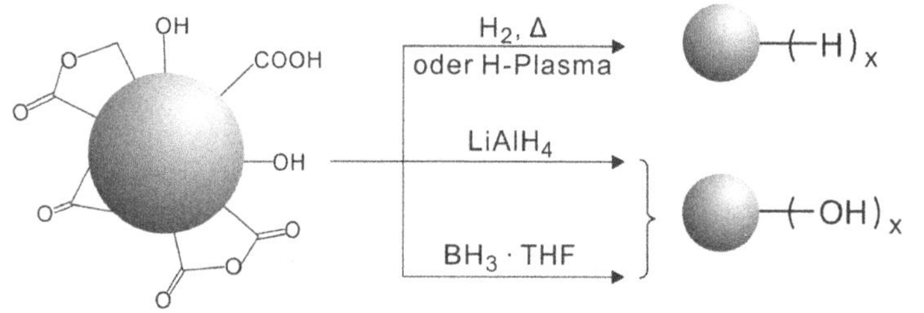

Abb. 5.31

Reduktionsreaktionen auf der Diamantoberfläche.

Die nasschemische Reduktion hat die Umsetzung vorhandener Carbonylgruppen zu Hydroxylfunktionen zum Ziel. Daher wendet man z.B. komplexe Hydride ($LiAlH_4$) oder aber Boran als Reduktionsmittel an (Abb. 5.31). Es gelingt auf diese Weise, eine mit verschieden gebundenen Hydroxylgruppen belegte Diamantoberfläche zu erzeugen, allerdings muss man von einem Gemisch tertiärer (bereits vorhandener), sekundärer und primärer Hydroxylgruppen ausgehen. Diese weisen zwar unterschiedliche Reaktivitäten auf, für die weitere Anbindung ist aber das Vorliegen nur noch einer Art funktioneller Gruppen, wenn auch an unterschiedlichen Gerüststrukturen, bereits von großem Interesse. Die Hydroxylgruppe eignet sich dabei ebenso wie die Carboxylgruppe zur Anbindung weiterer funktioneller Einheiten.

Ein generelles Problem ergibt sich unabhängig von der Art der gewählten Funktionalisierungsmethode. Da die Partikel als äußerst fest gebundene Agglomerate vorliegen (Abb. 5.9), muss man davon ausgehen, dass die erhaltenen Produkte stets aus nur äußerlich funktionalisierten Agglomeraten mit einer Vielzahl von Primärpartikeln bestehen. Bei einer nachträglichen Deagglomerierung erhält man dann uneinheitlich funktionalisierte Teilchen, die z.T. keinerlei Veränderungen im Vergleich zum Ausgangszustand erfahren haben, da sie sich im Zentrum eines Agglomerats befanden. Ziel muss es also sein, erst die Agglomerate zu zerstören und die so erzeugten Primärteilchen umzusetzen. Da jedoch bei erneuter Entfernung des Dispergiermittels sofortige Reagglomeration einsetzt, können z.B. Festphasenreaktionen wie die Hydrierung oder Ozonierung nicht eingesetzt werden. Es muss in der erzeugten kolloidalen Lösung gearbeitet werden. Daher ist es sinnvoll, die Oberfläche sofort nach ihrer Freilegung umzusetzen, so dass eine sinnvolle Strategie in der simultanen Deagglomerierung und Funktionalisierung der Nanodiamantpartikel besteht.

5.5.2 Oberflächenfunktionalisierung von Nanodiamant

5.5.2.1 Hydrierung

Die einfachste Umsetzung der Nanodiamantoberfläche ist die Hydrierung. Diese Belegung ist für Diamantfilme der Standardzustand der Oberfläche (s. Kap. 6), für Nanopartikel hingegen ergeben sich verschiedene Schwierigkeiten. Die für Filme übliche Technik der Hydrierung im Wasserstoffstrom bei sehr hohen Temperaturen kann auch für Diamant-Nanopartikel eingesetzt werden. Allerdings werden auf diese Weise stets nur pulverförmige Proben reduziert, was naturgemäß zu einer gewissen Inhomogenität des Produkts führt. Daher verbleiben nicht abreagierte funktionelle Gruppen im Inneren der Agglomerate, und bei deren nachträglicher Zerstörung erhält man ungleichmäßig hydrierte Partikel. Teilweise wird auch im Wasserstoffplasma gearbeitet, um eine hohe Konzentration reaktiven Wasserstoffs zu erzeugen.

Abb. 5.32

Reflexions-Infrarot-Spektrum von im Wasserstoffstrom hydriertem Nanodiamant (© RSC 2002).

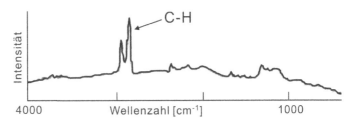

Auch in einem Reaktor, wie er zur Gasphasenabscheidung von Diamant benutzt wird, kann man Experimente mit Wasserstoffatomen durchführen, die durch ein heißes Filament erzeugten werden und eine weitaus höhere Reaktivität besitzen. Durch die Hydrierung verändert sich das IR-Spektrum der Diamantproben erheblich (Abb. 5.32). Die Signale im Carbonylbereich verschwinden, und im Bereich der C-H-Streckschwingungen treten neue Banden auf, die charakteristisch für Alkylgruppen sind. Dabei zeigte sich, dass ab etwa 900 °C von der vollständigen Hydrierung der Oberfläche ausgegangen werden kann. Hier ergibt sich jedoch das Problem, dass in diesem Temperaturbereich bereits merkliche Graphitisierung stattfindet.

Nasschemisch ist die Hydrierung nur schwer möglich. Insbesondere die Abtrennung des Katalysators (z.B. Palladium auf Aktivkohle) erweist sich als schwierig. Auch die Umsetzung mit Zink und Salzsäure im Sinne einer *Clemmensen*-Reduktion wurde für Nanodiamant bisher nicht beschrieben.

5.5.2.2 Halogenierung

Eine weitere Möglichkeit der einfachen Funktionalisierung von Nanodiamantoberflächen bietet die Halogenierung. Dabei handelt es sich in der Regel um die Reaktion mit Fluor und Chlor sowie in untergeordnetem Maße auch Brom. Direkte Iodierungen wurden aufgrund der nicht ausreichenden Reaktivität bisher nicht beschrieben. Die Reaktion wird in einem auf mehrere hundert Grad (zwischen 150 und 500 °C) erhitzten Strömungsrohr durchgeführt, wobei elementares Fluor im Gemisch mit Wasserstoff über die Probe geleitet wird. Mit Chlorgas erfolgt die Reaktion ebenfalls bei erhöhten Temperaturen, wobei die besten Ergebnisse zwischen 250 und 400 °C erzielt werden. Oberhalb von 400 °C nimmt der Chlorierungsgrad aufgrund von Dissoziationsprozessen ab. Daneben wird auch erfolgreich die photochemische Umsetzung mit Chlorgas unter Verwendung einer Quecksilberdampflampe durchgeführt.

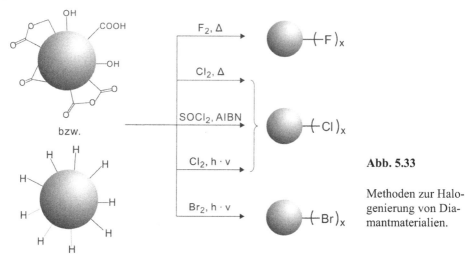

Abb. 5.33

Methoden zur Halogenierung von Diamantmaterialien.

Durch die Umsetzung mit elementarem Fluor (bzw. Chlor) werden sowohl sp^2-hybridisierte Kohlenstoffatome angegriffen als auch bereits vorhandene funktionelle Gruppen, wie z.B. Hydroxylgruppen, substituiert (Abb. 5.33). Es kommt dabei zu Additionsreaktionen an Doppelbindungen, aromatischen Substitutionsreaktionen bzw. Zerstörung des aromatischen Systems durch das Fluor oder zum Austausch von Wasserstoffatomen und verschieden gebundenen OH-Gruppen. Dabei wirkt intermediär gebildeter Halogenwasserstoff (vor allem bei der Fluorierung) als Katalysator, und man kann davon ausgehen, dass auch radikalische Prozesse eine Rolle spielen. Dies gilt in besonderem Maße für die photochemische Chlorierung. Durch die Halogenierung werden rekonstruierte Bereiche auf der Oberfläche wieder in den sp^3-Zustand versetzt, so dass eine Vereinheitlichung der Bindungsverhältnisse erfolgt.

Die Chlorierung der Oberfläche kann auch in einem kontrollierten radikalischen Prozess bei milden Temperaturen erfolgen. Dazu wird Thionylchlorid in Gegenwart von AIBN (Azo-bis-*iso*-butyronitril) in Suspension mit dem zuvor hydrierten Nanodiamant umgesetzt (Abb. 5.33). Die Oberflächenbelegung erreicht fast eine vollständige Monoschicht und beträgt etwa 3,5 mmol g^{-1} (Abb. 5.34).

Die Bromierung der Oberfläche erfolgt radikalisch mit elementarem Brom, das als Lösung in Chloroform mit dem Nanodiamantmaterial umgesetzt wird. Unter Einwirkung von Licht entstehen Bromradikale, die mit der Oberfläche reagieren. Allerdings wird auf diese Weise aufgrund der geringeren Reaktivität der Bromradikale nur eine unvollständige Bromierung erreicht, und der Belegungsgrad bleibt mit 0,87 mmol g^{-1} relativ gering.

Bei der Reaktion mit Fluor wird wiederum ein hoher Umsatz erreicht, da es klein und hochreaktiv ist. Es werden Belegungen von etwa 3,8 mmol g^{-1} gefunden. Die erhaltenen Produkte zeigen einen deutlich hydrophoben Charakter und lassen sich auf diese Weise aus der wässrigen in eine organische Phase drängen, wo sie im Vergleich zu unbehandeltem Nanodiamant sehr viel leichter dispergiert werden können. Allerdings erreicht man keine vollständige Zerstörung der Agglomerate, sondern das Produkt besitzt eine mittlere Partikelgröße von 150 nm.

Insgesamt stellen fluorierte Nanodiamantpartikel und -agglomerate attraktive Ausgangsmaterialien für die weitere Funktionalisierung dar, da die Halogenatome leicht substituiert werden können (Kap. 5.5.2.8).

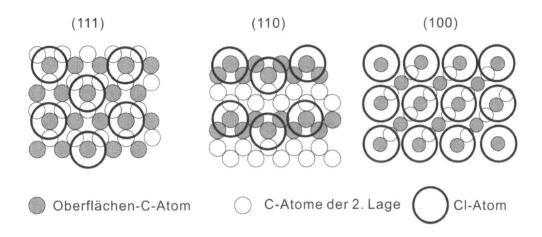

Abb. 5.34 Belegung der unterschiedlichen kristallographischen Flächen des Diamanten mit Chloratomen. In der Realität liegen diese Formen aufgrund der unregelmäßigen Oberflächenstruktur nebeneinander vor (© Springer / Plenum Publ. 1978).

5.5.2.3 Oxidation von Nanodiamant

Eine Methode zur Oxidation der Nanodiamantoberfläche wurde bereits im Kap. 5.3.4. als Methode zur Reinigung der Proben vorgestellt. Dabei macht man sich die unterschiedliche Reaktivität von graphitischem und Diamantkohlenstoff zunutze. Die ungeordneten graphitischen Strukturen werden zuerst oxidiert und als gasförmige Produkte entfernt, während die Diamantteilchen lediglich an der Oberfläche modifiziert werden.

Man verwendet oxidierende Mineralsäuren wie konzentrierte Schwefelsäure, Perchlor- oder Salpetersäure oder Gemische dieser Substanzen bei hohen Temperaturen und gegebenenfalls unter erhöhtem Druck. Durch die oxidierende Wirkung werden auf der Diamantoberfläche auch Methylgruppen, Hydroxymethylgruppen, Ketogruppen usw. in Carboxylgruppen umgewandelt (Abb. 5.30). Die Oberflächenbelegung beträgt immerhin bis zu $3 \cdot 10^{15}$ funktionelle Gruppen pro Quadratzentimeter, was etwa 10 mmol g^{-1} entspricht (bei einer Oberfläche von ~ 200 m^2 g^{-1}). Dieser Wert kann z.B. durch die Titration der vorhandenen Säuregruppen mit Base bestimmt werden. Außerdem zeigen sich im IR-Spektrum die erwarteten Veränderungen. Die Oberfläche der so modifizierten Nanodiamantagglomerate wird sehr hydrophil, so dass sie sich in Wasser leicht dispergieren lassen. Dagegen ist die Oxidation der Primärteilchen auf diese Weise kaum möglich. Diese sedimentieren bei geringem pH-Wert, so dass nur die Außenhülle der gebildeten Agglomerate angegriffen werden kann.

Auch die Oxidation an Luft ist in der Hitze möglich. Dabei muss die Temperatur unterhalb von 500 °C gehalten werden, um Zersetzung zu vermeiden. Im IR-Spektrum beobachtet man eine deutliche Verstärkung der C=O-Bande bei 1778 cm^{-1} bei gleichzeitiger Abnahme der Signale für C-H-Streckschwingungen bei etwa 2900 cm^{-1}.

Als weiteres Oxidationsmittel für Nanodiamant steht Ozon zur Verfügung. Dieses kann durch Einleiten sowohl in Suspension als auch in kolloidaler Lösung zur Anwendung kommen, allerdings ist die Reaktion recht langsam. Der Mechanismus verläuft vermutlich ähnlich wie bei der Ozonierung von Adamantan oder Cyclohexan. Dabei bildet sich zunächst ein Hydroperoxid, welches anschließend in eine Ketoverbindung und einen Alkohol zerfällt. Man kann die Bildung von Carbonylgruppen anhand des Anstiegs der IR-Bande bei etwa 1740 cm^{-1} nachvollziehen. Zusätzlich greift Ozon auch graphitische Bereiche auf der Nanodiamantoberfläche an. Dabei kommt es zu Reaktionen, die einer [3+2]-Cycloaddition ähneln. Die entstehenden Ozonide zerfallen, und es bilden sich ebenfalls Sauerstoff-funktionalisierte Diamantpartikel. Ein Vorteil der Ozonierung ist ihre Durchführbarkeit in Lösung. Daher können auf diesem Wege auch Primärteilchen funktionalisiert werden.

5.5.2.4 Reduktion von Nanodiamant

Die einfachste Reduktion der Diamantoberfläche erfolgt durch Hydrierung, die in Kap. 5.5.2.1 beschrieben wurde. Es sind aber auch andere Methoden zur Reduktion der Diamantoberfläche bekannt. So liefert die direkte Decarbonylierung bzw. Decarboxylierung von Nanodiamant durch Erhitzen auf 900 °C im Vakuum Proben, die keine carbonylischen Gruppen mehr auf der Oberfläche besitzen. Dies wird durch IR-Spektroskopie bestätigt, wo eine starke Abnahme des Carbonylsignals bei gleichzeitiger Intensitätssteigerung der C-H-Bande beobachtet wird. Auch Hydroxylgruppen und adsorbiertes Wasser werden auf diese Art entfernt. Allerdings muss eine Erhitzung auf über 900 °C vermieden werden, da ab etwa 950 °C die Graphitisierung der Diamantoberfläche unter Abspaltung aller funktionellen Gruppen beginnt. Außerdem sorgt der zunehmende Graphitisierungsgrad der hoch erhitzten Proben für Schwierigkeiten.

Neben der Reduktion aller funktionellen Gruppen bis zum hydrierten Nanodiamant können auch partielle Reduktionen durchgeführt werden (Abb. 5.31). Bei der Umsetzung mit Boran (als THF-Komplex), Lithiumaluminiumhydrid oder NaBH$_4$ werden die Carbonylfunktionen in Hydroxylgruppen umgewandelt. Diese können anschließend für die weitere Funktionalisierung der Diamantoberfläche verwendet werden (s. Kap. 5.5.2.8). Allerdings bereitet die Abtrennung der Nebenprodukte, besonders der anorganischen Verbindungen, erhebliche Schwierigkeiten (z.B. Aluminiumhydroxid).

5.5.2.5 Silanisierung von Nanodiamant

Bei der Umsetzung von Alkoxy-Silanen mit Nanodiamant kommt es auf der Diamantoberfläche zu einer Kondensationsreaktion zwischen den Oberflächen-Hydroxylgruppen und einer oder mehreren Alkoxygruppen des Silans. Es entstehen Verbindungen mit einer C-O-Si-Verknüpfung des organischen Restes mit der Diamantoberfläche (Abb. 5.35).

Da eine Vielzahl derartiger Silane mit endständig funktionalisierten Alkylresten leicht zugänglich ist, kann man auf diese Weise eine große Variabilität der Oberflächenfunktionalisierung erreichen (Abb. 5.35). Insbesondere können die vorhandenen funktionellen Gruppen für eine weitergehende Funktionalisierung und die Anbindung von z.B. biologisch aktiven Substanzen verwendet werden. Auch die kovalente Einbindung der silanisierten Nanodiamanten in Komposite kann so erreicht werden (Kap. 5.5.2.9). Die genaue Anbindung der Alkoxysilane an die Diamantoberfläche ist immer noch Gegenstand der Diskussion. So können entweder einfach kondensierte oder aber mehrfach an den Diamant gebundene Einheiten vorhanden sein. Aber auch die Kondensation mit den Alkoxyresten benachbarter Gruppen oder sogar mit Gruppen auf anderen Diamantpartikeln erscheint prinzipiell möglich. Letzteres würde die zunehmende Agglomeratgröße nach der Silanisierung erklären.

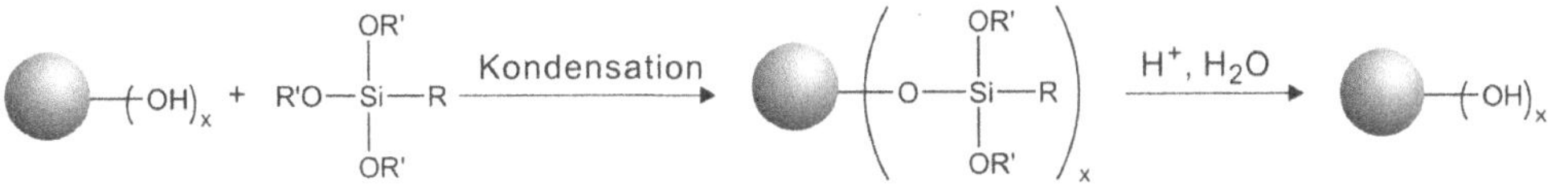

$R = -(CH_2)_n-CH_3, -(CH_2)_n-Aryl, -(CH_2)_n-CH=CH_2, -(CH_2)_n-Halogen, -(CH_2)_n-NH_2$ etc., $R' = $ Me, Et

Abb. 5.35 Silanisierung der Oberflächen-Hydroxylgruppen des Diamanten.

Für viele Anwendungen funktionalisierter Nanodiamanten ist eine sehr feste Anbindung der funktionellen Gruppen an die Oberfläche erforderlich. Dies ist bei silanisiertem Nanodiamant nur bedingt gegeben. Insbesondere im sauren Milieu wird die C-O-Si-Verknüpfung leicht hydrolysiert, und man erhält wieder das Ausgangsmaterial. Daher sind silanisierte Nanodiamanten nur für Arbeitsbereiche geeignet, in denen die Stabilität der C-O-Si-Anbindung gewährleistet ist.

5.5.2.6 Alkylierung und Arylierung von Nanodiamant

Es existiert eine ganze Reihe von Reaktionen, die zur Alkylierung bzw. Arylierung der Diamantoberfläche führen. Diese Umsetzungen sind insbesondere vor dem Hintergrund interessant, dass die entstehenden Produkte im Gegensatz zu unbehandeltem Diamant eine weitaus weniger polare Oberfläche aufweisen und somit in organischen Solvenzien dispergierbar sein sollten.

Neben den in Kap. 5.5.2.7 vorgestellten Cycloadditionsreaktionen, die ebenfalls Kohlenwasserstoffe mit der Diamantoberfläche verknüpfen, eignen sich Umsetzungen mit C-Nucleophilen, photochemische Verknüpfung mit ω-Vinyl-Reagenzien oder radikalische Reaktionen.

Geht man von einer hydrierten Diamantoberfläche aus (s. Kap. 5.5.2.1), so kann in einer radikalischen Reaktion unter Bestrahlung mit UV-Licht eine C-C-Verknüpfung mit der endständigen Vinylgruppe eines Reaktionspartners erfolgen (Abb. 5.36a). Diese Umsetzung ist bereits aus der Chemie hydrierter Halbleiteroberflächen (besonders Silicium) bekannt und wurde auch für Diamantfilme ausführlich untersucht (s. Abb. 6.45, Kap. 6.5.2.6). Nanodiamantpartikel reagieren ebenfalls auf diese Weise, jedoch ist eine homogene Hydrierung der Oberfläche hier weitaus schwieriger, so dass mehr Nebenreaktionen an evtl. noch vorhandenen anderen funktionellen Gruppen ablaufen können.

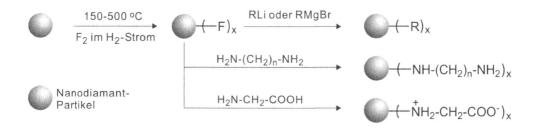

Abb. 5.36 Alkylierung der Diamantoberfläche durch Umsetzung fluorierten Diamants mit Organometallverbindungen. Neben der Alkylierung kann auch eine Umsetzung mit Aminen zu aminierten Diamanten erfolgen.

Als Reagenzien werden in der Regel 10-Undecenyl-Verbindungen verwendet, wobei am entgegengesetzten Ende der Alkylkette eine Vielzahl (geschützter) funktioneller Gruppen angebunden sein kann, die nach der C-C-Verknüpfung für weitere Reaktionsschritte zur Verfügung stehen. Prinzipiell ist die Umsetzung auch mit anderen (ω-1)-Alkenen möglich. Die verwendete UV-Strahlung muss für die Radikalerzeugung eine Wellenlänge unterhalb 254 nm besitzen, so dass die normalerweise verwendeten Quecksilberdampflampen nur mäßig effektiv sind. Die hohe Reaktivität der Radikale sorgt für eine gleichmäßige Oberflächenbelegung, wobei Wasserstoffatome an weitgehend beliebiger Stelle auf der Oberfläche abstrahiert werden können Vorteilhaft an dieser Art der Funktionalisierung ist die C-C-Verknüpfung der Reste mit der Diamantoberfläche, da so eine unter verschiedenen Bedingungen stabile Bindung entsteht.

Problematisch bei der Umsetzung von hydrierten Nanodiamantpartikeln ist die inhomogene Oberflächenstruktur dieses Materials. Aufgrund der Umsetzung in festem Zustand werden funktionelle Gruppen im Innern von Agglomeraten nur unzureichend angegriffen. Nur wenn die einheitliche Hydrierung der Primärteilchenoberfläche gelingt, werden homogen funktionalisierte Produkte erhalten. Außerdem kann die Anwendung harter UV-Strahlung bestimmte organische Reste schädigen, so dass nur photochemisch inerte Strukturen als Rest des Vinylreagenzes verwendet werden können.

Halogenierte Nanodiamantpartikel können durch die Umsetzung mit Kohlenstoff-Nucleophilen alkyliert bzw. aryliert werden (Abb. 5.36b). Es eignen sich hierzu sowohl fluorierte als auch chlorierte Proben. Prinzipiell wäre auch die Umsetzung mit bromiertem Diamant denkbar, bisher wurde jedoch keine zufrieden stellende Brombelegung der Diamantoberfläche erreicht. Als Nucleophil eignen sich sowohl Lithiumorganyle als auch *Grignard*-Reagenzien, die unter Abspaltung des Halogenidions mit der Diamantoberfläche reagieren. Es werden bis zu 10 % der Oberflächenkohlenstoffatome alkyliert bzw. aryliert. Der Funktionalisierungsgrad steigt dabei mit zunehmender Nucleophilie des metallorganischen Reagenzes an. Als organische Reste der metallorganischen Verbindungen wurden bisher Methyl-, *n*-Butyl-, *n*-Hexyl- und Phenylgruppen beschrieben, die Reaktion sollte aber mit allen zugänglichen und ausreichend reaktiven Organolithium- und *Grignard*-Verbindungen möglich sein. Die erhaltenen Produkte weisen gegenüber unbehandeltem Nanodiamant einen deutlich hydrophoberen Charakter auf und lassen sich wie erwartet deutlich besser in organischen Lösemitteln dispergieren. Die „Löslichkeit" (man spricht wohl besser von Dispergierbarkeit) beträgt mehr als 50 mg pro Liter in Alkoholen und etwa 30 mg pro Liter in THF, Aceton und Chloroform. Dabei nimmt die Dispergierbarkeit mit wachsender Kettenlänge der Alkylreste und größerer Oberflächenbelegung zu.

Auf hydrierten Diamantoberflächen gelingt auch die radikalische Alkylierung mit perfluorierten Azoverbindungen. Diese werden photochemisch unter Abspaltung von Stickstoff in Perfluoralkylradikale gespalten, die anschließend unter Abstraktion von Wasserstoffatomen mit der Diamantoberfläche reagieren (Abb. 6.37). Die Reaktionskontrolle kann mittels IR-, XPS- und ^{19}F-NMR-Spektroskopie erfolgen. Allerdings stellt auch hier die ungleichmäßige Hydrierung der Nanodiamantpartikel in Agglomeraten ein Problem dar. So reagieren evtl. noch vorhandene funktionelle Gruppen wie OH- oder Carboxylgruppen mit den Perfluoralkylradikalen unter Ausbildung von C-O-C_xF_y- bzw. COO-C_xF_y- Verknüpfungen (Abb. 5.37). An hydrierten Diamantfilmen stellt dies dagegen keine Schwierigkeit dar, da eine vollständige Hydrierung der Oberfläche erreicht werden kann.

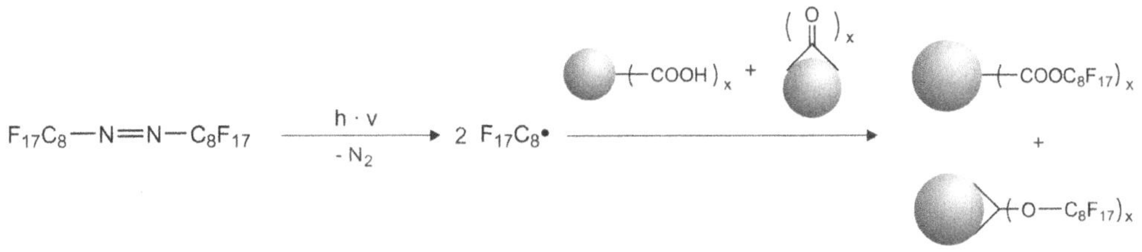

Abb. 5.37 Umsetzung der Diamantoberfläche mit perfluorierten Diazoalkanen.

5.5.2.7 Reaktionen an sp²-hybridisierten Domänen auf der Nanodiamantoberfläche

Wie bereits diskutiert, existieren neben funktionellen Gruppen auch Bereiche auf der Partikeloberfläche, die sich durch eine sp²-Hybridisierung der Kohlenstoffatome auszeichnen. Ein bekanntes Beispiel sind die auf den (100)-Flächen entstehenden Oberflächendimere, die durch eine von der *bulk*-Phase abgehobene Doppelbindung gekennzeichnet sind (Kap. 6.2.2.2). Diese ist stark gespannt, da alle vier Bindungspartner außerhalb der Ebene des Doppelbindungsgerüstes liegen. Auf diese Weise sind die Kohlenstoffatome der Doppelbindung in Richtung sp³ vorhybridisiert, was die π-Bindung schwächt und ihre Reaktivität erhöht. Allerdings sind die einzelnen Kristallflächen im Fall der Nanodiamantpartikel sehr klein, da sie eine eher kugelförmige Gestalt besitzen. Eine große Anzahl benachbarter und hoch geordneter Oberflächendimere, wie man sie auf Diamantfilmen mit korrekter kristallographischer Orientierung findet, wird hier somit nicht beobachtet. Jedoch finden sich insbesondere an den Stufen zwischen unterschiedlichen kleinen Kristallflächen derartige π-verknüpfte Strukturen, so dass dort dann die entsprechenden Reaktionen ablaufen können. Daneben existieren auf der Partikeloberfläche aber auch deutlich weiter ausgedehnte kondensierte Systeme, die z.T. aromatischen Charakter aufweisen können. Insbesondere bei den vollständig von Zwiebelschalen umschlossenen Nanodiamantpartikeln („*bucky diamond*") beobachtet man fullerenartige Strukturen auf der Oberfläche (Abb. 5.27). Die Existenz ungesättigter

Strukturen auf der Diamantoberfläche ermöglicht verschiedene Reaktionen wie Additionen an die Doppelbindung oder Cycloadditionen

Additionsreaktionen, wie sie an typischen Olefinen durchgeführt werden, sind auch für Nanodiamant bekannt. So kann man davon ausgehen, dass bei der Hydrierung (s.o.) im Wasserstoffstrom auch evtl. vorhandene Mehrfachbindungen hydriert werden. Analog greifen Halogene, insbesondere die leichten Vertreter, auch bei sehr milden Bedingungen Doppelbindungen an. Allerdings sind diese Reaktionen stets mit einer Umsetzung der ebenfalls vorhandenen funktionellen Oberflächengruppen verbunden, so dass man den Effekt der Addition an die graphitischen Bereiche nur sehr schwer untersuchen kann.

5.5.2.8 Weiterführende Funktionalisierung von Nanodiamant

Die weitere Umsetzung bereits auf der Nanodiamantoberfläche vorhandener funktioneller Gruppen ist für die Herstellung neuartiger Diamantmaterialien von großem Interesse. Auf diese Weise können Materialien für biologisch-medizinische Anwendungen bzw. neue Werkstoffe erhalten werden.

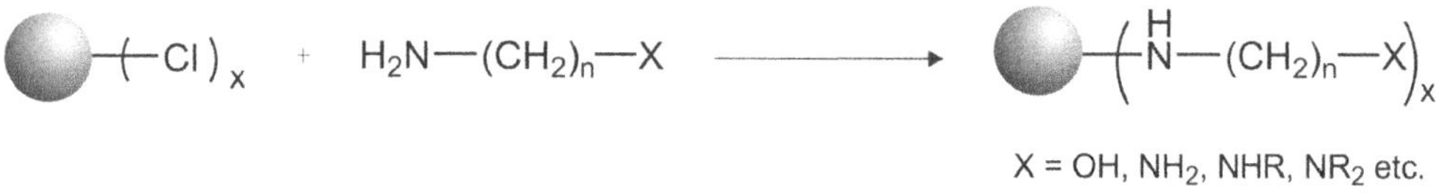

$$X = OH, NH_2, NHR, NR_2 \text{ etc.}$$

Abb. 5.38 Umsetzung halogenierter Diamantmaterialien mit Aminen.

Als Ausgangsfunktionalisierung der Oberfläche eignen sich sowohl Halogene als auch Säure- und Hydroxylgruppen. Im Folgenden werden einige Beispiele zur weitergehenden Funktionalisierung ausgehend von diesen Gruppen vorgestellt. An halogenfunktionalisierten Diamantoberflächen kann in einer nucleophilen Substitution ein Austausch der Halogenatome stattfinden. Hierzu werden u.a. Kohlenstoffnucleophile verwendet, wie sie bereits im Kapitel zur Alkylierung vorgestellt wurden. Aber auch Alkohole, Amine und Ammoniak können auf diese Weise mit chloriertem Diamant umgesetzt werden. Dabei entstehen dann Etherstrukturen im Fall der Reaktion mit einem Alkohol bzw. Amine bei Umsetzung mit Ammoniak oder Aminen (Abb. 5.36, 5.38). Die verwendeten Amine und Alkohole können zusätzlich funktionelle Gruppen tragen, so dass eine Umsetzung mit weiteren Reagenzien möglich wird. Insbesondere zur Anbindung größerer Einheiten ist es von Bedeutung, dass die reaktiven Zentren etwas von der Partikeloberfläche entfernt werden, damit eine zufrieden stellende Oberflächenbelegung erreicht werden kann (Abb. 5.39). Funktionen, die für eine weitere Umsetzung interessant sind, umfassen Amino-, Vinyl-, Epoxy-, Aldehyd-, Amid- und phenolische Gruppen.

Die thermische Umsetzung von chloriertem Nanodiamant mit gasförmigem Ammoniak liefert keine eindeutigen Ergebnisse bezüglich der Erzeugung von aminiertem Material. Dagegen findet diese Reaktion bei der photochemischen Umsetzung unter Verwendung einer Quecksilberdampflampe eindeutig statt (Abb. 5.40). Die erfolgreiche Reaktion kann am Verschwinden der IR- und XPS-Signale des Chlors, sowie am Entstehen von typischen Banden für Aminogruppen oberhalb von 3000 cm^{-1} und bei 1414 cm^{-1} kontrolliert werden. Die direkte Aminierung von hydriertem Nanodiamant gelingt nicht, so dass dieser Umweg eingeschlagen werden muss. Die so erhaltenen Aminogruppen sind dann wertvolle Anknüpfungspunkte für verschiedene funktionelle Einheiten, z.B. auch zur Umsetzung mit Aminosäuren. Hier wird jedoch oft auch das oben bereits beschriebene Spacer-Konzept angewandt, um ausreichende Belegungen zu erzielen.

a) ohne Spacer   b) mit Spacer

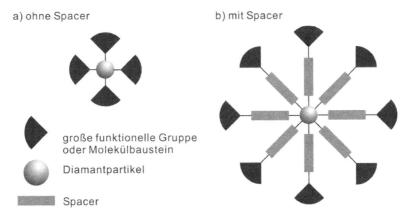

große funktionelle Gruppe oder Molekülbaustein

Diamantpartikel

Spacer

Abb. 5.39 Konzept des Spacers für eine effizientere Anbindung von Funktionseinheiten auf der Oberfläche eines Diamantpartikels.

Weitere Umsetzungen an chlorierten Nanodiamanten umfassen radikalische Reaktionen mit Kresolen und anderen Alkylaromaten. So können durch Umsetzung mit *p*-Kresol endständige phenolische Gruppen eingeführt werden, die wertvolle Ausgangspunkte für die Anknüpfung an Polymeren (s. Kap. 5.5.2.9) oder biologisch aktiven Substanzen sind.

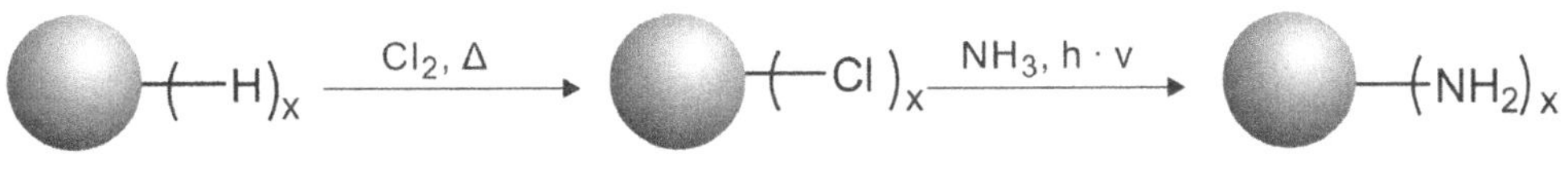

$$\text{(—H)}_x \xrightarrow{\text{Cl}_2, \Delta} \text{(—Cl)}_x \xrightarrow{\text{NH}_3, \, h \cdot v} \text{(—NH}_2)_x$$

Abb. 5.40 Aminierung der Diamantoberfläche nach Chlorierung.

Auch die durch Oxidation der Diamantoberfläche erhältlichen Carboxylgruppen stellen gute Ankerpunkte für eine weitere Funktionalisierung dar. Sie können sowohl durch sauer katalysierte Veresterung als auch durch basisch katalysierte Amidbildung derivatisiert werden (Abb. 5.41). Durch den Einsatz bifunktioneller Alkohole bzw. Amine können auch weitere Funktionalisierungsschritte angeschlossen werden. Es sind prinzipiell die gleichen Verbindungen wie für die Umsetzung der chlorierten Nanodiamanten mit Alkoholen bzw. Aminen verwendbar.

Allerdings weisen die durch Veresterung bzw. Amidbildung modifizierten Nanodiamanten einen gewissen Nachteil auf. Unter bestimmten Bedingungen werden diese Gruppen wieder gespalten, z.B. die Ester wieder verseift. Daher sind derartige Nanodiamantderivate nur für den Einsatz unter recht milden Umgebungsbedingungen geeignet.

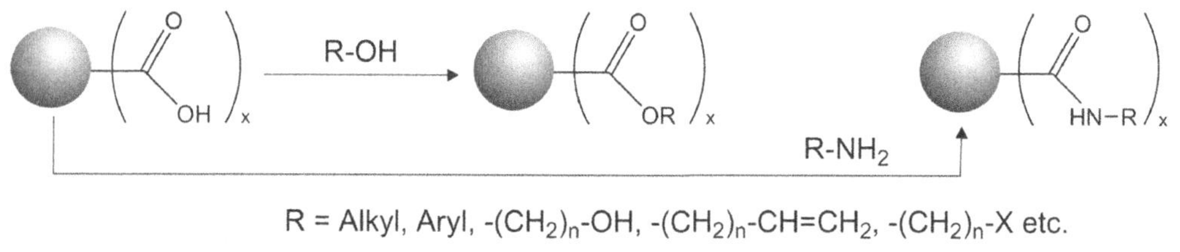

R = Alkyl, Aryl, -(CH$_2$)$_n$-OH, -(CH$_2$)$_n$-CH=CH$_2$, -(CH$_2$)$_n$-X etc.

Abb. 5.41 Weitere Funktionalisierung von Oberflächen-Carboxylgruppen durch Umsetzung mit Alkoholen bzw. Aminen.

Die Umsetzung von Hydroxylgruppen auf der Diamantoberfläche ist ebenfalls möglich. So gelingt die Reaktion mit Säurechloriden unter Bildung von Estergruppen. Diese Ester können diverse Reste tragen oder eine Mehrfachfunktionalität aufweisen. Daneben ist die direkte Kupplung mit Carbonsäuren möglich (Abb. 5.42). Wie bereits in Kap. 5.5.2.5 erwähnt, können die Hydroxylgruppen auch für die Umsetzung mit Trialkoxysilanen dienen.

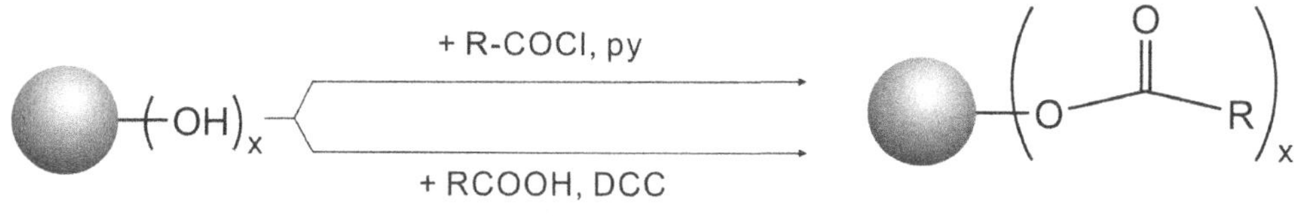

Abb. 5.42 Umsetzung von Hydroxylgruppen auf der Diamantoberfläche.

Die Erzeugung von *O*-Acylgruppen auf der Oberfläche kann auch ausgehend von hydriertem Diamant realisiert werden. Dazu wird dieser in einer radikalischen Reaktion zunächst mit einem Diacylperoxid, z.B. Dibenzoylperoxid oder Dilauroylperoxid, umgesetzt, welches nach der thermischen Spaltung in zwei Radikale Wasserstoffatome von der Diamantoberfläche abstrahiert. Die auf der Oberfläche erzeugten Radikalzentren können mit einer Vielzahl von Reagenzien umgesetzt werden, etwa mit *in situ* mit Hilfe des vorhandenen Radikalstarters erzeugten Carboxylradikalen unter Bildung von Esterstrukturen (Abb. 5.43).

Auf diese Weise können z.B. aromatische Carbonsäuren mit Nanodiamant umgesetzt werden. Aber auch Alkylketten sind als Reste der eingesetzten Carbonsäure möglich. Die Reaktion wird nasschemisch in einem Dispergiermittel durchgeführt. Geeignet sind hierfür neben Hexan und Cyclohexan auch THF und DMF. In Acetonitril erfolgt eine Reaktion mit dem Lösemittel. Der Radikalstarter abstrahiert ein Wasserstoffatom von der Methylgruppe, und es erfolgt die Verknüpfung mit einem Radikalzentrum auf der Diamantoberfläche (Abb. 5.44). Auf diese Weise können synthetisch wertvolle Nitrile auf dem Diamanten etabliert werden.

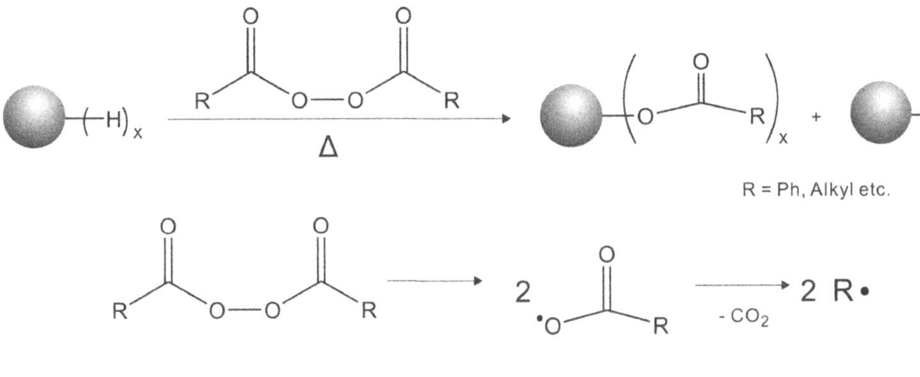

Abb. 5.43 Umsetzung hydrierter Diamantpartikel mit Radikalgeneratoren.

5.5.2.9 Komposite und nichtkovalente Wechselwirkungen mit Nanodiamant

Nanodiamant eignet sich aufgrund seiner ungewöhnlichen Eigenschaften sehr gut als Bestandteil von Kompositmaterialien. Insbesondere seine geringe Partikelgröße, seine Härte, die weitgehende chemische Inertheit, seine Ungiftigkeit und sein hoher Brechungsindex können in Kompositen die Eigenschaften der Polymermatrix wirkungsvoll ergänzen. Die Anbindung an die Matrix kann entweder durch eine kovalente Bindung oder auch durch nichtkovalente Wechselwirkungen geschehen. Zahlreiche Beispiele für nichtkovalent verbundene Komposite sind in der Literatur beschrieben (Kap. 5.6.1). Allerdings stellt sich die Wechselwirkung mit der Matrix durchaus komplexer dar, als das bei den Kohlenstoff-Nanoröhren und Fullerenen diskutiert wurde. Grund hierfür ist die variable Oberflächenstruktur, die neben graphitisierten Bereichen auch eine Vielzahl polarer oder unpolarer funktioneller Gruppen tragen kann.

Oxidierte Nanodiamantproben tragen auf ihrer Oberfläche zahlreiche polare funktionelle Gruppen, die zu einer bevorzugten Wechselwirkung mit polaren Verbindungen führen. Die Anbindung erfolgt über Wasserstoffbrücken und elektrostatische Kräfte. Neben Polymermaterialien können durch die nichtkovalente Anbindung auch Biomoleküle, wie z.B. Cytochrom c, Poly-L-lysin, Antikörper u.ä., auf der Partikeloberfläche immobilisiert werden. Hier eröffnen sich zahlreiche Anwendungsmöglichkeiten im biologisch-medizinischen Sektor. Ein interessanter Effekt ergibt sich bei der Herstellung eines Nanodiamantkomposits mit amphiphilen Polymeren (z.B. mit perfluorierten Enden und polarem Mittelteil). Durch die bevorzugte Wechselwirkung der polaren Gruppen auf der Diamantoberfläche mit dem Mittelteil entstehen Strukturen, die ähnlich wie in einer Mizelle auf der Außenseite nur unpolare Gruppen zeigen. Dadurch können diese Komposite leicht in nicht oder nur mäßig polaren organischen Medien (z.B. 1,2-Dichlorethan, THF) dispergiert werden.

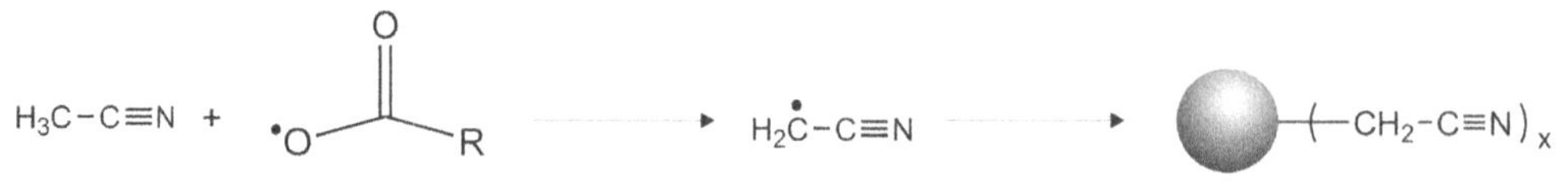

$H_3C-C\equiv N$ + $^{\bullet}O-C(=O)-R$ $\longrightarrow$ $H_2\overset{\bullet}{C}-C\equiv N$ $\longrightarrow$ ⬤$\left(CH_2-C\equiv N\right)_x$

Abb. 5.44 Reaktion von Acetonitril mit Benzoylperoxid und radikalischer Angriff auf der Diamantober-fläche.

Wird das Diamantmaterial hydriert oder fluoriert, ergibt sich eine sehr hydrophobe Oberflä-che, die dann stärkere Wechselwirkungen mit eher unpolaren Verbindungen eingeht. Aller-dings befinden sich nur in sehr kleinen Bereichen der Partikeloberfläche graphitische Frag-mente, so dass die Anbindung durch π-*stacking* nur eine untergeordnete Rolle spielt. Im Fall thermisch graphitisierter Nanodiamantpartikel trifft man dagegen Verhältnisse an, die denen für mehrwandige Kohlenstoff-Nanoröhren weitgehend gleichen. Die Wechselwirkung der π-Elektronen mit den Polymermolekülen sorgt hier für eine gute nichtkovalente Anbindung im Komposit.

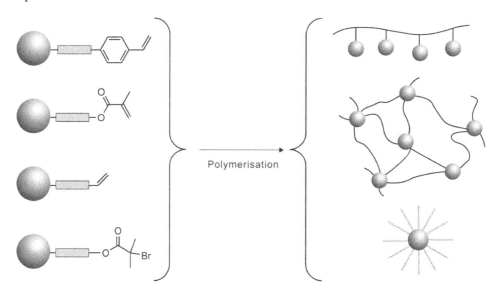

Abb. 5.45 Strategien zur Darstellung kovalent gebundener Diamant-Polymer-Komposite.

Auch die kovalente Anbindung von Nanodiamant an unterschiedliche Polymere ist möglich und trägt zu einer Verbesserung der mechanischen Eigenschaften bei. Dabei kommt wieder-um der Art der auf der Partikeloberfläche vorhandenen Gruppen besondere Bedeutung zu. Voraussetzung für reproduzierbare Materialqualität ist die möglichst einheitliche Oberflä-chenfunktionalisierung. Gelingt es dann, z.B. durch Copolymerisation, Quervernetzung oder

Polymerisation ausgehend von den Nanopartikeln, ein kovalent gebundenes Komposit herzustellen, so ist dieses in der Regel durch eine sehr gleichmäßige Verteilung der Diamantteilchen gekennzeichnet (Abb. 5.45). Nanodiamant konnte bisher in Polyurethane, Epoxidharze, Polymethacrylate usw. eingebunden werden.

5.5.3 Umwandlung von Nanodiamant in andere Kohlenstoff-Formen

Auch die Umwandlung von Nanodiamant in andere Kohlenstoff-Formen entspricht einer chemischen Transformation. Im Größenbereich von wenigen bis zu einigen zehn Nanometern gelingen Umwandlungen verschiedener Modifikationen ineinander recht leicht. (s. Kap. 5.2.3). Von besonderem Interesse sind hierbei Reaktionen, die zu möglichst einheitlichen Produkten führen. Daher stellt die Amorphisierung des Materials durch z.B. große mechanische Beanspruchung keine Umwandlung in diesem Sinne dar. Dagegen wurde bereits in Kap. 4.3.5 eine Transformation des Nanodiamanten zu Kohlenstoffzwiebeln beschrieben. Diese kann sowohl durch Bestrahlung mit energiereichen Elektronen als auch durch kontrolliertes Erhitzen realisiert werden. In beiden Fällen erfolgt die Umwandlung des sp^3-hybridisierten Kohlenstoffs von außen nach innen, und es bildet sich zunächst ein Hybridmaterial, welches aus einem Diamantkern und einer graphitischen Hülle aufgebaut ist (Abb. 4.25). Im weiteren Verlauf der Reaktion bildet sich dann eine vollständige Kohlenstoffzwiebel, in deren Kern mit keiner der bereits beschriebenen analytischen Methoden (*Raman*, XRD, EELS, HRTEM etc.) noch Diamant nachgewiesen werden kann.

5.6 Anwendungen von Nanodiamant

Seine Eigenschaften machen den Nanodiamanten wie auch den klassischen Diamanten für diverse Anwendungen attraktiv. Allerdings haben die Inhomogenität des Materials und die unterschiedliche Qualität verschiedener Hersteller bisher dafür gesorgt, dass nur in begrenztem Umfang tatsächlich großtechnische Anwendungen etabliert wurden. Vorreiter sind hier die Länder der ehemaligen Sowjetunion, wo bereits verschiedene Einsatzfelder für Nanodiamantmaterialien erschlossen wurden. Im Folgenden werden einige der bereits technisch umgesetzten, aber auch erst im Labormaßstab entwickelten Applikationen näher beschrieben. Dazu gehören die Herstellung von Kompositmaterialien und Beschichtungen, mechanische Anwendungen zur Reduzierung der Reibung oder zur Behandlung von Oberflächen sowie der Einsatz in der Galvanotechnik oder für biologisch-medizinische Anwendungen.

5.6.1 Mechanische Anwendungen

Auch Nanodiamant besitzt die für Diamant i. A. typische Härte. Daher eignet er sich zur Herstellung von Polierpasten für die Präzisionspolitur von Oberflächen für elektronische, optische und medizinische Anwendungen. Aufgrund der geringen Primärpartikelgröße erreicht man Reliefhöhen von nur 2-8 nm, was einer deutlich verringerten Oberflächenrauhigkeit im Vergleich zu konventionell polierten Oberflächen entspricht. Auch Nanodiamantagglomerate sind für die Herstellung von Poliermitteln geeignet, da die einzelnen Primärteilchen von den Agglomeraten abgeschert werden können, so dass ständig frische Schneidkanten zur Verfügung stehen. Außerdem sorgt die Existenz verschiedener kristallographischer Flächen auf der Partikeloberfläche für die Bereitstellung aller Härtegrade bis zur maximalen Härte des *bulk*-Diamanten. Daher können Nanodiamantpasten auch zum Schleifen von Schmucksteinen verwendet werden. Um Metalle und andere Materialien zu polieren, haben sich Suspensionen als stabiler und effizienter erwiesen. Dagegen werden bei der Ausnutzung der mechanischen Eigenschaften des Nanodiamant in Polymermaterialien in der Regel pulvrige Zusätze verwendet. Ein gutes Beispiel ist die Bildung eines Komposits aus 2 % Nanodiamant und PTFE (Teflon), wobei sich der Reibungskoeffizient von 0,12 auf 0,08 verringert.

Tabelle 5.3 Effekt von Diamantzusatz in Polymeren

Polymer	Elastizitätsmodul [MPa]	Reißfestigkeit [MPa]	Max. Elongation
Fluorelastomer	8.5 (bei 100 % Elongation)	15.7	280 %
Nanodiamant-Komposit[*)]	92	173	480 %
Polysiloxan	19 (bei 100 % Elongation)	52	730 %
Nanodiamant-Komposit[*)]	53	154	1970 %
Isopren-Kautschuk	7.7 (bei 300 % Elongation)	20.5	k.A.
Nanodiamant-Komposit[*)]	12.3	28.2	k.A.

Quelle: O. A. Shenderova, V. V. Zhirnov, D. W. Brenner, *Crit. Rev. Solid State Mater. Sci.* **2002**, *27*, 227-356. [*)] Es handelt sich um nichtkovalente Einbindung des Diamanten in die Matrix.

Ein weiterer Aspekt, der Nanodiamant für mechanische Applikationen attraktiv macht, ist sein geringer Reibungskoeffizient. Sowohl Oberflächenbeschichtungen als auch Komposite können somit besonders abriebfest gemacht werden. Z.B. verringert ein Zusatz von etwa 0,01 % Nanodiamant zum Motoröl den Abrieb an beweglichen Motorteilen um etwa 30 % und die Standzeit erhöht sich entsprechend. Auch die Beschichtung von magnetischen Rekorder-Schichten (z.B. für Festplatten) wird durch den Zusatz von Nanodiamant günstig beeinflusst. Durch die Verringerung der Reibung um etwa 20 % und die Verdopplung der Abriebfestigkeit können höhere Umdrehungszahlen und somit schnellere Geräte realisiert werden. Außerdem werden die ferromagnetischen Anteile bei Zusatz von Diamant als deutlich kleinere Körner abgeschieden, wodurch die Speicherdichte des Mediums erhöht wird.

Die Herstellung von Kompositmaterialien ist allgemein eine sehr wichtige Anwendung der mechanischen Eigenschaften des Nanodiamanten. Mit vielen unterschiedlichen Polymeren, z.B. Kautschuk, Polysiloxanen, Fluoroelastomeren, Polymethacrylaten, Epoxidharzen usw., können bereits bei der nichtkovalenten Einbindung von Nanodiamant durch einfaches Beimengen vor der Polymerisation Komposite erhalten werden, die in ihren mechanischen Eigenschaften drastisch verbessert sind. Sowohl der Elastizitäts-Modul als auch die Reißfestigkeit erhöhen sich. Gleichzeitig wird auch die maximal mögliche Ausdehnung des Materials verbessert. Dazu sind je nach Polymerbasis nur 0,1 bis 0,5 Gew.% Nanodiamant nötig (Tab. 5.3). Auch Polymerfilme können durch Nanodiamantzusatz verstärkt werden. So verringert sich für einen Teflonfilm bei Zusatz von etwa 2 Gew.% Nanodiamant die Reibung um etwa 20 % und die durch mechanische Einwirkung erzeugten Kratzer weisen eine um 50 % reduzierte Tiefe auf.

Eine mögliche Ursache für diese Verbesserung der Materialeigenschaften ist die beobachtete stärkere Quervernetzung in den mit Nanodiamant versetzten Polymeren. Daher sollte die kovalente Einbindung von entsprechend funktionalisierten Nanodiamantpartikeln noch bessere Eigenschaften und zudem eine homogenere Verteilung des Diamanten ermöglichen. Insbesondere die Aufnahme der mechanischen Belastung durch die Diamantpartikel sollte in kovalent gebundenen, homogenen Kompositen noch besser erfolgen. Erste Arbeiten hierzu lassen interessante Materialien erwarten.

In der Galvanotechnik wird durch den Einsatz von Nanodiamant in den Beschichtungsbädern eine deutliche Verbesserung der mechanischen Eigenschaften von Metallbeschichtungen erzielt. Die galvanisch erzeugten Metallschichten enthalten meist um 0,5 % Nanodiamant (bei 1 mm Schichtdicke entspricht dies etwa 0,2 g m^{-2}). Durch diesen Zusatz erhöhen sich sowohl die Korrosionsbeständigkeit, die Mikrohärte und die Abriebfestigkeit als auch die Kohäsion und Adhäsion. Gleichzeitig wird die Porosität der Beschichtung verringert, und der Reibungskoeffizient nimmt ab. Bisher wurde für eine ganze Reihe von Metallen eine Verbesserung der Filmeigenschaften beobachtet. Dazu zählen insbesondere Chrom (hier existieren bereits großtechnische Anlagen), Gold, Silber, Platin, Kupfer, Aluminium und Nickel. Die Tatsache, dass die Edelmetalle auf diese Weise deutlich festere Beschichtungen bilden, ist besonders für elektronische Anwendungen interessant. Die Beschichtung kann in den Standardanlagen unter Zugabe von Nanodiamant erfolgen. Auf diese Weise verchromte Gussformen und Getriebeteile besitzen z.B. aufgrund der oben beschriebenen verbesserten Eigenschaften deutlich verlängerte Standzeiten.

5.6.2 Thermische Anwendungen

Auch die hohe Wärmeleitfähigkeit lässt sich für Nanodiamantanwendungen nutzen. So können Wärmeleitpasten für die Mikroelektronik hergestellt werden. Der Bedarf liegt hier bei etwa 1-10 g m^{-2}.Ein weiterer positiver Effekt der Anwendung des ungiftigen Nanodiamantpulvers ist die Vermeidung von hochtoxischen Berryliumoxidpasten in einigen dieser Einsatzgebiete.

Auch als Zusatz für andere Kühlmittel eignet sich Nanodiamant. Es ist seit längerem bekannt, dass der Zusatz von Nanopartikeln die Wärmeleitfähigkeit von Kühlmedien überproportional erhöhen kann. Dabei wird ein bis zu 40 %iger Anstieg erreicht. Im Fall von Nanodiamantzusätzen in Kühlölen für große Transistoren erreicht man mit einem Zusatz von 0,3 Vol.% Nanodiamant eine 20 %ige Steigerung der Wärmeleitfähigkeit. Dadurch werden die Bildung heißer Zonen im Kühlmedium und damit die Zerstörung des Transistors vermieden.

5.6.3 Anwendungen als Sorbens

Es ist lange bekannt, dass Kohlenstoffmaterialien, z.B. Aktivkohle, gute Adsorptionseigenschaften besitzen, besonders dann, wenn eine große aktive Oberfläche vorhanden ist. Nanodiamant weist eine Oberfläche von bis zu 300 m^2 g^{-1} auf, so dass er für diese Art von Anwendungen ebenfalls attraktiv ist. Er kann bis zum Vierfachen seines Eigengewichtes an Wasser adsorbieren, so dass er in bestimmten Einsatzbereichen als Trocknungsmittel geeignet ist. Aber auch andere Substanzen, z.B. biologischer Herkunft, werden auf der Nanodiamantoberfläche adsorbiert. So können etwa bestimmte Proteine aus einem Serum extrahiert oder

Schadstoffe aus Lösungen entfernt werden. Durch die Funktionalisierung der Diamantober-fläche lässt sich der Einsatzbereich noch stark erweitern, da dann eine spezifische Bindung an diese auf der großen Oberfläche angebotenen funktionellen Einheiten erfolgt.

Auch für die Flüssigkeits-Chromatographie eignet sich Nanodiamant als stationäre Phase. Dabei können die Oberflächenpolarität und die adsorptiven Eigenschaften durch Funktionali-sierung der Partikel gezielt verändert werden. Neben dieser Vielseitigkeit zeichnet sich das Nanodiamantmaterial durch einen weiteren Vorteil aus: Die große mechanische Festigkeit und geringe Partikelgröße ermöglichen den Einsatz im Höchstdruckbereich, wo besonders hohe Trennleistungen erreicht werden.

5.6.4 Biologische Anwendungen

Aufgrund seiner geringen Toxizität und seiner weitgehenden chemischen Passivität stellt Nanodiamant ein attraktives Material für biologische Anwendungen dar. Sowohl die kovalen-te als auch die nichtkovalente Anbindung biologischer Funktionseinheiten ist möglich. Bishe-rige Arbeiten beschreiben meist die nichtkovalente Adsorption von Proteinen, Antikörpern, Enzymen, Viren usw. Dabei wird die Oberfläche der Diamantpartikel teilweise vorbehandelt. So wird die Umhüllung mit L-Polylysin oder Cellobiose berichtet, auf deren Oberfläche dann die eigentliche Adsorption der biologisch aktiven Einheiten erfolgt. Die so erzeugten Dia-mant-Hybridpartikel eignen sich u.a. für die Herstellung von Transportvehikeln für Wirk- oder Impfstoffe oder für die kontrollierte Freisetzung von Genen o.ä. in lebenden Zellen. Hier macht sich dann auch die geringe Partikelgröße vorteilhaft bemerkbar.

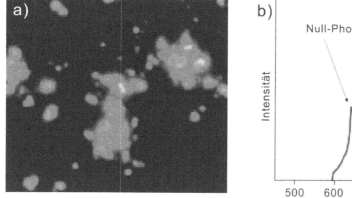
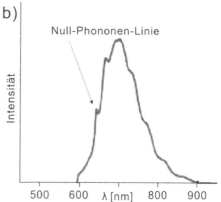

Abb. 5.46 a) N-V-Defekt-induzierte Fluoreszenz von Nanodiamant in lebenden Zellen (helle Bereiche); b) korrespondierendes Fluoreszenzspektrum der untersuchten Diamant-Nanopartikel (© ACS 2005).

Auch der Einsatz in Biochips zur Analyse bestimmter Proteine in einem Serum wurden be-reits vorgestellt. Die Anbindung erfolgt z.B. an immobilisierten Enzymen, wobei durch Fluo-reszenzmarkierung ein einfaches Auslesen der Information ermöglicht wird. Neben der externen Fluoreszenzmarkierung kann auch die inhärente Lumineszenz von Gitterdefekten im Diamantpartikel selbst ausgenutzt werden (Kap. 5.4.1.4). Insbesondere Stickstoffdefekte können so mittels Fluoreszenzmikroskopie detektiert werden (Abb. 5.46). Der Einsatz defekthaltiger, oberflächenfunktionalisierter Nanodiamantpartikel als Fluoreszenzmarker ist auch in *in vivo*-Experimenten möglich, so dass hiermit ein komplementäres System zu den Metallchalkogenid-Quantenpunkten zur Verfügung steht. Die Nanodiamant-Addukte zeichnen sich dabei durch ihre geringe Partikelgröße und die (zumindest nach heutigem Kenntnisstand) nicht vorhandene Cytotoxizität aus.

5.6.5 Weitere Anwendungen und Perspektiven

Zahlreiche weitere Anwendungsperspektiven eröffnen sich für Nanodiamantmaterialien in verschiedenen technologischen Bereichen. So wurde die Herstellung von Feldemittern z.B. für Displayanwendungen beschrieben. Die Ausnutzung von Gitterdefekten und der daraus resultierenden Fluoreszenz und den ungepaarten Spins wird derzeit erforscht. Weitere Anwendungen werden im Bereich kratzfester transparenter Oberflächenbeschichtungen erwartet. Auch Beschichtungen mit bestimmten elektrischen Eigenschaften sollten sich unter Zuhilfenahme entsprechend dotierter Nanodiamantpartikel realisieren lassen.

Daneben bietet sich ein weites Feld möglicher Anwendungen im Bereich der Biologie und Medizin. Erste Untersuchungen legen nahe, dass Nanodiamant möglicherweise auch gewisse physiologische Effekte besitzt, die für die Behandlung bestimmter Erkrankungen einsetzbar wären. Allerdings steht hier die Forschung erst ganz am Anfang, so dass keine konkreten Aussagen möglich sind. Man kann jedoch erwarten, dass Nanodiamant ein attraktives Target für die Entwicklung von Transportvehikeln für die kontrollierte Wirkstoff-Freisetzung in lebenden Zellen sein wird, da er sich durch seine geringe Partikelgröße und bisher keinerlei nachgewiesene toxische Eigenschaften anbietet.

Ein wesentlicher Vorteil von Nanodiamant besteht in seinem bereits heute recht günstigen Preis. Qualitativ hochwertige Proben werden zu einem Preis von 2-5 Euro pro Gramm auf dem Markt gehandelt. Durch die leicht mögliche Massenproduktion würde bei steigender Nachfrage das Preisniveau weiter sinken, so dass zumindest im Hinblick auf großtechnische Anwendungen Nanodiamant im Vergleich zu den Nanoröhren und Fullerenen einen Vorteil besitzt, und der tatsächliche Einsatz in großem Maßstab in naher Zukunft möglich erscheint.

5.7 Zusammenfassung

Nanodiamant besteht aus Partikeln, die eine Größe im Nanometerbereich aufweisen. Dabei sind Materialien, die sehr kleine Primärteilchen (d ~ 4 nm) enthalten, und größere Nanodiamantpartikel zu unterscheiden. Sehr kleine Partikel neigen zur Agglomeration, die sowohl durch enthaltenen graphitischen Kohlenstoff als auch durch funktionelle Gruppen auf der Oberfläche begünstigt wird. Die Herstellung kann auf verschiedene Weise erfolgen (Kasten 5.1).

Kasten 5.1 Herstellung von Nanodiamant

- Durch Detonation: Explosivstoffgemische mit einer negativen Sauerstoffbilanz werden in einem abgeschlossenen Behälter zur Detonation gebracht. Aufgrund der herrschenden Reaktionsbedingungen enthält der sich bildende Ruß einen hohen Anteil nanoskopisch kleiner Diamantpartikel. Die Reinigung erfolgt durch Behandlung mit konzentrierten Mineralsäuren, die sowohl metallische als auch graphitische Verunreinigungen entfernen.

- Durch Schocksynthese: Ein Kohlenstoffmaterial wird durch Einwirkung einer Schockwelle, die extern z.B. mit einer Detonation oder einem Projektil erzeugt wird, in Diamant umgewandelt. Dieses Verfahren wird z.B. zur Herstellung von polykristallinem Mikrodiamant mit Primärpartikeln im Nanometerbereich angewendet.

- Daneben kann durch Vermahlung von größeren Diamantpartikeln oder die Umwandlung anderer Kohlenstoff-Formen durch Bestrahlung oder Erhitzen ebenfalls nanoskaliger Diamant erzeugt werden.

Die Struktur der Nanodiamantpartikel besteht aus einem Diamantkern, der in der Regel ein kubisches Gitter aufweist, und der Oberfläche. Je nach Teilchengröße beträgt der Anteil der Oberflächenatome bis zu 50 %. Daher spielt die Struktur der Oberfläche eine wesentliche Rolle für die beobachteten Eigenschaften des Materials. Die Bandlücke des Nanodiamanten entspricht oberhalb einer Partikelgröße von 2 nm der des makroskopischen Diamanten. Es werden keine Quanteneffekte, jedoch Interbandlückenzustände beobachtet, die auf die partielle Graphitisierung der Oberfläche bzw. auf Gitterdefekte zurückzuführen sind.

Kasten 5.2 Physikalische und chemische Eigenschaften von Nanodiamant

- Struktur der Oberfläche: Die Absättigung der theoretisch vorhandenen *dangling bonds* erfolgt durch partielle Graphitisierung bzw. Anbindung funktioneller Gruppen. Es werden insbesondere Hydroxylgruppen, Carboxyl- und Lactongruppen sowie in untergeordnetem Maße Alkylfunktionen gefunden.

- Physikalische Eigenschaften: Nanodiamant zeichnet sich u.a. durch eine große Härte, seine Oberflächenleitfähigkeit, Feldemissionseigenschaften und die Möglichkeit der Fluoreszenz aus Defektzentren aus. Durch spektroskopische Untersuchungen wurden sowohl die Bandstruktur als auch die strukturellen Eigenschaften charakterisiert.

- Chemische Reaktivität: Die Reaktivität wird durch die vorhandenen Oberflächengruppen bestimmt. So kann man auf unterschiedliche Weise eine kovalente Anbindung verschiedener Moleküle und Strukturen (z.B. biologischer Natur) erreichen.

Aufgrund seiner interessanten Eigenschaften ist eine Vielzahl von Anwendungen denkbar, von denen ein Teil bereits großtechnisch realisiert wird. Dazu zählen der Einsatz als Poliermittel, als Zusatzstoff in Polymeren, Anwendungen in der Galvanik und als Sorbens. Daneben werden Applikationen in der Elektronik (z.B. als Feldemissionsquelle), für biologische Zwecke und als Komposite für kratzfeste Oberflächenbeschichtungen intensiv untersucht.

6 Diamantfilme

Die bemerkenswerten Eigenschaften des Diamanten machen ihn zu einem begehrten Werkstoff. Viele Anwendungen erfordern jedoch eine bestimmte Form und damit ausgiebige Bearbeitung des Werkstücks – ein aufgrund der enormen Härte und des spröden Charakters schwieriges und kostspieliges Unterfangen, wenn man von natürlichen oder künstlich hergestellten Diamantstücken ausgeht. Auch die Größe der vorhandenen Diamanten limitiert die Anwendung auf einige wenige Gebiete wie die Anwendung als Schleif- und Poliermittel. Insbesondere aber dünne Schichten mit einer bestimmten Form lassen sich aus Einzelkristalliten nicht herstellen. Daher suchte man bereits sehr früh nach Verfahren, die die Herstellung von Diamantfilmen ermöglichen.

6.1 Entdeckung und Geschichte der Diamantfilme

Wie bereits in Kapitel 1 erläutert, wurde Anfang der fünfziger Jahre eine Methode zur künstlichen Herstellung von Diamantkristallen vorgestellt, die sich durch die Anwendung hoher Temperaturen und eines hohen Drucks auszeichnete. Gleichzeitig wurden bestimmte Übergangsmetalle als Katalysatoren eingesetzt. Etwa zur gleichen Zeit kam *W. G. Eversole* von der Firma Union Carbide die Idee, dass sich eine Synthese von Diamant auch ohne den Einsatz von Hochdruckapparaturen bewerkstelligen lassen müsste. Zunächst arbeitete er intensiv an der Zersetzung von Kohlenmonoxid, wobei er das System aus CO, CO_2 und elementarem Kohlenstoff (als Graphit und als Diamant) auf seine kinetischen und thermodynamischen Eigenschaften untersuchte. Er kam zu dem Schluss, dass es möglich sein müsste, Diamant aus Kohlenmonoxid zu erzeugen. 1952, also ein Jahr *vor* der Hochdrucksynthese von Diamant bei ASEA in Schweden und drei Jahre vor der Publikation der Ergebnisse von General Electrics gelang ihm als erstem nachweisbar die Synthese von künstlichem Diamantmaterial.

Diese Arbeiten wurden jedoch nie in wissenschaftlichen Journalen publiziert, nur einige Patente bezeugten die erfolgreichen Arbeiten. Die meisten seiner Resultate wurden lediglich in firmeninternen Berichten festgehalten. 1958 veröffentlichte *Eversole* dann ein Patent, in dem die Synthese von Diamantfilmen durch Zersetzung von Kohlenwasserstoffen bei Normaldruck beschrieben ist. Allerdings war es für dieses Verfahren nötig, Diamantkristallite einzubringen, die als Kristallisationskeime dienten. Ohne diesen Zusatz wurde keine Bildung von Diamant-Kohlenstoff beobachtet. Zunächst fanden diese Ergebnisse wenig Beachtung. Erst viel später entwickelte sich geradezu ein Boom an Forschungsaktivitäten zur Herstellung von Diamantfilmen, als man erkannte, welches Anwendungspotential diese Schichten besitzen.

Die Forschung an Diamantfilmen wurde durch zahlreiche Faktoren beeinflusst. Zunächst sorgte der Unglaube eines großen Teils der Wissenschaftler dafür, dass man die Synthese von Diamant als metastabiler Phase bei Normaldruck für abwegig hielt. Noch 1954, also bereits nach der erstmaligen Herstellung von Diamant bei geringem Druck argumentierte *Neuhaus*, dass vom theoretischen Standpunkt aus die Bemühungen für eine derartige Synthese fruchtlos bleiben müssen, da die Bildung von Diamant bei Normaldruck ausgeschlossen sei. Dies ist umso erstaunlicher, als man zu diesem Zeitpunkt bereits eine ganze Reihe von Elementen, z.B. Schwefel, kannte, die man durch entsprechende Verfahren wie etwa Abschrecken einer Schmelze in einer bei Normalbedingungen thermodynamisch nicht stabilen Form kristallisieren konnte. Nichtsdestotrotz wurde aufgrund der vorgebrachten Argumente den Berichten über die erfolgreiche Diamantsynthese bei Normaldruck mit großer Skepsis begegnet.

Zusätzlich wurden die Bemühungen durch die politischen Verhältnisse erschwert. Die Kommunikation zwischen Wissenschaftlern aus den Vereinigten Staaten und Westeuropa auf der einen Seite und russischen Forschern auf der anderen war zu Zeiten des Kalten Krieges stark eingeschränkt. Dies führte dazu, dass Mitte der sechziger Jahre die Erfindung der Diamantsynthese bei Normaldruck ohne Diamantzusatz und die Optimierung des Verfahrens in großen Teilen unabhängig voneinander sowohl in den USA als auch der Sowjetunion (*Angus* und *Deryagin* seien hier als wichtige Vertreter genannt) erfolgten. Dies ist ein Beispiel dafür, welch schädliche Wirkung die politischen Verhältnisse auf den wissenschaftlichen Fortschritt haben können. Anfang der achtziger Jahre machten dann japanische Arbeiten auf sich aufmerksam, die erstmals die erfolgreiche Synthese von Filmen in auch heute noch gebräuchlichen Verfahren vorstellten. 1981 wurde die erste *Hot-Filament*-CVD-Methode beschrieben, 1982 folgten die Radiofrequenz- und die Mikrowellenplasma-CVD-Techniken. Zunächst waren die erreichten Wachstumsraten gering und eine Abscheidung auf anderen Substraten als Diamant sehr schwierig. Durch Veränderungen der Kohlenstoffquelle, den Zusatz von größeren Mengen Wasserstoff (eine Idee, die in Russland bereits früher erfolgreich verfolgt wurde) sowie durch die Modifizierung der Apparaturen konnten jedoch zufrieden stellende Ergebnisse erzielt werden.

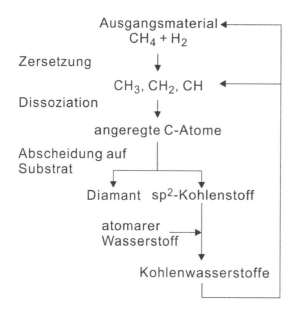

Abb. 6.1

Schematische Darstellung des CVD-Prozesses zur Abscheidung von Diamantfilmen.

Lange Zeit war nicht klar, wie man die Diamantsynthese unter metastabilen Bedingungen rational planen könne. *Wilson* stellte 1973 in einem Artikel einige wesentliche Konzepte vor, die maßgeblich zu den weiteren Entwicklungen, z.B. in Japan, beigetragen haben. Er formulierte die Anforderungen an ein Verfahren, welches in der Lage sein sollte, Diamant abzuscheiden. Dazu gehört erstens die Erzeugung von einzelnen Kohlenstoffatomen in einem angeregten Zustand, die dann ausreichend Energie besitzen, um Bindungen wie im Diamant auszubilden. Zweitens müssen diese angeregten Kohlenstoffatome eine ausreichende Lebensdauer oder eine erhöhte Reaktionsrate aufweisen, damit Wachstum stattfinden kann. Die Lösung für das erste Problem stellte er im selben Artikel vor, in dem er verschiedene Methoden zur Generierung energiereicher Kohlenstoffteilchen mittels Dissoziation von Kohlenstoffverbindungen, elektrischer Entladung, Elektronenbeschuss, UV-Bestrahlung, Schockeinwirkung oder Röntgenbestrahlung vorschlug. Die Lösung des zweiten Problems, die ausreichende Lebensdauer, wurde erst 1981 durch *Spitsyn et al.* durch die *in situ*-Erzeugung von atomarem Wasserstoff gelöst, was zu einer deutlich erhöhten Wachstumsrate führt. Abb. 6.1 zeigt einen schematischen Reaktionsverlauf.

Seitdem haben sich die synthetisch erzeugten Diamantfilme zu einem wichtigen Hochtechnologie-Produkt entwickelt, dass zahlreiche Anwendungen findet. Insbesondere die einfache Erzeugung beliebig geformter diamantbeschichteter Werkstücke stellt einen attraktiven Unterschied zu anderen Formen des Diamanten dar. Auch die Herstellung dünner Schichten, z.B. für elektronische Anwendungen, wurde erst durch die Entwicklung der CVD-Methoden ermöglicht.

6.2 Struktur von Diamantfilmen

6.2.1 Allgemeine Betrachtungen zur Struktur von Diamantfilmen

Bei Diamantfilmen handelt es sich um ein- oder polykristalline Schichten aus Diamant mit einer Dicke im Mikrometerbereich (in der Regel) und einer im Verhältnis dazu großen zweidimensionalen Ausdehnung in den anderen beiden Raumrichtungen. Dadurch entsteht ein meist zusammenhängender Film. Dieser kann entweder auf einem Substrat abgeschieden sein, als homoepitaxial aufgewachsene Schicht oder aber als freistehende Struktur existieren.

Einkristalline Diamantfilme sind bei entsprechender Präparation durch eine genau definierte Ausrichtung des Kristallgitters im Film und eine entsprechende kontinuierliche Oberflächenstruktur gekennzeichnet, die einer der kristallographischen Flächen des kubischen Diamanten entspricht (Abb. 6.2a). Häufig beobachtet man (100)-Flächen, aber auch (111)- und in noch geringerem Maße (110)-Flächen. Die äußerste Atomlage stellt dabei die Phasengrenze zur Umgebung dar. Sie muss zur Vermeidung von nicht abgesättigten Bindungsstellen eine gewisse strukturelle Veränderung erfahren, was zu interessanten Oberflächengeometrien führt (s. u.). Dabei kann sowohl eine Oberflächenrekonstruktion als auch die Funktionalisierung an den sog. *dangling bonds* erfolgen.

Polykristalline Diamantfilme bestehen nicht aus einer kontinuierlichen Schicht mit definierter Orientierung, sondern aus einzelnen kleinen Kristalliten, die ihrerseits jeweils facettierte Oberflächen aufweisen (Abb. 6.2b). Die am häufigsten vorkommenden kristallographischen Flächen sind auch hier die (100)- und die (111)-Ebenen. Die Morphologie der Diamantfilme wird durch das Verhältnis der Wachstumsgeschwindigkeiten diese beiden Ebenen bestimmt. Dies drückt sich im sog. Wachstumsparameter α aus. Dieser ist ein Maß für die relative

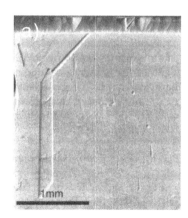 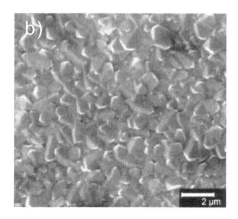

Abb. 6.2 a) Einkristalliner Diamantfilm, b) polykristalliner Diamantfilm (© Elsevier 2005).

Wachstumsgeschwindigkeit: $\alpha = \sqrt{3}\ v_{100} / v_{111}$ (mit v_{hkl} als Wachstumsgeschwindigkeit der entsprechenden Kristallfläche). Je kleiner α, desto kubischer werden die Kristallite. Generell werden kubische, oktaedrische und kuboktaedrische Formen beobachtet. Abb. 6.3 zeigt einige der idealisierten Kristallformen in Abhängigkeit vom Wachstumsparameter. Dabei begünstigt eine hohe Kohlenstoffkonzentration in der Gasphase des Reaktors einen hohen α-Wert, während eine Erhöhung der Substrattemperatur oder die Absenkung des Drucks zu einer Erniedrigung von α und damit zu einer aus kubischen Kristalliten aufgebauten Filmarchitektur führen.

Die Orientierung der Kristallite im Verhältnis zur Substratebene wird ebenfalls durch den Wachstumsparameter beeinflusst. Letztlich bleiben nur diejenigen Kristallisationsnuklei erhalten, die senkrecht zur Substratoberfläche ihre größte Wachstumsgeschwindigkeit aufweisen. Diese Kristallite unterdrücken bei zunehmendem Wachstum Nuklei mit abweichender Orientierung, so dass am Ende nur die entsprechend ausgerichteten Kristallite verbleiben. Durch das Verhältnis der Wachstumsgeschwindigkeiten auf verschiedenen Kristallebenen werden also sowohl die Kristallitform als auch die Textur des Diamantfilms bestimmt.

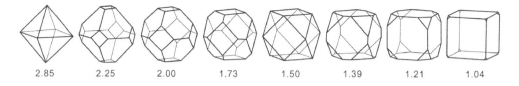

| 2.85 | 2.25 | 2.00 | 1.73 | 1.50 | 1.39 | 1.21 | 1.04 |

Abb. 6.3 Abhängigkeit der Kristallwuchsform vom Wachstumsparameter α.

Im Gegensatz zu den einkristallinen Diamantfilmen weisen polykristalline Schichten einen weitaus höheren Anteil an sp^2-hybridisiertem Kohlenstoff auf, was auf die große Anzahl von Korngrenzen zurückzuführen ist. Dies hat auch einen wichtigen Einfluss auf die elektronischen Eigenschaften dieser Filme (s. Kap. 6.4.2).

Eine Sonderform des polykristallinen Diamantfilms stellt der sog. *ultrananokristalline Diamant* (UNCD) dar, der aus nanoskopisch kleinen Einzelkristalliten von etwa 3-10 nm Durchmesser besteht (Abb. 6.4). Aufgrund dieser Feinstruktur steigt der Korngrenzenanteil an den Kohlenstoffatomen des Films im Vergleich zu einem mikrokristallinen Diamantfilm signifikant an und besitzt z.B. auf die Oberflächenleitfähigkeit einen großen Einfluss.

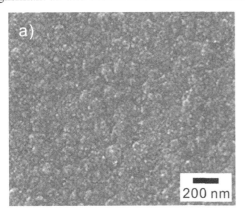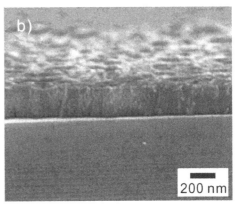

Abb. 6.4 Nanokristalliner Diamantfilm, SEM-Aufnahme: a) Aufsicht, b) Seitenansicht (© AIP 2006).

Neben den bereits erwähnten Formen von Diamantfilmen wurden auch weitere sp^3-hybridisierte Kohlenstoff-Filme beschrieben. Diese weisen z.T. eine amorphe Struktur und einen hohen Wasserstoffanteil auf. Im Rahmen dieses Lehrbuches werden diese Phasen nur kurz diskutiert (Kap. 6.2.4), es sei auf die zahlreich vorhandenen Übersichtsartikel und die Originalliteratur verwiesen (s.a. Kap. 8).

6.2.2 Die Oberflächenstruktur von Diamantfilmen

An der Phasengrenze zur Umgebung befinden sich die Oberflächenatome des Diamantfilms. Diese besitzen damit nur eine eingeschränkte Absättigung ihrer Valenzen, da ihnen auf der einen Seite je mindestens ein Bindungspartner fehlt. Im Fall der (100)-Fläche sind es sogar zwei nicht abgesättigte Bindungsstellen, die in den Raum hineinragen. Eine derart große Anzahl von *dangling bonds* ist energetisch sehr ungünstig, so dass die Oberfläche eine große Tendenz zur Absättigung dieser Bindungsstellen zeigt. Dies kann durch Passivierung mit externen Bindungspartnern oder aber durch die sog. Rekonstruktion der Oberfläche erfolgen. Dabei bilden sich zwischen den Oberflächenatomen zusätzliche Bindungen aus. Je nach vorliegender Kristallfläche sind dabei unterschiedliche Strukturmuster energetisch bevorzugt. Durch diesen Vorgang entstehen Oberflächenzustände, deren Wellenfunktionen vollständig in der Oberfläche lokalisiert sind und eine zweidimensionale Oberflächen-Bandstruktur sowie charakteristische Oberflächeneigenschaften induzieren.

Die Struktur des Gitters in Diamantfilmen entspricht im Wesentlichen der des kubischen *bulk*-Diamanten mit einer Gitterkonstanten von $a = 3,567$ Å und acht Kohlenstoffatomen in der Elementarzelle. Die Entfernung der nächsten Nachbarn beträgt 1,545 Å. Die wichtigsten Facetten des Diamanten sind die (111)- und die (100)-Ebene. Diese Flächen kommen auf polykristallinen Diamantfilmen vor, können aber auch gezielt durch chemische Gasphasenabscheidung erzeugt werden. Die Struktur der Oberfläche hängt dann aber neben der kristallographischen Orientierung auch vom Belegungszustand des Films mit Fremdatomen ab. Im Folgenden werden einige der möglichen Oberflächenstrukturen genauer beschrieben. Dabei wird sowohl auf die unbelegte Diamantfläche als auch auf die mit Modellatomen (hier Wasserstoff und Sauerstoff) abgesättigte Oberfläche eingegangen.

6.2.2.1 Struktur der (111)-Fläche

Die (111)-Fläche stellt die natürliche Spaltebene des *bulk*-Diamanten dar, im Fall von Diamantfilmen tritt ihre Bedeutung etwas hinter die der (100)-Fläche zurück. Theoretisch sind zwei (111)-Oberflächen denkbar, von denen die erste je eine einzelne, nicht abgesättigte Bindungsstelle pro Oberflächen-Kohlenstoffatom besitzt, während die alternative Struktur methylgruppenartige Strukturen mit drei *dangling bonds* aufwiese. Letztere ist jedoch energetisch sehr viel ungünstiger, so dass hier nur die Rekonstruktion der tatsächlich beobachteten (111)-Fläche mit einer freien Valenz pro C-Atom diskutiert wird (Abb. 6.5).

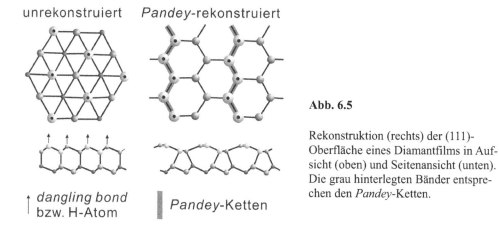

unrekonstruiert   *Pandey*-rekonstruiert

↑ dangling bond bzw. H-Atom   ▌ *Pandey*-Ketten

Abb. 6.5

Rekonstruktion (rechts) der (111)-Oberfläche eines Diamantfilms in Aufsicht (oben) und Seitenansicht (unten). Die grau hinterlegten Bänder entsprechen den *Pandey*-Ketten.

Ohne weitere Oberflächenveränderung ist die (111)-Diamantfläche nicht stabil. Sie durchläuft im unbelegten Zustand einen komplexen Rekonstruktionsprozess. Schaut man sich die Aufsicht der (111)-Fläche an, so erkennt man eine frappierende Ähnlichkeit mit einer Graphenlage. Die Oberflächenatome sind in sesselförmigen Sechsringen mit Atomen der darunter befindlichen Lage verbunden, und in der Projektion entsprechen die Dimensionen der Sechsringe denen im Graphitgitter. Dies legt eine hohe Tendenz zur Graphitisierung nahe, was experimentell auch bestätigt wird. Aber auch die Absättigung der Oberfläche mit Wasserstoffatomen stellt eine günstige Möglichkeit zur Passivierung der (111)-Fläche dar, was weiter unten näher erläutert wird.

Im Fall der unbelegten (111)-Fläche entsteht eine rekonstruierte Oberfläche, die eine 2x1-Geometrie aufweist. Der als *Pandey*-Rekonstruktion bekannte Vorgang erzeugt Reihen von verbundenen Kohlenstoffatomen auf der Oberfläche und in der darunter befindlichen Lage (die tieferen Atome der oben erwähnten Sechsringe) (Abb. 6.5). Diese *Pandey*-Ketten können in drei Richtungen auf der Oberfläche ([$\underline{1}$01], [1$\underline{1}$0], [01$\underline{1}$]) orientiert sein. Experimentell findet man Domänen, die in einem 120°-Winkel zueinander angeordnet sind, was dem theoretisch erwarteten Verhalten entspricht (Abb. 6.6). Der Abstand der Oberflächenatome beträgt in der rekonstruierten Struktur nur noch 1,43 Å, was dem Wert im Graphit sehr nahe kommt (1,425 Å). Aus den *dangling bonds* werden im Zuge der *Pandey*-Rekonstruktion π-Bindungen, und die Oberfläche verringert ihre Symmetrie beträchtlich. Lediglich eine Spiegelebene ist nach der Rekonstruktion noch erhalten. Die *Pandey*-Ketten sind auf der Oberfläche in einem Abstand von 4,37 Å angeordnet, so dass zwischen den einzelnen Ketten nur geringe Wechselwirkungen bestehen.

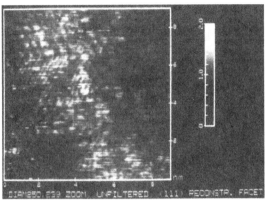

Abb. 6.6

Kraftmikroskopische Aufnahme einer rekonstruierten (111)-Diamantfläche. Man erkennt die Orientierung der einzelnen Domänen im Winkel von 120° (© APS 1993).

Wie sieht die Oberfläche dagegen nach Absättigung mit Bindungspartnern aus? Die auch experimentell am häufigsten auftretende Absättigung mit Wasserstoff eignet sich sehr gut, um eine (111)-Diamantoberfläche zu passivieren. Jedes der Oberflächen-Kohlenstoffatome besitzt genau eine nicht abgesättigte Bindungsstelle, die in ausreichendem Abstand voneinander angeordnet sind, so dass die Anbindung eines Wasserstoffatoms an jede freie Valenz erreicht werden kann (Abb. 6.5). Die Oberfläche kann also im unrekonstruierten Zustand stabilisiert werden und behält damit natürlich auch ihre Symmetrie. Der Abstand zwischen den mit Wasserstoff abgesättigten Kohlenstoffatomen beträgt 2,52 Å.

Wird die Oberfläche anstelle von Wasserstoff mit Sauerstoff belegt, so muss die 2x1-Geometrie der rekonstruierten Oberfläche dagegen erhalten bleiben. Vermutlich fungieren die Sauerstoffatome als Brücken der *Pandey*-Ketten, genauere experimentelle Untersuchungen stehen aber noch aus. Auch die Absättigung der Diamantoberfläche mit anderen Fremdatomen oder größeren Strukturen ist denkbar. Dabei muss jedoch berücksichtigt werden, dass das Platzangebot aufgrund der engen Packung der Kohlenstoffatome im Diamantgitter sehr begrenzt ist, so dass in der Regel keine vollständige Absättigung mit diesen Bindungspartnern erreicht werden kann. Dies gilt nicht nur für die (111)-Fläche des Diamanten, sondern auch für alle anderen Flächen, die durch Rekonstruktion oder Passivierung abgesättigt werden können. Näheres hierzu findet sich im Kapitel zu den chemischen Eigenschaften (Kap. 6.5).

6.2.2.2 Struktur der (100)-Fläche

Für durch Gasphasenabscheidung hergestellte Diamantfilme besitzt die (100)-Ebene eine weitaus größere Bedeutung als im *bulk*-Diamanten. Sie kann selektiv sowohl auf Substraten als auch homoepitaxial gezüchtet werden, ihre Eigenschaften sind daher sehr genau bekannt. Auf einer nicht abgesättigten (100)-Diamantfläche erkennt man in der Aufsicht die kubische

Symmetrie des Gitters (Abb. 6.7). Die Fläche selbst besitzt die Punktgruppe C_{2v}. In der Seitenansicht erkennt man, dass eine Reihe von Kohlenstoffatomen aus dem Gitter herausteht. An diesen befinden sich auch die nicht abgesättigten Bindungsstellen, wobei jedes Oberflächenatom zwei *dangling bonds* besitzt. Der Abstand der Kohlenstoffatome auf der (100)-Fläche beträgt 2,523 Å, was der zweitnächsten Entfernung im Diamantgitter entspricht.

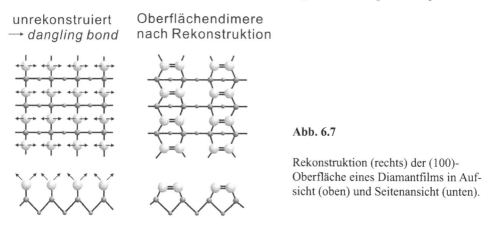

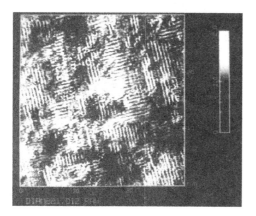

Abb. 6.7

Rekonstruktion (rechts) der (100)-Oberfläche eines Diamantfilms in Aufsicht (oben) und Seitenansicht (unten).

Die zwei *dangling bonds* können durch Ausbildung von Bindungen mit den benachbarten Atomen abgesättigt werden. Dadurch entstehen Oberflächendimere, die durch π-Bindungen charakterisiert sind. Diese sind durch die größere Entfernung schwächer als auf der (111)-Fläche ausgeprägt. Die Dimere sind in Reihen entlang der [011]-Richtung angeordnet, wobei eine 2x1-Geometrie der rekonstruierten Oberfläche entsteht (Abb. 6.8), deren Punktgruppe C_{2v} ist. Der Abstand zwischen den einzelnen Dimeren beträgt 2,52 Å, so dass diese ebenfalls in Wechselwirkung treten können. Dadurch entsteht aus der zunächst nur in π- und π*-Orbitale aufgespaltenen elektronischen Struktur eine Oberflächenbandstruktur, die eine Bandlücke von ~ 1,3 eV besitzt. Die besetzten Niveaus befinden sich jedoch vollständig im Valenzband des *bulk*-Diamanten, so dass es sich um elektronisch inaktive Zustände handelt.

Abb. 6.8

Kraftmikroskopische Aufnahme einer rekonstruierten (100)-Diamantfläche. Man erkennt die geordnete Struktur der Oberflächendimere (© APS 1993).

Was geschieht nun bei der Absättigung der Oberfläche mit Fremdatomen? Die Hydrierung der Oberfläche kann, wie in Kap. 6.2.2.1 beschrieben, prinzipiell für eine Absättigung aller *dangling bonds* der Oberflächenkohlenstoffatome sorgen. Allerdings ist auf der (100)-Fläche aufgrund der Nähe der einzelnen Oberflächenatome kein Platz für eine vollständige Belegung der unrekonstruierten Oberfläche. Daher erfolgt die Anlagerung der Wasserstoffatome auf der rekonstruierten Oberfläche. Es handelt sich formal um die Addition von H_2 an die π-Bindungen (Abb. 6.9). Die Symmetrie der Oberfläche wird hierdurch nicht verändert. Jedes der Oberflächenatome trägt nun nur genau ein Wasserstoffatom, im Gegensatz zu den benötigten zwei H-Atomen im Fall der unrekonstruierten Fläche.

Dagegen kann Sauerstoff gleichzeitig beide freien Valenzen absättigen. Hier ist also die Belegung der unrekonstruierten Oberfläche möglich. Die 1x1-Geometrie bleibt damit erhalten. Prinzipiell sind zwei Strukturen für die Anbindung der Sauerstoffatome auf der (100)-Diamantfläche denkbar: Zum einen eine verbrückende Anordnung der Sauerstoffatome unter Ausbildung von Etherstrukturen, zum anderen die Absättigung beider *dangling bonds* eines Kohlenstoffatoms durch das gleiche Sauerstoffatom, was zur Ausbildung von Ketogruppen auf der Oberfläche führt (Abb. 6.10). Es ist bisher nicht abschließend geklärt, welche dieser Anordnungen tatsächlich bevorzugt vorliegt, die momentanen experimentellen und theoretischen Erkenntnisse favorisieren aber mehrheitlich die Etherstruktur.

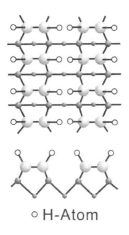

○ H-Atom

Etherbrücken   Ketogruppen

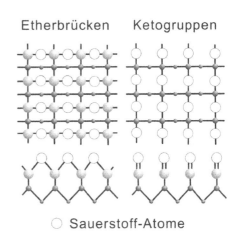

○ Sauerstoff-Atome

Abb. 6.9

Wasserstoffabgesättigte (100)-Oberfläche in Aufsicht (oben) und Seitenansicht (unten).

Abb. 6.10

Sauerstoffabgesättigte (100)-Oberfläche in Aufsicht (oben) und Seitenansicht (unten).

6.2.2.3 Struktur der (110)-Fläche

Die (110)-Fläche wird seltener als die beiden bereits beschriebenen beobachtet. Sie weist Zickzack-Linien von Oberflächenatomen auf, die der Struktur der *Pandey*-Ketten auf den (111)-Flächen ähneln (Abb. 6.11). Lediglich der Abstand zwischen den Ketten fällt mit 3,57 Å deutlich geringer aus. Diese kristallographische Fläche kann ohne Rekonstruktion der Oberfläche stabilisiert werden. Der Abstand zwischen den *dangling bonds* beträgt 1,545 Å, so dass direkt eine π-Wechselwirkung eingegangen werden kann. Im Gegensatz zur (111)- und (100)-Fläche kann die (110)-Ebene damit auch im unbelegten Zustand in einer 1x1-Geometrie verbleiben.

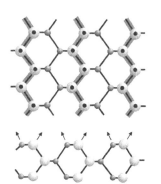

Abb. 6.11

Struktur der (110)-Oberfläche eines Diamantfilms in Aufsicht (oben) und Seitenansicht (unten). Die grau hinterlegten Bänder entsprechen den π-Ketten auf der Oberfläche.

6.2.3 Defekte und Doping von Diamantfilmen

Die Struktur der Diamantfilme ist in den seltensten Fällen tatsächlich perfekt und fehlerfrei. Durch die Herstellungsbedingungen finden sich zahlreiche Strukturdefekte und Verunreinigungen in den Filmen. Zum Teil wird aber auch gezielt auf eine Verunreinigung mit einem bestimmten Material oder eine bestimmte strukturelle Eigenart hingearbeitet, um die damit verbundenen Eigenschaften (z.B. elektronische und optische Charakteristika) zu nutzen.

Bereits die Oberfläche des Diamantfilms besitzt in Gestalt von *dangling bonds* Defektstrukturen, die die Eigenschaften nachhaltig beeinflussen. Diese nicht abgesättigten Bindungsstellen konzentrieren sich in Bereichen mit vielen Kanten, also z.B. kristallographischen Stufen oder anderen von der ebenen Morphologie abweichenden Strukturen. Dort finden sich in der Regel mehrere benachbarte *dangling bonds*. Dagegen beobachtet man eingebettet in die auf der Oberfläche befindliche Adsorbatschicht auch isolierte freie Bindungsstellen. Da die Orbitale nur einfach besetzt sind, können sie als amphoteres Element sowohl ein Elektron aufnehmen als auch abgeben. Dies führt bei einer hohen Dichte von *dangling bonds* zur Graphitisierung der Diamantoberfläche.

Auch im Gitter existieren zahlreiche Arten von Defekten. Dazu zählen Fehlstellen, Dislokationen, Stapelfehler und Zwillinge. Diese Defekte werden meist bereits bei der Nukleation der Kristallite erzeugt, so dass sich die Defektdichte eines Diamantfilms insbesondere durch die sorgfältige Kontrolle der Herstellungsbedingungen beeinflussen lässt.

Zwillingsstrukturen werden in Diamantfilmen sehr häufig beobachtet. Meist handelt es sich um (111)-Zwillinge, in denen die beiden aufeinander stoßenden Kristalle eine gemeinsame [111]-Achse haben (Abb. 6.12). Sie sind dann um 180° bzw. 60° gegeneinander verdreht. Dies sorgt an der Stelle, an der sich die Verzwillingung befindet, für das Auftreten von bootförmigen Kohlenstoffsechsringen im Gitter (im Gegensatz zu den im kubischen Diamant vorhandenen sesselförmigen Sechsringen, Abb. 6.12). Zwillingstrukturen beeinflussen die Morphologie eines Diamantfilms nachhaltig. Sie sind für sog. zurückspringende Ecken (engl. *reentrant corner*) und sich durchdringende Partikelstrukturen verantwortlich (Abb. 6.13).

Stapelfehler treten ebenfalls bevorzugt auf der (111)-Ebene auf. Sie sind durch zwei Zwillingsebenen eingeschlossen. Im Extremfall, wenn nach jeder Doppellage eine Zwillingsebene eingeschoben wird, erhält man die Struktur der hexagonalen Diamantmodifikation *Lonsdaleit* (s. Kap. 1.2.2). Dislokationen finden sich ebenfalls sehr häufig in CVD-Diamantfilmen. Sie werden während des Filmwachstums gebildet (Kap. 6.3). Diese Defekte besitzen im Gegensatz zu Dislokationen in Silicium oder Germanium eine deutlich geringere Mobilität, denn durch die besondere Eigenschaft von Kohlenstoff, Doppelbindungen auszubilden, erwartet man im Defektzentrum einer Dislokation die Absättigung der freien Bindungsstellen als sp^2-Kohlenstoff (Abb. 6.14).

a)

b)

Abb. 6.12 a) Entstehung von Zwillingen durch ekliptische Anordnung der C-Atome. In der Zwillingsebene liegen die Sechsringe in Bootkonformation vor. b) Elektronenmikroskopische Aufnahme und Schema eines Mehrfachzwillings (© Taylor & Francis 2001).

Auch die Korngrenzen der einzelnen Kristallite stellen ein stark defekthaltiges Strukturelement dar. Durch die Absättigung der Oberfläche und andere Störungen im Gitter ist der Anteil an sp^2-Kohlenstoff hier besonders hoch. Es handelt sich also bei der Korngrenze eher um eine sp^2-/ sp^3-Hybridstruktur.

Neben diesen strukturellen Defekten weisen Diamantfilme zahlreiche Verunreinigungen auf. Im Gegensatz zum *bulk*-Diamanten, in dem Stickstoff den größten Anteil der Fremdelemente ausmacht, findet man für CVD-Diamant Wasserstoff als häufigste Verunreinigung. Dies ist in der Herstellungsmethode aus einem Methan-Wasserstoffgemisch begründet, wobei der Wasserstoff durch die herrschenden Bedingungen (z.B. Plasma oder hohe Temperaturen) auch atomar vorliegt, was den Einbau erleichtert. Deuterierungsexperimente zeigten, dass der inkorporierte Wasserstoff nicht aus dem Methan, sondern aus dem Wasserstoffgas stammt.

Die Konzentration der Wasserstoffatome liegt bei 10^{20} bis 10^{21} cm^{-3} für stark defekthaltige Diamantfilme und bei unter 10^{19} cm^{-3} für Filme von guter Qualität. Wasserstoff lässt sich aber auch gezielt durch Protonenimplantation einbringen, wobei lokale Konzentrationen von bis zu 5 % erreicht werden können.

Abb. 6.13 Auswirkungen von Verzwillingungen: *reentrant corner* (links) und Partikeldurchdringungen (rechts). © Elsevier 2003

Der Wasserstoff befindet sich hauptsächlich in den defekthaltigen oder amorphen Teilen des Films, also z.B. in den Korngrenzen und an Dislokationen. Er bildet auch Komplexe mit anderen Gitterdefekten, wie z.B. Stufen, Kanten oder Verunreinigungen. So führt die Ausbildung von Bor-Wasserstoff Wechselwirkungen u.a. dazu, dass die durch das Bor in die Bandlücke eingefügten elektronischen Zustände verschwinden, der Donor wird also passiviert. Ähnliche Effekte besitzt Wasserstoff auch bei der Komplexbildung mit anderen Verunreinigungen, so dass die Präsenz und die Konzentration von Wasserstoff im Diamantfilm einen großen Einfluss auf die elektronischen und optischen Eigenschaften besitzen.

Das bereits erwähnte Bor spielt bei der Dotierung von Diamant eine zentrale Rolle. Es ist der einzige bisher gefundene flache Akzeptor, der sowohl zufrieden stellende Eigenschaften hervorruft als auch leicht in den Kristall einzubringen ist. Es entsteht ein *p*-dotiertes Material, wobei das Bor 0,37 eV oberhalb des Valenzbandmaximums ein flaches Akzeptorlevel einschiebt, was zu halbleitenden bis quasimetallischen Eigenschaften bei hohen Borkonzentrationen führt (s. a. Kap. 6.5.4). Bor kann sowohl aus der Gasphase (z.B. aus Diboran B_2H_6) oder aus einer festen Quelle (z.B. einem Bornitridträger) stammen und durch die üblichen Techniken eingebracht werden (Co-Verdampfung, Implantation etc.). Die Einbauwahrscheinlichkeit hängt von der kristallographischen Orientierung ab. Am leichtesten wird es in (111)-Ebenen eingebaut, gefolgt von den (110)- und (100)-Flächen. Die Boratome weisen eine ähnliche Größe wie Kohlenstoffatome auf und können diese daher leicht auf Gitterplätzen substituieren.

Gleiches gilt für den Stickstoff, der ebenfalls in das Diamantgitter eingebaut wird (Abb. 5.3). Nur selten wurden dagegen auch interstitieller Stickstoff oder die für *bulk*-Diamant vom Typ Ia beobachteten Stickstoffaggregate im Gitter gefunden. Grund für das Fehlen dieser Aggregate ist die kurze Wachstumszeit bei der CVD-Herstellung. Die Stickstoffatome haben somit nicht genügend Zeit, durch das Gitter zu wandern. Stickstoff ist ein sog. tiefer Donor, der bei 1,7 eV unterhalb des Leitungsbandes ein Donor-Niveau in die Bandlücke des Diamanten einschiebt. Dieses liegt so tief, dass sich nicht ohne weiteres Elektronen in das Leitungsband anheben lassen, weshalb Stickstoff als Dotierung für einen *n*-Halbleiter nicht geeignet ist.

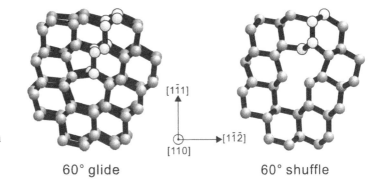

Abb. 6.14

Beispiele für Dislokationen im Diamantgitter.

60° glide   60° shuffle

Dagegen handelt es sich bei dem etwas größeren Phosphor um einen flachen Donor, der bei 0,5-0,6 eV unterhalb des Leitungsbandes ein Niveau in die Bandlücke einschiebt. Durch diese Dotierung entsteht ein *n*-Halbleiter auf Diamantbasis. Zunächst hatte die Inkorporierung von Phosphor große Schwierigkeiten bereitet, da dieser eine geringere Löslichkeit im Kohlenstoff aufweist. Inzwischen aber ist es gelungen, bei der CVD-Herstellung von Diamantfilmen *in situ* Phosphor in das Gitter einzubauen. Aufgrund seines größeren Durchmessers passt er dort jedoch weniger gut als Bor und Stickstoff, so dass es zu leichten Gitterverzerrungen und damit auch zu zusätzlichen Veränderungen der Diamanteigenschaften kommt.

Daneben sind auch andere Verunreinigungen der Diamantfilme bekannt. Häufig werden Sauerstoff und Silicium beobachtet, wobei letzteres ebenfalls substitutionell in das Gitter eingebaut wird. Sauerstoff und andere Verunreinigungen wie Schwefel, aber auch metallische Defekte sind bisher noch nicht ausführlich genug untersucht, um abschließende Aussagen zu ihrer Anordnung im Gitter und ihrem Einfluss auf die Diamanteigenschaften zu machen. Rechnungen besagen, dass lediglich Bor, Stickstoff, Phosphor und Silicium als stabil in das Gitter einbaubare Dotierelemente in Frage kommen.

6.2.4 Struktur weiterer diamantartiger Filmmaterialien

Neben den eigentlichen Diamantfilmen können durch Abscheidung aus der Gasphase auch weitere, ähnliche Materialien hergestellt werden. Dazu gehören die sog. a-C:H- und a-C-Phasen. Diese werden auch diamantähnliche Filme (engl. *diamondlike carbon films*) genannt.

Wenn Kohlenwasserstoff-Ionen auf einer Substratoberfläche auftreffen, können sie sich dort ablagern, wobei die Struktur des resultierenden Filmmaterials unabhängig vom eingesetzten Kohlenwasserstoff, aber abhängig von der Aufschlagsenergie der Ionen ist. Üblicherweise arbeitet man mit Energien um 100 eV. Diese energiereichen $C_mH_n^+$-Ionen können z.B. in einem RF-Plasma generiert werden. Sie sind nach Zersetzung in atomaren Kohlenstoff (dies geschieht unter den herrschenden Bedingungen problemlos) in der Lage, in C-H-Bindungen zu insertieren, so dass auf der Oberfläche abgelagerte Kohlenwasserstoffstrukturen angegriffen werden. Dabei bilden sich endständige Dreifach- und Doppelbindungen. Schließlich entsteht während des Filmwachstums eine Balance aus den Film stabilisierenden Ereignissen (Bindungsbildung) und destabilisierenden Faktoren (Spannung aufgrund der verzerrten

Struktur). Diese Balance wird durch das entsprechende Einfügen von Wasserstoffatomen und Mehrfachbindungen gehalten.

Der erzeugte Film besteht aus einem ungeordneten Netzwerk sp^3-hybridisierter Kohlenstoffatome (daher _a_-C:H von _a_morph), welches zusätzlich Wasserstoffatome (daher a-C:_H_) und sp^2-Kohlenstoffatome enthält. Teilweise beobachtet man, dass sich die sp^2-Atome in kleinen Clustern zusammenfinden. Die Existenz von π-Bindungen wird auch durch die geringe Bandlücke von nur 0,5-2,5 eV, welche durch π→π*-Übergänge verursacht wird, bestätigt.

Die Eigenschaften der a-C:H-Filme hängen stark vom Wasserstoffgehalt ab. Je höher dieser ist, desto transparenter werden die Filme, weisen dann aber auch eine recht weiche, kohlenwasserstoffartige Konsistenz auf. Tempert man a-C:H-Filme bei 400 °C, steigt der sp^2-Gehalt an, und die elektrische Leitfähigkeit nimmt dadurch signifikant zu. Insgesamt nehmen die a-C:H-Phasen eine Mittelstellung zwischen Diamant und Kohlenwasserstoffen ein.

Daneben gelingt auch die Synthese von wasserstofffreien diamantähnlichen a-C-Filmen, die dann entsprechend nur aus sp^3- und sp^2-Kohlenstoff bestehen. Sie besitzen eine geringere Dichte von 2-3 g cm^{-3}. Da kein Wasserstoff vorhanden ist, muss die Absättigung von _dangling bonds_ ausschließlich durch π-Bindungen erfolgen. Je nach Herstellungsverfahren können der sp^2-Anteil und damit die Eigenschaften des Materials recht genau gesteuert werden. In der Regel sind die Filme weitgehend homogen, Diamantkristallite werden nicht gefunden.

6.3 Herstellung von Diamantfilmen

Die Herstellung von Diamantfilmen kann inzwischen in kommerziell erhältlichen Apparaturen in großem Maßstab durchgeführt werden. In diesem Kapitel werden einige wichtige Methoden zur Abscheidung von Diamantschichten auf unterschiedlichen Substraten oder als freistehende Filme vorgestellt.

6.3.1 CVD-Methoden zur Herstellung von Diamantfilmen

Die chemische Gasphasenabscheidung hat sich zur wesentlichen Herstellungsmethode für dünne Diamantfilme entwickelt. Ihr wichtigstes Kennzeichen ist die Ablagerung von Kohlenstoff aus der Gasphase auf einem Substrat. Dabei können verschiedene Kohlenstoffquellen, wie z.B. Methan, Acetylen, Ethylen, zum Einsatz kommen, die in der Regel einem Wasserstoffstrom beigemengt werden. Atomarer Wasserstoff hat sich als essentiell für die effiziente Erzeugung von hochwertigen Diamantfilmen erwiesen. Er wird _in situ_ aus dem Wasserstoff der Gasphase erzeugt. Als Substrat kommen sowohl Kohlenstoff, insbesondere Diamant, als auch Fremdmaterialien wie Metalle und Silicium in Frage. Je nach gewähltem Substrat erhält man unterschiedliche Arten von Diamantfilmen, die sich z.T. qualitativ sehr stark unterscheiden. Die Temperatur des Substrats muss zwischen 500 und 1200 °C liegen, da außerhalb dieses Temperaturbereiches andere Kohlenstoffmaterialien, wie z.B. Graphit oder DLC (_diamond like carbon_), abgeschieden werden. Auch die Wahl des Reaktors, in dem die Diamantsynthese durchgeführt wird, spielt eine Rolle für die Art und Qualität des erzeugten Films. Im

Folgenden werden einige Methoden der chemischen Gasphasenabscheidung von Diamantfilmen vorgestellt. Der Wachstumsmechanismus wird in Kap. 6.3.2 näher beschrieben.

Hot Filament CVD

Das wesentliche Bauteil einer derartigen Anlage stellt ein mehr als 2000 °C heißes Filament
(meist ein Wolframdraht) dar, das in geringer Entfernung oberhalb des Substrats positioniert
wird. An diesem Draht findet sowohl die Erzeugung des atomaren Wasserstoffs als auch die
teilweise Zersetzung des Kohlenwasserstoffs (meist Methan) in angeregte Fragmente statt.
Abb. 6.15 zeigt den schematischen Aufbau einer derartigen Apparatur. Das Substrat wird in
der Regel ebenfalls beheizt, so dass eine genaue Temperaturkontrolle möglich wird. Zusätzlich können durch das Anlegen eines positiven Potentials die Nukleationsrate sowie die
Wachstumsgeschwindigkeit des Films erhöht werden. Dies ist darauf zurückzuführen, dass
aufgrund der Potentialdifferenz zwischen Substrat und Filament Elektronen aus letzterem
extrahiert werden, die das Substrat bombardieren. Dies begünstigt die Oberflächendissoziati-
on des Kohlenwasserstoffs und verbessert somit die Wachstumsparameter des Films.

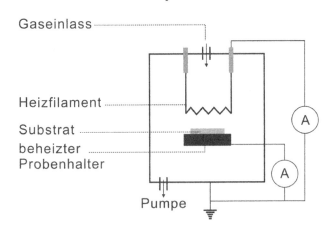

Abb. 6.15

Schematische Darstellung einer
HF-CVD-Anlage (*hot filament
chemical vapour deposition*).

Der wesentliche Vorteil der *Hot Filament CVD* liegt in ihrer Einfachheit. Ohne großen apparativen Aufwand lassen sich auf vielen Substraten Diamantfilme abscheiden. Man benötigt
lediglich eine Vakuumkammer, in der man den Versuch durchführen kann. Problematisch
sind dagegen die geringe Einheitlichkeit und Reinheit der erzeugten Diamantfilme. Aufgrund
seiner Geometrie fungiert das Filament als eine linienförmige Quelle für reaktive Teilchen
oberhalb des Substrats. Hier schafft die Verwendung eines über die gesamte Abscheidungszone gespannten Filamentnetzes Abhilfe, welches für eine homogenere Verteilung der reaktiven Fragmente sorgt. Die Verunreinigung des Diamantfilms stammt in der Regel aus dem
Filament, welches durch die enorme thermische Belastung sowie die Reaktion mit gasförmigen Kohlenstoffatomen zerfällt, wodurch Bestandteile des Drahtes in den Diamantfilm inkor-
poriert werden. Beispielsweise wird Wolfram durch Carbidbildung sehr brüchig, was zum
Teil in kürzester Zeit zum Versagen des Filaments führen kann. Zudem verändern sich bei
kontinuierlicher Abscheidung im Laufe der Zeit die Filamenteigenschaften, so dass in gleichem Maße auch die Qualität des abgeschiedenen Diamantfilms variiert.

CVD bei gleichzeitiger elektrischer Entladung

Eine weitere sehr einfache Möglichkeit zur chemischen Gasphasenabscheidung von Diamantfilmen verwendet eine gleichzeitige Funkenentladung zwischen zwei Elektroden, um die Zersetzung der an der Reaktion beteiligten Spezies zu erreichen. Zwischen einer Anode und einer Kathode wird entweder eine Funken- oder eine Glühentladung erzeugt, wobei das Substrat auf einer der Elektroden angebracht ist. Durch den Funken und das Bombardieren mit Elektronen wird das Substrat auf etwa 800 °C erhitzt und der als Kohlenstoffquelle verwendete Kohlenwasserstoff zersetzt. Teilweise ist die Aufheizung des Substrats so stark, dass man eine Kühlung anbringen muss, um im für die Diamantabscheidung günstigsten Temperaturbereich zu bleiben. Bei einer Stromdichte von etwa 4 A cm^{-2} und einer angelegten Spannung von 1000 V können Wachstumsraten von etwa 20 µm h^{-1} und eine Nukleationsrate von 10^8 cm^{-2} erreicht werden.

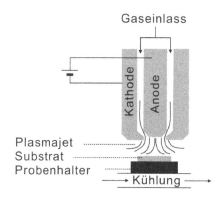

Abb. 6.16

Schematische Darstellung der chemischen Gasphasen-Abscheidung mit dem Plasma-Jet-Verfahren.

Eine Modifikation der Funkenentladungsmethode stellt der sog. DC-Arc-Jet (Plasmajet) dar. Hier wird durch die konzentrische Anordnung der Elektroden eine Art Düse für das Reaktandengases gebildet. Die Kathode umschließt in einem gewissen Abstand die Anode. Das Gasgemisch strömt durch den vorhandenen Spalt, wird zwischen den Elektroden teilweise zersetzt und auf das gekühlte Substrat geleitet, wo sich dann der Diamantfilm abscheidet (Abb. 6.16). Auf diese Weise kann man eine genaue Kontrolle über die Depositionszone erreichen. Allerdings ist das Verfahren sehr stark von der Düsengeometrie und einem sehr gleichmäßigen Reaktandenstrom abhängig.

Mikrowellen-CVD

Eine weitere Methode, den für die Abscheidung von Diamantfilmen benötigten Wasserstoff darzustellen, ist die Verwendung eines durch Mikrowellenstrahlung mit einer Frequenz von bis zu 2,5 GHz erzeugten Plasmas. Die Einstrahlung kann entweder von der Seite der Apparatur (Abb. 6.17) oder aber von oben erfolgen, wobei sich eine Plasmazone im Reaktor ausbildet. Bei diesem handelt es sich um eine Vakuumkammer, in der ein Druck von 5-100 Torr herrscht. Das Substrat wird in die Plasmazone gebracht und dort direkt beheizt. Gleichzeitig kommt es in intensiven Kontakt mit den Reaktanden, die aus dem von oben heranströmenden Gasgemisch in der Plasmazone gebildet werden. Die Elektronendichte im Plasma ist besonders hoch, was zu einer hohen Zersetzungsrate und damit zur Nukleation von Diamant auf dem Substrat führt. Die Wachstumsraten liegen bei etwa 0,1-5 µm h^{-1}. Teilweise wird zur

Stabilisierung der Plasmazone ein Magnetfeld eingekoppelt, wodurch eine bessere Kontrolle des Abscheidungsgebietes erreicht wird.

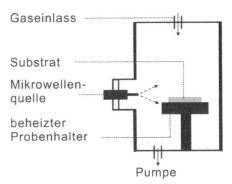

Gaseinlass

Substrat

Mikrowellen-
quelle

Abb. 6.17

Schematische Darstellung des mikrowellen-
unterstützten Plasmaverfahrens.

beheizter
Probenhalter

Pumpe

Die Mikrowellenmethode besitzt wie alle hier vorgestellten Verfahren Vor- und Nachteile. Einer ihrer großen Vorzüge ist die gute Reproduzierbarkeit der erhaltenen Abscheidungsre-sultate. Außerdem erweist es sich als günstig, dass das Substrat unabhängig von der plas-maerzeugenden Energiequelle gekühlt bzw. beheizt werden kann. Nicht zuletzt hat sich die Methode stark ausgebreitet, weil inzwischen eine ganze Reihe von kommerziell erhältlichen Mikrowellen-CVD-Apparaturen existiert, die gute Ergebnisse liefern.

Tabelle 6.1 Typische Parameter von CVD-Verfahren

Methode	Temperatur [°C]	Druck [Torr]	Wachstumsrate [μm h^{-1}]
MW-CVD	800-1000	5-100	0.1-5
HF-CVD	700-1000	0.1-50	0.08-0.1
DC-Arc-Jet (Plasmajet)	~ 800	500-760	80-1000
Verbrennungsmethode (Kap. 6.3.4)	800-1000	760	140

Nachteilig wirkt sich bei der MW-CVD die Uneinheitlichkeit des Plasmas aus. Es kommt dadurch auch zu einer ungleichmäßigen Zersetzung des Kohlenwasserstoffs und zu einer inhomogenen Verteilung der Reaktanden in der Gasphase. Dies führt im schlimmsten Fall zu einer ungleichmäßigen Abscheidung des Diamantfilms auf dem Substrat, wobei sowohl die Dicke als auch die Güte des Films betroffen sein können.

Tabelle 6.1 zeigt zusammenfassend einige wesentliche Parameter der üblichen CVD-Apparaturen. Dabei kann bis jetzt nicht abschließend beurteilt werden, welcher der Aufbau-ten die besten Ergebnisse liefert. Je nach Anforderungen (hohe Rate, hohe Qualität, gute Reproduzierbarkeit etc.) muss von Fall zu Fall die am besten geeignete Methode zur Ab-scheidung eines Diamantfilms gefunden werden.

6.3.2 Mechanismus des Diamantfilm-Wachstums

Es stellt sich nun die Frage, wieso es möglich ist, dass bei niedrigen Drücken und verhältnis-mäßig niedrigen Temperaturen überhaupt Diamant gebildet wird, da dieser ja erst bei sehr hohen Drücken und Temperaturen die thermodynamisch stabilste Modifikation des Kohlenstoffs darstellt. Unter Normalbedingungen ist er lediglich metastabil, und nur eine hohe Aktivierungsbarriere verhindert die spontane Umwandlung von Diamant in Graphit. Genau diesen Aspekt macht sich die Herstellung von Diamantfilmen zunutze. Wenn erst genügend große Diamantkristallite entstanden sind, werden diese durch die große Energiebarriere vor der Umwandlung geschützt. Die Bildung dieser Kristallite muss also unter kinetischer und nicht unter thermodynamischer Kontrolle erfolgen, wie man es auch für die bei Normalbedingungen metastabilen Modifikationen anderer Elemente kennt.

Bei Raumtemperatur ist Graphit 2,9 kJ mol^{-1} stabiler als Diamant, was einem Unterschied von 0,03 eV pro Kohlenstoffatom entspricht. Die thermische Energie der Atome liegt im betrachteten Temperaturbereich in einer ähnlichen Größenordnung, so dass der Energieunterschied zwischen graphitischem und Diamantkohlenstoff kein unüberwindbares Hindernis darstellt. Man muss nur dafür sorgen, dass sich die ersten abgeschiedenen Atome als sp^3-Kohlenstoff niederschlagen. Daher kann man den Wachstumsprozess eines Diamantfilms in zwei Phasen unterteilen: a) die Keimbildungs- oder Nukleationsphase und b) die Wachstumsphase.

In der Keimbildungsphase lagern sich die aus der Kohlenstoffquelle in der Gasphase erzeugten reaktiven Spezies auf dem Substrat ab. Ob es dabei zu einer ausreichenden Keimbildung kommt, hängt davon ab, ob Kohlenstoff eine hohe Löslichkeit in diesem Material besitzt oder aber leicht Carbide mit dem Substrat bilden kann. Insbesondere im ersten Fall ist die Nukleation erschwert. Ist dagegen keine dieser Eigenschaften stark ausgeprägt, bildet sich schnell ein an Kohlenstoff übersättigtes System auf der Substratoberfläche aus, was zur Ablagerung kleinster Kohlenstoffkeime (meist CH_x) führt. Diese weisen oft sp^2-Hybridisierung auf, was ohne weitere Einflüsse zur Abscheidung eines graphitischen Materials führen würde (Abb. 6.18). Zeitgleich aber wird atomarer Wasserstoff auf der Oberfläche abgelagert, der in der Gasphase aus dem im Eduktgemisch vorhandenen molekularen Wasserstoff *in situ* erzeugt wird. Die Wasserstoffradikale besitzen eine hohe Reaktivität und setzen sich rasch mit den abgelagerten sp^2-Clustern um, wobei deren Oberfläche unter Ausbildung von C-H-Bindungen hydriert wird. Dadurch werden die vorhandenen sp^2-Kohlenstoffatome wieder in sp^3-Hybridisierung überführt, die entstehenden C_yH_x-Strukturen sind stabiler als die entsprechenden sp^2-Cluster. Der gebundene Wasserstoff passiviert die Clusteroberfläche, die deshalb nicht ohne weiteres graphitisieren kann. Die Cluster wachsen durch Anlagerung weiterer CH_x-Bausteine sowohl seitlich als auch an der Oberfläche, wobei einzelne Wasserstoffatome durch diese CH_x-Spezies ersetzt werden (Abb. 6.18). Ab einer kritischen Größe des Kristallkeims wird dann die Energiebarriere für eine spontane Umwandlung des sp^3-hybridisierten Clusters in ein graphitisches Objekt zu hoch, so dass nun durch diese kinetische Inhibierung keine spontane Umwandlung mehr erfolgen kann.

Hier schließt sich dann die Wachstumsphase des Films an, der durch weitere Anlagerung von CH_x-Bausteinen ausgehend von den Nukleationszentren sowohl in die Breite als auch in die Höhe wachsen kann, bis sich ein geschlossener Film auf der Substratoberfläche gebildet hat. Die Anlagerung der CH_x-Bausteine findet nach deren Adsorption auf der Substratoberfläche durch Oberflächendiffusion statt, bis sich die angeregten Spezies schließlich an die bereits vorhandenen Cluster anlagern. Dabei wird deren Oberfläche weiterhin durch die angelagerten Wasserstoffatome vor einer Graphitisierung geschützt, zum einen durch die Aufrechterhaltung der sp^3-Hybridisierung der Oberflächenatome, zum anderen durch die Verhinderung von

Oberflächenrekonstruktionsvorgängen, die bei vorhandenen *dangling bonds* zur Ausbildung von π-Bindungen führen (Abb. 6.18). Bildet sich doch einmal graphitisches Material, wird dieses selektiv von den Wasserstoffradikalen angegriffen und zu Kohlenwasserstoffen umgesetzt, die in die Gasphase zurückkehren, wo sie erneut durch Zersetzung in reaktive Spezies zerlegt werden können.

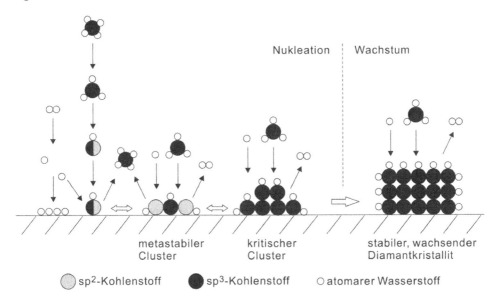

Abb. 6.18 Mechanismus der Abscheidung von Diamant aus der Gasphase auf einem Substrat.

Als Kohlenstoffquellen eignen sich alle gasförmigen und leicht zu verdampfenden Kohlenwasserstoffe und deren Derivate, wie z.B. Alkohole und Ether. Häufig handelt es sich um Methan, Acetylen, Ethylen, aber auch Methanol und Ethanol können eingesetzt werden. Diese werden dann in meist recht geringer Konzentration (z.B. 5:95, teilweise noch geringer) einem Wasserstoffstrom beigemengt. Manchmal setzt man dem Gasgemisch zusätzlich auch Sauerstoff zu. Dieser übt ähnliche Funktionen wie der atomare Wasserstoff aus. Insbesondere reagiert er bevorzugt mit graphitischem Material und sorgt so für einen geringen sp^2-Anteil im Film und hohe Wachstumsraten.

Als Substrat kommen verschiedene Metalle und Nichtmetalle zum Einsatz. Besonders geeignet ist natürlich Diamant selbst, auf dem dann homoepitaxiales Wachstum möglich ist. Der entstehende Diamantfilm passt sich der kristallographischen Orientierung des Untergrundes an, man kann auf diese Weise hochgeordnete Diamantfilme mit definierter Ausrichtung erzeugen (Abb. 6.2a). Allerdings ist Diamant als Substrat sehr teuer (besonders mit definierter Oberfläche) und auch in seiner Größe stark limitiert. Auf anderen Materialien kann man heteroepitaxiales Wachstum erreichen, wenn auch oft mit großen Schwierigkeiten. Dies liegt am Unterschied der Gitterkonstanten, der zu einer Verzerrung an der Phasengrenze führt. Einige Elemente, z.B. Kupfer und Iridium, besitzen sehr ähnliche Atomabstände, so dass heteroepitaxiale Filme recht gut erzeugt werden können. Dagegen beobachtet man bei Silicium den oben beschriebenen Effekt der Verzerrung. In der Regel werden ohne äußerst genaue Kontrolle der Abscheidungsbedingungen polykristalline Filme erhalten, die aus vielen kleinen Kristalliten in zufälliger Anordnung bestehen (Abb. 6.2b).

Insgesamt eignen sich Siliciumwafer und Siliciumcarbid aber sehr gut als Substrat, wenn sie nicht von amorphem Silicium oder SiO_2 belegt sind. Diese wirken als Inhibitoren, und eine Abscheidung von Diamant ist auf derartigen Substraten nicht möglich. Auch Metalle wie Wolfram oder Stahl sind für die Diamantabscheidung geeignet. Man kann die metallischen Substrate in Abhängigkeit von ihrem Verhalten gegenüber Kohlenstoff in drei Gruppen einteilen. Die erste Gruppe bildet leicht Carbide (Mo, W, Ti usw.), die zweite kann zwar keine Carbide bilden, Kohlenstoff weist in ihnen aber eine signifikante Löslichkeit auf (Rh, Pt, Pb etc.), und die dritte Gruppe besteht aus Elementen, die weder Carbide bilden noch Kohlenstoff lösen können (Au, Ag, Cu). Es ist inzwischen gelungen, auf allen drei Substrattypen mehr oder weniger gute Diamantfilme abzuscheiden.

Je nach Substrat beobachtet man unterschiedliche Nukleationsraten und Güten des gebildeten Films, was durch die Tendenz zur Carbidbildung und die Kohlenstofflöslichkeit (s.o.) bestimmt wird. Neben der Nukleationsrate spielt die Adhäsion des Diamantfilms auf dem Substrat eine wesentliche Rolle für zahlreiche Anwendungen derartiger Strukturen. Auf vielen Metallen, z.B. Kupfer, ist die Haftung nur mäßig ausgeprägt, was u.a. auf die außergewöhnlichen tribologischen Eigenschaften des Diamanten selbst zurückzuführen ist. Eine Möglichkeit, dieses Problem zu beheben, ist die Abscheidung einer Zwischenschicht, z.B. aus Graphit, die für eine bessere Haftung sorgt. Teure und schwierig zu handhabende Substrate werden oft selbst als dünner Film auf einem inerten Träger kondensiert. Anschließend wird dann der Diamantfilm abgeschieden. Dies ist z.B. bei heteroepitaxialem Wachstum von Diamant auf Iridium der Fall, welches als dünne Schicht auf einer Saphir-Oberfläche gebunden ist.

Auch Nichtmetalle können als Substrat verwendet werden, dazu zählen α-Al_2O_3, $SrTiO_3$, MgO und Si_3N_4. Wichtig bei der Auswahl ist die Widerstandsfähigkeit des Materials gegen die bei der Abscheidung des Films herrschenden Temperaturen von in der Regel mehreren hundert Grad und anderen Einflüssen wie Plasma, Flammen oder Funkenentladungen. Daher ist es bisher nicht möglich, Diamant auf gängigen Polymermaterialien abzuscheiden, obwohl dies ein weites Anwendungsgebiet diamantbeschichteter Werkstoffe eröffnen könnte.

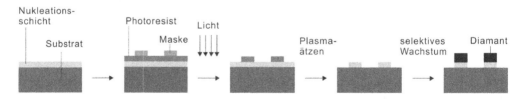

Abb. 6.19 Herstellung von strukturierten Diamantfilmen mit dem Maskenverfahren (© MRS 2001).

Neben der Wahl des Substrats spielt auch seine Vorbehandlung eine wesentliche Rolle für die Nukleationsrate und die Qualität des abgeschiedenen Diamantfilms. Deutlich bessere Resultate werden mit angeschliffenen Oberflächen erreicht. Z.B. erzeugt eine Behandlung mit einem Schleifmittel oder mit Diamantpulver eine große Zahl von Kratzern, an denen dann bevorzugt die Keimbildung stattfindet. Im Fall der Behandlung mit Diamantschleifpulver geht man davon aus, dass auch verbliebene kleinste Diamantbruchstücke als Kristallisationskeime dienen. Dies kann man auch ganz gezielt herbeiführen, indem man auf dem Substrat Nukleationskeime abscheidet. Dazu kann u.a. Nanodiamant (Kap. 5) verwendet werden, aber auch Buckminsterfulleren C_{60} (Kap. 2) hat sich als geeignet erwiesen.

Durch die strukturierte Beschichtung mit Inhibitoren, z.B. durch eine Maske hindurch, kann man auf einem Substrat Diamant gezielt in bestimmten Bereichen abscheiden. Nach anschließender Entfernung der Inhibitorschicht entstehen strukturierte Diamantfilme (Abb. 6.19), die besonders für elektronische Anwendungen von Interesse sind.

6.3.3 Herstellung von UNCD

Ein weiteres Diamantfilm-Material hat in letzter Zeit große Aufmerksamkeit erfahren. Dabei handelt es sich um den sog. ultrananokristallinen Diamant (engl. *ultrananocrystalline diamond, UNCD*). Dieser besteht aus extrem kleinen Kristalliten von nur 2-5 nm Durchmesser, deren Eigenschaften zu einem großen Teil von den Korngrenzen bestimmt werden.

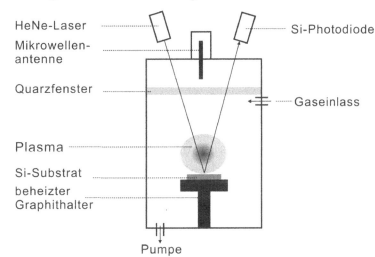

Abb. 6.20

Herstellung von UNCD-Filmen durch Mikrowellen-CVD.

Gruen und Mitarbeitern gelang die Herstellung durch eine Modifizierung einer typischen Mikrowellen-CVD-Methode (Abb. 6.20). Neben der Kohlenstoffquelle und einer gewissen Menge Wasserstoff wird dem Gasstrom Argon als verdünnendes Inertgas beigemischt. Je mehr Argon das Gemisch enthält, desto kleiner fallen die erhaltenen Kristallite aus – ein Effekt, der sich stufenlos steuern lässt. Als Kohlenstoffquelle kommen Methan, Acetylen, Anthracen und C_{60} in Frage. Letzteres gab den eigentlichen Anstoß zu dieser Methode. Man stellte fest, dass Buckminsterfulleren nicht atomar, sondern in Form von C_2-Bausteinen verdampfte, was zu der Vermutung Anlass gab, dass sich hieraus ein völlig neuer Abscheidungsmechanismus aus der Gasphase ergeben könnte. In der Tat beobachtet man bei der Umsetzung die Insertion dieser Kohlenstoffdimere in π-Bindungen einer rekonstruierten Diamantoberfläche (Abb. 6.21). Das Wachstum kann also auch ohne die Absättigung der *dangling bonds* durch Wasserstoff erfolgen. Die Dimere entstehen im Fall von Methan aus intermediär gebildetem Acetylen. Die Dimerbildung wird im Plasma erreicht, wobei auch Kollisionen mit angeregten Argonspezies eine Rolle spielen.

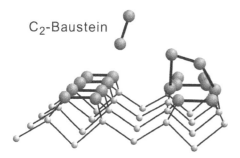

C$_2$-Baustein

Abb. 6.21

Mechanismus der Abscheidung von nanokristallinen Diamantfilmen.

Im Gegensatz zur normalen CVD-Abscheidung kommt es aufgrund der geringen Absättigung der Diamantoberflächen mit Wasserstoff nicht zur Verdampfung der kleinsten Cluster in Form von kohlenwasserstoffartigen Strukturen, was zu einer Anreicherung größerer Kristallite in den üblichen Diamantfilmen führt (also eine Art „Überleben des Stärksten"). Im Fall der UNCD-Synthese kann man eher vom Prinzip „der Kleinste überlebt" sprechen, da aufgrund des besonderen Mechanismus die Bildung kleiner Cluster gefördert wird. Die C$_2$-Bausteine insertieren z.T. nur mit einem Kohlenstoffatom in die Oberflächen-π-Bindungen. Damit steht das andere C-Atom für die Nukleation eines weiteren Kristallites bereit, der aufgrund des Wasserstoffmangels trotz seiner zunächst verschwindend geringen Größe nicht verdampft. Es bildet sich an dieser Stelle dann eine Korngrenze aus. Die Nukleationsrate ist mit 10^{10} cm^{-2} um mehrere Größenordnungen im Vergleich zu normalen CVD-Verfahren erhöht und führt bei einem konstanten Angebot von Kohlenstoff im Gasstrom zu einer sehr großen Anzahl sehr kleiner Kristallite.

An der Oberfläche der einzelnen Partikel, aus denen der Film aufgebaut ist, findet eine Rehybridisierung statt, was auf die nötige Absättigung verbliebener freier Bindungsstellen zurückzuführen ist. Da etwa 10 % der Atome des Films in den zwei bis vier Atomlagen starken Korngrenzen liegen, sorgt dies für signifikante Unterschiede in den physikalischen Eigenschaften dieser Filme im Vergleich zu mikrokristallinen Filmen. Besonders deutlich wird das bei der beobachteten Oberflächenleitfähigkeit, die ausschließlich auf die Existenz der rehybridisierten Korngrenzen zurückgeht.

6.3.4 Weitere Methoden zur Herstellung von Diamantfilmen

Obwohl die in Kap. 6.3.1 beschriebenen CVD-Verfahren den Großteil der Diamantfilmherstellung ausmachen, existieren doch noch einige weitere erwähnenswerte Methoden, die ebenfalls geeignet sind, Diamantfilme zu erzeugen. Dazu zählt u.a. die Verbrennungsmethode (engl. *flame combustion method*). Bei der Apparatur handelt es sich im Wesentlichen um einen modifizierten Schweißbrenner, in dem Kohlenwasserstoffe bei Normaldruck verbrannt werden (Abb. 6.22). Als Kohlenstoffquelle kommt insbesondere Acetylen zum Einsatz, aber auch die Verbrennung von Ethan, Methan, Ethylen oder Methanol liefert Diamantfilme. Dem Gasstrom wird für die Verbrennung Sauerstoff beigemischt. Das kohlenwasserstoffreiche Gemisch verbrennt allerdings nicht vollständig, so dass auch in der Abscheidungszone Kohlenwasserstoffmoleküle vorhanden sind.

Das Substrat wird im Flammenkegel, in der sog. Feder positioniert, wo die Abscheidung von Diamant aufgrund der hohen Konzentration an atomarem Wasserstoff besonders gut abläuft. Dieser stammt aus der Zersetzung des Kohlenwasserstoffs in anderen Bereichen der Flamme.

Da letztere eine sehr hohe Temperatur (bis zu 3000 °C) aufweist, muss das Substrat unbedingt auf die gewünschte Temperatur, meist 800-1200 °C, gekühlt werden. Mit Hilfe der Flammenmethode gelingt die Abscheidung von Diamant mit hohen Wachstumsraten, zudem macht der einfache und flexible Aufbau ohne Einsatz von teuren Vakuumsystemen dieses Verfahren für einen routinemäßigen Einsatz attraktiv. Allerdings wird in die Filme eine gewisser Anteil Stickstoff eingebaut, der aus der umgebenden Atmosphäre stammt und durch Diffusion in die Flamme gelangt.

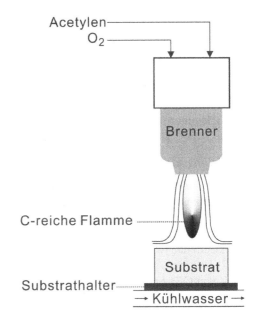

Abb. 6.22

Herstellung von Diamantfilmen durch Verbrennung von Acetylen.

Eine weitere Methode wurde Mitte der siebziger Jahre vorgestellt. Durch den Beschuss eines Substrats mit Kohlenstoffionen konnte man ebenfalls Diamantfilme abscheiden. Dabei werden die Kohlenstoffionen aus einer Funkenentladung zwischen Kohleelektroden extrahiert. Der resultierende positive Ionenstrahl wird im Vakuum ($\sim 10^{-6}$ Torr) in einem elektrischen Feld zwischen Austrittsöffnung und Substrat auf 50-100 eV beschleunigt. Diese Energie reicht nicht zur Implantation der Ionen in das Substratmaterial aus, sorgt aber für eine hohe Oberflächenmobilität der Kohlenstoffatome. Die kinetische Energie der Kohlenstoffatome kann durch das Potential am Substrat gesteuert werden. Die erzeugten Filme können aus bis zu 5 µm großen Inseln bestehen, die aus Partikeln von 50-100 Å Durchmesser aufgebaut sind. Die Wachstumsrate ist mit 20 µm h^{-1} recht zufrieden stellend. Als Substrate eignen sich u.a. Siliciumeinkristalle, Stahl, aber auch Glas.

6.4 Physikalische Eigenschaften von Diamantfilmen

Die physikalischen Eigenschaften von Diamantfilmen entsprechen in großen Teilen denen des makroskopischen Materials. Lediglich Oberflächeneffekte und eine eventuelle Dotierung sorgen für signifikante Unterschiede zum *bulk*-Diamant. Man nutzt die spektroskopischen

Eigenschaften, um die erhaltenen Diamantfilme zu charakterisieren, ihre Qualität zu untersuchen und vorhandene Defekte und Verunreinigungen zu identifizieren. Im Folgenden werden vorrangig nur diejenigen Eigenschaften diskutiert, die Unterschiede zum *bulk*-Verhalten des Diamant aufweisen. Außerdem findet man weitere Aspekte im Kapitel zu den physikalischen Eigenschaften von Nanodiamant (Kap. 5.4), der insbesondere mit dem sog. ultrananokristallinen Diamant einige charakteristische Gemeinsamkeiten aufweist.

6.4.1 Spektroskopische Eigenschaften von Diamantfilmen

Aus der Untersuchung der spektroskopischen Eigenschaften von Diamantfilmen kann man zahlreiche Hinweise auf deren Struktur gewinnen. Besonders die *Raman*-Spektroskopie, XRD und EELS geben wertvolle Informationen. Andere Methoden, wie z.B. die IR-Spektroskopie und XPS, geben Aufschluss über die Oberflächenstruktur. Ergänzt werden diese Techniken durch mikroskopische Methoden, z.B. AFM und STM, so dass auch die Oberflächenmorphologie der Filme genau untersucht werden kann.

6.4.1.1 Infrarot- und Raman-Spektroskopie

Infrarotspektren von Diamantfilmen werden in der Regel als Reflexionsspektren aufgenommen; freistehende Filme können natürlich auch in Transmission untersucht werden. Die erhaltenen Spektren geben Auskunft über vorhandene Oberflächengruppen, aber auch über Fremdatome im Diamantgitter, die charakteristische Schwingungen aufweisen. Die im Infrarotspektrum nachweisbaren funktionellen Gruppen auf der Oberfläche wurden bereits in Kap. 5.4.1.2 diskutiert. Für Diamantfilme ist die Feststellung des Oberflächenzustandes (Anwesenheit von C-H-Schwingungen oder Carbonyl- bzw. Etherbanden) von besonderem Interesse (Abb. 6.23a). Man findet im Infrarotspektrum von Diamantfilmen auch Banden, die inhärenten Diamantschwingungen zuzuordnen sind. Dabei wird die Einphononen-Schwingung nicht beobachtet, da bei dieser Schwingung kein Dipol induziert wird und sie daher symmetrieverboten ist. Die Zwei- und Dreiphononenbanden können bei 1670-2500 cm^{-1} bzw. 3700 cm^{-1} beobachtet werden. Sind Verunreinigungen im Diamantgitter vorhanden, so wird die Kristallsymmetrie verändert und die nunmehr erlaubte Einphononenbande erscheint bei 1000-1400 cm^{-1}.

Zusätzliche Peaks im IR-Spektrum werden durch Defektatome erzeugt. So resultiert aus der Dotierung mit isolierten Stickstoffatomen z.B. eine Bande bei 1130 cm^{-1}, und für isolierte Boratome beobachtet man u.a. Banden bei 900-1330 cm^{-1} und im Bereich um 2800 cm^{-1}. Insbesondere bordotierte Filme, die z.B. für elektrochemische Anwendungen von großem Interesse sind, zeigen eine Vielzahl charakteristischer Banden im IR-Spektrum, die auf verschiedene Bordefekte zurückzuführen sind (Abb. 6.23b).

Wie bereits in den vorangegangenen Kapiteln deutlich wurde, eignet sich die *Raman*-Spektroskopie ganz hervorragend zur Charakterisierung unterschiedlicher Kohlenstoff-Materialien. Insbesondere die Tatsache, dass sp^2- und sp^3-hybridisierter Kohlenstoff deutlich unterscheidbare Signale liefern, macht die *Raman*-Spektroskopie zu einem leistungsfähigen Werkzeug zur Bestimmung der Phasenreinheit und anderer struktureller Merkmale sowohl in der *bulk*-Phase als auch in den Korngrenzen.

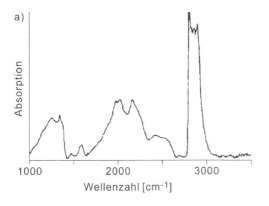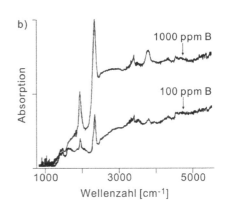

Abb. 6.23 IR-Spektren eines undotierten Diamantfilms (a, © Amer. Vac. Soc. 1992) und bordotierter Diamantfilme (b, © AIP 1995).

Je nach Art des vorhandenen Kohlenstoffs liegen die Banden bei unterschiedlichen Wellen-zahlen. Charakteristisch für den Diamant ist seine Bande erster Ordnung bei 1332 cm^{-1}, die auf die Schwingung der sich durchdringenden kubischen Gitter zurückzuführen ist. Je nach Struktur und Qualität des untersuchten Films treten weitere Signale für sp^2-hybridisierten Kohlenstoff und durch ungeordnete Bereiche hervorgerufene Peaks auf (Abb. 6.24). Dabei gelten für die weiteren auftretenden Banden die in Kapitel 3.4.5.1, 4.4.4.1 und 5.4.1.1 ge-machten Angaben auch für die Signallage in Diamantfilmen. Tabelle 6.2 zeigt noch einmal einen Überblick über die wichtigsten Signale und ihren Ursprung.

Abb. 6.24

Raman-Spektren eines wenig (a) und eines stärker sp^2-haltigen Dia-mantfilms (b). © MRS 1996

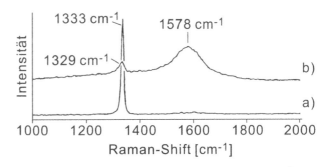

Man beobachtet dabei eine starke Abhängigkeit der relativen Signalintensitäten der sp^3- und sp^2-Anteile von der Wellenlänge des zur Anregung verwendeten Lasers. Allgemein gilt, dass bei niedriger Wellenlänge die Empfindlichkeit für das Diamantsignal sehr viel höher ist als bei langwelliger Anregung, was auf eine Verringerung des *Raman*-Streuungsquerschnitts des sp^2-Kohlenstoffs bei niedrigeren Anregungswellenlängen zurückzuführen ist. Bei Anregung im UV verschwindet außerdem die D-Bande für ungeordnetes Material und der Photolumi-neszenzhintergrund des Spektrums nimmt stark ab. Um die Existenz von Diamant in einem Film nachzuweisen, eignet sich daher die Anregung bei z.B. 254 nm (4,88 eV) oder 228 nm (5,44 eV) besonders gut. Will man dagegen prüfen, ob ein Diamantfilm frei von sp^2-hybridisiertem Kohlenstoff ist, muss man im Infraroten anregen (Abb. 6.25).

Tabelle 6.2 Typische *Raman*-Signale für Diamantfilme

Wellenzahl [cm^{-1}]	Charakterisierung
1140	amorpher sp^3-Kohlenstoff (T-Bande)
1315-1325	hexagonaler Kohlenstoff (*Lonsdaleit*)
1332	Diamantsignal
1355	D-Bande, mikrokristalliner Graphit, ungeordneter sp^2-Kohlenstoff
1500	amorpher sp^2-Kohlenstoff
1580	Graphit (G-Bande)

Auch die Charakterisierung von ultrananokristallinen Diamantfilmen mit einem hohen Korngrenzenanteil profitiert von der Anwendung der *Raman*-Spektroskopie, da auf diese Weise der sp^2-Anteil der Probe recht genau bestimmt werden kann. Neben der bereits erwähnten Abhängigkeit von der Anregungswellenlänge besitzt auch die Größe der einzelnen Kristallite einen Einfluss auf die Lage und Form der *Raman*-Signale. So beobachtet man bei sinkender Teilchengröße eine Verschiebung des Diamantsignals zu niedrigeren Wellenzahlen und gleichzeitig eine Verbreiterung der Signalform. Bei Anregung außerhalb des UV-Bereichs ist das Diamantsignal neben den Banden der Korngrenzen jedoch meist gar nicht nachzuweisen, so dass man für die Charakterisierung von UNCD-Filmen auf die UV-*Raman*-Spektroskopie angewiesen ist (Abb. 6.26).

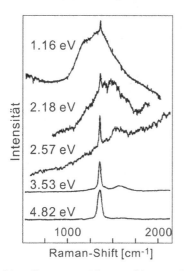

Abb. 6.25

Abhängigkeit der *Raman*-Signalintensitäten von der Anregungswellenlänge (1.16 eV – 4.82 eV).
© Royal Soc. 2004

Die Signallage von Diamantfilmen wird auch durch vorhandene Spannungen im Film beeinflusst. Diese Verzerrungen resultieren aus der Wechselwirkung mit dem Substrat. Auch Defekte und Fremdatome liefern Banden im *Raman*-Spektrum. Exemplarisch sei hier die Bande bei 1344 cm^{-1} genannt, die von einem isolierten Stickstoffdefekt stammt. Für diesen Defekt hat man u.a. festgestellt, dass die Bande aus der Schwingung der umgebenden Kohlenstoffatome resultiert, während das Stickstoffatom am Ort verbleibt. Auch Bordotierung verursacht eine Veränderung des *Raman*-Spektrums. Es treten u.a. zwei zusätzliche Signale bei 500 und 1230 cm^{-1} auf, die jedoch nur bei Anregungswellenlängen oberhalb des UV-Bereichs sichtbar werden. Insgesamt ist der Effekt einer Dotierung auf das *Raman*-Spektrum eines Diamantfilms nur schwierig zu quantifizieren, da die Veränderungen eher von der Anzahl der tatsächlich vorhandenen Ladungsträger und nicht von der absoluten Menge der Fremdatome abhängt (diese beiden Werte sind in der Regel verschieden).

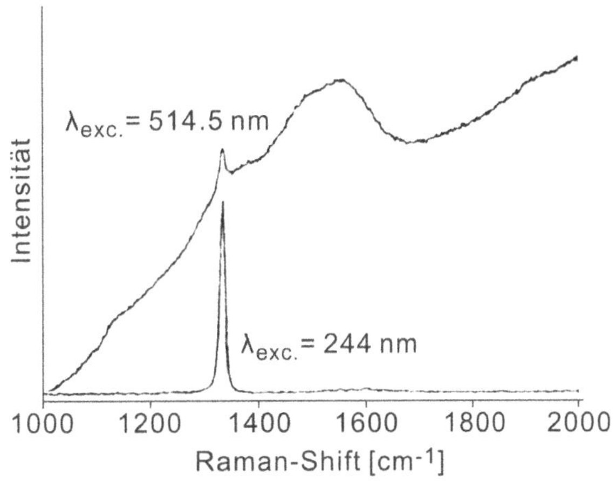

Abb. 6.26

Raman-Spektrum eines ultrananokristallinen Diamantfilms bei verschiedenen Anregungswellenlängen.
© Elsevier 2000

$\lambda_{exc.} = 514.5$ nm

$\lambda_{exc.} = 244$ nm

6.4.1.2 Optische Eigenschaften von Diamantfilmen

Die optischen Eigenschaften von Diamantfilmen wurden ebenfalls recht ausführlich untersucht. Im Bereich von etwa 220 bis 1000 nm des Spektrums zeigt reiner Diamant keinerlei Absorption. Diese Transparenz macht ihn zu einem attraktiven Material für spektroskopische Anwendungen (z.B. Fenster und Linsensysteme für Spektrometer).

Erst unterhalb von 220 nm beginnt die Bandlücken-Absorption des Materials. Allerdings sorgt die Existenz von Defekten, z.B. Fremdatomen oder sp^2-Kohlenstoff (z.B. auf einer rekonstruierten Oberfläche oder in Korngrenzen) für weitere Zustände in der Bandlücke, so dass auch Strahlung mit größerer Wellenlänge absorbiert werden kann (Abb. 6.27). Bei Absorption im sichtbaren Bereich des Spektrums ergibt sich daraus eine für die Art des Defekts charakteristische Farbe, z.B. gelblich-grün für stickstoffdotierten oder bläulich für bordotierten Diamant. Neben der Absorption durch Defekte wie π-Bindungen agieren die Korngrenzen auch als Streuzentren für das Licht. Zusätzlich spielt der sehr hohe Brechungsindex des Diamanten eine Rolle, so dass z.B. Filme mit sp^2-Anteil und kleinen Kristalliten eine dunkelgraue Farbe aufweisen.

Auch die Lumineszenzeigenschaften von Diamantfilmen werden stark durch die Existenz von Defekten beeinflusst. Zwar ist auch die Anregung über die Bandlücke hinweg möglich, erfordert jedoch eine hohe Energiemenge. Die Anregung kann durch (Laser-)Licht, ein elektrisches Feld oder durch Einsatz eines Elektronenstrahls erreichen werden. Man nennt die beobachteten Phänomene Photolumineszenz, Elektrolumineszenz und Kathodenlumineszenz. Die mit diesen Methoden erhaltenen Spektren ähneln einander stark. Die neben den breiten Banden beobachteten scharfen Peaks im Lumineszenzspektrum stammen von diskreten Übergängen, die durch in das Gitter eingebaute Fremdatome verursacht werden (s.a. Kap. 5.4.1.4). Tabelle 6.3 listet einige der häufigeren Defekte im Diamantgitter mit ihren zugehörigen Lumineszenzwellenlängen auf.

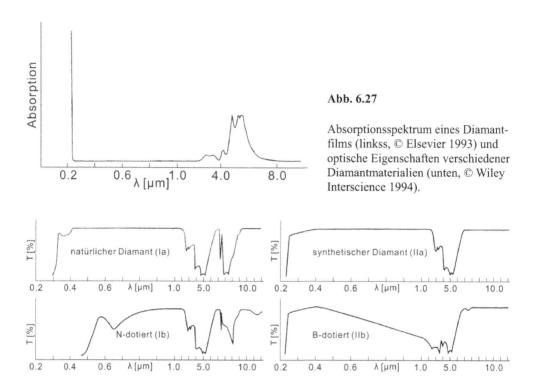

Abb. 6.27

Absorptionsspektrum eines Diamantfilms (linkss, © Elsevier 1993) und
optische Eigenschaften verschiedener
Diamantmaterialien (unten, © Wiley
Interscience 1994).

Daneben findet man breite Banden die jeweils einem Bereich von Übergängen zugeordnet
werden können. Besonders zu nennen sind die von Dislokationen hervorgerufene „blaue A-
Bande" (engl. *blue band A*) bei etwa 435 nm (~ 2,85 eV) und die „grüne A-Bande" (engl.
green band A) bei etwa 563 nm (~ 2,2 eV), die vermutlich auf Bordotierung zurückgeht.

Tabelle 6.3 Lumineszenz von Gitterdefekten im Diamant

Energie [eV]	Wellenlänge [nm]	Name, Charakterisierung
4.582	270	interstitieller Kohlenstoff
2.985	415	N_3-Signal, N_3-V (V = *vacancy* = Fehlstelle)
2.85	435	blaue Bande A (breite Bande), Dislokationen
2.2	563	grüne Bande A (breite Bande), Bor(?)
2.156	575	einzelnes N-V
1.682	737	Silicium
1.673	741	GR1, neutrale Fehlstelle V

6.4.1.3 XRD, XPS und EELS von Diamantfilmen

Die Untersuchung von Diamantfilmen mittels Röntgenbeugung (XRD) liefert wichtige Informationen über die Struktur des abgeschiedenen Materials. Anhand der charakteristischen Reflexe (Abb. 6.28) des Diamantgitters kann dieses eindeutig nachgewiesen werden. Des Weiteren ermöglicht die An- oder Abwesenheit von Signalen des sp^2-Kohlenstoffs eine Aussage über die Reinheit des Films. Aus der Signalbreite der Diamantreflexe kann auf die durchschnittliche Teilchengröße der einzelnen Kristallite geschlossen werden, was insbesondere für nanokristalline Diamantfilme von Bedeutung ist.

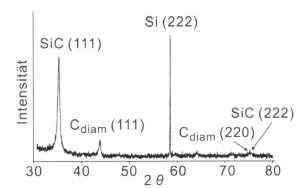

Abb. 6.28

XRD-Spektrum eines Diamantfilms auf Silicium-Substrat (© AIP 1992).

Allerdings wurde die Qualitätskontrolle der Diamantfilme durch Röntgenbeugung inzwischen weitgehend durch die *Raman*-spektroskopische Untersuchung ersetzt. Diese ermöglicht eine weitaus empfindlichere und zudem besser ortsaufgelöste Strukturbestimmung der Diamantmaterialien und evtl. Verunreinigungen.

Eine ebenfalls gut geeignete Methode für die Reinheitsprüfung eines Diamantfilms stellt die Röntgen-Photoelektronen-Spektroskopie (XPS) dar. Hier wird insbesondere die Oberfläche des Materials untersucht, da nur Photoelektronen aus den obersten Atomlagen aus dem Material heraus gelangen. Jedes Element zeigt charakteristische Signale, so dass auch die Dotierung mit Fremdatomen bestimmt werden kann. So eignet sich XPS sehr gut zur Oberflächenanalyse von Diamantfilmen. Insbesondere die auf der Oberfläche vorhandenen Strukturen wie Rekonstruktionen oder funktionelle Gruppen lassen sich mit Hilfe der charakteristischen XPS-Signale identifizieren. Das C(1s)-Signal in Abb. 6.29 kann z.B. in verschiedene Komponenten zerlegt werden, die unterschiedlich gebundenen Kohlenstoffatomen zuzuordnen sind. Den Hauptanteil bildet das Signal bei 284,5 eV, welches zu an Kohlenstoff- bzw. Wasserstoffatome gebundenen Kohlenstoffatomen gehört. Daneben existieren auf Diamantfilmen auch C-O- und C=O-Bindungen, die sich in Signalen bei 285,8 und 286,9 eV manifestieren. Die Existenz von Doppelbindungen, z.B. von Oberflächendimeren, wird durch ein π-π^*-Signal bei 289,2 eV belegt. Neben dem C(1s)-Signal sind natürlich auch die Signale anderer auf dem Film vorhandener Elemente von Interesse. So kann im O(1s)-Spektrum die bereits im C(1s)-Spektrum nachgewiesene C-O-Bindung durch ein Signal bei 532,8 eV bestätigt werden. Bei Funktionalisierung des Diamantfilms mit Substituenten, die charakteristische Elemente tragen, kann der Nachweis einer erfolgreichen Anbindung ebenfalls durch XPS erfolgen. So wurden für perfluoralkylierte Diamantfilme F(1s)-Spektren aufgenommen, die die erwarteten Signale für Fluoralkylgruppen zeigten (Abb. 6.38).

Die XPS eignet sich daneben auch zur Bestimmung der Bindungsverhältnisse zwischen Substrat und den ersten Lagen des Diamantfilms, wenn man das Diamantwachstum in diesem Nukleationsstadium abbricht. Auf diese Weise konnte nachgewiesen werden, dass sich zwischen vielen Substraten, z.B. Silicium, und dem Diamantfilm eine Carbidschicht ausbildet (Abb. 6.29). Für metallische Substrate wurde eine dünne Graphitschicht gefunden, auf welcher dann der Diamant zu wachsen beginnt. Auch Kohlenwasserstoffe auf der Oberfläche wurden in diesem frühen Wachstumsstadium gefunden, was Aufschluss über den Keimbildungsmechanismus (s. Kap. 6.3.2) gibt. Der Einfluss von Sauerstoff auf die Diamantnukleation konnte ebenfalls mittels XPS untersucht werden. So fand man, dass die Anwesenheit von Sauerstoff die Bildung des Graphitfilms auf einem Metallsubstrat unterbindet und gleichzeitig die Diamantnukleationsrate signifikant abnahm.

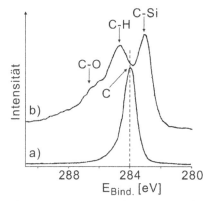

Abb. 6.29

XPS-Spektren eines Diamantfilms, a) an der Filmoberfläche, b) an der Phasengrenze zum Substrat (© AIP 1994).

Die Elektronen-Energie-Verlustspektroskopie, kurz EELS, eignet sich insbesondere, um den Bindungszustand in Kohlenstoffmaterialien festzustellen. Wie bereits in den Kapiteln zu Nanoröhren, Kohlenstoffzwiebeln und Nanodiamant erwähnt, weisen sp^2- bzw. sp^3-hybridisierter Kohlenstoff typische Signallagen auf. Für die Untersuchung von Diamantmaterialien liefern beide Bereiche des EEL-Spektrums wertvolle Aussagen. Im Bereich geringer Verluste von 0-50 eV sind besonders die σ-Plasmonen-Signale für das *bulk*-Plasmon bei 30-34 eV und für das Oberflächenplasmon bei 23 eV zu nennen (Abb. 6.30). Ein bei 6-7 eV auftretendes π-Plasmonen-Signal deutet auf die Anwesenheit von Doppelbindungen hin und ist in Diamantfilmen mit abgesättigter Oberfläche nicht vorhanden.

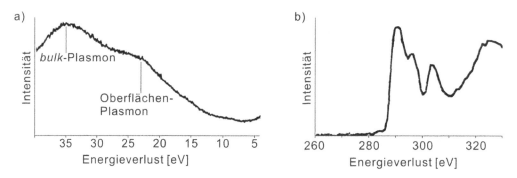

Abb. 6.30 a) *low loss*-Verlustspektrum (© Elsevier 2005) und b) *core loss*-Verlustspektrum eines Diamantfilms (© Nature Publ. Group 1993).

In der *core loss*-Region des Spektrums kann aus der Lage der K-Kante auf die Existenz von graphitischem Material in der Probe geschlossen werden. Das Signal für den Übergang aus dem 1s-Orbital des Kohlenstoffs in ein unbesetztes π^*-2p-Orbital bei 285 eV wird nur für graphitischen Kohlenstoff beobachtet. Der Anstieg für den C 1s$\rightarrow\sigma^*$-2p-Übergang des sp^3-hybridisierten Kohlenstoffs findet erst bei 290 eV statt. Die Existenz sp^2-hybridisierter Bereiche, z.B. an der Phasengrenze zwischen Substrat und Diamantfilm, kann mit Hilfe der STEM-Technik auch örtlich aufgelöst untersucht werden, so dass man einen Eindruck von der Art der Bindung in verschiedenen Bereichen eines Diamantfilms gewinnen kann. Auch Defekte wie Dislokationen lassen sich aufgrund ihrer Auswirkungen auf die Signallage im Verlustspektrum nachweisen. Hier ist der Effekt besonders stark, wenn der Elektronenstrahl senkrecht zur Linienrichtung des Defektes orientiert ist.

6.4.2 Elektronische Eigenschaften von Diamantfilmen

Einen wesentlichen Antrieb für die schnelle Entwicklung der Technologien zur Herstellung qualitativ hochwertiger Diamantfilme lieferten ihre prognostizierten hervorragenden elektronischen Eigenschaften. Sowohl für die Anwendung in elektronischen Bauteilen als Halbleitermaterial als auch für den Einsatz in Feldemissions-Anwendungen erschien Diamant als das Material der Zukunft. In den folgenden beiden Abschnitten werden einige der grundlegenden Eigenschaften vorgestellt. Für eine detailliertere Abhandlung sei auf die zahlreich erschienenen Übersichtsartikel und Monographien verwiesen (s. Anhang zur Literatur).

6.4.2.1. Elektrische Leitfähigkeit von Diamantfilmen

Diamant ist als reines Material ein sehr guter Isolator. Aufgrund seiner großen Bandlücke von 5,46 eV ist es praktisch unmöglich, Ladungsträger durch thermische Anregung zu erzeugen. Selbst bei 700 K beträgt die Bandlücke immer noch 5,34 eV. Die intrinsische Ladungsträgerkonzentration bei Raumtemperatur ist mit 10^{-27} cm^{-3} so gering, dass in einem erdballgroßen Diamanten nur ein einziges Elektron-Loch-Paar vorhanden wäre! Der experimentell ermittelte Widerstand von Diamant beträgt etwa 10^{16} Ω cm. Im Fall eines dotierten Diamantmaterials wird also die intrinsische Leitfähigkeit das elektronische Verhalten des Bauteils nicht stören.

Bei der Messung des spezifischen Widerstands von Diamantfilmen erreichte man zunächst mit nur 10^6 Ω cm einen viel geringeren Widerstand als erwartet. Durch Tempern konnte dieser auf 10^{13}-10^{14} Ω cm gesteigert werden. Einbringen dieses thermisch behandelten Diamantfilms in ein Wasserstoffplasma führte erneut zu einem Wert von 10^6 Ω cm. Es wurde also schnell klar, dass bestimmte Strukturen in der Filmoberfläche für die gegenüber *bulk*-Diamant deutlich erhöhte Leitfähigkeit verantwortlich sind.

Die sog. Oberflächenleitfähigkeit wurde ausführlich untersucht. Sie beträgt für wasserstoffabgesättigte Filme etwa 10^{-4}-10^{-5} Ω^{-1} und wird durch eine Ladungsträgerkonzentration von etwa 10^{13} cm^{-2} in der Filmoberfläche verursacht. Als Ladungsträger wurden nicht Elektronen, sondern in der Oberfläche akkumulierte Löcher identifiziert. Welche Ursachen führen nun zur Abreicherung der Elektronen in den oberflächennahen Bereichen? Wesentlich für das Auftreten der vorhandenen Leitfähigkeit ist die Absättigung mit Wasserstoff. Allerdings treten die beobachteten Werte erst auf, wenn der Film auch mit Luft in Kontakt gekommen ist. Daher wurde postuliert, dass die sich durch Luftkontakt bildende Adsorbatschicht, die im Wesentlichen aus Wasser besteht, eine Rolle für die Akkumulation von Löchern in der Filmoberfläche spielt. Die ablaufende Reaktion *6.1* verbraucht unter Bildung von elementarem Wasserstoff Elektronen aus dem Diamantmaterial, was die Elektronenabreicherung erklärt.

$$2\,H_3O^+ \;+\; 2\,e^- \;\rightarrow\; H_2 \;+\; 2\,H_2O \tag{6.1}$$

Die Triebkraft dieser Reaktion ist die Differenz zwischen dem chemischen Potential μ_e der Elektronen in der wässrigen Adsorbatschicht und dem *Fermi*-Niveau E_F im Diamant. Solange $\mu_e < E_F$, treten unter Ablauf der Reaktion *6.1* Elektronen aus der Diamantoberfläche über. Sobald $\mu_e = E_F$, ist das Gleichgewicht erreicht. Dadurch entsteht eine Raumladung in der obersten Schicht des Diamantfilms, welche zum sog. *surface band bending* führt (Abb. 6.31).

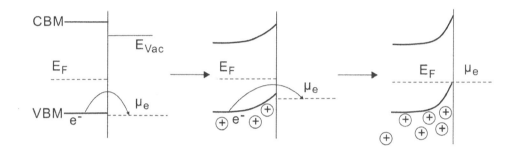

Abb. 6.31 Oberflächenleitfähigkeit von Diamantfilmen durch *surface band bending* (© APS 2000).

Dies gilt jedoch nur für hydrierte Oberflächen. Besitzt der Diamant eine andere Oberflächenstruktur, treten auch andere Effekte in den Vordergrund. So besitzen rekonstruierte Oberflächen π-Bindungen, die auf jeder der wesentlichen Kristallflächen unterschiedlich angeordnet sind (s. Kap. 6.2.2). Die auf den (100)-Flächen vorhandenen Oberflächendimere sorgen z.B. für die Aufspaltung der entsprechenden Orbitale in ein π und ein π*-Orbital. Die Bandlücke beträgt hier immerhin noch 1,3 eV. Da sich die π-Orbitale energetisch innerhalb des Valenzbandes befinden, kann es nicht zu einem Ladungsaustausch mit dem im Inneren des Films befindlichen Diamant kommen, so dass kein *surface band bending* beobachtet wird. Anders sieht die Lage für die (111)- und (110)-Flächen aus. Die π-Bindungen sind hier kettenförmig angeordnet, und man erwartet entlang dieser Ketten metallisches Verhalten. Die bisherigen experimentellen Ergebnisse sind jedoch zum Teil widersprüchlich, und eine abschließende Aussage ist noch nicht möglich.

Nanokristalline Diamantfilme zeigen ebenfalls häufig eine bemerkenswerte Leitfähigkeit, die insbesondere auf den großen Anteil der in Korngrenzen befindlichen Atome zurückzuführen ist. Die sp^2-hybridisierten Kohlenstoffatome sorgen für elektronische Zustände innerhalb der Bandlücke des Diamanten, die z.B. für die sog. *hopping conductivity* sorgen, also eine durch Springen von einem Zustand zum nächsten verursachte Leitfähigkeit.

Die Dotierung der Diamantfilme mit Fremdatomen verursacht dramatische Veränderungen der elektronischen Eigenschaften. Aus dem Isolator bzw. Halbleiter mit weiter Bandlücke kann durch Ersetzen eines Teils der Kohlenstoffatome durch andere Elemente gute Halbleitung oder sogar eine mit Metallen vergleichbare Leitfähigkeit erreicht werden. Diese Eigenschaft wurde recht früh in der Geschichte der Diamantfilme erkannt, und es wurden zahlreiche Versuche zur Dotierung unternommen. Die Herstellung dotierter Filme kann entweder durch Co-Abscheidung oder durch Ionenimplantation (hier Einschränkungen durch Beschädigung des Diamantfilms) erfolgen. Die für andere Materialien wie Silicium häufig angewandte Diffusionsdotierung kann aufgrund der geringen Diffusivität der meisten Elemente in Diamant nicht zum Einsatz kommen. Bei erfolgreicher Dotierung ermöglichen die in die Bandlücke des Diamanten eingebrachten zusätzlichen elektronischen Zustände die Umwandlung des Materials in einen Halbleiter mit verringerter Bandlücke, so dass die Ladungsträger bei Raumtemperatur entsprechend angeregt sein können.

Erste Experimente zur p-Dotierung mit Aluminium brachten keine allzu ermutigenden Ergebnisse, man fand dann jedoch, dass sich Bor hervorragend als Element für die p-Dotierung des Diamanten eignet. Bor ist ein Akzeptor mit einem flachen Akzeptorniveau bei 0,37 eV oberhalb des Valenzbandminimums. Für dotierte Filme beobachtet man je nach Bor-Konzentration klassisches Halbleiterverhalten bzw. ab einer gewissen Konzentration metallähnliche Eigenschaften. Daher werden bordotierte Diamantfilme u.a als Elektrodenmaterial für elektrochemische Untersuchungen verwendet (s. Kap. 6.6).

Die Annahme, dass Stickstoff im Gegenzug das beste Element für eine n-Dotierung sei, konnte dann jedoch nicht bestätigt werden. Zwar handelt es sich beim Stickstoff um einen Donor, der ein tiefes Niveau bei 1,7 eV unterhalb des Leitungsband-Minimums besitzt, sein Einbau in das Gitter und die resultierenden elektronischen Eigenschaften ließen bisher jedoch keine erfolgreiche Anwendung zu. Erst in letzter Zeit ist es dann gelungen, Phosphor in das Diamantgitter einzubauen und seinen Einfluss auf die elektronischen Eigenschaften zu untersuchen. In der Tat handelt es sich bei phosphordotierten Diamantfilmen um n-Halbleiter. Der Phosphor schiebt 0,5 eV unterhalb des Leitungsbandminimums ein Niveau ein. Bis zu einer Dotierung von 10^{19} cm^{-3} werden die Ladungsträger wie in einem klassischen Halbleiter thermisch aktiviert, oberhalb davon bis zur maximalen Dotierung von etwa $5 \cdot 10^{19}$ cm^{-3} wird *hopping conductivity* beobachtet. Inzwischen ist es gelungen, aus bordotiertem und phosphordotiertem Diamant p-n-Elemente aufzubauen und ihre Eigenschaften zu charakterisieren.

6.4.2.2 Feldemission aus Diamantfilmen

Auch die Feldemissionseigenschaften von Diamantfilmen sind von großen Interesse (Abb. 6.32), z.B. für die Herstellung von Displays. Einige seiner Eigenschaften machen Diamant zu einem idealen Feldemitter-Material. Neben der geringen Elektronenaffinität sind dies seine große Härte, sein günstiges chemisches Verhalten, die hohe *Breakdown*-Feldstärke, seine gute Wärmeleitfähigkeit und nicht zuletzt die große Bandlücke, die ein Arbeiten bei hoher Leistung und bei hohen Temperaturen ermöglichen.

Aufgrund seiner großen Bandlücke nähert sich das Leitungsband des Diamanten dem Vakuum-Niveau an. Das führt dazu, dass die in das Leitungsband angeregten Elektronen die Diamantoberfläche verlassen können, da kein Potentialunterschied zwischen Leitungsband und Vakuumlevel besteht. In hydrierten Diamantfilmen beobachtet man sogar, dass das Leitungsband über das Vakuumniveau hinaus geht und so eine negative Elektronenaffinität des Diamantfilms entsteht. Sie sorgt für eine umso leichtere Emission von angeregten Elektronen aus dem Film.

Allerdings beobachtet man für nicht speziell behandelte Materialien insgesamt eher ungünstige Emissionseigenschaften. Dazu zählen die uneinheitliche Emitterstruktur, zufällig auf der Filmoberfläche verteilte Emissionsorte und ein eher inkonsistentes Emissionsverhalten. Dies äußert sich auch in den z.T. gemessenen Feldstärken von bis zu 10 V µm^{-1}, die für das Einsetzen der Emission benötigt werden. Durch eine Verbesserung der Oberflächenstruktur des Films kann diese Feldstärke auf 5 V µm^{-1} gesenkt werden (Abb. 6.33). Auch die Dotierung des Diamantfilms führt zum Absenken der *Onset*-Feldstärke auf bis zu 2,3 V µm^{-1}. Dabei eignen sich *n*-dotierte Filme naturgemäß besser als *p*-dotierte. Weiterhin spielt die Wahl des Substrats eine Rolle, da die Nachlieferung der Elektronen ja aus diesem erfolgen muss.

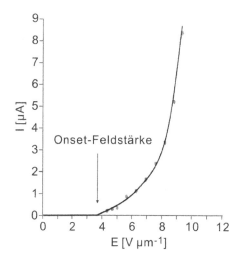

Abb. 6.32

Feldemission aus einem Diamantfilm. Emissionsstromstärke in Abhängigkeit von der angelegten Feldstärke.

6.4.3 Mechanische Eigenschaften von Diamantfilmen

Diamant ist für seine herausragenden mechanischen Eigenschaften wie seine große Härte und den geringen Reibungskoeffizienten seit langer Zeit bekannt. Daher liegt es nahe, auch die mechanischen Eigenschaften von Diamantfilmen zu untersuchen. In Abhängigkeit von der Filmmorphologie und der Partikelgröße in polykristallinen Filmen ergeben sich unterschiedliche mechanische Eigenschaften.

Wie bei allen Materialien besitzen die mechanischen Eigenschaften von Diamantfilmen chemische Ursachen. Bei dem der Reibung zugrunde liegenden Effekt handelt es sich um die Bildung und den Bruch von Bindungen zwischen den sich berührenden Flächen, während die Zerstörung und der anderweitige Aufbau von Bindungen innerhalb der einzelnen Oberflächen für die Abnutzung (engl. *wear*) verantwortlich ist. Dabei kommt den sog. *dangling bonds* an der Filmoberfläche eine besondere Bedeutung zu. Diese nicht abgesättigten Bindungsstellen werden entweder bei Bindungsbruch erzeugt oder aber durch Desorption von Adsorbaten freigesetzt. In ihrer großen Tendenz zur Absättigung ist die Ursache für die Ausbildung von Interphasenbindungen zu sehen.

Einen wesentlichen Einfluss auf die tatsächlichen Abrasionseigenschaften eines Materials übt seine Oberflächenrauigkeit aus, denn die Kräfte werden nur an den tatsächlichen Kontaktstellen übertragen. Je nach Herstellung können polykristalline Diamantfilme ganz unterschiedliche Rauigkeiten und Texturen aufweisen (Abb. 6.35). Aus der Filmoberfläche herausragende Spitzen einzelner Kristallite fungieren bevorzugt als Kontaktstellen. Da diese je nach Größe und Form der Partikel, die einen polykristallinen Film bilden, sehr klein ausfallen können, entstehen z.T. extrem hohe Belastungen an diesen Orten (Abb. 6.34). Die ganze Kraft liegt dann lokal auf diesen Spitzen, was zu plastischer Deformation oder aber Bruch führen kann. Durch Stoß oder Abscheren werden die Kristallitspitzen im Verlauf der Belastung abgestumpft. Die Reibung setzt sich aus mehreren Beiträgen zusammen, die von der Art des Films und der gewählten Gegenfläche abhängen. Wichtige Komponenten umfassen eine Art Pflügebewegung (das sog. *ploughing*) der harten Kristallitspitzen in der gegenüberliegenden Reibfläche, das Ansteigen von Spitzen aus den beiden Flächen gegeneinander (ein Effekt, der für Diamant sehr ausgeprägt ist), die Scherwirkung an Mikrokontakten sowie die plastische und elastische Deformation der Kristallitspitzen. Das *ploughing* spielt nur dann eine wichtige Rolle, wenn die Reibung an einer sehr viel weicheren Gegenfläche erfolgt. Schließlich bildet sich bei mechanischer Belastung ein tribologisches Gleichgewicht aus, so dass nach einer „Einfahrphase" die mechanischen Parameter und die Abnutzung konstant bleiben.

a)
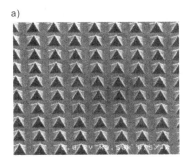
b)
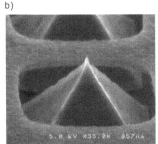
c)
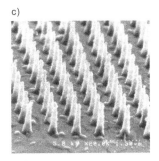

Abb. 6.33 Diamant-Emitterspitzen a) Array, b) mit Gate, c) Diamant-Nanospitzen (© Elsevier 2005).

Die Messung der tribologischen Eigenschaften von Diamantfilmen erweist sich aus mehreren Gründen als recht schwierig. Um einen Test zwischen zwei Diamantobjekten durchführen zu können, muss die Spitze oder Kugel des Tribometers ebenfalls mit Diamant beschichtet werden, was eine technologische Herausforderung darstellt. Verwendet man Spitzen mit geringerer Härte, so findet z.T. ein Materialtransfer von der Spitze auf die zu untersuchende Diamantfläche statt, so dass sich dort eine modifizierte Oberfläche mit veränderten mechanischen Eigenschaften ausbildet. Auch die Rauigkeit der Oberfläche lässt sich schwer messen und schwierig einstellen. Schließlich sorgen Adhäsionsprobleme am Substrat des Diamantfilms für einen weiteren zu kontrollierenden Parameter.

Die Werte für den Reibungskoeffizienten von Diamantfilmen schwanken sehr stark in Abhängigkeit von der Filmqualität und der Umgebung. In Luft wird ein Wert von 0,1 erhalten, während er im Vakuum auf 0,9 ansteigt. Ein Grund für diese dramatische Veränderung der tribologischen Eigenschaften von Diamant im Vakuum ist die Ausbildung von *dangling bonds* durch die Entfernung der Adsorbatschicht. Durch die Desorption nehmen sowohl Reibung als auch Abrieb zu. Dagegen beobachtet man mit einer geeigneten Oberflächenbelegung, z.B. mit gesättigten Kohlenwasserstoffen, einen deutlichen Rückgang der Reibung. Einen ähnlichen Effekt erzielt die partielle oder vollständige Graphitisierung bzw. Fluorierung der

Filmoberfläche. Letztlich dienen alle diese Verfahren dazu, die nicht abgesättigten Bindungsstellen zu passivieren, so dass keine Interphasenbindungen mehr erzeugt werden können.

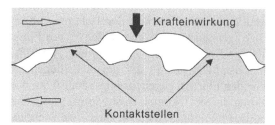

Abb. 6.34

Krafteinwirkung an den Kontaktstellen bei
Reibung zwischen zwei rauen Oberflächen.

Auch die Temperatur zeigt einen Einfluss auf die tribologischen Eigenschaften. Beim Erhitzen im Vakuum wird die Desorption der passivierenden Oberflächenschicht begünstigt, so
dass auch die Reibung stärker wird. An Luft kann eine Reaktion mit Elementen und Verbindungen aus der Umgebung stattfinden. Besonders Sauerstoff und Wasser, aber auch Wasserstoff reagieren bereitwillig mit entstehenden nicht abgesättigten Bindungsstellen. In Gegenwart von Sauerstoff besteht im Zuge dieser Reaktion sogar die Gefahr, dass das Material
verbrennt, was zunächst zu einer großen Verstärkung des Abriebs führt.

Insbesondere für einkristalline Diamantfilme, aber auch für polykristalline Materialien spielt
die Rekonstruktion der Diamantoberfläche eine wichtige Rolle. Die Existenz von π-
Bindungen auf der Diamantfläche legt eine Graphitisierung sehr nahe, was sich in einem
stark erniedrigten Reibungskoeffizienten bei sehr hohen Temperaturen (wenn die Graphitisierung signifikante Ausmaße annimmt) äußert.

Die mechanischen Eigenschaften von UNCD (*ultrananokristalliner Diamant*, s. Kap. 6.3.3)
sind durch die zahlreichen kleinen Kristallitspitzen gekennzeichnet, die aus der Oberfläche
herausragen. Insgesamt ist letztere deutlich homogener als in mikrokristallinen Diamantfilmen, was zu einer geringeren Reibung bei vergleichbarer Oberflächenstruktur führt. Außerdem enthält UNCD einen signifikant höheren sp^2-Kohlenstoffanteil in den Korngrenzen als
normaler *bulk*-Diamant. Dadurch werden die Reibungseigenschaften ebenfalls verändert, da
dann graphitisches Material einen Teil der Belastung aufnimmt.

Der Abrieb eines Diamantfilms wird durch einen hohen sp^2-Gehalt befördert. Korngrenzen in
UNCD stellen „Sollbruchstellen" dar und sorgen für vereinfachten Bruch im Film. Zum
spröden Verhalten trägt auch die relativ geringe Elastizität des Diamant bei. Außerdem werden die sp^2-Kohlenstoffatome bei Kontakt mit Luft leichter oxidiert, was zu Materialverlust
am Film führt, der infolge einer starken Abnutzung porös werden kann.

Interessante Ergebnisse hat es bei der Messung des *Young*-Moduls gegeben. Nanokristalline
Filme, die mit vielen Nukleationskeimen hergestellt wurden, besitzen einen *Young*-Modul
von etwa 1000 GPa, was dem Wert von freistehendem, polykristallinem Diamant bzw. mikrokristallinen Diamantfilmen sehr nahe kommt. Mit wenigen Keimen hergestellte Filme zeigen dagegen recht deutlich, dass die resultierende Oberflächenmorphologie die mechanischen
Eigenschaften negativ beeinflusst. Der *Young*-Modul beträgt hier nur 500 GPa.

Obwohl einkristalline Diamantfilme deutlich definiertere Eigenschaften besitzen, werden in
der Regel polykristalline Filme verwendet, da der hohe Preis für die einkristallinen Filme
einer technischen Anwendung im Wege steht. Um weiteres Material zu sparen, und da sich
die charakteristischen Eigenschaften des Diamanten auch in dünnen Schichten nicht wesent-

lich verändern, werden oft beschichtete Substrate verwendet, auf deren Oberfläche sich dann ein mikrometerstarker, ausgedehnter Film befindet (s. Kap. 6.6.1). Dabei wird die Haltbarkeit eines Diamantfilms gegenüber mechanischen Belastungen im Wesentlichen von zwei Faktoren beeinflusst. Dies sind das Delaminieren (Abschälen) des Films vom Substrat sowie der normale, graduelle Abrieb.

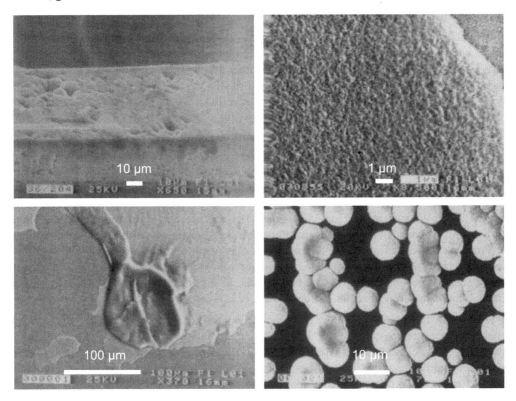

Abb. 6.35 Diamantfilme mit unterschiedlicher Morphologie.

Das Problem der mangelnden Adhäsion am Untergrund kann durch die Wahl eines geeigneten Substrats gemildert werden. Insbesondere Metalle, die Carbide bilden können, eignen sich hierfür. Carbidbildung allein genügt jedoch nicht, um sicher haftende Diamantfilme auf dem gewählten Substrat zu erhalten. So neigt z.B. ein Film, der auf Molybdän abgeschieden wurde, unter Stress zu spontanem Delaminieren. Daher ist für eine gute Adhäsion die Stressfreiheit des Films zu berücksichtigen. Eine Vielzahl von Faktoren macht den sog. Stress zu einer schwierig zu beurteilenden Größe. U.a. besitzen die Dicke des Films, Korngrenzenprobleme, Gitter-*mismatch* sowie thermische Spannungen einen Einfluss.

Silicium ist eines der am besten geeigneten Substrate. Es bildet eine Carbidphase, so dass eine stabile Anbindung gelingen kann. Im Allgemeinen weisen Siliciumsubstrate nur wenig Spannung auf, so dass ein Delaminieren des aufgebrachten Films nicht gefördert wird. Um die Bildung eines gleichmäßigen Films mit günstiger Morphologie und guter Adhäsion zu begünstigen, gibt es zahlreiche Möglichkeiten. Dazu zählt das Einritzen der Oberfläche mit feinem, hartem Material (z.B. Diamant), was dazu führt, dass eine große Zahl von Nukleationsorten entsteht. Auch das Einsetzen von Kristallisationskeimen, z.B. von Nanodiamant, erfüllt diesen Zweck. Diese müssen allerdings eine ausreichend geringe Größe aufweisen, um einen homogenen Film zu erhalten.

6.4.4 Thermische Eigenschaften von Diamantfilmen

Es ist bereits seit langem bekannt, dass Diamant das Material mit der größten Wärmeleitfähigkeit ist (Allerdings besitzen CNT in Achsrichtung eine noch höhere Wärmeleitfähigkeit, s. Kap. 3.4.6.2). Selbst so gute Wärmeleiter wie Silber und Kupfer schneiden im Vergleich zum Diamant schlecht ab. Bei 65 K (bei etwa 1/30 der *Debye*-Temperatur) liegt mit 175 W cm^{-1} K^{-1} das Maximum der Wärmeleitfähigkeit des Diamanten. Im für praktische Anwendungen relevanten Temperaturbereich um 300 K beträgt der Wert immerhin noch 15-30 W cm^{-1} K^{-1}.

Die Wärmeleitung erfolgt in Metallen und Nichtmetallen nach unterschiedlichen Mechanismen. In metallischen Leitern sind die frei beweglichen Elektronen für den Wärmetransport verantwortlich, was dazu führt, dass Metalle mit hoher elektrischer Leitfähigkeit (z.B. Silber und Kupfer) auch gute Wärmeleiter sind. In Nichtmetallen stehen keine freien Elektronen als Träger für den Wärmetransport zur Verfügung. Hier übernehmen Phononen die Weiterleitung der Energie. Je nachdem, wie stark der Phononenfluss gebremst wird, z.B. durch Streuung der Phononen an Gitterdefekten, Phasengrenzen oder Verunreinigungen, misst man Werte für die Wärmeleitfähigkeit, die meist unterhalb jener von Metallen liegen. Diamant mit seinem sehr festen, eng gebundenen Gitter stellt aber ein sehr gutes Material für den Wärmetransport mittels Phononen dar, was zu der extrem großen Wärmeleitfähigkeit führt.

Erste Untersuchungen an (qualitativ mäßigen) Diamantfilmen lieferten jedoch enttäuschende Ergebnisse. Die gemessenen Werte betrugen nur etwa 10 W cm^{-1} K^{-1}, etwa die Hälfte der erwarteten Wärmeleitfähigkeit. Die Ursachen sind im Vorhandensein verschiedener Defekte in den Diamantfilmen zu suchen. Insbesondere Verunreinigungen mit Fremdatomen (auch im *bulk*-Diamant vom Typ Ia beobachtet man wegen des vorhandenen Stickstoffs eine geringere Wärmeleitfähigkeit als für Typ IIa), Defekte, wie z.B. Dislokationen, und die Korngrenzen spielen eine Rolle, da sie für eine Streuung der Phononen sorgen und somit den Wärmetransport behindern. Bestätigt wird dies durch Experimente, in denen mit sinkender Kristallitgröße, geringerer Filmdicke und höherem sp^2-Anteil eine geringere Wärmeleitfähigkeit beobachtet wird. Hochqualitative Diamantfilme mit geringer Defektdichte können dagegen Wärmeleitfähigkeiten von deutlich über 20 W cm^{-1} K^{-1} aufweisen.

6.5 Chemische Eigenschaften von Diamantfilmen

6.5.1 Betrachtungen zur Reaktivität von Diamantfilmen

Die chemischen Eigenschaften von Diamantfilmen werden durch die Art der Oberfläche bestimmt. Die *bulk*-Phase, so man denn bei dünnen Filmen davon sprechen kann, besitzt keinen wesentlichen Einfluss, da sie in das Reaktionsgeschehen nicht eingreift. Die Umsetzungen finden in der Regel an der Oberfläche des Films bzw. der einzelnen Kristallite statt.

Lediglich bei einigen Fluorierungsreaktionen beobachtet man ein Eindringen von Fluoratomen in tiefere Bereiche des Materials. Im Gegensatz zu Nanodiamant (Kap. 5) ist der Anteil der Oberflächenatome in einem Diamantfilm deutlich geringer. Man kann also selbst bei vollständiger Belegung dieser Oberfläche mit funktionellen Gruppen nur eine deutlich geringere Konzentration dieser Einheiten (bezogen auf die Masse des eingesetzten Diamanten) erreichen. Allerdings wird die Funktionalisierung von auf Substraten aufgebrachten Diamantfilmen auch hauptsächlich zur Modifizierung von Oberflächeneigenschaften, z.B. für Sensoren, elektronische oder tribologische Anwendungen, eingesetzt, so dass sich bei ausreichender Belegung hieraus keinerlei Nachteile ergeben. Auch die kristallographische Orientierung der Oberfläche hat einen Einfluss: Je nachdem, welche Fläche funktionalisiert wird, variiert mit dem Abstand der Oberflächenatome voneinander auch die maximal erreichbare Belegung dieser Kristallfläche.

Wie bereits in Kap. 6.2.2 beschrieben, findet auf einer unbelegten Diamantoberfläche eine sog. Rekonstruktion statt. Diese erzeugt Strukturen mit π-Bindungen, die je nach kristallographischer Ausrichtung der Oberfläche unterschiedlich angeordnet sind. Entsprechend zeigen die verschiedenen Kristallflächen eine unterschiedliche Reaktivität bei der Umsetzung. Dabei unterscheiden sich die auf der Diamantoberfläche vorhandenen π-Bindungen von typischen Doppelbindungen in Alkenen durch ihre geringe Bindungsstärke (40-80 kJ mol^{-1} gegenüber 250 kJ mol^{-1}) und die Abwinkelung der weiteren Bindungen aus der Ebene der Doppelbindung. Dadurch ist die Reaktivität gegenüber einem Angriff an der π-Bindung im Vergleich zu einem typischen Alken deutlich erhöht.

Die meisten Untersuchungen wurden bisher an (100)-Flächen bzw. an nanokristallinen Diamantfilmen mit einer Mischung der unterschiedlichen Oberflächen durchgeführt. Aufgrund der durch Rekonstruktion stattfindenden Absättigung der *dangling bonds* geht eine unfunktionalisierte Diamantoberfläche Reaktionen ein, die typisch für Doppelbindungen sind. Dazu gehören u.a. die Addition von Wasserstoff und Halogenen, Cycloadditionsreaktionen, die Umsetzung mit Ammoniak und Oxidationsreaktionen. Eine Vielzahl weiterer Reaktionsmöglichkeiten ist bekannt und wird in den folgenden Abschnitten näher beschrieben. Es sind sowohl kovalente als auch nichtkovalente Oberflächenmodifizierungen an Diamantfilmen beschrieben worden. Es wurden Beschichtungen mit Polymeren erzielt, biologisch aktive Strukturen angeknüpft und der Einfluss der Oberflächenmodifizierung auf die Bandstruktur des Diamantfilms untersucht.

Auch die Dotierung des Diamantfilms beeinflusst die Reaktivität der Oberfläche, da sich die Elektronenaffinität durch die Fremdatome ändert und somit der Angriff von Elektrophilen bzw. Nucleophilen entweder erschwert oder erleichtert wird. Insbesondere Redoxreaktionen, z.B. in der Elektrochemie (Kap. 6.5.4), werden durch die Dotierung mit Donoren oder Akzeptoren beeinflusst. Jedoch kann in der Regel davon ausgegangen werden, dass die in den folgenden Abschnitten beschriebenen Umsetzungen sowohl mit unbehandelten als auch mit *p*- oder *n*-dotierten Diamantfilmen stattfinden, wobei gewisse Unterschiede in der Reaktivität bei dotierten Filmen auftreten können. Eine ausführlichere Beschreibung der Effekte einer Dotierung findet sich in Kap. 6.4.2.

Die Reaktion an einem Diamantfilm muss stets als heterogene Umsetzung erfolgen, da sich natürlich ein Diamantfilm nicht in Lösung bringen lässt. Daher werden Reaktionen in der Regel im Gasstrom oder durch Tauchen in eine Lösung der Reagenzien durchgeführt, so dass sich oft lange Reaktionszeiten ergeben. Allerdings sorgt die Tatsache, dass sich alle Reaktionszentren auf der nichtporösen Filmoberfläche befinden, dafür, dass diese leicht zugänglich sind und somit die Umsetzung vollständig ablaufen kann.

6.5.2 Kovalente Funktionalisierung von Diamantfilmen

Je nach Herstellungsmethode ist die Oberfläche von Diamantfilmen entweder bereits funktionalisiert, z.B. mit Wasserstoffatomen belegt, oder sie liegt als Anordnung von sog. Oberflächendimeren (π-Bindungen, die durch Rekonstruktion entstanden sind) vor. Letzteres ist insbesondere bei thermisch nachbehandelten Proben der Fall, deren ursprüngliche, oft inhomogene Oberflächenfunktionalisierung entfernt wurde.

Vor der eigentlichen Umsetzung rekonstruierter Diamantoberflächen mit größeren organischen Einheiten wird oft eine Basisfunktionalisierung der Oberfläche durchgeführt. Hierzu eignen sich die Hydrierung, Halogenierung, Aminierung oder Oxidation. Diese Reaktionen werden in der Regel in einem Strom des jeweiligen Gases durchgeführt, wobei mit hohen Temperaturen, im Plasma oder teilweise auch unter Bestrahlung mit energiereichem Licht gearbeitet werden muss, um eine zufrieden stellende Umsetzung zu erreichen. Die Anbindung der Hetereoatome bzw. -gruppen erfolgt durch Addition an die vorhandenen π-Bindungen, wobei aus sp^2-hybridisierten Kohlenstoffatomen sp^3-Zentren entstehen. Im Folgenden werden einige der Reaktionen, die zu einer kovalenten Funktionalisierung der Diamantoberfläche führen, genauer beschrieben. Es wird dabei kein Unterschied zwischen mikrokristallinen und nanokristallinen Diamantfilmen gemacht, da die Reaktionen prinzipiell sehr ähnlich verlaufen.

6.5.2.1 Hydrierung von Diamantfilmen

Die Hydrierung von Diamantfilmen erfolgt durch die Addition von Wasserstoff an die Doppelbindungen der rekonstruierten Oberfläche. Dabei wird gasförmiger Wasserstoff in einem Strömungsreaktor oder direkt in der CVD-Apparatur (Kap. 6.3.1) verwendet. Es wird entweder bei sehr hohen Temperaturen (> 850 °C) oder teilweise auch im Wasserstoffplasma bei hohen Temperaturen gearbeitet. Die erhaltenen hydrierten Diamantfilme weisen eine ausgesprochen hydrophobe Oberfläche auf. Sie eignen sich für eine weitere Funktionalisierung durch Umsetzung mit Vinylreagenzien oder für Halogenierungs- und Oxidationsreaktionen. Die Oberfläche ist vollständig mit Wasserstoff belegt, wenn eine ausreichend lange Reaktionszeit eingehalten wird. Man kann auf diesem Wege also eine homogene Ausgangsfunktionalisierung der Diamantfilme erreichen. Dies ist insbesondere für die Herstellung von Elektroden und Sensoren von Bedeutung (s. hierzu auch Kap. 6.5.4, 6.6.3). Neben der Funktionalisierung ist auch ein weiterer Aspekt der Hydrierung von Diamantfilmen von Interesse. Bei der Diamantabscheidung in CVD-Verfahren, sorgt die Hydrierung für das Bestehenbleiben der sp^3-Hybridisierung der Oberflächenatome, die sich sonst unter Ausbildung von sp^2-Zentren absättigen und so den Wachstumsprozess be-, wenn nicht sogar verhindern würden (Kap. 6.3).

6.5.2.2 Halogenierung von Diamantfilmen

Die Halogenierung der Oberfläche eines Diamantfilms ist unter mehreren Gesichtspunkten von Interesse. Zum einen kann man für z.B. fluorierte Diamantfilme attraktive Eigenschaften wie eine Verminderung des Reibungskoeffizienten erwarten, zum anderen bietet sich die Kohlenstoff-Halogen-Bindung als geeigneter Angriffsort für eine weitere Funktionalisierung an.

Am häufigsten wird die Fluorierung der Diamantoberfläche beschrieben. Sie kann mit einer Vielzahl von Fluorierungsreagenzien durchgeführt werden. Dazu zählen elementares Fluor bei erhöhten Temperaturen oder atomares Fluor in einem Plasma, Xenondifluorid und CF_4-Gas, welches in einem Mikrowellen-Plasmareaktor mit dem Diamantfilm zur Reaktion gebracht wird. Diese Methoden sind insbesondere für unfunktionalisierte Oberflächen geeignet. An bereits hydrierten Diamantfilmen dagegen findet die Reaktion oft nur unvollständig statt, so dass keine homogene Funktionalisierung erreicht wird. Hier hat sich der Einsatz von perfluorierten Alkyliodiden bewährt, die sich nach Aufkondensieren eines Substanzfilms bei niedrigen Temperaturen (~ 120 K) durch Bestrahlung mit energiereichem Licht bzw. Röntgenstrahlung zu Perfluoralkylradikalen zersetzen lassen und mit der Diamantoberfläche reagieren. Dabei bildet sich zunächst eine mit kovalent gebundenen Perfluoralkylgruppen belegte Diamantoberfläche aus. Anschließendes Erwärmen führt zu einer Abspaltung dieser Oberflächengruppen unter direkter Belegung des Diamanten mit Fluoratomen. Die Umsetzung kann z.B. mittels XPS gut verfolgt werden. Die zunächst auftretenden F(1s)-Signale für CF_2- und CF_3-Gruppen verschwinden beim Erwärmen, und das F(1s)-Signal für direkt an die Diamantoberfläche gebundene Fluoratome bei etwa 686 eV steigt deutlich an. Am besten geeignet für diese Umsetzung ist Perfluorbutyliodid, aber auch Trifluormethyliodid eignet sich zur Fluorierung von Diamantfilmen. Das Verhältnis von Fluor- zu Oberflächen-Kohlenstoffatomen im fluorierten Endprodukt beträgt für C_4F_9I etwa 0,6 und für CF_3I etwa 0,2. Mit anderen Fluorierungsmethoden erreicht man Werte bis zu 0,75 für zuvor unfunktionalisierte Diamantfilme. Eine vollständige Monolage wird also in keinem Fall erreicht.

Die Eigenschaften von fluorierten Diamantfilmen unterscheiden sich von denen unfunktionalisierter oder hydrierter Oberflächen. So nehmen die hydrophoben Eigenschaften zu, während eine deutliche Abnahme des Reibungskoeffizienten beobachtet wird. Außerdem zeigt sich, dass das offene Potentialfenster von fluorierten Diamantelektroden um bis zu 2 Volt ins Negative erweitert wird, so dass insgesamt ein Fenster von mehr als 5 V zur Verfügung steht, was im Vergleich zu üblichen Elektrodenmaterialien einen außerordentlich großen Wert darstellt (s.a. Kap. 6.5.4). Die Morphologie fluorierter Diamantfilme unterscheidet sich zunächst nicht sehr stark von der anderer Diamantfilme. Beim direkten Vergleich einer Oberfläche vor und nach der Fluorierung erkennt man jedoch, dass es zu einem gewissen Abätzen der Kristallite gekommen sein muss, da die beobachteten Formen deutlich abgerundet sind. Möglicherweise muss man also bei der Fluorierung mit einem gewissen Materialverlust rechnen.

Die Chlorierung von Diamantfilmen gelingt durch photochemische Umsetzung mit Chlorgas unter Bestrahlung mit einer 400 W-Quecksilberdampflampe für 36 Stunden. Dabei beobachtet man für die chlorierten Diamantfilme neben dem Chlorsignal im XPS-Spektrum stets auch das Signal für Sauerstoff. Man geht davon aus, dass es sich hierbei um das Produkt einer nachträglichen Umsetzung der chlorierten Diamantoberfläche mit adsorbiertem Wasser und Ausbildung von Hydroxylgruppen handelt. Die Bromierung und Iodierung der Diamantoberfläche stellt sich aus Gründen der geringeren Reaktivität dieser Elemente schwierig dar. Bisher sind keine Berichte über derart funktionalisierte Diamantfilme bekannt.

Die Aminierung der Diamantoberfläche gelingt durch Umsetzung mit Ammoniakgas unter Bestrahlung mit energiereichem Licht. Es bilden sich dabei durch eine radikalische Reaktion

NH$_2$-Gruppen auf der Diamantoberfläche, die in weiteren Reaktionen sehr gut zur Funktionalisierung verwendet werden können. Auch chlorierte Diamantfilme können durch Umsetzung mit Ammoniakgas aminiert werden.

6.5.2.3 Oxidation von Diamantoberflächen

Die Oxidation der Diamantoberfläche ist u.a. deshalb von besonderem Interesse, da sich hier signifikante Unterschiede zur Funktionalisierung des Siliciums ergeben. In der Regel können Verfahren, die zur Modifizierung von Siliciumoberflächen eingesetzt werden, auch für Diamantfilme zur Anwendung kommen. Bei der Oxidation kommt man dabei jedoch zu deutlich verschiedenen Resultaten. Dies ist zum einen darin begründet, dass Diamant kein *bulk*-Oxid bildet, sich also nicht mit einer Oxidschicht überziehen kann, wie es beim Silicium der Fall ist. Zum anderen weist Kohlenstoff eine um ein Vielfaches höhere Tendenz zur Ausbildung von Carbonylstrukturen, also Kohlenstoff-Sauerstoff-Doppelbindungen auf. Diese Fähigkeit ist beim Silicium nur in äußerst geringem Maße vorhanden.

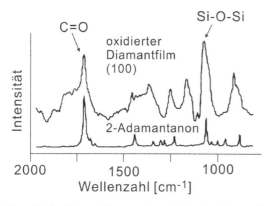

Abb. 6.36

Reflexions-IR-Spektrum von Adamantanon (unten) und einem oxidierten Diamantfilm (oben). © ACS 2003

Eine Vielzahl von Reagenzien ist in der Lage, die Diamantoberfläche zu oxidieren. Auch hier muss wieder zwischen unbelegten, rekonstruierten Oberflächen und bereits vorfunktionalisierten Filmen (z.B. durch Hydrierung) unterschieden werden. Unbelegte Diamantfilme werden bereits durch Wasser beim Erhitzen im Hochvakuum (~ 10^{-7} Torr) oxidiert. Dabei entstehen zunächst Hydroxylfunktionen, die sich im weiteren Verlauf zu Ether- und Carbonylstrukturen umlagern. Diese Reaktion findet auch mit Spuren von Wasser, die sich meist in den CVD-Apparaturen befinden, statt, so dass Diamantfilme nach ihrer Herstellung durch chemische Gasphasenabscheidung neben Wasserstoffatomen auch einen gewissen Anteil sauerstoffhaltiger funktioneller Gruppen auf ihrer Oberfläche tragen.

Die Umsetzung mit Ozon bzw. molekularem Sauerstoff bei erhöhten Temperaturen (~ 500 °C) liefert ebenfalls oxidierte Diamantfilme, die sich in ihrer Oberflächenleitfähigkeit unterscheiden. Durch die Umsetzung der sp^2-Zentren mit dem Oxidationsmittel wird die Oberflächenleitfähigkeit verringert. Jedoch bleibt diese bei Umsetzung polykristalliner Diamantfilme mit Ozon erhalten, während sie bei der Reaktion mit Sauerstoff tatsächlich verloren geht. Der Erhalt der Leitfähigkeit bei Ozonierung kann mit dem Ladungstransfer aus dem O$_3$/OH$^-$-Redoxpaar in den Diamantfilm hinein begründet werden. Im IR-Spektrum einer mit Sauerstoff bzw. Ozon umgesetzten Diamantprobe beobachtet man ein charakteristisches Signal für Carbonylfunktionen bei 1731 cm^{-1}, welches sehr gut mit dem entsprechenden Signal einer C=O-Streckschwingung im Adamantanon (1732 cm^{-1}) übereinstimmt (Abb. 6.36). Daher kann man von einer analogen Anbindung der Carbonylfunktionen an die Diamantoberfläche ausgehen.

Auch konzentrierte oxidierende Säuren (Schwefelsäure, Perchlorsäure, Salpetersäure und Gemische davon) eignen sich zur Oxidation von unbelegten oder vorfunktionalisierten Diamantoberflächen. Man kann auf diese Weise sowohl Hydroxylgruppen als auch carboxylierte Oberflächen erzeugen. Allerdings gestaltet sich die genaue Charakterisierung der Art der Carbonylfunktionen mittels XPS und IR-Spektroskopie recht schwierig. Ein Anwendungsbeispiel ist die Umsetzung mit sog. *Piranha-Wasser*, einer Mischung von konzentrierter Schwefelsäure mit Wasserstoffperoxid. Bei etwa zehnminütigem Einwirken beobachtet man die Bildung von etwa $5 \cdot 10^{-12}$ mol Hydroxylgruppen pro cm^{-2} Diamantoberfläche, was einer Belegung von 0,5-1 % einer Monolage entspricht. Dieser Wert ist zwar im Vergleich zu anderen Oberflächenbelegungen (vgl. thiolfunktionalisierte Goldoberflächen: $\sim 7 \cdot 10^{-10}$ mol pro Quadratzentimeter) recht gering, für die weitere Funktionalisierung der Oberfläche mit größeren Einheiten jedoch völlig ausreichend.

6.5.2.4 Radikalische und photochemische Reaktionen an Diamantoberflächen

Neben der photochemischen Halogenierung ist auch eine Reihe weiterer radikalischer Reaktionen an Diamantfilmen bekannt, die sowohl als photochemisch als auch als anderweitig initiiert beschrieben werden. Ein Beispiel wurde bereits bei der Fluorierung von Diamantfilmen mit Perfluoralkyliodiden erwähnt. Erhitzt man die Proben nach deren Anbindung nicht, erhält man eine mit Perfluoralkylgruppen abgesättigte Diamantoberfläche. Eine ähnliche Umsetzung gelingt mit den entsprechenden Perfluoralkyl-Azoverbindungen, die sich bei Bestrahlung mit energiereichem Licht (60 W-Hg-Niederdrucklampe, $\lambda = 185$ nm) unter Abspaltung von Stickstoff zu Perfluoralkylradikalen umsetzen, die dann die Diamantoberfläche angreifen. Dazu wird der Diamantfilm auf seinem Substrat in eine Lösung der jeweiligen Azoverbindung (z.B. $F_{17}C_8$-N=N-C_8F_{17}) in einem Perfluoralkan als Lösungsmittel getaucht und bestrahlt. Dabei kann die Reaktion auch an hydrierten Diamantfilmen erfolgen (Abb. 6.37). Ein Perfluoralkylradikal spaltet ein Wasserstoffatom ab, worauf die Alkylierung durch die Umsetzung der nun nicht abgesättigten Oberflächenbindungsstelle mit einem weiteren Radikal stattfindet. Sauerstoffhaltige Oberflächengruppen reagieren zu entsprechenden Ester- oder Etherstrukturen (s. Abb. 5.37).

Abb. 6.37

Photochemische Umsetzung mit Perfluorazoalkanen.

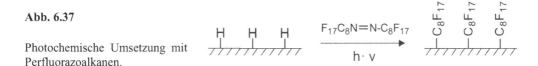

Im Reflexions-IR-Spektrum des funktionalisierten Films fehlen die für hydrierte Diamantfilme typischen Signale für C-H-Streckschwingungen, und eine neue Bande bei 1142 cm^{-1}, die der C-F-Streckschwingung entspricht, wird beobachtet. Im XPS lässt sich der Fluorgehalt einfach nachweisen (Abb. 6.38). Auch der Kontaktwinkel zu Wasser erhöht sich von 81° auf 118°, was für eine deutliche Hydrophobierung spricht. Der Reibungskoeffizient eines perfluoralkylierten Diamantfilms beträgt 0,1 im Vergleich zu 0,2 für das Ausgangsmaterial.

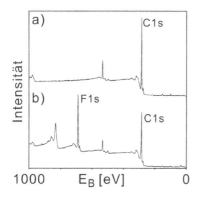

Abb. 6.38

XPS-Untersuchung von unbehandeltem (a) und perfluor-alkyliertem (b) Diamantfilm. © ACS 2004

Auch Diazirinverbindungen lassen sich photochemisch mit Diamantoberflächen umsetzen. Dabei genügt bereits blaues bis nahes UV-Licht für die Erzeugung der reaktiven Carbenspezies (s.a. Kap. 6.5.2.5) aus. Bei entsprechender Funktionalisierung des Diazirins kann auf diese Weise sehr leicht eine komplexe Oberflächenmodifizierung erfolgen. So wurden mit terminalen Maleimidgruppen bestückte Diazirinderivate genutzt, um verschiedene Zuckerverbindungen auf der Diamantoberfläche kovalent zu immobilisieren (Abb. 6.39). Dabei macht man sich die Umsetzung der Maleimide mit z.B. Thiogalactose zunutze, die für die Verknüpfung mit dem Diazirinderivat sorgt. Die so auf der Diamantoberfläche immobilisierten Zuckerderivate sind weiterhin biologisch aktiv und zeigen z.B. die erwarteten spezifischen Wechselwirkungen mit entsprechenden Reagenzien. Somit sind diese funktionalisierten Diamantfilme für Bioassays geeignet, die in Serum oder anderen Flüssigkeiten bestimmte Substanzen nachweisen sollen. Wichtig für die Herstellung derartiger Bioassays ist die Verringerung der Hydrophobie der Diamantfilme. Erst bei einer geeigneten Funktionalisierung ist eine effektive Wechselwirkung mit den in der Regel recht polaren biologisch aktiven Substanzen möglich. Weitere Beispiele zur photochemischen Umsetzung von Diamantfilmen finden sich in Kap. 6.5.2.6.

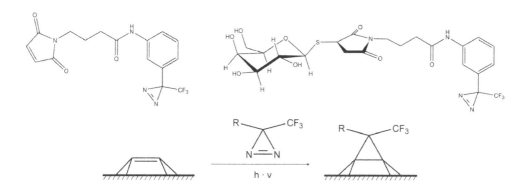

Abb. 6.39 Photochemische Umsetzung von Diamantfilmen mit funktionalisierten Diazirinen unter Cyclopropanierung (Beispiele s. Text).

Die Umsetzung mit Aryl-, Acyl- bzw. Aroylradikalen, die durch thermische Spaltung aus den entsprechenden Peroxiden gewonnen werden, führt zu einer Arylierung bzw. Acylierung der Diamantoberfläche (Abb. 6.40). Durch Substitution der aromatischen Ringe werden eine weitere Modifizierung der Oberfläche und Folgereaktionen ermöglicht.

Arylradikale lassen sich auch durch elektrochemische Reduktion aus den entsprechenden Diazoniumsalzen darstellen. Diese durch einen Einelektronentransfer erzeugten Radikale reagieren dann mit der Diamantoberfläche, die im Zuge dessen aryliert wird. Die Oberflächenbelegung beträgt dabei je nach gewähltem Reagenz etwa 13 % einer Monolage. Je nach Substitutionsmuster des Aromaten kommt man auf diese Weise zu sehr unterschiedlichen Funktionalisierungen der Diamantfilme. So können z.B. in *meta*-Position zweifach chlorierte oder in *para*-Position nitrierte Diazoniumsalze eingesetzt werden. Letztere lassen sich dann durch elektrochemische Reduktion direkt in die entsprechenden Aniline überführen, was die Hydrophilie der Diamantoberfläche deutlich erhöht.

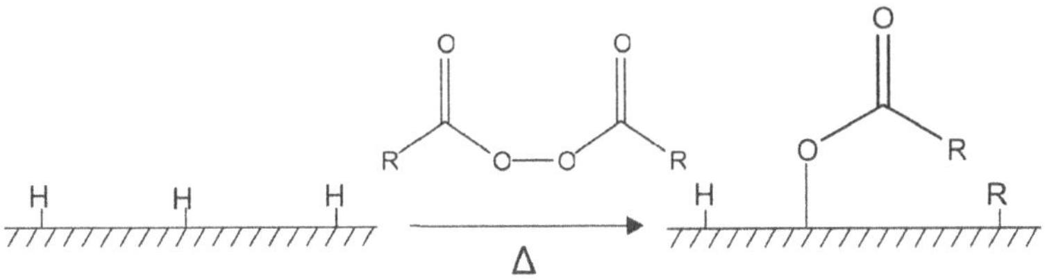

Abb. 6.40 Umsetzung hydrierter Diamantoberflächen mit Radikalreagenzien.

Eine interessante Anwendung hat die Umsetzung mit derartigen Arylradikalen für die direkte Polymerisation Vinylgruppen tragender Monomere, wie z.B. Styrol, Methylmethacrylat (MMA) und Hydroxyethylmethacrylat (HEMA), auf der Diamantoberfläche ergeben. Durch die kovalente Anbindung eines Initiatormoleküls gelingt die Atom-Transfer-Radikal-Polymerisation (ATRP) direkt an der Diamantoberfläche, und es werden kovalent verknüpfte Kompositmaterialien erhalten (Abb. 6.41)

Vorteil einer Arylierung bzw. Alkylierung ist die sehr feste kovalente Verknüpfung der funktionellen Gruppen mit der Diamantoberfläche über eine C-C-Bindung, was sich auch in der großen Stabilität dieser Art von funktionalisierten Diamantfilmen widerspiegelt.

Abb. 6.41

Atomtransfer-Radikal-Polymerisation (ATRP) an Diamantoberflächen.

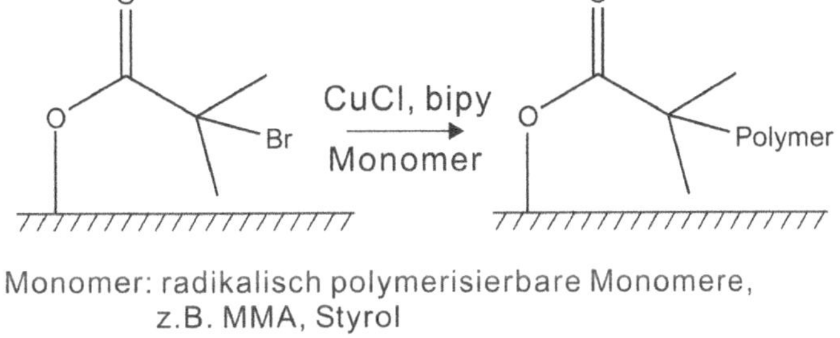

Monomer: radikalisch polymerisierbare Monomere, z.B. MMA, Styrol

6.5.2.5 Cycloadditionsreaktionen an Diamantoberflächen

Die Existenz von π-Bindungen auf der durch Rekonstruktion abgesättigten Diamantoberfläche legt die Möglichkeit von Cycloadditionsreaktionen an unfunktionalisierten Diamantfilmen nahe. Tatsächlich wird für eine ganze Reihe typischer Cycloadditionsreagenzien eine Umsetzung mit der Diamantoberfläche beobachtet. Dabei weist die Oberflächen-π-Bindung aufgrund ihrer geringen Bindungsstärke im Vergleich zu einer typischen Alkendoppelbindung einen Charakter zwischen Doppelbindung und Diradikal auf (Kap. 6.5.1). Dabei sorgt auch die Abwinkelung der in die *bulk*-Phase hineinragenden kovalenten Bindungen für eine Reaktivitätserhöhung. Da die Doppelbindungen auf der rekonstruierten Oberfläche in der Regel nicht konjugiert vorliegen, fungieren die Oberflächen-π-Bindungen stets als En-Komponente. So beobachtet man bei der Umsetzung mit 1,3-Butadien ausschließlich das Produkt einer *Diels-Alder*-Reaktion unter Bildung der an den Diamant gebundenen Cyclohexenstruktur (Abb. 6.42). Dabei kann man in elektronenmikroskopischen Aufnahmen die Anordnung der Produktstrukturen in den für rekonstruierte (100)-Flächen typischen Reihen beobachten. Auch andere Diene sind als Reaktionspartner für die [4+2]-Cycloaddition möglich. Die thermisch verbotene Umsetzung zum [2+2]-Cycloadditionsprodukt wird im Gegensatz zum Silicium nicht beobachtet (s.u.).

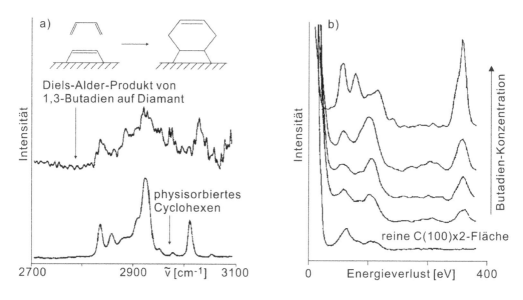

Abb. 6.42 Umsetzung von Diamantoberflächen mit 1,3-Butadien: a) Reflexions-IR-Spektren von umgesetztem Diamantfilm und physisorbiertem Cyclohexen zum Vergleich (© Elsevier 2001), b) EEL-Spektren von Diamantfilmen, die mit unterschiedlichen Konzentrationen von 1,3-Butadien umgesetzt wurden (© Oyo Butsuri Gakkai 1999).

Mit Alkenen findet man dagegen sehr wohl die thermisch eigentlich verbotene [2+2]-Cycloaddition an den Oberflächendimeren. Zum Beispiel wurde diese Reaktion für Cyclopenten, Ethylen und Acrylnitril beschrieben. Insgesamt läuft die [2+2]-Cycloaddition an Diamant aber deutlich schwerer ab als an Silicium- oder Germaniumflächen. Dies liegt daran, dass die für die Umsetzung nötige Anregung von Elektronen aus dem π- in das π*-Orbital über die große Bandlücke des Diamanten (Kohlenstoff: 350 kJ mol^{-1}, Silicium: 110 kJ mol^{-1}, Germanium: 140 kJ mol^{-1}) nur schwer möglich ist. Dementsprechend beobachtet man im Vergleich zum Silicium eine um den Faktor 1000 verminderte Reaktivität. Dennoch kann auf diese Weise bei ausreichend langen Reaktionszeiten die Funktionalisierung der Diamantoberfläche erreicht werden.

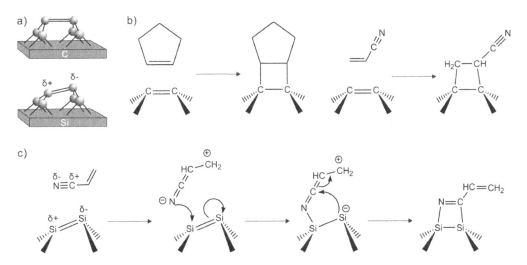

Abb. 6.43 a) Struktur der Oberflächendimere für Diamant und Silicium, b) Umsetzung der Oberflächendimere auf Diamant mit Cyclopenten bzw. Acrylnitril, c) Mechanismus der Reaktion von Siliciumoberflächen mit Acrylnitril.

Zusätzlich sorgt die unsymmetrische Struktur der Oberflächendimere im Silicium und Germanium für eine Polarisierung der Doppelbindungen. Somit kann ein nucleophiler Angriff auf das π*-Orbital und die Ausbildung eines π-Komplexes des angreifenden elektronenreichen Alkens mit dem elektronenarmen Ende des Oberflächendimers erfolgen. Die anschließende Addition zum Endprodukt ist dann sehr leicht möglich (Abb. 6.43). Es handelt sich also nicht um den für eine pericyclische Reaktion typischen konzertierten und symmetrischen Mechanismus, was auch die Umgehung des Verbots einer thermischen Umsetzung erklärt.

Für die Umsetzung von Diamant geht man ebenfalls von einem nichtkonzertierten, radikalischen Mechanismus aus, wobei hier aufgrund der fehlenden Polarisierung der symmetrischen Oberflächen-π-Bindung die Ausbildung eines intermediären π-Komplexes nicht beobachtet wird (Abb. 6.43). Am Beispiel des Acrylnitrils wird die fehlende Polarität deutlich: Im Vergleich zur Addition an Silicium findet man eine veränderte Regioselektivität. Während dort die Umsetzung an der C-N-Dreifachbindung stattfindet, reagiert die Diamantoberfläche mit der C=C-Doppelbindung unter Ausbildung eines Cyclobutangerüstes.

Weitere Cycloadditionsreaktionen umfassen die 1,3-dipolaren Cycloadditionen sowie [2+1]-Cycloadditionen. Für letztere wurde als Beispiel bereits die Umsetzung mit einem aus Diazirin photochemisch erzeugten Carben erwähnt (Kap. 6.5.2.4). Für die [3+2]-Cycloaddition wurde bisher kein experimentelles Beispiel beschrieben. Allerdings geht man aufgrund theoretischer Berechnungen davon aus, dass derartige Reaktionen, z.B. mit Aziden, Diazomethan oder anderen klassischen 1,3-Dipolen, sehr leicht an den Oberflächendimeren ablaufen sollten. Die Rechnungen ergaben auch, dass die für „normale" Alkene beobachtete Abspaltung von Stickstoff unter Ausbildung der entsprechenden Azacyclopropane auch im Fall der diamantgebundenen [3+2]-Additionsprodukte stattfinden sollte. Für die Umsetzung mit Ozon (s. Kap. 6.5.2.3) ist bisher nicht bekannt, ob sich zunächst ein Ozonid als Produkt einer [3+2]-Cycloaddition bildet und erst dann die Umsetzung zu den Carbonylverbindungen erfolgt.

6.5.2.6 Weiterführende Umsetzungen an funktionalisierten Diamantfilmen

Nach erfolgter Basisfunktionalisierung eines Diamantfilms ist die kovalente Anbindung deutlich komplexerer Strukturen möglich. Sowohl hydrierte, halogenierte, aminierte als auch oxidierte Diamantfilme eignen sich für diese Umsetzungen. Im Folgenden werden einige typische Beispiele beschrieben.

Die Umsetzung von Oberflächen-Carboxylgruppen kann sowohl zu Estern als auch zu Amiden führen. Dabei wird zunächst mit Thionylchlorid das Säurechlorid auf der Diamantoberfläche erzeugt, welches dann leicht mit den entsprechenden Alkoholen oder Aminen reagiert. So konnte z.B. ein Thymidinester auf einem Diamantfilm etabliert werden, der sich durch anschließende Ligasereaktion mit einem DNS-Strang verknüpfen ließ (Abb. 6.44). Auch Hydroxylgruppen (z.B. nach Einwirken von *Piranha-Wasser*) können zu Estern umgesetzt werden. Hier wird unter Zuhilfenahme von Dicyclohexylcarbodiimid (DCC) eine entsprechende Carbonsäure oder ihr Carboxylat, auf der Diamantoberfläche immobilisiert. Auf diese Art angebundenes Biotin kann durch seine spezifische Wechselwirkung mit fluoreszenzmarkiertem Streptavidin sichtbar gemacht werden.

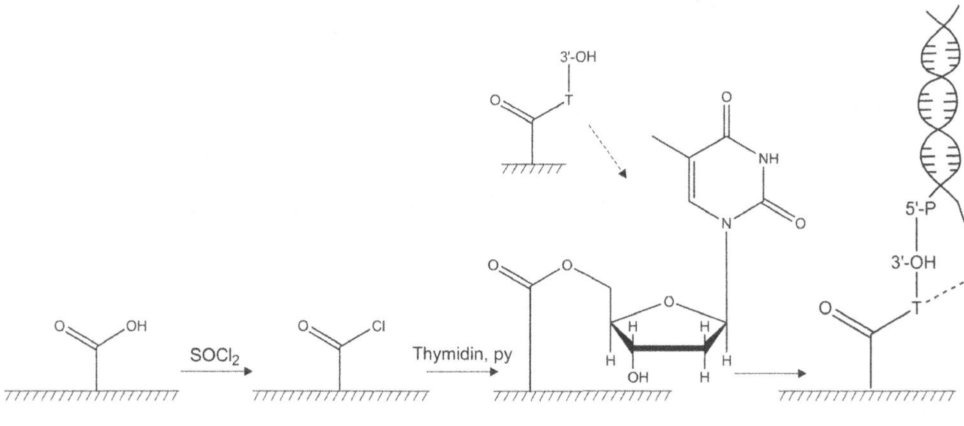

Abb. 6.44 Anknüpfung von DNS-Oligonucleotiden an Diamantoberflächen über einen Thymidin-Ester.

Neben den bereits erwähnten Möglichkeiten zur Umsetzung hydrierter Diamantfilme (u.a. Kap. 6.5.2.2, 6.5.2.4) wurde eine weitere sehr wertvolle Reaktion an wasserstoffbelegten Diamantfilmen beschrieben. Dabei handelt es sich, in Anlehnung an analoge Umsetzungen auf Siliciumoberflächen, um die photochemische Verknüpfung mit terminalen Vinylgruppen. Hierzu wird der Diamantfilm mit dem entsprechenden Vinylreagenz bedeckt und mit energiereichem UV-Licht ($\lambda \leq 254$ nm) bestrahlt. Es ist bekannt, dass in hydrierten Diamantfilmen durch kurzwellige UV-Bestrahlung Elektronen über die große Bandlücke von 5,5 eV hinweg in unbesetzte Orbitale angeregt werden können.

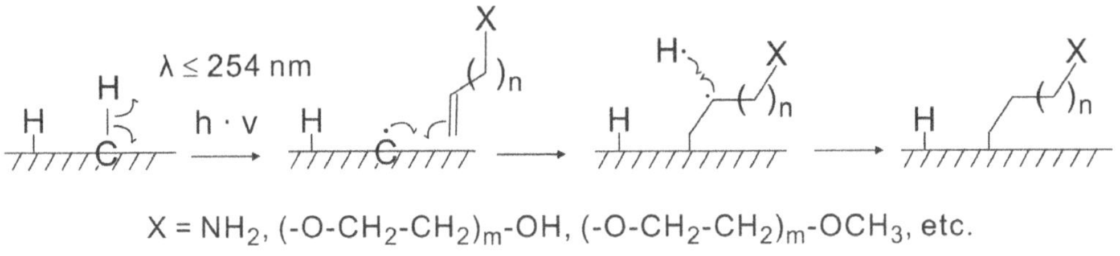

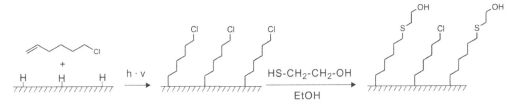

$$X = NH_2, (-O-CH_2-CH_2)_m-OH, (-O-CH_2-CH_2)_m-OCH_3, \text{etc.}$$

Abb. 6.45 Photochemische Umsetzung von hydrierten Diamantfilmen mit ω-Vinylreagenzien, die durch endständige funktionelle Gruppen zur weiteren Umsetzung geeignet sind.

Der Mechanismus der Reaktion von Oberflächen-C-H-Bindungen beruht auf dieser Anregung von Valenzbandelektronen, die zur Abspaltung von Wasserstoff-Radikalen führt. Die anschließende Umsetzung mit dem Vinylreagenz sorgt für die Absättigung der Diamantoberfläche. Das nun am zweiten Kohlenstoffatom befindliche Radikalzentrum wird durch den Einfang eines Wasserstoffradikals abgesättigt (Abb. 6.45). Es bildet sich ein kovalent über eine C-C-Einfachbindung mit der Diamantoberfläche verknüpftes Alkylderivat, das im Vergleich zu anderen Anbindungsarten eine besonders hohe Stabilität gegenüber äußeren Einflüssen besitzt. Man erreicht je nach gewähltem Reagenz eine Oberflächenbelegung von etwa 30 % einer Monolage. Als bifunktionelle Vinylreagenzien wurde eine Vielzahl von geschützten terminalen Carbonsäuren und Aminen verwendet, die nach erfolgter Entschützung für die Anknüpfung biologisch aktiver Strukturen geeignet sind. Dies ist insbesondere im Hinblick auf die Herstellung von diamantbasierten Sensoren und Bioassays als wichtiger Schritt zu anwendungsreifen Strukturen zu sehen.

Abb. 6.46 Photochemische Umsetzung von hydrierten Diamantfilmen mit 1-Chlor-5-hexen und anschließende Substitution der endständigen Chloratome.

Meist werden ω-Undecen-Derivate für die photochemische C-C-Verknüpfung verwendet. Dabei wurde auch die Umsetzung mit oligoethylenglycol-modifizierten Undecenderivaten beschrieben, die weitaus bessere hydrophile Eigenschaften aufweisen (Abb. 6.45). Als terminale Gruppen kommen als Trifluorethylester geschützte Carbonsäuren oder Boc- bzw. TFA (Trifluoracetamid)-geschützte Aminogruppen in Frage. Anschließende Entschützung liefert dann die über eine Alkylkette mit der Diamantoberfläche verknüpften Carboxyl- bzw. Aminogruppen. Die weitere Umsetzung dieser modifizierten Filme mit Linkern und die darauf folgende kovalente Anbindung von DNS-Stücken erlaubt die Erzeugung DNS-funktionalisierter Diamantfilme, die im Vergleich zu entsprechenden Silicium- oder Goldfilmen deutlich bessere Stabilitätsdaten aufweisen. Auch 1-Chlor-5-hexen wurde photochemisch mit Diamantfilmen verbunden. Hier erlaubt die Umsetzung mit 2-Mercaptoethanol dann ebenfalls die Anbindung von biologischen Strukturen. Dabei kann man über den Umsetzungsgrad mit dem Alkohol die Hydrophilie und damit die Oberflächenbelegung steuern (Abb. 6.46).

6.5.3 Nichtkovalente Funktionalisierung von Diamantfilmen

Insgesamt neigt die Diamantoberfläche aufgrund ihres extrem hydrophoben Charakters kaum zu unspezifischer Adsorption von polaren organischen Molekülen. Dadurch eignen sich funktionalisierte Diamantfilme sehr gut als Sensoren, z.B. für Biomoleküle. Dabei findet dann nur die spezifische Adsorption an den durch die Funktionalisierung vorgegebenen Positionen statt.

Bei der Behandlung von Diamantfilmen mit Luftsauerstoff in einem Plasma oder durch Umsetzung mit oxidierenden Säuren wird die Hydrophilie der Oberfläche durch das Einbringen sauerstoffhaltiger funktioneller Gruppen stark erhöht. Auf derartig modifizierten Diamantfilmen lassen sich dann auch polare Substanzen adsorbieren. Die bessere Anbindung resultiert aus der Möglichkeit stärkerer Wechselwirkungen durch Wasserstoffbrückenbindungen und *van der Waals*-Kräfte. Beispielsweise gelingt die nichtkovalente Immobilisierung von aktiven Antikörpern gegen Salmonellen und gegen Staphylokokken. Die Funktionsfähigkeit der so immobilisierten Strukturen konnte durch einen Test nachgewiesen werden, in dem die entsprechenden Bakterien spezifisch an die mit den jeweiligen Antikörpern nichtkovalent funktionalisierten Bereiche anbinden. Auch Cytochrom c lässt sich durch nichtkovalente Wechselwirkungen auf hydrophilen Diamantoberflächen immobilisieren. Es eignet sich hervorragend als Testsubstanz für den Elektronentransfer zwischen Adsorbat und Diamant (s. Kap. 6.6.3.)

6.5.4 Elektrochemie von Diamantfilmen

Erste Berichte über die elektrochemischen Eigenschaften von Diamant datieren aus dem Jahr 1983, und ab Mitte der achtziger Jahre hat es zahlreiche ausführliche Untersuchungen der Elektrochemie an Diamantelektroden gegeben. Erste Elektroden wurden aus mittels CVD-Abscheidung erzeugtem Diamant hergestellt, der aufgrund von Gitterdefekten eine gewisse elektrische Leitfähigkeit aufwies. Somit konnten sowohl die Strom-Spannungscharakteristik als auch die Kapazität und der Photoresponse gemessen werden.

Warum besitzt Diamant nun eine derart große Attraktivität als Elektrodenmaterial? Zum einen ist er als mechanisch und chemisch sehr stabiles Material auch für den Einsatz in besonders aggressiven Medien geeignet. Zum anderen weist er mit einem sehr großen Potentialfenster (s.u.) und einem geringen Hintergrundstrom günstige elektrochemische Eigenschaften auf. Zusätzlich ist er gegen das sog. *Fouling* resistent und bildet keinerlei Oxide, die die Oberfläche passivieren. Er kann daher für Sensoren und in der Elektrosynthese verwendet werden (s. Kap. 6.6.3). Dabei sorgt ein niedriger sp^2-Gehalt für ein inertes Verhalten in vielen Medien. So sind z.B Diamantelektroden von guter Qualität selbst in KCl/LiCl-Schmelzen bei 450 °C stabil.

Die elektrochemischen Eigenschaften werden bei vorhandener elektrischer Leitfähigkeit der *bulk*-Phase (entweder durch Dotierung oder durch Defekte) maßgeblich von der Oberfläche des abgeschiedenen Diamantfilms bestimmt. So ist die Oberfläche einer hydrierten Diamantelektrode sehr hydrophob und behindert dadurch die Elektrodenreaktion zu adsorbierender Spezies, z.B. bei der kathodischen Wasserstoff- und der anodischen Sauerstoffentwicklung. Dies führt in wässriger Lösung dazu, dass in einem sehr großen Potentialgebiet keine Zersetzung des Wassers zu beobachten ist (Abb. 6.47). Lediglich durch anodische Polarisation und die damit verbundene Anbindung von Sauerstoff wird die Hydrophilie der Elektrode erhöht.

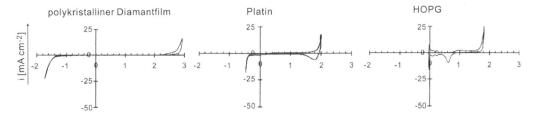

Abb. 6.47 Strom-Spannungs-Charakteristik verschiedener Elektrodenmaterialien (auf der x-Achse ist jeweils die Spannung in Volt aufgetragen): Diamant (links), Platin (Mitte) und hochgeordneter Graphit (HOPG, rechts). © Electrochem. Soc. 1996

Neben der Oberflächenstruktur besitzen noch weitere Faktoren einen großen Einfluss auf das elektrochemische Verhalten von Diamantelektroden. Insbesondere die Dotierung der Diamantphase sorgt für die benötigte elektrische Leitfähigkeit. Meist werden mit Bor dotierte Elektroden verwendet, wobei ein höherer Borgehalt mit einer größeren elektrischen Leitfähigkeit einhergeht. Dabei reicht die Spanne der Eigenschaften von einem Isolator bei sehr geringem Borgehalt bis zu einem Quasi-Metall bei hoher Dotierung. Durch die Boratome wird 0,37 eV oberhalb des Valenzbandmaximums ein Akzeptorlevel in die Bandlücke eingeschoben (Kap. 6.2.3). Bei hohem Borgehalt ($> 10^{20}$ cm^{-3}) entsteht ein überlappendes Dopanden-Niveau und der spezifische Widerstand sinkt von etwa 10^4 auf 10-1000 Ω cm ab. Es resultiert ein *p*-dotierter elektrischer Leiter. Leitfähigkeit vom *n*-Typ kann durch Dotierung mit Stickstoff bzw. Phosphor erreicht werden. Beide Elemente stellen tiefe Donoren dar, die 1,7 eV bzw. 0,6 eV unterhalb des Leitungsbandminimums ein Donorlevel einschieben (Kap. 6.2.3). Dabei kommt Stickstoffdotierung nur für ultrananokristalline Diamantfilme in Frage.

Neben der Dotierung der *bulk*-Phase können auch Prozesse an der Phasengrenze zwischen Diamantfilm und umgebendem Medium einen Einfluss auf die elektronische Bandstruktur ausüben. So sorgen die in einem auf der Diamantoberfläche adsorbierten Wasserfilm enthaltenen Soluten, wie z.B. O_2, CO_2 oder H_2, je nach chemischem Potential für einen Elektronentransfer aus der oder in die Diamantelektrode. Liegt das chemische Potential unterhalb des *Fermi*-Niveaus der Elektrode, werden solange Elektronen auf den adsorbierten Film übertragen, bis sich eine gleiche Höhe für das *Fermi*-Niveau in der Diamantphase und das Potential im Oberflächenfilm ausbildet (Abb. 6.31). Dabei entsteht direkt in der Diamantoberfläche eine *p*-dotierte Raumladungszone. Im umgekehrten Fall kommt es zum Elektronentransfer in die Elektrode hinein und zur Ausbildung eines *n*-dotierten Bereiches.

Auch die Bestrahlung der Diamantoberfläche mit energiereichem Licht bzw. Röntgenstrahlung kann die elektronischen Eigenschaften beeinflussen. Man spricht dann vom *Photoresponse* der Diamantelektrode. Je nach Energie der verwendeten Strahlung können entweder Elektronen aus Innerbandlückenzuständen angeregt werden, oder die Energie reicht aus, um Elektronen aus dem Valenzband des Diamanten anzuregen. Letzteres ist aufgrund der großen Bandlücke des Diamanten nur mit energiereicher Strahlung möglich. Gelingt die Anregung von Valenzbandelektronen, so entsteht ein Elektron-Loch-Paar, welches in der Raumladungszone separiert wird. Die Minderheitsladungsträger (in B-dotiertem Diamant die Elektronen) wandern zur Filmoberfläche, während sich die Mehrheitsladungsträger (für B-dotierten Diamant die Löcher) in Richtung *bulk*-Phase bewegen. Wenn nun die an der Elektrodenoberfläche zusätzlich zur Verfügung stehenden Ladungsträger verbraucht werden (z.B. durch eine stattfindende Redoxreaktion), so fließt ein Photostrom. Im Fall, dass kein Verbrauch stattfindet, wird die Oberflächenkapazität aufgeladen, und es bildet sich ein Photopotential aus. Dadurch wird der Potentialabfall in der Raumladungszone abgemildert, und die entsprechende Verzerrung der Bandstruktur an der Filmoberfläche wird vermindert (Kap. 6.4.2.1). Das Vorzeichen des Photopotentials gibt dabei Auskunft über die Art der vorhandenen Mehrheitsladungsträger.

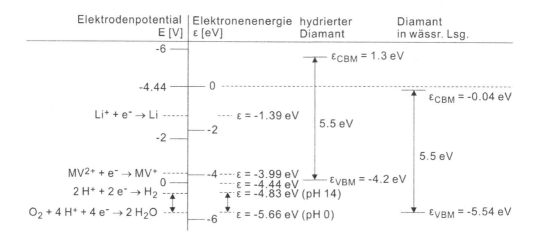

Abb. 6.48 Vergleich von Elektrodenpotential (gegen Standard-Wasserstoffelektrode gemessen) und Elektronenenergie für verschiedene Redoxpaare (MV: Methylviologen, CBM: Leitungsbandminimum, VBM: Valenzbandmaximum). © Elsevier 2004

Um einen direkten Vergleich zwischen der Bandstruktur des Diamanten und dem Elektrodenpotential zu ermöglichen, zeigt Abb. 6.48 den Zusammenhang zwischen Elektronenenergie und Elektrodenpotential (gegen die Standardwasserstoffelektrode gemessen) und einige Beispiele für wichtige Redoxpaare und ihre Potentiale. Dabei korreliert das Elektrodenpotential nach $e \cdot E = 4{,}44 \text{ eV} + \varepsilon$ mit der Elektronenenergie, wobei e die Ladung des Elektrons (also -1), E [V] das Elektrodenpotential und ε [eV] die Elektronenenergie ohne den Einfluss von Oberflächenkräften darstellt. Aus elektrochemischen Messungen sind somit sowohl das Valenzbandmaximum als auch das Leitungsbandminimum zugänglich. Auch die Lage des *Fer-*

mi-Niveaus lässt sich so recht einfach bestimmen. Dabei spielt die Struktur der Diamantoberfläche eine wesentliche Rolle für die gemessenen Werte. Ist die Oberfläche mit Sauerstoff belegt (z.B. in wässriger Lösung), verschiebt dies das Valenzbandmaximum zu positiveren Potentialen. Gleichzeitig wird das Leitungsbandminimum (für hydrierten Diamant bei etwa 1,3 eV) auf -0,04 eV gesenkt. Für derartige Untersuchungen und Sensoranwendungen werden i. A. bordotierte Elektroden mit einem Dotierungsgrad von über 10^{19} cm^{-3} für eine ausreichende Leitfähigkeit eingesetzt. Nähere Angaben zu einzelnen Anwendungen finden sich in Kap. 6.6.3.

6.6 Anwendungen von Diamantfilmen

Im Gegensatz zu den bisher vorgestellten „neuen" Kohlenstoffmaterialien handelt es sich bei Diamantfilmen bereits um ein großtechnisch in vielen Varianten eingesetztes Produkt. Insbesondere die Beschichtung von Werkzeugen und schnell drehenden Bauteilen stellt einen großen Markt dar. Aber auch elektronische Anwendungen und synthetisch hergestellte optische Fenster werden angeboten. Im Folgenden werden einige der wichtigen Einsatzgebiete näher vorgestellt.

6.6.1 Mechanische Anwendungen

Die besonderen mechanischen Eigenschaften, wie die große Härte, die Kratzfestigkeit und der niedrige Reibungskoeffizient, gepaart mit einer großen Toleranz gegenüber aggressiven Umgebungsbedingungen, haben sehr bald nach der Herstellung der ersten Diamantfilme zu einer raschen Entwicklung von diamantbeschichteten Gegenständen geführt, die heute in weiten Bereichen der Technik eingesetzt werden.

Abb. 6.49

Beispiele für die Beschichtung von Bohr-, Schneid- und Schleifwerkzeugen mit CVD-Diamant (© L. Schäfer).

Ein wesentliches Merkmal von Diamantfilmen stellt ihre Abriebfestigkeit dar, was zur Entwicklung von diamantbeschichteten Werkzeugen geführt hat. Meist wird zwischen dem Werkzeuggrundkörper und dem Diamantfilm eine Binderschicht, z.B. Siliciumcarbid, aufgebracht, um eine gute Adhäsion und somit lange Standzeiten des beschichteten Werkzeugs zu gewährleisten, da das Delaminieren dessen sofortiges Versagen zur Folge hätte. Beispiele für diamantbeschichtete Werkzeuge sind Bohr- und Schneidwerkzeuge, u.a. Präzisions-Sägeblätter und Bohrer für Gestein (Abb. 6.49). Außerdem eignen sich Diamantbeschichtungen für langlebige Schleifwerkzeuge.

Auch als kratzfeste Beschichtung auf Substraten eignen sich Diamantfilme. Daneben kann man die große Widerstandsfähigkeit bei gleichzeitig geringer Reibung nutzen, um durch schnelle Rotation belastete Teile wie Getriebe, Lager und Achsen zu schützen. Für diese Anwendungen werden hohe Anforderungen an die Passgenauigkeit und die Präzision der Oberfläche gestellt. Allerdings existieren im Fall der Diamantfilme Schwierigkeiten bei der Herstellung solcher Werkstücke. Insbesondere die Politur der Oberfläche ist aufgrund der großen Härte nur schwer auf mechanischem Wege möglich. Man hat hier inzwischen das sog. „chemische Polieren" entwickelt, das im Prinzip auf einem Ätzprozess beruht. Eine neuere Anwendungsmöglichkeit hat sich im Bereich hochtouriger Festplatten entwickelt, wo eine Diamantschicht die Erhöhung der Drehzahl und somit schnellere Zugriffszeiten ermöglicht. Hier spielt neben der mechanischen Stabilität auch die hohe Wärmeleitfähigkeit eine Rolle, die für eine geringere Erhitzung des Datenträgers bei hohen Umdrehungszahlen sorgt.

Die Kombination der vorteilhaften mechanischen Eigenschaften der Diamantfilme und ihre Bioverträglichkeit (Kap. 6.6.3) machen sie des Weiteren zu einem idealen Material für die Beschichtung von Implantaten und Prothesen. Der Verschleiß an diesen Teilen wird verringert und Diamant ruft kaum Abwehrreaktionen des umgebenden Gewebes hervor.

6.6.2 Elektronische Anwendungen

Wie bereits im Kap. 6.4.2 beschrieben, besitzen Diamantfilme einige herausragende Eigenschaften, die sie für den Einsatz in elektronischen Bauelementen prädestinieren. Einige dieser Anwendungen wurden bereits realisiert und befinden sich z.T. schon im kommerziellen Einsatz. Sowohl undotierte als auch gezielt verunreinigte Diamantfilme kommen zur Anwendung, wobei eines der wesentlichen Probleme beim Einsatz von Diamantelementen die Kontaktierung dieser Bauteile ist. An den Kontaktstellen, die meist durch Aufdampfen von Metallen mit großer Elektronen-Austrittsarbeit, z.B. Gold oder Platin, erzeugt werden, kommt es teilweise zu hohen Barrieren, die die Arbeitsfähigkeit der Bauteile massiv einschränken.

Ein attraktives Ziel für die Anwendung von Diamantfilmen stellt der Aufbau von Feldemissionsdisplays dar, die als Elektronenquellen Diamant-Emitter verwenden. Hierzu wurden in den letzten Jahren Techniken entwickelt, um strukturierte Diamantoberflächen zu erzeugen, die eine kontrollierte Verteilung der Emitter aufweisen (Abb. 6.33). Neben Displays können Diamantfilme auch für die Herstellung von Hochleistungs-Elektronenquellen herangezogen werden. Insgesamt hat sich die Verwendung von nanokristallinen Diamantfilmen, z.B. als Beschichtung auf einem Substrat, als günstiger für die Emittereigenschaften erwiesen. In mikrokristallinen Diamantfilmen kann die Feldemission nämlich nur in der Nähe von Kristallitkanten auftreten. In nanokristallinen Filmen dagegen sorgen die gleichmäßigere Verteilung der Emissionsorte und ihre größere räumliche Dichte für bessere Emmisionseigenschaften. Auch der Mechanismus der Emission stellt sich in diesen etwas anders dar. Hier sorgen die graphitischen Bereiche in den Korngrenzen für eine ständige Elektronenzufuhr. Sie fungieren als Leitungskanäle, und durch anschließendes Tunneln in einen Diamantkristallit wird die Emission ins Vakuum ermöglicht.

Auch klassische Halbleiteranwendungen wurden mit Diamantfilmen realisiert. Dazu gehören Feldeffekt-Transistoren (FET) und Dioden. Letztere wurden als All-Diamantbauteil konstruiert, welches bis zu einer Temperatur von 1000 °C stabil arbeitet. Als Substrat dient ein Ib-Diamant, auf dem eine mit Bor p-dotierte UNCD-Schicht abgeschieden wird. Die anschließende Aufbringung einer einkristallinen undotierten Schicht und einer stickstoffhaltigen n-Schicht vervollständigen das Bauteil, welches dann noch z.T. so geätzt wird, dass die p-Schicht stellenweise frei liegt. Die mit dieser Diode erreichte Gleichrichtung umfasst bei 20 V zehn Größenordnungen bei sehr geringem Leckstrom in die andere Richtung.

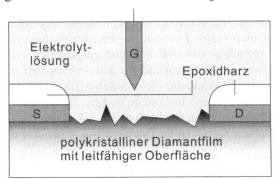

Abb. 6.50

Schematische Darstellung eines Feldeffekt-transistors mit Elektrolyt-Gate (S: Source, D: Drain, G: Gate).

Auch Feldeffekt-Transistoren wurden erfolgreich mit Diamant realisiert. Hierzu wird wasserstoff-terminierter Diamant eingesetzt, der mit einer hohen Ladungsträgerdichte in der Oberfläche ($> 10^{13}$ cm^{-2}) und einer nur dünnen Schicht, in der sich die Ladungsträger aufhalten (~ 10 nm), sehr gute Voraussetzungen für die Konstruktion eines *surface channel*-FET bietet. Die geringe Schichtdicke, in der die Ladungsträger konzentriert sind, erlaubt eine Dicke der Gate-Schicht von unter 20 nm und eine bessere Kontrolle des fließenden Stroms. Außerdem weisen H-terminierte Diamantfilme eine für die Kontaktierung des Bauteils günstige, sehr niedrige *Schottky*-Barriere auf. Eine besondere Anordnung für einen FET wurde kürzlich vorgestellt. Dabei handelt es sich um ein Bauelement, in dem die Metall-Gate-Elektrode durch eine Elektrolytlösung ersetzt wurde (Abb. 6.50). Sowohl bordotierter als auch oberflächenleitfähiger Diamantfilm mit Wasserstoffabsättigung kann zum Einsatz kommen. Die Besonderheit dieser Konstruktion ist die Betriebsbereitschaft unter sehr harschen Umgebungsbedingungen. So werden z.B. pH-Werte zwischen 1 und 13 toleriert.

Eine weitere Anwendung von Diamantfilmen, die bereits kommerziell im Einsatz ist, wurde mit den SAW-Bauteilen vorgestellt. SAW-Elemente (engl. *surface acoustic wave device*) beruhen auf der hohen Geschwindigkeit von Oberflächenwellen in dem entsprechenden Material, welches mit einem piezoelektrischen Material kombiniert wird. Sie dienen u.a. als Frequenzfilter und Resonatoren in Mobiltelefonen und Fernseher-Tunern. Aufgrund seiner hohen elastischen Konstante erlaubt Diamant dabei extrem hohe Oberflächengeschwindigkeiten von bis zu 10000 m s^{-1}, so dass mit einem Elektrodenabstand von 0,2 μm ein 5 GHz-Filter konstruiert werden kann. Das Diamantmaterial wird dazu üblicherweise mit einem für die Wellenerzeugung benötigten piezoelektrischen Material, z.B. Zinkoxid, in einer Art *Sandwich*-Struktur verarbeitet. Allerdings bedürfen diese Bauteile hochpräziser Diamantoberflächen, was eine große Herausforderung für die Politur der eingesetzten Diamant-Wafer darstellt. Bisher sind diamantbasierte Frequenzfilter für den Bereich von 1,8 bis 4 GHz auf dem

Markt erhältlich. In der Zukunft werden sicherlich zahlreiche weitere Kommunikations-Anwendungen im Hochfrequenzbereich folgen.

6.6.3 Chemische, elektrochemische und biologische Anwendungen

Wie in Kap. 6.5 beschrieben, kann die Oberfläche von Diamantfilmen auf vielfältige Weise chemisch modifiziert werden. Dies ermöglicht die Anbindung verschiedener Strukturen, z.B. von Biomolekülen. Diamantfilme zeichnen sich u.a. durch die chemische Inertheit der nicht funktionalisierten Oberfläche, die gute Biokompatibilität, die geringe unspezifische Adsorption und die steuerbare Hydrophilie der Oberfläche aus. Aufgrund dieser vorteilhaften Eigenschaften besitzt Diamant für die entsprechenden Bio-Anwendungen wesentliche Vorteile im Vergleich zu den üblicherweise eingesetzten Materialien (Silicium, Gold, Metalloxide) und eignet sich hervorragend für den Aufbau von Biosensoren, medizinischen Implantaten und für die Entwicklung elektronischer Baueinheiten ausgehend von organischer Materie. Diamantüberzogene Implantate (s. Kap. 6.6.1) rufen deutlich weniger Fibrose als entsprechende mit Silicium behandelte Bauteile auf. Auch die Langzeitstabilität in Körperflüssigkeiten wie Blut und Serum ist für Diamantfilme gegenüber den anderen Materialien deutlich erhöht.

Bisher ist die Immobilisierung verschiedener biologisch aktiver Strukturen auf Diamantfilmen gelungen, wie z.B. DNS-Bruchstücke, Oligonucleotide, Peptide, Enzyme usw., die ihre Aktivität durch die erfolgreiche Wechselwirkung mit entsprechenden Testsystemen auch in dieser gebundenen Form nachgewiesen haben. Neben biologischen Einheiten können auch Katalysatoren oder Reagenzien an einem Diamantfilm fixiert werden. Das Ziel vieler Arbeiten an funktionalisierten Diamantfilmen ist die Entwicklung des sog. „*lab on the chip*" – einer Art Diagnosezentrum auf einem kleinen diamantbeschichteten Plättchen, auf dem die entsprechenden spezifischen Strukturen angebunden sind. Die Detektion kann z.B. durch Messung des elektrischen Stromes an den meist bordotierten Diamantchips erfolgen.

Auch als Elektrodenmaterial weist Diamant einige nicht zu unterschätzende Vorzüge auf. Er ist mechanisch sehr stabil, chemisch weitgehend inert, bietet aufgrund der vorhandenen Überspannungen ein sehr breites Potentialfenster für die Untersuchung von Analyten und besitzt mit seinen schnellen Responsezeiten, dem großen Linearitätsbereich, einem niedrigen Hintergrundstrom und der raschen Stabilisierung des Stromflusses sehr günstige elektrochemische Eigenschaften. Daher eignet er sich gut als Elektrodenmaterial für die Elektroanalyse, d.h. dass ein elektrisches Signal (Spannung, Strom oder Ladung) in Abhängigkeit von der Konzentration eines Analyten gemessen wird, wobei der Stromfluss durch die Oxidation bzw. Reduktion des Analyten verursacht wird. Es werden in der Regel bordotierte Diamantfilme mit hydrierter Oberfläche auf einem Trägermaterial, z.B. Si, W, Mo, verwendet. So erreicht man die erforderliche elektrische Leitfähigkeit der Elektroden. Der Borgehalt beträgt etwa 10^{19} cm^{-3}, was zu einem spezifischen Widerstand von unter 0,1 Ω cm führt. Auch nanokristalline Diamantfilme (UNCD) eignen sich gut als Beschichtung von Elektroden. Bereits bei geringer Schichtdicke erreicht man hier eine vollständige und dichte Belegung des Trägers und unregelmäßig geformte Elektroden lassen sich leichter beschichten.

Es wurden bereits zahlreiche Beispiele vorgestellt, in denen Diamantelektroden in Elektroanalysesystemen eingesetzt wurden. So kann das giftige Azidanion sehr empfindlich nachgewiesen werden, indem es zu Stickstoff oxidiert wird ($2 N_3^- \rightarrow 3 N_2 + 2 e^-$). Hier macht sich der geringe Hintergrundstrom positiv für eine hohe Empfindlichkeit der Methode bemerkbar.

Auch Nitrit, Metallionen, aliphatische Polyamine etc. wurden erfolgreich mit Diamantelektrodensystemen quantitativ bestimmt. Ein interessantes Beispiel stellt die Untersuchung des NADH-Gehaltes einer Lösung dar: Andere Elektrodenmaterialien adsorbieren irreversibel die Oxidationsprodukte der Umsetzung des NADH, was zu einer deutlich schlechteren Stabilität und Empfindlichkeit der Elektroden führt. Im Fall des Diamanten findet diese Adsorption nicht so leicht statt, so dass man bessere Elektrodeneigenschaften beobachtet. Auch andere biologisch aktive Substanzen wie Histamin, Serotonin und Harnsäure können elektrochemisch analysiert werden. Auch kovalent oder durch Physisorption modifizierte Diamantfilme eignen sich für die elektrochemische Analyse. Hier kommt dann noch eine durch spezifische Wechselwirkungen begünstigte selektive Anbindung des Analyten an die Elektrode hinzu, was die Empfindlichkeit erhöht. Inzwischen sind mehrere kommerzielle Elektrodensysteme für den Laboreinsatz auf dem Markt.

6.6.4 Weitere Anwendungen von Diamantfilmen

Es sind noch zahlreiche weitere Einsatzgebiete für Diamantfilme bekannt, und es werden mit Sicherheit in der Zukunft noch weitere hinzukommen. Eine mögliche Anwendung nutzt die hohe Wärmeleitfähigkeit von Diamantfilmen aus, die die jedes anderen *bulk*-Materials weit übertrifft. Daher eignet sich Diamant als Wärmeableiter, etwa in elektronischen Schaltungen. Z.B. können Flächen mit einer CVD-Diamantschicht überzogen werden, die den Wärmeabtransport übernimmt. Auch die Verwendung von diamantbeschichtetem Material als Platine für die Anordnung elektronischer Bauelemente ist denkbar. Als Wärmeableiter in anderen Bereichen können freistehende Strukturen aus Diamantfilmen, die ja bereits bei sehr geringer Filmdicke eine ausreichende mechanische Stabilität aufweisen, eingesetzt werden.

Auch die optischen Eigenschaften von Diamant machen ihn zu einem attraktiven Werkstoff. Fenster und Linsen für verschiedene optische Geräte können aufgrund seiner Transparenz in einem weiten Strahlungsbereich hergestellt werden. Insbesondere können mit Diamantfenstern ausgestattete Systeme auch unter sehr schwierigen Umweltbedingungen, z.B. im Weltall, eingesetzt werden, da Diamant sehr viel stabiler ist als die üblichen, für diese Optiken eingesetzten Materialien. Dazu zählen u.a. Infrarotfenster, etwa für Flugzeuge und Raketen, aber auch für Spektrometer, wobei der Diamant die üblichen Materialien wie ZnS und ZnSe ersetzt. Lediglich bei einer Wellenlänge von 5 μm besitzt ein Diamantfenster eine Eigenabsorption. Auch für Röntgenfenster eignet sich Diamant und ersetzt hier das hochgiftige Beryllium. Aufgrund seiner ebenfalls geringen Atommasse und der Möglichkeit, extrem dünne Schichten (~ 1 μm) herzustellen, können Fenster mit hoher Strahlendurchlässigkeit hergestellt werden, die die Parameter der meist um 8 μm dicken Berylliumfenster übertreffen.

6.7 Zusammenfassung

Diamantfilme können als polykristalline und einkristalline Schichten hergestellt werden. Die Partikel in polykristallinen Filmen weisen entweder Größen im Mikrometerbereich auf oder besitzen einen Durchmesser von wenigen Nanometern (UNCD). Die Herstellung erfolgt im Wesentlichen durch Abscheidung aus der Gasphase (CVD-Methoden). Als Kohlenstoffquelle dienen verschiedene gasförmige Kohlenwasserstoffe, z.B. Methan. Die Filmbildung erfolgt nur in Anwesenheit von atomarem Wasserstoff, der *in situ*, z.B. in einem Plasma, an einem

Glühfaden oder in einer Flamme, erzeugt werden muss. Die Abscheidung erfolgt auf einem
800-1200 °C heißen Substrat.

Kasten 6.1 Herstellung von Diamantfilmen

- Bei der Mikrowellen-CVD (MWCVD) wird das Plasma durch Mikrowellenstrahlung
  erzeugt.

- In der HF-CVD (Hot Filament CVD) sorgt ein heißer Draht für die Zersetzung der Ausgangssubstanzen.

- Die Verbrennungsmethode nutzt die Abscheidung aus einer übersättigten Flamme.

- UNCD wird durch Beimengung von Argon zum Gasgemisch in einer MWCVD erhalten.

Je nach Morphologie und Herstellung weisen Diamantfilme unterschiedliche Eigenschaften
auf. Sie besitzen eine große Härte und einen geringen Reibungskoeffizienten. Aus dem *wide
gap*-Halbleiter (Bandlücke ~ 5,5 eV) wird je nach Dotierung ein Halbleiter oder ein Material
mit einer elektrischen Leitfähigkeit vergleichbar der von Metallen (z.B. durch Bordotierung).

Die Oberfläche kann chemisch modifiziert werden. Dabei findet man je nach Wasserstoffbe-
legung entweder hydrierte oder rekonstruierte Strukturen vor. Letztere weisen π-Bindungen
auf, an denen der Angriff verschiedener Reagenzien erfolgen kann. So gelingt z.B. die Umsetzung mit Dienen in einer *Diels-Alder*-Reaktion. Auch durch photochemische Umsetzung
der Oberflächen-C-H-Bindungen mit terminalen Alkenen kann eine C-C-Verknüpfung mit
Substituenten erreicht werden. Zahlreiche weitere Reaktionsmöglichkeiten sind beschrieben,
so dass die Oberfläche kovalent und nichtkovalent funktionalisiert werden kann.

Besonders interessant sind die elektrochemischen Eigenschaften von Diamantfilmen. Die für
eine bessere Leitfähigkeit dotierten Filme besitzen ein sehr großes Potentialfenster und eignen sich aufgrund ihrer Stabilität und günstigen Responsezeiten usw. sehr gut als Elektrodenmaterial für die Elektroanalyse. Auch für die Analytik von biologischem Material bieten
sich entsprechend oberflächenmodifizierte Diamantfilme an. Aufgrund geringer unspezifischer Adsorption werden nur dort Wechselwirkungen ausgebildet, wo der Diamantfilm die
entsprechenden Strukturen trägt. Dies ist für die Entwicklung des sog. *lab on a chip* von
großem Interesse.

Weitere Anwendungen von Diamantfilmen finden sich in der mechanisch resistenten Beschichtung von Werkstücken und Implantaten. Des Weiteren ist die Anwendung in elektronischen Bauteilen in greifbare Nähe gerückt, und man kann davon ausgehen, dass in der Zukunft Diamantfilme Silicium zumindest teilweise aus diesem Sektor verdrängen werden. Die
optischen Qualitäten des Diamanten machen transparente, freistehende Diamantfilme zum
idealen Fenstermaterial für spektroskopische Geräte usw. Insgesamt ermöglicht die Entwicklung zuverlässiger Herstellungsmethoden und das Erreichen kontrollierbarer Dotierung eine
kommerzielle Nutzung von Diamantfilmen in großem Maßstab.

7 Epilog

Der Rahmen dieses einführenden Textes erlaubt es nicht, alle neueren Entwicklungen im Bereich der Kohlenstoffmaterialien in voller Breite zu würdigen, da dieses Buch sonst einen nicht zu vertretenden Umfang angenommen hätte. Es ist somit empfehlenswert, im Anschluss an das Studium des vorliegenden Buches die entsprechende Original- und Übersichtsliteratur zu speziellen Erkenntnissen und weiteren Arten von Kohlenstoffmaterialien zu konsultieren. Eine Vielzahl von Substanzen und Prinzipien wartet dort darauf, entdeckt zu werden. In diesen Arbeiten finden sich auch zahlreiche Ideen und Hinweise, in welche Richtung die Entwicklung gehen wird. Wie sieht nun die Zukunft im Bereich der Kohlenstoffmaterialien aus?

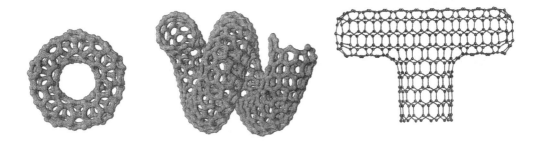

Abb. 7.1 Tori (© RSC 1995), kontrolliert aufgebaute Helices (© APS 1997) und T-Stücke sind Weiterentwicklungen der Kohlenstoff-Nanoröhren.

Diamantmaterialien und verwandte Substanzen nehmen bereits heute eine wichtige Stellung im Bereich der Oberflächenbeschichtungen und elektronischen Bauteile ein. Hier wird die Entwicklung weiter gehen, die immer kleinere und leistungsstärkere Elemente hervorbringt. Möglicherweise bietet Diamant aufgrund seiner im Vergleich zum Silicium besseren Biokompatibilität und seiner höheren Stabilität die Möglichkeit, dieses einmal vollständig zu ersetzen und auch an der Phasengrenze zu lebenden Systemen elektronische Bauteile zu etablieren. Die Nanostrukturierung von Diamantoberflächen und das gezielte Dotieren bzw. chemische Funktionalisieren wird zu einer Vervielfachung der Einsatzmöglichkeiten von Diamant in alltäglichen Anwendungen und im Hochtechnologie-Sektor führen.

Aber auch in die Nanoröhren werden große Hoffnungen gesetzt. Ihre Darstellung in ausreichender Menge und Reinheit stellt eine formidable Herausforderung dar, die jedoch zunehmend gemeistert wird. Gelingt es einmal, selektiv einen bestimmten Strukturtyp zu erhalten, so sind den Anwendungen in Elektronik und Sensorik kaum noch Grenzen gesetzt. Große elektronische Einheiten aus reinen Kohlenstoffbauteilen – die sprichwörtlichen Computer aus Diamant und Nanotubes – rücken in greifbare Nähe.

Aber nicht nur die viel versprechenden Anwendungsmöglichkeiten beflügeln die Nanotube-Forschung. Auch die Aussicht auf Entdeckung immer weiterer, von den Röhren abgeleiteter Formen, wie z.B. Y-Verknüpfungen, *Peapods* oder der in Abb. 7.1 dargestellten Tori motiviert zu intensiven Forschungstätigkeiten. Sie lassen eine Strukturvielfalt erahnen, die unter den anderen Elementen des Periodensystems ihresgleichen sucht. Die Frage, ob diese heute bereits ausgereizt ist, lässt sich nicht abschließend beantworten, da ständig neue Varianten der bereits vorhandenen Modifikationen gefunden werden und man nicht wissen kann, ob neben den bekannten Bindungssituationen möglicherweise völlig andersartige Strukturen realisierbar sind. Ein Trend geht in Richtung stärker dreidimensionaler Strukturierung der Kohlenstoffobjekte. Verschiedene „Super"-Nanotubes, in denen entweder Nanoröhren in einer zur Superachse radialen Anordnung vorliegen oder deren „Bindungen" aus Nanoröhren bestehen, wurden prognostiziert und teilweise bereits experimentell bestätigt (Abb. 7.2).

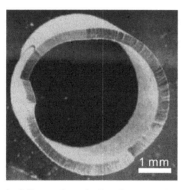

Abb. 7.2

Eine Röhre aus Kohlenstoff-Nanoröhren. Die einzelnen CNT sind radial angeordnet. Die „Superröhre" kann z.B. als Filtermaterial dienen. © Nature Publ. Group 2004

Auch dreidimensionale Strukturen, die aus Fullerenen aufgebaut sind, rufen zunehmend Interesse hervor. Insbesondere Objekte, deren Hybridisierungsgrad der Kohlenstoffatome zwischen sp^2 und sp^3 liegt und die sowohl konkave als auch konvexe Flächen besitzen, lassen interessante Eigenschaften, z.B. Magnetismus, erwarten. Das Ziel, eine Art *McKay*-Kristall aus polymerisierten Fullerenen zu erzeugen, liegt jedoch noch in weiter Ferne (Abb. 7.3). Ein anderer Trend geht hin zur Entwicklung photosensitiver Fullerensysteme zur Ausnutzung der Sonnenenergie. Im Bereich der Grundlagenforschung werden neue Synthesen für kleine Fullerene ($n_C < 60$) entwickelt werden, und möglicherweise gelingt es, das kleinstmögliche Fulleren C_{20} tatsächlich in sichtbaren Mengen darzustellen.

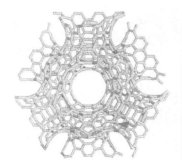 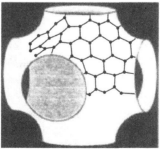 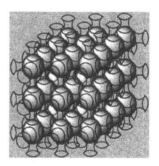

Abb. 7.3 Die Struktur der dreidimensionalen *McKay*-Kristalle besteht aus konvexen und konkaven Elementen. Rechts ist die schematische Struktur eines solchen Kristalls verdeutlicht, während links und in der Mitte Strukturfragmente dieses idealisierten C_{60}-Polymers gezeigt werden (© RSC 1995).

Die Anordnung von Nanoröhren, Fullerenen oder kleinen Diamantpartikeln auf Oberflächen sowie die gezielte Adressierung bestimmter Bereiche von Kohlenstoffstrukturen versprechen neue Erkenntnisse im Bereich der Oberflächenmanipulation (Abb. 7.4). Das Analyselabor auf einem Chip, der nanotube-basierte Katalysator, die hocheffiziente Brennstoffzelle oder das äußerst helle Display mit geringem Stromverbrauch zeigen die immensen Chancen, die die Kohlenstoff-Forschung bietet.

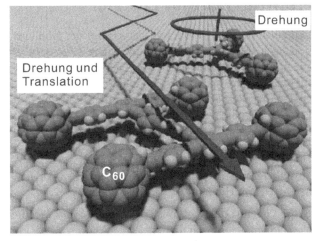

Abb. 7.4

Mit Hilfe einer Kraftmikroskopspitze kann das sog. „Fullerenauto" über eine Oberfläche dirigiert werden (© ACS 2005).

Die Möglichkeiten sind also zahlreich und der Kreativität kaum Grenzen gesetzt. Man darf somit gespannt sein, welche Überraschungen das Element Kohlenstoff noch für uns bereithält.

8 Weiterführende Literatur und Abbildungsnachweis

8.1 Weiterführende Literatur

Um einen tieferen Einblick in das Gebiet der Kohlenstoffmaterialien zu erhalten, ist es sinnvoll, sich in Spezialwerken über weitere Eigenschaften und Anwendungen zu informieren. Die folgende Auswahl weiterführender Arbeiten stellt nur einen kleinen Ausschnitt der verfügbaren Fach- und Übersichtsliteratur dar. Es existieren zahlreiche weitere hervorragende Bücher und Reviews, die einen vertieften Einblick in das Stoffgebiet gewähren, hier aber aus Platzgründen nicht aufgeführt werden können.

Kohlenstoff allgemein:

N. Wiberg, E. Wiberg, A. F. Hollemann, *Lehrbuch der Anorganischen Chemie*, 102. Aufl., W. de Gruyter, Berlin **2007**.

N. N. Greenwood, A. Earnshaw, *Chemistry of the Elements*, 2. Aufl., Elsevier Butterworth Heinemann, Amsterdam **2004**.

R. M. Hazen, *The Diamond Makers*, Cambridge University Press, Cambridge **1999**.

J. Huheey, E. Keiter, R. Keiter, *Anorganische Chemie*, 2. Aufl., W. de Gruyter, Berlin **1995**.

M. S. Dresselhaus, G. Dresselhaus, K. Sugihara, I. L. Spain, H. A. Goldberg, *Carbon Fibers and Filaments*, *Springer Series in Materials Science, Bd. 5*, Springer, Berlin **1988**.

G. M. Jenkins, K. Kawamura, *Polymeric carbons - carbon fibre, glass and char*, Cambridge University Press, Cambridge **1976**.

Gmelins Handbuch der Anorganischen Chemie, 8. Aufl., Verlag Chemie, Weinheim **1967-1978**.

Elements **2005**, *1*, 1-76.

J. Robertson, *Adv. Phys.* **1986**, *35*, 317-374.

Fullerene:

A. Hirsch, A. Brettreich, *Fullerenes: Chemistry and Reactions*, Wiley-VCH, Weinheim **2005**.

A. Kleineweischede, J. Mattay, *Photochemical Reactions of Fullerene and Fullerene Derivatives, in* W. Horspool, F. Lenci (Hrsg.), *CRC Handbook of Organic Photochemistry and Photobiology*, CRC Press, Boca Raton **2004**.

A. Hirsch, *The Chemistry of the Fullerenes*, Thieme, Stuttgart **1994**.

E. Osawa (Hrsg.), *Perspectives of Fullerene Nanotechnology*, Kluwer Academic Publishers, Dordrecht **2002**.

L. Echegoyen, L. E. Echegoyen, *The Electrochemistry of C₆₀ and Related Compounds*, in H. Lund, O. Hammerich (Hrsg.), *Organic Electrochemistry*, 4. Aufl., Marcel Dekker, New York **2001**.

K. M. Kadish, R. S. Ruoff (Hrsg.), *Fullerenes: Chemistry, Physics, and Technology*, Wiley-Interscience, New York **2000**.

A. Hirsch (Hrsg.), *Top Curr. Chem.* **1999**, *199*, 1-246.

M. S. Dresselhaus, G. Dresselhaus, P. C. Eklund, *Science of Fullerenes and Carbon Nanotubes*, Academic Press, London **1996**.

P. W. Fowler, D. E. Manolopoulos, *An Atlas of Fullerenes*, Oxford University Press, New York **1995**.

H. W. Kroto, A. L. Mackay, G. Turner, D. R. M. Walton (Hrsg.), *A postbuckminsterfullerene view of the chemistry, physics and astrophysics of carbon*, Phil. Trans. R. Soc. A **1993**, *343*, 1-154.

D. M. Guldi, G. M. A. Rahman, V. Sgobba, C. Ehli, *Chem. Soc. Rev.* **2006**, *35*, 471-487.

N. Martin, *Chem. Commun.*, **2006**, 2093-2104.

F. Cozzi, W. H. Powell, C. Thilgen, *Pure Appl. Chem.* **2005**, *77*, 843-923.

X. Lu, Z. Chen, *Chem. Rev.* **2005**, *105*, 3643-3696.

J.-F. Nierengarten, *New J. Chem.* **2004**, *28*, 1177-1191.

E. Nakamura, H. Isobe, *Acc. Chem. Res.* **2003**, *36*, 807-815.

D. M. Guldi, *Chem. Soc. Rev.* **2002**, *31*, 22-36.

W. H. Powell, F. Cozzi, C. Thilgen, R. J.-R. Hwu, A. Yerin, *Pure Appl. Chem.* **2002**, *74*, 629-695.

L. Dai, A. W. H. Mau, *Adv. Mater.* **2001**, *13*, 899-913.

F. Diederich, M. Gómes-López, *Chem. Soc. Rev.* **1999**, *28*, 263-277.

Kohlenstoff-Nanoröhren:

M. Meyyappan (Hrsg.), *Carbon Nanotubes: Science and Applications*, CRC Press, Boca Raton **2005**.

S. Reich, C. Thomsen, J. Maultzsch, *Carbon Nanotubes*, Wiley-VCH, Weinheim **2004**.

M. S. Dresselhaus, G. Dresselhaus, Ph. Avouris (Hrsg.), *Carbon Nanotubes: Synthesis, Structure, Properties, and Applications*, Top. Appl. Phys., Bd. 80, Springer, Berlin **2001**.

P. J. F. Harris, *Carbon Nanotubes and Related Structures*, Cambridge University Press, Cambridge **1999**.

M. S. Dresselhaus, G. Dresselhaus, P. C. Eklund, *Science of Fullerenes and Carbon Nanotubes*, Academic Press, London **1996**.

J. N. Coleman, U. Khan, Yu. K. Gun'ko, *Adv. Mater.* **2006**, *18*, 689-706.

D. Tasis, N. Tagmatarchis, A. Bianco, M. Prato, *Chem. Rev.* **2006**, *106*, 1105-1136.

K. Balasubramanian, M. Burghard, *Small* **2005**, *1*, 180-192.

S. Banerjee, T. Hemraj-Benny, S. S. Wong, *Adv. Mater.* **2005**, *17*, 17-29.

A. Bianco, K. Kostarelos, C. D. Partidos, M. Prato, *Chem. Commun.* **2005**, 571-577.

M. S. Dresselhaus, G. Dresselhaus, J. C. Charlier, E. Hernández, *Phil. Trans. R. Soc. A* **2004**, *362*, 2065-2098.

M. Endo, T. Hayashi, Y. A. Kim, M. Terrones, M. S. Dresselhaus, *Phil. Trans. R. Soc. A* **2004**, *362*, 2223-2238.

E. Joselevich, *Chem. Phys. Chem.* **2004**, *5*, 619-624.

E. Katz. I. Willner, *Chem. Phys. Chem.* **2004**, *5*, 1084-1104.

P. Nikolaev, *J. Nanosci. Nanotechnol.* **2004**, *4*, 307-316.

R. Andrews, D. Jaques, D. Qian, T. Rantell, *Acc. Chem. Res.* **2002**, *35*, 1008-1017.

P. Avouris, *Acc. Chem. Res.* **2002**, *35*, 1026-1034.

H. Dai, *Acc. Chem. Res.* **2002**, *35*, 1035-1044.

M. Ouyang, J. L. Huang, C. M. Lieber, *Acc. Chem. Res.* **2002**, *35*, 1018-1025.

C. Dekker, *Physics Today* **1999**, 22-28.

A. Oberlin, M. Endo, *J. Cryst. Growth* **1976**, *32*, 335-349.

Kohlenstoffzwiebeln:

V. L. Kuznetsov, Yu. V. Butenko *in* D. M. Gruen, O. A. Shenderova, A. Ya. Vul' (Hrsg.), *Synthesis, Properties and Applications of Ultrananocrystalline Diamond, NATO Science Series, Bd. 192*, Springer, Dordrecht **2005**, S. 199-216.

S. Tomita, T. Sakurai, H. Ohta, M. Fujii, S. Hayashi, *J. Chem. Phys.* **2001**, *114*, 7477-7482.

F. Banhart, *Rep. Prog. Phys.* **1999**, *62*, 1181-1221.

M. Terrones, W. K. Hsu, J. P. Hare, H. W. Kroto, H. Terrones, D. R. M. Walton, *Phil. Trans. R. Soc. A* **1996**, *354*, 2025-2054.

Diamantfilme:

N. B. Dahotre, P. D. Kichambare *in* H. S. Nalwa (Hrsg.), *Encycl. Nanosci. Nanotechnol.* , *Bd. 6*, American Scientific Publishers, Stevenson Ranch **2004**, S. 435-463.

C. E. Nebel, J. Ristein (Hrsg.), *Thin Film Diamond II, Semiconductors and Semimetals, Bd. 77*, Elsevier Academic Press, Amsterdam **2004**.

C. E. Nebel, J. Ristein, *Thin Film Diamond I, Semiconductors and Semimetals, Bd. 76*, Elsevier Academic Press, Amsterdam **2003**.

B. A. Fox, *Diamond Films*, in A. Elshabini-Riad, F. D. Barlow, III. (Hrsg.), *Thin Film Technology Handbook*, McGraw Hill Professional, New York **1997**.

K. E. Spear, J. P. Dismukes (Hrsg.), *Synthetic Diamond: Emerging CVD Science and Technology*, Wiley-Interscience, New York **1994**.

T. Lasseter Clare, B. H. Clare, B. M. Nichols, N. L. Abbot, R. J. Hamers, *Langmuir* **2005**, *21*, 6344-6355.

D. M. Gruen, *MRS Bull.* **2001**, 771-776.

R. J. Hamers, S. K. Coulter, M. D. Ellison, J. S. Hovis, D. F. Padowitz, M. P. Schwartz, C. M. Greenlief, J. N. Russel, jr., *Acc. Chem. Res.* **2000**, *33*, 617-624.

J. Ristein, F. Maier, M. Riedel, J. B. Cui, L. Ley, *Phys. Stat. Sol. A* **2000**, *181*, 65-76.

J. C. Angus, C. C. Hayman, *Science* **1988**, *241*, 913-921.

Nanodiamant:

D. M. Gruen, O. A. Shenderova, A. Ya. Vul' (Hrsg.), *Synthesis, Properties and Applications of Ultrananocrystalline Diamond*, *NATO Science Series, Bd. 192*, Springer, Dordrecht **2005**.

N. B. Dahotre, P. D. Kichambare *in* H. S. Nalwa (Hrsg.), *Encycl. Nanosci. Nanotechnol.*, *Bd. 6*, American Scientific Publishers, Stevenson Ranch **2004**, S. 435-463.

E. D. Obraztsova, V. L. Kuznetsov, E. N. Loubnin, S. M. Pimenov, V. G. Pereverzev *in* J. H. Fendler, I. Dékány (Hrsg.), *Nanoparticles in Solids and Solutions*, Kluwer Academic Publishers, Amsterdam **1996**.

O. A. Shenderova, V. V. Zhirnov, D. W. Brenner, *Crit. Rev. Solid State Mater. Sci.* **2002**, *27*, 227-356.

V. Yu. Dolmatov, *Russ. Chem. Rev.* **2001**, *70*, 607-626.

J.-B. Donnet, C. Lemoigne, T. K. Wang, C.-M. Peng, M. Samirant, A. Eckhardt, *Bull. Soc. Chim. Fr.* **1997**, *134*, 875-890.

8.2 Abbildungsnachweis

Zahlreiche Abbildungen in diesem Buch stammen aus anderen Quellen: Die folgenden Abbildungen wurden freundlicherweise von einigen Wissenschaftlern und Unternehmen bereitgestellt, denen hierfür mein Dank gebührt:

1.3: http://ekati.bhpbilliton.com/docs/Koala.pdf, Ekati-Mine, Billiton Corp., Kanada; **1.10:** Dr. M. Ozawa, Universität Kiel; **1.14:** Dr. A. Schwarz, Universität Hamburg; **2.3:** Prof. M. Sumper, Universität Regensburg; **2.6c:** Felix Köhler, Universität Kiel; **3.1b:** Prof. F. Banhart, Universität Mainz; **3.23b:** Prof. K. P. C. Vollhardt, Berkeley University, USA; **5.12:** Dr. Vlad Padalko, Alit Corp., Zhitomir, Ukraine; **5.23:** Dr. Fedor Jelezko, Universität Stuttgart; **6.49:** Dr. Lothar Schäfer, Fraunhofer Gesellschaft, IST Braunschweig.

Die folgenden Abbildungen wurden verschiedenen Originalarbeiten entnommen. Die Reihenfolge der Verlage ist alphabetisch, in den einzelnen Bereich erfolgt die Sortierung nach der Abbildungsnummer.

Mit freundlicher Genehmigung der American Astronomical Society wurde folgende Abbildung verwendet:

<u>4.8a:</u> T. J. Bernatowicz, R. Cowsik, P. C. Gibbons, K. Lodders, B. Fegley, jr., S. Amari, R. S. Lewis, *Astrophys. J.* **1996**, *472*, 760-782.

Mit freundlicher Genehmigung der American Association for the Advancement of Science (AAAS) wurden folgende Abbildungen verwendet:

<u>2.31:</u> J. M. Hawkins, A. Meyer, T. A. Lewis, S. Loren, F. J. Hollander, *Science* **1991**, *252*, 312-313; <u>2.50c:</u> M. Saunders, *Science* **1991**, *253*, 330-331; <u>3.14:</u> A. Thess, R. Lee, P. Nikolaev, H. Dai, P. Petit, J. Robert, C. Xu, Y. Hee Lee, S. G. Kim, A. G. Rinzler, D. T. Colbert, G. E. Scuseria, D. Tománek, J. E. Fischer, R. E. Smalley, *Science* **1996**, *273*, 483-487; <u>3.18, 3.33b:</u> K. Hata, D. N. Futaba, K. Mizuno, T. Namai, M. Yumura, S. Iijima, *Science* **2004**, *306*, 1362-1364; <u>3.40:</u> R. Krupke, F. Hennrich, H. v. Löhneysen, M. M. Kappes, *Science* **2003**, *301*, 344-347; <u>3.46:</u> P. Poncharal, Z. L. Wang, D. Ugarte, W. A. de Heer, *Science* **1999**, *283*, 1513-1516; <u>3.54:</u> S. Frank, P. Poncharal, Z. L. Wang, W. A. de Heer, *Science* **1998**, *280*, 1744-1746; <u>3.58:</u> M. J. O'Connell, S. M. Bachilo, C. B. Huffman, V. C. Moore, M. S. Strano, E. H. Haroz, K. L. Rialon, P. J. Boul, W. H. Noon, C. Kittrell, J. Ma, R. H. Hauge, R. B. Weisman, R. E. Smalley, *Science* **2002**, *297*, 593-597; <u>3.79b:</u> M. S. Strano, C. A. Dyke, M. L. Usrey, P. W. Barone, M. J. Allen, H. Shan, C. Kittrell, R. H. Hauge, J. M. Tour, R. E. Smalley, *Science* **2003**, *301*, 1519-1522; <u>3.110b:</u> J. Kong, N. R. Franklin, C. Zhou, M. G. Chapline, S. Peng, K. Cho, H. Dai, *Science* **2000**, *287*, 622-625; <u>3.113:</u> Y.-L. Li, I. A. Kinloch, A. H. Windle, *Science* **2004**, *304*, 276-278.

Mit freundlicher Genehmigung der American Chemical Society (ACS) wurden folgende Abbildungen verwendet:

<u>2.26, 2.30:</u> H. Ajie, M. M. Alvarez, S. J. Anz, R. D. Beck, F. Diederich, K. Fostiropoulos, D. R. Huffman, W. Krätschmer, Y. Rubin, K. E. Schriver, D. Sensharma, R. L. Whetten, *J. Phys. Chem.* **1990**, *94*, 8630-8633; <u>2.39:</u> Q. Xie, E. Perez-Cordero, L. Echegoyen, *J. Am. Chem. Soc.* **1992**, *114*, 3978-3980; <u>2.45b:</u> M. M. Olmstead, A. S. Ginwalla, B. C. Noll, D. S. Tinti, A. L. Balch, *J. Am. Chem. Soc.* **1996**, *118*, 7737-7745; <u>2.47:</u> T. Suzuki, Y. Maruyama, T. Kato, K. Kikuchi, Y. Achiba, *J. Am. Chem. Soc.* **1993**, *115*, 11006-11007; <u>2.74:</u> X. Lu, Z. Chen, W. Thiel, P. v. R. Schleyer, R. Huang, L. Zheng, *J. Am. Chem. Soc.* **2004**, *126*, 14871-14878; <u>3.20:</u> T. Guo, P. Nikolaev, A. G. Rinzler, D. Tomanek, D. T. Colbert, R. E. Smalley, *J. Phys. Chem.* **1995**, *99*, 10694-10697; <u>3.21:</u> K. Hernadi, L. Thiên-Nga, L. Forró, *J. Phys. Chem. B* **2001**, *105*, 12464-12468; <u>3.31b:</u> H. Hou, Z. Jun, F. Weller, A. Greiner, *Chem. Mater.* **2003**, *15*, 3170-3175; <u>3.34:</u> J. Gao, A. Yu, M. E. Itkis, E. Bekyarova, B. Zhao, S. Niyogi, R. C. Haddon, *J. Am. Chem. Soc.* **2004**, *126*, 16698-16699; <u>3.37:</u> C. A. Furtado, U. J. Kim, H. R. Gutierrez, L. Pan, E. C. Dickey, P. C. Eklund, *J. Am. Chem. Soc.* **2004**, *126*, 6095-6105; <u>3.38, 3.39:</u> M. E. Itkis, D. E. Perea, R. Jung, S. Niyogi, R. C. Haddon, *J. Am. Chem. Soc.* **2005**, *127*, 3439-3448; <u>3.45b:</u> M.-F. Yu, B. I. Yakobson, R. S. Ruoff, *J. Phys. Chem. B* **2000**, *104*, 8764-8767; <u>3.50b:</u> P. Avouris, *Acc. Chem. Res.* **2002**, *35*, 1026-1034; <u>3.56a:</u> C. A. Furtado, U. J. Kim, H. R. Gutierrez, L. Pan, E. C. Dickey, P. C. Eklund, *J. Am. Chem. Soc.* **2004**, *126*, 6095-6105; <u>3.60a:</u> C. Engtrakul, M. F. Davis, T. Gennett, A. C. Dillon, K. M. Jones, M. J. Heben, *J. Am. Chem. Soc.* **2005**, *127*, 17548-17555; <u>3.60b:</u> A. Kitaygorodskiy, W. Wang, S.-

Y. Xie, Y. Lin, K. A. S. Fernando, X. Wang, L. Qu, B. Chen, Y.-P. Sun, *J. Am. Chem. Soc.* **2005**, *127*, 7517-7520; **3.83a:** K. A. S. Fernando, Y. Lin, W. Wang, S. Kumar, B. Zhou, S.-Y. Xie, L. T. Cureton, Y.-P. Sun, *J. Am. Chem. Soc.* **2004**, *126*, 10234-10235; **3.96b, c:** G. Korneva, H. Ye, Y. Gogotsi, D. Halverson, G. Friedman, J.-C. Bradley, K. G. Kornev, *Nano Lett.* **2005**, *5*, 879-884; **3.97:** J. Sloan, A. I. Kirkland, J. L. Hutchison, M. L. H. Green, *Acc. Chem. Res.* **2002**, *35*, 1054-1062; **3.98b:** T. Okazaki, K. Suenaga, K. Hirahara, S. Bandow, S. Iijima, H. Shinohara, *J. Am. Chem. Soc.* **2001**, *123*, 9673-9674; **3.102:** L. Li, C. Y. Li, C. Ni, *J. Am. Chem. Soc.* **2006**, *128*, 1692-1699; **3.109:** J. R. Wood, M. D. Frogley, E. R. Meurs, A. D. Prins, T. Peijs, D. J. Dunstan, H. D. Wagner, *J. Phys. Chem. B* **1999**, *103*, 10388-10392; **4.17, 4.30:** M. Ozawa, H. Goto, M. Kusunoki, E. Osawa, *J. Phys. Chem. B* **2002**, *106*, 7135-7138; **4.31:** Q. L. Zhang, S. C. O'Brien, J. R. Heath, Y. Liu, R. F. Curl, H. W. Kroto, R. E. Smalley, *J. Phys. Chem.* **1986**, *90*, 525-528; **5.46:** S.-J. Yu, M.-W. Kang, H.-C. Chang, K.-M. Chen, Y.-C. Yu, *J. Am. Chem. Soc.* **2005**, *127*, 17604-17605; **6.36:** P. John, N. Polwart, C. E. Troupe, J. I. B. Wilson, *J. Am. Chem. Soc.* **2003**, *125*, 6600-6601; **6.38:** T. Nakamura, M. Suzuki, M. Ishihara, T. Ohana, A. Tanaka, Y. Koga, *Langmuir* **2004**, *20*, 5846-5849; **7.4:** Y. Shirai, A. J. Osgood, Y. Zhao, K. F. Kelly, J. M. Tour, *Nano Lett.* **2005**, *5*, 2330-2334.

Mit freundlicher Genehmigung des American Institute of Physics (AIP) wurden folgende Abbildungen verwendet:

1.20b: F. Tuinstra, J. L. Koenig, *J. Chem. Phys.* **1970**, *53*, 1126-1130; **3.29b:** M. Endo, Y. A. Kim, T. Hayashi, Y. Fukai, K. Oshida, M. Terrones T. Yanagisawa, S. Higaki, M. S. Dressel-haus, *Appl. Phys. Lett.* **2002**, *80*, 1267-1269; **3.31a:** S. Yang, X. Chen, S. Motojima, *Appl. Phys. Lett.* **2002**, *81*, 3567-3569; **3.52:** R. Saito, M. Fujita, G. Dresselhaus, M. S Dresselhaus, *Appl. Phys. Lett.* **1992**, *60*, 2204-2206; **3.114b:** C. Kim, Y. J. Kim, Y. A. Kim, T. Yanagisawa, K. C. Park, M. Endo, M. S. Dresselhaus, *J. Appl. Phys.* **2004**, *96*, 5903-5905; **4.26:** V. L. Kuznetsov, I. L. Zilberberg, Yu. V. Butenko, A. L. Chuvilin, B. Segall, *J. Appl. Phys.* **1999**, *86*, 863-870; **4.37b:** S. Tomita, T. Sakurai, H. Ohta, M. Fujii, S. Hayashi, *J. Chem. Phys.* **2001**, *114*, 7477-7482; **5.16a, 5.17b:** O. O. Mykhaylyk, Y. M. Solonin, D. N. Batchelder, R. Brydson, *J. Appl. Phys.* **2005**, *97*, 074302; **6.4:** Z. H. Shen, P. Hess, J. P. Huang, Y. C. Lin, K. H. Chen, L. C. Chen, S. T. Lin, *J. Appl. Phys.* **2006**, *99*, 124302; **6.23b:** J. W. Ager III, W. Walukiewicz, M. McCluskey, M. A. Plano, M. I. Landstrass, *Appl. Phys. Lett.* **1995**, *66*, 616-618; **6.28:** X. Jiang, C.-P. Klages, *Appl. Phys. Lett.* **1992**, *61*, 1629-1631; **6.29:** F. Arezzo, N. Zacchetti, W. Zhu, *J. Appl. Phys.* **1994**, *75*, 5375-5381.

Mit freundlicher Genehmigung der American Physical Society (APS) wurden folgende Abbildungen verwendet:

1.20a: M. P. Conrad, H. L. Strauss, *Phys. Rev. B* **1985**, *31*, 6669-6675; **3.6:** M. Fujita, R. Saito, G. Dresselhaus, M. S. Dresselhaus, *Phys. Rev. B* **1992**, *45*, 13834-13836; **3.31c:** S. Ihara, S. Itoh, J. Kitakami, *Phys. Rev. B* **1993**, *48*, 5643-5648; **3.59c:** G. Wagoner, *Phys. Rev.* **1960**, *118*, 647-653; **4.6:** M. I. Heggie, M. Terrones, B. R. Eggen, G. Jungnickel, R. Jones, C. D. Latham, P. R. Briddon, H. Terrones, *Phys. Rev. B* **1998**, *57*, 13339-13342; **5.16b:** J. W. Ager, III, D. K. Veirs, G. M. Rosenblatt, *Phys. Rev. B* **1991**, *43*, 6491-6499; **6.6, 6.8:** Th. Frauenheim, U. Stephan, P. Blaudeck, D. Porezag, H.-G. Busmann, W. Zimmermann-Edling, S. Lauer, *Phys. Rev. B* **1993**, *48*, 18189-18202; **6.31:** F. Maier, M. Riedel, B. Mantel, J. Ristein, L. Ley, *Phys. Rev. Lett.* **2000**, *85*, 3472-3475; **7.1b:** M. Menon, D. Srivastava, *Phys. Rev. Lett.* **1997**, *79*, 4453-4456.

Mit freundlicher Genehmigung der American Vacuum Society wurden folgende Abbildungen verwendet:

3.15: M. J. Bronikowski, P. A. Willis, D. T. Colbert, K. A. Smith, R. E. Smalley, *J. Vac. Sci. Technol. A* **2001**, *19*, 1800-1805; **6.23a:** K. M. McNamara, K. K. Gleason, C. J. Robinson, *J. Vac. Sci. Technol. A* **1992**, *10*, 3143-3148.

Mit freundlicher Genehmigung von Cambridge University Press wurden folgende Abbildungen verwendet:

1.13a: G. M. Jenkins, K. Kawamura, *Polymeric carbons - carbon fibre, glass and char*, Cambridge Univ. Press, Cambridge **1976**; **3.10:** P. J. F. Harris, *Carbon Nanotubes & Related Structures*, Cambridge University Press, Cambridge **1999**..

Mit freundlicher Genehmigung von CRC Press wurde folgende Abbildung verwendet:

3.13: M. Meyyappan (Hrsg.), *Carbon Nanotubes Science & Applications*, CRC Press, Boca Raton **2005**, S. 83.

Mit freundlicher Genehmigung der Electrochemical Society wurde folgende Abbildung verwendet:

6.47: H. B. Martin, A. Argoitia, U. Landau, A. B. Anderson, J. C. Angus, *J. Electrochem. Soc.* **1996**, *143*, L133-L136.

Mit freundlicher Genehmigung von Elsevier wurden folgende Abbildungen verwendet:

2.44b: M. M. Olmstead, L. Hao, A. L. Balch, *J. Organometal. Chem.* **1999**, *578*, 85-90; **3.16b:** F. Lupo, J. A. Rodriguez-Manzo, A. Zamudio, A. L. Elias, Y. A. Kim, T. Hayashi, M. Muramatsu, R. Kamalakaran, H. Terrones, M. Endo, M. Rühle, M. Terrones, *Chem. Phys. Lett.* **2005**, *410*, 384-390; **3.19b:** H. W. Zhu, X. S. Li, B. Jiang, C. L. Xu, Y. F. Zhu, D. H. Wu, X. H. Chen, *Chem. Phys. Lett.* **2002**, *366*, 664-669; **3.28a:** C. J. Lee, J. H. Park, J. Park, *Chem. Phys. Lett.* **2000**, *323*, 560-565; **3.28b:** Y. F. Li, J. S. Qiu, Z. B. Zhao, T. H. Wang, Y. P. Wang, W. Li, *Chem. Phys. Lett.* **2002**, *366*, 544-550; **3.30b:** T. Yamaguchi, S. Bandow, S. Iijima, *Chem. Phys. Lett.* **2004**, *389*, 181-185; **3.33a:** K.-H. Lee, K. Baik, J.-S. Bang, S.-W. Lee, W. Sigmund, *Solid State Commun.* **2004**, *129*, 583-587; **3.35:** R. E. Morjan, V. Maltsev, O. Nerushev, Y. Yao, L. K. L. Falk, E. E. B. Campbell, *Chem. Phys. Lett.* **2004**, *383*, 385-390; **3.36:** D.-C. Li, L. Dai, S. Huang, A. W. H. Mau, Z. L. Wang, *Chem. Phys. Lett.* **2000**, *316*, 349-355; **3.59a**: M. Kosaka, T. W. Ebbesen, H. Hiura, K. Tanigaki, *Chem. Phys. Lett.* **1994**, *225*, 161-164; **3.59b:** M. Kosaka, T. W. Ebbesen, H. Hiura, K. Tanigaki, *Chem. Phys. Lett.* **1995**, *233*, 47-51; **3.61b:** T. Pichler, M. Sing, M. Knupfer, M. S. Golden, J. Fink, *Solid State*

Commun. **1999**, *109*, 721-726; **3.95b:** L. Jiang, L. Gao, *Carbon* **2003**, *41*, 2923-2929; **4.3c**, **4.4:** Q. Ru, M. Okamoto, Y. Kondo, K. Takayanagi, *Chem. Phys. Lett.* **1996**, *259*, 425-431; **4.8b:** P. J. F. Harris, R. D. Vis, D. Heymann, *Earth Planet. Sci.* **2000**, *183*, 355-359; **4.11:** T. Cabioc'h, J. P. Rivière, M. Jaouen, J. Delafont, M. F. Denanot, *Synth. Metals* **1996**, *77*, 253-256; **4.15:** W. A. de Heer, D. Ugarte, *Chem. Phys. Lett.* **1993**, *207*, 480-486; **4.19:** D. Ugarte, *Chem. Phys. Lett.* **1993**, *209*, 99-103; **4.20:** S. Tomita, M. Fujii, S. Hayashi, K. Yamamoto, *Chem. Phys. Lett.* **1999**, *305*, 225-229; **4.21:** L.-C. Qin, S. Iijima, *Chem. Phys. Lett.* **1996**, *262*, 252-258; **4.32:** T. Cabioc'h, A. Kharbach, A. Le Roy, J. P. Rivière, *Chem. Phys. Lett.* **1998**, *285*, 216-220; **4.33:** E. D. Obraztsova, M. Fujii, S. Hayashi, V. L. Kuznetsov, Yu. V. Butenko, A. L. Chuvilin, *Carbon* **1998**, *36*, 821-826; **4.34:** S. Tomita, A. Burian, J. C. Dore, D. LeBolloch, M. Fujii, S. Hayashi, *Carbon* **2002**, *40*, 1469-1474; **4.35:** W. A. de Heer, D. Ugarte, *Chem. Phys. Lett.* **1993**, *207*, 480-486; **4.36:** S. Tomita, M. Fujii, S. Hayashi, K. Yamamoto, *Chem. Phys. Lett.* **1999**, *305*, 225-229; **4.37a:** R. Selvan, R. Unnikrishnan, S. Ganapathy, T. Pradeep, *Chem. Phys. Lett.* **2000**, *316*, 205-210; **4.41:** P. Redlich, F. Banhart, Y. Lyutovich, P. M. Ajayan, *Carbon* **1998**, *36*, 561-563; **5.2:** T. L. Daulton, D. D. Eisenhour, T. J. Bernatowicz, R. S. Lewis, P. R. Buseck, *Geochim. Cosm. Acta* **1996**, *60*, 4853-4872; **5.14:** Y. Q. Zhu, T. Sekine, T. Kobayashi, E. Takazawa, M. Terrones, H. Terrones, *Chem. Phys. Lett.* **1998**, *287*, 689-693; **5.17a:** E. D. Obraztsova, M. Fujii, S. Hayashi, V. L. Kuznetsov, Yu. V. Butenko, A. L. Chuvilin, *Carbon* **1998**, *36*, 821-826; **5.24:** J.-B. Donnet, E. Fousson, L. Delmotte, M. Samirant, C. Baras, T. K. Wang, A. Eckhardt, *C. R. Acad. Sci. Fr.* **2000**, *3*, 831-838; **5.25:** A. I. Shames, A. M. Panich, W. Kempinski, A. E. Alexenskii, M. V. Baidakova, A. T. Dideikin, V. Yu. Osipov, V. I. Siklitski, E. Osawa, M. Ozawa, A. Ya. Vul', *J. Phys. Chem. Solids* **2000**, *63*, 1993-2001; **5.26:** H. Hirai, M. Terauchi, M. Tanaka, K. Kondo, *Diamond Relat. Mater.* **1999**, *8*, 1703-1706; **5.28:** D. He, L. Shao, W. Gong, E. Xie, K. Xu, G. Chen, *Diamond Relat. Mater.* **2000**, *9*, 1600-1603; **6.2a:** T. Teraji, M. Hamada, H. Wada, M. Yamamoto, K. Arima, T. Ito, *Diamond Relat. Mater.* **2005**, *14*, 255-260; **6.2b:** J. Schwarz, K. Meteva, A. Grigat, A. Schubnov, S. Metev, F. Vollertsen, *Diamond Relat. Mater.* **2005**, *14*, 302-307; **6.13a:** E. Blank *in* C. Nebel, J. Ristein (Hrsg.), *Thin Film Diamond I, Semiconductors and Semimetals, Bd. 76*, Elsevier, Amsterdam **2003**, S. 59; **6.13b:** E. Blank *in* C. Nebel, J. Ristein (Hrsg.), *Thin Film Diamond I, Semiconductors and Semimetals, Bd. 76*, Elsevier, Amsterdam **2003**, S. 61; **6.26:** Z. Sun, J. R. Shi, B. K. Tay, S. P. Lau, *Diamond Relat. Mater.* **2000**, *9*, 1979-1983; **6.27a:** A. T. Collins, *Physica B* **1993**, *185*, 284-296; **6.30a:** S. Michaelson, A. Hoffman, *Diamond Relat. Mater.* **2005**, *14*, 470-475; **6.33:** W. P. Kang, J. L. Davidson, A. Wisitsora-at, Y. M. Wong, R. Takalkar, K. Subramanian, D. V. Kerns, W. H. Hofmeister, *Diamond Relat. Mater.* **2005**, *14*, 685-690; **6.42a:** J. N. Russell, J. E. Butler, G. T. Wang, S. F. Bent, J. S. Hovis, R. J. Hamers, M. P. D'Evelyn, *Mater. Chem. Phys.* **2001**, *72*, 147-151; **6.48:** J. C. Angus, Y. V. Pleskow, S. C. Eaton *in* C. Nebel, J. Ristein (Hrsg.), *Thin Film Diamond II, Semiconductors and Semimetals, Bd. 77*, Elsevier Academic Press, Amsterdam **2004**, S. 99.

Mit freundlicher Genehmigung des Institute of Physics (IOP) wurde folgende Abbildung verwendet:

4.10: Y. Shimizu, T. Sasaki, T. Ito, K. Terashima, N. Koshizaki, *J. Phys. D.: Appl. Phys.* **2003**, *36*, 2940-2944.

Mit freundlicher Genehmigung der Japanese Chemical Society (JCS) wurde folgende Abbildung verwendet:

2.32: K. Kikuchi, N. Nakahara, M. Honda, S. Suzuki, K. Saito, H. Shiromaru, K. Yamauchi, I. Ikemoto, T. Kuramochi, S. Hino, Y. Achiba, *Chem. Lett.* **1991**, 1607-1610.

Mit freundlicher Genehmigung der Materials Research Society (MRS) wurden folgende Abbildungen verwendet:

3.32: X. Chen, W. In-Hwang, S. Shimada, M. Fujii, H. Iwanaga, S. Motojima, *J. Mater. Res.* **2000**, *15*, 808-814; **4.38:** A. Romanenko, O. A. Anikeeva, A. V. Okotrub, V. L. Kuznetsov, Y. V. Butenko, A. L. Chuvilin, C. Dong, Y. Ni, *Mat. Res. Soc. Symp. Proc.* **2002**, *703*, 259-264; **6.19:** D. M. Gruen, *MRS Bull.* **2001**, *26,* 771-776; **6.24:** C. D. Zuiker, A. R. Krauss, D. M. Gruen, J. A. Carlisle, L. J. Terminello, S. A. Asher, R. W. Bormett, *Mat. Res. Soc. Symp. Proc.* **1996**, *437*, 211-218.

Mit freundlicher Genehmigung der Nature Publishing Group wurden folgende Abbildungen verwendet:

2.48: M. Saunders, H. A. Jiménez-Vázquez, R. J. Cross, S. Mroczkowski, D. I. Freedberg, F. A. L. Anet, *Nature* **1994**, *367*, 256-258; **3.1a:** S. Iijima, *Nature* **1991**, *354*, 56-58; **3.22:** M. Endo, H. Muramatsu, T. Hayashi, Y. A. Kim, M. Terrones, M. S. Dresselhaus, *Nature* **2005**, *433*, 476; **4.1:** *Nature* **1992**, *359*, Titelbild 22.10.1992; **4.27:** H. W. Kroto, K. McKay, *Nature* **1988**, *331*, 328-331; **6.30b:** D. A. Muller, Y. Tzou, R. Raj, J. Silcox, *Nature* **1993**, *366*, 725-727; **7.2:** A. Srivastava, O. N. Srivastava, S. Talapatra, R. Vajtai, P. M. Ajayan, *Nature Mater.* **2004**, *3*, 610-614.

Mit freundlicher Genehmigung der Neuen Schweizerischen Chemischen Gesellschaft wurde folgende Abbildung verwendet:

2.45a: H. B. Bürgi, P. Venugopalan, D. Schwarzenbach, F. Diederich, C. Thilgen, *Helv. Chim. Acta* **1993**, *76*, 2155-2159.

Mit freundlicher Genehmigung der Oyo Butsuri Gakkai wurden folgende Abbildungen verwendet:

3.61a: R. Kuzuo, M. Terauchi, M. Tanaka, Y. Saito, *Jpn. J. Appl. Phys.* **1994**, *33*, L1316-L1319; **6.42b:** Md. Z. Hossain, T. Aruga, N. Takagi, T. Tsuno, N. Fujimori, T. Ando, M. Nishijima, *Jpn. J. Appl. Phys. (2)* **1999**, *38*, L1496-L1498.

Mit freundlicher Genehmigung der Royal Society London wurden folgende Abbildungen verwendet:

2.11: H. W. Kroto, D. R. M. Walton, D. E. H. Jones, R. C. Haddon, *Phi.l Trans. R. Soc. A* **1993**, *343*, 103-112; **3.56c:** M. S. Dresselhaus, G. Dresselhaus, J. C. Charlier, E. Hernandez, *Phil. Trans. R. Soc. A* **2004**, *362*, 2065-2098; **4.7:** M. Terrones, W. K. Hsu, J. P. Hare, H. W.

Kroto, H. Terrones, D. R. M. Walton, *Phil. Trans. R. Soc. A* **1996**, *354*, 2025-2054; **6.25:** S. Prawer, R. J. Nemanich, *Phil. Trans. R. Soc. A* **2004**, *362*, 2537-2565.

Mit freundlicher Genehmigung der Royal Society of Chemistry (RSC) wurden folgende Abbildungen verwendet:

2.28: J. P. Hare, T. J. Dennis, H. W. Kroto, R. Taylor, A. W. Allaf, S. Balm, D. R. M. Walton, *J. Chem. Soc., Chem. Commun.* **1991**, 412-413; **2.70:** S. Yoshimoto, E. Tsutsumi, O. Fujii, R. Narita, K. Itaya, *Chem. Commun.* **2005**, 1188-1190; **3.56b:** Q. Li, I. A. Kinloch, A. H. Windle, *Chem. Commun.* **2005**, 3283-3285; **3.84b:** J. Sun, L. Gao, M. Iwasa, *Chem. Commun.* **2004**, 832-833; **3.99:** D. A. Britz, A. N. Khlobystov, K. Porfyrakis, A. Ardavan, G. A. D. Briggs, *Chem. Commun.* **2005**, 37-39; **3.112:** A. Bianco, K. Kostarelos, C. D. Partidos, M. Prato, *Chem. Commun.* **2005**, 571-577; **5.32:** T. Tsubota, O. Hirabayashi, S. Ida, S. Nagaoka, M. Nagata, Y. Matsumoto, *Phys. Chem. Chem. Phys.* **2002**, *4*, 806-811; **7.1a, 7.3:** H. Terrones, M. Terrones, W. K. Hsu, *Chem. Soc. Rev.* **1995**, *24*, 341-350.

Mit freundlicher Genehmigung von Springer wurden folgende Abbildungen verwendet:

1.12b: M. S. Dresselhaus, G. Dresselhaus, K. Sugihara, I. L. Spain, H. A. Goldberg, *Graphite Fibers and Filaments, Springer Ser. Mater. Sci.* **1988**, *5*, S. 4, S. 11; **2.73:** V. Blank, S. Buga, G. Dubitsky, N. Serebryanaya, M. Popov, V. Prokhorov in E. Osawa, *Perspectives of Fullerene Nanotechnology,* Kluwer Acad. Publishers, Dordrecht **2002**, S. 227; **3.11a:** J.-C. Charlier, S. Iijima in M. S. Dresselhaus, G. Dresselhaus, Ph. Avouris, *Top. Appl. Phys.* **2000**, *80*, 65; **3.11b:** J.-C. Charlier, X. Blase, A. De Vita, R. Car, *Appl. Phys. A* **1999**, *68*, 267-273; **3.96a:** D. Ugarte, T. Stöckli, J. M. Bonard, A. Châtelain, W. A. de Heer, *Appl. Phys. A* **1998**, *67*, 101-105; **3.107:** S. Uemura in E. Osawa, *Perspectives in Fullerene Nanotechnology,* Kluwer Acad. Publishers, Dordrecht **2002**, S. 60; **5.22:** A. E. Aleksenskii, V. Yu. Osipov, N. A. Kryukov, V. K. Adamchuk , M. I. Abaev, S. P. Vul', A. Ya. Vul', *Techn. Phys. Lett.* **1997**, *23*, 874-876; **5.27:** J.-Y. Raty, G. Galli, *in* D. M. Gruen, O. A. Shenderova, A. Ya. Vul' (Hrsg.), *Synthesis, Properties and Applications of Ultrananocrystalline Diamond, NATO Science Series, Bd. 192*, Springer Dordrecht **2005**, S. 15-24; **5.34:** E. P. Smirnov, S. K. Gordeev, S. I. Kol'tsov, V. B. Aleskovskii, *J. Appl. Chem. USSR* **1978**, *51*, 2451-2456.

Mit freundlicher Genehmigung von Taylor & Francis wurden folgende Abbildungen verwendet:

4.18: M. S. Zwanger, F. Banhart, *Phil. Mag.* **1995**, *72*, 149-157; **5.20:** L. A. Bursill, J. L. Peng, S. Prawer, *Phil. Mag. A* **1997**, *76*, 769-781; **6.12:** D. Dorignac, S. Delclos, F. Phillipp, *Phil. Mag. B* **2001**, *81*, 1879-1891.

Mit freundlicher Genehmigung von John Wiley & Sons wurde folgende Abbildung verwendet:

2.29: M. S. Dresselhaus, G. Dresselhaus, P. C. Eklund, *J. Raman Spectrosc.* **1996**, *27*, 351-371.

Mit freundlicher Genehmigung von Wiley Interscience wurden folgende Abbildungen verwendet:

2.15b: J. C. Grossman, C. Piskoti, S. G. Louie, M. L. Cohen, A. Zettl *in* K. M. Kadish, R. S. Ruoff, *Fullerenes*, Wiley Interscience, New York **2000**, S. 898; **2.46:** H. Shinohara *in* K. M. Kadish, R. S. Ruoff, *Fullerenes*, Wiley Interscience, New York **2000**, S. 272-273; **6.27b:** K. E. Spear, J. P. Dismukes, *Synthetic Diamond: Emerging CVD Science and Technology*, Wiley Interscience **1994**, S. 405.

Mit freundlicher Genehmigung von Wiley-VCH wurden folgende Abbildungen verwendet:

1.19: U. Schwarz, *Chem. Unserer Zeit* **2000**, *34*, 212-222; **3.26b:** S.-H. Jung, S.-H. Jeong, S.-U. Kim, S.-K. Hwang, P.-S. Lee, K.-H. Lee, J.-H. Ko, E. Bae, D. Kang, W. Park, H. Oh, J.-J. Kim, H. Kim, C.-G. Park, *Small* **2005**, *1*, 553-559; **3.48, 3.49:** E. Joselevich, *Chem. Phys. Chem.* **2004**, *5*, 619-624; **3.50a:** S. Reich, C. Thomsen, J. Maultzsch, *Carbon Nanotubes*, Wiley-VCH, Weinheim **2004** (adapt. aus M. Machón, S. Reich, C. Thomsen, D. Sánchez-Portal, P. Ordejón, *Phys. Rev. B* **2002**, *66*, 155410); **3.51:** E. Joselevich, *Chem. Phys. Chem.* **2004**, *5*, 619-624; **3.57:** A. Hartschuh, H. N. Pedrosa, J. Peterson, L. Huang, P. Anger, H. Qian, A. J. Meixner, M. Steiner, L. Novotny, T. D. Krauss, *Chem. Phys. Chem.* **2005**, *6*, 577-582; **3.77b:** S. Banerjee, M. G. C. Kahn, S. S. Wong, *Chem. Eur. J.* **2003**, *9*, 1898-1908; **3.88b:** Z. Wei, M. Wan, T. Lin, L. Dai, *Adv. Mater.* **2003**, *15*, 136-139.

Mit freundlicher Genehmigung von World Scientific (Singapur) wurde folgende Abbildung verwendet:

3.53: P. Lambin, J.-C. Charlier, J.-P. Michenaud *in* H. Kuzmany, J. Fink, M. Mehring, S. Roth (Hrsg.), *Progress in Fullerene Research*, World Scientific, Singapore **1994**, S. 130-134.

Folgende Abbildungen wurden aus der Enzyklopädie Wikipedia übernommen:

1.2: Hope diamond in National Museum of Natural History. Picture taken in April 2004. Permission Source: English Wikipedia, original upload 29 May 2004 by Kowloonese; Permission is granted to copy, distribute and/or modify this document under the terms of the GNU Free Documentation License, Version 1.2 or any later version published by the Free Software Foundation; with no Invariant Sections, no Front-Cover Texts, and no Back-Cover Texts. **1.17a:** *rough_diamond.jpg* produced by the U.S. Geological Survey, in Wikipedia „Diamant"; **2.2.b:** Expo '67 American Pavilion (now the Biosphère), by R. Buckminster Fuller, taken by Montréalais. http://en.wikipedia.org/wiki/Image:Mtl-biosphere.jpg, Permission is granted to copy, distribute and/or modify this document under the terms of the GNU Free Documentation License, Version 1.2 or any later version published by the Free Software Foundation; with no Invariant Sections, no Front-Cover Texts, and no Back-Cover Texts.

9 Sachverzeichnis